TECHNISCHER SELBSTUNTERRICHT

FÜR DAS DEUTSCHE VOLK

Briefliche Anleitung zur Selbstausbildung in allen Fächern
und Hilfswissenschaften der Technik

unter Mitwirkung von

JOH. KLEIBER
Oberstudienrat in München

und bewährten anderen Fachmännern

herausgegeben von

INGENIEUR KARL BARTH

––––––––

Vorstufe:
Die technischen Hilfswissenschaften:
Mathematik, Geometrie und Chemie

München und Berlin
Druck und Verlag von R. Oldenbourg

Vorwort.

Während auf vielen anderen Gebieten sich die verschiedensten Selbstunterrichtsmethoden schon längst eingebürgert und großartige Erfolge aufzuweisen haben, konnten diese verlockenden Beispiele moderner Auffassung den Boden des technischen Unterrichtes bisher nur wenig befruchten, trotzdem gerade in der Technik, wo nebst vielem Wissen auch so manche Fertigkeiten gelernt werden müssen, die Anwendung einer praktischen Lehrmethode das Selbststudium ungemein erleichtern würde.

Das Bedürfnis nach Selbstausbildung ist zweifellos hier vielleicht in noch höherem Grade gegeben, als in irgendeinem anderen Zweige menschlicher Tätigkeit: Es gibt jetzt kaum ein zweites Wissensgebiet, dem im Volke mehr Interesse entgegengebracht wird, dessen Kenntnis jedermann mehr nützen kann, als das der praktischen Technik. Sie spielt heute im Haushalte des einzelnen ebenso wie in der Wirtschaft und im Verkehre der Gesamtheit unstreitig die bedeutsamste Rolle; sie beschäftigt ganze Armeen von geistigen und manuellen Arbeitern, unter denen sich gewiß ungezählte Tausende von intelligenten, tüchtigen und strebsamen Leuten befinden, die sich unendlich gerne in ihrem Fache weiter ausbilden möchten, um durch erhöhte Verwendbarkeit ihren Wirkungskreis zu erweitern und damit auch ihre Stellung zu verbessern. Andere haben in sonstigen Berufen oder im Privatleben häufig mit technischen Angelegenheiten zu tun; sie brauchen bei jeder noch so geringfügigen technischen Arbeit, die bei einigem Fachwissen leicht selbst zu machen wäre, fremde kostspielige Hilfe und müssen dankbar sein, wenn ihnen in ihren Nöten ein uneigennütziger Fachmann mit Rat und Tat beisteht. Alle diese Leute würden sicherlich selbst größere Opfer bringen, wenn sie Gelegenheit hätten, das Fehlende nachzuholen, was aber bei den heutigen Verhältnissen im allgemeinen doch nur jenen möglich ist, die in größeren Städten leben und durch ihre Berufstätigkeit nicht am Besuche höherer Fachschulen gehindert sind; alle übrigen — wohl die weitaus überwiegende Zahl — müssen notgedrungen entweder auf jede fachliche Fortbildung verzichten oder sich dazu entschließen, die nötigen Kenntnisse im Wege des Selbststudiums sich anzueignen.

Daß dieser Weg auch auf dem schwierigen Gebiete der Naturwissenschaft und der Technik zu überraschenden Erfolgen führen kann, dafür bietet die Kulturgeschichte der Menschheit viele lehrreiche Beispiele: so begann der berühmte Physiker Faraday seine Laufbahn als mittelloser Buchbinderlehrling, der sich in seinen freien Stunden mit rastlosem Eifer aus Büchern, die er einbinden sollte, zu unterrichten trachtete; der Gründer der seinerzeit weltbekannten, ersten optischen Werkstätte in Deutschland, Fraunhofer, war auf dem Boden des Handwerks aus den kümmerlichsten Verhältnissen emporgewachsen und hatte alle seine großartigen Leistungen lediglich seiner unermüdlichen Ausdauer und der grenzenlosen Hingabe für Wissenschaft und wissenschaftliches Handwerk zu danken. Auch der an Erfindererfolgen so reiche Edison, dessen Schöpfungen die ganze Menschheit entzücken, wußte in seiner ersten Jugend als einfacher Zeitungsverkäufer sich wahllos Bücher zu verschaffen, aus denen er mit wahrer Leidenschaft alles Wissen herausholte, das ihm für seine Ideen von Nutzen sein konnte.

Freilich wird jeder den Lohn für seine Arbeit nicht immer in so reichem Maße finden, denn auch hier wie überall sind nach dem alten Bibelspruche viele berufen, aber nur wenige auserwählt. Ganz sicher kann sich aber **jedermann, der die nötige Intelligenz und ausreichende Tatkraft besitzt,** mit verhältnismäßig geringer Mühe Kenntnisse für das Leben erwerben und sich damit geistige und materielle Vorteile von voraus nicht abschätzbarem Werte sichern, wenn er unter richtiger Anleitung das Selbststudium der technischen Wissenschaften unternimmt. — Wir sagen absichtlich „unter richtiger Anleitung", weil das wahllose Studium von für das Aufnahmevermögen eines ungeschulten Geistes nicht bestimmten Büchern nur in den seltensten Fällen zu wirklichen Erfolgen führen kann, meistens aber auch in sonst klaren Köpfen heillose Verwirrung anrichten wird.

Für eine wirklich volkstümliche Anleitung zur Selbstausbildung müssen aus der gewaltigen Masse der technisch-wissenschaftlichen Errungenschaften zunächst jene Stoffgebiete sorgsam ausgewählt werden, deren Kenntnis für die Praxis unbedingt nötig und sonach auch im praktischen Leben verwertbar ist. Jedes „Zuviel" macht dem Lernenden nur unnütze

Mühe, verschleiert ihm die Übersicht und verlegt ihm den Weg zum richtigen Verständnis aller jener heute schon eindeutig festgelegten Naturerscheinungen, die für technische Verwendung derzeit überhaupt in Betracht kommen; jedes „Zuwenig" fehlt ihm aber zumeist gerade dann, wenn er das Fehlende am nötigsten brauchen würde.

Das richtige Mittelmaß wird dagegen dem Studierenden den Zutritt zu den ihm noch ganz fremden Wissenschaften wesentlich erleichtern und ihm die Möglichkeit bieten, innerhalb der für den Anfang ziemlich enggezogenen Grenzen zur völligen Beherrschung des gebotenen Stoffes zu gelangen, Grenzen, die er dann immerhin nach Belieben und persönlicher Veranlagung durch Studium von Sonderwerken in dem einen oder anderen Fache bis zur höchsten Stufe wissenschaftlicher Ausbildung erweitern mag.

Nicht minder wichtig erscheint es, in der Behandlung des Stoffes dem in der Praxis so bedeutungsvollen Unterschied zwischen „technischem Wissen" und „praktischem Können" tunlichst Rechnung zu tragen.

In dieser Hinsicht müssen wir uns des geistreichen Ausspruches unseres Altmeisters Goethe besinnen: „Im Anfang war die Tat." Sowie der Urmensch durch Benutzung des ersten Werkzeuges zum Techniker wurde, das „technische Wissen" sich aber erst allmählich aus dem „technischen Können" entwickelte, muß auch in der modernen Technik das „Können" unbedingt dem „Wissen" vorangesetzt werden. Soll technisches Selbststudium zum gewünschten Erfolge führen, so muß das, was der Techniker können, also selbst ausführen soll, ungleich gründlicher und anschaulicher dargestellt werden, als jene Materie, die er nur zu wissen braucht; selbst eine etwas breitere Darstellung schadet durchaus nicht, wenn sich damit ein tieferes Verständnis in schwieriger zu fassenden Gebieten erzielen läßt.

Das praktische „Können", soweit es überhaupt aus Büchern gelernt werden kann, umfaßt Rechnen, Messen, Prüfen, Zeichnen, Konstruieren, Projektieren, Veranschlagen und viele andere Fertigkeiten, die nicht nur gelernt, sondern auch geübt werden müssen; diese Übung kann auch im Selbststudium durch Lösung zahlreicher Aufgaben erworben und sogar bis zu großer Gewandtheit im Erfassen technischer Fragen gesteigert werden. Weit einfacher kann das „Wissenswerte" behandelt werden; da genügt es, dem Leser in verhältnismäßiger Kürze alles mitzuteilen, was er für die Praxis zu wissen braucht und für ihn von Interesse sein kann. Dieser Teil des Lehrstoffes wird hier dahin erweitert werden, daß der Studierende überdies auch in geeigneter Form einen Überblick über die Beziehungen der Technik zu anderen Wissensgebieten erhält und über die Erfolge berühmter Techniker und Naturforscher, über technische Tagesfragen aller Art und über berühmte Werke der Technik unterrichtet wird. Eine solche Ergänzung des technischen Selbstunterrichtes dürfte sehr zweckmäßig sein, weil in einer Zeit, wo dem Streben des einzelnen nach aufwärts fast keine Grenze mehr gesetzt ist, dem in den weitesten Volkskreisen sich immer mehr geltend machenden Hang nach möglichst umfassender geistiger Ausbildung unbedingt entsprochen werden muß. Bei dem allbeherrschenden Einfluß der Technik auf das Leben der Kulturvölker treten hierbei hauptsächlich technisch-universelle Kenntnisse in den Vordergrund, weshalb der Pflege der Volksbildung in diesem Sinne eine erhöhte Bedeutung nicht abgesprochen werden kann.

Wie für den Fernunterricht im allgemeinen eignet sich auch für den technischen Selbstunterricht die Briefform am besten: sie gestattet es, dem Studierenden den Umfang des von ihm in einem gewissen Zeitraum zu bewältigenden Stoffes so vorzumessen, daß der jeweilig beabsichtigte Studienfortschritt ohne Überbürdung eingehalten werden kann; sie ermöglicht es aber überdies, in den Unterricht selbst dadurch anregende Abwechslung zu bringen, daß, wie in der Schule, mehrere Lehrgegenstände in zweckentsprechender Unterteilung gleichzeitig zum Vortrage gelangen; der Studierende kann dann, ohne den Zusammenhang zu verlieren, sich je nach seiner momentanen Stimmung mit dem einen oder anderen Gegenstande, aber immer nur in dem Ausmaße befassen, das ihm in jedem einzelnen Briefe vorgeschrieben ist.

Damit sind in Kürze jene Richtlinien gekennzeichnet, die mich bei Bearbeitung dieses Selbstunterrichtes geleitet haben; ich würde mich aufrichtig freuen, wenn dieses Werk, dem ich alle in vielen Jahren praktischer Ingenieurtätigkeit gesammelten Erfahrungen gewidmet habe, jenen einigen Nutzen brächte, die sich bei ihren Studien meiner Führung anvertrauten; nicht minder lebhaft würde ich jede Anregung in bezug auf Stoff und Darstellung begrüßen, die mir aus dem Leserkreise zukommt.

Schließlich obliegt mir noch die angenehme Pflicht, allen Fachleuten, die mich bei der Bearbeitung mit Rat und Tat unterstützten, insbesondere dem durch seine vorzüglichen Lehrbücher bestbekannten Herrn Professor Kleiber sowie den Herren Ingenieuren Dietl und Nowotny, endlich auch dem geehrten Verlage für die besondere Sorgfalt, die er der Ausstattung des Werkes angedeihen ließ, meinen verbindlichsten Dank auszusprechen.

Ing. KARL BARTH.

Inhalt der Vorstufe:

Mathematik (Arithmetik und Algebra)

Geometrie

Chemie

Allerlei Wissenswertes über Technik und Naturwissenschaft

Lebensbilder berühmter Techniker und Naturforscher

Tabellen

Die technischen Hilfswissenschaften:
MATHEMATIK, GEOMETRIE UND CHEMIE.

1. BRIEF.

„Aufgepaßt! Wer das erste Knopfloch verfehlt,
kommt mit dem Zuknöpfen nicht zu Stande."
(Goethe.)

Die Technik und ihre Hilfswissenschaften.

[1] Unter „Technik" im weitesten Sinne des Wortes versteht man alle jene Tätig-keiten, die dazu nötig sind, um die zur Befriedigung der verschiedenartigsten Lebensbedürfnisse des Menschen erforderlichen Erzeugnisse herzustellen. Nach dieser weitgefaßten Erklärung des Begriffes „Technik" muß sonach jede Handlung, die eine mit Bewußtsein vollführte, also gewollte Lebensäußerung des Menschen darstellt, als technische Arbeit gelten.

Wenn wir weiter fragen, was im Grunde genommen zur Verrichtung einer technischen Leistung gebraucht wird, so ergibt sich die Antwort in zwei Worten: **Stoff** und **Arbeit.** Nehmen wir ein ein-faches Beispiel aus der Urzeit des Menschen, der ein Tier erlegen will, um sein Bedürfnis nach Nah-rung zu befriedigen: Er wird zunächst trachten, sich ein passendes Werkzeug zur Tötung des Tieres zu verschaffen, wozu er sich einen genügend großen Stein suchen muß, der, in die richtige Form gebracht, ihm am besten für diesen Zweck geeignet erscheint. Durch frühere Erfahrungen oder Versuche wird unser Urmensch schon zur Erkenntnis gelangt sein, daß hierzu eine Ecke oder Kante des Steines am besten geeignet ist, die durch Schleifen und Polieren noch wirkungsfähiger gemacht werden kann. Dieses Werkzeug wird ihm aber wenig nützen, wenn er es nicht mit einer Handhabe, einem Stiele ausstattet, für den er am zweckmäßigsten einen zweiten Naturstoff, nämlich Holz wählt. Auch diesem muß der Urmensch durch entsprechende Bearbeitung die für den beabsichtigten Zweck passendste Form geben und schließlich eine feste Verbindung zwischen dem Steine und dem Holze entweder durch Umwickeln des Steines und des Stieles mit Hautriemen und durch Einfügen des Stieles in eine an einer passenden Stelle des Steines herausgeschlagene Höhlung bewirken. Damit ist das Werkzeug gebrauchsfähig. Verwendet dazu wurden verschiedene Materialien und jene geistige und körperliche Arbeit, die der Urmensch zur Verfassung des Planes, wie das Werk-zeug gemacht werden soll, und zur Beschaffung und Bearbeitung der Stoffe aufwenden mußte. So wie bei diesem einfachen Beispiele aus der Urzeit brauchen wir auch heute zu jeder noch so komplizierten technischen Leistung passende Stoffe oder Materialien und eine gewisse Arbeit des Geistes und des Körpers, um diese Stoffe ihren besonderen Eigenschaften entsprechend in die gewünschte Form zu bringen.

Grundstoffe vermag der Mensch nicht zu schaffen; sie finden sich nur in der Natur; der Mensch kann aber die ihnen ursprünglich zukommenden äußeren und inneren Eigenschaften bis zu einem sehr hohen Grade verändern, um sie für die beabsichtigten Zwecke geeigneter zu machen; er kann sie bearbeiten und in andere Formen bringen, aber immer und immer ist jede technische Arbeit und damit auch die Technik im allgemeinen von dem Vorhandensein und der Zugänglichkeit der nötigen Naturstoffe abhängig, was uns leider am deutlichsten zum Bewußtsein kommt, wenn durch irgendwelche widrige Umstände ihre Gewinnung ins Stocken gerät.

So wie die Stoffe in der Natur vorhanden sind, können wir sie in den seltensten Fällen ver-wenden: die Stämme des Waldes müssen gefällt, entrindet, die Metallerze erst gefördert und ent-sprechend behandelt werden, um daraus den **Rohstoff,** das Holz, das Metall usw., zu gewinnen. Aber auch die Rohstoffe müssen zumeist noch den verschiedenartigsten Behandlungen und Bearbei-tungen unterworfen werden, bevor sie als **Bau- und Betriebsstoffe** Verwendung finden können. —

Da sonach jede technische Arbeit vom Vorhandensein der nötigen Stoffe, dann aber auch von ihrer richtigen Wahl und ihrer zweckmäßigsten Verwendung abhängt, bildet **eine der wichtigsten Grundlagen der technischen Wissenschaften und damit auch der Technik die Lehre von den Bau- und Betriebsstoffen,** aus der wir über das Vorkommen, die Gewinnung und die Eigenschaften der Naturstoffe, über deren Umwandlung in Rohstoffe, sowie in Bau- und Betriebsstoffe und über die Bearbeitung der letzteren ausreichend Aufschluß erhalten können; sie fußt auf der **Chemie,** d. h. jenem Teile der Naturwissenschaften, der sich mit den natürlichen und künstlichen Stoffen befaßt.

Wie erwähnt, müssen wir zu jeder technischen Herstellung außer den nötigen Stoffen neben geistiger auch noch mechanische Arbeit aufwenden, wie wir das schon aus dem einfachen Beispiele der Erzeugung eines Jagdwerkzeuges gesehen haben. Was verstehen wir unter **Arbeit im technischen Sinne?** Wenn wir ein Gewicht heben, so verrichten wir damit eine gewisse Arbeit, die um so größer wird, je höher wir es heben. Es muß also desto mehr Arbeit geleistet werden, je mehr Kraft wir zur Hebung des Gewichtes anwenden müssen und je länger der Weg ist, den das Gewicht und damit auch die Kraft während der Hebung zurücklegt. Multiplizieren wir die Größe der Kraft mit der Länge des Weges, so ergibt uns das Produkt ein Maß für die bei der Hebung geleistete Arbeit. Als Arbeitseinheit bezeichnen wir jene Arbeit, die geleistet werden muß, um 1 kg 1 m hoch zu heben; diese Arbeitseinheit heißt ein Meter-Kilogramm. Die Erfahrung lehrt uns jedoch, daß es nicht gleichgültig ist, in welcher Zeit wir diese Arbeit verrichten, ob wir das Gewicht von 1 kg rasch oder nur langsam auf die Höhe von 1 m bringen, ebenso wie auch im landläufigen Sinne mehr Arbeit aufgewendet werden muß, wenn eine bestimmte Leistung rascher ausgeführt werden soll. — Die Arbeitseinheit muß demnach noch mit der Zeit in Zusammenhang gebracht werden, und wir nennen ein Sekunden-Meter-Kilogramm jene Arbeit, die in einer Sekunde 1 kg 1 m hoch hebt.

Wieviel mechanische Arbeit der eingangs erwähnte Urmensch zur Herstellung seiner Waffe gebraucht hat, läßt sich schwer berechnen; jedenfalls hat er eine gewisse Zahl von Sekunden-Meter-Kilogramm hierbei geleistet, welcher Verbrauch sich ihm durch eine gewisse Ermüdung, vielleicht auch durch erhöhten Appetit fühlbar gemacht haben dürfte.

Wenn nun auch der Mensch eigentlich am besten dazu geeignet ist, nutzbare Arbeit zu leisten, da ihn ein gewisses Zielbewußtsein dabei leitet, so ist er doch für viele Zwecke in bezug auf seine körperliche Kraft zu schwach; er mußte sehr frühzeitig schon zur Befriedigung seiner Lebensbedürfnisse die Mithilfe tierischer Kraft heranziehen, was freilich den Nachteil hat, daß vom Tiere nicht wie vom Menschen körperliche und geistige Arbeit geleistet wird, das Tier daher auch bei Verrichtung seiner körperlichen Arbeiten vom Menschen geistig geleitet werden muß. — Die Verwendung tierischer Kraft zu technischer Arbeit kam schon längst in der Einführung einer neuen Arbeitseinheit, der sog. Pferdekraft, zum Ausdruck, die mit 75 Sekunden-Meter-Kilogramm bemessen wird. — So wertvoll und unersetzbar auch heute noch die körperliche Arbeit der Menschen und Tiere für viele technische Arbeiten geblieben ist, spielt sie doch kaum mehr eine maßgebende Rolle im Verhältnis zu dem enormen Arbeitsbedarfe, den die moderne Technik zur Vollführung ihrer gewaltigen Aufgaben in Anspruch nehmen muß. Sie muß heute vielmehr die Kräfte der Natur verwenden, und ihre hauptsächlichsten Arbeitsquellen sind die Kohlenlager einerseits und die Wasserkräfte anderseits, die beide, wie schließlich auch die menschliche und tierische Kraft, der Sonnenwärme sowie dem Sonnenlichte ihre Entstehung und ihre unausgesetzte Neubildung verdanken.

Der Technik ist es in der Neuzeit gelungen, diese natürlichen Quellen unerschöpflicher Arbeitsleistungen für alle möglichen Zwecke der Menschheit auszubeuten. Sie versteht es, die in den Kohlenlagern aufgespeicherte Energie in Dampfkraft, diese sowie die Wasserkräfte in elektrische Arbeit umzuwandeln, fernzuleiten und dort zu nutzbringender Verwendung zu bringen, wo es dem beabsichtigten Zwecke am besten entspricht. Zur Gewinnung, Umwandlung und Verwertung dieser Naturkraft bedarf es aber einer Unzahl von Vorrichtungen, Maschinen und Anlagen, die nur auf Grund genauer Kenntnis aller Naturgesetze in einer dem jeweiligen Zwecke angepaßten Art geschaffen werden können. Und diese **Lehre von den Naturkräften und deren Gesetzen, die Physik, bildet die zweitwichtigste Grundlage der technischen Wissenschaften;** so wie die Chemie eine unentbehrliche Hilfswissenschaft für die Lehre von den Bau- und Betriebsstoffen und deren Bearbeitung bildet, bedarf aber auch die Physik und deren praktische Anwendung in den technischen Fächern gründlicher Vorkenntnisse in **Mathematik** und in **Geometrie,** weil uns nur diese Hilfswissenschaften die Mittel bieten, die zur Gewinnung, Verwertung und Umwandlung der Naturkräfte nötigen technischen Einrichtungen richtig berechnen und darstellen zu können. — Unseren Lesern wird nun auch klar sein, warum wir in unserer Vorstufe zunächst mit den drei Hilfswissenschaften der Technik, **Mathematik, Geometrie** und **Chemie,** beginnen wollen und müssen.

[2] Arbeitsplan.

a) Wie die einzelnen Stoffgebiete studiert werden müssen, um zu gründlicher technischer Ausbildung zu gelangen, ist aus der Anordnung selbst zu erkennen; überall dort, wo Rechen- und Konstruktionsaufgaben gestellt und gelöst werden, wo Beispiele in Ziffern und Buchstaben gegeben sind, wie hauptsächlich in Mathematik und Geometrie, genügt einfaches Lesen, wenn auch mit noch so viel Überlegung keineswegs: da muß der Studierende unbedingt mit Bleistift, Zirkel und Lineal arbeiten, alle Aufgaben und Beispiele selbst durchrechnen und wo nötig, auch konstruktiv durchführen. Nur auf diese Weise kann und wird das Gebotene zum geistigen Eigentume des Lernenden werden.

Alles übrige braucht nur mit Aufmerksamkeit gelesen und überdacht zu werden. Ein eigentliches Lernen, namentlich Auswendiglernen erübrigt sich beim Selbststudium gänzlich; dagegen dürfte es von Vorteil sein, sich durch Anfertigung von Auszügen über den Inhalt jedes Briefes, durch kurze Beantwortung selbst gestellter Fragen oder andere Hilfsmittel des Gedächtnisses den nötigen Überblick über den bereits bewältigten Lehrstoff zu verschaffen; die Wahl solcher Hilfsmittel kann übrigens dem einzelnen überlassen bleiben, weil beim Selbstunterrichte sowieso jeder sein eigener Lehrer ist, der seinen Schüler genau kennt und daher auch am besten wissen wird, wie er studieren soll.

b) Das gründliche Studium jedes einzelnen Briefes wird bei täglich etwa 1—2stündiger Arbeitszeit ungefähr 6 Wochen in Anspruch nehmen, wobei noch reichlich auf Wiederholung schwierigerer Partien Rücksicht genommen erscheint.

[3] Unterrichtsgang.

Empfehlen, aber nicht vorschreiben würden wir folgenden Vorgang:

1. Jeden Brief zunächst einmal aufmerksam, womöglich laut durchlesen und dabei die gelösten Aufgaben und Beispiele flüchtig nachrechnen, bzw. die gegebenen Konstruktionen aus freier Hand zeichnen.

2. Dann je nach Stimmung entweder die rechnerischen Aufgaben soweit als möglich selbständig lösen oder an der Hand der gegebenen Anleitungen die Konstruktionsaufgaben mit Zirkel und Lineal zeichnen.

3. Die noch Schwierigkeiten bietenden Aufgaben wiederholt bearbeiten, bis sie auch vom Studierenden allein glatt gelöst werden können, oder wenn letzterer augenblicklich besser zum Zeichnen aufgelegt ist, die Konstruktionsübungen noch einmal, aber allein ohne Anleitung durchführen.

4. In dieser Art so lange fortfahren, bis der ganze Stoff einschließlich aller Rechen- und Konstruktionsaufgaben zur Gänze erfaßt ist. und dann erst an die Lösung der Übungsaufgaben schreiten, soweit deren Lösung dem Studierenden allein möglich ist. Andernfalls müßten die nicht oder nicht richtig gelösten Übungsaufgaben beim Studium des nächsten Briefes in gleicher Weise wie unter 1—3 behandelt werden.

5. Schließlich den Brief abermals gründlich vom Anfang bis zum Ende durchlesen, sich die nötigen Notizen, Auszüge u. dgl. machen und dann erst mit dem Studium des nächsten Briefes in der geschilderten Art beginnen.

[4] Einteilung der Briefe.

Jeder Brief enthält mehrere Hauptteile, die die Titel der einzelnen Lehrgegenstände tragen.

Jeder Hauptteil zerfällt in Abschnitte, jeder Abschnitt in Unterabteilungen, deren bis zum Schluße jedes Bandes fortlaufende Nummern in Klammern der Überschrift vorgesetzt und überdies auf jeder Seite rechts oben angegeben sind. Die meisten Unterabteilungen zerfallen noch in Absätze, die mit a), b), c) oder 1., 2., 3. usw. bezeichnet sind.

Wo auf irgendeine Stelle hingewiesen werden muß, werden die Nummern der betreffenden Unterabteilungen in Klammern, nötigenfalls auch die Buchstaben oder Ziffern des Absatzes angegeben werden, z. B. [14 a, b] heißt: „nachzulesen in der Unterabteilung [14], Absätze a) und b)." — Wenn auf Textstellen in früheren Bänden verwiesen werden muß, so ist der Nummer noch die Bezeichnung des Bandes Vorst. (Vorstufe) oder I, II u. III vorgesetzt, z. B. Vorst. [250 a] oder III [453 d]. Seitenzahlen, Nummern der Briefe und Aufgaben werden bei Hinweisen niemals angeführt.

MATHEMATIK

Arithmetik und Algebra.

[5] ## Einleitung.

Eine der größten Schwierigkeiten für den technischen Selbstunterricht besteht darin, jene Leser, die sich für ihre Berechnungen bisher nur mit mehr oder weniger Geschick der vier ersten Rechnungsarten bedienten, an das „mathematische Denken" zu gewöhnen, eine Fähigkeit, die zur Lösung der sich in der Technik ergebenden Rechnungsaufgaben unentbehrlich ist, die aber, einmal gründlich erworben, auch das Studium vieler anderer Wissenschaften ungemein erleichtert. Freilich sind es nur verhältnismäßig wenige mathematische Regeln, die für technische Arbeiten unbedingt notwendig sind; aber diese müssen nicht nur gelernt, sondern auch verstanden werden, sozusagen in Fleisch und Blut übergehen, um im Augenblick des Bedarfes jederzeit die für den gegebenen Fall gebotene Anwendung finden zu können.

Die Aufgabe, jemanden ohne jede persönliche Einflußnahme in die Kunst des mathematischen Denkens einzuführen, wird einigermaßen dadurch erschwert, daß unser Leserkreis sich aus den verschiedensten Berufsständen rekrutiert und wir daher mit den verschiedenartigsten Vorbildungsstufen rechnen müssen. Um in dieser Hinsicht ganz sicher zu gehen, wollen wir das Maß unserer Voraussetzungen möglichst gering ansetzen und nur annehmen, daß alle im ziffermäßigen Addieren, Subtrahieren, Multiplizieren und Dividieren vollkommen geübt sind und außerdem über gewisse Kenntnisse im Rechnen mit Brüchen, in einfachen Prozentrechnungen usw. verfügen, wie sie heute im täglichen Leben von jedem erwachsenen Menschen verlangt werden. Von dieser gewiß sehr niedrig gehaltenen Grundlage ausgehend, werden wir sie allmählich von der einfachen Rechenkunst zur mathematischen Behandlung der Rechnungsaufgaben hinüberleiten.

Jedenfalls raten wir dringend, sich dem Studium der Mathematik mit allem Eifer hinzugeben und über alles, was in den folgenden Abschnitten geboten wird, so lange nachzudenken, bis es vollständig erfaßt ist. Dadurch wird der Intelligente langsam und nahezu mühelos die nötige Übung in der Handhabung des mathematischen Rüstzeuges erlangen, mit dem er dann alle mathematischen Aufgaben, die ihm in den technischen Fächern überhaupt gestellt werden können, spielend leicht lösen wird.

1. Abschnitt.

Rechenkunde und Zahlenlehre.

A. Grundbegriffe.

[6] Mathematik, Arithmetik und Algebra.

a) Die **Mathematik** (die Wissenschaft der Größen) zerfällt in die **Arithmetik,** die Lehre von den Zahlgrößen, die **Algebra,** die Lehre von den Gleichungen, und die **Geometrie,** die Lehre von den Raumgrößen; die letztgenannte Wissenschaft werden wir ihrer Eigenart wegen als besonderes Lehrfach behandeln und uns im folgenden nur mit der Arithmetik und Algebra befassen.

b) Die **Arithmetik,** deutsch Zahlenlehre, beschäftigt sich mit den aus Einheiten gebildeten Zahlen und umfaßt im allgemeinen die 4 Arten der Rechenkunde mit ganzen und gebrochenen Zahlen, die Lehre von den Proportionen, das Ausziehen der Quadrat- und Kubikwurzeln sowie das Rechnen mit Logarithmen. Die Regeln der Arithmetik geben uns die nötigen Hilfsmittel zur Hand, um in allen Fällen **den eigentlichen Zweck jeder praktischen Rechnung, aus einer den jeweilig gegebenen Verhältnissen angepaßten Gleichung von Zahlengrößen den Wert einer unbekannten Zahlengröße zu ermitteln,** rasch und sicher zu erreichen.

c) Jener Teil der Mathematik, der die planmäßige Bestimmung dieser unbekannten Größen, die sog. „Auflösung von Gleichungen" lehrt, heißt Algebra.

[7] Zahlen und Zahlenreihen.

a) Um eine gegebene Menge von gleichartigen Einheiten zu zählen, verwendet man die **Zahlworte,** die in ihrer Aufeinanderfolge „Eins", „Zwei", „Drei" usw. die **natürliche Zahlenreihe** bilden; sie beginnt mit 0 und kann bis ins Unendliche fortgesetzt werden:

b) Die Reihe der ganzen Zahlen genügt, solange es sich um das Zählen ganzer Einheiten handelt, wie z. B. 1 Mark, 2 Mark usw. Sollen aber auch Teile von Einheiten, z. B. 2 Mark und 20 Pfennige gezählt werden, so muß die Zahlenreihe durch **gebrochene Zahlen** erweitert werden. Zu diesem Behufe wird eine Einheit z. B. in 10 Teile zerlegt, die wieder für sich als $\frac{1}{10}$ Einheiten gezählt werden können.

2 Mark 20 Pfennig sind, in Einheiten ausgedrückt 2 ganze Einheiten und 2 Zehnteleinheiten, welcher Wert in der Zahlenreihe zwischen 2 und 3, und zwar 2 Teilstriche über 2 nach rechts liegt.

c) Da es beim Zählen oft auf die Beschaffenheit der gezählten Dinge gar nicht ankommt, diese häufig im vorhinein überhaupt nicht bekannt ist, so kann man die Zahlen auch unabhängig davon machen, was für Dinge mit ihnen gezählt werden. In dem Falle nennt man sie **unbenannte Zahlen,** wie z. B. 3, 7, 116, bei denen man sich jederzeit irgendeine Benennung, Mark, Jahre usw. hinzudenken kann, aber nicht unbedingt hinzudenken muß. Solange die Zahl unbenannt bleibt, betrachtet man die Zahl 1 als Einheit. Im Gegensatze hierzu stehen die **benannten Zahlen,** wie 3 Mark, 7 Jahre, 116 Personen, wobei jedes von den gezählten Dingen, also die einzelne Mark, das einzelne Jahr, die einzelne Person als Einheit betrachtet wird.

d) Alle bisher erwähnten Zahlen sind Zahlen von bestimmtem Zahlenwerte, somit **bestimmte Zahlen,** für die man die gewöhnlichen Zahlzeichen wie 3, 7, 116 verwendet. Will man einer Rechnung allgemeine, für alle möglichen Fälle gültige Bedeutung sichern, so führt man sie zunächst mit **unbestimmten Zahlen** durch, als welche man allgemeine Zahlzeichen, meistens die Buchstaben des kleinen lateinischen Alphabets, häufig auch jene des griechischen Alphabets benutzt, und ersetzt erst später die einzelnen Buchstaben durch die für den gegebenen Fall passenden, bestimmten Zahlen.

Übungsbeispiel: Von 4 Schachteln enthält die erste a, die zweite b, die dritte $(a+b)$ und die vierte $2 \cdot (a+b)$ Zündhölzer. Was folgt daraus? Antwort: Daß der Inhalt der 1. und 2. Schachtel zusammen den Inhalt der dritten, jener der drei ersten Schachteln zusammen den Inhalt der 4. ergibt. Ohne daher die wirklichen Zahlen zu kennen, gibt uns obiger Ansatz auch bei Verwendung unbestimmter Zahlen doch schon die Möglichkeit, die Inhalte der 4 Schachteln bis zu einem gewissen Grade miteinander zu vergleichen; wird für a 10 und für b 20 angenommen, so können wir damit auch den Inhalt der 3. $(10+20)=30$ und jenen der 4. Schachtel, $2\cdot(10+20)=60$ bestimmen.

e) Endlich unterscheidet man positive und negative, absolute und algebraische Zahlen, wovon noch ausführlicher die Sprache sein wird.

[8] Gleichung. Ungleichung.

a) **Zwei Zahlen sind gleich, wenn jeder Einheit der einen Zahl eine Einheit der anderen entspricht. Die Gleichsetzung zweier gleicher Zahlen oder Zahlenverbindungen erfolgt durch das Gleichheitszeichen. Dadurch entsteht eine Gleichung.** Man schreibt z. B. $14=7\cdot2$ oder $a=b$ und nennt die verglichenen Größen die Seiten einer Gleichung.

1. Beispiel. Zwei Knaben erhalten von ihrem Onkel je 30 Pflaumen. Der eine steckte davon 7 in die rechte und 7 in die linke Hosentasche, 7 in die rechte, 7 in die linke Rocktasche und verzehrte den Rest von 2 Stück. Der andere steckte 12 in die rechte und 12 in die linke Hosentasche und verzehrte den Rest von 6 Stück. Es besteht die Gleichung

$$\underset{\text{in den Taschen}}{4\times7} \quad \underset{\text{gegessen}}{+2} \quad = \underset{\text{in den Taschen}}{2\times12} \quad \underset{\text{gegessen}}{+6}$$

Die Seiten einer Gleichung geben hier dieselbe Menge von Einheiten nur in verschiedener Anordnung.

2. Beispiel. Ein deutscher und ein österreichischer Arbeiter verdienen gleichviel. Wie schreibt dies der Mathematiker an? Lösung: Der deutsche verdient den Betrag a, der Österreicher auch den **Betrag** a, oder: der Deutsche verdient den Betrag a, der Österreicher (um z. B. die andere Währung zum Ausdruck zu bringen) den Betrag b, wobei sich der Mathematiker notiert $a=b$. Die Seiten dieser Gleichung bringen dieselbe Menge, aber mit verschiedener Geheimbezeichnung zum Ausdruck.

Das obige Übungsbeispiel zu [7d] enthält mehrere Gleichungen: Inhalt der 1. Schachtel + Inh. der 2. Sch. = Inh. der 3. Sch.; ferner
Inh. der 1. Sch. + Inh. der 2. Sch. + Inh. der 3. Sch. = Inh. der 4. Sch.
In Buchstaben: $a+b=a+b$
$$a+b+(a+b)=2(a+b).$$
In bestimmten Zahlen für $a=10$ und $b=20$.
$$10+20=30$$
$$10+20+30=60.$$

b) **Zwei Zahlen sind ungleich,** wenn nicht jede Einheit der einen Zahl einer Einheit der anderen entspricht; es ist jene Zahl die größere, von der nach dem Vergleiche mit der zweiten Zahl noch ein oder mehrere Einheiten übrigbleiben; die andere heißt hingegen die kleinere.

Daß z. B. 16 größer als $7\cdot2$ oder a größer als b ist, drückt man durch die Ungleichungen
$$16>7\cdot2 \text{ oder } a>b \text{ aus.}$$
Umgekehrt ist $7\cdot2$ kleiner als 16 oder b kleiner als a, was man schreibt: $7\cdot2<16$ oder $b<a$.

[9] Resultat, Ergebnis.

Durch Verbindung von Zahlen, z. B. $(4\times7)+2$ erhält man eine neue Zahl. Den Wert dieser ermitteln, heißt „rechnen", die Auswertung heißt **Rechnung.** Die Zahl, zu der man hierbei gelangt, nennt man **Resultat** oder **Ergebnis** der Rechnung. Beispiel: $(4\times7)+2$ gibt $28+2$ oder 30. (30 ist das Ergebnis der Auswertung.)

[10] Arithmetische Grundsätze.

Unter Grundsatz (Axiom) versteht man eine Behauptung, die jeder infolge seiner Erfahrung

sofort als richtig anerkennt. Solche Grundsätze der Mathematik sind die folgenden vier:

a) **Jede Zahl ist sich selbst gleich.**
b) **Das Ganze ist größer als einer seiner Teile.**
c) **Gleiche Zahlen lassen sich gegenseitig vertauschen.**
d) **Sind zwei Zahlen einer dritten gleich, so sind sie auch untereinander gleich.**

Ist z. B. $a=c$ und ist $b=c$ } so ist zu schließen $a=b$.

[11] Mathematische Zeichen.

a) In der Mathematik bedient man sich bestimmter Zeichen, die streng beachtet werden müssen, um die mathematischen Begriffe allgemein verständlich zu halten. Für unseren Gebrauch sind zunächst folgende Zeichen notwendig:

$=$ heißt „gleich" (Gleichheitszeichen); $a=b$; $3=3$,
$>$ „größer als", $a>b$; $4>3$,
$<$ „kleiner als", $b<a$; $3<4$,
$\gtrless$ „unbestimmt",
$\approx$ „annähernd gleich, ungefähr gleich, abgerundet",
$+$ „mehr", „plus", „positiv", $a+b$; $3+5$; $+a$,
$-$ „weniger", „minus", „negativ", $a-b$; $3-2$; $-b$,
$\times, \cdot$ „multipliziert mit" oder „mal", 3×3; $a\cdot b$; manchmal läßt man das Malzeichen ganz weg und schreibt z. B. statt $3\cdot a$ nur $3a$, statt $a\cdot b$ nur ab, statt $a\cdot b\cdot c$ nur abc,
$:, —$ „dividiert durch" oder „durch", $a:b; \frac{a}{b}$; $7:3; \frac{7}{3}$,
0 „Null",
∞ „Unendlich",
$()$ „runde Klammer" oder kurz „Klammer",
$[]$ „eckige Klammer",
$\{\}$ „geschweifte Klammer".

[12] Römische Zahlzeichen und griechische Buchstaben.

a) Außer den arabischen Ziffern kommen mitunter auch die römischen Ziffern, namentlich bei Inschriften zur Verwendung; die römischen Zahlen werden durch folgende Zeichen dargestellt:
$I=1$, $II=2$, $III=3$, $V=5$, $X=10$, $L=50$, $C=100$, $D=500$, $M=1000$.
Der Ausdruck für die Differenz oder die Summe zweier Zahlen entsteht durch Vor- oder Rückwärtssetzen einer kleineren Zahl. Daraus ergibt sich z. B. für $12=10+2=XII$, für $40=50-10=XL$, für $57=50+5+2=LVII$, für $1920=1000+(1000-100)+20=M+CM+XX=MCMXX$.

b) In der Technik werden sehr häufig auch Buchstaben des griechischen Alphabets verwendet; die wichtigsten sind:

α (gesprochen Alpha) unser a,
β („ Beta) „ b,
γ („ Gamma) „ g,
δ („ Delta) „ d,
ϵ („ Epsilon) „ e,
π („ Pi) „ p,
Σ oder σ („ Sigma) „ s,
groß klein
Ω ω („ Omega) „ o.

B. Einheiten und Zahlen.

[13] Benennung der Zahlen.

a) Alle Zahlen sind ursprünglich benannt, denn wir benützen ja die Zahlen nur zu dem Zwecke, um anzugeben, aus wieviel einzelnen Stücken, aus wieviel Einheiten irgendeine Gruppe von Gegenständen besteht.

Denken wir uns z. B. in einem Gefäße I:10 weiße, 12 rote und 14 schwarze Kugeln, in einem zweiten Gefäße II:3 weiße, 6 rote und 2 schwarze Kugeln und zählen wir die in beiden Gefäßen enthaltenen Kugeln der Farbe nach zusammen, so erhalten wir die Summe aller weißen Kugeln mit

$W = 10 + 3 = 13$, jene der roten Kugeln mit $R = 12 + 6$ $= 18$ und die der schwarzen Kugeln mit $S = 14 + 2 = 16$. (Diese Gleichungen werden gesprochen: W gleich 10 plus 3, gleich 13; R gleich 12 plus 6, gleich 18 und S gleich 14 plus 2, gleich 16.) Im Gefäße I sind ohne Rücksicht auf die Farbe $10 + 12 + 14 = 36$ Kugeln, im Gefäße II $3 + 6 + 2$ $= 11$ Kugeln enthalten. — Im ersten Falle bildet die weiße Kugel bei $W = 10 + 3 = 13$, die rote Kugel bei $R = 12$ $+ 6 = 18$ und die schwarze Kugel bei $S = 14 + 2 = 16$ die gewählte Einheit. Die erhaltenen Summen 13, 18 und 16 können sich sonach nur wieder auf weiße bzw. rote und schwarze Kugeln beziehen. — Zählen wir obige Teilsummen zusammen, so ergibt sich **die Gesamtsumme aller Kugeln** $\Sigma = 13 + 18 + 16 = 47$; dieselbe Gesamtzahl erhalten wir, wenn wir die in den beiden Gefäßen enthaltenen Kugeln zusammenzählen, also $\Sigma = 36 + 11 = 47$. Dieser Gesamtsumme muß die allgemeine Bezeichnung „Kugeln" gegeben werden, weil sie verschieden gefärbte, weiße, rote und schwarze Kugeln enthält, die mit dieser Verschiedenheit in der Benennung natürlich nicht zusammengezählt werden können. Ebenso könnte man z. B. Nadel und Laubbäume nur unter der gemeinsamen Bezeichnung „Bäume" zusammenzählen.

b) Sehr häufig ist man jedoch nicht in der Lage, von vornherein mit bestimmten Einheiten zu rechnen, die Dinge zu kennen, für die die Rechnung durchgeführt werden soll; dann muß eben vorerst mit unbenannten Zahlen gerechnet und erforderlichenfalls später dem Resultate der Rechnung die entsprechende Benennung beigefügt werden.

c) Im späteren Verlaufe unserer Ausführungen werden wir manche Fälle kennenlernen, wo eine Zahl überhaupt keine Benennung führen darf; das ist z. B. der Fall bei allen Teilungen: wenn wir fragen, wieviel Gruppen von je 5 Kugeln wir von 15 Kugeln wegnehmen können und darauf antworten müssen, drei, so ist es unmöglich, der Zahl 3 eine Benennung beizulegen, denn $5 + 5 + 5 = 15$; die Zahl 3 gibt daher nur an, wie viele solcher Gruppen zu je 5 Kugeln zusammengezählt werden müssen, um zur Gesamtzahl 15 zu kommen.

[14] Null und negative unbenannte Zahlen.

a) Von einer größeren Zahl können wir leicht eine kleinere abziehen. **Die Differenz zweier gleicher Zahlen ist immer Null.** Wenn wir z. B. von 10 Äpfeln 10 wegnehmen, bleibt nichts übrig; $10 - 10 = 0$. Die Null steht also am Anfang der Zahlenreihe, denn wenn wir von einer bestimmten Zahl von Einheiten eine Einheit nach der anderen wegnehmen, so kommen wir schließlich von Eins auf Null. Mit Null wird in der Mathematik das „Nichts" bezeichnet; die Null gilt als Ziffer und bedeutet das Fehlen jeder Einheit.

b) Schwieriger wird die Sache, wenn von einer Menge mehr Einheiten weggenommen werden sollen, als vorhanden sind. Eigentlich müßte in diesem Falle von einer Subtraktion überhaupt abgesehen werden, was aber noch den Nachteil hätte, daß vor jeder solchen Rechnung erst geprüft werden müßte, ob die zu vermindernde Zahl größer ist als die abzuziehende. Die Mathematiker haben sich hier durch den Kunstgriff geholfen, daß sie sich die fehlenden Einheiten von irgendwoher ersetzt denken; sollen wir z. B. von 10 Einheiten 15 abziehen, so fehlen 5 Einheiten; denkt man sich diese irgendwie entlehnt, so können sie den vorhandenen 10 Einheiten zugezählt werden, und, dann ist

$$(10 + 5) - 15 = 0.$$

Die Subtraktion können wir auf diese Art ausführen; die Differenz ist zwar der Form nach gleich Null; tatsächlich sind wir aber 5 Einheiten schuldig. **Weitere Erklärung folgt unter [28].**

Diese entlehnten Einheiten müssen gegenüber den vorhandenen einen mathematischen Unterschied aufweisen, und dieser wird durch das Vorsetzen des Zeichens — gebildet. Die Zeichen haben damit eine neue Bedeutung erhalten, sie sind **Vorzeichen** geworden, die sich nur auf die darauffolgened Zahl beziehen und mit der sie aufs engste verknüpft sind. Man nennt z. B. $+10$ eine **positive (bejahende)** Zahl, -10 eine **negative (verneinende)** Zahl, beide in ihrer Gesamtheit **algebraische Zahlen** zum Unterschied von den **absoluten Zahlen** ohne Vorzeichen; darüber wird später noch ausführlicher gesprochen werden.

c) Die Zahlenreihe hat dadurch eine zweite Erweiterung in entgegengesetzter Richtung erfahren und stellt sich jetzt so dar:

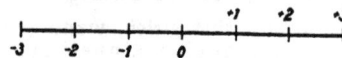

Gehen wir z. B. von 3 Einheiten aus und nehmen wir davon 1 Einheit weg, so kommen wir auf 2; $+3 - 1 = +2$, noch eine Einheit weg, auf 1; $+3 - 2 = +1$, die 3. Einheit weg, auf 0; $+3 - 3 = 0$, „ 4. „ „ „ -1; $+3 - 4 = -1$, „ 5. „ „ „ -2; $+3 - 5 = -2$ und so fort.

Allgemein bekannt ist u. a. diese Zahlenreihe in der Thermometerskala. Der Nullpunkt gibt 0 Grad Wärme und gleichzeitig 0 Grad Kälte an; steigt die Temperatur, so spricht man z. B. von „4 Grad Wärme" oder von „4 Grad ober Null". Fällt sie, so sagt man, das Thermometer steht auf z. B. „minus 3 Grad" oder „3 Grad Kälte" oder „3 Grad unter Null". Die Temperatur ist dann von $+4°$ auf $-3°$, somit um $4 + 3 = 7$ Grade gefallen.

[15] Negative benannte Zahlen.

a) Vermögen und Schulden sind schon nach dem gewöhnlichen Sprachgebrauche gegensätzliche Begriffe; es handelt sich jetzt darum, diesen Gegensatz auch mathematisch irgendwie zum Ausdruck zu bringen. Vermögen ist tatsächlicher, sonach positiver Besitz.

b) Schulden sind das Gegenteil von Vermögen; wenn wir eine Schuld abzahlen, so wird das Vermögen kleiner, die Schuld muß daher vom Vermögen abgezogen werden, um den Vermögensrest zu ermitteln. Durch das Vorzeichen minus (—) wird dem Begriffe „Schuld" sein mathematisches Kennzeichen gegeben. Die Zahl, die eine Schuld angibt, ist eine negative Zahl, während das Vermögen durch eine positive Zahl ausgedrückt wird.

c) Im Sprachgebrauche übliche Worte von gegensätzlicher Bedeutung sind in Geldangelegenheiten noch die Worte Gewinn und Verlust. Wenn man einen Gegenstand um 10 M. kauft und um 15 M. verkauft, so hat man bei diesem Geschäfte 15 M. — 10 M. = 5 M. Gewinn. Umgekehrt, wenn man um 15 kauft und um 10 verkauft, müssen wir von unserem sonstigen Besitze 5 M. verloren haben. Diese 5 M., die wir aus unserem Besitze dazugeben müssen, um das Geschäft durchzuführen, sind sonach offenbarer Verlust, also negativer Gewinn. $(10 + 5) - 15 = 0$. [14b], [28].

d) Bei Bewegungen kann der Gegensatz durch vorwärts und rückwärts ausgedrückt werden. Wenn wir z. B. 15 Schritte vorwärts und in entgegengesetzter Richtung 10 Schritte nach rückwärts gehen, so befinden wir uns schließlich 5 Schritte vor dem Ausgangspunkt. Geht man jedoch 10 Schritte vorwärts und 15 Schritte rückwärts, so befindet man sich 5 Schritte hinter dem Ausgangspunkte.

[16] Allgemeine Zahlzeichen.

a) Unter [13a] war uns die Aufgabe gestellt, die in 2 Gefäßen vorhandenen, verschiedenfarbigen Kugeln mit und ohne Rücksicht auf die Farbe zusammenzuzählen. Diese Aufgabe betraf daher einen besonderen Fall mit bestimmten Zahlen und benannten Einheiten. Es kann uns aber die Aufgabe in viel allgemeinerer Form gestellt werden, z. B.: In einem Gefäße I befinden sich a weiße und b schwarze Kugeln, in einem zweiten Gefäße II a_1 (sprich a eins) weiße und b_1 schwarze Kugeln. Wieviel Kugeln der beiden Farben und wieviel Kugeln überhaupt sind in beiden Gefäßen vorhanden? Die Summe der weißen Kugeln ist hier: $W = a + a_1$, die der schwarzen Kugeln $S = b + b_1$. Die Gesamtzahl aller Kugeln ist: $\Sigma = a + a_1 + b + b_1$; diese Rechnung ist ganz allgemein, mit unbestimmten, aber in dem Falle benannten Zahlen ausgeführt.

Wüßten wir aber auch nicht, welche Dinge in den Gefäßen überhaupt vorhanden sind, ob Birnen, Äpfel oder Aprikosen, also „Früchte" oder etwa Glasperlen, Edelsteine oder Ringe, also „Schmuckgegenstände", so müßten wir die Rechnung einstweilen nicht nur mit unbestimmten, sondern auch mit unbenannten Zahlen durchführen.

Das Ergebnis der Rechnung bleibt natürlich unbestimmt, insolange wir die Buchstaben nicht durch bestimmte Zahlen ersetzen. Nehmen wir aber, um bei dem durchgeführten Beispiel zu bleiben, für $a = 10$, $a_1 = 3$, $b = 12$, $b_1 = 6$ an und setzen diese Werte in die obige Gleichung ein, so erhalten wir $W = 10 + 3 = 13$ weiße Kugeln und $S = 12 + 6 = 18$ schwarze Kugeln. $W + S = \Sigma = (10 + 3) + (12 + 6) = 31$; die allgemeine Rechnung ist somit auf einen besonderen Fall übertragen worden und ergibt daher jetzt auch ein Resultat von bestimmtem Zahlenwerte.

Als allgemeine Zahlzeichen verwendet man oft auch Buchstaben, an denen unten eine kleine Zahl oder ein kleiner Strich als „Zeiger" (Index) angefügt ist, z. B. a_1 (a eins), b_3 (b drei), a'' (a Zweistrich).

b) In Buchstabenrechnungen können die Buchstaben beliebige Zahlenwerte erhalten oder beliebig gewechselt werden, z. B.:

$$d = a - b + c, \text{ für } a = 8, b = 4, c = 5 \text{ ist}$$
$$d = 8 - 4 + 5 = 9.$$

Wir können ebensogut andere Buchstaben wählen, z. B. $a = m$, $c = n$ und $d = x$ setzen, dann lautet die Gleichung: $x = m - b + n$.

Im Verlaufe einer und derselben Rechnungsaufgabe muß jedoch die Bedeutung der einzelnen Buchstaben unabänderlich festgehalten werden. Buchstaben und Zahlen können auch gleichzeitig verwendet werden;

z. B.: $d = a - b + c$ gibt für $b = 3$, $d = a + c - 3$
oder: $x = 3a - 4b$ gibt für $a = 2$ und $b = 1$
$$x = (3 \times 2) - (4 \times 1) = 6 - 4 = 2.$$

C. Zahlenausdrücke.

[17] Einfache Zahlenausdrücke.

a) Wie bekannt werden bei den verschiedenen Rechnungsarten zwei oder mehrere Zahlen so verbunden, daß sich daraus eine weitere Zahl ergibt, die je nach der Rechnungsart verschiedenen Wert hat und Summe, Differenz, Produkt oder Quotient heißt:

z. B.
$14 + 2$ gibt als **Summe** 16,
$14 - 2$ gibt als **Differenz** 12,
14×2 gibt als **Produkt** 28,
$14 : 2$ oder $\frac{14}{2}$ gibt als **Quotient** 7.

b) Die gesuchte Zahl ist in obigen Beispielen mit 16, 12, 28 und 7 ausgerechnet; unaus-

gerechnete Summen, Differenzen, Produkte und Quotienten, wie $14 + 2$, $14 - 2$, 14×2, $14 : 2$, nennt man **Zahlenausdrücke**, die, wenn mit ihnen weitergearbeitet werden soll, in der Regel in Klammern eingeschlossen werden.

Z. B. $(14 + 2)$, $(14 - 2)$, (14×2), $(14 : 2)$.

Sprich: Klammer 14 plus 2, Klammer geschlossen; Kl. 14 minus 2, Kl. geschl.; Kl. 14 mal 2, Kl. geschl.; Kl. 14 durch 2, Kl. geschl.

Übungsbeispiele. Wie heißt
die Summe aus 5, 7 und 12?
die Differenz aus 100 und 17?
das Produkt der Zahlen 3, 4 und 5?
der Quotient der Zahlen 63 und 9?
(Lösung 24; 83; 60; 7.) — Jemand hat in der einen Tasche 5, in der zweiten 7, in der dritten 12 Äpfel. Was kosten diese, wenn jeder den Wert von 40 Pfennigen hat?
Ansatz: Wert $= (5 + 7 + 12) \cdot 40 \,\text{₰}$.
Fertige den Ansatz für den Fall, daß der Betreffende a Äpfel in der einen, b Äpfel in der zweiten, c Äpfel in der dritten Tasche hat und jeder Apfel den Preis $p \,\text{₰}$ hat!
Ansatz: Wert $= (a + b + c) \cdot p \,\text{₰}$.
Vermöchtest du nun selbst solche Beispiele zu machen? (Wähle statt Äpfel eine andere Bezeichnung usw.)

[18] Zusammengesetzte Zahlenausdrücke.

a) Zusammengesetzte Ausdrücke erhält man, wenn man Zahlzeichen mit Klammerausdrücken verbindet. In diesem Falle muß man oft verschiedene Klammerformen verwenden. Um zusammengesetzte Ausdrücke zu berechnen, müssen die einzelnen Klammerausdrücke, von der innersten Klammer angefangen, schrittweise ausgerechnet werden.

z. B. $[10 - (2 + 6)] = 10 - 8 = 2$
oder $12 + (20 : 4 - 12) + (12 - 4)$
$= 12 + 12 + 8 = 32$
oder $5 \cdot \{40 - [2 \cdot (2 + 3) - 5]\}$
$= 5 \cdot \{40 - [(2 \times 5) - 5]\} =$
$= 5 \cdot \{40 - 5\} = 5 \times 35 = 175.$

Sprich: 5 mal geschweifte Klammer, 40 weniger eckige Klammer, 2 mal runde Klammer, 2 plus 3, runde Klammer geschlossen, weniger 5; eckige und geschweifte Klammer geschlossen, gleich 5 mal geschweifte Klammer, 40 weniger eckige Klammer, runde Klammer 2 mal 5, runde Klammer geschlossen weniger 5, eckige und geschweifte Klammer geschlossen, gleich 5 mal geschweifte Klammer, 40 weniger 5, Klammer geschlossen, gleich 5 mal 35, gleich 175.

b) Auch in der Buchstabenrechnung gibt es Summen, Differenzen, Produkte und Quotienten, die sich zu Klammerausdrücken zusammensetzen lassen; solche allgemeine Zahlenausdrücke lassen sich aber nicht früher berechnen, bevor nicht alle Buchstaben durch die ihnen im gegebenen Falle zukommenden Zahlenwerte ersetzt sind; bis dahin müssen die unbestimmten Zahlenausdrücke, z B.

$$\frac{a}{b} \cdot [c \cdot (a + b) - d \cdot (a - b)],$$

beibehalten bleiben.

Sprich: a durch b mal eckige Klammer, c mal runde Klammer, a plus b, runde Klammer geschlossen, minus d mal runde Klammer, a minus b, runde und eckige Klammer geschlossen.

D. Gleichungen.

[19] Bestimmungsgleichungen.

Zwei Buchstabenausdrücke können einander gleichgesetzt werden. Dann erhält man eine Buchstabengleichung. Wenn man für alle in einer solchen Gleichung vorkommenden Buchstaben irgendwelche bestimmte Zahlen einsetzt und dann jeden der beiden gleichgesetzten Ausdrücke berechnet, so erhält man entweder zwei gleiche oder zwei ungleiche Zahlen. Im ersteren Falle ist die Gleichung für die eingesetzten Werte **richtig**, im zweiten Falle **falsch**.

1. Beispiel. Ein Knabe hat in der rechten Hosentasche a Pflaumen, in der linken b Pflaumen. Ein zweiter hat in der rechten Hosentasche c, in der linken d und in der Rocktasche e Pflaumen. Beide haben dann gleichviel, wenn

$$a + b = c + d + e$$

ist. Setzt man $a = 30$, $b = 10$, $c = 12$, $d = 8$, $e = 5$, so hat die linke Seite der Gleichung den Wert 40, die rechte den Wert 25. Die Gleichung ist also für diese probeweise angenommenen Werte für a, b, c, d, e unrichtig. Man findet aber leicht Werte, für die diese Gleichung richtig ist; z. B. $a = 30$, $b = 10$, $c = 12$, $d = 8$, $e = 20$. Dann hat jede Seite der Gleichung denselben Wert 40.

2. Beispiel. Die folgende Gleichung

$$3 \cdot x + 4 \cdot x + 6 = y + 9$$

ist für $x = 2$, $y = 11$ richtig, denn beide Seiten der Gleichung haben dann denselben Wert 20. — Frage: Wie groß muß y gewählt werden, wenn man $x = 5$ setzt und die Gleichung richtig sein soll?

3. Beispiel. Die Gleichung $3 \cdot x + 1 = 10$ ist nur für den einzigen Wert $x = 3$ richtig.

Solche Gleichungen heißen **Bestimmungsgleichungen**; von diesen wird später noch eingehend gesprochen werden.

[20] Formeln.

Gleichungen, die sich immer als richtig erweisen, welche Zahlen man auch für die einzelnen Buchstaben einsetzen mag, heißen **identische Gleichungen** (z. B. $5a + 1 = 5a + 1$) oder, wenn sie gleichzeitig allgemein gültige Lehrsätze darstellen, **Formeln**.

Solche Formeln sind z. B.:

$$3 \cdot (a + b) = (3 \cdot a) + (3 \cdot b)$$
$$4 \cdot (a + b) = (4 \cdot a) + (4 \cdot b)$$
$$(a + 1) \cdot (a - 1) = (a \cdot a) - 1 \text{ usw.}$$

Setze z. B. $a = 10$, $b = 6$ oder $a = 5$, $b = 9$ usw. (Merke: Die Klammern müssen jeweils zuerst ausgerechnet werden.) Möge der Leser selbst probieren, beliebige Zahlen für a und b einzusetzen, und er wird immer finden, daß die Gleichung stimmt.

2. Abschnitt.

Die vier Grundrechnungsarten.

Addition (A) und Subtraktion (S).

[21] A. und S. von absoluten, ganzen Zahlen.

a) Zu einer Zahl a eine Zahl b addieren, heißt eine Zahl c suchen, die so viele Einheiten enthält, als a und b zusammen. Man schreibt $a + b = c$ und nennt die gegebenen Zahlen a und b die **Summanden** und die gesuchte Zahl $a + b$ die **Summe**.

Z. B. $4 + 7 = 11$, d. h. wir sollen die Zahl suchen, die sich ergibt, wenn wir 4 und 7 zusammenzählen, addieren; die gesuchte Zahl ist 11.

Der Wert einer Summe bleibt ungeändert, wenn man die Summanden untereinander vertauscht; z. B. $4 + 7 = 7 + 4 = 11$; allgemein $a + b = b + a$.

b) Von einer Zahl c eine Zahl b subtrahieren (oder sie um b vermindern), heißt die Zahl a finden, zu der b addiert werden muß, damit sich c ergibt. Man schreibt $c - b = a$ und nennt die zu vermindernde Zahl c den **Minuend**, die Zahl b, die vom Minuend abgezogen werden soll, den **Subtrahend** und den bleibenden Überschuß $c - b$, also das Ergebnis der Subtraktion, die **Differenz**.

Z. B. $7 - 4 = 3$, d. h. wir sollen die Zahl suchen, die um 4 vermehrt, 7 gibt.

c) Aus den Gleichungen $a + b = c$ und $c - b = a$ ist ersichtlich, daß **die Addition die Umkehrung der Subtraktion ist**; bei der Addition sind a und b gegeben, und gesucht wird ihre Summe c. Bei der Subtraktion ist die Summe c und einer der Summanden, z. B. b gegeben, und es wird gefragt, wieviel Einheiten zu b zugezählt werden müssen, um die Summe c zu erhalten, oder mit anderen Worten, wie groß die Differenz zwischen der Summe c und dem einen Summanden b ist.

Ein Beispiel wird uns das klarer machen:
1. Frage: Wieviel Mark geben 7500 M. und 2500 M. zusammen? Antwort: 10000 M. — 2. Frage: Wieviel können wir von 10000 M. ausgeben, damit uns noch 7500 M. bleiben? Antwort: 2500 M.

d) Während die Addition zweier oder mehrerer Zahlen immer ausführbar ist, erscheint die Sub-traktion zweier Zahlen nur dann zulässig, wenn der Minuend größer als der Subtrahend ist. — Wie im anderen Falle vorzugehen ist, wird unter [28] ausgeführt werden.

e) Eine Zahl bleibt ungeändert, wenn man in beliebiger Reihenfolge eine Zahl zuerst zu ihr addiert und vom Ergebnis dieselbe Zahl wieder subtrahiert.

$$a = a + b - b$$
$$a = a - b + b;$$

z. B.: $14 = (14 + 6) - 6 = 20 - 6 = 14$;
oder $14 = (14 - 6) + 6 = 8 + 6 = 14$.

Man sagt, die Zahlen $+b$ und $-b$ oder $+6$ und -6 heben sich auf.

[22] A. und S. von Zahlen und Zahlenausdrücken.

a) Zu einer Summe mehrerer Zahlen kann eine Zahl addiert oder von einer solchen eine Zahl subtrahiert werden, indem man die Zahl nur zu einem Summanden addiert, bzw. nur von einem Summanden abzieht:

$$(a + b) + c = (a + c) + b \text{ oder } = a + (b + c)$$
$$\text{oder } = a + b + c;$$
$$(a + b) - c = (a - c) + b \text{ oder } = a + (b - c)$$
$$\text{oder } = a + b - c.$$

b) Zu einer Differenz kann eine Zahl addiert werden, indem man sie nur zu dem Minuend addiert oder auch, wenn uns dieses günstiger erscheint, nur von dem Subtrahend subtrahiert:

$$(a - b) + c = (a + c) - b \text{ oder } = a - (b - c).$$

Ähnlich ergibt sich:

$$(a - b) - c = (a - c) - b = a - (b + c).$$

c) Der Wert einer Differenz bleibt ungeändert, wenn man Minuend und Subtrahend um dieselbe Zahl vergrößert oder vermindert:

$$a - b = (a + m) - (b + m), \quad a - b = (a - m) - (b - m);$$

z. B.: $14 - 10 = 16 - 12 \ (= 4)$; je um 2 vermehrt;
oder $14 - 10 = 12 - 8 \ (= 4)$; je um 2 vermindert.

[23] Klammerregel.

Bei der A. und S. ist die Reihenfolge und die Gruppierung der zu zählenden oder abzuziehenden Einheiten für das Gesamtresultat belanglos. Eine gewählte Gruppierung der Einheiten wird durch Setzen von Klammern angedeutet. **Eine solche Klammer kann ohne weiteres weggelassen werden, wenn vor ihr das positive (+) Zeichen steht.**

$$\text{z. B. } + \underbrace{(40-21)}_{19} - \underbrace{(15+4)}_{19} = 0.$$

Die erste Klammer kann ohne weiteres weggelassen werden, also $40-21-(15+4)=0$.

Würden wir aber die 2. Klammer ohne Vorsicht gleichfalls weglassen, so erhielten wir $19-15+4=23-15=8$, was falsch wäre. Hier darf die Klammer erst nach Umkehrung des inneren Vorzeichens aufgelöst werden:

$$40-21-15-4=19-19=0.$$

Merke also: **Klammerausdrücke mit negativem Vorzeichen können aufgelöst werden, wenn man vorher die Vorzeichen der Glieder in der Klammer umkehrt.** (Vorzeichenwechsel; ein Glied ohne Vorzeichen hat, ohne es hervorzuheben, stets das positive Vorzeichen +.)

Beispiel: $20-(8-4)=20-8+4$
$12-(5-3)+(8-4)=$
$$=+12-5+3+8-4 \text{ usw.}$$

[24] Polynome.

Ein Zahlenausdruck, der mehrere durch A. oder S. verbundene Bestandteile enthält, heißt **Polynom.** Z. B.: $25-6+4-8$. Die einzelnen Teile heißen Glieder, und zwar die mit dem $+$ Zeichen verbundenen die additiven oder positiven, die mit dem $-$ Zeichen verbundenen die subtraktiven oder negativen Glieder des Polynoms. Zweigliedrige Ausdrücke, wie $10-8$, heißen **Binome.**

Beispiel. Ein 5gliedriges Polynom ist z. B.:

$$\underbrace{+20}_{positiv} \quad \underbrace{-8}_{negativ} \quad \underbrace{+12}_{positiv} \quad \underbrace{-7}_{negativ} \quad \underbrace{-1}_{negativ} = +16$$

Die Glieder eines Polynoms kann man beliebig vertauschen, z. B.:

$$+20 \quad +12 \quad -8 \quad -1 \quad -7 = +16$$
oder $\quad +20 \quad -7 \quad -1 \quad +12 \quad -8 = +16$

Aufgabe 1.

[25] *Man berechne:*

a) *100, vermindert um die Summe von 30 und 60.*

b) *Die Differenz von 100 und 30, vermehrt um 60!*

a) Die Summe von 30 und 60 ist durch den Zahlenausdruck $30+60$ gegeben. Soll dieser Ausdruck von 100 in Abzug gebracht, also 100 um diese Summe vermindert werden, so ist zu schreiben: $100-(30+60)$. Um das richtige Resultat zu erhalten, muß entweder der Klammerausdruck ausgerechnet und die Summe von 100 abgezogen oder die Klammer nach Umkehrung des inneren Zeichens aufgelöst werden: also entweder $100-90=\mathbf{10}$ oder $100-30-60=\mathbf{10}$.

b) Die Differenz von 100 und 30, vermehrt um 60 schreibt man: $(100-30)+60$ oder $60+(100-30)$; da die Klammer nach einem Pluszeichen steht, kann sie ohne weiteres weggelassen werden, also $60+100-30=160-30=\mathbf{130}$; rechnet man den Klammerausdruck aus, so erhält man: $60+70=\mathbf{130}$.

Aufgabe 2.

[26] *Man berechne ohne und mit Auflösung der Klammern den Zahlenausdruck:*

$$100-[86-(5-2)-(15-9+1)].$$

Ohne Auflösung der Klammern müssen die Klammerausdrücke von den innersten Klammern an ausgerechnet werden.

Da $(5-2)=3$ und $(15-9+1)=7$ ist, geht der obige Zahlenausdruck über in:

$$100-[86-3-7]=100-(86-10)=100-76=\mathbf{24}.$$

Mit Auflösung der Klammern ergibt sich:

$$100-[86-5+2-15+9-1]=100-86+5-2+15-9+1=121-97=\mathbf{24}.$$

Übungsbeispiele: Ebenso berechne man:

$$20-4(2+3)-[56-2(4-1)-3]=\ldots.$$
$$\text{und} \quad 250-[20+3(7-4)-10(1-4)]=\ldots.$$

Aufgabe 3.

[27] *Man vereinfache den Ausdruck $a-b+c$ nach Einsetzung von $a=(x+y-z)$, $b=(3x+y-z)$, $c=(3x-4y-z)$ und berechne ihn schließlich für $x=20$; $y=3$ und $z=4$.*

Nach Einsetzung der für a, b und c gegebenen Ausdrücke geht $a-b+c$ über in

$$(x+y-z)-(3x+y-z)+(3x-4y-z).$$

Die 1. und 3. Klammer können ohne weiteres, die 2. Klammer erst nach Umkehrung der innenstehenden Zeichen wegbleiben, somit

$$x+y-z-3x-y+z+3x-4y-z.$$

x kommt vor im 1., 4. und 7. Gliede. Da — $3x$ und $+3x$ Null ergeben oder, wie man sagt, sich „auf heben", bleibt nur x übrig. y kommt im 2., 5. und 8. Gliede vor. $+y$ und — y heben sich auf; bleibt — $4y$. z kommt im 3., 6. und 9. Gliede vor; — z und $+z$ heben sich auf, bleibt — z. — Der Ausdruck geht daher über in:

$$x - 4y - z.$$

Für $x = 20$, $y = 3$ und $z = 4$, erhält man $20 - (4 \times 3) - 4 = 20 - 12 - 4 = +4$.

Übungsbeispiel: Man vereinfache den Ausdruck $a + b - c$ nach Einsetzung von $a = (x+y)$, $b = (x+z)$ und $c = (y+z)$ und berechne ihn schließlich für $x = 1$, $y = 2$ und $z = 1$.

[28] A. und S. von algebraischen Zahlen.

a) **Positive und negative Zahlen.** $(+a)$ heißt: Wir haben nichts und sollen dazu a addieren. Es ist also $(+a)$ eigentlich $(0 + a)$.

$(-a)$ heißt: Wir haben nichts und sollen davon a subtrahieren; es ist also $(-a)$ soviel wie $(0 - a)$.

b) **Ein Polynom aus algebraischen Zahlen** ist leicht nach der Klammerregel zu berechnen [23]; z. B.:

$$+(+10) - (-5) + (+8) + (-3) - (+1).$$

Die Klammern können alle weggelassen werden; steht $+$ vor der Klammer, so bleibt das innere Zeichen, steht — vor ihr, so hat man das innere Zeichen zu wechseln. Obiger Zahlenausdruck ist daher gleich

$$+10 + 5 + 8 - 3 - 1 = 19.$$

c) **Ein Sonderfall des Polynoms ist die algebraische Summe,** d. h. die Summe von algebraischen Zahlen; z. B.:

$$(+a) + (-b) + (-c) + (+d)$$
$$(+20) + (-3) + (-7) + (+8).$$

Natürlich kann man jedes Polynom nach Auflösen seiner Klammern als algebraische Summe schreiben, so z. B. ist

$$+20 - 3 - 7 + 8$$

die algebraische Summe von $(+20)$, (-3), (-7), $(+8)$.

Was ist $(+7 - 20)$?, was ist $-7 - 20$? Im ersten Falle überwiegt die negative Zahl (7 M. vorhanden, 20 M. soll man bezahlen), es bleibt also eine negative Zahl, nämlich —13 (es bleiben 13 M. Schulden). Im zweiten Falle kommt zur einen negativen Zahl noch eine zweite negative Zahl dazu (zu 7 M. Schulden noch 20 M. Schulden); es entsteht also eine größere negative Zahl, nämlich —27 (27 M. Schulden) Man übe dieses ein, indem man von Glied zu Glied fortschreitend folgenden Zahlenausdruck berechnet:

$$-5 - 2 + 9 - 8 - 20 + 4 + 10 = ?$$

Sprich: $-5 - 2$ gibt -7; $-7 + 9$ gibt $+2$; $+2 - 8$ gibt -6; $-6 - 20$ gibt -26; $-26 + 4$ gibt -22; $-22 + 10$ gibt -12.

Diese Berechnungsweise ist von großer Wichtigkeit bei allen Umformungen in der Mathematik.

Übungsbeispiele. Berechne ebenso:
$-8 - 2 + 11 - 9 - 2 + 5 - 6 + 1$ (Antwort: — 10).
$-3 - 1 + 4 - 7 - 8 + 2 + 9 + 4$ (Antwort: 0).

Rechne schließlich diese Ausdrücke noch einmal, und zwar je ausgehend vom dritten Gliede der Kette über den Anfang wieder zurück zum 3. Gliede.

d) **Wichtig sind folgende Sätze:**

1. Jede negative Zahl ist (für den Mathematiker) kleiner als Null.

2. Eine negative Zahl ist um so kleiner, je größer ihr absolut (d. h. ohne Vorzeichen) genommener Zahlenwert ist. Z. B.: Von (-3) und (-10) ist (-10) die kleinere Zahl. (Beispiel: (-3) m unter dem Meeresspiegel, (-10) m unter demselben; letztere Stelle hat die geringere Höhe.)

3. Merke folgende Formeln:

$$\boxed{a - a = 0} \quad \boxed{\begin{aligned} a \pm (+b) &= a \pm b \\ a \pm (-b) &= a \mp b \end{aligned}} \quad \boxed{a \pm 0 = a}$$

Bemerkung: Die Zeichen $\pm$ oder $\mp$ deuten an, daß man entweder das obere oder das untere Zeichen wählen kann; so oft solche Zeichen in einem Ausdrucke oder in einer Gleichung vorkommen, entsprechen sich jeweils nur die oberen (bzw. die unteren) Zeichen. Man hat also die **Wahl.**

Z.B. $a \pm (-b) = a \mp b$ heißt: entweder $a + (-b) = a - b$ oder $a - (-b) = a + b$.

Aufgabe 4.

[29] *Jemand besitzt 10000 M. Vermögen und 2500 M. Schulden; er will einen kleinen Besitz um 15000 M. kaufen und muß sich zu diesem Zwecke neuerlich Geld ausleihen.*

Frage: Wieviel Geld muß er sich ausleihen, damit er nach der Tilgung der ersten Schuld den beabsichtigten Ankauf vollziehen kann? Verzinsung soll unberücksichtigt bleiben.

a) Die ursprüngliche Schuld von 2500 M. soll im Sinne der gestellten Aufgabe vor dem Ankauf zurückgezahlt, muß daher vom Vermögen abgezogen werden, um den dem Besitzer verbleibenden Barbetrag zu ermitteln; $10000 - 2500$ gibt 7500 M. als tatsächlich verbleibendes Vermögen; zu diesem Betrage ist noch der Erlös der unbekannten, zweiten Schuld zuzuzählen, deren Betrag wir vorläufig mit dem Buchstaben x bezeichnen wollen. Die Summe beider muß dem Kaufpreise von 15000 M. gleich sein. — Es ergibt sich sonach:

$$15000 = (10000 - 2500) + x; \quad 15000 = 7500 + x.$$

b) Nach einer anderen Erwägung ergibt sich die Höhe der zweiten Schuld auch dadurch, daß wir von dem Kaufpreise von 15000 M. den nach Abzahlung der ersten Schuld noch vorhandenen Barbetrag von 7500 M. abziehen; die Differenz wird uns die Höhe des noch auszuleihenden Betrages angeben. — Es besteht sonach die Gleichung

$$15000 - (10000 - 2500) = x; \quad 15000 - 7500 = x$$
$$15000 \text{ M.} - 7500 \text{ M.} = 7500 \text{ M.}$$

Der Betreffende muß sich daher 7500 M. ausleihen, um die für den Ankauf nötige Summe zu erhalten.

c) Aus dem Vergleich der Gleichungen

$$15000 = 7500 + x \text{ und}$$
$$15000 - 7500 = x$$

ergibt sich, daß man jeden Summanden der einen Seite einer Gleichung auf der anderen Seite der Gleichung in Abzug bringen kann. (Wichtig für die Lösung von Gleichungen.)

d) Die Probe ist ebenso einfach wie die Aufgabe, denn 7500 M. des nach Begleichung der ersten Schuld verbliebenen Vermögens vermehrt um die neuerlich geliehene Summe von 7500 M. geben den Kaufpreis von 15000 M.

Aufgabe 5.

[30] *Der griechische Gelehrte Archimedes, dessen Entdeckungen in der Geschichte der Mathematik eine hervorragende Bedeutung beigemessen wird, wurde 287 vor Christi Geburt in Syrakus geboren und bei der Eroberung dieser Stadt im Jahre 212 v. Chr. von einem römischen Soldaten getötet. Wie viele Jahre liegen zwischen diesen Zeiten und dem Jahre 1920 und wie alt ist Archimedes geworden?*

Die christliche Zeitzählung beginnt bekanntlich mit Christi Geburt, dem Jahre 0; die vorhergehenden Jahre werden mit — 1, — 2 usw. bezeichnet. Seit dem Geburtsjahre des Gelehrten sind daher verflossen: $1920 - (- 287) = 1920 + 287 = 2207$ Jahre. Seit dem Todesjahre: $1920 - (-212) = 1920 + 212 = 2132$ Jahre. Das Alter ergibt sich aus der Differenz der Zahlen des Todesjahres und des Geburtsjahres, sonach $(-212) - (-287) = -212 + 287 = 287 - 212 = \mathbf{75}$ **Jahre**.

Aufgabe 6.

[31] *Jemand geht von einem bestimmten Punkte aus erst 80 Schritte vorwärts, dann 30 Schritte zurück, dann wieder 135 Schritte vorwärts und schließlich 200 Schritte nach rückwärts. Wo befindet er sich am Schlusse dieser Bewegungen?*

Bezeichnen wir die Bewegungen nach vorwärts mit positiven, jene nach rückwärts mit negativen Zahlen, so ergibt sich die algebraische Summe aller Bewegungen mit

$$(+ 80) + (-30) + (+135) + (-200);$$

diese Summe in ein Polynom verwandelt, gibt $80 - 30 + 135 - 200 = (80 + 135) - (30 + 200) = 215 - 230 = - 15$ **Schritte**. Er befindet sich daher schließlich **15 Schritte hinter** dem Ausgangspunkte.

[32] Erste Versetzungsregel.
(Für das Auflösen von Gleichungen.)

a) Wie man auf einem Schachbrette die Figuren versetzen darf, wenn man die Spielregeln beachtet (nicht jeder Zug ist erlaubt), so kann man auch die Glieder einer Gleichung unter Beachtung einer bestimmten Regel versetzen. Diese lautet:

Ein Glied einer Gleichung kann man beliebig wohin auf die andere Seite der Gleichung setzen, nur muß man ihm dann das entgegengesetzte Vorzeichen geben.

Ist z. B. die Gleichung

$$+ a - b + c = x + y - z$$

gegeben, so ist diese vergleichbar einer Wage; wie diese hat die Gleichung zwei Seiten. Nehmen wir nun z. B. von der linken Seite $+a$ weg (man tilge es!), so wird die linke Seite der Wage leichter; da muß man nun auch von der rechten Seite a wegnehmen, damit das Gleichgewicht wieder erhalten bleibt. Dann aber sehen die zwei Seiten unserer Gleichung so aus

$$- b + c = x + y - z - a.$$

Verschwindet also $+ a$ auf der einen Seite, so taucht es als $- a$ auf der anderen Seite wieder auf. Und umgekehrt; denn will man z. B. $(- a)$ auf der rechten Seite wieder tilgen, so muß es als $+ a$ wieder auf der linken Seite erscheinen. Diese Versetzungen sind für die Umformung von Gleichungen von höchster Wichtigkeit; der Leser möge sie fleißig üben.

Übung: 1. Man soll auch das Glied b auf die rechte Seite setzen! 2. Man soll alle Glieder auf die rechte Seite setzen! 3. Man soll nur die Glieder b, y, z auf die linke Seite setzen! 4. Man soll alle Glieder auf die linke Seite bringen.

[Lösungen: $+ c = x + y - z - a + b$; $0 = x + y - z - a + b - c$; $- b - y + z = x - a - c$; $+ a - b + c - x - y + z = 0$.]

b) Eine einfache Buchstabengleichung wird aufgelöst, indem man die unbekannte Größe (meist x genannt) auf die linke, die bekannten Größen auf die rechte Seite der Gleichung schafft.

Beispiel. Ich denke mir eine Zahl, ziehe davon 10 ab, addiere zum Ergebnis 40, subtrahiere vom neuen Ergebnis 2 und erhalte schließlich 100. Wie lautet die gedachte Zahl? Lösung: Der Mathematiker nennt diese Zahl x; dann muß sein

$$x - 10 + 40 - 2 = 100.$$

Nun versetzen wir die bekannten Zahlen nach rechts und erhalten

$$x = 100 + 10 - 40 + 2 = 72.$$

Die gedachte Zahl muß 72 heißen; die Probe erweist dies als richtig.

c) Es ist erlaubt, die Vorzeichen aller Glieder einer Gleichung umzukehren. Denn, wenn $+ a = + a$, so ist auch $- a = - a$, oder wenn

$$+ a - b + c = x + y - z, \quad \text{so ist auch}$$
$$-(+ a - b + c) = -(x + y - z) \quad \text{oder}$$
$$- a + b - c = - x - y + z.$$

Ersichtlich hat in letzterer Gleichung nun jedes Glied das entgegengesetzte Vorzeichen.

Beispiel. Jemand hatte 100 M., verlor, ohne es zu wissen, einen gewissen Betrag, zahlte dann eine Schuld von 55 M. und hatte zu seinem Schrecken nur noch 12 M. übrig. Wieviel hatte er verloren? Lösung: Wir bezeichnen den verlorenen Betrag mit x, dann muß sein:

$$100 - x - 55 = 12.$$

Wir versetzen alle bekannten Zahlen nach rechts:

$$- x = 12 - 100 + 55.$$

Wir wechseln nun die Vorzeichen aller Glieder:

$$x = -12 + 100 - 55 = 33$$

Er muß also 33 M. verloren haben. Die Probe ergibt die Richtigkeit der Rechnung.

Addition (A) u. Multiplikation (M).

[33] M. von absoluten, ganzen Zahlen.

a) **Eine Zahl a mit einer Zahl b multiplizieren heißt, a so oft mal als Summand setzen, als b Einheiten enthält.** Man nennt a den **Multiplikand**, b den **Multiplikator**, das Ergebnis heißt **Produkt**. Man schreibt $a \times b$ oder $a \cdot b$ (sprich a mal b) oder bei Buchstaben oft kurz nur ab (ohne Punkt dazwischen). — Die Multiplikation ist sonach der kurze Ausdruck für die Addition von lauter gleichen Summanden.

Z. B.: $3 \times (+a) = (+a) + (+a) + (+a)$
$$= a + a + a = 3a;$$
$$3 \times 0 = 0 + 0 + 0 = 0;$$ d. h. jede Zahl
mit 0 multipliziert, gibt 0.
$$3 \times (-a) = (-a) + (-a) + (-a)$$
$$= -a - a - a = -3a.$$

b) Jeder weiß $3 \times 5 = 15$, aber auch $5 \times 3 = 15$. Um dieses einzusehen, braucht man nur folgende im Rechteck angeordnete Einheiten

1	1	1	1	1
1	1	1	1	1
1	1	1	1	1

zusammenzuzählen. Man kann es auf 2 Arten tun: entweder addiert man die untereinander stehenden Einheiten und erhält $3 + 3 + 3 + 3 + 3$ oder kurz 5×3; oder man addiert die nebeneinander stehenden Einheiten und erhält $5 + 5 + 5$ oder 3×5. Es ist also $3 \times 5 = 5 \times 3$. Allgemein ist $a \times b = b \times a$. Wegen ihrer Vertauschbarkeit bezeichnet man die Zahlen eines Produktes mit einem gemeinsamen Namen: **Faktoren**. Merke: **Die Faktoren eines Produktes kann man vertauschen.**

c) **Ziffernfaktoren** schreibt man meist vor Buchstabenfaktoren, z. B. $3 \cdot a$ (nicht $a \cdot 3$) oder unter Weglassung des Multiplikationspunktes kurz $3a$ (sprich drei a). Ziffernfaktoren heißen auch **Koeffizienten**.

[34] Benennung der Faktoren.

Bei einem Produkte kann nach obiger Erklärung eigentlich nur ein Faktor benannt sein, z. B.:
$$3 \times (8 \text{ Pferde}) = 24 \text{ Pferde}$$
$$5 \times (4 \text{ Äpfel}) = 20 \text{ Äpfel},$$
denn der andere Faktor gibt ja nur eine Anzahl an.

Beispiel: Wieviel Mark geben 10 Hundertmarkscheine? Antwort:
$$10 \times 100 \times 1 \text{ M.} = 1000 \text{ M.}$$
Der Summand ist 1 M. 1 Hundertmarkschein stellt die hundertfache Addition von 1 M. und 10 solcher Scheine wieder die 10fache Addition von 100 M. dar.

[35] Eine Summe zu vervielfachen.

a) $(a + b) + (a + b) = 2(a + b)$ ist die abgekürzte Schreibweise für die Addition der zwei gleichen Zahlenausdrücke $(a + b)$. Umgekehrt ist
$$2 \cdot (a + b) = a + b + a + b$$
$$= 2a + 2b$$
$$n \cdot (a + b) = na + nb.$$
Ebenso ist:
$$2 \cdot (a - b) = 2a - 2b$$
$$n \cdot (a - b) = na - nb.$$
Ähnlich: $2 \cdot (a + b - c) = 2a + 2b - 2c$
$$n \cdot (a + b - c) = na + nb - nc.$$
Man sagt kurz: **Eine Summe (Differenz oder Polynom) wird vervielfacht, indem man jedes Glied vervielfacht.**

b) **Ausklammern eines gemeinsamen Faktors.** Umgekehrt ist
$$3a + 3b = 3 \cdot (a + b)$$
$$na + nb - nc = n \cdot (a + b - c).$$
Haben also alle Glieder einen gemeinsamen Faktor, so kann man diesen ausklammern.

Beispiel: n Schachteln zu je a und n Schachteln zu je b Zündhölzer! Wieviel zusammen? Antw.: $n(a + b)$ oder $na + nb$.

Aufgabe 7.

[36] *Eine rechteckige Grundfläche ist 25 m lang und 12 m breit.*

1. Um wieviel wird der Flächeninhalt des Rechteckes größer, wenn die Länge um 5 m größer wird?

2. Um wieviel wird die Fläche kleiner, wenn die Breite um 2 m kürzer wird?

Die Fläche eines Rechteckes berechnet sich bekanntlich nach der Formel: **Länge mal Breite.** Die ursprüngliche Fläche beträgt demnach $25 \times 12 = 300$ m² (Quadratmeter). Wird nach Frage 1 die Länge um 5 m größer, so ist die neue Fläche $= (25 + 5) \times 12 = 360$ m². Der Zuwachs 60 m² kann aber auch so gefunden werden: Zuwachs $= (25 + 5) \times 12 - 25 \times 12 = 25 \times 12 + 5 \times 12 - 25 \times 12 = 5 \times 12 = 60$ m².

Im zweiten Fall ist die neue Fläche $25 \times (12 - 2) = 250$ m²; also die Flächenabnahme 50 m². Diese kann man auch finden: Abnahme $= 25 \times 12 - 25(12 - 2) = 25 \times 12 - 25 \times 12 + 25 \times 2 = 25 \times 2 = 50$ m². Dies zweite Verfahren, das tieferen Einblick gewährt, zeigt uns die Anwendung des Satzes von der Vervielfachung eines Polynoms.

[37] Potenzen (Vorbemerkung).

a) Hat ein Mathematiker ein Produkt von lauter gleichen Faktoren, z. B. $a \cdot a \cdot a \cdot a \cdot a \cdot a \cdot a \cdot a$, so hat er dafür eine abgekürzte Schreibweise eingeführt; er schreibt dafür a^8 (sprich a hoch 8). Ein solches Produkt aus lauter gleichen Faktoren a heißt eine **Potenz**; a heißt hier die **Grundzahl** oder Basis der Potenz; die Anzahl der Faktoren (oben 8) heißt der **Exponent** der Potenz. Man schreibt diesen rechts oben neben die Basiszahl. Man schreibt also z. B.:

$a \cdot a = a^2$ (lies „a hoch 2" oder „a in der zweiten Potenz", oder „a im Quadrat", da ein Quadrat mit der Seite a die Fläche $a \times a$ hat);

$a \cdot a \cdot a = a^3$ (lies „a hoch 3" oder „a in der dritten P." oder „a im Kubus", da ein Kubus, d. h. ein Würfel von der Kante a den Raum $a \times a \times a$ [Länge × Breite × Höhe] besitzt) usw.

b) Berechne $a^2 \times b^5$ für die Zahlen $a = 2$, $b = 3$! Lösung:

$$a^2 \times b^5 = a \cdot a \cdot b \cdot b \cdot b \cdot b \cdot b$$
$$= 2 \cdot 2 \cdot 3 \cdot 3 \cdot 3 \cdot 3 \cdot 3$$
$$= 972.$$

Übungsbeispiele. 1. Berechne $a^2 \cdot b + a \cdot b^2$ für die Zahlen $a = 5$, $b = 6$! (Lösung: 330.) — 2. Berechne ebenso: $a^3 - (3 \cdot a^2 \cdot b) + ab^2$ für $a = 4$, $b = 2$. (Lösung: $64 - 96 + 16 = 64 + 16 - 96 = - 16$.)

c) Beachte, daß $3 \times a^2$ etwas anderes ist als $(3 . a)^2$. In der Tat: $(3 \cdot a)^2$ ist nach der Erklärung oben $= (3a) \cdot (3 \cdot a) = 9 \times a^2$.

d) $a^3 \times a^5 = a \cdot a \cdot a \times a \cdot a \cdot a \cdot a \cdot a = a^8$.

Daraus folgt: Potenzen derselben Basis werden multipliziert, indem man die Exponenten einfach zusammenzählt.

Übungsbeispiele. Was ist also $a^8 \cdot a^2$?, was ist $b^3 \cdot b^2 \cdot b^?$, was ist $a^3 \cdot b^3 \cdot a^4 \cdot b^7 \cdot a^{10} \cdot b^{12}$? (Lösungen: a^{10}; b^6; $a^{16} \cdot b^{11}$.)

Addition $a + a + a = 3a$ **Multiplikation**

Multiplikation $a \times a \times a = a^3$ **Potenz**

---

[38] M. von Polynomen mit Polynomen.

a) Es ist:
$$\begin{cases} x \cdot (a + b) = x \cdot a + x \cdot b \\ y \cdot (a + b) = y \cdot a + y \cdot b \end{cases}$$

also $\overbrace{(x + y)} \cdot (a + b) = x \cdot a + x \cdot b + y \cdot a + y \cdot b$.

Ähnlich findet man
$$(x - y) \cdot (a + b) = xa + xb - ya - yb.$$
Ferner
$$(x - y) \cdot (a - b) = xa - xb - ya + y b.$$

b) Es ergibt sich daraus die wichtige, fortgesetzt Anwendung findende Regel: **Polynome werden miteinander multipliziert, indem man jedes Glied** des einen Polynoms nach und nach **mit jedem Gliede** des andern multipliziert. Dabei gilt die **Vorzeichenregel:**

$+$ mal $+$ gibt $+$	$-$ mal $+$ gibt $-$
$+$ mal $-$ gibt $-$	$-$ mal $-$ gibt $+$

oder kurz: **Zwei gleiche Zeichen geben multipliziert stets das Zeichen $+$ (plus); zwei ungleiche geben dagegen stets $-$ (minus).**

Übungsbeispiel: $(+3x - 5y) \cdot (+2a - 7b) = ?$ Sprich: $(+3x)$ mal $(+2a)$ gibt $6ax$; $(+3x)$ mal $(-7b)$ gibt $-21xb$ (denn $+$ mal $-$ gibt $-$); nun ist die Multiplikation mit dem Gliede $(-5y)$ ebenso vorzunehmen: Sprich: $(-5y)$ mal $(+2a)$ gibt $-10ay$ und $(-5y)$ mal $(-7b)$ gibt $+35by$. Ergebnis: $(+3x - 5y) \cdot (+2a - 7b) = +6ax - 21bx - 10ay + 35by$.

Anmerkung. Kommen in einem Produkte, z. B. $6 \cdot x \cdot a$ zwei Buchstaben als Faktoren vor, so ordnet man diese in der Alphabetfolge an und schreibt $6ax$.

c) Berechne $(+3a + 2b) \cdot (+2a + 7b)$
$$= +6 \cdot a \cdot a + \underbrace{21\,ab + 4ab}_{+25\,ab} + 14 \cdot b \cdot b$$
$$= 6a^2 \qquad\qquad + 14b^2.$$

Stimmen Buchstaben des ersten Ausdruckes mit Buchstaben des zweiten überein, so treten im Ergebnis Potenzen auf. Merke als besonders wichtig:

$(a + b) \cdot (a + b)$ oder $(a + b)^2 = a^2 + 2ab + b^2$
$(a - b) \cdot (a - b)$ oder $(a - b)^2 = a^2 - 2ab + b^2$
$(a + b) \cdot (a - b)$ gibt einfach $= a^2 - b^2$

Aufgabe 8.

[39]   *Berechne nach der Formel $(a - b) \cdot c$ das Produkt 93 mal 8!*

Statt 93 kann man bequemer schreiben $(100 - 7)$. Soll dies mit 8 vervielfacht werden, so rechnet man $100 \cdot 8$ (dies gibt 800) und zieht davon $7 \cdot 8$ (dies gibt 56) ab. $800 - 56 = 744$. — Berechne ähnlich $999 \cdot 5$!

[40] M. von algebraischen Zahlen.

Diese erledigt sich sehr einfach nach der Vorzeichenregel [38]; es ist

$(+a) \cdot (+b) = +ab$	$(-a) \cdot (+b) = -ab$
$(+a) \cdot (-b) = -ab$	$(-a) \cdot (-b) = +ab$

Kommt besonders vor bei Auswertung von Zahlenausdrücken. Z. B. Berechne $3ax - 5by$ für $a = (+5)$, $b = (-3)$, $x = (-6)$, $y = (-2)$! Lösung: $3 \cdot (+5) \cdot (-6) - 5 \cdot (-3)(-2) = -90 - 30 = -120$. (Vorsicht!)

Multiplikation (M) u. Division (D).

[41] M. und D. von absoluten Zahlen und Zahlenausdrücken (mit Ausnahme der Division von Polynomen).

a) **Eine Zahl a durch eine Zahl b dividieren, heißt aus a, als dem Produkte zweier Zahlen, und b, als dem einen Faktor, den anderen Faktor c suchen.**

Man nennt die zu zerlegende Zahl a den **Dividend,** den gegebenen Faktor b den **Divisor** und den gesuchten Faktor c den **Quotienten.** Man schreibt:
$$c = \frac{a}{b} = a : b$$

(sprich: „a durch b" oder „a dividiert durch b").

Das Produkt a ist bc, sonach $a = b c$. Diese Gleichung führt zu den hier zu besprechenden Aufgaben, nämlich aus a und b die Zahl c oder aus a und c die Zahl b zu suchen. Diese werden durch Division gelöst, und insoferne ist **die Division eine Umkehrung der Multiplikation.**

b) **Eine Division $a : b$ ist nur dann ausführbar und ergibt eine ganze Zahl, wenn der Dividend a ein Vielfaches des Divisors b ist;** andernfalls heißt der Quotient $a : b$ eine gebrochene Zahl oder ein Bruch.

c) **Die 2 Divisionsproben.** I. Behauptet man, daß

$$\boxed{\frac{20}{4} = 5}$$ $$\boxed{\frac{a}{b} = c}$$

ist, so muß   ist, so muß

$$\boxed{4 \cdot 5 = 20}$$ sein. $$\boxed{b \cdot c = a}$$ sein.

d. h. eine Division ist richtig, wenn Quotient mal Divisor den Dividenden gibt. — II. Behauptet man wieder, daß

$$\boxed{\frac{20}{4} = 5}$$ $$\boxed{\frac{a}{b} = c}$$

ist, so ist auch   ist, so ist auch

$$\boxed{\frac{20}{5} = 4}$$ $$\boxed{\frac{a}{c} = b}$$

d. h. teilt man den Dividend durch den Quotient, so muß der Divisor herauskommen.

d) Ein Produkt $x \cdot y$ durch den einen Faktor x dividiert, gibt selbstverständlich [gemäß der Definition oben] den anderen y:

$$\boxed{\frac{x \cdot y}{x} = y} \qquad \boxed{\frac{x \cdot y}{y} = x}$$

Eine Zahl, durch sich selbst geteilt, gibt 1:

$$\boxed{\frac{a}{a} = 1}$$

Eine Zahl, durch 1 geteilt, gibt sich selbst:

$$\boxed{\frac{a}{1} = a}$$

e) Aus der Divisionsprobe Dividend $a =$ Quotient $\times$ Divisor und aus d) oben folgt:

$$a = \frac{a}{b} \cdot b \quad \text{und} \quad a = (a : b) : b.$$

Eine Zahl bleibt ungeändert, wenn man sie in beliebiger Reihenfolge mit einer Zahl multipliziert und durch dieselbe Zahl dividiert. Man kann auch schreiben:

$$\boxed{a = (a : b) \cdot b} \quad \text{bzw.} \quad \boxed{a = (a \cdot b) : b}$$

Die Reihenfolge der Multiplikation und der Division ist also vertauschbar.

Ein Quotient wird mit einer Zahl multipliziert, indem man nur den Dividenden vervielfacht.

$$\left(\frac{a}{b}\right) \cdot n = \frac{a \cdot n}{b}.$$

Ein Quotient wird durch eine Zahl dividiert, indem man dessen Divisor mit n vervielfacht:

$$\left(\frac{a}{b}\right) : n = \frac{a}{b \cdot n}.$$

$(a : b) : n$ heißt eben: man soll a zuerst durch b teilen und dann noch durch n (z. B. 30 zuerst durch 5, dann durch 2). Man kommt auf dasselbe Ergebnis, wenn man sofort mit dem Produkte der Teiler, also mit $(b \cdot n)$ teilt (oben: 30 durch 10).

f) Eine der allerwichtigsten Divisionsregeln ist folgende:

Eine Zahl wird durch einen Quotienten dividiert, indem man sie mit dem gestürzten (reziproken) Werte des Quotienten multipliziert:

$$\boxed{a : \left(\frac{b}{c}\right)} \text{ ist dasselbe wie } \boxed{a \cdot \left(\frac{c}{b}\right)}$$

$\frac{c}{b}$ heißt der gestürzte oder **reziproke** Wert von $\frac{b}{c}$.

Durch den obigen Satz verwandelt man also eine Division in die meist viel angenehmere Multiplikation.

Z. B. $3 : \frac{1}{2} = 3 \cdot 2 = 6; \quad 7 : \frac{2}{3} = 7 \cdot \frac{3}{2} = \frac{21}{2};$

$$8 : \frac{4}{5} = 8 \cdot \frac{5}{4} = \frac{40}{4} = 10.$$

g) Vom Erweitern und vom Kürzen. Zur Umformung von gegebenen Quotienten dient der Satz: **Ein Quotient bleibt seinem inneren Wert nach ungeändert, wenn man Dividend und Divisor je mit derselben Zahl multipliziert (oder dividiert).** Im ersten Falle spricht man vom Erweitern, im zweiten Falle vom Kürzen, z. B.:

Erweitern: Kürzen:

$$\boxed{\frac{a}{b} = \frac{a \cdot m}{b \cdot m}} \text{ oder } \boxed{\frac{a}{b} = \frac{a : m}{b : m}}$$

In einem Zahlenbeispiele sei dies erläutert:

Erweitern: Kürzen:

$$\frac{30}{50} = \frac{30 \cdot 2}{50 \cdot 2} = \frac{60}{100} \quad ; \quad \frac{30}{50} = \frac{30 : 10}{50 : 10} = \frac{3}{5}$$

Man sagt, der Bruch ist im ersten Falle mit 2 erweitert, im zweiten Falle mit 10 gekürzt worden; seinen Wert hat er nicht geändert.

h) Quotienten werden multipliziert, indem man einerseits ihre Dividenden, andererseits ihre Divisoren multipliziert:

$$\boxed{\frac{a}{b} \cdot \frac{x}{y} \cdot \frac{z}{w} = \frac{a \cdot x \cdot z}{b \cdot y \cdot w}}$$

Aufgabe 9.

[42] *Bei einem Baue waren 20 gleichbezahlte Arbeiter beschäftigt, die zusammen 120 M. Tageslohn erhielten. Nach Enthebung einiger Arbeiter sank der gesamte Lohn auf 72 M. Wieviel Arbeiter sind enthoben worden?*

a) Wenn 20 Arbeiter täglich 120 M. verdienen, so kommt auf 1 Arbeiter der 20. Teil des Gesamtverdienstes, also **120 M. : 20 = 6 M.** Ist nun die neue Verdienstsumme nur 72 M., so findet sich die Zahl der nunmehr noch beschäftigten Arbeiter mit **72 M. : 6 M. = 12,** sonach müssen **8 Arbeiter enthoben** worden sein.

b) Die Aufgabe läßt sich auch auf eine zweite Art lösen: Die Verdienstsumme verminderte sich von 120 auf 72, sonach um 48 M. Die Zahl der Arbeiter, die man mit dieser Einsparung hätte entlohnen können, wäre gegeben durch 48 M. : 6 M. = 8; d. h. es müssen 8 Arbeiter enthoben worden sein.

Wichtig ist die Lösung durch Buchstabenrechnung. Die Aufgabe lautet dann: „Bei einem Baue waren a Arbeiter beschäftigt, deren Löhne zusammen b Mark betrugen; nach Enthebung einiger Leute fällt diese Verdienstsumme auf c Mark. Wie viel Arbeiter sind noch beschäftigt?"

c) Wir nennen die Zahl der noch beschäftigten Arbeiter x. Ein Arbeiter erhält pro Tag $\frac{b}{a}$ M. Ist nun die neue Verdienstsumme nur c M., so findet sich die Zahl der nunmehr noch beschäftigten Arbeiter mit $c : \frac{b}{a}$; d. h. man muß ermitteln, wieviel Taglöhne in c M. enthalten sind. Daher ist:

$$x = \text{Gesamtlohn} : \text{Taglohn, oder}$$

$$x = c : \frac{b}{a} \quad \text{oder nach [41f]}$$

$$x = \frac{c \cdot a}{b}.$$

Diese Formel für x gibt uns nun die Möglichkeit, Aufgaben für die verschiedenartigsten Fälle zu lösen.

Beispiel: Für $a = 10$ Arbeiter, $b = 100$ M., $c = 60$ M. ist $x = \dfrac{60 \cdot 10}{100} = \dfrac{600}{100} = 6$ Arbeiter, d. h. wenn der Tagesverdienst von 100 auf 60 M. herabsinkt, ist der Arbeiterstand von 10 auf 6 Arbeiter zurückgegangen.

d) Für die in b) gewählte Art der Lösung stellt sich die Buchstabenrechnung folgendermaßen dar:

Ein Arbeiter erhält $\dfrac{b}{a}$ M.; der Gesamtverdienst fällt um $(b - c)$ M. Die Zahl von Arbeitern, die man damit hätte entlohnen können, bekommt man, indem man diesen Verdienstrückgang durch den Taglohn $\dfrac{b}{a}$ teilt. Bezeichnen wir die Zahl der entlassenen Arbeiter mit y, so ist also

$$y = \text{Verdienstrückgang : Taglohn, oder}$$

$$y = (b - c) : \frac{b}{a}, \text{ oder nach [41 f]}$$

$$y = \frac{(b - c) \cdot a}{b}$$

Die Zahl der Arbeiter durfte hier nicht wieder x genannt werden, da x oben die Zahl der noch beschäftigten, y hier die Zahl der entlassenen Arbeiter bezeichnet.

[43] Teilen und Messen.

Es ist dem aufmerksamen Leser gewiß aufgefallen, daß wir oben [42a] einerseits 120 M. : $20 = 6$ M., anderseits 72 M. : 6 M. $= 12$ geschrieben haben; in dem einen Fall sind Dividend und Quotient gleichbenannt, der Divisor (Teiler) unbenannt; denn es müssen ja 120 M. in 20 gleiche Teile zerlegt werden. Man kann diese Zerlegung einer Menge in Teile ein richtiges Teilen nennen.

Im anderen Falle fragen wir uns, wie oft sich 6 M. von 72 M. wegnehmen lassen; es muß also der Quotient als reine Zahl unbenannt bleiben, während Dividend und Divisor gleichbenannt sind. Diese Art von Division kann man ein Messen der einen Zahl an der anderen nennen.

Aufgabe 10.

[44]   *4 Arbeiter vollenden eine Arbeit in 12 Tagen. Wieviel Tage brauchen 6 Arbeiter zu derselben Arbeit?*

Zunächst wollen wir erwägen, wieviel Tage ein einziger Mann benötigen würde, um die Arbeit zu bewältigen, die von den 4 Mann in 12 Tagen fertiggestellt wird. Da dieser eine Arbeiter die Leistung von 4 Leuten nicht gleichzeitig, sondern nur nacheinander verrichten kann, wird er statt 12 Tage im ganzen 4×12 oder 48 Tage brauchen. 6 Arbeiter werden aber natürlich rascher fertig als einer, weil jeder von ihnen nur $^1/_6$ der dem einen Arbeiter zugemuteten Leistung zu übernehmen braucht. Von den 48 Arbeitstagen werden sonach auf jeden der 6 Arbeiter nur 48 Tage : $6 = 8$ Tage entfallen, d. h. es wird die ganze Arbeit nun in **8** Tagen geleistet werden können.

Wichtig erscheint uns die Lösung mit Buchstabenrechnung. Die Aufgabe lautet dann: a Arbeiter brauchen t Tage; wie lange brauchen b Arbeiter. Lösung: Ein einzelner Arbeiter braucht $a \cdot t$ Arbeitstage; die b Arbeiter teilen sich in letztere, also ist die Zahl der Arbeitstage für diese nur $(a \cdot t) : b$.

Die neue Zahl der Arbeitstage wollen wir mit x bezeichnen, dann ist

$$x = \frac{a \cdot t}{b}.$$

Der Leser setze hier $a = 4$, $t = 12$, $b = 6$ und findet wieder $x = 8$. Er setze beliebige andere Zahlen ein, z. B.: $a = 5$, $t = 8$, $b = 4$ usw.

Aufgabe 11.

[45]   *Wieviel Umdrehungen macht ein Rad in a Minuten, wenn es sich in b Minuten c mal um seine Achse dreht?*

Die gesuchte Zahl der Umdrehungen sei x. In einer Minute macht das Rad $\dfrac{c}{b}$, in a Minuten sonach $a \cdot \dfrac{c}{b}$ Umdrehungen, also ist $x = \dfrac{a \cdot c}{b}$.

Übung: Der Leser berechne x für $a = 210$, $b = 30$ und $c = 2400$.

[46] D. von algebraischen Zahlen.

Hat man zwei algebraische Zahlen (d. s. Zahlen mit Vorzeichen) durcheinander zu teilen, z. B. $(+48) : (-6)$, so hat man die folgende Vorzeichenregel zu beachten, die mit [40] übereinstimmt: **Gleiche Zeichen geben dividiert stets plus (+), ungleiche Zeichen geben minus (—).** Also z. B.:

$(+48) : (+6) = +8$ $(-48) : (+6) = -8$
$(+48) : (-6) = -8$ $(-48) : (-6) = +8$

[47] D. von Polynomen.

a) Ein Polynom wird **durch eine Zahl** dividiert, indem man jedes Glied durch die Zahl teilt.

$$\boxed{\frac{a + b - c}{m} = \frac{a}{m} + \frac{b}{m} - \frac{c}{m}}$$

z. B.

1. $\dfrac{30 + 4}{2} = \dfrac{30}{2} + \dfrac{4}{2} = 15 + 2 = 17$

2. $\dfrac{45a - 15b + 20c}{5} = \dfrac{45a}{5} - \dfrac{15b}{5} + \dfrac{20c}{5} = 9a - 3b + 4c$

3. $\dfrac{90a^3 - 18a^2 + 6a}{3a} = \dfrac{90a^3}{3a} - \dfrac{18a^2}{3a} + \dfrac{6a}{3a} = 30a^2 - 6a + 2.$

Gegebenenfalls muß man die Vorzeichenregel [46] genau berücksichtigen; Beispiel:

4. $\dfrac{+60a^3 - 4a^2 b + 20a b^3}{(-4a)} = -\dfrac{60a^3}{4a} + \dfrac{4a^2 b}{4a} - \dfrac{20a b^3}{4a}$

$$= -15a^2 + ab - 5b^3.$$

b) Bei der **Division zweier Polynome** werden diese zuerst nach fallenden Potenzen eines Buchstabens geordnet; dann wird das erste Glied des Dividenden durch das erste Glied des Divisors geteilt (Vorzeichenregel beachten), das so erhaltene erste Glied des Quotienten mit dem ganzen Divisor multipliziert und das Ergebnis vom Dividenden abgezogen; weiters das erste Glied des Restes durch das erste Glied des Divisors dividiert, das dadurch erhaltene 2. Glied des Quotienten mit dem ganzen Divisor multipliziert, das Ergebnis wieder vom Rest abgezogen usw.

1. Beispiel:

$$(+3\,a^2 - 4\,b^2 - 4\,ab) : (+2\,b + 3\,a) = \ldots$$

Zuerst Dividend und Divisor nach fallenden Potenzen von a ordnen:

<pre>
   Dividend   Divisor   Quotient
(+3a² — 4ab — 4b²) : (3a + 2b) = a — 2b
 +3a² + 2ab
 (—) (—)
     — 6ab — 4b²   1. Rest
     — 6ab — 4b²
     (+)   (+)
        0   Geht auf.
</pre>

Erläuterung: 1. Glied des Dividenden $3\,a^2 = 3 \cdot aa$ durch 1. Glied des Divisors: $\frac{3aa}{3a} = a$ als 1. Glied des Quotienten.
Der Divisor mit diesem a multipliziert, gibt $(+3a+2b)\,a$ $= +3a^2 + 2ab$; diesen Ausdruck vom Dividenden abgezogen, gibt:

<pre>
        +3a² — 4ab — 4b²
        +3a² + 2ab
        (—) (—)
             —6ab — 4b² als 1. Rest.
</pre>

1. Glied des 1. Restes $-6ab$, dividiert durch 1. Glied des Divisors $\frac{-6ab}{+3a} = -2b$; d. i. das 2. Glied des Quotienten. Divisor mit diesem $-2b$ multipliziert, gibt $-6ab - 4b^2$; vom 1. Rest abgezogen, gibt Null; d. h. **die Division geht hier restlos auf.**
Um die Richtigkeit der Division zu erproben, muß der Divisor mit dem Quotienten multipliziert werden; das Produkt muß dem Dividenden gleich sein:

$$(3a+2b) \cdot (a-2b) = 3a^2 - 6ab + 2ab - 4b^2$$
$$= 3a^2 - 4ab - 4b^2, \text{ also richtig!}$$

2. Beispiel:

$$(a^2 - b^2) : (a+b) = a - b$$
<pre>
        a² + ab
        (—) (—)
         0 — ab — b²   1. Rest
            — ab — b²
            (+) (+)
             0   2. Rest = 0.
</pre>

Probe: $(a-b)\,(a+b) = a^2 + ab - ab - b^2 = a^2 - b^2$.

[48] Die Null in der Division.

a) Während bei der Addition, Subtraktion und Multiplikation das Rechnen mit Null sehr einfach ist, gibt es bei der Division einige Schwierigkeiten, die besprochen werden müssen.

Merke: Null dividiert durch eine Zahl gibt immer Null:

$$\boxed{\frac{0}{a} = 0}$$

b) **Null dividiert durch Null** ist unbestimmt; denn die Frage, wie oft kann man den Betrag Null vom Vorrate Null wegnehmen, ist unbestimmt (man kann ihn 2, 3, 4 … 100 … 1000 .. mal wegnehmen, und es bleibt stets wieder Null). Merke also:

$$\boxed{\frac{0}{0} = \text{jede Zahl}}$$

c) Da man den Betrag 0 von einer Zahl unendlich oft wegnehmen kann, ohne sie zu mindern, so ist:

$$\boxed{\frac{a}{0} = \infty} \quad \text{umgekehrt} \quad \boxed{\frac{a}{\infty} = 0}$$

d) **Gleichungen darf man durch Nullwerte nicht dividieren,** sonst könnte man schließlich beweisen, daß z. B. $5 = 7$ ist.

B e i s p i e l. Ist a doppelt so groß wie b, so ist z. B. $14b - 10b = 7a - 5a$. Durch Umsetzung ergäbe sich
$$5a - 10b = 7a - 14b \text{ oder}$$
$$5 \cdot (a - 2b) = 7 \cdot (a - 2b).$$

Bis hierher wird der Leser leicht gefolgt sein, aber jetzt kommt das Sonderbare: Dividiert man die Gleichung beiderseits durch $(a - 2b)$, so erhält man $5 = 7$. Wo steckt da der Fehler? Ganz einfach darin, daß $(a - 2b) = 0$ ist, weil a doppelt so groß wie b angenommen wurde und daher die Gleichung nicht durch den Nullwert $(a - 2b)$ dividiert werden darf.

[49] Zweite Versetzungsregel.
(Für das Auflösen von Gleichungen.)

a) Während die erste Versetzungsregel sich auf Glieder (Summanden und Subtrahenden) bezog, bezieht sich die zweite auf die Versetzung von Faktoren und Teilern. Ist z. B.

$$\boxed{a \cdot b \cdot c = x \cdot y \cdot z}$$

so kann man die beiden Seiten dieser Gleichheit z. B. durch den Faktor c teilen, ohne die Gleichheit zu stören. Da aber c im linken Produkte enthalten ist, so fällt es nach [41] links als Faktor weg; dafür taucht es rechts als Teiler (Divisor) auf. Es ist dann eben

$$\boxed{a \cdot b = \frac{x \cdot y \cdot z}{c}}$$

Umgekehrt, will man den Divisor c rechts tilgen, so muß man ihn links als Faktor auftreten lassen. Daher die Regel: **Ein Faktor der einen Seite kommt als Divisor auf die andere und umgekehrt.**

Übungsbeispiele. 1. Man soll auch noch die Zahl b auf die Gegenseite setzen! 2. Man soll in $a \cdot b \cdot c = x \cdot y \cdot z$ die Zahlen a, b, x, y auf die Gegenseite setzen! 3. Man versetze $a\,b\,c$ ganz auf die Gegenseite! [Lösung: Dann bleibt links nicht etwa nichts, sondern der immer im Geist vorhandene Faktor 1.] 4. Versetze alle Größen je auf die Gegenseite! Lösungen:

1. $a = \dfrac{x \cdot y \cdot z}{b\,c}$ 2. $\dfrac{c}{x \cdot y} = \dfrac{z}{a \cdot b}$

3. $1 = \dfrac{x \cdot y \cdot z}{a \cdot b \cdot c}$ 4. $\dfrac{1}{x \cdot y \cdot z} = \dfrac{1}{a \cdot b \cdot c}$.

b) Diese Versetzungen dienen zur Auflösung von einfachen Gleichungen mit einer Unbekannten. Z. B.:

I. Aus $\boxed{3 \cdot x = 15}$ … folgt … $x = \dfrac{15}{3}$

II. Aus $\boxed{\dfrac{27}{y} = 3}$ … folgt … $27 = 3 \cdot y$,

hieraus $\dfrac{27}{3} = y$.

Es ist also im ersten Fall $x = 5$, im zweiten $y = 9$. Zur zweiten Gleichung sei bemerkt, daß man, sofern die Unbekannte unter dem Bruchstriche auftritt, meist die beiden Seiten der Gleichung reziprok nimmt (d. h. stürzt):

Statt $\dfrac{27}{y} = 3$ schreibt man $\dfrac{27}{y} = \dfrac{3}{1}$.

Dies gibt gestürzt $\dfrac{y}{27} = \dfrac{1}{3}$; 27 versetzt, ergibt

$$y = \frac{27}{3} = 9.$$

Der Leser übe wiederholt die Umsetzungen unter a) ein an selbstgewählten Buchstabenbeispielen, weil sie einen tiefen Einblick in die mathematischen Formeln der Physik gewähren.

[50] Rechnungsproben:

a) Wir haben absichtlich bei den meisten Rechnungen angegeben, wie man diese auf ihre Richtigkeit prüfen kann, eine Vorsicht, die für jedermann, aber namentlich für den Techniker wichtig ist. Rechnungsfehler können ebenso wie Konstruktionsfehler, von welchen bei einer anderen Gelegenheit die Sprache sein wird, in der technischen Praxis die verhängnisvollsten Folgen haben und dem schuldtragenden Rechner oder Konstrukteur die größten Unannehmlichkeiten, unter Umständen auch materiellen Schaden bereiten. Beim heutigen Großbetriebe werden Bestellungen um schweres Geld nur auf Grund von Zahlen und Plänen gemacht und ausgeführt, ohne daß es den Zwischenstellen möglich ist, die Richtigkeit der erhaltenen Angaben auch nur annähernd nachzuprüfen; man vergegenwärtige sich die Situation, wenn z. B. die Traversen für ein Gebäude zu kurz oder zu schwach bestellt und geliefert werden, wenn Quadersteine mit unrichtigem Steinschnitte anrollen usw.

Genauigkeit ist daher jedermann, namentlich aber dem Techniker, dringendst anzuraten; es soll niemand eine Rechnung oder eine Zeichnung aus der Hand geben, die nicht früher mit der größten Gewissenhaftigkeit auf die Richtigkeit überprüft worden ist.

b) In vielen Fällen wird zu diesem Zwecke die Rechnung Schritt für Schritt wiederholt werden müssen, wiewohl erfahrungsgemäß ein solcher Vorgang, wenn Rechner und Prüfer nicht verschiedene Personen sind, nicht in dem Maße vor Irrtümern schützt wie die Durchführung einer sog. Rechnungsprobe, durch welche die Richtigkeit der Rechnung nicht durch Wiederholung des Rechnungsvorganges, sondern durch eine Kontrolle im Wege einer anderen Rechnung festgestellt wird.

Additionen lassen sich durch verschiedene Gruppierung der Summanden und Bildung von Teilsummen überprüfen.

Bei Subtraktionen benutzt man die Regel, daß die Differenz, vermehrt um den Subtrahend den Minuend geben muß.

Bei Multiplikationen und Divisionen wird die Probe dadurch gemacht, daß das Produkt durch einen Faktor dividiert, den zweiten Faktor, der Quotient mit dem Divisor multipliziert den Dividend ergeben muß.

Die Probe bei Gleichungen besteht darin, daß die Gleichung für den berechneten Wert der Unbekannten als „richtig" befunden werden muß.

[51] Übungsaufgaben.

Aufg. 12. Berechne die folgenden Ausdrücke:

a) $7 + [3 + (2 + 16)] = ?$ . . . . . [18a] [26]

b) $(3 \cdot 5) + (2 \cdot 7) - (9 \cdot 8) + (2 \cdot 10) + 1 = ?$ [23]

Aufg. 13. Berechne nach vorheriger Auflösung der Klammern:

a) $+ (176 - 6) - (+ 52 - 12) + (15 - 5) = ?$ [23]

b) $(+ 8) - (- 4) + (- 2) - (+ 7) = ?$

Aufg. 14. Berechne die Unbekannte x aus folgenden Gleichungen [32b]:

a) $26 + x = 100$ c) $(x + 4) - 30 = 10$

b) $x - 26 = 10$ d) $20 - (x + 2) = 5$

Aufg. 15. Berechne die Ausdrücke [37]:

a) $5x + (x + 1) - 3$ c) $x^3 - 1$

b) $x - (x + 9) + (x - 3) + (x - 5)$ d) $x^4 + 41$

für den Wert $x = 5$.

Aufg. 16. Berechne den Ausdruck: $(x + y + z) - (- x - y + z) + (- x + y + z) - (- x - y - z)$ für die Zahlen $x = 3$, $y = 1$, $z = - 2$.

Bem. Die Ansätze der vorstehenden Aufgaben sind vor der Berechnung laut zu lesen oder in Worten zu schreiben.

Aufg. 17. Um wieviel ist

a) 37 größer als 12? [Man muß subtr.]

b) $(+ 5)$ größer als $(- 2)$? [Man muß subtr.]

c) $+ a$ größer als $(- a)$? [Man muß subtr.]

Aufg. 18. Multipliziere die folgenden Klammerausdrücke nach [38b] und ordne das Ergebnis nach Potenzen von x!

a) $(3x + 2y) \cdot (5x - 2y) = ?$

b) $(x^2 + y^2) \cdot (x + y) = ?$

c) $(x^2 + x + 1) \cdot (x - 1) = ?$

Aufg. 19. Berechne und ordne nach fallenden Potenzen die Ausdrücke:

a) $[(x - 1) \cdot x + 1] \cdot (x + 1) = $ . . . . . [38b]

b) $(5m + 4m^2) \cdot 2m = $ . . . . [35a]

Aufg. 20. Berechne: $(x + 5) \cdot 4 - 2x = $ . . . . . . [35a]

Aufg. 21. Berechne für $m = 15$, $x = 3$, $y = 4$, $n = 10$:

a) $m - (xy + n) x = $ . . . . [35a]

b) $(m - x) y + n = $ . . . . [35a]

c) $(m - x) \cdot (y + n) = $ . . . . [38b]

Aufg. 22. Berechne: $a [b (c + d) - c] - ab (c + d) - (c + abc - d)$

für $a = 2$, $b = 3$, $c = 5$, $d = 4$. . . . . [18b]

Aufg. 23. Berechne: $5x^2 + 9y^2$ für $x = 2$ und $y = 3$ [37]

Aufg. 24. Berechne den Ausdruck:

$(x - 2) \cdot (x + 2) - (x + 2)^2 - (x + 2) = $ [38b]

Aufg. 25. Klammere die gemeinsamen Faktoren aus in:

a) $(am + bm) - (an + bn) = ?$ . . . . . [35b]

b) $a \cdot x - b \cdot x + c \cdot x$

c) $45a - 27b + 9c$

d) $x \cdot x - 3 \cdot x$

Aufg. 26. Klammere den gemeinsamen Faktor $(a - b)$ aus in: $(a - b) - (a - b)^2 + (a^2 - b^2) = ?$ [35b] [38b]

Aufg. 27. Berechne:

$(- 4xy)^3 = (..) \cdot (..) \cdot (..) = ?$ . . . [37] [40]

Aufg. 28. Berechne

$(5 - 7x + 6x^2) \cdot (- 3x) + (9x^2 + 4x^3 - x) \cdot 2$

und ordne den erhaltenen Ausdruck nach steigenden Potenzen von x.

Aufg. 29. Dividiere: $(x^2 - 13x + 40) : (x - 5) = ?$

(Rechnungsprobe). . . . . . . [47b]

Aufg. 30. Berechne x aus:

a) $\dfrac{x}{4} \cdot 7 = 56$; . . . . [49]

b) $\dfrac{4}{x} \cdot 7 = 14$; [49] ; für die Probe in b: [41c]

Aufg. 31. a) Ich denke mir eine Zahl, verdopple sie, ziehe dann vom Ergebnis 50 ab und erhalte dabei um 50 mehr als die gedachte Zahl betrug. Wie hieß die gedachte Zahl?

b) Ein Schäfer wurde um die Zahl seiner Schafe gefragt. Er antwortete: Hätte ich dreimal soviel und noch 7 Schafe, so hätte ich um 57 mehr als jetzt. Wieviel Schafe hatte er?

Aufg. 32. Eine Abgrabung wird in 20 Tagen fertig, wenn täglich 160 m³ gefördert werden. Wie groß muß die Förderungsmenge per Tag sein, wenn die Arbeit schon in 5 Tagen beendet sein soll? . . . . [44]

Aufg. 33. Eine Quelle liefert in 1 Stunde und 40 Minuten 6 Hektoliter (= 600 Liter) Wasser; in welcher Zeit wird sie 120 Hektoliter liefern? . . . . [45]

(Lösungen im 2. Briefe.)

GEOMETRIE

Einleitung.

[52] Während die Mathematik die Lehre von den Zahlgrößen ist, beschäftigt sich die Geometrie mit den Raumgrößen, den Linien, Flächen und Körpern, sonach mit räumlichen Gebilden, deren Darstellung und Berechnung eine der wichtigsten Voraussetzungen für jede vorbedachte technische Arbeit ist. Man kann kein technisches Werk zielbewußt ausführen, wenn man nicht früher das, was man schaffen will, in geeigneter Weise zu Papier bringt. Nur auf Grund einer, wenn auch noch so einfachen Zeichnung — einer Skizze — kann an die konstruktive Durchbildung der einzelnen Teile, deren Berechnung in bezug auf Materialbedarf, Preis usw. geschritten werden. Überdies gibt das Entwerfen selbst Gelegenheit, das beabsichtigte Werk noch einmal einer gründlichen Überlegung zu unterziehen und dadurch vielleicht Mißgriffe zu vermeiden, die während der Ausführung oft nicht mehr gut zu machen sind.

Bevor man ein räumliches Gebilde — und zu diesen zählen alle technischen Konstruktionen — darstellen kann, muß man es sich zunächst im Geiste vorstellen können, eine Fähigkeit, die die wenigsten Menschen schon von Natur aus besitzen, sondern die in der Regel erst allmählich durch Schulung erworben werden muß. Deshalb werden wir ebenso, wie wir in der Mathematik das Hauptgewicht auf das „mathematische Denken" legen wollen, in der Geometrie anstreben, dem Studierenden zunächst die Kunst der räumlichen Vorstellung zu lehren; ist diese Fähigkeit einmal vorhanden, dann ist es nicht mehr schwer, jeden beliebigen Gegenstand in allen seinen Teilen richtig darzustellen, also bereits vorhandene in der Natur aufzunehmen oder erst neu zu schaffende zu konstruieren. Später wird die praktische Anwendung der Geometrie in der Feldmeßkunde, sowie im Bau- und Maschinenzeichnen gelehrt werden.

Das geometrische Zeichnen ebenso wie das Konstruieren setzt nebstdem manuelle Fertigkeiten voraus, die nur durch Übung erworben werden können. Deshalb verabsäume niemand, der ein tüchtiger Zeichner und späterer Konstrukteur werden will, alle Konstruktionen, uud zwar in Bezug auf Strichstärken, Beschriftung usw. (tunlichst nach den in den Abbildungen gegebenen Mustern), anfangs in Blei, nachher in Tusche und Farben, so rein und nett als möglich auszuführen. Zur Bewältigung dieses eigenartigen Lehrstoffes bewaffne sich der Leser mit einigen Requisiten, und zwar vorläufig etwa mit einem Linealmaßstabe, mehreren rechtwinkeligen Dreiecken und einem Zirkel mit Bleistiftspitze.

Wir fügen den einfacheren Erklärungen absichtlich keine Zeichnungen bei; der Leser suche sich aus eigenem die Erklärung durch Zeichnung verständlicher zu machen; er wird dadurch zum selbständigen Nachdenken erzogen, während die beigegebene Zeichnung eher zum gedankenlosen Lesen verleitet.

1. Abschnitt.

Linien und Winkel.

A. Grundbegriffe.

[53] Planimetrie und Stereometrie.

Alles, was wir in diesem und einigen folgenden Abschnitten zeichnen (Punkte, Linien und Figuren), denken wir uns stillschweigend als in einer und derselben Ebene — in der Papierfläche — liegend. Es sind Aufgaben der Planimetrie, d. h. jenes Teiles der Geometrie, der sich ausschließlich mit den in einer und derselben Ebene liegenden Raumgebilden befaßt. Die Stereometrie beschäftigt sich mit Gebilden, die nicht als in einer Ebene liegend gedacht werden können; von diesen wird später die Sprache sein.

[54] Die gerade Linie.

a) Die gerade Linie oder die Gerade ist die kürzeste Verbindung zwischen zwei Punkten. Eine durch zwei Punkte begrenzte Gerade nennt man eine Strecke, ihre beiden Grenzpunkte die Endpunkte. **Die Strecke zwischen zwei Punkten bestimmt ihre Entfernung oder ihren Abstand.**

b) Eine Strecke AB kann von einem sich bewegenden Punkte von A nach B oder von B nach A beschrieben werden; die eine dieser Strecken nimmt man als positiv, die andere als negativ an.

c) Verlängert man eine Strecke AB über B hinaus bis C, so ist die Strecke AC die Summe der Strecken AB und BC und umgekehrt die Strecke AB die Differenz der Strecken AC und BC.

Um eine Strecke zu messen, untersucht man, wie vielmal die Längeneinheit in ihr enthalten ist. Als Längeneinheit gilt das Meter (m); 1 Meter enthält 10 Dezimeter (dm) oder 100 Zentimeter (cm) oder 1000 Millimeter (mm). 1000 Meter sind 1 Kilometer (km), 10000 Meter 1 Myriameter.

Das Meter ist der 10 millionste Teil eines Erdquadranten wie man jeden Viertelkreis der Erde vom Pol bis zum Äquator nennt, wurde 1795 in Frankreich eingeführt und seither von den meisten Kulturstaaten angenommen. — Weiteres über Längenmessungen in der Physik und im Feldmessen.

[55] Die Kreislinie.

a) Wenn sich eine Strecke OA um den einen Endpunkt O in die Anfangslage dreht, so beschreibt der andere Endpunkt A eine Kreislinie oder einen Kreis; die Kreislinie gehört wie die Ellipse, Parabel usw. zu den krummen Linien, bei welchen auch nicht der kleinste Teil gerade ist. **Die Kreislinie hat die Eigenschaft, daß alle ihre Punkte von einem gegebenen Punkte eine gegebene Entfernung haben.** Der gegebene Punkt O wird der **Mittelpunkt** (Zentrum), die Strecke OA, die gegebene Entfernung, der **Halbmesser** oder Radius des Kreises genannt. Man sagt, der Kreis wird **aus** dem oder **um** den gegebenen Mittelpunkt mit dem gegebenen Halbmesser beschrieben.

b) Um einen Kreis zu zeichnen, öffnet man den Zirkel so weit, daß Spitze und Bleistift um die Radiuslänge voneinander entfernt sind, setzt die Spitze in den Mittelpunkt ein und beschreibt mit dem Bleistifte unter langsamer Drehung des Zirkelknopfes den Kreis.

c) Man denkt sich die Länge der Kreislinie in 360 gleiche Teile zerlegt und nennt jeden solchen Teil einen Bogengrad. Ein Grad (°) hat 60 Bogenminuten ('), und eine Bogenminute hat 60 Bogensekunden (''). Ein Bogen von 90° entspricht dem Viertel der vollen Kreislinie und heißt ein Quadrant, ein solcher von 60° ein Sextant (gleich $\frac{1}{6}$ der ganzen Kreislinie). Ein Bogen von 180° heißt ein Halbkreis.

B. Gegenseitige Lage von in derselben Ebene liegenden Geraden.

1. Die Geraden schneiden sich.

[56] Winkel und Winkelgrößen.

Während die Zahlengrößen, mit welchen wir in der Mathematik arbeiten, jedem schon von vornherein so weit geläufig sind, als er in der Schule mit ihnen zu rechnen gelernt hat, während die geometrischen Begriffe, Linien, Ebenen, Figuren, Körper usw. als ziemlich allgemein bekannt angenommen werden können, tritt hier eine neue Größe, die **Winkelgröße**, in den Vordergrund, die vielleicht so manchem unserer Leser, wenn auch nicht dem Begriffe, so doch dem Werte nach unbekannt sein dürfte. Wir wollen daher zunächst versuchen, klarzustellen, was wir uns unter „Winkel" und „Winkelgröße" vorzustellen haben.

a) **Zwei Gerade können sich nur in einem Punkte schneiden**; den gemeinsamen Punkt nennt man **Schnittpunkt**. Solche im Schnittpunkte begrenzte Gerade schließen einen **Winkel** ($\sphericalangle$) miteinander ein. Die Geraden heißen die **Schenkel** des Winkels, der Schnittpunkt sein **Scheitel**.

Wird einer der beiden Schenkel z. B. AB über den Scheitel hinaus verlängert (Abb. 1), so ergeben sich zwei nebeneinanderliegende Winkel α und β (Nebenwinkel); werden beide Schenkel gegen D bzw. E verlängert, so entstehen 4 $\sphericalangle$, von welchen je zwei nebeneinanderliegende α und β, γ und δ bzw. α und δ, β und γ **Nebenwinkel**, je zwei nicht nebeneinanderliegende α, γ und β, δ **Scheitelwinkel** genannt werden. **Scheitelwinkel sind einander gleich.**

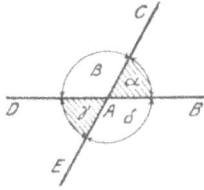 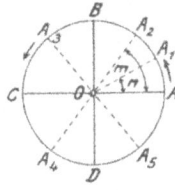

Abb. 1   Abb. 2

b) Die natürlichste Maßeinheit der Winkel ist jener volle Winkel, der einer vollen Umdrehung des Halbmessers OA (Abb. 2) um den Mittelpunkt, sonach der Länge der ganzen Kreislinie entspricht.

Dreht sich die Strecke OA in der Richtung des Pfeiles, so wird sie mit ihrer ursprünglichen Richtung einen immer größer werdenden Winkel einschließen; die Größe dieses Winkels wird z. B. wenn A nach A_1 gelangt ist, der Länge des Bogens $\overset{\frown}{AA_1}$ (Zeichen für Bogenlängen $\overset{\frown}{AA_1}$ zum Unterschiede von der geraden Strecke $\overline{AA_1}$), wenn A nach A_2 gekommen ist, der Bogenlänge $\overset{\frown}{AA_2}$ und so fort den Bogenlängen $\overset{\frown}{AA_3}$, $\overset{\frown}{AA_4}$ usw. entsprechen. Hat schließlich der Radius wieder seine ursprüngliche Lage OA erreicht, so hat er eine volle Umdrehung gemacht und der Winkel wird bezüglich seiner Größe mit der Länge des ganzen Kreisbogens vom A über A_1, A_2, A_3, A_4, A_5 bis A im Einklange stehen.

Aus [55c] wissen wir, daß die Länge einer Kreislinie in 360 **Bogengrade** geteilt wird, **deren wirkliche Größe natürlich vom Halbmesser des Kreises abhängt.** Verbindet man die Endpunkte eines Bogengrades mit dem Mittelpunkte des Kreises, so schließen die Verbindungslinien einen **vom Kreishalbmesser unabhängigen Winkel von 1 Grad** (°) ein. Jeder **Winkelgrad** wird in 60 **Winkelminuten**, eine Minute in 60 **Winkelsekunden** (″) geteilt, von welch letzterer Unterteilung wir aber kaum oft Gebrauch machen werden.

Bogenminuten und Bogensekunden haben ebenso wie Winkelminuten und Winkelsekunden mit den Zeitminuten und Zeitsekunden unserer Uhren außer der gleichen Unterteilung gar nichts gemein, dürfen daher mit ihnen auch nicht verwechselt werden.

c) Wenn bei einer **ganzen Umdrehung** der beschriebene Winkel 360° beträgt, so muß einer **halben Umdrehung** ein Winkel von 180° entsprechen. Eine halbe Umdrehung ist gemacht, wenn der Radius OA nach OC gelangt ist, der Bleistift sonach die halbe Kreislinie beschrieben hat. Der Halbmesser OC befindet sich dann genau in derselben Richtung, in der Verlängerung des Halbmessers OA; der Winkel, der durch die Bewegung des Halbmessers OC beschrieben wurde, beträgt 180°. Man kann auch sagen: **Zwei Gerade, die in gleicher Linie, aber in entgegengesetzter Richtung verlaufen, schließen einen Winkel von 180° ein; der Winkel selbst wird ein gestreckter Winkel genannt.** Ein Winkel, der kleiner ist als ein gestreckter Winkel, heißt **hohl** (konkav), der größer ist, **erhaben** (konvex).

d) Bei einer **Viertelumdrehung** des Halbmessers beträgt der Winkel 90°; die Viertelumdrehung ist gemacht, sobald der Punkt A genau in die Mitte des oberen Kreisbogens, also nach B gelangt ist. OA und OB schließen sonach einen Winkel von 90° ein; man sagt, **die beiden Geraden AO und OB stehen senkrecht** ($\perp$) **aufeinander,** oder die Linie OB bildet eine **Senkrechte,** eine **Lotrechte,** eine **Normale** auf ein Lot zur Linie OA und umgekehrt. **Der Winkel von 90°, den zwei aufeinander $\perp$ stehende Gerade einschließen, wird ein rechter Winkel genannt.** Ein spitzer Winkel ist kleiner, ein stumpfer größer als ein rechter. Verlängert man die Linie BO bis D, so stehen die Geraden AC und BD — die Durchmesser — senkrecht aufeinander, bilden gegenseitig Lotrechte oder Senkrechte und schließen miteinander vier rechte Winkel ein.

Der rechte Winkel	AOB beträgt	90°	in der Richtung
Der gestreckte Winkel	AOC „	180°	des Pfeiles ge-
Der erhabene Winkel	AOD „	270°	messen.
Der volle Winkel	AOA „	360°	

Man unterscheidet demnach:

Spitze $\sphericalangle$ .... $\angle$ 90°,
Rechte $\sphericalangle$ .... = 90°,
Stumpfe (hohle, konkave) $\sphericalangle$ .... > 90° und < 180°,
Gestreckte $\sphericalangle$ .... = 180°,
Erhabene (konvexe) $\sphericalangle$ .... > 180° und < 360°,
Volle $\sphericalangle$ .... = 360°.

e) Die Winkel in der gezeichneten Richtung, sonach in entgegengesetzter Richtung des Uhrzeigers gemessen, erhalten $+$ Vorzeichen; in entgegengesetzter Richtung — Vorzeichen, was übrigens seltener vorkommt als bei anderen Größen.

Wenn Winkel von bestimmter Größe im Gelände gemessen oder abgesteckt werden sollen, bedient man sich eigener Hilfsmittel mit entsprechenden Teilungen, die später beim Feldmessen eingehender besprochen werden. Zum Messen

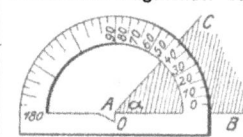

Abb. 3

gezeichneter und zum Zeichnen gemessener Winkel verwendet man **Winkelmesser** (Transporteure), wie sie in jedem Papierladen zu kaufen sind. Um damit einen gezeichneten Winkel zu messen, wird der Winkelmesser an den einen Schenkel (Abb. 3) so angelegt, daß sein Mittelpunkt O mit dem Winkelscheitel A zusammenfällt und dort, wo der 2. Schenkel AC den äußeren Kreis schneidet, die Zahl der Grade abgelesen. Um einen gemessenen Winkel in einem bestimmten Punkte A zu zeichnen, legt man den Winkelmesser an die Gerade AB so an, daß O mit A zusammenfällt, zeichnet sich in dieser Lage den gewünschten Gradstrich an und verbindet nach Entfernung des Winkelmessers diesen Punkt mit A. (In Abb. 3 ist die Teilung nur von 5° zu 5°, auf den käuflichen Winkelmessern aber von Grad zu Grad durchgeführt.)

Übung: Schneide aus Papier ein Dreieck aus und miß die Winkel an den Ecken. Wie groß ist ihre Summe?

Die häufiger vorkommenden Winkelgrößen 30°, 45°, 60°, 90° lassen sich leicht mit Zirkel und Lineal konstruieren [57], [58], [74], [87]. Um einen Winkel kenntlich zu machen, gibt man oft nur den an seinem Scheitel stehenden Buchstaben an, z. B. $\sphericalangle A$. In der Zeichnung selbst setzt man Buchstaben in den Winkelraum, wozu mit Vorliebe die kleinen Buchstaben des griechischen Alphabetes [12b] verwendet werden.

Aufgabe 34.

Errichtung von Mittelloten.

[57]   *Es ist eine Strecke A B gegeben; auf diese Gerade ist eine Senkrechte (ein Mittellot) zu ziehen, die die Strecke A B halbiert.*

Ohne die Länge der Strecke A B, d. h. die Entfernung der Punkte A von B zu kennen, sollen wir sie durch eine auf die Linie A B gefällte Senkrechte in zwei gleiche Teile teilen, eine Aufgabe, die außerordentlich häufig vorkommt (Abb. 4).

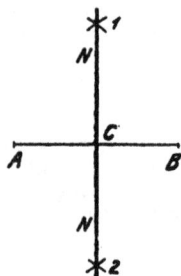

a) Der Forderung wird dadurch entsprochen, daß man mit beliebig geöffnetem Zirkel von A und B aus kurze Kreisbögen ober- und unterhalb der Strecke A B zieht und die Schnittpunkte 1 und 2 dieser Kreislinien miteinander verbindet. Der Schnittpunkt C der Senkrechten NN mit der Geraden A B ist der Fußpunkt des Lotes und auch gleichzeitig der Halbierungspunkt der Strecke A B.

Also $NN \perp AB$ und $AC = BC$.

b) Jeder Punkt der in der Zeichnung stark ausgezogenen Normalen NN — das Mittellot auf die Strecke A B — hat von den Punkten A und B die gleiche Entfernung; man sagt, das Mittellot ist der geometrische Ort aller Punkte, die von zwei gegebenen Punkten gleiche Entfernung besitzen.

c) Die Gerade NN schließt mit der Geraden A B vier rechte Winkel ein; sie halbiert also nicht nur die Linie A B selbst, sondern auch den gestreckten **Winkel von 180⁰,** der zwischen den beiden in einer geraden Linie liegenden Schenkeln AC und BC liegt.

$$\sphericalangle ACN = \sphericalangle BCN = \frac{1}{2} \sphericalangle ACB = \frac{1}{2} \cdot 180^0 = 90^0.$$

Abb. 4

Der Schnittpunkt zweier Linien kommt am schärfsten zum Ausdruck, wenn die Linien aufeinander senkrecht stehen während der Schnittpunkt um so unsicherer wird, je schiefer die Linien sich schneiden, eine Tatsache, die sich jeder Konstrukteur wohl merken muß. Deshalb wähle man auch bei dieser Aufgabe jene Zirkelöffnung, bei welcher sich die Kreislinien möglichst senkrecht schneiden. Nur dann wird die Normale NN wirklich genau senkrecht stehen und die Strecke A B genau halbieren.

Aufgabe 35.

[58]   *Es ist eine gerade Linie A B gegeben. Auf diese Gerade ist von einem außerhalb der Linie gelegenen Punkte C eine Senkrechte zu ziehen (Abb. 5).*

Um von einem außerhalb der Geraden liegenden Punkte C eine Senkrechte zu ziehen, haben wir uns zu vergegenwärtigen, daß wir in der Geraden A B erst zwei Punkte suchen müssen, die von C gleichweit entfernt sind. Durch einen Kreisbogen von C aus mit beliebigem Halbmesser finden wir solche Hilfspunkte in 1 und 2, von welchen aus wir ein Mittellot errichten können. Von 1 und 2 werden mit gleicher Zirkelöffnung Kreisbögen beschrieben, die sich in 3 und 4 schneiden. 4 mit C verbunden, gibt die von C aus auf A B gezogene Senkrechte NN

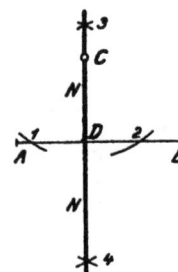

Abb. 5

$$NN \perp AB; \sphericalangle ADC = \sphericalangle BDC = 90^0.$$

Die Entfernung des Punktes C vom Fußpunkte D des Lotes, also CD, ist auch gleichzeitig **die kürzeste Entfernung des Punktes C von der Geraden.**

Punkt 3 liegt zu nahe bei C, um die Senkrechte genau zeichnen zu können; in solchen Fällen wählt man einen entfernteren Punkt, etwa 4, und verbindet diesen mit C.

Aufgabe 36.

[59]   *Es ist die Strecke A B gegeben; in ihren Endpunkten A und B sind Senkrechte zur Verbindungsstrecke zu ziehen (Abb. 6).*

Sollen wir im Punkte A eine Senkrechte auf A B errichten, so müssen wir A B über A hinaus verlängern, von A aus gleiche Stücke nach rechts und links auftragen, etwa $AC = AC_1$ und dann von C und C₁ aus gleiche Kreisbögen oben und unten zum Schnitte bringen. Die Verbindungslinie dieser Schnittpunkte 1 und 2 geht durch A und steht $\perp$ zu A B.

Es wird dem Leser leicht sein, dieselbe Konstruktion auch für den zweiten Endpunkt B der Strecke A B selbständig auszuführen.

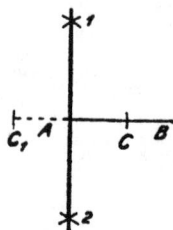

Abb. 6

Aufgabe 37.

Übertragen und Halbieren eines Winkels.

[60]   *Es ist der Winkel α gegeben; er ist nach A so zu übertragen, daß der eine Schenkel mit der Linie A B zusammenfällt, und dann zu halbieren (Abb. 7.).*

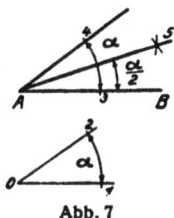

a) Um in einer Zeichnung einen gegebenen Winkel α zu übertragen, zieht man vom Scheitelpunkte o aus einen beliebigen Kreisbogen und bringt diesen mit den Schenkeln zum Schnitte; die Schnittpunkte 1, 2 bestimmen die Länge des durch den Winkel begrenzten Kreisbogens. Von A aus wird mit gleicher Zirkelöffnung ein Kreis gezogen und am Umfange vom Punkte 3 der Geraden $A B$ aus die Strecke 1, 2 abgestochen, 3, 4 = 1, 2; $A4$ gibt die Richtung des zweiten Schenkels an. Der eine Schenkel $A3$ fällt in die Richtung der Geraden $A B$, der zweite Schenkel $A4$ ist um $\sphericalangle \alpha$ gegen $A B$ geneigt, der Winkel daher in gleicher Größe nach A übertragen.

Abb. 7

b) Soll der Winkel α halbiert werden, so ziehe man von 3 und 4 aus gleiche Kreisbögen und bringe sie in 5 zum Schnitte. — A mit 5 verbunden, gibt die **Halbierungslinie** $A5$, die den Winkel in zwei gleiche Teile $\frac{\alpha}{2}$ teilt. Jeder Punkt der Winkelhalbierungslinie hat gleichen Abstand von den Schenkeln; man sagt, die Winkelhalbierende ist der geometrische Ort aller Punkte, die gleichen Abstand von den Schenkeln eines Winkels haben.

Aufgabe 38.

[61]   *Auf die Schenkel eines nicht gestreckten Winkels sind Normale zu errichten (Abb. 8).*

a) Von einem beliebigen Punkte D des Schenkels AO wird die Normale $N_1 N_1$ und vom beliebigen Punkte E die Normale $N_2 N_2$ in bekannter Weise gezogen. Die beiden Normalen schneiden sich in F und schließen Winkel ein, die den Winkeln α und β gleich sind:

b) Wird in G eine dritte Normale $N_3 N_3$ errichtet, so schneidet sich diese mit $N_1 N_1$ in H; die von den beiden Normalen eingeschlossenen Winkel sind wieder den Winkeln α und β gleich.

Abb. 8

c) Dreht man den Schenkel AO so lange um den Punkt O, bis er mit dem zweiten Schenkel BO einen rechten Winkel einschließt, also $AO \perp BO$ ist, so steht auch die Normale $N_1 N_1$ auf $N_2 N_2$ und $N_3 N_3$ senkrecht.

Übung: Der Leser möge diese Drehung unter Verwendung derselben Buchstaben zeichnerisch durchführen, um ein Bild der geänderten Lage zu erhalten.

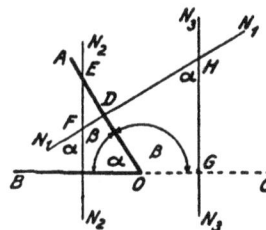

[62] Vergleich von Winkeln.

a) Denkt man sich einen Winkel auf einen anderen gelegt und es decken sich hierbei die Schenkel paarweise, so sind die Winkel gleich groß. Zieht man durch den Scheitel eines Winkels eine Gerade, die in die Winkelfläche fällt, so wird der Winkel in zwei Teile zerlegt. Sind beide Teile gleich, so hat die Gerade den Winkel halbiert. [60]

b) Wird ein Winkel so auf einen zweiten gelegt, daß die Scheitel und ein Paar der Schenkel zusammenfallen, und es deckt dabei der erste Winkel nur einen Teil des zweiten, so ist dieser kleiner als der zweite.

[63] Summieren und Abziehen von Winkeln.

a) Die Summe zweier Winkel wird erhalten, wenn man sie so aneinander legt, daß sie den Scheitel und einen Schenkel gemeinsam haben.

b) Ein kleinerer Winkel läßt sich von einem größeren durch Aufeinanderlegen abziehen, wobei aber die Winkel den Scheitel und einen Schenkel gemeinsam haben müssen.

[64] Der geometrische Ort.

Wenn die Lage eines Punktes, der gewisse Bedingungen erfüllen soll, nicht vollkommen bestimmt ist, so ist sie doch oft auf eine Linie beschränkt, auf welcher der Punkt liegen muß. Diese Linie heißt der **geometrische Ort** aller Punkte, die die gegebene Bedingung erfüllen.

So ist der geometrische Ort aller Punkte, die gleichen Abstand haben:

von einem gegebenen Punkte — **der Kreis**	[55a]
von zwei gegebenen Punkten — **das Mittellot**	[57b]
von einer Geraden — **die Parallele**	[66]
von zwei sich schneidenden Geraden — **die Winkelhalbierende**	[60b]

Die geometrischen Orte sind wichtig für die methodische Lösung geometrischer Aufgaben, die wir im 2. Briefe besprechen werden.

[65] Winkelpaare an drei Geraden.

Werden zwei gerade Linien AB und CD (Abb. 9) von einer dritten geschnitten, so entstehen 8 Winkel: 4 äußere a, b, γ, δ und 4 innere c, d, α, β.

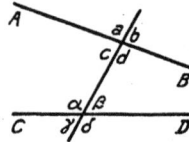

Abb. 9

Je ein äußerer und ein innerer Winkel auf derselben Seite der schneidenden Geraden, z. B. a, α oder d, δ usw. heißen **Gegenwinkel**, auch wohl gleichliegende Winkel oder korrespondierende Winkel, zwei äußere oder zwei innere Winkel auf verschiedenen Seiten der Schneidenden z. B. a, δ oder d, α usw. **Wechselwinkel**.

2. Die Geraden sind parallel.
[66] Parallele Linien.

a) Zwei Gerade, die sich niemals schneiden, auch wenn man sie beiderseits noch so sehr verlängert, heißen **parallel** ($\parallel$); man sagt: „Parallele schneiden sich nur in unendlicher Entfernung.“

b) Zieht man in beliebigen Punkten paralleler Linien Senkrechte auf diese, so sind die Entfernungen der sich zwischen den Senkrechten und den Parallelen ergebenden Schnittpunkte immer gleich, d. h. **Parallele haben in jedem ihrer Punkte gleichen Abstand voneinander;** die Parallele ist sonach der geometrische Ort aller Punkte, die gleichen Abstand von einer Geraden haben.

c) **Zwei Gerade, die einer dritten parallel sind, sind auch unter sich parallel.**

d) **Werden zwei Parallele von einer dritten Geraden geschnitten, so sind sowohl die Gegenwinkel als auch die Wechselwinkel einander gleich.**

Aufgabe 39.

[67] *Zu einer gegebenen Geraden AB ist von einem Punkte C aus eine Parallele zu ziehen (Abb. 10).*

Die Lösung findet sich, wenn man erwägt, daß eine Gerade, die zu einer anderen senkrecht steht, auch senkrecht zu einer der letzteren parallelen Linie stehen muß. Man zieht daher zunächst eine senkrechte Hilfslinie nn auf die gegebene Gerade AB, sodann von dem gegebenen Punkte C aus auf die Linie nn eine Senkrechte und diese ist auch gleichzeitig die gesuchte Parallele zu AB.

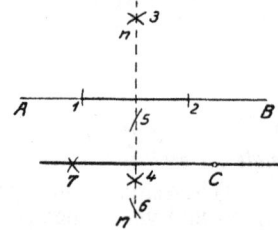

Abb. 10

Von dieser Methode, Parallele zu ziehen, wird im Felde häufig Gebrauch gemacht. Sonst werden Parallele nur mit Lineal und Dreiecken (Winkelhaken) gezogen. [86]

Aufgabe 40.

[68] *Man zeichne 2 Winkel, deren Schenkel paarweise parallel sind (Abb. 11).*

Der gegebene Winkel sei AOB. Wird zum Schenkel BO eine Parallele P_1 P_1 und zum Schenkel AO eine Parallele P_2 P_2 gezogen, so schließen diese wieder den gleichen Winkel α ein. Die Ergänzungswinkel β zu 180^0 sind natürlich auch einander gleich.

C. Lage einer Kreislinie zu Punkten, Geraden und Winkeln.

[69] Punkt und Kreis.

Die Lage eines Punktes in bezug auf einen Kreis hängt von seinem Zentralabstande, d. i. von seinem Abstande vom Mittelpunkte ab. Er liegt außerhalb eines Kreises, auf der Linie (Peripherie) desselben oder innerhalb des Kreises, je nachdem sein Zentralabstand größer, gleich oder kleiner als der Halbmesser ist.

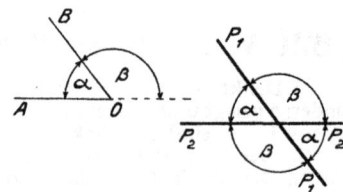

Abb. 11

Aufgabe 41.

[70] *Es ist mit einem Radius R ein Kreis zu beschreiben, der durch 2 gegebene Punkte A und B geht (Abb. 12).*

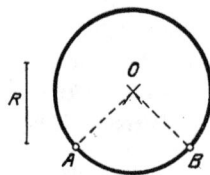

Abb. 12

Die Punkte A und B sollen in die Kreislinie fallen, sie müssen daher von dem Mittelpunkte so weit entfernt sein, als der Halbmesser lang ist.

Man nehme die Länge des Halbmessers R in den Zirkel und beschreibe von A und B aus kurze Kreisbögen. Ihr Schnittpunkt ist der Mittelpunkt O, von dem aus der gesuchte Kreis beschrieben werden kann, denn $OA = OB = R$.

Soll ein Kreis beschrieben werden, der durch **3** gegebene Punkte geht, so muß mit der Lage des Mittelpunktes auch die Länge des Radius bestimmt werden: es darf letzterer daher nicht von vornherein gegeben sein, sonst wäre die Aufgabe „überbestimmt“. Die Lösung dieser Aufgabe wird im 2. Abschnitte bei Besprechung der vier merkwürdigen Punkte des Dreieckes folgen.

[71] Kreis und Gerade.

a) Eine Gerade schneidet den Kreis nicht, wenn ihre Entfernung vom Mittelpunkte größer als der Radius ist.

b) Eine Gerade schneidet den Kreis in 2 Punkten, wenn ihre Entfernung vom Mittelpunkte kleiner als der Radius ist; jede eine krumme Linie schneidende Gerade heißt Sekante, die Strecke, die die beiden Schnittpunkte einer Geraden mit einem Kreise verbindet, Sehne. Geht die Sehne durch den Mittelpunkt, so wird sie ein Durchmesser (Diameter) des Kreises genannt. Der Durchmesser ist doppelt so groß wie der Halbmesser. Zu jeder Sehne gehören zwei Bögen, die im allgemeinen ungleich und nur gleich sind, wenn die Sehne zum Durchmesser wird. In letzterem Falle nennt man jeden der beiden Bögen einen Halbkreis. Andernfalls versteht man unter dem auf einer Sehne aufstehenden Bogen immer den, der kleiner ist als ein Halbkreis. Die Normale vom Kreismittelpunkte auf die Sehne halbiert die Sehne und den zugehörigen Bogen. Gleiche Sehnen haben gleiche Abstände vom Mittelpunkte. Der geometrische Ort der Mittelpunkte aller Kreise, die durch zwei gegebene Punkte gehen, ist das Mittellot auf der Verbindungsstrecke (Sehne).

c) Eine Gerade hat mit dem Kreise· nur einen Punkt gemein, wenn ihr Abstand vom Mittelpunkte gleich dem Radius ist. Sie heißt Tangente, der gemeinsame Punkt der Berührungspunkt. Die Tangente steht senkrecht zu dem Radius, der durch den Berührungspunkt geht. Der geometrische Ort der Mittelpunkte aller Kreise, die eine gegebene Gerade in einem bestimmten Punkte berühren, ist das Lot auf diese Gerade in diesem Punkte, jener der Kreise vom gegebenen Radius R, welche eine gegebene Gerade berühren, die Parallele zur Geraden im Abstande R. Man denke an ein Rad, das über der Geraden dahinrollt! ·

d) Der geometrische Ort der Mittelpunkte aller Kreise, die 2 sich schneidende Gerade berühren, sind die Halbierungslinien der Winkel zwischen den Geraden.

Zusammengefaßt sind die geom. Orte für die Mittelpunkte von Kreisen, die:

durch 2 Punkte gehen	— das Mittellot auf die Verbindungsstrecke
eine gegebene Gerade in einem bestimmten Punkte C [berühren —	das Lot auf die Gerade in C
bei gleichem Halbmesser R eine Gerade berühren —	die Parallele im Abstande R
zwei sich schneidende Gerade berühren —	die Winkelhalbierenden

Aufgabe 42.

[72]   *Es ist ein Kreis und eine Sehne AB gegeben, die vom Mittelpunkte die Entfernung s hat; es ist eine zweite Sehne zu zeichnen, die vom Mittelpunkte die gleiche Entfernung s besitzt und deren Normale mit jener der gegebenen Sehne den $\angle \alpha$ einschließt (Abb. 13).*
Wir übertragen in bekannter Art den gegebenen $\angle \alpha$ so, daß sein Scheitel sich in O befindet und der eine Schenkel mit der Normalen Dc zur gegebenen Sehne zusammenfällt. Dadurch erhalten wir die Linie On, auf welcher wir die Länge $s = Om$ auftragen. Die im Endpunkte m errichtete Normale zu On gibt die gesuchte Sehne CD; diese ist ebenso lang, wie die Sehne AB; $Oc = Om$; $CD = AB$.

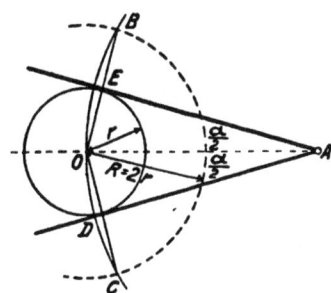

Abb. 13

Die Aufgabe hat noch eine· zweite Lösung, die der Leser selbständig suchen möge.

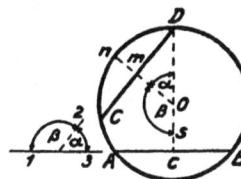

Abb. 14

Aufgabe 43.

Tangenten an einen Kreis legen.

[73]   *Von einem außerhalb des gegebenen Kreises vom Halbmesser r gelegenen Punkte A sind die beiden Tangenten an den Kreis zu ziehen (Abb. 14).*
Man beschreibe um O einen Hilfskreis mit dem Radius $R = 2r$ und von A aus einen solchen, der durch den Mittelpunkt O geht und den Hilfskreis in B und C schneidet; zieht man nun die Sehnen OB und OC, so geben deren Schnittpunkte mit dem gegebenen Kreise die Berührungspunkte D und E der beiden Tangenten. Diese mit A verbunden, geben die Tangenten selbst. Die Länge der beiden Tangenten ist gleich, sonach $AD = AE$. Die Gerade AO halbiert den von den Tangenten eingeschlossenen Winkel und den zwischen den Berührungspunkten liegenden Bogen.

Aufgabe 44.

[74]   *Ein rechter Winkel ist in 3 gleiche Teile zu teilen (Abb. 15).*
Beschreibe von A aus einen Kreisbogen, der die Schenkel in B und C schneidet. Lege in den Quadranten die Sehnen BE und CF, gleich dem Radius des gewählten Kreisbogens, also $BE = CF = AC$; AF und AE teilen den Winkel in 3 Teile von je 30°. (Die Verbindungslinie mit dem Schnittpunkte der beiden Sehnen $A\,III$ teilt den rechten Winkel in 2 Teile von je 45°.)

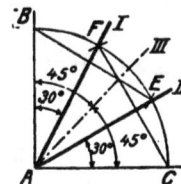

Abb. 15

[75] Kreis und Winkel.

a) Die von den Endpunkten einer Sehne AB (Abb. 16) gezogenen Radien schließen einen $\sphericalangle \alpha$ ein, der **Zentriwinkel** heißt. **Die Normale aus dem Mittelpunkte eines Kreises auf eine Sehne halbiert nicht nur Sehne und Bogen sondern auch den zugehörigen Zentriwinkel. Zu gleichen Zentriwinkeln gehören gleiche Sehnen und gleiche Bögen.** Die Zahl der Grade, Minuten und Sekunden eines Kreisbogens gibt daher zugleich die Grade, Minuten und Sekunden des zugehörigen Zentriwinkels an.

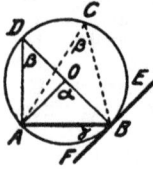

Abb. 16

b) Der hohle Winkel β, der von zwei sich in der Peripherie schneidenden Sehnen AC und $\cdot BC$ (über AB) gebildet wird, heißt **Peripheriewinkel** über der Sehne AB; er steht auf dem zwischen seinen Schenkeln liegenden Bogen $\overset{\frown}{AB}$. **Alle Peripheriewinkel auf demselben Bogen oder auf gleichen Bögen sind einander gleich und gleich der Hälfte des zugehörigen Zentriwinkels. $\sphericalangle \beta = \frac{1}{2} \sphericalangle \alpha$. Der Peripheriewinkel, der auf einem Halbkreise aufsteht, ist ein rechter Winkel.**

c) Der Winkel γ zwischen der Tangente und einer durch deren Berührungspunkt B gezogenen Sehne AB heißt **Tangentenwinkel**; er ist so groß wie der über derselben Sehne stehende Peripheriewinkel.

Alle Peripheriewinkel AB sind gleich, sonach $\sphericalangle BDA = \sphericalangle \beta$; $\sphericalangle DAB = 90°$, die Schenkel $DB \perp FE$ und $AD \perp AB$, daher $\gamma = \beta = \frac{\alpha}{2}$. Merke:

> **Tangentenwinkel** = $\frac{1}{2}$ **Zentriwinkel** =
> an AB über AB
>
> = **Peripheriewinkel**
> über AB.

Aufgabe 45.

[76] *Über eine Strecke AB als Sehne ist ein Kreis zu beschreiben, in dem jeder Peripheriewinkel über der Sehne einem gegebenen Winkel α gleich ist (Abb. 17).*

Man trage sich auf irgendeiner Geraden die Länge AB auf und ziehe das Mittellot auf AB; also $CO \perp AB$ und $AC = BC$. Weiters übertrage man den gegebenen $\sphericalangle \alpha$ so, daß sein Scheitel in A liegt und AB den einen Schenkel bildet. Errichtet man in A eine Senkrechte auf den zweiten Schenkel Ar, so schneidet dieser das Mittellot in O, und dieser Punkt ist der gesuchte Mittelpunkt des verlangten Kreises.

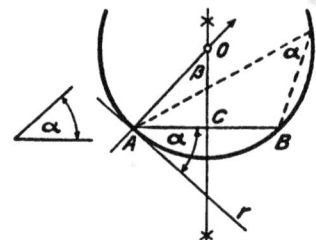

Abb. 17

$\sphericalangle \alpha = \sphericalangle \beta$, weil die Schenkel beider $\sphericalangle$ aufeinander $\perp$ stehen.
$\sphericalangle \beta$ ist als halber Zentriwinkel gleich dem Tangentenwinkel und dem Peripheriewinkel von der gegebenen Größe α.

D. Gegenseitige Lage von Kreislinien.

[77] Konzentrisch und exzentrisch.

a) **Kreise, die denselben Mittelpunkt haben, heißen konzentrisch, solche mit verschiedenen Mittelpunkten exzentrisch.**

b) Eine Gerade, die durch die Mittelpunkte zweier exzentrischer Kreise gelegt wird, heißt **Zentrale**, die Entfernung der Mittelpunkte **Zentralabstand**.

c) Zwei exzentrische Kreise haben entweder keinen, oder einen, oder zwei Punkte gemeinsam. **Drei Punkte können zwei Kreise nicht gemeinsam haben**, da sie sonst zusammenfielen. Kreise mit **einem** gemeinsamen Punkt **berühren sich**, und zwar von **außen**, wenn sie sonst außerhalb einander liegen, von **innen**, wenn der kleinere Kreis innerhalb des größeren liegt. Haben zwei Kreise zwei Punkte gemeinsam, so **schneiden** sie sich in diesen Punkten.

Übung: Man zeichne Kreise in diesen verschiedenen Lagen!

Aufgabe 46.

[78] *Man lege an zwei exzentrische Kreise vom Halbmesser R und r die äußeren und inneren Tangenten (Abb. 18 u. 19).*

a) Um die äußeren Tangenten zu zeichnen, beschreibe man um den Mittelpunkt O_1 des größeren Kreises (Abb. 18) einen Hilfskreis mit dem Halbmesser $R - r$ und lege nach [73] von dem Mittelpunkte O_2 des kleinen Kreises die Tangenten an den Hilfskreis; die Radien der Berührungspunkte B und C dieser Hilfstangenten schneiden in ihrer Verlängerung den größeren Kreis in

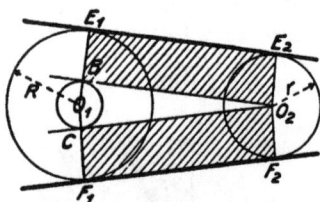

Abb. 18

den Punkten E_1 und F_1 und diese sind 2 der gesuchten Berührungspunkte für die äußeren Tangenten; wird dann $O_2E_2 \parallel O_1E_1$ und $O_2F_2 \parallel O_1F_1$ gezogen, so stellen E_2 und F_2 die 2 anderen Berührungspunkte dar. Die Geraden E_1E_2 und F_1F_2 sind die verlangten äußeren Tangenten.

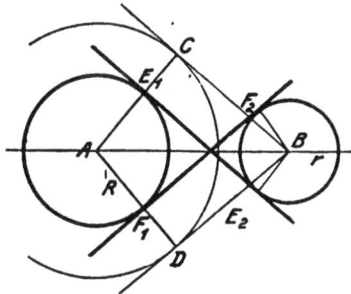

Abb. 19

b) Um die **inneren** Tangenten zu finden, beschreibe man um den Mittelpunkt A des größeren Kreises (Abb. 19) einen Hilfskreis mit dem Radius $R + r$ und lege von B, dem Mittelpunkte des kleineren Kreises, Tangenten an den Hilfskreis. Die Verbindungslinien von A zu den Berührungspunkten C und D der Hilfstangenten schneiden den gegebenen Kreis in E_1 und F_1 die zwei der Berührungspunkte für die inneren Tangenten bilden; werden zu $A E_1$ und $A F_1$ die parallelen Halbmesser $B E_2$ und $B F_2$ gezogen, so geben E_2 und F_2 die 2 anderen Berührungspunkte der inneren Tangenten an den kleineren Kreis. $E_1 E_2$ und $F_1 F_2$ sind die gesuchten **inneren** Tangenten.

Bemerkung: Sind die Halbmesser beider Kreise gleich lang, so ist $R - r = 0$; der Hilfskreis in Abb. 18 muß daher durch den Mittelpunkt A ersetzt werden; die Punkte $O_1 B$ und C fallen zusammen, und die äußeren Tangenten werden parallel zur Verbindungslinie der beiden Mittelpunkte. In Abb. 19 erhält der Hilfskreis den Halbmesser $2 R$, und die inneren Tangenten schneiden sich in der Mitte der Zentrale.
Der Leser bemühe sich, beide Konstruktionen selbständig durchzuführen.

E. Ellipse und Parabel.

Zu den krummen Linien gehören u. a. noch die Ellipse und die Parabel, die nebst dem Kreise eine gewisse, wenn auch viel beschränktere Bedeutung für die Technik besitzen. Der Vollständigkeit halber wollen wir in Kürze die Haupteigenschaften und die Konstruktion dieser Linien besprechen.

[79] Ellipse.

a) Die Ellipse (Abb. 20) hat die Eigenschaft, daß die Abstände jedes ihrer Punkte von 2 bestimmten Punkten, den **Brennpunkten** B_1, B_2 dieselbe Summe geben.

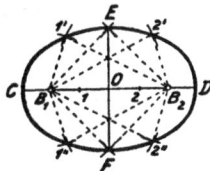

Abb. 20

Die durch die beiden Brennpunkte gezogene Gerade CD heißt die **große Achse**, die auf ihr $\perp$ stehende und durch den Mittelpunkt O gehende Linie EF die **kleine Achse**. Der Halbierungspunkt O der beiden Achsen ist der Mittelpunkt der Ellipse. Die Endpunkte der Achsen heißen die **Scheitel** der Ellipse.

Um beliebige Punkte einer Ellipse zu bestimmen, deren große Achse und die beiden Brennpunkte gegeben sind, nehme man in der großen Achse zwischen den **Brennpunkten** beliebig viele Punkte 1, 2 usw. an, deren jeder die große Achse in 2 Abschnitte teilt, und beschreibe mit diesen als Halbmesser von den Brennpunkten aus Kreisbögen; deren Schnittpunkte 1′, 1″, 2′, 2″ usw. sind Punkte der Ellipse. Die Endpunkte der kleinen Achse findet man, wenn man mit dem Halbmesser $r = \dfrac{CD}{2}$ von dem Brennpunkte aus Kreisbögen zieht und diese in EF zum Schnitte bringt.

Ein einfaches Verfahren, um Ellipsen zu zeichnen, von dem z. B. Gärtner beim Ausstecken ihrer ovalen Blumenbeete Gebrauch machen, besteht darin, daß man einen Faden von der Länge der großen Achse in den Brennpunkten befestigt, denselben mit einem Zeichenstift spannt und diesen herumführt.

Je näher die Brennpunkte einer Ellipse liegen, um so ähnlicher wird sie einem Kreise. Sie geht in den Kreis über, wenn die Brennpunkte zusammenfallen. Von einer elliptischen Spiegelfläche werden die von dem einen Brennpunkte ausgehenden Licht-, Wärme- und Schallstrahlen so reflektiert, daß sie sich im anderen Brennpunkte vereinigen; daher der Name „Brennpunkt".

[80] Parabel.

a) Die Parabel (Abb. 21) ist eine in sich nicht geschlossene, krumme Linie, die die Eigenschaft hat, daß jeder ihrer Punkte von einem gegebenen Punkte und von einer gegebenen Geraden denselben Abstand hat.

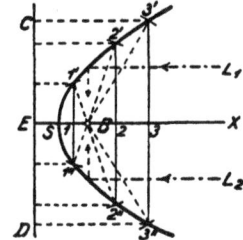

Abb. 21

Der gegebene Punkt B heißt der **Brennpunkt**, die gegebene Gerade CD die **Leitlinie**, die durch den Brennpunkt auf die Leitlinie gezogene Normale BE die **Achse**, der Schnittpunkt der Parabel mit der Achse ihr **Scheitel**.

Um eine Parabel, deren Brennpunkt und Leitlinie gegeben sind, zu konstruieren, ziehe man zunächst durch den Brennpunkt B eine Senkrechte BE zur Leitlinie, halbiere die Entfernung des Brennpunktes von der Leitlinie und erhält so den **Scheitel** S der Parabel. Dann nimmt man in der Achse beliebig viele Punkte, z. B. 1, 2 usw. an, zieht durch diese Normale zur Achse und beschreibt mit dem Abstande jedes Punktes von der Leitlinie als Halbmesser vom Brennpunkte aus Kreisbögen, deren Schnittpunkte 1′ 1″, 2′ 2″ usw. mit den Normalen Punkte der Parabel sind.

Bei einem parabolischen Spiegel werden alle zur Achse parallelen Lichtstrahlen, z. B. die Sonnenstrahlen, von den Wänden des Spiegels zum Brennpunkte zurückgeworfen; darauf beruht seine Anwendung als Brennspiegel.

2. Abschnitt.

Ebene Figuren.

[81] Grundbegriffe.

a) Der vollständig begrenzte Teil einer Ebene heißt eine **Figur**; der Linienzug, welcher die Grenze bildet, wird ihr **Umfang** genannt. Je nach dem Umfange werden **geradlinig, krummlinig** und **gemischtlinig** begrenzte Figuren unterschieden.

b) Die Strecken, die eine **geradlinige Figur** begrenzen, heißen **Seiten**; zu einer Begrenzung sind mindestens 3 Seiten nötig (Dreiecke). Je zwei aufeinander folgende Seiten schließen einen Winkel, den **Innenwinkel**, ein; der Winkel, den die Verlängerung einer Seite mit der nächsten bildet, heißt **Außenwinkel**. Die Scheitel der Winkel sind auch gleichzeitig die **Ecken** oder **Spitzen** der Figur, deren Zahl gleich ist der Seitenzahl. Man teilt die geradlinig begrenzten Figuren nach der Zahl ihrer Ecken ein in **Dreiecke, Vierecke** und

Vielecke (Polygone); Figuren mit gleichen Seiten **und gleichen Winkeln heißen regelmäßig.** Eine Gerade, die zwei nicht aufeinander folgende Ecken verbindet, wird eine **Diagonale** genannt.

c) Von den **krummlinigen** Figuren sind hauptsächlich jene, die von in sich geschlossenen, krummen Linien (Kreis und Ellipse) begrenzt werden, für technische Zwecke von Bedeutung. Hierher gehören die **Kreisfigur,** die **Ellipsenfigur,** der **Kreisring** als eine von zwei konzentrischen Kreisen begrenzte Figur und etwa noch die **Linse,** die eine von zwei sich schneidenden Kreisbögen begrenzte Figur ist (Abb. 22).

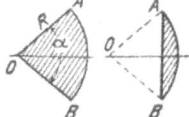

Abb. 22   Abb. 23

d) Gemischtlinige Figuren sind solche, die teils von geraden, teils von krummen Linien begrenzt werden. Die wichtigsten hiervon sind der **Kreisausschnitt (Sektor)** und der **Kreisabschnitt (Segment)** (Abb. 23).

Außerdem finden solche Figuren in den mannigfaltigsten Formen für besondere Zwecke Anwendung; wir werden deren Konstruktion und Berechnung in den häufigeren Ausführungsarten im Bau- und Maschinenzeichnen, die Elemente, aus welchen sich alle diese Figuren zusammensetzen (Dreiecke, Vierecke, Vielecke, Kreis- und Ellipsenfiguren mit ihren Ausschnitten und Abschnitten usw.), jedoch schon in diesem und dem nächsten Abschnitte über Geometrie, und zwar je nach ihrer Bedeutung für die Technik mehr oder weniger eingehend kennenlernen.

[82] Bestimmungsstücke.

a) Jede Figur besitzt eine gewisse Zahl von Größen, die für ihre Gestalt maßgebend sind.

Es sind dies bei geradlinig begrenzten Figuren die Seitenlängen, die Längen der Diagonalen, die Winkel und der Flächeninhalt, bei Kreisfiguren der Halbmesser, Umfang und Flächeninhalt, bei Kreisausschnitten und Abschnitten außerdem noch die Zentriwinkel der Bogenbegrenzung, bei Kreisringen die beiden Halbmesser der konzentrischen Kreise und der Flächeninhalt usw.

Diese Größen werden Bestimmungsstücke der Figur genannt.

b) Nicht alle diese Stücke sind nötig, um die Figur in ihrer richtigen Gestalt darzustellen, sondern es genügen hierfür immer schon einige Bestimmungsstücke.

So hat z. B. das Dreieck 3 Seiten und 3 Winkel, im ganzen also 6 Stücke, wovon im allgemeinen nur 3 notwendig sind, um das Dreieck konstruktiv eindeutig festzulegen; bei konstruktiv-rechnerischer Bestimmung kann ein oder das andere Stück auch durch die Angabe des Flächeninhaltes ersetzt werden.

Ein Viereck hat 4 Seiten, 2 Diagonalen, 8 Winkel (einschließlich der Winkel, die die Diagonalen mit den anliegenden Seiten einschließen) und den Flächeninhalt — im ganzen sonach 15 Stücke. Von diesen kommen aber, weil jedes Viereck sich in zwei Dreiecke zerlegen läßt, welchen eine Seite gemeinsam ist, in der Regel nur 2·3 — 1 = 5 Bestimmungsstücke in Betracht.

Die Kreisfigur hat nach obigem 3 Stücke: Halbmesser, Umfang und Flächeninhalt; zur konstruktiven Festlegung muß der Halbmesser, zur konstruktiv-rechnerischen Bestimmung kann dieser oder der Umfang oder der Inhalt, also in jedem Falle nur 1 Stück, gegeben sein usw.

Soviel vorläufig nur zum allgemeinen Verständnis; Näheres hierüber wird bei Besprechung der einzelnen Figuren folgen.

[83] Symmetrie.

Wird eine Figur um eine in ihrer Ebene liegende Achse im Raume so weit gedreht, daß sie wieder in die Ebene zurückgelangt, aber dann auf die andere Seite zu liegen kommt, so sagt man, man habe die Figur umgewendet oder umgeklappt. Eine Figur, welche nach der Umwendung ihre Anfangslage deckt, heißt symmetrisch zur Drehungsachse, zur Symmetrieachse.

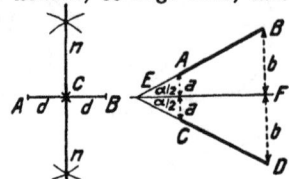

Abb. 24   Abb. 25

Zwei Punkte A und B (Abb. 24) liegen symmetrisch in bezug auf das Mittellot nn der sie verbindenden Geraden; das Mittellot bildet ihre Symmetrieachse, von der sie gleichweit entfernt sind ($AC = BC = d$). Zwei Gerade A,B und C,D (Abb. 25) liegen symmetrisch zur Halbierungslinie E, F des von ihnen eingeschlossenen Winkels α; eine Kreislinie ist symmetrisch in bezug auf jeden ihrer Durchmesser usw.

A. Das Dreieck.

[84] Die Stücke eines Dreieckes.

a) Jedes Dreieck ($\triangle$) hat drei Ecken, drei Seiten und drei Winkel; jeder Seite liegt ein Winkel gegenüber, während die beiden anderen Winkel dieser Seite anliegen. Jedem Winkel liegt eine Seite gegenüber, während die beiden anderen Seiten ihn einschließen.

b) Nimmt man in einem Dreiecke (Abb. 26) irgendeine Seite, z. B. AB, als Grundlinie (Basis) an, so heißt die Normale CD, die von der gegenüberliegenden Ecke C auf diese Seite gefällt wird, die zugehörige Höhe h des Dreieckes zur Seite AB und D der Fußpunkt dieser Höhe.

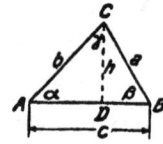

Abb. 26

c) Ein Dreieck ist in Größe und Form nur dann festgelegt, wenn folgende Stücke gegeben sind:

1. Eine Seite und die beiden anliegenden Winkel:

$a, \sphericalangle\beta, \sphericalangle\gamma$ oder $b, \sphericalangle\alpha, \sphericalangle\gamma$ oder $c, \sphericalangle\alpha, \sphericalangle\beta$

oder 2. Zwei Seiten und der von ihnen eingeschlossene Winkel:

$a, b, \sphericalangle\gamma$ oder $b, c, \sphericalangle\alpha$ oder $a, c, \sphericalangle\beta$

oder 3. Zwei Seiten und der der größeren Seite gegenüberliegende Winkel:

$a, c, \sphericalangle\gamma$ oder $a, b, \sphericalangle\beta$ oder $b\ c, \sphericalangle\gamma$, wenn $c > b > a$

oder 4. Alle drei Seiten: a, b, c.

d) In jedem Dreiecke liegt der größeren Seite der größere Winkel gegenüber; auch ist die Summe zweier Seiten größer, ihre Differenz kleiner als die dritte Seite: z. B. $a + b > c$, $a - b < c$.

e) In jedem Dreiecke ist die Summe der Winkel gleich zwei rechten Winkeln oder 180°. Sind sonach 2 Winkel gegeben, so ist damit auch der 3. Winkel bestimmt. Daraus folgt weiters, daß in einem Dreiecke nur ein rechter oder stumpfer Winkel vorkommen kann, während die beiden anderen Winkel unbedingt spitz sein müssen.

[85] Einteilung der Dreiecke.

a) Die Dreiecke werden eingeteilt hinsichtlich der Winkel in **rechtwinklige** und **schiefwinkelige**, hinsichtlich der Seiten in **gleichseitige** mit 3 gleichen Seiten, in **gleichschenkelige** mit 2 gleichen Seiten und in **ungleichseitige**, bei welchen alle 3 Seiten ungleich sind.

b) Im **rechtwinkeligen** Dreiecke (Abb. 27 a) heißen die beiden Seiten AB und AC, die den rechten Winkel einschließen, **Katheten**, die Seite BC, die ihm gegenüberliegt, die **Hypotenuse**. Ist die eine Kathete AC halb so lang als die Hypotenuse, so ist der der kleineren Kathete anliegende Winkel 60°, der gegenüberliegende 30°.

Klappe das Dreieck um die längere Kathete, so ergeben beide Dreiecke zusammen ein gleichseitiges Dreieck mit lauter 60°-Winkeln.

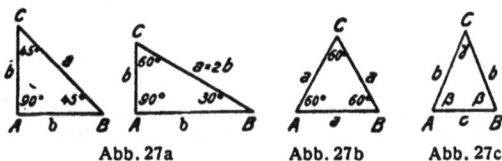

Abb. 27a   Abb. 27b   Abb. 27c

c) In einem **gleichseitigen** Dreiecke (Abb. 27 b) sind nebst den Seiten auch die Winkel untereinander gleich, und zwar je 60°.

d) Die beiden gleichen Seiten AC und BC eines **gleichschenkeligen** Dreieckes (Abb. 27 c) werden die **Schenkel**, die 3. Seite AB die **Grundlinie** oder **Basis** genannt. Die zwei gleichen Winkel β liegen an

der Grundlinie, der dritte $\sphericalangle \gamma$ an der Spitze C des Dreieckes ($\gamma = 180° - 2\,\beta$). Ein rechtwinkeliges Dreieck kann auch gleichschenkelig sein; die der Hypotenuse anliegenden Winkel sind in diesem Falle beide 45° (Abb. 27 a).

[86] Zeichendreiecke (Winkelhaken).

Zum Zeichnen paralleler und senkrechter Linien, sowie zum Auftragen von Winkeln von 30°, 45°, 60° und 90° benützt man Zeichendreiecke (Winkeldreiecke) aus Holz oder

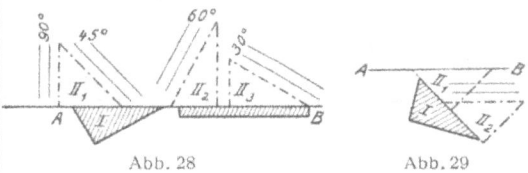

Abb. 28   Abb. 29

Metall, wie sie in allen Größen käuflich sind. Am besten eignen sich hierzu je ein gleichschenkelig-rechtwinkeliges und ein rechtwinkeliges Dreieck, dessen spitze Winkel 30° und 60° betragen.

Um Parallele unter den Winkeln von 30°, 45°, 60° oder 90° (Senkrechte) zu einer gegebenen Geraden AB zu ziehen, lege man das eine Zeichendreieck oder ein Lineal mit einer Kante an die gegebene Gerade (Abb. 28); verschiebt man längs dieser festgehaltenen Kante das zweite Dreieck II, so kann man an einer seiner Kanten mit dem Bleistifte beliebige Parallele ziehen, die je nach der gewählten Lage des verschiebbaren Dreieckes den gewünschten Winkel mit der Geraden einschließen.

Sollen zu einer gegebenen Geraden AB Parallele gezogen werden (Abb. 29), so wird vorerst eines der Dreiecke, z. B. II, an die Gerade angelegt das zweite Dreieck I darangeschoben und letzteres festgehalten; verschiebt man dann das erste Dreieck II, so verschiebt sich die ursprünglich an die Gerade gelegte Kante parallel zu sich selbst und kann daher zum Ziehen der gewünschten Parallelen benutzt werden — Der Leser übe dieses Verfahren gründlich ein.

Aufgabe 47.

[87] *Man konstruiere mit Lineal und Zirkel, also ohne Zeichendreiecke, Winkel von 45° und 60°, wenn der Scheitel in A und die Richtung des einen Schenkels in AB gegeben sind (Abb. 30 u. 31).*

a) **Winkel von 45°** (Abb. 30): Man errichte in B eine Senkrechte BC_1 zu AB und trage auf dieser $BC = AB$ auf [85 d].

b) **Winkel von 60°** (Abb. 31): Man nehme AB in den Zirkel, ziehe von A und von B aus Kreisbögen vom Radius AB;

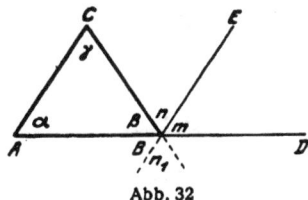

Abb. 30   Abb. 31

C mit A verbunden, gibt den zweiten Schenkel des gewünschten Winkels von 60°. [85 c].

Aufgabe 48.

[88] *Man zeige konstruktiv, daß die Summe der drei Winkel eines Dreieckes gleich 180° ist (Abb. 32).*

a) Verlängert man die Seite AB nach D und zieht die Gerade $BE \parallel AC$, so ist der gestreckte Winkel bei B in 3 Teile m, n und β geteilt. Der Winkel m ist dem Winkel α gleich, weil die einen Schenkel in einer Geraden liegen, die beiden anderen aber parallel sind. Daß der zweite Winkel n dem Winkel γ gleich ist, ersieht man, wenn man sich die Seite AC parallel zu sich selbst nach BE versetzt denkt; es ist dann $\sphericalangle n_1 = \sphericalangle \gamma$, n_1 aber als Scheitelwinkel dem Winkel n gleich, daher ist $\alpha = m$, $\gamma = n$.

$\beta + n + m$ bilden einen gestreckten Winkel, sind daher zusammen 180°, sonach

$$\beta + \gamma + \alpha = \alpha + \beta + \gamma = 180°.$$

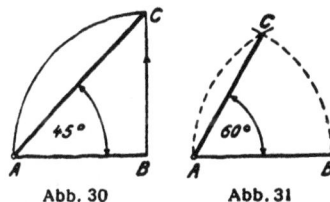

Abb. 32

b) Da ersichtlich $n + m = \alpha + \gamma$, so folgt, daß **jeder Außenwinkel eines Dreieckes auch gleich der Summe der von ihm getrennten Innenwinkel ist.**

Aufgabe 49.

[89]   *Man konstruiere ein Dreieck, wenn gegeben sind:*
1. *Die 3 Seiten a, b und c.*
2. *Die Seite c und die dieser anliegenden Winkel α und β.*
3. *Die Seiten c und b und der von ihnen eingeschlossene Winkel α.*

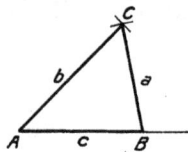 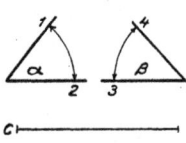 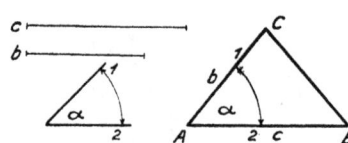

Abb. 33   Abb. 34   Abb. 35

a) (Abb. 33.) Man trage auf einer Geraden die Länge c auf und ziehe von den Endpunkten A und B der Strecke Kreisbögen mit den Zirkelöffnungen a und b; ihr Schnittpunkt ist die 3. Ecke C des △ ABC. Aus der Zeichnung ersieht man deutlich, daß ein Dreieck nur möglich ist, wenn $a + b < c$ [84d].

b) (Abb. 34.) Man trage die Winkel α und β von den Endpunkten A und B der Strecke $AB = c$ so auf, daß ein Schenkel jedes Winkels in die Gerade AB fällt; der Schnittpunkt der zweiten Schenkel ist die 3. Ecke C des △ ABC.

c) (Abb. 35.) Man lege bei A den Winkel α so an, daß der eine Schenkel in die Gerade AB fällt. Auf den zweiten Schenkel von α die Länge b aufgetragen, gibt den Punkt C als 3. Ecke des gesuchten △ ABC.

Übung: Der Studierende führe die Konstruktion a) für ein gleichseitiges ($a = b = c = 10$ cm) und für ein gleichschenkeliges Dreieck ($c = 6$ cm, $b = c = 8$ cm), die Konstruktion b) für ein gleichschenkeliges Dreieck ($c = 6$ cm, $\sphericalangle \alpha = \sphericalangle \beta = 50°$) und die Konstruktion c) für ein gleichschenkelig-rechtwinkeliges Dreieck ($c = b = 4$ cm, $\alpha = 90°$) durch.

Aufgabe 50.

[90]   *Man zerlege ein gleichseitiges Dreieck von 2 cm Seitenlänge in zwei rechtwinkelige Dreiecke und konstruiere über der Basis des gleichseitigen Dreieckes ein gleichschenkeliges Dreieck von 3 cm Höhe (Abb. 36 in $^2/_3$ n. Gr.)*

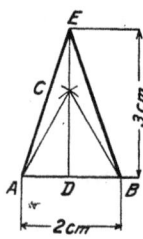

Abb. 36

a) Um das gleichseitige △ zu konstruieren, mache man die Strecke AB gleich 2 cm; dann nehme man 2 cm in den Zirkel und beschreibe damit um A und um B Kreisbögen; deren Schnittpunkt C, der von A wie von B je 2 cm entfernt ist, ist die Spitze C des gesuchten gleichseitigen Dreieckes ABC.

Um dieses Dreieck in zwei rechtwinklige Dreiecke zu zerlegen, fällt man von C aus in uns schon geläufiger Weise die Höhe CD auf die Basis AB des △ ABC; dadurch entstehen die beiden einander gleichen rechtwinkeligen Dreiecke △ ACD und △ BCD.

b) Um die zweite Forderung zu erfüllen, trage man auf der Normalen DC von D aus 3 cm auf; der Endpunkt E ist die Spitze des über der Basis des gleichseitigen Dreieckes stehenden gleichschenkeligen Dreiecks ABE von 3 cm Höhe.

Diese Zeichnung ist in Naturgröße zu entwerfen, wobei die gezeichneten Längen den Maßstablängen gleich werden. Würde der Zeichnung ein anderer Maßstab, z. B. 1 : 10, zugrunde liegen, so wäre die wirkliche Basis 20 cm und die Höhe 30 cm, es würde eben dann 1 cm in der Zeichnung 10 cm in der Wirklichkeit entsprechen. (Die Winkel blieben aber stets dieselben.) Die den einzelnen Längen beigesetzten Ziffern nennt man Koten, die Zeichnung selbst eine kotierte Zeichnung. **Die Koten bezeichnen stets Naturmaße.**

Aufgabe 51.

[91]   *Es ist ein Dreieck zu konstruieren, wenn 2 Seiten a und b und der der größeren Seite gegenüberliegende Winkel α gegeben sind (Abb. 37).*

a) Man konstruiere zunächst in bekannter Weise den Winkel α und trage auf dem einen Schenkel die kleinere Länge b auf, wodurch man den Punkt C erhält; hierauf nehme man die Länge a der größeren zweiten Seite in den Zirkel und beschreibe damit um C einen Kreisbogen, der den zweiten Schenkel von α in B schneidet. B ist die 3. Ecke des gesuchten △ ABC.

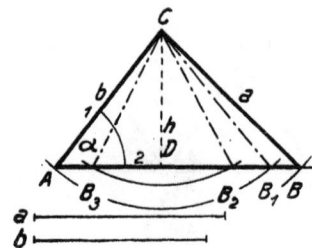

Abb. 37

b) Es wurde ausdrücklich verlangt, daß der gegebene Winkel der **größeren Seite gegenüber**liegen soll. Diese Aufgabe gestattet nämlich nur eine eindeutige Lösung, wenn $a \geqq b$ ist, denn nur in diesem Falle schneidet der Kreisbogen um C die Linie AB in einem einzigen Punkte, und zwar für $a > b$ in B und für $a = b$ in B_1, wobei das Dreieck AB_1C ein gleichschenkeliges wird. Ist aber $a < b$, so wird die Linie AB vom Kreisbogen zweimal, z. B. in B_2 und in B_3 geschnitten; dann entsprechen die beiden so gefundenen Dreiecke ACB_2 und ACB_3 den gestellten Bedingungen, d. h. die Aufgabe wird **unbestimmt**.

c) Wird a gleich dem Abstande h des Punktes C von der Grundlinie AB, so ergibt sich das rechtwinkelige Dreieck ADC als Lösung; für $a < h$ kann der Kreisbogen die Linie AB überhaupt nicht schneiden: Die Aufgabe ist sonach **unlösbar**.

Aufgabe 52.

[92]   *Über die vier merkwürdigen Punkte des Dreieckes:*

    α) Errichte zu den 3 Seiten eines Dreieckes die Mittellote. Wie groß ist die Entfernung des Schnittpunktes der 3 Lote von den Ecken des Dreieckes?

    β) Halbiere die Winkel eines Dreieckes. Wie groß ist der Abstand des Schnittpunktes der 3 Halbierungslinien von den Seiten?

    γ) Ziehe die 3 Höhen des Dreieckes und bringe sie zum Schnitte.

    δ) Zeichne die 3 Schwerlinien eines Dreieckes ein.

a) Zur Aufgabe α (Abb. 38): Die **Mittellote** werden nach [57] durch Verbindung der Schnittpunkte gleicher Kreisbögen um A, B und C festgelegt. **Sie schneiden sich in einem einzigen Punkte O_I, der von allen drei Ecken gleich weit entfernt ist,** sonach $O_I A = O_I B = O_I C$. Der Schnittpunkt O_I **ist damit auch zugleich der Mittelpunkt des dem Dreiecke umschriebenen Kreises, der alle Ecken des Dreieckes in sich schließt.** (Der 1. merkwürdige Punkt.)

b) Zur Aufgabe β (Abb. 39): Um die Winkel zu halbieren, werden nach [60b] Kreisbögen zum Schnitte gebracht. Die Schnittpunkte der Kreisbögen geben mit den gegenüberliegenden Ecken ABC verbunden, die Halbierungslinien. **Sie schneiden sich in einem Punkte O_{II}.** Um seinen Abstand von den Seiten zu ermitteln, werden von O aus Lotrechte gegen AB, AC und BC gezogen. **Der Abstand des Punktes O_{II} von allen Seiten des Dreieckes ist gleich groß,** d. h. $O_{II} a = O_{II} b = O_{II} c$; O_{II} **ist gleichzeitig der Mittelpunkt des eingeschriebenen Kreises, der alle drei Seiten des Dreieckes berührt.** (Der 2. merkwürdige Punkt.)

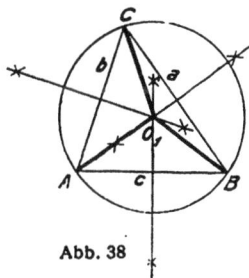 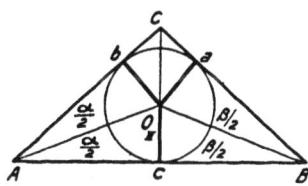 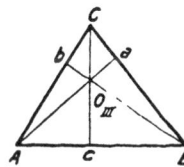 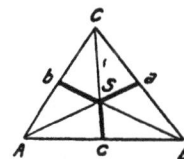

Abb. 38   Abb. 39   Abb. 40   Abb. 41

c) Zur Aufgabe γ (Abb. 40): Die Höhen werden gezogen, indem man nach [58] von jeder Ecke aus auf die gegenüberliegende Seite die Senkrechte fällt, also $Aa \perp BC$, $Bb \perp AC$ und $Cc \perp AB$. **Alle drei Höhen schneiden sich in demselben Punkte O_{III},** im 3. merkwürdigen Punkte des Dreieckes.

d) Zur Aufgabe δ (Abb. 41) Die drei Schwerlinien eines Dreieckes, d. h. die Linien, die von den Eckpunkten zu den Mitten der Gegenseiten gezogen werden, schneiden sich gleichfalls in einem einzigen Punkte S, der jede Schwerlinie so teilt, daß der an einer Dreiecksecke liegende Abschnitt doppelt so groß ist als der andere.

$$AS = 2 \cdot Sa, \quad BS = 2 \cdot Sb, \quad CS = 2 \cdot Sc.$$

Der Schnittpunkt S der 3 Schwerlinien ist der **Schwerpunkt** des Dreieckes (der 4. merkwürdige Punkt).

Übungsbeispiele: a) Es wolle der Leser die vier merkwürdigen Punkte in einem Dreiecke von den Seitenlängen $a = 8$ cm, $b = 6$ cm, $c = 7$ cm ermitteln! Wie groß ist der Halbmesser des diesem Dreiecke umgeschriebenen und des ihm eingeschriebenen Kreises? Schneide das Dreieck mit der Schere aus und unterstütze es im Schwerpunkte mit der Zirkelspitze! [Ergebnis: Es balanciert, wenn richtig unterstützt!] — b) Einem ersten Kreis ist ein Dreieck mit den Seiten $a = 60$ cm, $b = 50$ cm, $c = 75$ cm eingeschrieben, einem zweiten ein Dreieck mit den Seiten $a = 50$ cm, $b = 70$ cm, $c = 80$ cm; welcher hat den größeren Halbmesser? (Maßstab 1 : 10.) — c) Gib auf einer Landkarte drei Orte A, B, C an; zeichne deren Dreieck auf ein Blatt Papier (nicht durchpausen!). — Es soll durch A, B, C ein Kreis gelegt werden; bestimme zeichnerisch dessen Halbmesser!

B. Vierecke und Vielecke.

[93] Summe der Innenwinkel beim Vierecke.

Eine von vier Strecken begrenzte Figur heißt **Viereck**. Da jedes Viereck sich in 2 Dreiecke zerlegen läßt, ist **die Summe seiner Innenwinkel gleich 2 mal 2 = 4 rechte Winkel (= 360°).**

[94] Parallelogramm.

a) Ein Viereck, in dem je zwei gegenüberliegende Seiten parallel sind, heißt **Parallelogramm.**

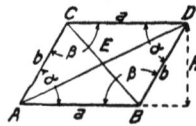
Abb. 42

Beim Parallelogramme $ABCD$ (Abb. 42) ist $AB \parallel CD$ u. $AC \parallel BD$, außerdem ist $AB = CD$; $AC = BD$, d. h. zwei gegenüberliegende Seiten sind parallel und gleichlang. Nimmt man eine der Seiten, z. B. AB, als Grundlinie des Parallelogrammes an, so heißt ihr Abstand h von der gegenüberliegenden Seite die **Höhe**

Abb. 43

des Parallelogrammes. **In jedem Parallelogramme sind die gegenüberliegenden Winkel einander gleich; die Diagonalen halbieren sich gegenseitig.**

$$\boxed{AE = ED} \qquad \boxed{CE = EB}$$

Man unterscheidet s c h i e f w i n k e l i g e und r e c h t w i n k e l i g e, g l e i c h s e i t i g e und u n g l e i c h s e i t i g e Parallelogramme.

Ein u n g l e i c h s e i t i g - s c h i e f w i n k e l i g e s Parallelogramm nennt man ein **Rhomboid** oder **Spat** (Abb. 42), ein g l e i c h s e i t i g - s c h i e f w i n k e l i g e s einen **Rhombus** oder **Raute**

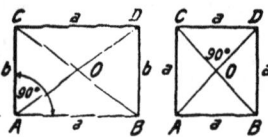
Abb. 44

(Abb. 43). In letzterem Falle stehen die Diagonalen senkrecht aufeinander und halbieren die Winkel der Figur.

b) Ein ungleichseitig-rechtwinkeliges Parallelogramm nennt man ein Rechteck (Abb. 44), ein gleichseitig-rechtwinkeliges ein **Quadrat.** In jedem rechtwinkeligen Parallelogramme sind die Diagonalen gleichlang:

$$\boxed{AO = OD = CO = OB}$$

Beim Quadrate stehen sie zudem aufeinander senkrecht und halbieren die Winkel.

Die Konstruktion von Parallelogrammen erheischt zunächst die Konstruktion eines jener Dreiecke, in die es durch die Diagonalen zerlegt wird; dieses Dreieck ist dann in geeigneter Weise zu dem Parallelogramme zu ergänzen.

[95] Trapez.

a) Ein Viereck, in dem nur zwei gegenüberliegende Seiten parallel sind, heißt T r a p e z (Abb. 45a). Eine der parallelen Seiten, z. B. AB, nennt man die G r u n d l i n i e, ihren Abstand von der zweiten parallelen Seite die Höhe des Trapezes. Die nicht parallelen Seiten werden S c h e n k e l genannt. Die Verbindungslinie der Halbierungspunkte der Schenkel, **die sog. Mittelparallele des Trapezes, ist parallel zur Grundlinie und gleich der halben Summe der Parallelseiten,** also

$$\boxed{FE = \frac{1}{2}(AB + CD)}$$

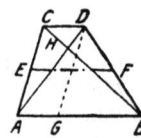 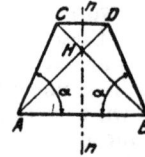

Abb. 45a　　　　　Abb. 45b

b) Sind die Schenkel eines Trapezes gleichlang, also $AC = BD$, so heißt es gleichschenkelig (Abb. 45b); in einem solchen sind jeweils die Winkel an derselben Parallelseite, ebenso die Diagonalen im ganzen sowie deren oberen und unteren Abschnitte je einander gleich

$$\boxed{AD = BC} \qquad \boxed{AH = BH} \qquad \boxed{CH = HD}$$

Das Lot, das man vom Schnittpunkte der Diagonalen auf die Parallelseiten fällt, ist die Symmetrieachse nn des gleichschenkeligen Trapezes.

Für die Konstruktion von Trapezen empfiehlt es sich, die Figur entweder durch eine Diagonale in zwei Dreiecke oder durch eine zum Schenkel parallel gezogene Linie DG in ein Dreieck GBD und ein Parallelogramm $AGCD$ zu zerlegen.

[96] Regelmäßige Vielecke.

a) Regelmäßige Figuren sind, wie wir gehört haben, solche, deren Seiten und Winkel alle gleich sind; außer dem gleichseitigen Dreiecke und dem Quadrate gibt es auch Fünfecke, Sechsecke usw., die dieselbe Eigenschaft haben, also zu den regelmäßigen Figuren gehören.

b) In jedem regelmäßigen Vielecke (Abb. 46) schneiden sich die Halbierungslinien der Winkel und die Mittellote auf die Seiten in demselben Punkte, dem Mittelpunkte der Figur; diese Linien bilden auch ihre **Symmetrieachsen.**

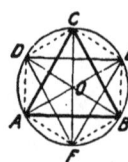 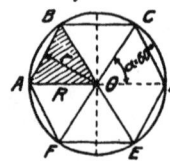 

Abb. 47　　　　Abb. 46　　　　Abb. 48

c) Jedes regelmäßige Vieleck läßt einen Umkreis und einen Inkreis zu; beide Kreise sind konzentrisch.

d) Das Dreieck ABO heißt das **Bestimmungsdreieck,** R der große, r der kleine Halbmesser des Vieleckes; R ist der Halbmesser des Umkreises, r jener des Inkreises. Der Zentriwinkel α einer Seite ist bei einem Vielecke von n Ecken gleich $\frac{360°}{n}$. z. B. bei einem Sechsecke 60°, beim Achtecke 45° usw.

e) Abb. 47 zeigt, wie aus dem, einem Kreise eingeschriebenen gleichseitigen Dreiecke ABC ein Sechseck wird, dessen übrigen drei Diagonalen wieder ein gleichseitiges Dreieck bilden. Zieht man in einem Kreise (Abb. 48) zwei zueinander senkrechte Durchmesser, so sind deren Endpunkte die Ecken des eingeschriebenen regelmäßigen Viereckes (Quadrat). Durch Halbieren der Bögen kommt man auf das Achteck, Sechzehneck usw.

f) Da der Zentriwinkel des regelmäßigen Sechseckes gleich 60° ist, so ist das Bestimmungsdreieck

Tabelle 1. Übersicht über die wichtigsten geradlinigen Figuren:

	Trapez (Abb. 45)		Parallelogramm (Abb. 42)				Dreieck (Abb. 26)				
Figur	gleichschenklig	ungleichschenklig	schiefwinklig Rhombus	schiefwinklig Rhomboid	rechtwinklig gleichseitig Quadrat	rechtwinklig ungleichseitig Rechteck	schiefwinklig gleichseitig	schiefwinklig gleichschenklig	schiefwinklig ungleichseitig	rechtwinklig gleichschenklig	rechtwinklig ungleichseitig
Winkel	Winkel an den Parallelseiten je gleich	Alle 4 Winkel ungleich	je 2 gegenüberliegende Winkel gleich	je 2 gegenüberliegende Winkel gleich	ebenso	jeder Winkel 90°	$\alpha=\beta=\gamma=60°$	$\alpha=\beta=\dfrac{180°-\gamma}{2}$	alle 3 Winkel ungleich	$\alpha=90°;\ \beta=\gamma=45°$	$\alpha=90°,\ \beta+\gamma=90°$; $\alpha=90°,\ \beta=30°,\ \gamma=60°$
	Summe der 4 Winkel = 360°						*Summe der 3 Winkel = 180°*				
Seiten	nur 2 Seiten **parallel**; die zwei nicht parallelen Seiten gleichlang	nur 2 Seiten **parallel**; Alle 4 Seiten ungleich	je 2 gegenüberliegende Seiten **parallel**; alle 4 Seiten gleichlang	je 2 gegenüberliegende Seiten **parallel**; je 2 gegenüberliegende Seiten gleich.lang	je 2 gegenüberliegende Seiten **parallel**; alle 4 Seiten gleichlang	je 2 gegenüberliegende Seiten **parallel**; je 2 gegenüberliegende Seiten gleichlang	$a=b=c$	$a=b$, Basis c beliebig	—	$b=c$	$a=2b$ (*a* Hypotenuse; *b, c* Katheten)
Symmetrieachsen	Mittellot auf die Parallelseiten	—	Diagonalen	—	Mittellote und Diagonalen	Mittellote	alle 3 Höhen, M u. W	Höhe auf die Basis c	—	Höhe auf die Hypotenuse	Höhe auf die Hypotenuse
Mittelpunkt der regelm. Figur	—	—	—	—	Schnittpunkt der Diagonalen, M u. W	—	Schnittpunkt der Höhen, M u. W	—	—	—	—
Diagonalen D	Abschnitte vom Schnittpunkte zu den Ecken gleich	—	halbieren sich; ⊥ aufeinander, halbieren die ∢	halbieren sich	halbieren sich; gleich lang; ⊥ aufeinander, halbieren die ∢	halbieren sich; gleich lang	—	—	—	—	—
Mittellote auf die Seiten M	—	—	schneiden sich im Mittelpunkte des umschriebenen Kreises	—	schneiden sich im Mittelpunkte des um- und eingeschriebenen Kreises	—	schneiden sich im Mittelpunkte des um- und eingeschriebenen Kreises	schneiden sich im Mittelpunkte des umschriebenen Kreises	schneiden sich im Mittelpunkte des umschriebenen Kreises	schneiden sich im Mittelpunkte des umschriebenen Kreises	schneiden sich im Mittelpunkte des umschriebenen Kreises
Winkelhalbierende W	—	—	schneiden sich im Mittelpunkte des eingeschriebenen Kreises	—	(siehe oben)	—	(siehe oben)	schneiden sich im Mittelpunkte des eingeschriebenen Kreises	schneiden sich im Mittelpunkte des eingeschriebenen Kreises	schneiden sich im Mittelpunkte des eingeschriebenen Kreises	schneiden sich im Mittelpunkte des eingeschriebenen Kreises
Schwerpunkt	Muß berechnet oder konstruiert werden	Muß berechnet oder konstruiert werden	Im Schnittpunkte der Diagonalen u. M	Im Schnittpunkte der Verbindungslinie zu den gegenüberliegenden Seitenmitten	Im Schnittpunkte der Diagonalen u. M	Im Schnittpunkte der Diagonalen u. M	Im Mittelpunkte	In den Verbindungslinien von Seitenmitten zu den Ecken, auf $\tfrac{2}{3}$ von den Ecken	In den Verbindungslinien von Seitenmitten zu den Ecken, auf $\tfrac{2}{3}$ von den Ecken	In den Verbindungslinien von Seitenmitten zu den Ecken, auf $\tfrac{2}{3}$ von den Ecken	In den Verbindungslinien von Seitenmitten zu den Ecken, auf $\tfrac{2}{3}$ von den Ecken

gleichseitig, also eine Seite des regulären Sechseckes gleich dem Radius des Umkreises;

$$AB = R$$

Halbiert man die zu den Seiten des Sechseckes gehörigen Bögen, so erhält man das Zwölfeck, das Vierundzwanzigeck usw.

g) Die Summe der Winkel eines regelmäßigen (oder auch unregelmäßigen) Vieleckes ergibt sich stets aus der Zahl der Diagonaldreiecke, in die sich das Polygon zerlegen läßt, multipliziert mit 2 Rechten (180°). Ein Fünfeck z. B. läßt sich in 3 Diagonaldreiecke zerlegen. Die Summe der Winkel ist daher 3 · 180° = 540°.

Aufgabe 53.

[97] *Man zeichne ein gleichschenkeliges Dreieck von 5 m Grundlinie und 3 m Höhe im Maßstabe 1 : 100 und zeichne um das Dreieck ein Rechteck von gleicher Grundlinie und gleicher Höhe (Abb. 49).*

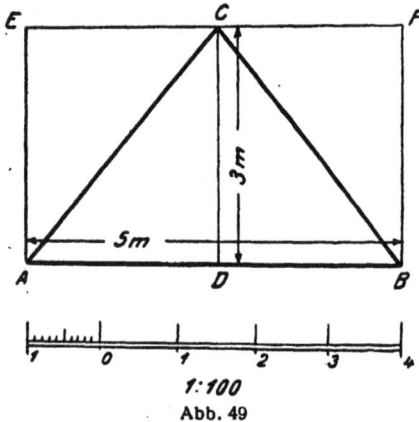

1:100
Abb. 49

a) Zunächst muß der Maßstab für die Zeichnung geschaffen werden. Maßstab 1 : 100 heißt:1 cm soll gleich sein 100 cm oder 1 cm = 1 m. Man trage zu diesem Zwecke auf einer Geraden zentimeterlange Stücke auf, deren Endpunkte, von 0 aus gemessen, Längen von 1, 2, 3, 4, 5 m bedeuten. Von 0 nach links kann man für Bruchteile von Metern 1 cm noch in 10 Teile teilen, so daß jeder Teil einer wahren Länge von 10 cm entspricht.

b) Von diesem Maßstabe greife man mit dem Zirkel eine Länge von 5 m (von 0 bis 5) ab und trage sie auf der Linie AB auf. Dann ziehe man auf AB ein Mittellot, das die Basis oder Grundlinie AB des Dreieckes ABC in D schneidet. Von D 3 m aufgetragen, gibt den 3. Eckpunkt C des gleichschenkeligen Dreieckes ABC; die Strecke CD ist seine Höhe. Das Rechteck ABEF wird dadurch gebildet, daß in A und B Lote zur Basis und durch C eine Parallele zu AB gezogen werden.

Aufgabe 54.

[98] *Es ist ein Parallelogramm zu zeichnen, dessen Diagonalen e und f mit dem von ihnen eingeschlossenen Winkel ε gegeben sind (Abb. 50).*

Die Konstruktion gründet sich darauf, daß die Diagonalen eines Parallelogrammes sich gegenseitig halbieren. Man ziehe zwei sich schneidende Gerade, die sich unter dem Winkel ε in F schneiden. Von F, dem Schnittpunkte der Diagonalen, trage man auf der einen $\frac{e}{2}$, auf der zweiten $\frac{f}{2}$ nach beiden Richtungen auf, wodurch man die vier Ecken ABCD der gesuchten Figur erhält.

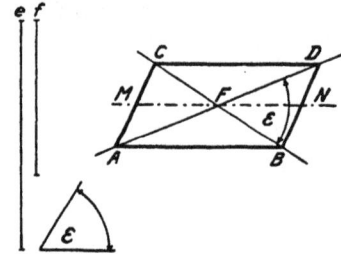

Abb. 50

Der Leser mache z. B. e = 12 cm, f = 8 cm, ∢ε = 60°; wie groß sind dann die Seiten dieses Parallelogramms?

Aufgabe 55.

[99] *Es ist ein Trapez zu zeichnen, wenn eine Parallelseite a, die beiden Schenkel b und c und der Winkel α, den a mit b einschließt, gegeben sind (Abb. 51).*

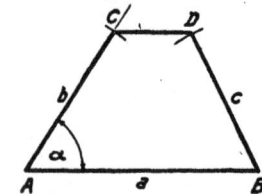

Abb. 51

Man trage die Länge a auf einer Geraden auf, erhält dadurch bereits zwei Ecken A und B des Trapezes; in A wird der gegebene Winkel α so gezeichnet, daß einer seiner Schenkel in die Richtung AB fällt, dadurch erhält man die Richtung des einen Trapezschenkels, auf dem in einer Entfernung b von A die 3. Ecke C des Trapezes liegt. Von B aus einen Kreisbogen vom Halbmesser c und von C eine Parallele zu AB gezogen, gibt den Schnittpunkt D als 4. Ecke des Trapezes.

Die Aufgabe läßt im allgemeinen noch eine zweite Lösung zu. Welche? (Vergleiche auch [91 b c].) Der Leser mache z. B. a = 12 cm, ∢ = 60°, c = 5 cm, b = 6 cm!

Aufgabe 56.

[100] *Es ist Winkel α zu halbieren, den zwei gegebene Geraden (1), (1) und (2), (2) einschließen, deren Schnittpunkt S aber nicht zugänglich ist (Abb. 52).*

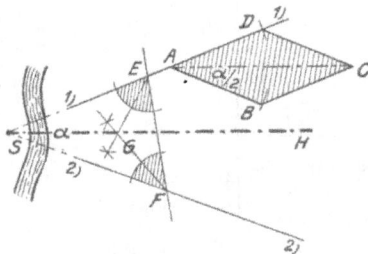

Abb. 52

a) Ähnliche Aufgaben sind in der Technik häufig zu lösen, sei es, daß einzelne zur Konstruktion nötige Punkte außerhalb der Papierfläche fallen oder bei Feldarbeiten z. B. jenseits von Wasserläufen liegen, daher nicht zugänglich sind. In allen diesen Fällen, die in der Feldmeßkunde noch eingehend besprochen werden, muß man zu Hilfskonstruktionen greifen. Man konstruiere anschließend an eine beliebige Strecke AD von (1)(1) vom Hilfspunkte A aus zunächst ein gleichseitiges Parallelogramm (einen Rhombus), dessen zweite Seite AB parallel zu (2)(2) ist; mache also $AB \parallel (2)(2)$; ferner $AB = AD$ (D ist beliebig), $BC \parallel AD$, $DC \parallel AB$; da nun in einem Rhombus die Diagonalen die Winkel halbieren, so halbiert AC den $\sphericalangle BAD$. Da $\sphericalangle BAD$ gleich dem unbekannten Winkel ist, den (1)(1) mit (2)(2) einschließt, so ist zunächst AC parallel zur gesuchten Halbierungslinie SH.

b) Um nun diese Halbierungslinie selbst zu finden, schneide man die beiden Geraden (1)(1) und (2)(2) durch eine beliebige dritte Gerade EF und halbiere die Winkel an den Schnittpunkten E, F; diese Halbierungslinien schneiden sich in einem Punkte G, der nach [92b] auch ein Punkt der dritten, gesuchten Halbierungslinie im $\triangle EFS$ ist; durch diesen eine Parallele zu AC gezogen, gibt die gesuchte Halbierungslinie des gegebenen Winkels, die natürlich in ihrer Verlängerung den Punkt S enthält.

Aufgabe 57.

[101] *Es sollen zwei regelmäßige Sechsecke konstruiert werden, deren Ecken gegenseitig und zu einer gegebenen Achse AB symmetrisch liegen und die einen Kreis vom Halbmesser R ein- bzw. umschließen (Abb. 53).*

a) Nach [83] kann der gestellten Bedingung in bezug auf Symmetrie zur Achse AB nur entsprochen werden, wenn zwei Ecken oder die Halbierungspunkte zweier Seiten in der gegebenen Symmetrieachse gelegen sind. Da überdies die Ecken der beiden Figuren noch gegenseitig symmetrisch liegen sollen, müssen die Ecken des einen Sechseckes mit den Halbierungspunkten der Seiten des zweiten zusammenfallen.

b) Die Seitenlänge des eingeschriebenen Sechseckes ist gleich dem Halbmesser R des gegebenen Kreises. Nimmt man eine Ecke A in der Achse AB an und zieht vom Mittelpunkte O aus im oberen Halbkreise weitere zwei Radien, die um je 60° gegeneinander und gegen OA und OB geneigt sind, so geben die Schnittpunkte dieser Radien mit dem Kreis die fehlenden Ecken C, D, E und F des inneren Sechseckes.

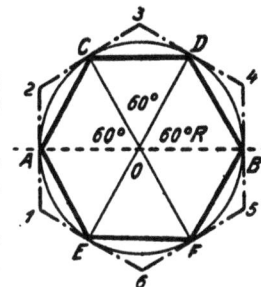
Abb. 53

Nebenbei bemerkt ist diese Art, das Sechseck zu zeichnen, genauer als z. B. die Länge des Halbmessers 6mal als aufeinanderfolgende Sehnen aufzutragen, weil hierbei die unvermeidlichen kleinen Fehler sich durch das aufeinanderfolgende Abmessen summieren würden, während bei dem angegebenen Verfahren die Winkel von 60° einzeln gezeichnet werden, der Gesamtfehler daher nicht größer sein kann als jener, der beim Zeichnen des einzelnen Winkels gemacht wird.

c) Damit die beiden Sechsecke auch gegenseitige Symmetrie erhalten, müssen die Ecken des eingeschriebenen Sechseckes mit den Halbierungspunkten der Seiten des umschriebenen Sechseckes zusammenfallen. Es sind daher in den Eckpunkten A—F Tangenten zum gegebenen Kreise zu ziehen, die bekanntlich senkrecht zu den Radien OA, OC, OD, OB stehen müssen. Die Schnittpunkte dieser Tangenten geben die Ecken des umschriebenen Sechseckes.

[102] Übungsaufgaben.

Aufg. 58. Wie groß sind die beiden Winkel, welche die Zeiger einer Uhr um 3 h und um 5 h miteinander einschließen? Anleitung: Zifferblatt der Uhren teilt den vollen Winkel von 360° in 12 Teile zu 30°, die die Stunden, und in 60 Teile zu je 6°, die die Zeitminuten angeben. Wo steht der große und kleine Zeiger um 3 h und um 5 h? [56]

Aufg. 59. Berechne den Winkel, den der Stundenzeiger in 1 Stunde und 30 Minuten (1 h 30′), der Minutenzeiger in 45 Minuten (45′) zurücklegt. Anleitung wie oben.

Aufg. 60. Wie groß ist die Summe dreier nicht aneinanderliegender Winkel, wenn sich 3 Gerade in einem Punkte schneiden? Anleitung: Zwischen zwei Winkeln liegt der Scheitelwinkel des dritten. Aufzeichnen! [56a, b]

Aufg. 61. Das Lot von der Spitze auf die Hypotenuse eines rechtwinkligen Dreieckes teilt dieses in 2 Dreiecke. Wie groß sind die einzelnen Winkel der beiden Dreiecke? Anleitung: Aufzeichnen und mit Transporteur messen. [56a] Übrigens ist auch leicht zu beweisen, daß die Dreiecke, einzeln verglichen, gleiche Winkel haben. [84e]

Aufg. 62. In einem gleichschenkeligen Dreiecke ist ein Basiswinkel das Doppelte des Winkels an der Spitze. Wie groß ist jeder Winkel und was für ein Dreieck entsteht durch das Halbieren des Winkels an der Spitze und an der Basis? Anleitung: Wenn der Winkel an der Spitze 1 Teil ist, so müssen 5 Teile = 180°, also 1 Teil = 36° sein.

Aufg. 63. Auf verschiedenen Seiten einer Geraden sind zwei Punkte C und D gegeben. Es ist in der Geraden ein Punkt zu suchen, dessen Verbindungslinie mit C und D gleiche Winkel mit der Geraden einschließt. [83]

Aufg. 64. Ein Winkel eines Dreieckes ist α; wie groß ist der Winkel x, den die Halbierungslinien der beiden anderen Winkel β und γ einschließen? Anleitung: Es entstehen 3 $\triangle$ mit je 2 halbierten und einem $\sphericalangle$, dessen Scheitel im Schnittpunkte der Halbierungslinien liegt.

$$x = 180 - \frac{\beta}{2} - \frac{\gamma}{2}.$$

Außerdem [56] und [92b].

Aufg. 65. Was für ein Dreieck entsteht, wenn man von den Seiten eines gleichseitigen Dreieckes in gleichem Sinne gleichlange Strecken abschneidet und die Endpunkte miteinander verbindet. Anleitung: Die 3 abgeschnittenen Dreiecke haben gleichlange Seiten.

Aufg. 66. Ein Kreis vom Halbmesser R rollt auf einer Geraden; welche Linie beschreibt sein Mittelpunkt? [71c]

Aufg. 67. Zwischen 2 geraden Linien (Eisenbahnlinien), die einen Winkel von 45° einschließen, ist ein Bogen von 2 km Radius einzuzeichnen (Maßstab 1 : 100000). [71c]

Aufg. 68. Mit einem gegebenen Halbmesser R ist ein Kreis zu beschreiben, der
α) eine Gerade in einem gegebenen Punkte berührt, [71c]
β) eine gegebene Gerade berührt und durch einen außerhalb gelegenen Punkt geht. [55a], [64], [71c]

Aufg. 69. In einem Kreise vom Halbmesser R ist ein Dreieck einzuzeichnen, von welchem gegeben sind:
α) 2 Seiten. Anleitung: als Sehnen einzeichnen;
β) eine Seite und ein anliegender Winkel. Anleitung: Sehne mit Winkel einzeichnen.

(Lösungen im 2. Briefe.)

CHEMIE

„Vier Elemente,
Innig gesellt,
Bilden das Leben
Bauen die Welt."
(Schiller.)

Einleitung.

[103]   **a) Geschichtliches. Vom Alchimisten zur Chemie.** Die ältesten griechischen Naturphilosophen nahmen **Feuer Luft, Wasser** und **Erde** als die weltbildenden, lebenserhaltenden Elemente an, aus welchen sie durch Veränderung eines oder durch Verbindung und Trennung mehrerer Elemente alle übrigen Erscheinungen sich zu erklären suchten. Ähnliche Begriffe haben sich noch lange Zeit bei den Alchimisten erhalten, die eine Art Chemie nur in der vergeblichen Absicht betrieben, unedle Metalle in Gold und Silber zu verwandeln und den sog. „Stein der Weisen" zu finden, von welch letzterem sie sich noch andere großartige Erfolge, wie Heilung aller Krankheiten, Verlängerung des Lebens usw. versprachen.

Erst im 18. Jahrhundert gingen diese verfehlten, wahrscheinlich nach der Farbe eines wichtigen alchimistischen Präparates mit dem Sammelnamen „schwarze Kunst" bezeichneten Bestrebungen in wissenschaftlich ernste Untersuchungen über, die dann unmittelbar nach Entdeckung des **Sauerstoffes** (1774) durch Priestley und der ersten richtigen **Erklärung aller Verbrennungserscheinungen** durch Lavoisier (1775) zur ungemein raschen Entwicklung der **Chemie,** der jüngsten aller Naturwissenschaften, führten, an deren segensreichem Aufbau deutsche Gelehrsamkeit und deutsche Technik den rühmlichsten Anteil genommen haben. Sehr rasch hat sich dann auch die technische Chemie entwickelt, die gerade in unseren Tagen Erfolge zeitigt, deren Einfluß auf das Wirtschaftsleben der Kulturvölker vorläufig noch gar nicht abzusehen ist.

b) Ziemen uns nur Kenntnisse? So wichtig schon aus diesem Grunde allgemeine Kenntnisse über Chemie heutzutage für jedermann, namentlich aber für jeden Techniker sind, werden hier eigentliche **Aufgaben** für uns doch nur in vereinzelten Fällen zu lösen sein. Dort, wo es jedoch mit einfachen Mitteln statthaft erscheint, werden wir zur Vornahme von **Versuchen** anregen, weil diese die chemischen Vorgänge weit klarer machen, als die eingehendste Beschreibung es jemals vermöchte; abgesehen davon, daß solche Experimente Stunden der Muße geistanregend ausfüllen und gewiß viel Interesse bieten, kann deren Ausführung besonders dem Techniker von Nutzen sein, weil auch in der praktischen Technik sehr häufig das „Probieren" über das „Studieren" geht.

1. Abschnitt.

Von den Stoffen und deren Eigenschaften.

[104] Allgemeines.

a) Die Chemie ist jener Teil der Naturwissenschaften, der sich mit den natürlichen und künstlichen Stoffen sowie mit deren Eigenschaften befaßt; sie zerfällt in die **anorganische** und in die **organische** Chemie, je nachdem die Stoffe dem Mineralreiche oder dem Tier- und Pflanzenreiche angehören.

In die Chemie gehören sonach nicht nur die sog. **Naturstoffe (Mineralien),** wie Schwefel, Gold, Kohle usw., sondern auch alle **künstlichen Stoffe,** die durch chemische Behandlung aus den Naturstoffen hergestellt werden, wie z. B. Zucker, Soda, Glas usw. Die moderne Chemie geht aber in dieser Richtung noch viel weiter und strebt jetzt hauptsächlich an, aus den sog. **Elementen** oder Grundstoffen alle in der Natur vorkommenden Stoffe künstlich so nachzubilden, daß das Kunstprodukt nicht mehr vom Naturprodukte unterschieden werden kann; den größten Triumph der synthetischen (aufbauenden) **Chemie** bildet in dieser Hinsicht die erst vor kurzem geglückte Darstellung des künstlichen Kautschuks, der in seiner Verwendbarkeit kaum mehr dem natürlichen Kautschuk nachsteht. Die Zeit dürfte nicht mehr ferne sein, wo es möglich sein wird, **jedes Naturprodukt auch künstlich nachzubilden,** wobei aber selbstredend stets die Kostenfrage für die Darstellung im großen maßgebend bleiben wird.

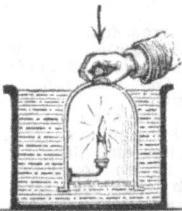 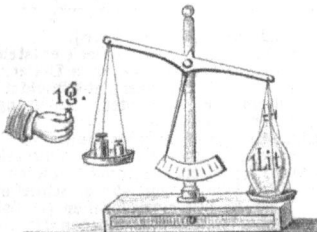

Abb. 54   Abb. 56

b) Die Grundeigenschaften jedes Stoffes, jeder Materie, sind die **Undurchdringlichkeit,** wonach jeder Stoff für sich Raum beansprucht und in diesem Raume nicht gleichzeitig ein anderer Stoff sein kann, sowie die **Wägbarkeit.** Merke:
Jeder Stoff muß Raum einnehmen und Gewicht besitzen.

Alle Dinge der Wirklichkeit, unsere Werkzeuge, unsere Häuser, unsere eigenen Körper usw. bestehen aus Stoff (Materie). Um diese Dinge richtig zu erkennen, dürfen wir uns auf unsere Sinne allein nicht verlassen, am wenigsten auf den Gesichtssinn: wir sehen z. B. Spiegelbilder und wissen genau, daß hinter dem Spiegel nichts vorhanden ist. Und trotzdem kann die Täuschung durch geschickte Handhabung der Spiegel oft sehr weit getrieben werden (Gespenstererscheinungen und andere optische Täuschungen). — Zuverlässiger ist der Tastsinn, wiewohl auch da noch Täuschungen möglich sind; z. B. wenn man den Mittelfinger über den Zeigefinger legt und eine Erbse dazwischenbringt, fühlt man deutlich deren zwei. — Die Tiere verlassen sich am meisten auf ihren Geruchsinn, in dem instinktiven Gefühle, daß der Geruch von wirklichen Teilchen der Materie herrühren muß und daher nicht leicht irreführen kann. — Wichtig in der Chemie ist auch der Geschmacksinn; so unterscheidet jeder leicht Essig von Wasser.

Die Luft hielt man früher für nichts. Daß aber auch die **Luft ein Körper** ist, wiewohl man sie weder sehen, noch betasten, noch riechen kann, erkennt man nur daran, daß sie **Raum** einnimmt und ein **Gewicht besitzt.** Stülpe ein Trinkglas umgekehrt ins Wasser; das Wasser dringt wenig ein (Abb. 54), (Taucherglocke). Gieße Wasser durch einen engen, in den Korkstöpsel fest eingelassenen Trichter in eine Flasche: es bleibt im Trichter stehen, weil die Luft aus der Flasche nicht entweichen

Abb. 55

kann (Abb. 55). Pumpe Luft in eine größere Flasche: sie wird dadurch um einige Gramm schwerer (Abb. 56).

c) Jeder Körper besteht aus einem oder aus mehreren Stoffen. Besteht ein Körper aus mehreren Stoffen, so können diese einzeln in geschlossener Masse größere Teile des Körpers bilden oder in ihren Einzelteilen so durcheinander gemischt sein, daß der ganze Körper annähernd einheitliche Beschaffenheit erhält. Im ersten Falle spricht man von der **Zusammenfügung** eines Körpers aus verschiedenen Stoffen (z. B. Holztisch mit Marmorplatte); im letzteren Falle nennt man den Körper ein **Gemenge** oder eine **Mischung.**

Tabelle 2.

Spezifische Gewichte der wichtigsten festen und flüssigen Körper; Wasser (bei 4⁰ Celsius) = 1.

A. Metalle.

Aluminium	
chem. rein . .	2,6
gegossen . .	2,56
gehämmert . .	2,75
Aluminiumbronce . .	7,7
Blei, flüssig	10,37
gewalzt	11,38
Bronze (bei 79—14⁰/₀ Zinngehalt) . . .	7,4—8,9
Eisen, chemisch rein	7,88
Roheisen . . .	6,6—7,3
gegossen	7,0—7,7
gezogen (Draht) .	7,6—7,8
Flußeisen	7,85
Glockenmetall . . .	8,81
Gold, gegossen .	19,25
gehämmert . . .	19,30
gediegen . . .	19,33
Kupfer, flüssig .	8,22
gegossen . .	8,8
gehämmert . .	8,9—9,0
gezogen	8,8—9,0
elektrolyt. . .	8,95
Lagermetall (Weißmetall)	7,1
Magnesium	1,74
Messing, gewalzt	8,52—8,62
gegossen	8,4—8,7
gezogen	8,43—8,73
Neusilber	8,4—8,7
Nickel	8,95
Phosphorbronze . . .	8,8
Platin, gegossen . .	21,15
gehämmert . .	21,3—21,5
Quecksilber, flüssig	13,59
Silber, flüssig . .	9,51
gegossen . . .	10,42—10,53
gehämmert . .	10,5—10,6
Stahl	7,86
Wismut, gediegen . .	9,78
gegossen	9,82
flüssig	10,05
Wolfram	17,5
Zink, flüssig	6,48
gegossen	6,86
gewalzt	7,13—7,20
Zinn, flüssig . . .	7,02
gewalzt	7,3—7,5

(je nach dem Zinkgehalt)

B. Steine und Erden.

Alabaster	2,3—2,8
Basalt	2,7—3,2
Bernstein	1,0—1,1
Beton	1,80—2,45
Bimsstein	0,37—0,9
Brauneisenstein . . .	3,4—3,95
Braunstein (Pyrolusit)	3,7—4,6
Chamottestein	1,85
Dolomit	2,9
Erde, lehmig, frisch	2,0
lehmig, trocken	1,6—1,9
mager „	1,34
Feldspat	2,53—2,58
Gips, gebrannt .	1,81
gegossen, trocken	0,97
gesiebt	1,25
Glimmer	2,65—3,20
Gneis	2,4—2,7
Granit	2,51—3,05
Kalk, gebrannt .	0,9—1,3
gelöscht . . .	1,15—1,25
Kalkmörtel, trocken	1,65
frisch	1,78
Kalkstein	2,64—2,84
Kaolin (Porzellanerde)	2,2
Kies trocken . . .	1,8
naß	2,0
Kreide	1,8—2,6
Kunstsandstein .	2,03
Kupferkies. . . .	4,1—4,3
Lehm, trocken . .	1,52
frisch gegraben	1,67—2,85
Marmor, gewöhnlicher	2,52—2,85
Meerschaum	0,99—1,28
Porphyr	2,6—2,9
Quarz	2,5—2,8
Sand, fein, trocken	1,4—1,65
„ feucht	1,9—2,05
grob	1,4—1,5
Sandstein	2,2—2,5
Schlacke	2,5—3,0
Steinmauerwerk . . .	2—2,5
Steinsalz	2,28—2,41
Talk	2,7
Ton	1,8—2,6
Tonschiefer	2,76—2,88
Ziegel, gewöhnliche	1,4—1,55
Klinker	1,6—2,0
Ziegelmauerwerk, frisch	1,57—1,63
trocken	1,42—1,46
Zement (hart) . . .	2,8

C. Holz.

	lufttrocken	frisch
Ahorn . . .	0,53—0,81	0,83—1,05
Birke . . .	0,51—0,77	0,80—1,09
Ebenholz . .	1,26	
Eiche . .	0,69—1,03	0,93—1,28
Fichte . .	0,35—0,60	0,40—1,07
Kiefer (Föhre)	0,31—0,76	0,38—1,08
Kork . . .	0,24	
Lärche . .	0,47—0,56	0,81
Pockholz . .	1,33	
Rotbuche .	0,66—0,83	0,85—1,12
Tanne . .	0,37—0,75	0,77—1,23

D. Kohlen.

Anthrazit	1,4—1,7
Braunkohle . . .	0,8—1,5
Graphit.	1,8—2,3
Kohlenfäden . . .	1,25—2,1
Kohlenstäbe . . .	1,6
Koks	1,4
Steinkohle	1,2—1,5

E. Sonstige feste Stoffe.

Asbest	2,1—2,8
Asbestpappe . .	1,2
Asphalt	1,1—1,5
Eis	0,88—0,92
Elfenbein	1,83—1,92
Glas: Fensterglas	2,4—2,6
Spiegelglas	2,45—2,72
Kristallglas . . .	2,9—3,0
Flintglas . . .	3,15—3,9
Glimmer	2,65—3,20
Hartgummi . . .	1,15
Kautschuk, roh	0,93
Harz	1,07
Korkstein, weißer	0,26
schwarzer . .	0,56
Leder	0,86—1,02
Linoleum	1,15—1,30
Papier	0,7—1,15
Paraffin	0,87—0,91
Pech	1,07—1,10
Porzellan	2,1—2,3
Schnee, lose . . .	0,125
Stearin	0,97
Vulkanfiber . . .	1,28
Wachs	0,97

F. Flüssigkeiten.

Äther	0,74
Alkohol bei 15⁰ . .	0,79
Benzin „ „ . . .	0,69—0,73
Leinöl „ „ . . .	0,94
Meerwasser . . .	1,02—1,04
Petroleum	0,80
Salpetersäure 40⁰/₀ bei 15⁰ C	1,25
Salzsäure 40⁰/₀ bei 15⁰ C	1,20
Schwefelsäure konzentr.	1,89
Wasser	1,0

Z. B. Granit, Mörtel, Beton, gewässerter Wein. Merke: Die Luft erweist sich als ein Gemenge von Sauerstoff und Stickstoff.

d) **Einheitlich, gleichteilig oder homogen ist ein Stoff nur dann, wenn er in allen seinen kleinsten Teilchen dieselben Eigenschaften besitzt.** Die Chemie beschäftigt sich vorherrschend mit homogenen Stoffen, während Gemenge für die Technik von Bedeutung sind.

Mit Körpern im allgemeinen befassen sich 3 Wissenschaften: die Geometrie in bezug auf ihre äußeren Formen (ob Würfel, Kugel usw.), die Physik hinsichtlich ihres Zustandes (ob bewegt, warm, magnetisch, elektrisch, leuchtend), die Chemie endlich nur mit den Stoffen, aus denen die Körper bestehen (ob aus Gips, Stahl, Schwefel)

[105] Eigenschaften der Stoffe.

a) **Veränderliche Eigenschaften.** Man unterscheidet veränderliche und unveränderliche Eigenschaften. Größe, Gestalt, Körpergewicht sind bekanntlich veränderliche Eigenschaften; sie charakterisieren keinen Stoff. Ebenso die physikalischen Zustände an sich (wie Wärme, Licht, Elektrizität usw.), die alle Körper in verschiedenen Graden aufweisen; auch sie kennzeichnen keinen Stoff an sich.

Erhitzt man z. B. ein Eisenstück bis zum Glühen, so erhält es die Eigenschaft, Licht auszustrahlen; geht man mit der Temperaturerhöhung noch weiter, so werden die einzelnen Teile in den flüssigen Zustand überführt, man sagt: „Das Eisen ist geschmolzen"; darum bleibt aber der Stoff selbst doch nach wie vor Eisen. Ebenso bilden Eis, Wasser und Wasserdampf nur drei verschiedene Zustandsformen eines und desselben Stoffes, des Wassers. Merke: *Physikalische Vorgänge ändern den Stoff nicht.*

Anders mit der Sache, wenn der Stoff chemische Prozesse durchmacht, z. B. wenn Eisen rostet, Papier verbrennt, ein Apfel fault; dann haben wir nach dem Prozeß eben nicht den ursprünglichen, sondern ganz neue Stoffe vor uns, deren veränderliche und unveränderliche Eigenschaften nunmehr auch dauernd andere geworden sind. Merke: *Chemische Vorgänge ändern den Stoff.*

b) **Physikalische Untersuchung.** Nur die unter gleichen physikalischen Verhältnissen unveränderlichen Eigenschaften sind an erster Stelle maßgebend für die Bestimmung der Stoffgattung.

Die wichtigsten **physikalischen** Eigenschaften sind: Dichte, Farbe, Zustandsform (fest, flüssig, gasförmig), Kohäsion (Festigkeit, Härte, Elastizität), Schmelz-, Erstarrungs- und Siedetemperatur, Teilbarkeit (Löslichkeit, Flüchtigkeit, Geschmack, Geruch) usw., die nun im folgenden einzeln besprochen werden sollen; sie sind in ihrer Gesamtheit meist um so maßgebender für die Erkennung eines Stoffes, als doch selten mehrere Stoffe in allen äußeren Eigenschaften übereinstimmen werden.

c) **Chemische Untersuchung.** Kann man einen Körper nach den äußeren (physikalischen) Eigenschaften nicht mit völliger Sicherheit unterscheiden, sei es, weil die Eigenschaften nicht deutlich genug auftreten, sei es, weil sie in allzu kleinen Mengen, die mitunter untersucht werden müssen, nicht beobachtet werden können, so muß man den Stoff chemisch prüfen, d. h. ihn unter bestimmten Verhältnissen (Erwärmen, Abkühlen, Schütteln usw.)

mit anderen Stoffen behandeln und aus dem gegenseitigen Verhalten das Vorhandensein eines bestimmten Stoffes in diesem Körper und dessen Art feststellen.

Das hierzu im einzelnen Falle dienende chemische Mittel (Chemikalien) nennt man **Reagens** (in der Mehrzahl Reagentien), das Ergebnis des Vorganges die **Reaktion** und die Untersuchung, welche Stoffe in einem Körper enthalten sind, eine **qualitative Analyse;** sie wird zu einer **quantitativen,** wenn nebst dem auch die Mengen der einzelnen Stoffe, absolut oder in Prozenten, festgestellt werden.

Solche chemische Analysen sind mit den heutigen Mitteln der Wissenschaft mit großer Genauigkeit ausführbar. — So z. B. färbt die geringste Spur von Jod eine Stärkelösung intensiv blau. Qualitative und quantitative Harnuntersuchungen auf Zucker, Eiweiß, Harnsäure usw.

[106] Spezifisches Gewicht.

a) Wir wissen aus Erfahrung, daß verschiedene Stoffe bei gleichem Rauminhalte verschieden schwer sind: ein Stück Eisen wiegt mehr als ein gleichgroßes Stück Holz u. dgl. Wir erfahren daraus, daß die Gewichte der Raum- oder Volumseinheit verschiedener Stoffe voneinander verschieden sind. Zum Vergleiche zieht man das Gewicht des Wassers bei $+4^0$ Celsius heran. Bei dieser Temperatur hat das Wasser sein größtes Gewicht, und zwar wiegt dann $1\ cm^3$ 1 Gramm oder $1\ dm^3$ (Kubikdezimeter) 1 kg.

In der Technik rechnet man nach Kubikdezimetern und kg.

Die Verhältniszahl, die angibt, wievielmal größer das Gewicht eines Stoffes ist als das eines gleichgroßen Wasserkörpers, nennt man spezifisches Gewicht.

Z. B. ein Stück Blei wiegt 11,4mal so schwer als ein gleich großer Wasserkörper, d. h. sein spezifisches Gewicht ist 11,4.

Die (relativen) spezifischen Gewichte sind sonach nur Verhältniszahlen in bezug auf Wasser, die von der Menge des Stoffes ganz unabhängig sind und die daher auch nicht mit dem absoluten Gewichte (dem Eigengewichte) verwechselt werden dürfen. Merke die Formel:

$$\text{Spez. Gewicht } s = \frac{G}{W} = \frac{\text{Gewicht des Stoffes}}{\text{Gewicht des gleichgroßen Wasserkörpers}}$$

b) **Vom spezifischen Gewichte der Gase.** Die durchschnittlichen spez. Gewichte der wichtigsten Stoffe sind in vorstehender Tabelle 2 zusammengestellt; diese Zahlen sind also auf Wasser von 4^0 C als Einheit bezogen. Da aber die spez. Gewichte der gasförmigen Stoffe im Vergleiche zu Wasser sehr klein sind, zieht man es vor, **bei Gasen und Dämpfen die atmosphärische Luft** bei einer Temperatur von 0^0 C und unter dem an der Meeresoberfläche herrschenden Drucke von 760 mm Quecksilber als Einheit anzunehmen (Tabelle 3).

Tabelle 3.
Spezifische Gewichte von Gasen und Dämpfen, bezogen auf trockene atmosphärische Luft bei 0^0 C und 760 mm Quecksilber.

Ätherdampf..	2,586	Leuchtgas....	0,34—0,45	Schwefelwasserstoff	1,175
Ammoniak	0,592	Quecksilberdampf .	6,94	Stickstoff ...	0,9714
Grubengas...	0,559	Sauerstoff ...	1,1056	Wasserdampf .	0,6233
Kohlenoxyd	0,9673	Schwefeldampf...	6,617	Wasserstoff ..	0,06927
Kohlensäure .	1,5291	Schwefelkohlenstoff	2,644	Trockene Luft .	1

Das spez. Gewicht der Luft sowie aller Gase ändert sich mit der Temperatur und dem Drucke, der auf ihnen lastet, während die spez. Gewichte der festen Körper und der Flüssigkeiten fast nur von der Temperatur abhängig sind. Aus diesem Grunde hat man für die letzteren Stoffe das spez. Gewicht des Wassers von 4° C und für Gase jenes der Luft von 0° C und 760 mm Barometerstand als

Einheit gewählt. Merke: **Der normale Barometerstand am Meere ist 760 mm** Quecksilber, das heißt: Das Luftmeer drückt dort auf jedes cm² so stark wie das Gewicht einer 760 mm hohen Quecksilbersäule. **Man nennt diesen Druck, der rund 1 kg ist,** in der Technik eine Atmosphäre. Man schreibt kurz: 1 Atm = 1 kg/cm². Eine metrische Atmosphäre (at) gleich dem Drucke von genau 1 kg/cm² (735,51 mm QS).

> **Wasser (von 4° C) ist 773 mal schwerer als Luft** (von 0°, 760 mm)
>
> **trockene Luft** (von 0°, 760 mm) **ist 14,4 mal schwerer als Wasserstoff** (von 0°, 760 mm)

Es wiegt daher

> **1 dm³** (Liter) **trockene atm. Luft** (von 0° und 760 mm) . . . . **1,293 g**
>
> **1 dm³** (Liter) **Wasserstoffgas** (von 0° und 760 mm) . . . . . . **0,09 g**

c) Das spezifische Gewicht ist aber auch gleichzeitig das Gewicht der Volumseinheit.

1 mm³ Wasser „ 1 mg (Milligramm = $^1/_{1000}$ g).
1 cm³ „ wiegt 1 g
1 dm³ (Liter) „ „ 1 kg
1 m³ „ „ 1 t (Tonne, 1000 kg)

Ist nun z. B. das spez. Gewicht von Kupfer $s = 8,9$, d. h. Kupfer 8,9 mal so schwer wie Wasser, so wiegt 1 dm³ Kupfer **8,9 kg** (ferner 1 cm³ Kupfer 8,9 g; 1 m³ Kupfer 8,9 t; 1 mm³ Kupfer 8,9 mg). Merke: 1 dm³ eines Körpers vom spez. Gewicht s wiegt s kg.

Man kann daher das Gesamtgewicht eines beliebig großen Körpers berechnen, wenn man sein spezifisches Gewicht kennt.

d) Verwendung. Der Techniker verwendet das spezifische Gewicht s zu zwei Zwecken:

1. Zur Bestimmung des Gesamtgewichtes G eines Körpers. Ist dieser V Kubikdezimeter groß, so wiegt er $V \cdot s$ Kilogramm (V heißt das Volumen). Es ist also $G = V \cdot s$.

Beispiel: Was wiegt ein Balken von 10 m Länge und 18/24 cm², wenn $s = 0,5$ g/cm³?
Antwort: $V = 1,8 \cdot 2,4 \cdot 100 = 432$ dm³; für Kubikdezimeter ist $s = 0,5$ kg; also:

$$G = V \cdot s = 432 \cdot 0,5 = 216 \text{ kg.}$$

Das Volumen eines unregelmäßigen, festen Körpers (z. B. eines Apfels, Glasstücks) bestimmt man dadurch, daß man ihn in ein Überlaufgefäß eintaucht, das bis zum Rande des Ablaufrohres mit Wasser gefüllt ist (Abb. 57). Beim Eintauchen steigt das Wasser und fließt in einen nach cm³ geeichten Meßzylinder. Das abgelaufene Wasser gibt das Volumen des Körpers an.

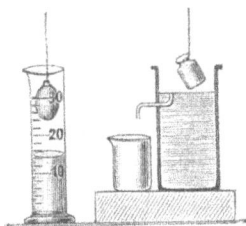

Abb. 57

Kleine Körper taucht man auch unmittelbar in einen Meßzylinder ein, der zum Teil mit Wasser gefüllt ist: Steigt dadurch das Wasser z. B. von 30 cm³ auf 42 cm³, so ist das Volumen des Körpers 12 cm³.

2. Zur Bestimmung des Volumens V eines Körpers. Es ist

$$V = \frac{G}{s} = \frac{\text{Gesamtgewicht}}{\text{spez. Gewicht}}.$$

Beispiel: Ein gußeisernes Schwungrad wiegt $G = 300$ kg. Wieviel dm³ Eisen ($s = 7,2$) waren zu seinem Gusse nötig? Antwort: $G = 300$ kg; für 1 dm³ ist $s = 7,2$ kg; also:

$$V = \frac{300}{7,2} = 42 \text{ dm³.}$$

e) Die Bestimmung des spez. Gewichtes selbst ist Aufgabe der Physiker. Für **feste Körper** bestimmt man:

> Gewicht (auf der Wage) $= G$
> Volumen (im Standgefäße) $= V$ } $s = \dfrac{G}{V}$

Für **flüssige Körper:** Man füllt ein Probefläschchen zuerst mit der fraglichen Flüssigkeit, dann mit Wasser und bestimmt in beiden Fällen das Gewicht:

> Gewicht der Flüssigkeit $= G$
> „ des Wassers $= W$ } $s = \dfrac{G}{W}$

Für **Luft** benützt man z. B. eine luftleere Glühlampe.

Man tariert zunächst die leere Glühlampe durch Schrote. Nach Abfeilen der Spitze der Glühlampe (wobei die Splitter auf der Wagschale bleiben müssen) strömt Luft in die Glühbirne ein. Die Gewichtszunahme sei 0,2 g. Nun füllt man die Birne mit Wasser (Gewichtszunahme: 155 g; entspricht $V = 155$ cm³). Daher spez. Gewicht

$$s = G : V = 0,2 \text{ g} : 155 \text{ cm³} = 0,00129 \text{ g/cm³.}$$

[107] Dichte.

Die Dichte eines Körpers gibt an, wieviel kg Masse (Stoffmenge) er in 1 dm³ enthält. Dichte und spezifisches Gewicht sind also durch dieselbe Zahl gegeben.

Durch Hämmern werden die Metalle dichter, d. h. in die Volumeneinheit wird mehr Stoff eingepreßt. Wird Luft auf die Hälfte ihres Volumens (z. B. in der Fahrradpumpe) zusammengepreßt, so ist sie doppelt so dicht geworden; auch ihr spez. Gewicht hat sich verdoppelt.

Die mittlere Dichte (das spez. Gewicht) der **Erde** wurde mit **5,505** ermittelt, woraus sich das Gesamtgewicht unseres Planeten mit etwa 5960 Trillionen (1 000 000³) Tonnen ergeben würde (1 Tonne = 1000 kg).

Die Dichte bzw. das spezifische Gewicht ist eine Zahl, die für das **Erkennen von Stoffen** von Bedeutung ist.

Jemand gibt uns ein Stückchen eines rötlichen Metalls. Wir bestimmen sein spez. Gewicht nach e) oben mit Wage und Standgefäß und finden es 9,8. Was für ein Stoff dürfte es sein? [Antwort: Wismut.]

Aufgabe 70.

[108]   *Es soll in Sandboden ein Graben von 10 m Länge, 1 m Breite und 2 m Tiefe ausgehoben werden. Wieviel wiegt das auszuhebende Material, wenn das spez. Gewicht des Sandes 1,9 beträgt?*

Der Kubikinhalt des Aushubes beträgt $V = 20\ m^3$; das spez. Gewicht auf m^3 bezogen beträgt 1,9 Tonnen. Nach der Formel $G = V \cdot s$ bestimmt sich sonach das Gewicht des Aushubmateriales mit

$$G = 20 \cdot 1,9 = \textbf{38 Tonnen.}$$

Weitere Übungsbeispiele. 1. Was wiegt eine **Marmorplatte** von 120 cm Länge, 60 cm Breite, 2 cm Dicke, wenn der betreffende Marmor das spez. Gewicht 2,8 g für 1 cm³ hat? — **2.** Was wiegt eine **Mauer** von 5 m Länge, 4 m Höhe und 50 cm Dicke, wenn das spez. Gewicht des Mauerwerks mit 2 angenommen wird. [Anleitung: Verwandle alle Längenmaße in dm! Ergebnis: 20 Tonnen.]

Aufgabe 71.

[109]   *Was wiegt die Wasserstoff-Füllung eines Luftballons von 800 m³ Inhalt, bzw. die Luft, die dieser Ballon verdrängt?*

Trockene Luft ist 773 mal leichter als Wasser; 800 m³, die mit Wasser gefüllt 800 Tonnen wiegen würden, wiegen mit Luft gefüllt 800000 : 773 = 1034,9 kg. Wasserstoff hat gegen Luft das spez. Gewicht 0,0693, daher wiegen 800 m³:

$$1034,9 \cdot 0,0693 = \textbf{72 kg.}$$

Andere Lösung: 800 m³ Luft wiegen 800 · 1,293 kg.
800 m³ Wasserstoff wiegen 800 · 0,09 kg = 72 kg.

Aufgabe 72.

[110]   *Zur Unterteilung eines Zimmers von 5 m Tiefe und 3,5 m Höhe soll eine 6,5 cm starke Korksteinwand aufgeführt werden. Wie groß ist das Gewicht dieser Korksteinwand, wenn das spez. Gewicht des weißen Korksteines (Korkstein mit einer tranigen Masse verkittet) 0,26 beträgt, und wie groß ist die durch die Korksteinwand herbeigeführte Belastung per laufenden Meter des Fußbodens?*

Der Rauminhalt der aufzuführenden Korksteinwand beträgt $V = $ Länge $\times$ Breite $\times$ Höhe $= 5 \cdot 3,5 \cdot 0,065 = 1,14\ m^3$. Dieser Raum würde, mit Wasser gefüllt, 1,14 · 1000 = 1140 kg, derselbe Raum mit Korkstein angefüllt, jedoch nach der Formel $G = V \cdot s = 1140 \cdot 0,26 = 296,4$ kg wiegen. Das wäre die auf die ganze Länge von 5 m gleichmäßig verteilte Belastung des Fußbodens, die durch die Aufstellung der Korkwand zu gewärtigen ist. Auf den laufenden Meter kommen sonach 296,4 : 5 = 59,3 kg, eine Belastung, die für eine solid gebaute Decke natürlich gar keine Bedeutung hat.

[111] Die Farbe.

a) Ein weiteres, wenn auch nicht ganz zuverlässiges Erkennungszeichen für viele Stoffe ist die **Farbe**, in der uns der zu bestimmende Stoff erscheint; freilich ist diese von verschiedenen Umständen, namentlich von der **Dicke der Schichten**, die die Lichtstrahlen durchdringen müssen, abhängig, weshalb man bei der Angabe der Farbe eines Stoffes mindestens erwähnen muß, ob man ihn als feines Pulver oder in großen Stücken beobachtet hat.

Wenn z. B. Licht in blauen Stoff eindringt, wird es im Innern mehrfach zurückgeworfen, bis es wieder herauskommt. Dabei wird es um so blauer, je länger sein Weg im Stoffe war; darum sind größere, dickere Stücke dunkler gefärbt als kleinere und dünnere. Ebenso erscheinen die zusammenhängenden Massen des Meerwassers dunkelblau oder dunkelgrün, das fein zerteilte Wasser hinter dem Schiffe jedoch blendend weiß. — Absolut reine Luft müßte im Sonnenlichte schwarz erscheinen (tiefblauer Himmel); je mehr sie von Staub und Wasserdampf verunreinigt ist, um so lichter wird die Farbe des Himmels, bis sie bei Zunahme von Dunst in Weiß und Grau übergeht; bei sehr starker Trübung wird die Färbung sogar gelb und rot (Morgen- und Abendröte). — Gold in sehr dünnen Blättchen ist durchscheinend und zeigt im durchfallenden Lichte eine violette Färbung; flüssiges Brom ist im zurückgeworfenen Lichte dunkelbraun, im durchfallenden Lichte hyazintrot usw.

b) Außer der Farbe ist für das Aussehen eines Stoffes noch der Grad seiner **Lichtdurchlässigkeit** (durchsichtig, durchscheinend und undurchsichtig) und sein **Glanz** (Diamant-, Metall-, Glas-, Fett-, Seiden-, Perlmutterglanz) maßgebend; Stoffe ohne Glanz sind matt.

[112] Zustandsform.

a) Die Stoffe werden nach ihrer **Zustandsform** oder, wie man auch sagt, nach ihrem **Aggregatzustande**, in 3 Gruppen eingeteilt: in **feste Stoffe, Flüssigkeiten** und **Gase.**

Im festen Zustande sind Gestalt und Rauminhalt der Körper vollkommen bestimmt. Ein fester Körper behält seine Form und Größe unverändert bei, solange nicht durch Zerschlagen, Verbiegen oder andere mehr oder weniger gewaltsame Handlungen eine Änderung herbeigeführt wird.

Im flüssigen Zustande ist der Rauminhalt zwar noch vollständig bestimmt, aber die **Gestalt** ist veränderlich. Eine Flüssigkeit schmiegt sich der Form des sie einschließenden Gefäßes an. (3 Liter Wasser bleiben auch beim Umgießen 3 Liter.) Oben zeigt die Flüssigkeit einen ebenen Spiegel (Flüssigkeitsspiegel).

Stoffe in gasförmigem Zustande haben weder eine besondere Gestalt, noch einen bestimmten Rauminhalt. Gase unterscheiden sich also in letzterer Hinsicht ganz wesentlich von den Flüssigkeiten.

Wenn man eine **Flüssigkeit** in ein leeres Gefäß bringt, so fällt sie vermöge ihrer Schwere zu Boden und füllt das Gefäß entsprechend ihrer Menge bis zu einer gewissen Höhe aus. Wenn man aber eine bestimmte **Gas-** oder **Dampfmenge** in ein leeres Gefäß bringt, so füllt es ohne Rücksicht auf seine Menge das ganze Gefäß an. Die Teilchen der gasförmigen Stoffe breiten sich in jedem Raume, der ihnen zugänglich ist, von selbst so lange aus, bis sie ihn vollständig, wenn auch in starker Verdünnung, ausfüllen. Dabei üben sie einen Druck auf die Wandungen des Gefäßes aus, als wollten sie ihr Volumen noch weiter vergrößern (**Expansion**).

In ein gegebenes Gefäß kann man nur eine bestimmte Menge irgendeiner Flüssigkeit bringen, nämlich so viel, als der Rauminhalt des Gefäßes äußersten Falles zuläßt. Gießt man weniger hinein, so bleibt das Gefäß oben zum Teil leer; mehr hineingießen kann man nicht, weil Flüssigkeiten sich nicht merklich zusammendrücken lassen. Von einem Gase kann man aber fast beliebige Mengen in einem gegebenen Raume unterbringen. (Einpumpen von Luft in einen Fahrradschlauch.) Man muß nur immer das Gas mehr zusammendrücken, also einen höheren Druck anwenden. — So z. B. wird Sauerstoff in eisernen Zylindern versendet, auf das 200fache zusammengepreßt.

Zustandsform	Gestalt	Volumen
fest (starr)	fest	fest
flüssig	veränderlich	fest
gasförmig	veränderlich	veränderlich

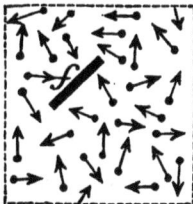

Abb. 58

Um das Verhalten der Gase zu erklären, denkt man sich in der kinetischen Gastheorie (Abb. 58) die Teilchen der Gase verhältnismäßig weit voneinander entfernt und in starker Bewegung begriffen. Die Moleküle suchen dabei stets geradeaus zu laufen, stoßen aber fortwährend gegeneinander und gegen die Wände und bringen so auf letztere den Gasdruck hervor. (Man unterscheide sehr das Gewicht (↓) einer Flintenkugel u. den Druck (→), den die abgeschossene Kugel gegen die Wand ausübt.)

[113] Schmelzen und Erstarren.

a) **Jeder Stoff schmilzt und erstarrt bei einer ganz bestimmten Temperatur, d. h. er geht bei einer bestimmten Temperatur aus dem festen in den flüssigen und umgekehrt bei derselben Temperatur aus dem flüssigen in den festen Zustand über.**

Der Schmelzpunkt und der Erstarrungspunkt eines Stoffes sind sonach einander gleich und entsprechen jener Temperatur, bei der beide Formarten fest und flüssig nebeneinander bestehen können und bei der die zu- bzw. abgeführte Wärme bloß dazu verbraucht wird, den Übergang in der einen oder anderen Richtung zu bewirken. Der Schmelzpunkt ist daher ein weiteres brauchbares Kennzeichen eines Stoffes, ähnlich wie seine Dichte, seine Farbe usw. (Tabelle 4.)

b) **Der Übergang ist bei den meisten Stoffen schroff.** Nur bei Fetten und Harzen sowie beim Eisen, Glas usw. ist er durch einen teigartigen Übergangszustand etwas gemildert.

Kohle, Graphit und reiner Ton gelten bis heute als unschmelzbar, weshalb man Schmelztiegel für sehr hohe Temperaturen aus diesen Stoffen anfertigt.

Tabelle 4. Schmelz- (Erstarrungs-) Temperaturen in Celsiusgraden.

Platin	1780	Silber	960	Paraffin	54
Porzellan	1550	Email	960	Stearin	50
Eisen, rein	1500	Messing	950	Wasser (Eis)	0
Flußeisen	1470	Aluminium	657	Glyzerin	—29
Stahl	13—1400	Zink	419	Quecksilber	—40
Gußeisen, grau	1200	Blei	327	Ammoniak	—75
„ weiß	1130	Zinn	230	Kohlensäure	—79
Kupfer	1065	Kautschuk	125	Alkohol	—100
Gold	1064	Wood'sches Metall	75	Äther	—117

[114] Verdampfen, Sieden und Kondensieren.

a) **Die Verwandlung von Flüssigkeiten in gasförmige Körper nennt man Verdampfung.** Die Flüssigkeiten verdampfen entweder beim **Sieden** (Kochen), wobei sich aus der ganzen Masse der Flüssigkeit Dämpfe bilden, oder beim **Verdunsten**, wobei die Dampfbildung bloß an der Oberfläche vor sich geht.

Eine Flüssigkeit verdunstet um so rascher, je größer die Oberfläche, je höher die Temperatur und je stärker der Luftzug ist, der den entstandenen Dampf fortführt. Die zur Verdunstung nötige Wärme entzieht die verdunstende Flüssigkeit ihrer Umgebung (Verdunstungskälte).

Trocknen der nassen Schultafel, der Tintenschrift, der nassen Wäsche im Winde usw. — Hauche gegen eine blanke Glasscheibe; sie benetzt sich, aber der Hauch verschwindet bald wieder. — Äther verdunstet rasch bei großer Oberfläche und an einem warmen Orte. — Erkältung beim Tragen nasser Kleider, da das Wasser verdunstet. Kaltbleiben von Wasser in porösen oder mit nassen Tüchern umhüllten Krügen aus demselben Grunde. Blase gegen mit Äther benetzten Finger! (Er wird stark abgekühlt.)

Weiterer Versuch: Füllt man von zwei gut ineinander passenden Probiergläsern (Abb. 59) das äußere mit etwas Wasser, das innere mit etwas Äther und pumpt die Luft aus letzterem mit einer Luftpumpe aus, so gefrieren bald beide Gläser aneinander. Auf dem gleichen Prinzipe beruhen auch die Eismaschinen.

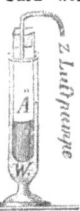

Abb. 59

Die Siedetemperatur, bei der eine Flüssigkeit zu sieden beginnt, hängt sehr von dem Drucke ab, der auf ihr lastet; je größer dieser Druck ist, desto höher liegt die Siedetemperatur (Siedepunkt).

Wasser siedet in der Meereshöhe unter einem mittleren Drucke von 760 mm Quecksilber bei 100° C, auf dem Montblanc, da der Luftdruck mit der Höhe abnimmt, schon bei 84° C.

Erwärmt man eine Flüssigkeit in einem geschlossenen Gefäße, so steigt der Siedepunkt rasch, weil der auf der Flüssigkeit lastende Dampfdruck durch die Erhitzung auch rasch ansteigt. Dies ist wichtig für die Dampfkessel, Schnellkocher, Digestoren in den Papierfabriken (= Papinsche Töpfe). Achtung vor Kesselexplosionen.

Wird der Druck, der auf dem Wasser lastet, künstlich (durch Abpumpen der Luft) verringert, so sinkt der Siedepunkt des Wassers unter 100°. Dieses zeigt ein einfacher Versuch:

Man verkorke eine Flasche, während das darin enthaltene Wasser kocht; dann ist sie über dem Wasser statt mit Luft mit Wasserdampf gefüllt (Abb. 60). Bei Aufguß kalten Wassers verflüssigt sich der Dampf; es fällt sein Druck, und das noch warme Wasser beginnt erneut zu kochen.

b) **Kondensation nennt man den Übergang vom gas-(dampf-)förmigen**

Abb. 60

in den flüssigen Zustand. — Bei gleichem Drucke ist die Temperatur, bei der der Übergang vom flüssigen in den gasförmigen Zustand (Sieden) und umgekehrt vom gasförmigen in den flüssigen (Kondensieren) eintritt, dieselbe, und zwar für jeden Stoff eine ganz bestimmte; **daher ist auch der Siedepunkt zu den Kennzeichen eines Stoffes zu zählen.**

Kühlt man Dampf bis zum Siedepunkte oder darunter ab, so verflüssigt (kondensiert, verdichtet) er sich wieder. Darauf beruht das Destillieren, durch das z. B. Wasser von Verunreinigungen befreit werden kann (aqua destillata).

[115] Verflüssigung der Gase.

a) Es hat sich gezeigt, daß ein Gas durch Druck erst flüssig gemacht werden kann, wenn man es unter eine gewisse Temperatur abkühlt. Diese **Grenztemperatur, die das nichtkondensierbare von dem kondensierbaren Gas (Dampf) trennt,** heißt „kritische Temperatur" und der zu dieser Temperatur gehörige Verflüssigungsdruck „kritischer Druck".

So ist z. B. Kohlendioxyd oder Kohlensäure (CO_2) über 32° C absolut permanent, d. h. durch keinen noch so starken Druck zur Verflüssigung zu bringen. Dagegen unter 32° kann man es mit um so kleinerem Drucke verflüssigen, je tiefer man die Temperatur wählt, z. B. bei 32° mit 73 Atm., bei 13° mit 49 Atm., bei 0° mit 35 Atm.

b) **Die kritische Temperatur ist sonach die höchste Temperatur, bei der sich der Dampf kondensieren kann.** Über dieser Temperatur wird der Dampf zum Gas.

Die Aggregatzustände sind also folgende:

Gas | Dampf | flüssige Form | feste Form

Krit. Temp.   Siedetemp.   Schmelztemp.

Damit eine Flüssigkeit verdampfen kann, muß sie auf die Siedetemperatur erhitzt werden; diese ist nun bei verschiedenen Flüssigkeiten eine verschiedene: bei gewöhnlichem Luftdrucke siedet z. B. Wasser bei 100° C, Alkohol bei 78°, Äther bei 35°, Kohlensäure bei —79° und flüssige Luft sogar bei —200°. Da doch zum Sieden Wärme notwendig ist, mag es manchem sonderbar vorkommen, so niedrige Temperaturen, unter denen man sich immer nur Kälte, aber nie Wärme vorstellt, noch Siedetemperaturen zu nennen. Dieser Widerspruch verschwindet aber sofort, wenn man bedenkt, daß wir Eis nur deshalb „kalt" und nicht „warm" nennen, weil es weniger Wärme in sich hat, als unser Körper der uns umgebenden Gegenstände, daß also die Begriffe „kalt" und „warm" mit der Wärme selbst nichts zu tun haben, sondern nur durch unsere Empfindungen bedingt sind.

c) **Das Verflüssigen der „Gase" erfordert im wesentlichen die Herstellung sehr tiefer Temperaturen;** letztere erzielt man, indem man stark verdichtetes Gas sich plötzlich ausdehnen läßt.

Hampson (1895) ließ auf 200 at. komprimierte Luft mittels dreier dünner, kupferner Schlangenröhrchen S auf den Boden eines 20 cm breiten, 1 m hohen, doppelwandigen Glaszylinders C austreten (Abb. 61). Beim Austritte aus m dehnt sich die Luft plötzlich aus, wobei sie sich, und beim Emporströmen auch die Schlangenröhrchen S, etwas abkühlt. Dadurch wird wieder die in S zuströmende Luft abgekühlt usw., bis nach etwa ¼ Stunde die Abkühlung so tief unter die kritische Temperatur sinkt, daß bei m flüssige Luft austritt. Das heute vollkommenste Verfahren von Linde wird im 3. Abschnitte besprochen werden. — Linde in München bringt flüssige Luft in den Handel.

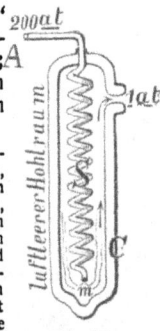

Abb. 61

[116] Kohäsion und Expansion.

a) **Kohäsion nennt man die Kraft, mit der die Teilchen eines Körpers zusammenhalten;** sie ist die gestaltgebende Kraft, die das unterschiedliche Verhalten der festen und flüssigen Körper bedingt.

Bei festen Körpern ist die Kohäsion meist sehr groß; sie bewirkt es, daß ein fester Körper seine Form und damit auch sein Volumen unverändert beibehält und jeder Trennung seiner Teile mehr oder weniger Widerstand leistet. Das Maß dieses Widerstandes ist seine Festigkeit, eine für die Technik wichtige Eigenschaft.

b) In Bezug auf **Gestaltsveränderungen** unterscheidet man harte, zähe, spröde und elastische Stoffe. — **Hart** nennt man einen Körper, wenn er sich schwer ritzen läßt.

Der Härtegrad wird nach der Härteskala von Mohs (1804) bestimmt: 1. Talg, 2. Gips, 3. Steinsalz, 4. Flußspat, 5. Apatit (Spargelstein), 6. Feldspat, 7. Quarz, 8. Topas, 9. Korund und 10. Diamant. Diese Skala enthält 10 Mineralien in solcher Reihenfolge, daß jedes folgende Mineral alle vorangehenden zu ritzen imstande ist. Was mit dem Messer geritzt werden kann, hat weniger als den Härtegrad 4. Quarz gibt mit Stahl Funken. Reine Metalle sind nicht sehr hart, werden aber durch Zusammenschmelzen (Eisen auch durch Zusatz von Kohle) härter.

Zäh heißt ein Stoff, der sich in seiner Gestalt stark und bleibend verändern läßt, ohne daß er den Zusammenhang verliert. In der Technologie wird von hämmer- und schmiedbaren Metallen gesprochen.

Spröde heißt ein Körper, der schon bei geringen Gestaltsveränderungen bricht.

Stahl kann durch Erhitzen auf Rotglut und rasches Abkühlen in Wasser glashart werden. Ebenso behandeltes Glas zerspringt durch Ritzen mit einer Eisenfeile (Bologneser Fläschchen, batavische Glastränen, Hartglas).

Alle nicht spröden Körper sind mehr oder weniger **elastisch**, d. h. sie haben das Bestreben, geringe Gestaltveränderungen nach dem Aufhören der einwirkenden Kraft wieder auszugleichen.

Stark elastisch sind alle Arten von Federn, Gummi, Baumzweige; die Elastizität nimmt mit zunehmendem Querschnitt ab: Holzblock und Lineal, Glasstück und Glasfaden. Kraftprobe (Abb. 62). Auch die Eigenschaft der Elastizität ist für die Technik von besonderer Bedeutung.

Abb. 62

b) **Bei flüssigen Körpern ist die Kohäsion sehr klein,** weshalb sie so leicht die Form des Gefäßes annehmen. Wirkt nur die Kohäsion auf eine Flüssigkeit, so nimmt sie Kugelgestalt an. Darauf beruht die Tropfenbildung.

Dick- und dünnflüssig; Quecksilberkügelchen; Fettaugen auf die Suppe usw.

c) **Gasförmige Körper besitzen keine Kohäsion, im Gegenteil starke Expansion;** die Teilchen streben auseinander und trachten, sich in den ihnen zugänglichen Räumen nach Möglichkeit auszubreiten.

Ähnlichkeit mit dem Verhalten stark riechender Körper, deren oberflächliche Teile sich verflüchtigen und den Geruch oft auf große Entfernungen verbreiten.

[117] Teilbarkeit (Moleküle).

a) **Jeder Stoff ist teilbar;** darauf beruht die Möglichkeit, ihn zu bearbeiten.

(Hobeln, Sägen, Feilen u. dgl.)

Die Teilbarkeit geht oft sehr weit, so daß die Teilchen nur unter einem Vergrößerungsglase (Lupe, Mikroskop) sichtbar werden. Mittel, um eine noch weitergehende Teilung herbeizuführen, sind die Auflösung eines Stoffes in einer Flüssigkeit und seine Verdampfung.

Der Grad der Teilbarkeit ist für die Bestimmung eines Stoffes von großer Bedeutung; nur lösliche Stoffe können z. B. nach dem Geschmacke, nur flüchtige Stoffe nach dem Geruche erkannt werden.

Kochsalz ist noch sicher nachzuweisen, wenn 1 Teil in 10 Millionen Teilen Wasser verteilt ist; 3 Zehntausendmilliontel Gramm dieses Stoffes geben nach Bunsen einer Gasflamme eine sichtbare Gelbfärbung. — Ein Tröpfchen eines **ätherischen** Öles erfüllt den Raum eines großen Zimmers mit seinem Dufte; ein Stück **Moschus**, das jahrelang ein Zimmer mit seinem Geruch erfüllt, hat keinen nachweisbaren Gewichtsverlust erlitten. Bekannt, daß man ein lebensgroßes Reiterstandbild mit einem Dukaten vergolden kann.

Die kleinsten unter sich gleichartigen Teilchen eines Stoffes nennt man seine Moleküle.

Thomson berechnete, daß längs eines mm sich an eine Million Luftmoleküle befinden. Sehen kann man Moleküle auch mit dem besten Mikroskop nicht, denn Prof. Abbé in Jena hat gezeigt, daß Einzelheiten von Dingen unter $^1/_{1000}$ mm Größe auch mit den schärfsten Mikroskopen nicht mehr erkannt werden können.

[118] Elemente und Atome.

a) Die Grenze der mechanischen Teilbarkeit bildet bei unlöslichen Stoffen das feinste Pulverisieren (Zerstäuben im Mörser), bei löslichen Stoffen die Auflösung in einer Flüssigkeit und das Verdampfen.

Viel weiter wird die Zerlegung eines Stoffes durch **chemische Prozesse** getrieben. Bei einer chemischen Zersetzung wird unter Umständen

Molekül für Molekül zerlegt. Durch eine solche Zerlegung wird ein vorhandener chemischer Stoff oft in zwei oder mehrere andere Stoffe geschieden. Dabei kommt man schließlich auf Stoffe, die sich nicht mehr weiter zerlegen lassen. Diese heißen Grundstoffe. Merke:

Grundstoffe oder chemische Elemente sind Stoffe, die sich nach dem heutigen Stande der Wissenschaft nicht mehr weiter zerlegen lassen. Man kennt deren über 100.

Von diesen sind die wichtigsten in nebenstehender Tabelle 5 zusammengestellt; die Bedeutung der beigefügten chemischen Zeichen und Atomgewichte wird im 2. Abschnitte erläutert werden.

Wie man aus der Tabelle ersieht, zerfallen die Elemente in die beiden Hauptgruppen der Nichtmetalle (Metalloide) und der Metalle; zur ersteren gehören in erster Linie jene 4 Elemente: Wasserstoff, Sauerstoff, Stickstoff und Kohlenstoff, die in der Natur außerordentlich verbreitet sind und den Charakter aller chemischen Vorgänge bestimmen, die auf der Erdoberfläche und in den Pflanzen und Tieren stattfinden.

Die Metalle zerfallen in Leichtmetalle mit einer Dichte unter 3 und Schwermetalle mit einer Dichte über 3; die ersteren kennt man erst seit etwa 100 Jahren, während die letzteren zumeist schon im Altertum bekannt waren.

b) Die kleinsten Teilchen eines Grundstoffes nennt man Atome.

Tabelle 5. Elemententafel.

Haupt-	Neben-	Name	Zeichen	Atom-	Spez.*)	Haupt-	Neben-	Name	Zeichen	Atom-	Spez.*)
Gruppe				Gewicht		Gruppe				Gewicht	
A. Nichtmetalle (Metalloide):											
	Halogene	Wasserstoff (Hydrogenium)	H	1	0,069		Stickstoffgruppe	Stickstoff (Nitrogenium)	N	14	0,9714
		Chlor	Cl	35,5	2,423			Phosphor	P	31	2,18
		Brom	Br	79,9	—			Arsen	As	75	5,75
		Jod	J	126,9	4,95			Antimon (Stibium)	Sb	120,2	6,7
		Fluor	F	19	—			Wismut (Bismutum)	Bi	208	9,82
	Sauerstoffgruppe	Sauerstoff (Oxygenium)	O	16	1,1056		Kohlenstoffgruppe	Kohlenstoff (Carboneum)	C	12	—
		Schwefel	S	32,1	1,96			Silizium	Si	28,3	—
		Selen	Se	79,2	—			Bor	B	11	2,68
B. Metalle:											
Leichtmetalle	Alkalimetalle	Kalium	K	39,1	0,865	Schwermetalle	Chromgruppe	Chrom	Cr	52	—
		Natrium	Na	23	0,978			Wolfram	W	184	17,5
	Erdalkalien	Kalzium	Ca	40,1	1,58			Uran	U	238,5	—
		Strontium	Sr.	87,6	2,5		Bleigruppe	Blei (Plumbum)	Pb	207,1	11,4
		Baryum	Ba	137,4	—			Zinn (Stannum.)	Sn	119	7,02
	Erdmetalle	Aluminium	Al	27,1	2,6		Kupfergruppe	Kupfer (Cuprum)	Cu	63,4	8,9
		Magnesium	Mg	24,3	1,74			Quecksilber (Hydrargyrum)	Hg	200,6	13,6
Schwermetalle	Eisengruppe	Zink	Zn	65,4	6,48			Silber (Argentum)	Ag	107,9	9,51
		Eisen (Ferrum)	Fe	55,8	7,88		Edelmetalle	Gold (Aurum)	Au	197,2	19,25
		Kobalt	Co	59	8,51			Platin	Pt	195,2	21,15
		Nickel	Ni	58,7	9,0						
		Mangan	Mn	54,9	7,5						

*) Die spezifischen Gewichte sind auf Wasser von + 4°C, nur jene von H, O, N, Cl auf Luft von 0°C und 760 mm Quecksilber bezogen.

[119] Gemenge (Mischungen).

a) Es gibt viel mehr Gemenge als einheitliche Stoffe, weil man letztere ja in beliebigen Verhältnissen mischen kann.

Viele **Gemenge** kann man als solche schon nach dem **bloßen Augenscheine** aus einzelnen Eigenschaften der das Gemenge bildenden Einzelstoffe erkennen.

Im Granit z. B. werden die einzelnen Stoffe durch ihre verschiedene Farbe, durch verschiedene Härte erkennbar. Ein Gemenge von Zucker und Salz erkennen wir an dem Geschmacke usw.

b) Andere Gemenge lassen sich ohne **besondere Hilfsmittel** überhaupt nicht erkennen, namentlich wenn sich die Eigenschaften der das Gemenge bildenden Stoffe wenig voneinander unterscheiden oder jene des beigemengten Stoffes zu wenig hervortreten.

Mischt man z. B. weißen Streusand mit Zucker, so wird man eine solche Verunreinigung des Zuckers selbst bei etwas größerer Beigabe von Sand kaum merken, weil Sand keinen Geschmack hat und auch im Gewichte nur ein geringer Unterschied ist.

In solchen, namentlich bei der Lebensmittelfälschung häufigen Fällen muß man durch Auflösung der Masse in geeigneten Flüssigkeiten die Zusammensetzung zu ermitteln trachten.

Wird z. B. obige Mischung in Wasser aufgelöst, so wird sich der Zucker lösen, während der Sand zurückbleibt.

Die durch eine solche Trennung abgesonderten Stoffe bleiben im chemischen Sinne ungeändert und lassen sich nachher ohne weiteres wieder verwerten.

c) Die **Eigenschaften** einer Mischung sind in hohem Grade von den Mengen abhängig, in welchen die einzelnen Stoffe in der Mischung vertreten sind. Bei Mischungen, die für bestimmte Zwecke gemacht werden, ist in der Regel **das Mischungsverhältnis** nach Gewichts- oder Raumteilen (Volumteilen) genau vorgeschrieben.

Man verwendet z. B. für ein Ziegelmauerwerk über der Erde Mörtel, der aus 2 Gewichtsteilen (G.T.) oder 2 Raumteilen (R.T.) Kalk und 1 Gewichtsteil oder 1 Raumteil Sand besteht, für Beton 1 G.T. oder 1 R.T. Zement, 1 G.T. oder 1 R.T. Sand und 2 G.T. oder 2 R.T. Schotter usw.

d) Im allgemeinen ist **die Mischung nach Gewichtsteilen (G.T.)**, insbesondere bei festen Körpern, genauer, aber umständlicher, als nach Raumteilen, weshalb auch der praktische Techniker zumeist die letztere vorziehen wird. — **Die Mischung nach R.T.** wird um so genauer, je kleiner zerteilt die zu mischenden Stoffe sind.

Mischungsverhältnis bei Flüssigkeiten wird in Prozenten gegeben, z. B. 10% Schwefelsäure = 10 G.T. konzentrierte Schwefelsäure + 90 G.T. Wasser = 100 G.T.

[120]   Aufgabe 73.

Wieviel Wasser muß man mit 2 kg 60 prozentiger Schwefelsäure mischen, um 10 prozentige Schwefelsäure zu erhalten?

Eine 60 prozentige Schwefelsäure enthält auf 100 Gewichtsteile 60 G.T. reine Schwefelsäure, während die übrigen 40 G.T. Wasser sind. Um aus der 60 prozentigen Schwefelsäure 10 prozentige zu erzeugen, muß sie mit Wasser verdünnt werden.

Zunächst ist zu rechnen, wieviel reine Säure in 2 kg 60 prozentiger enthalten ist. Dies ist leicht; die 2 kg enthalten

$$2 \text{ kg} \cdot \frac{60}{100} = 1{,}2 \text{ kg Säure} \quad \text{und} \quad 2 \text{ kg} \cdot \frac{40}{100} = 0{,}8 \text{ kg Wasser.}$$

In der 60 prozentigen Säure sind sonach 1,2 kg reine Säure und 0,8 kg Wasser vorhanden. Soll diese Mischung eine 10 prozentige werden, so muß ihr Gesamtgewicht durch Zumischen von Wasser auf das Zehnfache des Säuregewichtes, also auf 12 kg gebracht werden; von diesen werden 1,2 kg reine Säure und 10,8 kg Wasser sein. Da 0,8 kg bereits vorhanden waren, müssen 10 kg Wasser zugemischt werden.

[121] Lösung und Legierung.

a) **Lösungen** sind homogene (molekulare) Gemenge von **festen** und **flüssigen** Stoffen. In Wasser sind viele Stoffe löslich, aber in sehr verschiedenen Graden.

Zucker, Kochsalz, Salpeter sind in Wasser sehr leicht löslich. Wasser löst auch, allerdings nur in sehr geringem Grade, Kalk und Gips; doch genügen Spuren dieser Stoffe, um das Wasser hart (und zum Waschen unbrauchbar) zu machen. — Schwefel löst sich in Schwefelkohlenstoff auf.

Der **Grad der Löslichkeit** eines Stoffes in einer bestimmten Flüssigkeit bildet auch ein Erkennungszeichen für diesen.

Die Menge eines festen Körpers, die in einer gewissen Quantität Flüssigkeit vollständig gelöst werden kann, hat eine Grenze, über die hinaus keine Lösung mehr stattfindet; man sagt dann, die **Lösung ist gesättigt.** Die Sättigungsgrenze wird erweitert, wenn man die Lösung erwärmt.

Beispiel. Bringt man in 100 g Wasser **64 g Salpeter,** so werden davon bei 20° nur **31 g** gelöst, 33 g bleiben ungelöst. Man sagt dann, die Lösung ist gesättigt. Erwärmt man auf 40°, so werden alle 64 g Salpeter gerade gelöst. [Gesättigte Lösung.] — Erwärmt man noch weiter, so wird die Lösung ungesättigt (bei 100° z. B. könnten 100 g Wasser 247 g Salpeter lösen).

Die Lösung fester Körper in Flüssigkeiten erschwert das Sieden und Frieren derselben. So z. B. scheidet eine Lösung von 10 Teilen Kochsalz in 100 Teilen Wasser erst bei —6° statt bei 0° Eis aus.

Darauf beruht das Bestreuen der Straßenbahnschienen mit Salz, um die zu schnelle Eisbildung zu verhindern. Meerwasser gefriert erst bei etwa —2,5°.— Ansalzen des Kaiser-Wilhelmkanales, um ihn eisfrei zu erhalten. — Die Nordseehäfen bleiben wegen des größeren Salzgehaltes länger eisfrei als die Ostseehäfen.

Versuch: Gib Salz in Wasser und bestimme dessen Siedepunkt! (Ergebnis: Es siedet erst bei mehr als 100°.) Mit dem Salzgehalte steigt der Siedepunkt.

b) **Legierungen** sind (meist durch Zusammenschmelzen erhaltene) **Lösungen** verschiedener Metalle ineinander. Zink löst sich in Quecksilber, Kupfer in geschmolzenem Zinn und Zink. Die **technischen** Eigenschaften der Legierung lassen sich aus jenen der Bestandteile selten vorausbestimmen. Im allgemeinen sind die Legierungen etwas spröder und härter als das weichste darin befindliche Metall. Sie weisen zumeist ein größeres spez. Gewicht auf, als aus der Zusammensetzung sich ergeben sollte und sind in der Regel leichter schmelzbar, als der am leichtesten zu schmelzende Bestandteil.

Feingehalt bei Edelmetallen ist der Gehalt an reinem Gold oder Silber in **Tausendstel** des Gesamtgewichtes.

Aufgabe 74.

[122] *Zu* 200 *g Gold vom Feingehalte* 600 *mischt man* 50 *g reines Gold. Welches ist der Feingehalt der Legierung?*

Gold vom Feingehalt 600 heißt, auf **1 g** des Gesamtgewichtes (= **Rauhgewichtes**) kommen **600**/**1000 g** Feingold, also enthalten die **200 g Rauhgold** nur

$$200 \text{ g} \cdot \frac{600}{1000} = 120 \text{ g Feingold (Zeichen } \odot).$$

Mit den 50 g reinen Goldes, die zugemischt werden, steigt das Gesamtgewicht auf 250 g und der Goldgehalt auf 170 g. Auf **1 g** des Gesamtgewichtes kommen an Feingold nun 170 g : 250 = 0,680 = $\frac{680}{1000}$, d. h. das Gold ist nun **680 Tausendstel** fein.

[123] Kristallisation.

a) **Die Abscheidung gelöster fester Substanzen aus Lösungen erfolgt oft in regelmäßigen, geometrischen Formen. Diesen Vorgang nennt man Kristallisation, die ausgeschiedenen Körper Kristalle.** Die Kristallisation wird befördert durch Einbringung von kleinen Kristallen oder Fremdkörpern und gelinde Bewegung, verzögert durch niedrige Temperatur und völlige Ruhe. Sie tritt überhaupt nur ein, wenn von dem gelösten Stoffe mehr vorhanden ist, als zu einer gesättigten Lösung gehört. Nicht alle Stoffe bilden Kristalle, weshalb auch das Kristallisationsvermögen zu den Erkennungszeichen der Stoffe gehört.

Löst man Rohzucker bis zur Sättigungsgrenze im warmen Wasser auf und läßt dann die Lösung erkalten, so bilden sich an einer hineingehängten Schnur große, schön ausgewachsene Kristalle von Kandiszucker. — Eine gesättigte, sehr heiße Lösung von Kupfervitriol gibt nach dem Abkühlen große blaue, Eisenvitriol grüne Kristalle.

b) **Setzt sich die Substanz in mikroskopisch kleinen, unvollkommenen Kristallen ab, so heißt sie kristallinisch.** Die kristallinische Form der Ausscheidung ist hauptsächlich beim raschen Verdunsten zu erwarten; sie tritt auch mitunter beim plötzlichen Übergang von Dämpfen in den festen Zustand auf. Letzteren Vorgang nennt man Sublimieren.

Läßt man eine Lösung von gewöhnlichem Zucker in der Nähe eines warmen Ofens verdunsten, so wird der abgeschiedene Zucker kristallinisch (Hutzucker). — Wasserdampf kondensiert sich an kalten Fensterscheiben und bildet bei genügend niedriger Außentemperatur kristallinisches Eis oft in Form prachtvoller Eisblumen.

c) **Das Gegenteil der kristallinischen Form ist die amorphe (formlose) Gestaltung eines festen Stoffes.** Während Kristalle in besonderen Richtungen besonders gute Spaltbarkeit besitzen, weisen amorphe Körper nach allen Richtungen hin gleiche Kohäsion auf; sie haben oft einen muschligen Bruch wie Glas, Schlacken, Harze usw. Unter Umständen kann ein Stoff bald kristallinisch, bald amorph auftreten.

Amorphes Glas wird durch langsames Abkühlen kristallinisch und undurchsichtig. Auch in der Natur finden sich Mineralien in den verschiedensten Kristallformen (Quarz, Amethyst, Eisenkies, Kalkspat usw.), in kristallinischem Gefüge und amorph vor.

2. Abschnitt.

Chemische Verbindungen.

[124] Allgemeines.

Wir wissen bereits: **Die chemische Qualität eines Stoffes und damit auch die Eigenschaften seiner kleinsten Teilchen können nur durch einen chemischen Vorgang, durch einen chemischen Prozeß dauernd geändert werden.**

a) **Zersetzung. Wird dabei der ursprüngliche Stoff in zwei oder mehrere neue Stoffe (Elemente) zerlegt, so nennt man den Vorgang eine chemische Zersetzung oder eine Analyse.** Glüht man z. B. Kalkstein (kohlensaures Kalzium), so entsteht daraus gebrannter Kalk und Kohlensäure; der gebrannte Kalk kann weiter in Kalzium und Sauerstoff zerlegt werden. Mithin:

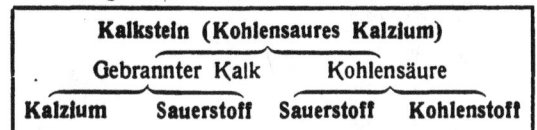

Kalkstein (Kohlensaures Kalzium)			
Gebrannter Kalk		Kohlensäure	
Kalzium	Sauerstoff	Sauerstoff	Kohlenstoff

Die Analyse von Kalkstein ergibt sonach drei Grundstoffe: Kalzium, Kohlenstoff und Sauerstoff.

b) **Verbindung.** Das Gegenteil einer chemischen Zersetzung ist die **chemische Verbindung** oder die **Synthese.** Durch diese werden mehrere verschiedene Stoffe (z. B. Grundstoffe) zu einem einzigen (bis zu den Molekülen homogenen) **neuen Stoffe** vereinigt.

Erhitzt man, um bei obigem Beispiele zu bleiben, Kalzium und Kohlenstoff im Sauerstoffgas, so entsteht gebrannter Kalk und Kohlensäure, die sich wieder zu kohlensaurem Kalzium zusammensetzen, also:

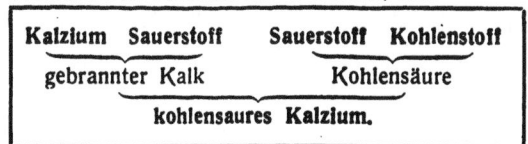

Kalzium Sauerstoff	Sauerstoff Kohlenstoff
gebrannter Kalk	Kohlensäure
kohlensaures Kalzium.	

Jedes Molekül Kalkstein enthält also **Kalzium, Kohle (!)** und **Sauerstoff.** Da nun alle Teile und Teilchen des Kalksteins gleichartig sind, so liegt der zwingende Schluß nahe, daß auch alle Kalksteinmoleküle gleich sind, d. h. aus je gleichviel Kalzium, gleichviel Kohle, gleichviel Sauerstoff zusammengesetzt sind.

Solche chemische Verbindungen gibt es in ungeheurer Anzahl in der Natur, viele werden künstlich in der Technik hergestellt und spielen oft eine große Rolle im Haushalte des Lebens, in Handel, Gewerbe und Industrie.

c) **Gewöhnlich verlaufen Verbindungs- und Zersetzungsprozesse nebeneinander,** indem die Bildung neuer Stoffe gleichzeitig mit der Zersetzung vorhandener erfolgt. Schließlich besteht jeder chemische Vorgang zunächst in einer **Auflösung vorhandener Moleküle** in Atome und dann in einer **Neuzusammenfügung der freigewordenen** Atome zu neuen Molekülen.

[125] Chemische Anziehungskraft (Affinität).

a) **Die Urkraft, welche die Atome der Grundstoffe anscheinend nach bestimmten Gesetzen zu Verbindungen zusammenschweißt und sie darin zusammenhält, heißt chemische Anziehungskraft oder Affinität** (chemische Verwandtschaft). Sie wirkt nur dann, wenn die aufeinander wirkenden Atome in unendlich enge Nachbarschaft gebracht werden. Zwei feste Körper wirken nur selten aufeinander ein und dann nur an ihrer Berührfläche; durch Verflüssigung aber und durch Lösen, wodurch eine ideale Durchmischung der Moleküle der aufeinander wirkenden Stoffe erreicht wird, kommt die Affinitätswirkung zur günstigsten Entfaltung.

Zuweilen ist die Vereinigung so heftig, daß eine Explosion entsteht. Erfolgt sie langsamer, so drückt sich die auftretende Selbsterhitzung doch die Heftigkeit des Vereinigungsbestrebens aus. — Versuch: Streue ganz wenig chlorsaures Kali und etwas Zuckerstaub auf Fließpapier: es erfolgt Explosion. (Große Vorsicht.)

b) **Die Affinität eines Stoffes zu verschiedenen anderen Stoffen ist verschieden groß.** So ist z. B. bei gleicher Temperatur die Affinität des Schwefels zum Eisen größer als zum Quecksilber, jene des Sauerstoffes zum flüssigen Schwefel größer als zum Gold.

Versuch: Durch Vermischen von genau 4 G.T. Schwefelpulver mit 9 G.T. Eisenpulver erhält man bei gewöhnlicher Temperatur ein scheinbar neutrales Gemenge; durch Anwärmen dieses Gemenges an einer Stelle entsteht aber unter sofortigem lebhaftem Erglühen, das sich nach und nach in der ganzen Masse fortpflanzt, eine chemische Vereinigung der beiden Bestandteile: es bildet sich ein neuer Stoff, das Schwefeleisen.

Durch Erhitzen von genau 25 G.T. Quecksilber mit 4 G.T. Schwefel entsteht daraus ein neuer Stoff, schwarzes Schwefelquecksilber.

Erhitzt man nun dieses Schwefelquecksilber mit Eisenpulver, so wird Quecksilber ausgeschieden, indem sich der Schwefel lieber mit dem Eisen, zu dem er größere Affinität hat, zu Schwefeleisen verbindet. Man sagt: Das Metall Eisen hat das Metall Quecksilber aus der Schwefelverbindung verdrängt und letzteres ist frei geworden.

Wollen wir uns noch versichern, daß der bei diesem Prozeß gebildete Stoff wirklich Schwefeleisen ist, so müssen wir ihn mit einem geeigneten Reagens untersuchen. Übergießen wir ihn und daraufhin Schwefeleisen mit verdünnter Salzsäure, so tritt in beiden Fällen derselbe Geruch nach faulen Eiern auf, der dem Schwefelwasserstoffgas eigen ist.

Wir haben oben genau 25 G.T. Quecksilber und 4 G.T. Schwefel genommen, um Schwefelquecksilber zu erhalten; wir können ebensogut jeweils den 4. Teil, also nur 1 g Schwefel und 6,25 g Quecksilber nehmen, und der Erfolg bleibt qualitativ derselbe. Was geschieht nun aber, wenn wir mehr Schwefel, z. B. 2 g mit den 6,25 g Quecksilber zusammen erhitzen? Es bildet sich dann gleichfalls schwarzes Schwefelquecksilber, daneben aber bleibt noch 1 g gelber Schwefel übrig, der nicht in den neuen Stoff übergegangen ist. Oder wir nehmen zu den 6,25 g Quecksilber nur ½ g Schwefel, so entsteht auch wieder Schwefelquecksilber, aber außerdem bildet sich ein Beschlag von übrigbleibendem metallischem Quecksilber, der 3,12 g wiegt.

c) **Wir sehen daraus, daß die chemischen Verbindungen von 2 Stoffen nur unter ganz bestimmten Gewichtsverhältnissen erfolgen.** Dieses **Gesetz der konstanten Proportionen** fand **Proust.**

d) **Die Verbindung bzw. Zersetzung von Stoffen kann man durch verschiedene Mittel beschleunigen bzw. verzögern.**

1. Eine **Erwärmung** steigert in der Regel bis zu einem gewissen Grade die Affinität (siehe den früheren Versuch mit Schwefel, Eisen und Quecksilber); über diese Grenze hinaus bewirkt aber das Erwärmen das Zerfallen zusammengesetzter Körper. Hingegen wird meist bei jeder chemischen Verbindung von selbst Wärme frei, die um so größer ist, je heftiger sich die Stoffe vereinigen.

Heftige Wärmeentwicklung beim Löschen des gebrannten Kalkes. (Hierbei vereinigt sich letzterer molekülweise mit dem Wasser.) Diese Wärme kann man bei Mangel an Feuerungsmaterial zum Wärmen von Nahrungsmitteln verwerten. Man gibt sie in ein doppelwandiges Gefäß und zwischen die Wände gebrannten Kalk. Man braucht dann nur Wasser auf den Kalk zu gießen, um die gewünschte Erwärmung zu erhalten.

Erklärung. Man stellt sich vor, daß die Moleküle aller Körper in ungemein schnellen Schwingungen begriffen sind. Bei Erwärmung steigert sich die Heftigkeit der Bewegung. Bei genügender Heftigkeit prallen die Moleküle so stark aufeinander, daß sie einander zerschmettern, in Atome zerfallen, die, nun frei geworden, sich gemäß ihrer Affinität aufeinander stürzen und zu neuen Gruppen (neuen Stoffen) verbinden. Bei diesem Aufeinanderstürzen steigert sich die Heftigkeit der Schwingungen erneut zu noch höheren Graden, d. h. es steigt die Temperatur (es wird Wärme frei). — Bei zu hoher Steigerung der Schwingungen wird jede Verbindung unmöglich. Wasserdampf durch einen glühenden Flintenlauf geleitet, zersetzt sich in zwei Gase: Wasserstoff und Sauerstoff. Wasserdampf über glühendes Magnesium geleitet, zersetzt sich ebenso, doch verbindet sich der Sauerstoff gierig mit dem Magnesium (zu einem weichen, flaumigen Pulver), so daß scheinbar nur der Wasserstoff frei wird.

2. **Der elektrische Funke** bewirkt gleichfalls in manchen Fällen chemische Vereinigung, in anderen Zersetzung. So veranlassen elektrische Funken die sonst äußerst schwierige Verbindung von Stickstoff und Sauerstoff (verwendet bei der künstlichen Salpeterbereitung aus Luft), während Ammoniakgas bei längerem Durchschlagen elektrischer Funken in Wasserstoff und Stickstoff zerlegt wird.

Der **elektrische Strom** dient in der Technik in ausgedehntem Maße zur Zersetzung von Flüssigkeiten.

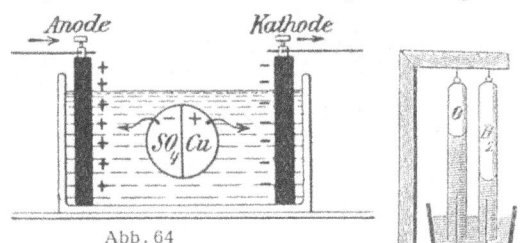

Abb. 64

Läßt man elektrischen Strom auf mit **Jodkalium-Stärkekleister** getränktes Papier wirken, so wird es durch das freiwerdende Jod blau gefärbt (chemischer Telegraph). — **Wasserzersetzung** zwischen Platinelektroden (Abb. 63): Reines

Abb. 63

Wasser leitet den elektrischen Strom nicht, kann daher durch den Strom auch nicht zersetzt werden; erst durch Zusatz von Schwefelsäure wird es leitend. Sauerstoff scheidet sich an der positiven Elektrode (Anode), Wasserstoff in doppeltem Volumen an der negativen (Kathode) ab. — **Elektrolyse einer Kupfersulfat-(Kupfervitriol)lösung** (Abb. 64). Merke: Cu scheidet sich an der Kathode ab.

Die Elektrolyse findet ausgedehnte Anwendung auch beim Vergolden, Versilbern, Vernickeln von Gegenständen, in der Galvanoplastik zur Herstellung von Kupferabdrücken (Abb. 65), endlich zur Reingewinnung von Metallen.

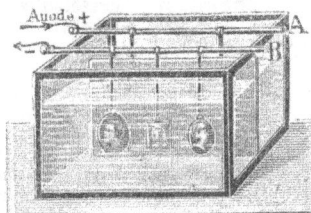

Abb. 65

3. Das **Licht** begünstigt unter Umständen die Vereinigung von Stoffen; z. B. Wasserstoff und Chlor, die im Dunkeln keine Einwirkung aufeinander äußern, vereinigen sich im blauen Lichte unter Feuererscheinung explosionsartig (zu Chlorwasserstoff). **Zumeist wirkt aber das Licht zersetzend.**

Gefärbte Kleiderstoffe bleichen im Sonnenlichte.

Anwendung in der Photographie: **Belichtetes Bromsilber kann durch gewisse Stoffe (Entwickler) zu metallischem Silber reduziert werden, unbelichtetes nicht.** Chemikalien, die gegen Licht empfindlich sind, müssen in dunklen (gelbbraunen) Gefäßen aufbewahrt werden.

4. Die bloße Anwesenheit von gewissen Kontaktstoffen begünstigt oft die chemischen Prozesse in ungeahnter Weise. Dabei bleiben erstaunlicherweise diese Hilfskörper ganz unverändert. Man nennt diesen Vorgang **Katalyse** und sagt, die Kontaktstoffe wirken **katalytisch.**

Kaliumchlorat würde sich erst bei 300° C und dann aber explosionsartig zersetzen, wobei es seinen Sauerstoff abscheidet. (Retorten würden alle explodieren.) Setzt man aber als Kontaktkörper Braunsteinpulver zu, so genügt schon eine gelinde Erwärmung, um den Sauerstoff ohne jegliche Heftigkeit frei zu bekommen. (Also Vorsicht!)

[126] Chemische Energie.

a) Bei den meisten chemischen Verbindungen wird Wärme entwickelt, also Arbeit geleistet. Wir sagen, die Stoffe besitzen aufgespeicherte chemische Energie. Mit der Umwandlung der Stoffe tritt stets auch die Umwandlung eines größeren oder kleineren Teiles der chemischen Energie ein; dieser tritt nach außen in Form von Wärme und Licht, zuweilen auch in Form von mechanischer und elektrischer Energie auf.

Die menschlichen und tierischen Arbeitsleistungen rühren von der aufgespeicherten chemischen Energie her, die in den aufgenommenen Nahrungsmitteln aufgestapelt ist; diese werden im Körper durch den eingeatmeten Sauerstoff in jene Stoffe umgebildet, die nötig sind, um das Lebewesen zu erhalten, und es zu den verschiedensten Leistungen zu befähigen; **das ganze Leben beruht nur auf Stoffwechsel, also auf chemischer Energie.** Während es im menschlichen und tierischen Körper zumeist die Muskeln sind, die die mit den Nahrungsmitteln aufgenommene chemische Energie in die verschiedensten Energieformen verwandeln, gibt es auch Tiere, bei denen die chemische Energie ihrer Nahrung unmittelbar in andere Energieformen übergeht, z. B. bei den Johanniswürmchen, die leuchten, ferner den Infusorien, die das Meerleuchten verursachen, bei den Zitterrochen, die imstande sind, elektrische Schläge auszuteilen, usw. Bei den in der Elektrotechnik verwendeten galvanischen Elementen wird die chemische Energie der in die Gefäße eingebrachten Stoffe unmittelbar in elektrische Energie umgewandelt und letztere zur elektrischen Stromerzeugung verwertet.

Der Begriff „Energie" bedeutet sonach bei Menschen und Tieren, ebenso wie bei galvanischen Elementen und allen anderen chemischen Vorgängen „aufgespeicherte Arbeitsfähigkeit". Ein energischer Mensch, ein kräftiges, gesundes Tier kann viel leisten, ein gut erhaltenes galvanisches Element kann sofort elektrischen Strom liefern; ob es zu diesen Leistungen tatsächlich kommt, hängt von anderen Umständen ab; soviel steht aber fest, daß die Energie des Menschen, das Arbeitsvermögen der Tiere und die Stromlieferungsfähigkeit eines galvanischen Elementes verschwinden, wenn die Zufuhr oder Umwandlung der nötigen chemischen Stoffe unterbunden wird, also wenn Mensch und Tier schlecht genährt oder krank sind, das galvanische Element nur mangelhaft gefüllt ist usw.

b) Umgekehrt wird von uns Arbeit aufgewendet, wenn durch Erhitzen, durch geeignete Belichtung und Verwendung des elektrischen Stromes chemische Verbindungen aufgelöst und umgewandelt werden. Aus allen diesen Tatsachen ergeben sich wichtige Folgerungen über den Zusammenhang und **Kreislauf** zwischen mechanischer, elektrischer und chemischer Energie, auf den wir noch zu wiederholten Malen zu sprechen kommen werden.

Ein sehr lehrreiches Beispiel für den **Kreislauf** zwischen den **verschiedenen Energieformen** bieten die **Akkumulatoren** (Abb. 66), die, zu Sammler- oder Pufferbatterien vereinigt, in elektrischen Zentralen sowie beim Betriebe von Elektromobilen usw. ausgedehnte Verwendung finden. Während die früher schon erwähnten galvanischen Elemente jeweils mit frischer Füllung beschickt werden müssen, wenn sie erschöpft sind, kann man die Akkumulatoren nach der Entladung einfach dadurch wieder gebrauchsfähig machen, daß man sie frisch auflädt, d. h. mit Strom beschickt.

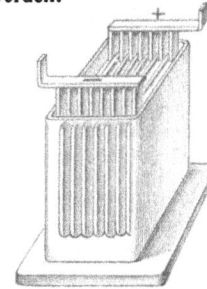

Abb. 66

Unter dem Einflusse des (dem Entladestrom entgegengesetzt gerichteten) Ladestromes entstehen nämlich an den zwei Blei-Elektroden des Akkumulators sowie in der Füllungsflüssigkeit (15% Schwefelsäure) aufs neue die verbrauchten chemischen Stoffe, auf deren Umsetzung eben die Wirkung des Akkumulators als Stromerzeuger beruht. Der Ladestrom wird in der Regel dem Lichtnetze einer elektrischen Zentrale entnommen, die mit Wasser- oder Dampfkraft, also durch mechanische Arbeit betrieben wird; er zersetzt das bei Stromentnahme an den Bleiplatten gebildete Bleisulfat unter Bildung von Bleisuperoxyd und Schwefelsäure und speichert dadurch im Akkumulator chemische Energie auf; diese entwickelt bei Stromschluß wie im gewöhnlichen galvanischen Element dann den (zum Ladestrom entgegengesetzt gerichteten) Entladestrom, der so lange Licht und Wärme erzeugt, oder durch elektrische Motoren mechanische Arbeit abgibt, als die aufgespeicherte chemische Energie ausreicht. Der Kreislauf der Energieformen ist hier geschlossen: Mechanische Energie der Wasser- oder Dampfkraft, elektrische Energie des Ladestromes, chemische Energie im Akkumulator, elektrische Energie des Entladestromes und schließlich wieder mechanische Energie des Motors (Abb. 67).

[127] Atom- und Molekulargewichte.

a) Chemische Vorgänge vollziehen sich stets in ganz bestimmten Gewichtsverhältnissen der einzelnen Substanzen so, daß ihr Gesamtgewicht vor und nach deren Vereinigung dasselbe ist.

Nach dem von Lavoisier aufgestellten **Gesetze von der Erhaltung des Stoffes an sich** (d. h. der Atome) ist das Gewicht der erhaltenen neuen Stoffe zusammen gleich dem Gewichte der zu ihrer

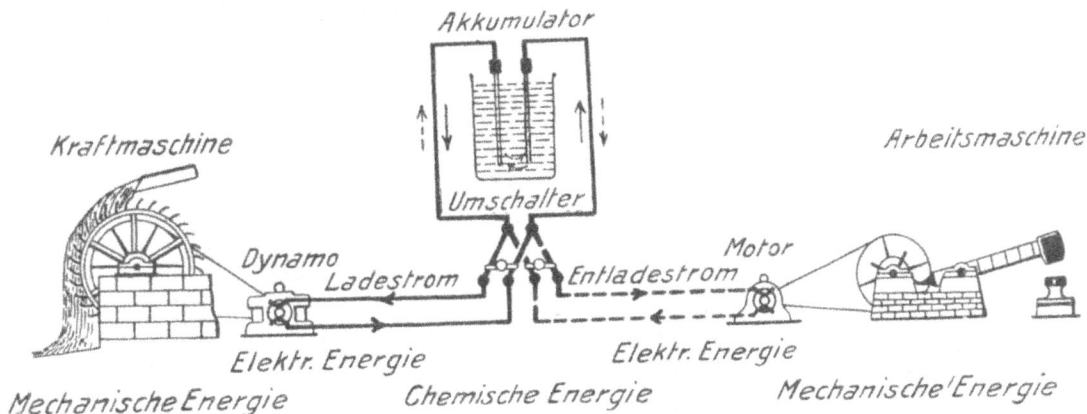

Abb. 67.

Herstellung benötigten Stoffe. Merke: **Stoff kann also weder verschwinden noch gewonnen werden.**

b) Zur Erklärung dieser grundlegenden Tatsache stellt man sich, wie schon oben erwähnt, vor, daß die Materie aus unzerstörbaren Atomen besteht. Man nimmt ferner an, **daß alle Atome desselben Grundstoffes gleich sind, also auch gleiches Gewicht, das Atomgewicht, haben.** Man findet dann leicht, daß die Atome verschiedener Grundstoffe in ihren Eigenschaften, auch in ihren Atomgewichten verschieden sind. Die **Atomgewichte,** wie sie für die wichtigeren Elemente in Tabelle 5 [118] angegeben sind, **sind nur relative, d. h. Zahlen, die angeben, wievielmal größer die Atomgewichte sind als das für Wasserstoff,** das mit 1 angenommen wird.

> Atomgewicht des Wasserstoffs = 1 gesetzt.

c) **Das Molekulargewicht ist das Gewicht eines Moleküls.** Es ist natürlich gleich der Summe der Atomgewichte der in ihm enthaltenen Atome. Ein Molekül eines Elementes besteht meist aus 2 Atomen; daher ist das Molekulargewicht eines Elementes (mit wenigen Ausnahmen) gleich dem doppelten Atomgewichte.

[128] Gewichtsverhältnisse bei Verbindungen.

a) **Wenn sich zwei Grundstoffe so miteinander verbinden, daß je 1 Atom des einen sich mit je 1 Atom des anderen (zu je einem Molekül) vereinigt, so geschieht dies also im einfachen Gewichtsverhältnis ihrer Atomgewichte.**

So verbindet sich z. B., wie genau ausgeführte Versuche lehren:
1 G.T. Wasserstoff mit 35,5 G.T. Chlor (zu 36,5 G.T. Chlorwasserstoff),
35,5 G.T. Chlor mit 108 G.T. Silber (zu 143,5 G.T. Chlorsilber),
16 G.T. Sauerstoff mit 207 G.T. Blei (zu 223 G.T. Bleioxyd)
usw. Die Zahlen 1, 35,5, 108, 16 sind die der Tabelle 5 entnommenen Atomgewichte von Wasserstoff, Chlor, Silber, Sauerstoff. Die obigen einfach auszuführenden Versuche geben einen Fingerzeig, wie man das Atomgewicht finden kann.

b) Die **Atomtheorie** wird aufs glänzendste bestätigt durch den folgenden, durch unzählige Versuche erhärteten Satz: **Die Grundstoffe verbinden sich stets nur im Verhältnisse ganzzahliger Vielfachen ihrer Atomgewichte (Gesetz der multiplen Proportionen von Dalton).** Daraus folgt, daß es Bruchteile von Atomen nicht gibt.

Z. B.:
1×16 G.T. Sauerstoff vereinigen sich mit 2×14 G.T. Stickstoff (zu 44 G.T. Stickoxydul N_2O),
1×16 G.T. Sauerstoff vereinigen sich mit 1×14 G.T. Stickstoff (zu 30 G.T. Stickoxyd NO),
2×16 G.T. Sauerstoff vereinigen sich mit 1×14 G.T. Stickstoff (zu 46 G.T. Stickstoffdioxyd NO_2).

[129] Volumverhältnisse (bei gasförmigen Verbindungen).

Leitet man einen kräftigen galvanischen Strom durch 3 nebeneinander stehende U-förmige Röhren A, B und C, wovon A mit Chlorwasserstoff (HCl), B mit Wasser (H_2O) und C mit Ammoniak (NH_3) gefüllt sind, so zeigt sich, daß in allen 3 Röhren das gleiche Volumen Wasserstoff auftritt. Ferner scheidet sich in A das gleiche Volumen Chlor, in B das halb so große Volumen Sauerstoff und in C nur ein Drittel des Volumens an Stickstoff ab.

a) Aus dem ersten Versuche schließt der Chemiker, daß **1 Liter Wasserstoff** so viel **Wasserstoffatome**

aufweisen muß, als **1 Liter Chlorgas Chloratome aufweist;** aus dem zweiten, daß je 2 Wasserstoffatome mit 1 Sauerstoffatom im zersetzten Wasser verbunden waren, aus dem dritten, daß je 3 Wasserstoffatome an 1 Stickstoffatom im Ammoniakmolekül gebunden sind. Man schreibt also:

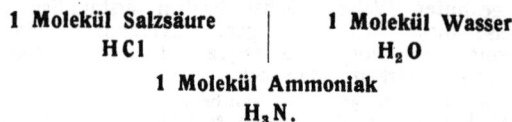

1 Molekül Salzsäure	1 Molekül Wasser
HCl	H_2O

1 Molekül Ammoniak

H_3N.

b) Die obige Schlußweise stützt sich auf das **Gesetz von Avogadro,** das lautet: **Bei sonst gleichen physikalischen Umständen (gleicher Temperatur, gleichem Druck) enthalten gleiche Raumteile verschiedener Gase stets dieselbe Anzahl von Molekülen.**

Die Moleküle können dabei so zusammengesetzt und schwer sein, als man will; derselbe Raum beherbergt von allen möglichen Gasen je dieselbe Anzahl.

c) Daraus folgt ein wichtiger Satz: **Die Litergewichte** verschiedener Gase verhalten sich wie ihre Molekulargewichte.

Die Feststellung des Molekulargewichtes ist also für den Chemiker eine einfache Wägungsaufgabe. (1 l Wasserstoff wiegt 0,09 g; wenn nun 1 l Sauerstoff 1,44 g wiegt, also 16mal so viel, so ist eben ein Molekül Sauerstoff 16mal so schwer wie ein Molekül Wasserstoff.)

[130] Wertigkeit der Elemente.

a) Die obige Elektrolyse der drei Stoffe HCl, H_2O und NH_3 hat gezeigt: ein Atom Cl bindet **1 Atom H,** ein Atom O bindet **2 Atome H** und ein Atom N bindet **3 Atome H.**

Man sagt kurz: Chlor ist **einwertig,** Sauerstoff ist **zweiwertig,** Stickstoff ist **dreiwertig.** Könnte ein Atom eines Stoffes 7 Wasserstoffatome binden oder 7 andere einwertige Atome, so wäre es eben 7wertig. — Die Feststellung der Wertigkeit der Atome ist für die Chemie von grundsätzlicher Bedeutung. **Statt Wertigkeit sagt man auch Valenz.**

Der Anfänger kann sich denken, daß 1 Atom Wasserstoff (Chlor) mit einem Fangarme, dagegen 1 Atom Sauerstoff mit 2 Fangarmen, 1 Atom Stickstoff mit 3 Fangarmen ausgerüstet ist. — Der Chemiker stellt die Valenz durch Striche dar, z. B.:

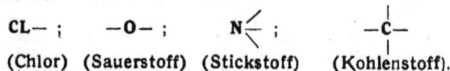

CL— ;   —O— ;   N⪕ ;   —C—

(Chlor) (Sauerstoff) (Stickstoff) (Kohlenstoff).

b) **Einwertig** sind Wasserstoff, Chlor, Silber, Kalium.

Zweiwertig sind Sauerstoff, Schwefel, Zink.

Dreiwertig sind Stickstoff, Phosphor, Arsen.

Vierwertig ist der Kohlenstoff; usw.

Eigentümlicherweise zeigen manche Stoffe wechselnde Wertigkeit; so ist Kupfer teils 2wertig (bläuliche Cupri-Salze), teils 1wertig (grünliche Cupro-Salze); ähnlich ist Eisen teils zwei-, teils dreiwertig; Chlor 1wertig, bzw. 7wertig usw.

c) **Molekülbilder,** aus denen die Bindung der einzelnen Atome gemäß ihrer Wertigkeit sofort ersichtlich ist, heißen auch **Strukturformeln,** z. B.:

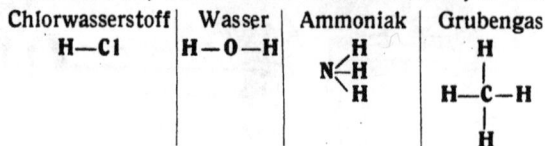

Chlorwasserstoff	Wasser	Ammoniak	Grubengas
H—Cl	H—O—H	N⪕(H,H,H)	H, H—C—H, H

Die gewöhnlichen Formeln dagegen sind HCl, H_2O, NH_3, CH_4.

[131] Substitution.

a) **Wird in einer gegebenen Verbindung ein Atom eines Grundstoffes durch ein Atom eines anderen Grundstoffes gleicher Wertigkeit ersetzt, so nennt man diese Umsetzung eine Substitution.** Solche Substitutionen nach Absicht herbeizuführen, ist eine der schönsten Aufgaben der technischen Chemie.

Z. B. die 4 Atome H im Grubengasmolekül CH_4 kann man durch 4 Atome des ebenfalls einwertigen Chlors Cl ersetzen: dann erhält man den neuen Stoff CCl_4.

b) Selbstverständlich kann man **zwei einwertige Atome** auch durch ein zweiwertiges ersetzen usw. $O=C=O$ (Kohlendioxyd CO_2).

c) **Radikale.** Ähnlich wie Atome verhalten sich zur Überraschung des Chemikers gewisse Atomgruppen, die fest zusammenhalten und wie ein Atom von einer Verbindung heraus- und in eine andere hineintreten. Solche Atomgruppen zähen Lebens heißen kurz **Radikale.** Ein wichtiges Radikal ist z. B. die Hydroxylgruppe —O—H. In dieser ist das zweiwertige O durch den einen Wasserstoff nicht ganz gesättigt; es hat noch einen Arm (eine Valenz) frei; wirkt daher einwertig.

In CH_4 oben kann man z. B. ein Atom H auch durch das einwertige Radikal OH ersetzen und erhält die Strukturformel

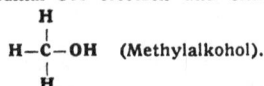

$$\begin{array}{c} H \\ | \\ H-C-OH \\ | \\ H \end{array} \quad \text{(Methylalkohol).}$$

[132] Chemische Zeichen und Formeln.

a) Jedes **Element** hat als **chemisches Zeichen** (Symbol) den Anfangsbuchstaben seines lateinischen Namens, dem in Zweifelsfällen noch ein zweiter Buchstabe zugefügt ist. Vergleiche Tabelle 5! [118]. Dieses Zeichen ist zugleich **Zeichen für 1 Atom** des betreffenden Grundstoffs.

b) Jeden **zusammengesetzten Stoff** bezeichnet man durch seine **Molekularformel** (chemische Formel). Solche haben wir oben schon mehrere kennen gelernt. Beispiele:

Wasser: H_2O Schwefelsäure: H_2SO_4.

Kennt man die Molekularformel, so kann man natürlich sofort das Molekulargewicht des betreffenden Stoffes hinschreiben, z. B. für $H_2SO_4 = 2 + 32 + 4 \cdot 16 = 98$. Da das Molekulargewicht des Wasserstoffs $H_2 = 2$ ist, so ist also ein Schwefelsäuremolekül 49mal so schwer wie ein Wasserstoffmolekül.

[133] Chemische Gleichungen.

a) **Chemische Prozesse kann man durch eine Gleichung andeuten.** Links schreibt man die Stoffe, die man aufeinander wirken läßt; rechts schreibt man die Atomgruppierung nach Ablauf des Prozesses.

Beispiel: Man läßt Chlorquecksilber (Hg Cl_2) auf Jodkalzium (CaJ_2) wirken. Dabei werden die zweiwertigen Metalle ausgetauscht, und es entstehen Chlorkalzium (Ca Cl_2) und Jodquecksilber (HgJ_2). Gleichung:

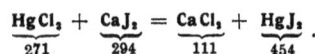

$$\underbrace{HgCl_2}_{271} + \underbrace{CaJ_2}_{294} = \underbrace{CaCl_2}_{111} + \underbrace{HgJ_2}_{454}.$$

Diese Gleichung ist auch eine Gewichtsgleichung. Die Summe der Molekulargewichte müssen beiderseits gleich sein. Diese Molekulargewichte sind oben in kleineren Ziffern unter die Molekularformeln geschrieben. (Berechnung siehe [132b].)

b) Mit Hilfe einer solchen Gleichung kann man die **Stoffmengen vorausberechnen**, die man aufeinander wirken lassen muß, um eine bestimmte Menge des Endproduktes zu erhalten.

Z. B.: Läßt man oben 271 kg Hg Cl_2 auf 294 kg CaJ_2 wirken, so ergeben sich 111 kg $CaCl_2$ und 454 kg HgJ_2. Will man nun 1 kg HgJ_2, so sind die zur Reaktion zu

bringenden Mengen $\dfrac{271}{454}$ kg Hg Cl_2 + $\dfrac{294}{454}$ kg CaJ_2.

Will man z. B. 13 kg HgJ_2 erzielen, so nimmt man $13 \dfrac{271}{454} = 7{,}759$ kg Hg Cl_2 und $13 \cdot \dfrac{294}{454} = 8{,}419$ kg Ca J_2.

c) Treten gasförmige Produkte auf, so kann man für diese auch das **Volumen** (bei normalen Umständen, d. h. reduziert auf die Temperatur 0° und 1 Atm. Druck) **vorausberechnen.** Jedem Molekulargewichte, in Gramm gesprochen, entsprechen dabei nach dem Avogadroschen Satze 22,22 Liter.

Beispiel: **Schwefel** verbindet sich, wenn er verbrennt, mit dem Sauerstoff der Luft nach der Gleichung:

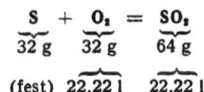

$$\underbrace{S}_{32\,g} + \underbrace{O_2}_{32\,g} = \underbrace{SO_2}_{64\,g}$$

$$\text{(fest)} \quad \overbrace{22{,}22\,l} \quad \overbrace{22{,}22\,l}$$

d. h. 32 g Schwefel brauchen zum Verbrennen 22,22 l Sauerstoff und geben nach Vereinigung mit diesem genau 22,22 l Schwefeldioxyd, das bekanntlich durch seinen stechenden Geruch ausgezeichnet ist.

Aufgabe 75.

[134] *Wie viel Salzsäure HCl braucht man zur Umwandlung von 4 kg Natriumhydroxyd Na OH (Ätznatron) in Natriumchlorid Na Cl (Kochsalz)?*

Die chemische Gleichung lautet (Na tauscht sich gegen H aus):

$$\mathbf{HCl + NaOH = NaCl + H_2O.}$$

Die Atomgewichte eingesetzt, gibt:

36,5 G.T. Salzsäure + 40 G.T. Ätznatron = 58,5 G.T. Kochsalz + 18 G.T. Wasser.

40 G.T. Ätznatron sollen 4 kg dieses Stoffes entsprechen; da 1 G.T. $= \dfrac{4}{40}$ kg $= 0{,}1$ kg, ist die ganze Gleichung durch 10 zu dividieren, also 3,65 kg Salzsäure + 4 kg Ätznatron = 5,85 kg Kochsalz + 1,8 kg Wasser, d. h. mit 3,65 kg Salzsäure werden 4 kg Ätznatron in 5,85 kg Kochsalz umgewandelt.

[135] Oxydation und Reduktion.

a) **Den Vorgang der Verbindung eines Stoffes mit Sauerstoff nennt man Oxydation, die entstandene Verbindung Oxyd.**

Man unterscheidet:

1. **Saure Oxyde,** die in wässeriger Lösung sauer schmecken und blaues Lackmuspapier röten (saure Reaktion); es sind dies hauptsächlich **die Oxyde der Metalloide** N, Cl, S, P.

2. **Basische Oxyde,** die in wässeriger Lösung einen laugenhaften Geschmack haben und rotes Lackmuspapier blau färben (alkalische Reaktion); hierher gehören die **Oxyde der Alkalimetalle,** die die stärksten Basen [137b] bilden, dann jene **der Erdalkalimetalle und der Schwermetalle.**

3. **Neutrale Oxyde,** die im Wasser unlöslich sind, keinen Geschmack haben und gegen Lackmus indifferent sind. Sie liefern weder Säuren noch Basen; es sind dies hauptsächlich Wasser und Kohlenoxyd CO.

> **Saure** Reaktion — **blau in rot**
>
> **Alkalische** Reaktion — **rot in blau.**

Lackmus ist ein aus holländischen Flechten hergestellter blauer Farbstoff; blaues Lackmuspapier ein mit Lackmustinktur gefärbtes Filtrierpapier, das durch die geringste Spur von Säuren rot und durch Alkalien wieder blau gefärbt wird; ein wichtiges Reagens.

b) **Wird einer Verbindung der Sauerstoff durch einen Prozeß ganz oder teilweise entzogen, so heißt dieser Vorgang Desoxydation oder Reduktion,** die Stoffe, die ihn entziehen, die also eine größere Affinität zu Sauerstoff besitzen müssen, Reduktionsmittel. Die drei wichtigsten Reduktionsmittel sind glühender Kohlenstoff, glühendes Magnesium und Wasserstoff, den man über das erhitzte Oxyd leitet.

Erhitzt man metallisches Kupfer in der Luft, so überzieht es sich bald mit einer schwarzen Schicht eines bröcklichen Stoffes. Sammelt man von diesem Kupferoxyd (CuO) eine kleine Menge und erhitzt sie in einer Glasröhre (Abb. 68) unter gleichzeitigem **Darüberleiten von Wasserstoff,** so nimmt der schwarze Stoff sehr rasch die rote Farbe des reinen Kupfers

Abb. 68

an; der Wasserstoff hat sich mit dem Sauerstoff des Oxyds verbunden zu Wasser H₂O; in der Tat schlägt sich an den kalten Teilen der Röhre Wasser in Form von Tropfen nieder.
Die Reduktionswirkung des erhitzten Magnesiums wird von den Chemikern sehr geschätzt und angewendet, wenn glühende Kohle versagt. Sie wird gern verwendet, um Dämpfen und Gasen den Sauerstoff gründlich zu entziehen. Sogar den Kohlenstoffverbindungen wird durch Magnesium der Sauerstoff entrissen. Denn bringt man in ein Gefäß, das Kohlensäure CO₂ enthält, einen glühenden Magnesiumdraht, so beschlägt sich dieser mit Ruß, d. h. mit Kohle, die natürlich aus CO₂ stammt.
Das gewöhnlichste Reduktionsverfahren besteht darin, daß man eine Probe des festen Oxyds auf Kohle bringt und beide durch die Lötrohrflamme erhitzt. Die Kohle verbindet sich mit O zu CO (Kohlenoxyd) oder CO₂ (Kohlendioxyd, fälschlich Kohlensäure genannt), beides Gase, die entweichen. Kohlenstoff wird besonders in Hochöfen zur Reduktion der Eisenerze verwendet.

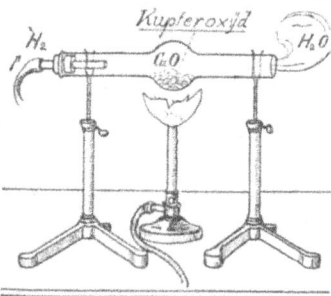

[136] Hydroxyle.

Eine besondere Bedeutung in chemischen Verbindungen hat das Radikal O H; es hat den Namen **Hydroxyl** erhalten; die Verbindungen von Metallen mit dieser ungesättigten einwertigen Atomgruppe heißen **Hydroxyde;** z. B. ist

Natriumhydroxyd (technisch Natron genannt) **NaOH.**

Wasser könnte gleichfalls als eine Hydroxylverbindung, nämlich die des Wasserstoffes, angesehen werden, wie dies aus der Formel H—O—H ersichtlich ist. Aber Wasser hat weder saure noch basische Eigenschaften, gehört also zu den völlig indifferenten Oxyden und nimmt eine ausgezeichnete Sonderstellung ein.

Der für die Technik so wichtige **gelöschte Kalk** ist ein Hydroxyd. Er entsteht, wenn sich das Oxyd des Kalziums CaO (d. i. der gebrannte Kalk) mit Wasser verbindet:

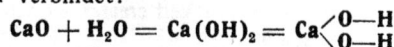

$$CaO + H_2O = Ca(OH)_2 = Ca\begin{matrix}O—H\\O—H\end{matrix}$$

Es entsteht dann **Kalziumhydroxyd;** in großer Verdünnung mit Wasser erhält man Kalkwasser, eine von den Chemikern vielverwendete Basis oder Lauge. (Ca ist zweiwertig, daher bindet es zwei Hydroxyle.)

Natriumhydroxyd entsteht, wenn man ein Stückchen des silberweißen, sehr weichen Natriummetalles in Wasser bringt. **Versuch:** Man stelle in eine Wanne (Abb. 69) einen umgekehrten, mit Wasser gefüllten Zylinder, wickele ein Stückchen Natrium in Filtrierpapier ein und bringe es mit einer Zange unter den Zy-

Abb. 69

linder; sofort schmilzt das Metall und zerlegt das Wasser (H—O—H); es entwickelt sich Wasserstoff (H↗), während sich der Rest (O—H) mit Natrium zu **Ätznatron** verbindet, das im Wasser gelöst wird und Lackmuspapier blau färbt. Die Umsetzung ist also folgende:

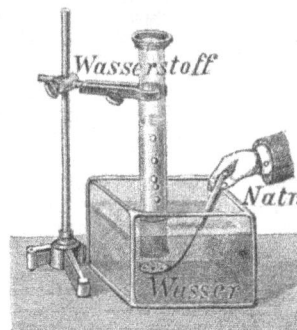

$$\boxed{Na + H—O} — H = NaOH + H↗.$$

[137] Säuren, Basen und Salze.

a) **Säuren** sind Stoffe, die **sauer** reagieren (d. h. blaues Lackmuspapier rot färben). Sie enthalten alle **Wasserstoff,** der leicht durch ein Metall vertreten werden kann. Das, was die Säuren dann noch enthalten, heißt **Säurerest.** Es besteht also jede Säure aus **Wasserstoff + Säurerest.**

Bringt man ein geeignetes Metall, z. B. Zink, in eine verdünnte Säure (Abb. 70) (Schwefelsäure, Salzsäure), so braust der Wasserstoff der Säure sofort auf; das Zink setzt sich an Stelle des Wasserstoffes in das Molekül der Säure. Eine solche neue Verbindung von **Metall + Säurerest** heißt ein **Salz.**
Hat das Säuremolekül 1, 2, 3 ... vertretbare Wasserstoffatome, so heißt sie 1-, 2-, 3-basisch.

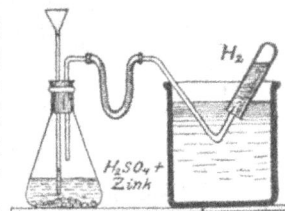

Abb. 70

Zu den Säuren gehören:

1. die **Haloidsäuren,** d. s. die Wasserstoffverbindungen der einwertigen Nichtmetalle **Cl, Br, J** und **F** (Halogene), z. B.:

HF	**H Cl**	**H Br**	**H J**
Flußsäure	Salzsäure	Bromwasserstoffsäure	Jodwasserstoffsäure

2. die **Oxydsäuren,** d. s. die Wasserstoffverbindungen der **sauren Oxyde** [135a], z. B.:

Schwefelsäure **H₂ SO₄**	**Salpetersäure** **H NO₃**

Sie entstehen sehr einfach, indem man die sauren Oxyde (SO_3), (NO_2), (CO_2) usw. in Wasser auflöst: $H_2O + SO_3 = H_2SO_4$ $H_2O + 2NO_2 = 2HNO_3$, $H_2O + CO_2 = H_2CO_3$ usf. — Zieht man vom Molekül der Oxydsäure ein Wassermolekül ab, so bleibt ein Rest, der in der Sprache der Chemie **Anhydrid** heißt; so ist also SO_3 das Anhydrid der Schwefelsäure usf.

Zuweilen bildet ein Nichtmetall (z. B. S, P) mehrere Oxyde mit dem Sauerstoff; dann gibt es davon mehrere Säuren. Die bekannteste erhält dann den Namen des Nichtmetalls, z. B. Schwefelsäure, Phosphorsäure usf.: diejenigen, die mehr Sauerstoff enthalten, werden durch die Vorsilbe **Über-** oder **Per-** gekennzeichnet (z. B. Über- oder Perchlorsäure); solche, die weniger Sauerstoff enthalten, bekommen ein verkleinerndes Eigenschaftswort (z. B. schweflige Säure, phosphorige Säure).

b) **Basen** sind Stoffe, die **basisch** reagieren (d. h. rotes Lackmuspapier blau färben). Sie sind Hydroxyde von Metallen, d. h. sie bestehen aus einem **Metall** und dem Radikal **O—H** (genannt Hydroxyl). Mit Wasser (aqua) verdünnte Lösungen dieser Basen heißen **Laugen**. Die drei wichtigsten sind:

Natronlauge	**Kalilauge**	**Kalkwasser**
$Na(OH) + aq$	$K(OH) + aq$	$Ca(OH)_2 + aq$
(Ätznatron)	(Ätzkali)	(gelöschter Kalk)

Sie entstehen, wenn sich entweder ein **Alkalimetall** oder ein **basisches (Metall-) Oxyd** in Wasser auflöst.

Versuche. 1. Senkt man einen Löffel mit etwas brennendem Natrium (oder Kalium) in einen mit reinem Sauerstoff gefüllten Glaszylinder (Abb. 71), auf dessen Boden man noch etwa fingerbreit Wasser gelassen hat, so verbrennt der Stoff mit lebhaftem Glanze; das im Wasser sich auflösende Verbrennungsprodukt schmeckt seifenartig und reagiert basisch (= alkalisch) (Natrium und Kalium werden als Alkalimetalle bezeichnet). Es entstanden hierbei die Metalloxyde Na_2O (bzw. K_2O), die sich mit Wasser verbinden. Beim Eindampfen bleiben die festen Stoffe: Ätznatron (NaOH) bzw. Ätzkali (KOH) zurück. — **2.** Beim **Auflösen von Na-Metall im Wasser** [136] zeigt das Wasser basische Eigenschaft. Grund: $Na + H_2O = Na(OH) + H$↗. — **3.** Man löse „gebrannten" Kalk [136], d. i. Kalziumoxyd CaO, in Wasser auf; es entsteht Kalkwasser. Grund: $CaO + H_2O = Ca(OH)_2$.

Abb. 71

c) **Salze** entstehen:

1. wie schon oben bemerkt, durch Einwirkung von **Metallen** auf Säuren,

Z. B.: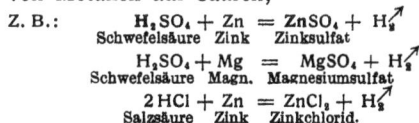
$$H_2SO_4 + Zn = ZnSO_4 + H_2↗$$
Schwefelsäure   Zink   Zinksulfat

$$H_2SO_4 + Mg = MgSO_4 + H_2↗$$
Schwefelsäure   Magn.   Magnesiumsulfat

$$2HCl + Zn = ZnCl_2 + H_2↗$$
Salzsäure   Zink   Zinkchlorid.

Hierbei braust Wasserstoff (H_2↗) auf.

2. Durch Einwirken von **Metalloxyden** (-sulfiden) auf Säuren,

Z. B.: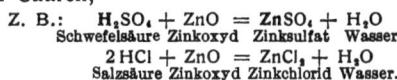
$$H_2SO_4 + ZnO = ZnSO_4 + H_2O$$
Schwefelsäure   Zinkoxyd   Zinksulfat   Wasser

$$2HCl + ZnO = ZnCl_2 + H_2O$$
Salzsäure   Zinkoxyd   Zinkchlorid   Wasser.

Kein Aufbrausen; es bildet sich Wasser als Nebenprodukt.

3. Durch Einwirken einer **Basis** auf eine Säure

Z. B.: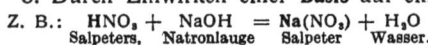
$$HNO_3 + NaOH = Na(NO_3) + H_2O$$
Salpeters.   Natronlauge   Salpeter   Wasser.

Kein Aufbrausen; es bildet sich auch hier Wasser.

Versuche: a) Man setze zu konzentrierter Natronlauge tropfenweise Salpetersäure, so entsteht kristallisierter Salpeter. b) Färbt man die Basis durch einen Tropten Phenolphtalein rot, so verschwindet die Färbung in dem Augenblicke, wo die genügende Säuremenge zugesetzt worden ist (**Neutralisationspunkt**). Man sagt: Die **Säure ist durch die Basis** neutralisiert.

Auf einer solchen Neutralisation beruht die für den Techniker besonders wichtige **Erhärtung des Mörtels** beim langsamen Austrocknen der Mauern an der Luft.

Der Mörtel besteht aus Sandkörnern, die mit gelöschtem Kalk [136], d. h. mit der Basis $Ca(OH)_2$ angemacht sind. Nun befindet sich in der Luft stets auch Kohlensäure $H_2O + CO_2 = H_2CO_3$, eine sehr schwache Säure. Diese neutralisiert nun das Kalkwasser nach und nach, indem es sich mit diesem verbindet:

$$Ca(OH)_2 + H_2CO_3 = CaCO_3 + 2H_2O↗$$
gelöschter Kalk   Kohlensäure   Kalkstein   Wasser.

Dabei bildet sich zwischen den Sandkörnern der wetterfeste Kalkstein (der in der Natur ganze Gebirge bildet, z. B. die Kalkalpen), während sich das entstehende Wasser nach und nach verflüchtigt. Von diesem Wasser rührt das Feuchtwerden der Mauern vor dem Austrocknen her.

Das chemische Arbeiten.

[138]   Einleitung.

Wenn wir hier noch in Kürze das chemische Arbeiten besprechen wollen, so geschieht dies deshalb, weil das Verhältnis zwischen den Arbeiten des Chemikers und der Großindustrie jetzt ein so inniges ist, daß letztere bestrebt ist, all das, was der Chemiker in kleinen Mengen ausgeführt hat, in großem Maßstabe zu verwerten, sobald es für sie Interesse hat; dies ist aber zumeist mit technischen Schwierigkeiten verbunden; der Chemiker kann in seinem Laboratorium für die kleinen Quantitäten, mit denen er zumeist arbeitet, Glas-, Porzellan-, Silber- und Platingefäße benutzen, die auch den schärfsten Säuren und den höchsten Temperaturen widerstehen; die Industrie kann aber solche gebrechliche und in großen Dimensionen sehr kostspielige Apparate nicht brauchen, sondern muß unzerbrechliche Gefäße verwenden, die in den komplizierteren Formen wieder nur aus gegen scharfe Chemikalien weniger widerstandsfähigen Metallen hergestellt werden können.

[139] Trennung der Bestandteile von festen Gemengen.

a) Das Heraussuchen der verschiedenen Bestandteile ist bei geringer Verschiedenheit ihrer Eigenschaften in der Regel sehr mühsam, bei Gemengen von feinen Pulvern praktisch unausführbar.

In solchen Fällen hilft häufig das **Schlämmen**, welches darauf beruht, daß die verschieden dichten Teilchen verschieden leicht von einem Wasserstrom fortgeführt werden.

Da die wertvollen Erze, aus denen man die Metalle ausschmilzt, dichter (schwerer) sind als die wertlosen Gesteine (die Gangart), so pulvert man die rohen Erze, rührt das feine Pulver mit Wasser an und läßt den Brei von einem Wasserstrom fortschwemmen; das wertvolle Erz fällt zu Boden und bleibt liegen, das Gesteinpulver schwimmt weiter. — Gold wird noch heute aus dem Sande „ausgewaschen".

Der Chemiker benutzt ein anderes Verfahren, indem er das Gemenge in eine Flüssigkeit bringt, welche dichter als der eine und weniger dicht als der andere Bestandteil ist. Der erste bleibt am Boden, der andere schwimmt auf der Oberfläche.

b) Eisen kann man durch **Magnete** vom Sande trennen.

Eisenerze werden gepocht und je nach ihrem Eisengehalte von starken Magneten von ihrem Wege abgelenkt, während das taube Gestein gerade herunterfällt.

c) Scheidung durch **Schmelzen** bei Verschiedenheit der Schmelzpunkte.

Man macht praktischen Gebrauch davon z. B. beim Wismut; es schmilzt sehr leicht und fließt ab, während die Gangart fest bleibt; ebenso trennt man in Sizilien den Schwefel vom Ton.

[140] Trennung festflüssiger Gemenge.

a) **Absetzen.** Man läßt das Gemenge ruhig stehen; der feste Teil wird zu Boden sinken, worauf man die Flüssigkeit mit einem Stechheber vorsichtig absaugt. Der Brei kann dann in einem Gewebe ausgedrückt, ausgepreßt oder durch Zentrifugalkraft ausgeschleudert werden.

b) **Filtrieren** ist ein ähnlicher Vorgang wie das Sieben bei gröberen Gemengen: Als Sieb benutzt man für Arbeiten im großen meist Gewebe, in Laboratorien fast ausschließlich nicht geleimtes Filtrierpapier, das man entweder glatt oder in Falten in einen Trichter einlegt, je nachdem es sich um die Gewinnung des festen Stoffes oder der Flüssigkeit handelt; im ersteren Falle muß häufig der Rückstand noch ausgewaschen, im letzteren Falle das Filtrieren wiederholt werden.

Zum Filtrieren von Trinkwasser verwendet man in Wasserwerken Sandfilter; man füllt große Bassins mit grobem, darunter feinerem Sande und läßt das unreine Wasser durch den Sand hindurchsickern, wodurch es von den Beimengungen befreit wird. — Wird später im „Wasserbau" eingehender besprochen werden.

Die Trennung gasförmiger Stoffe von festen oder flüssigen erfolgt durch Filtrieren mittels Wattepfropfen.

[141] Destillation.

Die Chemie beschäftigt sich vorwiegend mit den Eigenschaften der reinen Stoffe. Namentlich muß man bei allen feineren chemischen Arbeiten absolut reines destilliertes Wasser verwenden, um bei den Untersuchungen nicht durch Beimengungen des Wassers beirrt zu werden.

Quell-, Fluß- und Meerwasser ist keineswegs reines Wasser, sondern enthält alle möglichen Beimengungen durch Auflösung von Stoffen, die in den Gesteinen vorkommen. Rein ist nur Regenwasser, soferne es nicht durch in der Luft vorhandenen Kohlenstaub, saure Dämpfe usw. verunreinigt wird. Uns schmeckt aber weder Regenwasser, noch destilliertes Wasser, weil wir an den Geschmack des gewöhnlichen, im chemischen Sinne unreinen Wassers gewöhnt sind

Um eine Lösung von festen, aber nicht flüchtigen Stoffen in ihre Bestandteile zu zerlegen, wird sie de-stilliert, d. h. unter Zurücklassung der festen Teile verdampft und der Dampf durch Ab-

Abb. 72

kühlung wieder verflüssigt; der einfachste Destillationsapparat wird nach Abb. 72 zusammengesetzt. Die Wasserdämpfe gehen in die beständig gekühlte „Vorlage" über, in der sie sich kondensieren. — Die festen Bestandteile bleiben im Destillierkolben (Retorte) zurück.

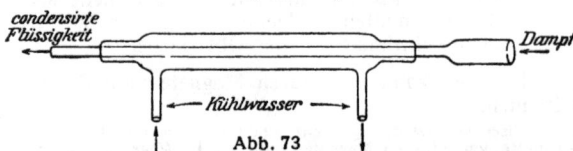

Abb. 73

c) Um jeder Wasserverschwendung vorzubeugen, was namentlich in der Großindustrie, die ökonomisch arbeiten muß, von Bedeutung ist, kann auch mit Gegenstrom gearbeitet werden. Zwischen den beiden Retorten schaltet man einen Kühler ein [Abb. 73], der aus zwei ineinandergesteckten Röhren

besteht, zwischen denen das Kühlwasser geleitet wird. Dampf und Wasser bewegen sich entgegengesetzt, so daß das kälteste Wasser immer zu den heißesten Dämpfen gelangt.

Bei großen Apparaten wird die Dampfröhre schlangenförmig aufgewickelt.

d) Auch feste Stoffe lassen sich durch Destillation trennen.

Man gibt z. B. ein Gemenge von Sand und Schwefel in eine kleine Retorte; der Schwefel schmilzt, siedet, und der dunkelbraune Dampf destilliert über, während der Sand zurückbleibt. Kühlung ist hier nicht nötig, denn die Abkühlung durch die Luft genügt, um den Schwefeldampf zu kondensieren; der Schwefel fließt als gelbe Flüssigkeit ab.

[142] Kristallisation.

Um feste Stoffe in ganz reinem Zustande zu erhalten, läßt man sie **kristallisieren.**

Läßt man z. B. eine gesättigte siedende Lösung von schwefelsaurem Natrium erkalten, so scheidet sich der Stoff in Kristallen ab, während die Beimengungen in der Flüssig keit (Mutterlauge) zurückbleiben.

Durch mehrmaliges Umkristallisieren kann man schließlich völlige chemische Reinheit erzielen.

[143] Sublimation.

a) Es gibt Stoffe, welche beim Übergange vom festen in den gasförmigen Zustand den flüssigen überspringen, sonach aus dem festen unmittelbar in den gasförmigen Zustand übergehen, dann aber an kälteren Stellen sich wieder als feste abscheiden; **man sagt, der Stoff sublimiert.** Die Verdampfung fester Stoffe unterliegt denselben Gesetzen wie die der flüssigen; der Dampfdruck erhöht sich auch hier mit steigender Temperatur. Es gibt also für jeden festen Körper einen bestimmten Druck, unterhalb dessen er nicht schmilzt, sondern unmittelbar in Dampf übergeht und sublimiert. Solche Körper lassen sich durch Sublimation von den Beimengungen befreien.

Erhitzt man eine Mischung von Salmiak mit Sand in einem Probierröhrchen, so bildet sich am Glase ein weißer Ring von mehlartiger Beschaffenheit, der immer stärker wird, bis aller Salmiak im Sande verschwunden ist. Der weiße Beschlag ist aus farblosem Gas unmittelbar in feste Form übergegangener Salmiak.

[144] Übungsaufgaben.

Aufg. 76. Das Gewicht einer Korkstange von 2 cm² Querschnitt ist 100 g. Es ist die Länge derselben zu berechnen, wenn das spez. Gewicht des Korkes 0,24 ist?

Aufg. 77. In eine flache Grube nahe dem Meere wurden 80 m³ Meerwasser vom spez. Gewichte 1,036 eingelassen. Wieviel Salz bleibt zurück, wenn das Wasser verdunstet?

Aufg. 78. Ein Marmorblock wiegt 800 kg. Wie groß ist sein Rauminhalt, wenn das spez. Gewicht des Marmors 2,7 beträgt?

Aufg. 79.*) Die 100 m hohen Frauentürme in München bestehen aus Backstein. Welchen Druck hat 1 cm³ der untersten Ziegelschichte auszuhalten?

Aufg. 80.*) Was wiegt ein Kupferdach von 20 m Länge, 8 m Breite, wenn das Blech 2 mm dick ist?

Aufg. 81. In ein Gefäß von 100 cm² Grundfläche werden 12 kg Quecksilber, vom spez. Gewichte 13,6, gegossen. Bis zu welcher Höhe wird die Masse das Gefäß füllen?

Aufg. 82. Welchen Raum in Litern nehmen 6 kg Schwefelsäure vom spez. Gewichte 1,45 ein?

Aufg. 83. Wieviel Gramm Silberchlorid (Chlorsilber AgCl) und wieviel Gramm Kaliumnitrat (Salpeter KNO₃) erhält man, wenn man 2,483 g Chlorkalium löst und die Lösung mit gelöstem salpetersaurem Silber (Höllenstein AgNO₃) versetzt?

Gleichung: $AgNO_3 + KCl = AgCl + KNO_3$.

(Lösungen im 2. Briefe.)

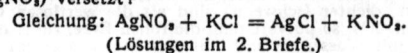

*) Lehrbuch der Physik von Kleiber-Karsten, Verlag Oldenbourg.

ALLERLEI WISSENSWERTES

über Technik und Naturwissenschaft.

Einleitung.

[145] Im Vorworte wurde bereits erwähnt, daß technisch-universelle Bildung für alle jene von Bedeutung ist, die in ihrem Berufe und in der Gesellschaft geistig höher eingeschätzt werden wollen. Noch ungleich wichtiger ist sie jedoch für die technische Praxis, deren Anforderungen jetzt in der Regel so mannigfaltige sind, daß ihnen nur ein vielseitig gebildeter Techniker entsprechen kann; vielseitige technische Bildung setzt aber nicht nur gründliches Wissen in allen technischen Fächern, sondern auch allgemeine Kenntnisse in vielen anderen Wissensgebieten voraus, die mit der Technik zwar nicht in unmittelbarem Zusammenhange stehen, aber doch ab und zu mit ihr in Beziehungen treten oder gebracht werden können. Hierher gehören zunächst einzelne Zweige der Naturwissenschaften, Geologie, Astronomie, Meteorologie u. a., die schon ihres Umfanges wegen beim Fachstudium außer Betracht bleiben müssen, deren Kenntnis in den Hauptzügen aber doch nötig ist, um sich Tatsachen und Erscheinungen zu erklären, die in einzelnen Fällen auch bei technischen Arbeiten eine gewisse Rolle spielen. Nicht minder wichtig sind auch beiläufige Kenntnisse über die Beziehungen zwischen Technik und einzelnen Gebieten der Rechtskunde, der volkswirtschaftlichen und sozialpolitischen Wissenschaften, um sich über die rechtlichen und wirtschaftlichen Grundlagen der technischen Arbeiten ein Urteil bilden zu können. — Endlich soll aber der vielseitig gebildete Techniker über die technischen Tages- und Zukunftsfragen, über große Projekte und die berühmtesten technischen Werke der Vergangenheit und Gegenwart genügend unterrichtet sein.

Natürlich läßt sich diese Art technisch-universeller Bildung nicht wie die strengfachliche Ausbildung nach einem systematischen Lehrplane aneignen; weit zweckmäßiger und gewiß anregender ist hierfür die Form zwangloser, größere Gebiete technischen Wissens zusammenfassender Aufsätze, die in ihrer Gesamtheit dann dem Leser einen vollständigen Überblick gewähren werden, nicht nur über die Beziehungen der Technik zu den anderen Wissenschaften, sondern auch über den Zusammenhang der einzelnen Teile des technischen Fachstudiums untereinander; letzterer geht leider der unvermeidlichen Fülle der Einzelheiten wegen gerade dem eifrigsten Studierenden nur allzu leicht verloren; man sieht eben so häufig den Wald vor lauter Bäumen nicht und muß sich erst auf verschiedene Aussichtspunkte begeben, um den richtigen Überblick über das umgebende Gelände zu gewinnen. Ähnliche Aussichtswarten in geistiger Hinsicht sollen für uns die folgenden Abhandlungen bilden.

Wir beginnen mit einem Aufsatze über Erfindungen und Entdeckungen, ein Thema, das bei der großen Zahl von glücklichen und unglücklichen Erfindern und solchen, die es werden wollen, gewiß zeitgemäß genannt werden kann; in einem der späteren Hefte wird eine Fortsetzung unter dem Titel: „Wie erwirbt man ein Patent?" folgen.

Erfindungen und Entdeckungen.

[146] „Nur Völker, die Entdeckungen und Erfindungen machen, haben eine Zukunft der Kultur", lautet einer der Gedankensplitter Berthold Auerbachs. Und tatsächlich, keine wichtige Entdeckung und Erfindung ist je gemacht worden, die nicht schließlich, wenn schon nicht immer die Entdecker und Erfinder selbst, so doch die Völker, denen sie angehörten, zu Macht und Ansehen gebracht hätten. Die Entdeckung Amerikas und des Seeweges nach Ostindien haben Portugal und Spanien mächtig gemacht. Die Erfindung der Buchdruckerkunst durch Johannes Gutenberg in Mainz im 15. Jahrhundert hat die weittragendsten Umgestaltungen auf geistigem und sozialem Gebiete der ganzen Welt eingeleitet. Die glücklichen Entdeckungsfahrten eines Kopernikus, Kepler, Galilei in den unendlichen Weltenraum haben eine grundlegende Umwandlung unserer Anschauung vom Weltmechanismus bewirkt und die Erfindung der Dampfmaschine durch Watt, des elektrischen Telegraphen durch Soemmering, Gauß und Weber, des Telephons durch Reiß und Bell usw. eine vollständige Neubegründung der Gütererzeugung, des Verkehrs- und Nachrichtenwesens, sozusagen unserer gesamten äußeren Kultur hervorgerufen. Ist es da nicht begreiflich, daß ein jedes Volk eifrig bestrebt ist, seine Erfinder und Entdecker zu ehren, ihnen Standbilder zu widmen, daß es bemüht ist, im Wettstreit mit den übrigen Völkern sich die Priorität wichtiger Erfindungen und Entdeckungen zu sichern in dem Bewußtsein, daß durch solche, einzelnen genial veranlagten Volksgenossen zu dankenden Fortschritte auch die Befähigung des ganzen Volkes zu weiteren hohen Kulturleistungen erwiesen wird?

Es ist allen Entdeckungen und Erfindungen gemeinsam, daß sie beide dem Streben des Menschen entspringen, seine Daseinsbedingungen zu erleichtern. Sie unterscheiden sich aber darin, daß es sich beim Entdecken um die Ermittelung zwar vorhandener, aber bisher unbekannt gebliebener Verhältnisse, beim Erfinden dagegen um die Anwendung bekannter

Verhältnisse für neue Zwecke handelt. So spricht man von der Entdeckung Amerikas, des Luftdruckes, der Fallgesetze, des Magnetismus, des Blutkreislaufes, dagegen von der Erfindung der Taschenuhren, des Webstuhles, des Dampfpfluges usw.

Erfindungen verfolgen stets praktische Zwecke. Während sich der Entdecker frägt, ist das noch unbekannt, was ich vorgefunden habe, muß sich der Erfinder eine der beiden Fragen stellen: Wozu kann ich die mir bekannten Verhältnisse, Dinge, Kräfte gebrauchen? oder: Wie kann ich eine gelöste Aufgabe mit neuen Mitteln besser lösen? Entdeckungen können lediglich das Reich der Natur betreffen, weil alles ursprünglich vorhanden Gewesene nur Naturgebilde — Naturstoff oder Naturkraft — sein kann. Erfindungen dagegen können auf allen Gebieten des menschlichen Gebrauchs gemacht werden.

Oft gibt eine Entdeckung unmittelbar Anlaß zu einer Erfindung. Als Döbereiner 1823 fand, daß Platinschwamm in Wasserstoff glühend wird, benützte er sofort diese Entdeckung zur Herstellung des nach ihm benannten Feuerzeuges; Reichenbach entdeckte 1830 das Paraffin und empfahl es als Leuchtmaterial, so daß bereits 1832 de Milly in Paris mit der Erzeugung von Stearinkerzen, den bekannten Millykerzen, beginnen konnte. Nicht immer folgen zusammengehörig Entdeckungen und Erfindungen so rasch aufeinander; der deutsche Gelehrte Hertz hat 1888 die elektrischen Schwingungen entdeckt, die sich wie das Licht nach allen Seiten im Raume ausbreiten. Erst 10 Jahre später baute der Italiener Marconi als 22jähriger junger Mann der Tat auf diese Entdeckung hin sein geniales System der drahtlosen Telegraphie auf. Während Hertz sich nur wissenschaftlichen Bestrebungen widmete und seine volle Befriedigung darin fand, das Wesen der elektrischen Wellen aufzuhellen, bildete es den Ehrgeiz des Tatmenschen Marconi, der Menschheit ein neues Telegraphierverfahren aufzuzeigen, durch das der Nachrichtenverkehr über Land und Meer auf eine ganz neue Basis gestellt wurde.

Die Ursachen, die Erfindungen und Entdeckungen veranlassen, sind begreiflicherweise der mannigfaltigsten Art. Wenngleich zweifellos die bewunderungswürdigsten Leistungen der Freude am Fortschritte, ja vielfach einer förmlichen Leidenschaft zur Erforschung der Wahrheit entspringen, so spielen doch nebenher stets auch die menschlich begreiflichen Eigenschaften wie Ehrgeiz, Ruhmsucht, Streben nach Gewinn und Macht, sowie psychische Beweggründe (unbeugsamer Trieb, Erfinderwahn) eine Rolle. Daß Liebe erfinderisch macht, ist ein altes, oft bewährtes Sprichwort. So soll William Lee 1589 den ersten Strumpfwirkstuhl nur in der Absicht erfunden haben, seiner Geliebten, die sich mit Handstrickerei erhalten mußte, mehr Zeit für ihn zu verschaffen. Daß auch die Not erfinderisch macht, ist eine allbekannte Tatsache; das zeigte uns ja auch der Weltkrieg.

Mannigfach spielt aber auch heute noch bei Erfindungen und namentlich bei Entdeckungen der Zufall eine große Rolle. Ein klassisches Beispiel hierfür ist die Entdeckung der Berührungselektrizität durch den Mediziner Galvani 1790 bei zu ganz anderen Zwecken an Froschschenkeln vorgenommenen Versuchen, die er zufällig mit Kupfer- und Eisendrähten in Berührung brachte. (Nach neueren Berichten soll die Entdeckung von seinen Gehilfen gemacht worden sein, wovon der eine mit der Elektrisiermaschine spielte und daraus Funken zog, indes der zweite zufällig mit dem Messer den Froschnerv berührte.) Priestley hat 1775, als er zum erstenmal schweflige Säure herstellte und dieses Gas über Quecksilber auffing, das Knallgas entdeckt. Schließlich ergibt sich aber auch manchmal der Fall, daß ein Erfinder im Bestreben, eine bestimmte, ihm vorschwebende Aufgabe zu lösen, dabei ganz zufällig zu einer anderen Erfindung kommt, die zu machen er gar nicht beabsichtigte. So hatte der Taubstummenlehrer Graham Bell (1876) lediglich die Absicht, einen verbesserten Telegraphenapparat zu erfinden, der die gleichzeitige Beförderung mehrerer Telegramme über eine einzige Leitung ermöglichen sollte. Bei seinen diesbezüglichen Versuchen gelang ihm aber die Herstellung eines so empfindlichen Apparates, daß dieser sogar die menschliche Sprache mit all ihren Feinheiten wiedergab. Er wurde damit der Erfinder des ersten, für den praktischen Betrieb brauchbaren Telephons.

Wenngleich jetzt infolge der hohen Entwicklung aller Wissenschaften die meisten wichtigeren Entdeckungen und Erfindungen von berufsmäßigen Forschern und Technikern gemacht werden (der Amerikaner Edison beschäftigt bekanntlich eine ganze Erfinderfabrik, in der ein paar Dutzend Ingenieure fortgesetzt vorgelegte Probleme erfinderisch durchzuarbeiten haben), so muß doch zugegeben werden, daß das Entdecken und Erfinden an sich weder eine geregelte Wissenschaft noch eine Kunst, sondern vielmehr eine dem einzelnen angeborene geistige Fähigkeit ist, die sich in allen Ständen und Berufsklassen findet. Tatkraft, offener Blick, rasche Auffassung, gute Beobachtungsgabe, verbunden mit der Fähigkeit, verschiedene Gedankenreihen miteinander zu verketten, bilden die geistige Voraussetzung für jeden Entdecker und Erfinder. Es gibt keinen Stand und keinen Beruf, der sich nicht irgendeines berühmten Entdeckers oder Erfinders rühmen könnte. Kepler, der große Erforscher des Weltalls, war in seiner Jugend Kellnerbursche, Faraday, der berühmte Physiker, Buchbinderlehrling, Fraunhofer, der Erforscher des Lichtes, Lehrling bei einem Spiegelfabrikanten, Arkwright, der Erfinder der Spinnmaschine, Friseur, Harrison, der Erfinder des Chronometers, Tischler, Johnson, der Erfinder des Unterseebootes, Maurer, Edison Zeitungsjunge usw.

Schon aus dieser Aufzählung ergibt sich der Beweis, daß auch ganz einfache, aber intelligente Leute Erfindungen und Entdeckungen selbst von weittragender Bedeutung machen können.

Verständlich ist uns dies wohl bei Entdeckungen von Naturstoffen, die ja zumeist dem reinen Zufall zu danken sind. Ein galizischer Bauer soll seinerzeit beim Pflügen durch den eigentümlichen Geruch der Erdschollen auf das Vorkommen von Rohöl in der betreffenden Gegend aufmerksam geworden sein; ein Beamter hat das sonderbare Verhalten einer Quelle entdeckt und damit den Grund zu einer ertragreichen Sauerbrunnen-Unternehmung gelegt. Gewiß sind so unscheinbare Zeichen der Natur schon früher vielen tausend Leuten bekannt gewesen; sie sind aber daran achtlos vorbeigegangen, während die beiden erwähnten Glückspilze dank ihrer scharfen Beobachtungsgabe und raschen Entschlossenheit sofort die mögliche Tragweite ihrer Beobachtung erkannten und sich rechtzeitig den Besitz der ergiebigen Natur- und noch ergiebigeren Einnahmsquellen sicherten.

Solche zielbewußte Handlungsweise war in diesen Fällen um so mehr geboten, als es für Entdeckungen keinen wie immer gearteten Schutz gibt; die Patentgesetze der Kulturstaaten beziehen sich eben nur auf gewerblich verwertbare Erfindungen.

Der Erfinderschutz ist selbst eine Erfindung der Neuzeit. Mit dem Aufkommen neuer Industrien und Erwerbszweige im 16. und 17. Jahrhundert bildete sich zuerst in England die Einrichtung heraus, gewisse Gewerbeprivilegien zu verleihen. Diese Sonderrechte stellten jedoch kein dem Erfinder zustehendes Recht dar, sondern waren im wesentlichen noch von der Willkür der verleihenden Stelle abhängige Gnadenakte. Erst das in Frankreich in der Revolutionszeit geschaffene Gesetz vom Jahre 1791 erklärte den Anspruch des Erfinders auf ausschließliche Nutzung seiner Erfindung als eines der Menschenrechte und forderte den Erfinderschutz von Rechts wegen. Wenngleich anfänglich von manchen Seiten das Patentrecht als ein den gewerblichen Fortschritt hemmendes Monopol lebhaft bekämpft wurde, ist heute nicht mehr zu verkennen, daß ein solcher Schutz im Gegenteil für Industrie und Gewerbe nur Vorteile bietet.

Freilich hat die durch den Erfinderschutz herbeigeführte Belebung der Erfindertätigkeit in den weitesten Kreisen die Meinung verbreitet, daß es ein Kinderspiel sei, durch Erfindungen reich zu werden, daß auf diesem Gebiete „Gold einfach auf der Straße liege." Nichts ist gefährlicher als diese Anschauung. Gar mancher, der vom Erfinderteufel besessen ist, verliert sein Hab und Gut und bringt sich und seine Familie wie ein Spieler ins Elend. Wenn auch einem jeden Stande und jedem Berufe die Fähigkeit zum Erfinden und Entdecken zukommt, so hat sie deshalb noch nicht ein jeder, der den Willen dazu hat. Auch ist zu bedenken, daß die gewerblichen und industriellen Erfindungen aus den Bedürfnissen heraus wachsen und daß jede Erfindung nur immer ein Glied einer endlosen Kette von einander folgenden wissenschaftlichen und technischen Fortschritten darstellt; man muß mit den bisherigen Arbeiten auf den betreffenden Gebieten und mit den Bedürfnissen der Praxis bis in alle Einzelheiten vertraut sein, wenn man mit Aussicht auf Erfolg eine Erfindung machen will. Es gibt keinen größeren Irrwahn, als wenn z. B. Nichtfachleute sich einbilden, in einem hochausgebildeten technischen Fachgebiete Erfindungen von Bedeutung machen, also etwa eine Schnellzugslokomotive oder ein Telephonsystem usw. erfinden zu können. Eher ist dies möglich auf einem ganz neuen, erst im Entstehen oder im Entwickeln begriffenen Gebiete, weil da auch die Fachleute über viele Dinge noch im unklaren, ja sogar vielleicht mehr befangen sind, als nicht von „Erfahrungen" und „Überlieferungen" angekränkelte Nichtfachleute.

Zu kleineren Erfindungen sind dagegen alle jene hauptsächlich berufen, die mit den einschlägigen technischen Vorrichtungen unausgesetzt zu tun haben. Durch stetes Nachdenken, wie irgendein Übelstand bei der Erzeugung oder im Betriebe behoben werden kann, sind schon überaus wertvolle Erfindungen zustande gekommen, die auch dem Erfinder den entsprechenden Lohn für seine schöpferische Tätigkeit gebracht haben. Auch sonst ergibt sich für jedermann bei der täglichen Arbeit oder im Haushalt oft genug Gelegenheit, Verbesserungen einzuführen, die sich als „Erfindung" schützen lassen. Überhaupt wird sich ein erfindungsreicher Mensch in jeder Lebenslage irgendwie zu helfen wissen und seine Erfindergabe zur Geltung bringen.

Hat jemand einen guten Gedanken, der Erfolg verspricht, nicht aber die zur Ausarbeitung der Erfindung erforderlichen technischen Kenntnisse, so darf er keine Mühe und Arbeit scheuen, sich diese anzueignen, wenn er sich nicht mit einem vertrauenswürdigen Fachmanne verbinden und mit ihm gemeinsam die Erfindung durchführen will. Das Sprichwort: „Ohne Mühe kein Lohn" gilt auch auf diesem Gebiete. Ja, es sind sogar zumeist überaus dornenvolle Pfade, die die Entdecker und Erfinder wandeln müssen; dem Lehrer Philipp Reis, dem deutschen Erfinder des Telephons, der ein gut Teil seines Lebens daransetzte, um die Übertragung der Sprache in die Ferne mit Hilfe elektrischer Ströme zu ermöglichen, blieb auf dem Totenbette kein anderer Trost als die persönliche Überzeugung, der Menschheit den Weg zu einer großen Erfindung gewiesen zu haben, den freilich später unabhängig von Reis der Amerikaner Bell mit so glänzendem Erfolg betrat. Reis' Name und seine Erfindung blieben von den Zeitgenossen völlig unbeachtet und sind erst viel später bekannt geworden.

„Begraben ist in ewiger Nacht
der Erfinder großer Name wie oft"

singt Klopstock in seiner Ode „Der Eislauf". Ja, man kann sagen: die meisten großen Entdeckungen und Erfindungen sind in früherer Zeit ohne jede Absicht auf wirtschaftlichen Erfolg in Angriff genommen und unter Überwindung unsäglicher Schwierigkeiten ins Werk gesetzt worden. Sie wären nie zustande gekommen, wenn nicht in vielen Menschen stets der göttliche Funke lebendig wäre, „zu entdecken und zu erfinden".

LEBENSBILDER

berühmter Techniker und Naturforscher.

[147] ## Einleitung.

Die Entwicklung der sog. **realen** Wissenschaften nahm einen ganz verschiedenartigen Verlauf, je nachdem zur Erforschung und Erweiterung dieser Wissensgebiete lediglich der Scharfsinn einzelner, genial veranlagter Köpfe genügte oder überdies hierzu Naturbeobachtungen notwendig waren.

Erstere, zu welchen hauptsächlich **Mathematik** und **Geometrie** gehören, waren schon im Altertume zu verhältnismäßig hoher Ausbildung gelangt: das umfangreiche Gebäude dieser Wissenschaften war indes schon in vorchristlicher Zeit von den Arabern, Ägyptern und Griechen nahezu zur Gänze unter Dach gebracht worden, worauf merkwürdigerweise ein Stillstand von über 1000 Jahren in den Arbeiten eintrat; erst im 14. Jahrhundert nahmen europäische Gelehrte, namentlich deutsche Denker, den Ausbau wieder auf und setzten ihn bis zum heutigen Tage mit größtem Erfolge und unermüdlichem Fleiße fort.

Bei weitem nicht so gut ist es den Naturwissenschaften ergangen; die Natur läßt sich nicht so leicht ihre Geheimnisse ablauschen, und es bedarf einer Unzahl fort und fort wiederholter, zielbewußt ergänzter Beobachtungen, um die Gesetze ihrer Wirksamkeit genauer zu erkennen. An dieser Massenarbeit fehlte es nun in früherer Zeit gänzlich; die Gelehrsamkeit und damit das Interesse, die Natur in ihrem mystischen Wirken zu beobachten, war auf einige wenige, geistig hervorragende Männer beschränkt, und diese konnten sich auch beim besten Willen nicht jene Fülle an Beobachtungsmaterial verschaffen, die nötig gewesen wäre, um daraus zwingende Schlüsse über das gesetzmäßige Walten der Naturkräfte zu ziehen. Bis zum Auftreten Galileis steckten alle Naturwissenschaften noch in den Kinderschuhen. Erst Galilei führte den zielbewußten Versuch ein und wurde so zum Begründer der wissenschaftlich arbeitenden Naturbeschreibung. Wenn man bedenkt, welche Kämpfe ein Galilei noch 1610 zu bestehen hatte, als er behauptete, daß die Erde sich um die Sonne dreht, ein Wissen, das heutzutag jedem Schulkind geläufig ist, daß es dem berühmten Chemiker Lavoisier erst in der Mitte des 18. Jahrhunderts nachzuweisen gelang, daß nicht ein besonderer Stoff, das sog. „Phlogiston" der Flamme entweicht, sondern jede Verbrennungserscheinung nur die Folge einer chemischen Verbindung des Sauerstoffes mit einem brennbaren Körper ist, was heutzutage jeder Heizer weiß, darf man sich nicht wundern, wenn z. B. die Astronomie vorher eigentlich nur zum Zweck der Astrologie, der Kunst, nach den Sternen Lebensschicksale wahrzusagen, die Chemie nur als Alchimie, die Kunst des Goldmachens, betrieben wurde.

Begreiflicherweise konnte sich da auch die Technik wissenschaftlich nicht ausbilden, da ja ihre Hilfswissenschaften noch nicht genügend entwickelt waren. Wohl waren fast alle unsere Gewerbe und ihre primitiven Werkzeuge schon im Altertume bekannt, und in den Bauwerken und den Kunsterzeugnissen unserer Vorfahren bewundern wir noch heute hohe Kulturleistungen. Aber von Technik in unserem Sinne war noch keine Spur, weil ihr die physikalischen und chemischen Vorkenntnisse fehlten

Um nun den hochinteressanten Werdegang der technischen Wissenschaften in anschaulicher Art an den fortschreitenden Erkenntnissen unserer berühmtesten Forscher verfolgen zu können, wollen wir vorerst die Lebensbilder der sozusagen „klassischen" Naturforscher und Techniker bis ungefähr in die Mitte des 19. Jahrhunderts chronologisch aneinanderreihen. Wir werden daraus ersehen, daß von etwa 200 v. Chr., zu welcher Zeit ungefähr einige kleinere physikalische Entdeckungen von den alten Griechen gemacht worden waren, bis in das 15. Jahrhundert hinein gar keine Fortschritte von Bedeutung auf dem Gebiete der Naturwissenschaften zu verzeichnen waren; erst von da an gewann die Naturerforschung unter der frischfrohen Führung der abendländischen Gelehrten, freilich auch durch die Erfolge der vorher erfundenen Buchdruckerkunst wesentlich unterstützt, langsam aber sicher an Boden, bis endlich im 18. und 19. Jahrhundert infolge der mittlerweile gelungenen Verwertung der Dampfkraft und der Erkenntnis der elektrischen Erscheinungen auch allmählich die Technik in den Vordergrund trat, sich aber dann so rapid entwickelte, daß schon dem 19. Jahrhundert mit Recht der Beiname „Zeitalter der Technik" gegeben wurde.

Seither überstürzen sich geradezu die technischen und naturwissenschaftlichen Fortschritte, Patent folgt auf Patent, Erfindung auf Erfindung. Dazu kommt die durch die Verkehrsmittel so wesentlich erleichterte geistige Verständigung über die ganze Erde, die nicht wenig beigetragen haben mag, in so rapider Weise die Fortschritte zu steigern, so daß an eine streng chronologische Darstellung der Ereignisse durch Schilderung des Lebens und Wirkens der Gelehrten und berühmten Techniker nicht mehr zu denken ist, weshalb wir die Lebensbilder dieser zweiten Periode des Aufstiegs zu einer zeitlich nicht geordneten Gruppe vereinigen wollen. Um aber doch in den einzelnen Perioden die Leistungen der „Klassiker" mit jenen der „Modernen" eher vergleichen zu können, werden wir beide Gruppen gleichzeitig aufrollen, und zwar in der Art, daß jeder Brief, soweit es der Raum zuläßt, je ein Bild eines „klassischen" und eines „modernen" Forschers oder Technikers bringt; in der ersten Gruppe werden natürlich die Forscher, in der zweiten die Techniker überwiegen. — Die Lebensbilder selbst werden hauptsächlich die wissenschaftlichen und technischen Leistungen des betreffenden Gelehrten oder Erfinders hinsichtlich des damit erzielten Fortschrittes gegen früher und ihres Einflusses auf später hervorheben, die rein persönlichen Erlebnisse jedoch nur so weit berühren, als es von allgemeinem Interesse sein kann. — Und so wollen wir denn zunächst das Lebensbild des berühmten Gelehrten und scharfsinnigen griechischen Mechanikers Archimedes und als Gegenstück jenes des „Vaters der Elektrotechnik", W. von Siemens bringen.

Archimedes.

(* 287 v. Chr., † 212 v. Chr.)

Die historisch beglaubigten Nachrichten über die Lebensschicksale des berühmten griechischen Geometers Archimedes von Syrakus sind spärlich: Man weiß nur so viel, daß er sich wegen seiner Gelehrsamkeit und seiner zahlreichen Erfindungen hoher Wertschätzung in seinem Vaterlande erfreute und das unbedingte Vertrauen seines Vetters, König Hiero II., genoß.

Als Greis leistete er während der Belagerung von Syrakus durch die Römer mit seinen Kriegsmaschinen große Dienste. Nach den uns überlieferten Berichten müssen diese Kriegsmaschinen tatsächlich bewunderungswürdige Werke der antiken Ingenieurkunst gewesen sein: „Segelten die römischen Fünfruderer mit Sturmleitern und anderem Belagerungszeug an die Festungsmauern heran, so wurden sie aus der Ferne mit großen Steinen und Bleiklumpen, in der Nähe mit einem förmlichen Hagel von starken Pfeilen beschossen; wurden aber von den Belagerern Sturmleitern aufgerichtet, so schwebten plötzlich drehbare Krane über der Mauer hervor, und es fiel eine an starker Kette befestigte eiserne Zange herab, die das Schiff am Vorderteile packte und in die Höhe zog; ließ dann die Zange los, so stürzte das Schiff in die Tiefe, wobei die Mannschaft größtenteils umkam. Die Angst der römischen Soldaten vor den Maschinen des Archimedes wurde schließlich so groß, daß kein Schiff mehr heranfahren wollte."

Nach dem Falle der Stadt fand der berühmte Gelehrte seinen Tod. Als sich die Römer durch Überrumpelung der Stadt endlich bemächtigt hatten, drang, wie man erzählt, ein römischer Soldat in das Haus des Geometers und fand ihn, im Sande nachdenklich geometrische Figuren zeichnend.

„Störe doch meine Kreise nicht!" waren seine letzten, abwehrend wehmütigen Worte, als ihn der feindliche Krieger niederstieß.

Über seine Entdeckungen und Erfindungen sind viele Sagen verbreitet; manche seiner Aussprüche sind aber heute noch sprichwörtlich. König Hiero verlangte eines Tages von Archimedes die Berechnung, wieviel Silber ein unredlicher Goldschmied seiner angeblich aus reinem Golde angefertigten Krone zugesetzt habe. Archimedes kannte zwar die Verschiedenheit der spezifischen Schwere der beiden Metalle; es fehlte ihm aber ein Verfahren, den Rauminhalt eines so komplizierten Gebildes wie eine Krone zu ermitteln. Die Lösung fand er, indem er, in Nachdenken versunken, sein gewohntes Bad nahm, bei dem Einsteigen in die zum Überlaufen gefüllte Badewanne, bei der sein Körper leichter wurde, und zwar um die Masse Wasser, die er verdrängt hatte; voll Freude soll er, zum Entsetzen seiner Bekannten, unbekleidet wie er war, unter dem wiederholten Rufe „Heureka" („Ich hab's gefunden") nach Hause geeilt sein. Endlich sei noch eines Ausspruches gedacht, über dessen eigentliche Bedeutung man sich noch nicht klar ist: Das Riesenschiff Alexandria, das König Hiero erbauen ließ, verschob Archimedes auf der Helling mittels einer Anzahl von Flaschenzügen, und als der König über diese außerordentliche Kraftleistung erstaunt war, tat Archimedes den berühmten Ausspruch: „Gib mir einen festen Punkt, und ich hebe die Erde aus den Angeln", womit er vermutlich das Gesetz des Hebels in seiner unbegrenzten Tragweite meinte.

Bedeutende wissenschaftliche Erfolge dieses griechischen Gelehrten sind auch auf geometrischem Gebiete gelegen: die Geometrie entstand bei dem ältesten Kulturvolke, den Ägyptern; ihre großartigen Bauwerke und die alljährlichen Vermessungen des Landes nach den periodischen Über-schwemmungen des Nilflusses beweisen, daß sie bereits praktisch erfahrene Geometer gewesen sein müssen. Von Ägypten ging später die geometrische Wissenschaft auf die Griechen über und erlebte dort ihre erste Blütezeit unter Pythagoras um 600—500 v. Chr. und eine zweite um 300 bis 200 v. Chr. durch Euklid und Archimedes. Euklid lebte um das Jahr 300 v. Chr. in Alexan-drien und überlieferte uns eine Übersicht über die damalige Geometrie, die sich ziemlich genau mit der in unseren heutigen Mittelschulen gelehrten Geometrie deckt, und die man die „Euklidsche" nennt.

Archimedes fand durch Berechnung des Umfanges des einem Kreise um- und eingeschriebenen 96-Eckes ziemlich genau den Umfang und die Fläche des Kreises; das erste Beispiel der Lösung einer Aufgabe durch Annäherung. Ob er allerdings der erste war, der diese Aufgabe gelöst hatte, ist nach neueren Untersuchungen zweier englischer Forscher in Frage gestellt: bei der Cheops-pyramide soll nämlich der Umfang der Basis sich zur Höhe der Pyramide genau verhalten, wie der Kreisumfang zum Kreishalbmesser. Ist das richtig und nicht bloß Zufallslaune, so ließe diese Tat-sache darauf schließen, daß die Ägypter schon vor 4000 Jahren diese Verhältniszahl gekannt haben und die Pyramiden in die Ewigkeit ragende Monumente mathematischer Lehrsätze sind.

Die Berechnung des Inhaltes einer Kugel aus dem umschriebenen Zylinder hielt Archimedes selbst für seine bedeutendste wissenschaftliche Leistung; er wünschte, daß eine Kugel mit inhaltgleichem Zylinder auf seinen Grabstein aufgesetzt werde, welche Bitte der römische Feldherr Marcellus tatsächlich erfüllte.

Auf dem Gebiete der Physik hat Archimedes das schon erwähnte hochwichtige Prinzip des Auftriebs der Körper in Flüssigkeiten gefunden, wonach jeder in eine Flüssigkeit getauchte Körper so viel von seinem Gewichte verliert, als die von ihm verdrängte Flüssigkeit wiegt, und eine gleich-falls nach ihm benannte Wasserschraube für Feldentwässerung konstruiert. Auch schreibt man diesem weltverlorenen Denker die Erfindung des Flaschenzuges und des Hebelgesetzes, sowie einige Entdeckungen in der Statik zu. — Nach ihm sind als Forscher nur mehr Apollonius zu nennen, der u. a. die Eigenschaften der Kegelschnittlinien (Ellipse, Parabel und Hyperbel) ermittelte, und der Mechaniker Hero (150 v. Chr.) aus Alexandria, der zahlreiche durch den Luftdruck be-triebene Vorrichtungen ersann, darunter auch die heute unter den Namen Heronsball und Heronsbrunnen bekannte Vorrichtung, mit der man durch die Kraft der zusammengedrückten Luft Wasser in die Höhe treiben kann. Dann trat in den realen Wissenschaften der bereits erwähnte vollständige Stillstand von über 1000 Jahren ein.

Werner von Siemens
(* 1816, † 1892).

Zu den gewaltigen Errungenschaften des 19. Jahrhunderts gehört unbestritten die Erschlie-ßung der Elektrizität als Kraftquelle; zahllos sind die Umwälzungen, die die Verwertung dieser vom Menschen gefesselten Naturkraft auf allen Gebieten menschlicher Tätigkeit hervor-gerufen hat und vorläufig ist noch gar nicht abzusehen, zu welchen Triumphen dieser jüngste, heute aber schon mächtigste Zweig der Technik, die Elektrotechnik, noch führen wird. Um so höher ist der Ruhm unseres deutschen Volkes, daß unter den vielen genialen Männern aller Na-tionen, die in edlem Wett-streite zum Ausbau dieser so vielversprechenden Wissen-schaft in reichem Maße bei-getragen haben, der aner-kannt erfolgreichste, Werner von Siemens, aus seiner Mitte hervorgegangen ist. So bekannt der Lebens-lauf dieses allgemein den Bei-namen „Vater der Elek-trotechnik" mit Recht tra-genden Mannes auch sein mag, gewährt es doch immer neuen Reiz, den scheinbar so unregelmäßig und doch eigentlich folgerichtigen Wer-degang dieses Großgeistes unserer Nation neuerlich zu überblicken. — Am 13. De-zember 1816 als ältester Sohn eines kleinen Landwirtes (Rittergutspächters) in Leu-the bei Hannover geboren, mußte sich Werner Siemens nach Absolvierung des Gym-nasiums in Lübeck und einer Artillerieschule in Berlin schon frühzeitig für die freien Stunden, die ihm der militärische Dienst ließ, nach Nebenverdienst umsehen, um sich und seine vielen Geschwister zu erhalten. In dieser Absicht warf er sich auch mit Feuereifer auf chemische und physikalische Versuche, um diese praktisch zu verwerten. Dieser Eifer sollte bald schon Früchte tragen, denn er erfand während der allerdings unfreiwilligen Muße einer längeren Haft, die

ihm für die Teilnahme an einem Duell auferlegt wurde, anschließend an das von J a c o b i soeben erfundene Verfahren der Verkupferung, das heute unter dem Namen Galvanoplastik bekannt ist, ein ähnliches Verfahren, um Gegenstände auch zu versilbern und zu vergolden; auf dieses Verfahren nahm er sofort ein Patent, das er durch die Geschicklichkeit seines bei einem englischen Goldschmied tätigen Bruders Wilhelm um 30000 Mark nach England verkaufte. Damit waren die Hauptsorgen des Unterhaltes zunächst einigermaßen gemindert, und er konnte sich noch mehr mit Leidenschaft in seinen dienstfreien Stunden dem ihm so liebgewordenen Studium widmen. Nach manchem Hin- und Herwandern kam er als Offizier schließlich in die Artilleriewerkstätte nach Berlin, wo er alsbald mit dem im Aufstiege zu seinem nachmaligen Weltruhm begriffenen H e l m h o l t z, dem glänzend begabten Physiker W i e d e m a n n und anderen Gelehrten die „Physikalische Gesellschaft" mitbegründete. Damit war der Artillerieleutnant Siemens, ohne es zu ahnen, an den entscheidenden Wendepunkt seines Lebens gelangt, denn bei dieser Gelegenheit machte er die Bekanntschaft eines kleinen Mechanikers G e o r g H a l s k e, der einen bescheidenen Laden innehatte; mit diesem tat er sich zu einem Geschäfte zusammen, das sich in der Folge zur elektrotechnischen Weltfirma S i e m e n s & H a l s k e entwickelte.

Die beiden Fachmänner, Siemens, der rege spekulative Geist, und Halske, der gewissenhafte Präzisionsmechaniker, schlossen sich rasch aneinander und wollten ihre gemeinsame Geschäftsgründung unverzüglich durchführen; da traf Siemens als Offizier und mehrere seiner Kameraden wegen ihrer Teilnahme an einem freisinnigen Aufrufe plötzlich die strafweise Versetzung in die Provinz, wodurch alle seine Pläne wenigstens vorläufig zu scheitern drohten. Da ihn nur eine wichtige militärische Erfindung vor diesem Mißgeschicke im letzten Augenblicke retten konnte, entschloß er sich, dies mit der ihm eigenen Begabung und seiner alles durchbrechenden Tatkraft zu versuchen. Innerhalb einer Nacht gelang es ihm, die von S c h ö n b e i n in Basel kurz vorher gemachte Erfindung der S c h i e ß b a u m w o l l e, von der er soeben Kenntnis erhalten hatte, derart zu verbessern, daß sie von den leitenden Militärkreisen sofort angenommen wurde. Von der Versetzung war keine Rede mehr und Siemens blieb zur Leitung der Schießversuche dauernd in Berlin. Sein eigentliches Interesse galt aber (schon zur Hebung seiner Geschäftsgründung) nur mehr der praktischen Ausführung der Telegraphie im großen, die so viel Aufträge versprach, daß es bald darauf, 1847, zur tatsächlichen Gründung der Firma S & H kam. Von diesem Augenblicke an begann auf diesem Gebiete eine von immer größeren Erfolgen begleitete, von Erfindung zu Erfindung gesteigerte Tätigkeit, die Siemens den eingangs erwähnten wohlverdienten Ehrentitel eintrug. — Der Generalstabsabteilung für elektrische Telegraphie noch immer als Offizier zugeteilt, erfand er zunächst die für den praktischen Telegraphenbau so unerläßliche I s o l i e r u n g u n t e r i r d i s c h e r K a b e l m i t G u t t a p e r c h a und baute gleichzeitig eine sinnreiche Schraubenpresse, um diesen Stoff nahtlos um die Drähte pressen zu können; später wurden die Guttaperchaadern auch noch mit einem nahtlosen Bleimantel umhüllt, womit eigentlich die Frage der Herstellung von Guttaperchakabeln vollkommen gelöst erschien; sie bewährten sich zur Freude Siemens vorzüglich, schon 1848 im Kieler Hafen für Seeminenzündung, einer weiteren militärischen Erfindung Siemens. — Als dann das Telegraphenwesen von der Militärbehörde dem Handelsministerium unterstellt wurde, da nicht nur militärische Telegraphen gebaut werden sollten, betraute dieses natürlich Siemens, den anerkannten Meister des Telegraphenbaus, mit der Aufgabe, rasch die erste größere, auch für den Handel so wichtige Telegraphenleitung von Berlin nach Frankfurt zur Nationalversammlung zu bauen. In aller Eile erfand Siemens für diese Zwecke den auch heute noch im Gebrauche stehenden G l o c k e n i s o l a t o r aus Porzellan für die blanken Drähte und den P l a t t e n b l i t z a b l e i t e r zum Schutze der oberirdischen Leitungen gegen Blitzschläge. Endlich 1849 nahm er seinen Abschied von der Staatstelegraphenverwaltung und widmete sich fernerhin ausschließlich den Geschäften seiner Firma, die den Telegraphenbau übernommen hatte und die rasch ihre Arbeiterzahl vermehrte und zu solcher Blüte kam, daß bald zwei Niederlassungen (auch zum Bezug des so notwendigen Rohmaterials Guttapercha und Kupfer) in L o n d o n und P e t e r s b u r g geschaffen werden mußten, denen die Brüder Siemens vorstanden (H a u s S i e m e n s).

Trotz dieser vielseitigen technischen Inanspruchnahme arbeitete unser Werner Siemens ununterbrochen auch wissenschaftlich weiter. 1865 gelang ihm die Erfindung des I n d u k t o r s m i t d e m b e r ü h m t e n D o p p e l - T - A n k e r, der später zu einer Grundform der elektrischen Maschinentechnik werden sollte. Ganz besondere Verdienste hat er sich um die Entwicklung und Ausgestaltung der die Erdteile verbindenden Überseetelegraphie erworben, die damals besonders in England im Mittelpunkte des öffentlichen Interesses stand. Siemens arbeitete als erster ein wissenschaftlich begründetes Verfahren zur Legung von Unterseekabeln aus und schuf Einrichtungen, mit deren Hilfe die elektrischen Eigenschaften des ins Meer zu versenkenden Kabels fortlaufend geprüft und überwacht werden konnten, wodurch erst die Legung transatlantischer Kabel möglich wurde.

Die glückliche Vollendung der Kabellegung von Sardinien nach der algerischen Insel Bona 1857 und die gewaltige Leistung der Legung der 3000 Seemeilen langen Kabellinie von S u e z nach I n d i e n waren wesentlich sein Werk. Noch zu einer Großtat auf dem Gebiete der Telegraphie vereinigten sich die indessen selbständig gewordenen drei Häuser Siemens in Berlin,

London und Petersburg: zur Herstellung der indo-europäischen Telegraphenlinie, die von England durch Preußen, Rußland, Persien bis Indien geführt und durch eigens geschaffene Apparate derart ausgerüstet wurde, daß auf der mehr als 10000 km langen Linie von London bis Kalkutta ohne Handübertragung unmittelbar telegraphiert werden konnte. Bei der Herstellung dieser Linie, die 1870 vollendet wurde, beteiligte sich auch Werner Siemens persönlich, wobei er eine Reise bis in den Kaukasus unternahm.

1866 in seinem 50. Lebensjahre gelang (dem damals schon geadelten) v. Siemens schließlich eine Erfindung, die in ihrer Bedeutung alle seine bisherigen Leistungen in den Schatten stellen sollte: die brauchbare Dynamomaschine. In eindringlicher und beharrlicher Gedankenarbeit war er zur Aufstellung eines neuen Prinzipes der Selbsterregung für den einfachsten Bau dieser Maschinen gekommen. Nach seinem eigenen Berichte fand er heraus, daß in den feststehenden Elektromagneten der elektromagnetischen Maschine immer Magnetismus genug zurückbleibt, der zur Stromerzeugung und allmählichen Aufschaukelung des erzeugten Stromes verwendet werden kann, ohne daß es noch nötig ist, die Elektromagnete mit teurem Fremdstrom zu speisen. Siemens erkannte mit weitschauendem Blicke sofort, daß durch Ausnutzung dieses Gedankens die Möglichkeit eröffnet sei, elektrische Ströme von unbegrenzter Stärke auf billige und bequeme Weise überall da zu erzeugen, wo Energie disponibel ist. **Die Geburtsstunde der Starkstromtechnik hatte geschlagen.** Ein neues Riesenfeld der technischen Arbeit mit tausenden von neuen Aufgaben eröffnete sich. Auch jetzt ruhte der Meister nicht, unermüdlich schritt er weiter, von Erfindung zu Erfindung, von Verbesserung zu Verbesserung und blieb so auch in der Starkstromtechnik Führer, wie er es vorher in der Schwachstromtechnik gewesen. Zu seinen Verdiensten gehört es noch, daß er durch eine großartige Stiftung zur Gründung der „Physikalisch-Technischen Reichsanstalt" beitrug, dessen erster Vorstand der geistesgewaltige H. v. Helmholtz wurde.

1890 zog er sich von der unmittelbaren Leitung der Geschäfte seines Welthauses zurück und verbrachte den Rest seines Lebens im Kreise seiner Familienangehörigen. Am 6. Dezember 1892, eine Woche vor seinem 76. Geburtstag, machte eine Lungenentzündung seinem tatenreichen Leben ein Ende.

„Ein Gelehrter und ein Techniker zugleich, hat er, der ersten einer, mit erfindungsreichem Geist den elektrischen Strom der Menschheit dienstbar gemacht", lautet die sinnige Inschrift auf dem Standbild, das ihm die dankbare deutsche Nachwelt im Deutschen Museum in München errichtet hat. Siemens war aber mehr als ein Fürst der Wissenschaft und Technik; er war das Vorbild eines echten Deutschen und eines guten Menschen. Nicht eitle Geld- oder Ruhmsucht war das Ziel seines rastlos arbeitsamen Lebens; reine Freude an Fortschritt und Förderung der Technik und ein inniges Bestreben, der Allgemeinheit sozial (durch Schaffung neuer Arbeitsgebiete) und kulturell (durch Förderung und Verbreiterung des allgemeinen Wissensstandes) nützlich zu sein, beseelte ihn ganz. Noch knapp vor seinem Tode konnte er, zurückblickend auf die Tage seiner Vergangenheit, die schönen Worte sprechen: „Mein Leben war schön, weil es wesentlich **erfolgreiche** Mühe und **nützliche** Arbeit war."

Die technischen Hilfswissenschaften:
MATHEMATIK, GEOMETRIE UND CHEMIE.

2. BRIEF.

„Das Wünschen tut es nicht —
Anstrengung muß es machen;
Dem schlafenden Löwen läuft das Wild
nicht in den Rachen."

(Rückert.)

MATHEMATIK

Arithmetik und Algebra.

Inhalt: Während wir uns im 1. Briefe darauf beschränken mußten, die Grundlagen der für das technische Studium unentbehrlichen Buchstabenrechnung so klar als möglich zu machen, können wir jetzt, dank der bei diesen Vorübungen gewonnenen mathematischen Schulung unserer Leser, bedeutend schneller vorgehen und nach verhältnismäßig gedrängter Erläuterung des uns schon teilweise bekannt gewordenen Rechnens mit Brüchen und Potenzen endlich zu dem besonders für den Techniker allerwichtigsten Teile der Mathematik, der **Auflösung von Gleichungen,** gelangen; hier wird es sich vor allem darum handeln, die Methoden kennen zu lernen, nach welchen die verschiedenen Arten von Gleichungen behandelt werden müssen, um rasch und sicher die richtige Lösung zu finden; die nötige Übung im Erfassen solcher Probleme, soweit sie nicht schon durch die in diesem Abschnitte gebotenen Aufgaben erzielt wird, ergibt sich dann von selbst beim Studium der übrigen mathematischen Fächer der Technik, deren Aufgaben doch hauptsächlich das Lösen mathematischer Gleichungen bedingen. Die sogenannte **reine Mathematik** ist mit dem Abschnitt über die Gleichungen als abzeschlossen zu betrachten; es erübrigt uns dann im 3. Briefe nur mehr deren Anwendung im allgemein-praktischen und namentlich im technisch-kaufmännischen Rechnen zu zeigen. --

3. Abschnitt.

Brüche und Proportionen.

A. Gemeine Brüche.

[148] Gebrochene Einheiten und Zahlen.

a) Jede als Einheit betrachtete Größe, z. B. eine Strecke, eine Fläche, eine Geldeinheit usw. kann in beliebig viele (*b*) gleiche Teile geteilt werden. Jeder Teil gibt, *b*mal genommen, wieder die Einheit. Wird die gegebene Größe mit 1 bezeichnet, so ist ein solcher Teil gleich $\frac{1}{b}$.

Zählen wir *a* solche gleiche Teile $\frac{1}{b}$ zusammen, so läßt sich diese Summe gleicher Glieder abgekürzt $a \cdot \frac{1}{b}$ oder $\frac{a}{b}$ schreiben. Merke also:

$$\frac{1}{b} + \frac{1}{b} + \cdots a\,\text{mal} = \frac{a}{b}$$

$\frac{1}{b}$ wird gebrochene Einheit, $\frac{a}{b}$ eine **gebrochene Zahl** oder ein **gemeiner Bruch** genannt. Der oben stehende Dividend *a* führt den Namen Zähler, der untenstehende Divisor den Namen Nenner.

$$\text{Bruch} = \frac{\text{Zähler}}{\text{Nenner}}$$

Der Bruch ist nur eine besondere Form des Quotienten.

b) Ist der Zähler *a* ein **Vielfaches** vom Nenner *b* [41 b], d. h. geht die Division restlos auf, so ist der Bruch eine ganze Zahl.

Jede ganze Zahl kann in der äußeren Form eines Bruches mit beliebig vorgegebenem Nenner dargestellt werden, indem man das Produkt aus der ganzen Zahl und dem gegebenen Nenner als den Zähler des Bruches annimmt.

$$a = \frac{a \cdot n}{n}\text{; z. B. } 15 = \frac{15 \times 3}{3} = \frac{45}{3}$$

Ein Bruch, dessen Zähler kleiner als der Nenner, dessen Wert sonach kleiner als 1 ist, heißt ein **echter Bruch,** ein Bruch, dessen Zähler größer als der Nenner, dessen Wert also größer als 1 ist, ein **unechter Bruch.**

c) Ein Bruch, der durch Umkehren eines anderen entsteht, heißt sein **reziproker** Wert [41f]; so z. B. sind zueinander reziprok: $\frac{6}{5}$ und $\frac{5}{6}$, bzw. $\frac{1}{7}$ und 7.

d) Der Wert eines Bruches bleibt unverändert, wenn man Zähler und Nenner mit derselben Zahl multipliziert (Erweitern des Bruches) oder durch dieselbe Zahl dividiert (Kürzen oder Heben des Bruches) [41g]. Z. B.

$$\frac{3}{4} = \frac{30}{40} \text{ [erweitert mit 10];}$$

$$\frac{30}{40} = \frac{3}{4} \text{ [gekürzt durch 10].}$$

Zur Übung: Bringe die Brüche $\frac{3}{4}$, $\frac{5}{6}$, $\frac{7}{12}$, $\frac{3}{16}$ durch geeignetes Erweitern alle auf denselben Nenner 48! (Der erste ist zu erweitern mit 12, der zweite mit 8, der dritte mit 4, der letzte mit 3.)

e) Brüche mit gleichem Nenner nennt man **gleichnamig**, solche mit verschiedenen Nennern **ungleichnamig**.

[149] Das Rechnen mit Brüchen.

Alle für Quotienten aufgestellten Regeln gelten auch für Brüche. Hier sollen nur jene zusammengefaßt werden, nach welchen man Brüche addiert, subtrahiert, multipliziert und dividiert:

a) Brüche werden addiert oder subtrahiert, indem man sie durch Erweitern vorher auf einen gemeinsamen Nenner bringt und dann die Zähler addiert oder subtrahiert:

$$\boxed{\frac{a}{m} \pm \frac{b}{n} = \frac{a \cdot n}{m \cdot n} \pm \frac{b \cdot m}{n \cdot m} = \boxed{\frac{an \pm bm}{m \cdot n}}}$$

z. B. $\dfrac{4}{5} + \dfrac{1}{8} = \dfrac{32 + 5}{40} = \dfrac{37}{40}$

$\dfrac{7}{8} - \dfrac{2}{3} = \dfrac{21 - 16}{24} = \dfrac{5}{24}.$

Sonderfall für gleichnamige Brüche:

$$\boxed{\frac{a}{m} \pm \frac{b}{m} = \frac{a \pm b}{m}}$$

b) Brüche werden miteinander multipliziert, indem man ihre Zähler multipliziert und ebenso ihre Nenner:

$$\boxed{\frac{a}{b} \cdot \frac{m}{n} = \frac{a \cdot m}{b \cdot n}} \quad \left(\text{z. B. } \frac{5}{7} \cdot \frac{2}{3} = \frac{10}{21}\right)$$

c) Ein Bruch wird durch einen anderen dividiert, indem man ihn mit dessen reziproken Wert multipliziert:

$$\boxed{\frac{a}{b} : \frac{m}{n} = \frac{a}{b} \cdot \frac{n}{m}} \quad \left(\text{z. B. } \frac{3}{8} : \frac{4}{7} = \frac{3}{8} \cdot \frac{7}{4} = \frac{21}{32}\right).$$

Aufgabe 84.

[150] *Man berechne den Ausdruck* $m + n - \dfrac{m^2 + n^2}{m + n}$.

Zunächst bringe man den ganzen Ausdruck auf den gleichen Nenner [148d]. Dieser ist $(m + n)$. Es ergibt sich dann:

$$\frac{(m + n)(m + n) - (m^2 + n^2)}{m + n}$$

$(m + n)(m + n)$ ist nach [38c] $= m^2 + 2mn + n^2$, sonach ist schließlich

$$m + n - \frac{m^2 + n^2}{m + n} = \frac{2mn}{m + n}.$$

Aufgabe 85.

[151] *Kürze den Bruch:* $\dfrac{6 \times 21 \times 24}{8 \times 27 \times 50}$.

Ersetze die Faktoren, soweit als möglich, durch Produkte und kürze den Bruch dann durch die im Zähler und Nenner zugleich vorkommenden gleichen Zahlen; also:

$$\frac{6 \times 21 \times 24}{8 \times 27 \times 50} = \frac{(2 \times 3) \times (3 \times 7) \times (3 \times 2 \times 2 \times 2)}{(2 \times 2 \times 2) \times (3 \times 3 \times 3) \times (5 \times 5 \times 2)} = \frac{7}{25}.$$

[152] Gemischte Zahlen.

a) Die Summe einer ganzen Zahl und eines echten Bruches nennt man eine **gemischte Zahl**, z B. $5\frac{3}{8}$. Jeder unechte Bruch läßt sich in eine solche verwandeln, z. B.

$$\frac{8}{3} = 2 + \frac{2}{3} = 2\frac{2}{3}$$

sprich: Zwei, zwei Drittel).

b) Man verwandelt eine gemischte Zahl in einen unechten Bruch, d. h. „man richtet die gemischte Zahl ein", indem man die Ganzen mit dem Nenner des Bruches multipliziert und den Zähler hinzuaddiert; z. B.

$$5\frac{3}{4} = 5 + \frac{3}{4} = \frac{23}{4}.$$

B. Dezimalbrüche.

[153] Erklärung.

Ein Bruch, dessen Zähler eine ganze Zahl und dessen Nenner eine Potenz von 10 ist, wird ein **Dezimalbruch** genannt; seine allgemeine Form ist $\dfrac{A}{10^m}$, worin A und m beliebige ganze Zahlen sind.

Merke:

$$45{,}732 = \underbrace{(4 \times 10)}_{\text{Zehner}} + \underbrace{5}_{\text{Einer}} + \underbrace{7 \cdot \frac{1}{10} + 3 \cdot \frac{1}{10^2} + 2 \cdot \frac{1}{10^3}}_{\text{Dezimalen}}.$$

Man spricht: 45 Komma (oder Punkt) 7, 3, 2 oder 45 , 732 Tausendstel.

Die Zahl der Dezimalstellen ist gleich dem höchsten Potenzexponenten des Nenners.

Der Wert eines Dezimalbruches wird nicht geändert, wenn man rechts beliebig viele Nullen anhängt.

Die Dezimalbrüche wurden von dem fränkischen Mathematiker Regiomontanus um 1450 eingeführt; Bürgi, der Mechaniker des Astronomen Kepler (1552 — 1632), schrieb noch 23,4, Kepler (1571 — 1630) später 23,4.

[154] Verwandlung von gemeinen Brüchen in Dezimalbrüche und umgekehrt.

a) Einen gewöhnlichen Bruch verwandelt man in einen Dezimalbruch, indem man den Zähler durch den Nenner dividiert; nach den Ganzen oder bei einem echten Bruche nach Null setzt man den B.istrich (oder Dezimalpunkt) und dividiert dann unter Ansetzen von Nullen an die Reste weiter, bis entweder die Division aufgeht oder man eine etwa gewünschte Zahl von Dezimalen erreicht hat; z. B.:

$$\frac{3}{4} = 3{,}00 : 4 = 0{,}75.$$

b) Die Division gibt nur dann einen **endlichen Dezimalbruch mit beschränkter Stellenzahl**, wenn der Nenner nur die Faktoren von 10, also 2 oder 5 enthält; sonst ist der Dezimalbruch ein **unendlicher.**
Unendliche Dezimalbrüche, d. h. solche mit unbeschränkter Stellenzahl, in denen sich eine oder mehrere Ziffern in gleicher Ordnung wiederholen, heißen **periodisch**; z. B. 25,333...., 17,0166.... oder

$$0{,}\underbrace{307692}_{\text{Periode}} \underbrace{307692}_{\text{Periode}} \ldots \ldots$$

c) Ein endlicher Dezimalbruch wird in einen gemeinen Bruch verwandelt, indem man ersteren in der Form des gewöhnlichen Bruches schreibt und diesen soweit als möglich abkürzt:

z. B. $$0{,}75 = \frac{75}{100} = \frac{3}{4}.$$

Unendliche Dezimalbrüche lassen sich meist nur angenähert durch gemeine Brüche ausdrücken.

[155] Das Rechnen mit Dezimalbrüchen.

a) Dezimalbrüche werden addiert oder subtrahiert wie ganze Zahlen, indem man je die Stellen gleicher Stufe addiert oder subtrahiert; z. B.

4,75	4,75
+ 0,18	— 0,18
4,93	4,57

b) Dezimalbrüche werden multipliziert, indem man sie wie ganze Zahlen multipliziert und im Ergebnis so viele Dezimalstellen

von rechts nach links abschneidet, als beide Brüche zusammen Dezimalen haben; z. B.:

$$19{,}34 \times 2{,}16$$
$$\underline{11604}$$
$$1934$$
$$\underline{3868}$$
$$\overline{41{,}7744} \; \text{[4 Stellen abstreichen]}$$
$$\leftarrow$$

c) Dezimalbrüche werden dividiert, indem man sie durch Anhängen von Nullen auf gleichviel Stellen bringt und sie dann wie ganze Zahlen dividiert:

z. B.: $48{,}6 : 0{,}127 = 48600 : 127 = \mathbf{382{,}68.}$

C. Verhältnisse.

[156] Allgemeines.

a) Der Quotient zweier Zahlen und damit auch jeder Bruch stellt gleichzeitig auch ein **Verhältnis** der 2 Zahlen dar, und zwar heißt in diesem Falle der Dividend (Zähler) das **Vorderglied** und der Divisor (Nenner) das **Hinterglied** des Verhältnisses. Merke:

Bruch $= \dfrac{\text{Zähler}}{\text{Nenner}}$	**Quotient** $= \dfrac{\text{Dividend}}{\text{Divisor}}$

$$\textbf{Verhältnis} = \frac{\text{Vorderglied}}{\text{Hinterglied}}$$

Wenn 2 Größen sich wie 1 : 5 verhalten, so heißt das: Die 2. Größe ist 5 mal so groß wie die erste, dagegen, wenn sie sich wie 5 : 1 verhalten: Die 2. Größe ist nur $\frac{1}{5}$ der ersten.

b) In ein Verhältnis können natürlich **nur gleichartige** Größen gebracht werden, sowie auch nur diese zusammengezählt, voneinander abgezogen oder durch Messung miteinander verglichen werden können.

Das Verhältnis der **Mark zum Pfennig** ist 100 oder 100 : 1 (lies 100 zu 1 l), d.h. die Mark ist 100 mal so viel wert als der Pfennig, oder ein Pfennig ist 100 mal in einer Mark enthalten. — Das Verhältnis des Kreisumfanges zum **Durchmesser** ist $3\frac{14}{100}$, d.h. der Umfang eines Kreises ist $3\frac{14}{100}$ mal so groß als sein Durchmesser, oder der Durchmesser ist im Umfange $3\frac{14}{100}$ mal enthalten.

Die Anwendung von Verhältniszahlen ist im gewöhnlichen Leben wie in der Technik und im kaufmännischen Verkehre eine so häufige, daß auch in der Sprache hiefür eine eigene Ausdrucksweise Platz gegriffen hat: Man sagt z. B., der bestenfalls zu erwartende Gewinn bei einem Geschäfte steht „in gar keinem Verhältnisse" zum Risiko und meint darunter, daß der mögliche Gewinn in Anbetracht des möglichen Verlustes viel zu klein erscheint.

Für besondere Verwendungsarten hat man den Verhältniszahlen auch besondere, allgemein verständliche Bezeichnungen, wie „Prozent", „Feingehalt" und dergleichen gegeben. Bei Verzinsungen spricht man z. B. von 5% (5 Prozent oder 5 Perzent oder „5 vom Hundert"), wenn die Zinsen von je 100 Mark 5 Mark betragen; das Verhältnis zwischen Zinsen und Kapital ist in dem Falle 5 zu 100 oder $\frac{5}{100}$. Schwefelsäure ist 60prozentig, wenn auf 100 Gewichtsteile der Mischung 60 Gewichtsteile reine Schwefelsäure entfallen; der Rest ist Wasser. [119—122.]

[157] Das Rechnen mit Verhältnissen.

Für das Rechnen mit Verhältnissen gelten dieselben Regeln wie für Brüche. Ebenso nennt man auch das durch Vertauschung der Glieder eines Verhältnisses $\frac{a}{b}$ entstehende neue Verhältnis $\frac{b}{a}$ das **reziproke (umgekehrte) Verhältnis** im Gegensatze zum ursprünglichen geraden Verhältnis $\frac{a}{b}$.

D. Proportionen.

[158] Allgemeines.

a) **Eine Gleichung zwischen zwei gleichen Verhältnissen wird eine Proportion genannt.** So wie im Sprachgebrauche geht auch mathematisch jedes Verhältnis sozusagen von selbst in eine Proportion über, schon allein dadurch, daß das Verhältnis zweier gleichbenannter Größen immer dem Verhältnisse der entsprechenden unbenannten Zahlen gleich ist.

b) Gewöhnlich stellt man jede Proportion durch eine mit Doppelpunkten geschriebene Gleichung dar, z. B.

$$a : b = c : d$$

und spricht: „a verhält sich zu b, wie c zu d“, oder kurz „a zu b wie c zu d“. Beispiel 30 : 40 = 3 : 4. Das erste und vierte Glied (a und d) nennt man die **äußeren**, das zweite und dritte Glied (b und c) die **inneren** Glieder der Proportion.

[159] Auflösen von Proportionen.

a) **In jeder Proportion ist das Produkt der äußeren Glieder gleich dem Produkte der inneren.** (Dient zur Probe.)

$$a : b = c : d; \quad \text{Probe. } a \times d = b \times c.$$

b) Oft ist ein Glied einer Proportion gesucht, dann gelten die Regeln:

1. **Ein äußeres Glied** $= \dfrac{\text{Produkt der 2 inneren Glieder}}{\text{bekanntes äußeres Glied}}$

2. **Ein inneres Glied** $= \dfrac{\text{Produkt der 2 äußeren Glieder}}{\text{bekanntes inneres Glied}}$

Z. B. wenn $a : b = c : d$, so ist

$$a = \frac{bc}{d}, \quad b = \frac{ad}{c}, \quad c = \frac{ad}{b}, \quad d = \frac{bc}{a}.$$

Weiteres Beispiel:

Wenn $3 : x = 10 : 9$ sein soll, so ist

$$x = \frac{3 \times 9}{10} = \frac{27}{10} = 2{,}7.$$

Auf diese Art kann jederzeit aus 3 gegebenen Gliedern das unbekannte 4. Glied bestimmt werden, was man „**Auflösen der Proportion**“ nennt. Das zu suchende 4. Glied der Proportion wird die **4. Proportionale** zu den drei anderen Gliedern genannt.

[160] Umformung der Proportionen.

Zwei Dinge a und b verhalten sich wie 14 : 3 heißt auch: dem a entsprechen 14 Teile, dem b 3 Teile (alle Teile gleich groß). Dies schreibt man $a : b = 14 : 3$. Dann entsprechen der Summe $(a + b)$ natürlich $(14 + 3)$ Teile, der Differenz $(a - b)$ nur $(14 - 3)$ Teile. Merke:

$$\begin{aligned}
a &\ldots \ldots 14 \text{ Teile.} \\
b &\ldots \ldots 3 \text{ Teile.} \\
(a + b) &\ldots \ldots (14 + 3) \text{ Teile.} \\
(a - b) &\ldots \ldots (14 - 3) \text{ Teile.}
\end{aligned}$$

Setzt man irgend zwei der obigen Zahlen ins Verhältnis, so ergibt sich $(a + b) : a = 17 : 14$, $(a - b) : a = 11 : 14$; $(a + b) : b = 17 : 3$, $(a - b) : b = 11 : 3$; $(a + b) : (a - b) = 17 : 11$.

Dies führt auf den Satz von der korrespondierenden Addition. Dieser lautet:

a) **In jeder Proportion verhält sich die Summe oder Differenz** der ersten 2 Glieder zum 1. (oder 2. Gliede) wie die **Summe oder Differenz** der letzten 2 Glieder zum 3. (oder 4. Gliede).

Ist also $a : b = c : d$, so ist auch

$$(a \pm b) : \begin{cases} a \\ \text{oder} \\ b \end{cases} = (c \pm d) : \begin{cases} c \\ \text{oder} \\ d \end{cases}.$$

b) **In jeder Proportion verhält sich die Summe der ersten 2 Glieder zu deren Differenz wie die Summe der letzten 2 Glieder zu deren Differenz:** Ist z. B. $a : b = c : d$, so muß auch sein:

$$(a + b) : (a - b) = (c + d) : (c - d).$$

Es ist z. B. sicher $40 : 30 = 4 : 3$. Dann ist ebenso sicher

$$\underbrace{(40 + 30)}_{70} : \underbrace{(40 - 30)}_{10} = \underbrace{(4 + 3)}_{7} : \underbrace{(4 - 3)}_{1} \text{ oder}$$

[161] Fortlaufende Proportionen.

a) Werden mehr als 2 Verhältnisse einander gleichgesetzt, so ergibt sich eine **fortlaufende Proportion**; z. B. $40 : 4 = 30 : 3 = 50 : 5$ oder allgemein:

$$a : x = b : y = c : z.$$

Meist schreibt man diese fortlaufende Proportion auch so:

$$\boxed{a : b : c = x : y : z}$$

und denkt sich dem a entsprechen x Teile, dem b entsprechen y Teile, dem c entsprechen z Teile gleicher Größe.

b) Es gilt auch hier der Satz von der **Addition entsprechender Glieder**; meist bildet man die Summe aller Glieder, z. B.

$$(a + b + c) : a : b : c = (x + y + z) : x : y : z,$$

wobei man die Zahl der Glieder der fortlaufenden Proportion um das Summenglied vermehrt.

Beispiel. Auf einer zylindrischen Säule von der Höhe $a = 280$ cm steht ein Würfel von der Höhe $b = 24$ cm und auf dieser ein Kegel von der Höhe $c = 70$ cm. Der Zeichner stellt dies auf $^1/_{10}$ verkleinert dar; dann sind die Maße von Säule, Würfel und Kegel $x = 28$ cm, $y = 2{,}4$ cm, $z = 7$ cm. Es gilt die fortlaufende Proportion:

$$\underset{280}{\underbrace{a}} : \underset{24}{\underbrace{b}} : \underset{70}{\underbrace{c}} = \underset{28}{\underbrace{x}} : \underset{2{,}4}{\underbrace{y}} : \underset{7}{\underbrace{z}}$$
(Säule Würfel Kegel in Zeichnung)

Diese Proportion kann man erweitern, wenn man noch die ganze Höhe des Bauwerks $(a + b + c)$ zufügt, die der Zeichner verkleinert als $(x + y + z)$ darstellt:

$$(a + b + c) : \begin{cases} a \\ b \\ c \end{cases} = (x + y + z) : \begin{cases} x \\ y \\ z \end{cases}.$$

[162] Stetige Proportionen.

a) Eine wichtige Art von Proportionen ist jene der sogenannten **stetigen** Proportionen, bei welchen das Hinterglied des ersten Verhältnisses dem Vordergliede des zweiten gleich ist. Z. B.

$$\boxed{a : b = b : c} \qquad \boxed{4 : 6 = 6 : 9}$$

Dieses tritt immer ein, wenn $b^2 = a \cdot c$ (z. B. $6^2 = 4 \times 9$). Man nennt b das **geometrische Mittel** oder die **mittlere geometrische Proportionale** zu a und c, dagegen c die **dritte stetige Proportionale** zu a und b.

b) Drei Zahlen a, b, c bilden dagegen eine **stetige harmonische Proportion**, wenn

$$\boxed{(a - b) : (b - c) = a : c}$$

ist; das Glied b nennt man das **harmonische Mittel** zu a und c. Dieses ist

$$b = \frac{2 \cdot a \cdot c}{a + c}$$

c) Das **arithmetische Mittel** zweier Zahlen, von dem sehr häufig Gebrauch gemacht wird, hat mit Proportionen eigentlich nichts zu tun, muß aber des Zusammenhanges wegen hier erwähnt werden. Das arithmetische Mittel x zweier Zahlen a, b besteht aus den Hälften der Zahlen oder ist gleich der halben Summe der Zahlen, also

$$x = \frac{a}{2} + \frac{b}{2} \ \text{oder}\ x = \frac{a+b}{2}.$$

Bei 3 Zahlen ist das arithmetische Mittel gleich dem 3., bei n Zahlen gleich dem n^{ten} Teile der Summe der gegebenen Zahlen:

$$x = \frac{a+b+c}{3}, \quad x = \frac{a+b+c+d}{4} \ \text{usw.}$$

Beispiel. Jemand nahm am Montag 645 M., am Dienstag 541 M., am Mittwoch 987 M., am Donnerstag 275 M. ein; wie groß war die mittlere Einnahme an diesen 4 Tagen?

$$x = \frac{645 + 541 + 987 + 275}{4} = \frac{2448}{4} = 612 \ \text{M.}$$

Frage. Wie bestimmt man die mittlere Temperatur eines Tages aus den stündlichen Ablesungen an einem Thermometer?

Aufgabe 86.

[163] *Wie verhalten sich die Flächeninhalte zweier Quadrate, deren Seitenlängen $23\frac{1}{2}$ cm und $4\frac{7}{10}$ cm betragen?* $23\frac{1}{2}$ cm $= 235$ mm; $4\frac{7}{10}$ cm $= 47$ mm.

Der Flächeninhalt des einen Quadrates ist $(235 \times 235) = 55225$ mm², der des anderen $(47 \times 47) = 2209$ mm². 2209 ist in 55225 25 mal enthalten.

Die Flächeninhalte der beiden Quadrate verhalten sich sonach wie $25 : 1$.

2. Verfahren. Die eine Seitenlänge 47 mm ist in der anderen Seitenlänge 235 mm genau 5 mal enthalten; die größere Seitenlänge verhält sich daher zur kleineren wie $5 : 1$; **es verhalten sich also die Flächeninhalte der beiden Quadrate wie $5^2 : 1^2$, also wie die Quadrate der Seitenlängen.**

Aufgabe 87.

[164] *Zu 10 und einer anderen Zahl x ist 20 das geometrische Mittel. Wie heißt diese Zahl und wie groß ist schließlich das arithmetische und das harmonische Mittel?*

Die verlangte stetige Proportion müßte lauten

$$x : 20 = 20 : 10;$$

daraus folgt $10 \times x = 400$ oder $x = 40$ (als **d r i t t e s t e t i g e P r o p o r t i o n a l e** zu 10 und 20).

Das a r i t h m e t i s c h e Mittel ist $\dfrac{10 + 40}{2} = 25$.

Das h a r m o n i s c h e Mittel ist $\dfrac{2 \times 10 \times 40}{10 + 40} = 16$.

4. Abschnitt.

Potenzen, Wurzeln und Logarithmen.

A. Potenzen.

[165] Grundbegriffe.

a) Wir haben unter [37] gehört, daß eine Potenz nichts anderes ist als ein Produkt gleicher Faktoren, mithin eine abgekürzte Schreibweise für deren Multiplikation.

Eine Zahl a zur n^{ten} Potenz erheben (oder mit n potenzieren), heißt die Zahl n mal als Faktor setzen, also n mal mit sich selbst multiplizieren. Man nennt a die **Grundzahl** (oder Basis), n den **Exponenten** und das Ergebnis der Multiplikation die n^{te} **Potenz** von a; man schreibt

$$a^n = p$$

und sagt „a zur n^{ten} Potenz" oder „a hoch n" ist gleich p.

Aus den Multiplikationsregeln folgt

$$\boxed{1^n = 1}\ \text{und}\ \boxed{0^n = 0}$$

Wie schon früher erwähnt, nennt man die 2. Potenz auch das **Quadrat**, die 3. Potenz den **Kubus** der Grundzahl.

[166] Das Rechnen mit Potenzen.

a) **Potenzen derselben Grundzahl werden multipliziert, indem man ihre Exponenten addiert:**

$$\boxed{a^m \cdot a^n = a^{m+n}}$$

z. B. $a^2 \cdot a^3 = a^{2+3} = a^5$ (lies: a hoch $2 + 3 = a$ hoch 5).

b) **Potenzen derselben Grundzahl werden dividiert, indem man die Exponenten subtrahiert:**

$$\boxed{a^m : a^n = a^{m-n}}$$

Es ist z. B. $a^3 : a^2 = a^{3-2} = a^1 = a$.

c) Die nullte Potenz jeder Zahl ist 1.

$$\boxed{a^0 = 1}, \text{ denn } a^0 = a^{m-m} = a^m : a^m = 1.$$

d) Eine Potenz mit negativem Exponenten ist der reziproke Wert derselben Potenz mit positivem Exponenten. Man kann nämlich schreiben

$$\boxed{a^{-n} = \frac{1}{a^n}}; \text{ denn } a^{0-n} = a^0 : a^n = 1 : a^n.$$

e) Ist die Grundzahl negativ, so ist die Potenz bei geraden Exponenten doch positiv, nur bei ungeraden negativ.

Z. B. $(-2)^4 = (-2)\cdot(-2)\cdot(-2)\cdot(-2) = +16$
$(-2)^5 = (-2)\cdot(-2)\cdot(-2)\cdot(-2)\cdot(-2) = -32.$

f) Potenzen werden potenziert, indem man die Exponenten multipliziert.

$$(a^n)^m = a^{m \cdot n} = (a)^{m \cdot n}.$$

Es ist z. B. $(a^2)^3 = a^6 = (a^3)^2$.

g) Produkte (bzw. Quotienten) werden potenziert, indem man die Faktoren (bzw. Zähler und Nenner) einzeln potenziert.

$$\boxed{(a \cdot b \cdot c)^m = a^m \cdot b^m \cdot c^m} \qquad \boxed{\left(\frac{a}{b}\right)^m = \frac{a^m}{b^m}}$$

Beispiele: Die Seite eines Quadrates ist 4×5 cm. Wie groß ist dessen Fläche? Antwort: Fläche = $(4 \times 5)^2 = 4^2 \times 5^2 = 16 \times 25 = 400$ cm². — Wie groß ist der Kubus von $2 \cdot 3 \cdot 5$? Antwort: $(2 \cdot 3 \cdot 5)^3 = 2^3 \cdot 3^3 \cdot 5^3 = 8 \cdot 27 \cdot 125 = 27\,000$. Wie groß ist die 4. Potenz des Bruches $\frac{2}{3}$? Antwort:

$$\left(\frac{2}{3}\right)^4 = \frac{2^4}{3^4} = \frac{16}{81}.$$

Aufgabe 88.

[167] *Scheide den Faktor x^5 aus folgendem Ausdrucke aus:* $[x^{10} + x^7 + x^2 + 1]$.

Setzt man x^5 als Faktor vor die Klammer, so hat man sämtliche Glieder des Ausdruckes durch x^5 zu teilen; dann folgt

$$x^{10} + x^7 + x^2 + 1 = x^5 [x^5 + x^2 + x^{-3} + x^{-5}].$$

Der Leser gebe sich weitere solche Beispiele selbst.

Aufgabe 89.

[168] *Berechne:* 1. $a^x \cdot b^x \cdot a^{3x} \cdot b^{2x}$.
2. $(-a)^{2m} \cdot (-a)^{2n-1}$.

1. Man ordnet die Faktoren und erhält $a^x \cdot a^{3x} \cdot b^x \cdot b^{2x} = a^{x+3x} \cdot b^{x+2x} = a^{4x} b^{3x}$.
2. Eine negative Zahl in gerader Potenz gibt den positiven Wert usw. Daher hat der Zahlenausdruck den einfacheren Wert:

$$(+a^{2m}) \cdot (-a^{2n-1}) = -a^{2m+2n-1}.$$

Aufgabe 90.

[169] *Schreibe a^{12} als Quadrat, als dritte, vierte und sechste Potenz.*
Als Quadrat: $a^{12} = a^{6 \cdot 2} = (a^6)^2$; Quadrat von a^6.
Als Kubus: $a^{12} = a^{4 \cdot 3} = (a^4)^3$; Kubus von a^4.
Als 4. Potenz: $a^{12} = a^{3 \cdot 4} = (a^3)^4$; 4. Potenz von a^3.
Als 6. Potenz: $a^{12} = a^{2 \cdot 6} = (a^2)^6$; 6. Potenz von a^2.

Aufgabe 91.

[170] *Vereinfache:* a) $a^{m+n} : a^{m-n}$,   b) $\frac{a^{m-n}}{a^{m+n}}$.

a) $a^{(m+n)} : a^{(m-n)} = a^{(m+n)-(m-n)} = a^{2n}$.

b) $\frac{a^{m-n}}{a^{m+n}} = a^{(m-n)-(m+n)} = a^{-2n} = \frac{1}{a^{2n}}$.

[171] Quadrieren von Polynomen.

Das erste Glied des gegebenen Ausdruckes gibt sein eigenes Quadrat; jedes folgende Glied gibt das doppelte Produkt aus der Summe aller vorangehenden Glieder mit diesem Gliede und das eigene Quadrat; z. B.:

$$(a \pm b)^2 = (a \pm b)(a \pm b) = a^2 \pm 2ab + b^2.$$

Nach unserem Zahlensysteme ist jede mehrziffrige Zahl eine Summe. Z. B. Zahl $3417 = 3000 + 400 + 10 + 7$; diese Summe nach obiger Regel zum Quadrat erhoben gibt:
$(3417)^2 = (3000 + 400 + 10 + 7)^2 = 3000^2 + 2 \times 3000 \times 400 + 400^2 + 2 \times 3400 \times 10 + 10^2 + 2 \times 3410 \times 7 + 7^2$; die Nullen können bei der Auswertung weggelassen werden, wenn man den entstehenden Stellenwert berücksichtigt.

3417^2	
$3^2 = 9$	......
$2 \times 3 \times 4 = 24$	.....
$4^2 = 16$	....
$2 \times (34) \times 1 = 68$	...
$1^2 = 1$	..
$2 \times (341) \times 7 = 4774$	.
$7^2 = 49$	
11675889	

Merke:
Man hat dabei immer 1 Stelle nach rechts zu rücken. Selbstverständlich kann man auch 3417×3417 rechnen.

B. Wurzeln.

[172] Allgemeines.

a) Um aus dem Werte einer Potenz $a^n = p$ die Grundzahl zu finden, muß aus diesem die n^{te} Wurzel gezogen werden. Man schreibt

$$\sqrt[n]{p} = a$$

und nennt den Rechnungsvorgang der von p auf a führt, das **Ausziehen der Wurzel** oder **Radizieren**; n heißt der **Wurzelexponent**, p der **Radikand** und a die n^{te} **Wurzel** aus p.

Die zweite und dritte Wurzel nennt man auch **Quadrat-**, bzw. **Kubikwurzel**. Bei der Quadratwurzel wird der Exponent 2 in der Regel nicht geschrieben, $\sqrt{a}$ bedeutet daher kurz soviel wie $\sqrt[2]{a}$.

Die n^{te} **Wurzel aus einer Zahl** p **ziehen**, heißt eine Zahl (z. B. durch Erraten) suchen, die zur n^{ten} Potenz erhoben, den Radikand p gibt.

Potenziert man eine Wurzel wieder mit dem Wurzelexponenten, so erhält man natürlich den Radikand:

$$\left(\sqrt[n]{p}\right)^n = p$$

Hienach kann jede Zahl als Potenz dargestellt werden:

z. B. $8 = \left(\sqrt[3]{8}\right)^3$

b) Potenzieren und Radizieren sind einander entgegengesetzt. Der Wurzelexponent ist immer der reziproke Wert des Potenzexponenten.

$$\left(\sqrt[n]{p}\right)^n = p = p^1 = p^{\frac{n}{n}} = \left(p^{\frac{1}{n}}\right)^n, \quad \text{daher}$$

$$\sqrt[n]{p} = p^{\frac{1}{n}}$$

Dadurch ist das **Radizieren** auf das **Potenzieren** mit dem Exponenten $\frac{1}{n}$ zurückgeführt; es lassen sich alle Regeln für das Radizieren aus jenen für das Potenzieren ableiten, wenn als Potenzexponent der reziproke Wert des Wurzelexponenten genommen wird.

c) Die erste Wurzel aus einer Zahl ist die Zahl selbst:

$$\sqrt[1]{a} = a$$

denn $a^1 = a$. Ferner ist

$$\sqrt[n]{1} = 1 \quad \text{und} \quad \sqrt[n]{0} = 0$$

d) Ist die Wurzel aus einer ganzen Zahl nicht wieder eine ganze Zahl, so läßt sie sich nur angenähert durch einen **unendlichen Dezimalbruch** [154 b] angeben.

Merke: Zahlen, die sich weder durch ganze Einheiten, noch durch Bruchteile von Einheiten genau ausdrücken lassen, heißen **irrational**; z. B.:

$$\sqrt[3]{8} = 2 \quad . \quad . \quad . \quad . \quad . \quad \text{(rational)}$$
$$\sqrt{2} = 1{,}414 \ldots . \quad . \quad . \quad \text{(irrational)}$$

e) Eine Wurzel mit einem **geraden Wurzelexponenten** aus einer **positiven** Zahl kann die beiden Vorzeichen „+" und „—" haben; so ist z. B.

$$\sqrt{9} = \pm 3$$

weil sowohl $(+3) \cdot (+3) = +9$, als auch $(-3) \cdot (-3) = +9$.

Gerade Wurzeln aus negativen Zahlen sind unangebbar, d h. imaginär zum Unterschiede von angebbaren Zahlen, die reell heißen. Man kann auch mit imaginären Zahlen „formell" weiterrechnen; doch gehört diese Art von Rechnung, die nur für gewisse Gebiete der höheren Mathematik praktische Ergebnisse liefert, nicht in unser Gebiet.

[173] Das Rechnen mit Wurzeln.

a) 1. Man zieht aus einem **Produkte** (bzw. aus einem Bruche) die Wurzel, indem man sie aus jedem Faktor (bzw. aus Zähler und Nenner) einzeln zieht.

$$\sqrt[n]{a \cdot b} = \sqrt[n]{a} \cdot \sqrt[n]{b} \; ; \quad \text{denn } (ab)^{\frac{1}{n}} = a^{\frac{1}{n}} \cdot b^{\frac{1}{n}}$$

z. B. $\sqrt{16 \times 25} = \sqrt{16} \cdot \sqrt{25} = 4 \cdot 5 = 20$

$$\sqrt[n]{\frac{a}{b}} = \frac{\sqrt[n]{a}}{\sqrt[n]{b}} \; ; \quad \text{denn } \left(\frac{a}{b}\right)^{\frac{1}{n}} = \frac{a^{1/n}}{b^{1/n}} \; ;$$

z. B. $\sqrt{\frac{49}{64}} = \frac{\sqrt{49}}{\sqrt{64}} = \frac{7}{8}$.

2. Man zieht aus einer **Potenz** die Wurzel, indem man sie aus der Grundzahl zieht und den erhaltenen Wert mit dem Potenzexponenten potenziert:

$$\sqrt[n]{a^m} = \left(\sqrt[n]{a}\right)^m \; ; \quad \text{z. B. } \sqrt[3]{27^2} = \left(\sqrt[3]{27}\right)^2 = 3^2 = 9.$$

3. Man zieht aus einer **Wurzel** eine Wurzel, indem man die Wurzelexponenten multipliziert:

$$\sqrt[n]{\sqrt[m]{a}} = \sqrt[m \cdot n]{a}$$

Z. B. die 3. Wurzel aus der 4. Wurzel gibt die 12. Wurzel.

b) Die Sätze unter 1., 2., 3., kann man auch rückwärts lesen (umkehren). Es ergeben sich dann folgende, vielfach bei Umwandlungen von Zahlenausdrücken verwendete Sätze:

1. Wurzeln mit gleichem Exponenten werden **multipliziert**, indem man ihre Radikanden multipliziert

$$\sqrt[n]{a} \cdot \sqrt[n]{b} = \sqrt[n]{a \cdot b} \quad \text{z. B. } \sqrt{9} \cdot \sqrt{4} = \sqrt{36}.$$

2. Wurzeln mit gleichen Exponenten werden **dividiert**, indem man ihre Radikanden dividiert:

$$\frac{\sqrt[n]{a}}{\sqrt[n]{b}} = \sqrt[n]{\frac{a}{b}} \; ; \quad \text{z. B. } \frac{\sqrt[3]{40}}{\sqrt[3]{5}} = \sqrt[3]{\frac{40}{5}} = \sqrt[3]{8} = 2.$$

3. Wurzeln werden potenziert, indem man ihre Radikanden potenziert:

$$\left(\sqrt[m]{x}\right)^n = \sqrt[m]{x^n}; \quad \text{z. B. } \left(\sqrt{3}\right)^2 = \sqrt{3^2} = \sqrt{9} = 3.$$

c) Die Wurzel aus einer Potenz bleibt ungeändert, wenn man gleichzeitig Wurzel- und Potenzexponenten mit derselben Zahl multipliziert (oder dividiert). (Erweitern und Vereinfachen.)

$$\sqrt[n]{a^m} = \sqrt[n \cdot x]{a^{m \cdot x}} = \sqrt[n : y]{a^{n : y}}$$

Grund: $\sqrt[n]{a^m} = a^{\frac{m}{n}}$; der Bruch $\frac{m}{n}$ kann erweitert oder gekürzt werden.

Beispiel: $\sqrt[3]{a^2} = \sqrt[6]{a^4} = \sqrt[12]{a^8}$ usw. Und umgekehrt!

Durch dieses Verfahren der Erweiterung kann man verschiedene Wurzeln auf denselben Exponenten bringen, z. B.:

$$\sqrt[5]{a^3} \cdot \sqrt[7]{a^2} = \sqrt[35]{a^{21}} \cdot \sqrt[35]{a^{10}} = \sqrt[35]{a^{31}} = a^{31/35}$$

[174] Ausziehen der Quadratwurzel aus einer Zahl.

Man teile die Zahl, von den Einern angefangen, in Abteilungen von je 2 Ziffern, z. B. $\sqrt{5\,94\,38\,44}$, wobei die höchste Abteilung auch nur eine Ziffer (hier z. B. 5) enthalten kann, suche die größte Zahl (hier 2), deren Quadrat in der höchsten Abteilung enthalten ist, und schreibe sie als erste Ziffer (2) der Wurzel an.

Das Quadrat der ersten Wurzelziffer (4) wird von der höchsten Abteilung des Radikands nun subtrahiert (gibt Rest 1); zu diesem Reste setze man die folgende Abteilung des Radikands (94) herab (gibt 194), dividiere die dadurch gebildete Zahl, zunächst um 1 Stelle gekürzt (hier 19), durch das Doppelte der bereits gefundenen Wurzel (also durch 4) und schreibe den Quotienten als zweite Ziffer (4) in die Wurzel und zugleich als Ergänzung zu dem Divisor; den so ergänzten Divisor (44) multipliziere man mit der neuen Wurzelziffer und subtrahiere das Produkt mit Zuziehung der früher weggelassenen Ziffer usw. Beispiel:

```
           √5 94 38 44 = 2438
(2²).....  −4
           ────
           194 : 44 ... (2 × 2 = 4)
(4 × 44)...  176
           ────
           1838 : 483 ... (2 × 24 = 48)
(3 × 483)..  1449
           ────
           38944 : 4868 .... 2 × 243 = 486)
(8 × 4868)..  38944
           ────
                0
```

C. Logarithmen.

[175] Grundbegriffe.

Wir haben im 2. Abschnitte die vier Grundrechnungsarten kennen gelernt, darunter die zwei aufbauenden oder direkten, nämlich die Addition und die Multiplikation und die zwei abbauenden oder indirekten, die Subtraktion und die Division. Da man bei letzteren die unbekannten Bausteine einer Addition oder Multiplikation aufsucht, heißen sie auch die Umkehrung der Addition und Multiplikation.

Da die Bausteine einer Addition (nämlich die Summanden) und ebenso die einer Multiplikation (hier die Faktoren) untereinander vertauschbar sind, so haben Addition wie Multiplikation nur je eine einzige Umkehrung.

An diese reiht sich nun als dritte direkte Rechnungsart das Potenzieren, das aus der Multiplikation sich aufbaut, ähnlich wie diese aus der nächst niedrigeren Rechnungsart, der Addition.

[Add.] $3 + 3 + 3 + 3 + 3 = 5 \times 3$ [Mult.]
[Mult.] $3 \times 3 \times 3 \times 3 \times 3 = 3^5$ [Pot.]

Der Potenzierung entsprechen nun zwei Umkehrungen, d. h. zwei abbauende oder indirekte Rechnungsarten, je nachdem die Grundzahl oder der Exponent gesucht wird, da Grundzahl und Exponent nicht vertauschbar sind. ($2^3 = 8$, $3^2 = 9$).

Sucht man die Grundzahl einer Potenz, so spricht man von Radizierung, sucht man den Exponent, so ergibt sich die Logarithmierung.

Im ganzen ergeben sich hiermit drei direkte und vier indirekte Rechnungsarten:

Stufe	direkte Rechnungsarten	Indirekte Rechnungsarten		Gesucht wird:
I	**Addition** $4 + 3 = 7$	Subtraktion	$\begin{cases} 7 - 3 = 4 \\ 7 - 4 = 3 \end{cases}$	einer der **Summanden**
II	**Multiplikation** $5 \cdot 3 = 15$	Division	$\begin{cases} 15 : 3 = 5 \\ 15 : 5 = 3 \end{cases}$	einer der **Faktoren**
III	**Potenzierung** $4^3 = 64$	Radizierung $\sqrt[3]{64} = 4$		die **Grundzahl**
		Logarithmierung $\log^4 \cdot 64 = 3$		der **Exponent**

a) Der Exponent aus $a^n = p$ ist gleich dem Logarithmus von p zur Basis a, was $n = \log^a p$ geschrieben wird. Merke: $\log^a p$ bedeutet also immer den Exponenten, mit dem a zu potenzieren ist, damit p herauskommt. Die Zahl p, die ursprünglich Potenz war, nennt man Logarithmand oder den **Numerus**; die Zahl a, die ursprünglich Potenzgrundzahl war, heißt **Logarithmenbasis** oder kurzweg **Basis**, und das Ergebnis des Logarithmierens **Logarithmus**.

Z. B. $\log^4 64 = 3$ ist eine andere Ausdrucksweise für $4^3 = 64$; 64 ist der Numerus, 4 die Basis und 3 der Logarithmus d. h. der gesuchte Potenzexponent.

b) Aus der Erklärung folgt:

1. **Der Logarithmus der Basispotenz ist der Potenzexponent.**
2. **Der Logarithmus der Basis ist gleich 1.**
3. **Der Logarithmus von 1 ist gleich 0.**

Denn aus:

$\begin{array}{l} a^n = a^n \\ \log_a (a^n) = n \end{array}$ $\begin{array}{l} a^1 = a \\ \log_a a = 1 \end{array}$ $\begin{array}{l} a^0 = 1 \\ \log_a 1 = 0 \end{array}$

folgt:

— 70 —

[176] Logarithmische Systeme.

a) Die Zusammenstellung der Logarithmen aller ganzen Zahlen für eine bestimmte feste Basis bildet ein logarithmisches System. Im Gebrauche sind nur 2 solche Systeme: In der Technik das **gemeine** oder **Briggs'**sche System für die **Basis 10** und in der Wissenschaft das **natürliche** oder **Neper'sche System** für die **Basis** $e = 2 \cdot 71828 \ldots$ Für uns kommt nur das erstgenannte, für die Anwendung entschieden bequemste Briggs'sche System in Betracht. Es ist z. B. nach

Briggs	Neper
$1 = 10^0$	$1 = 2{,}71828^0 \ldots$
$2 = 10^{0{,}3010} \ldots$	$2 = 2{,}71828^{0{,}6911} \ldots$
$3 = 10^{0{,}4771} \ldots$	$3 = 2{,}71828^{1{,}0986} \ldots$
$4 = 10^{0{,}6020} \ldots$	$4 = 2{,}71828^{1{,}3823} \ldots$
$5 = 10^{0{,}6989} \ldots$	$5 = 2{,}71828^{1{,}6094} \ldots$

Der Leser wird einigermaßen erstaunt sein, warum man in der Wissenschaft die komplizierte Basis 2,71828 .... nimmt. Dies hat darin seinen höchst einfachen Grund, weil man für diese Basis die Logarithmen durch ein sehr leichtes Verfahren berechnen kann. Aus diesen natürlichen Logarithmen ergeben sich dann die Briggs'schen durch bloße Multiplikation mit dem Modulus (Schlüsselzahl) **0,43429 . .**
Die Logarithmen sind erfunden von Neper (Lord John Napier), der 1614 eine Tafel der natürlichen Logarithmen verfaßte. Briggs veröffentlichte 1618 die gemeinen Logarithmen für die Zahlen 1 bis 1000.

b) Die Briggs'schen Logarithmen werden kurz mit **log,** also ohne Angabe der Basisziffer, bezeichnet; die natürlichen dagegen mit **lognat** (oder mit **ln**).
Die Logarithmen sind 1. für alle Zahlen, die größer als 1 sind, **positiv**, für alle Bruchzahlen von 0 bis 1 **negativ**, 2. für **ganze Potenzen von** 10 (z. B. 10, 100 usw.) **ganze Zahlen;**

da $10^4 =$ $10\,000$, so ist log $10\,000 = 4$
„ $10^3 =$ $1\,000$, „ „ „ $1\,000 = 3$
„ $10^2 =$ 100, „ „ „ $100 = 2$
„ $10^1 =$ 10, „ „ „ $10 = 1$
„ $10^0 =$ 1, „ „ „ $1 = 0$
„ $10^{-1} = \dfrac{1}{10} = 0{,}1$, „ „ „ $0{,}1 = -1$
„ $10^{-2} = \dfrac{1}{100} = 0{,}01$, „ „ „ $0{,}01 = -2$
„ $10^{-3} = \dfrac{1}{1000} = 0{,}001$, „ „ „ $0{,}001 = -3$

3. für Zahlen, die keine ganzen Potenzen von 10 sind, unendliche Dezimalbrüche, z. B.:

log $11 = 1{,}0414$ | log $1\,100 = 3{,}0414$
„ $110 = 2{,}0414$ | „ $11\,000 = 4{,}0414$

usw.

Der Logarithmus besteht im allgemeinen aus einer ganzen **Zahl** vor dem Komma, der **Kennziffer** oder **Charakteristik,** und aus einem angehängten Dezimalbruche, der **Mantisse** heißt; z. B.

5stellig
log $11\,000 = 4{,}0414 \ldots$
Kenn-   Man-
ziffer   tisse

Da $11\,000$ als 5ziffrige Zahl zwischen 10^4 und 10^5 liegt, so muß ihr Logarithmus zwischen 4 und 5 liegen (in der Tat ist er 4,0414 . . .). Daher ist im Briggs'schen System die Kennziffer leicht anzugeben, **sie ist um 1 geringer als die Stellenzahl vor dem Komma.**
Umgekehrt kann man aus der **Kennziffer 4** des obigen Logarithmus sofort schließen, daß der zugehörige Numerus ($11\,000$) **5 Stellen**

vor dem Komma haben muß (immer eine Stelle mehr als die Kennziffer). Merke:

Die Kennziffer wird im Logarithmenbuch nie angegeben.

[177] Das Rechnen mit Logarithmen.

a) Die Logarithmen aller zwischen 0, 10, 100, 1000 usw. liegenden Zahlen sind in Tabellen (**Logarithmentafeln**) gebracht, deren Gebrauch namentlich beim Rechnen mit großen Zahlen bedeutende Zeitersparnisse herbeiführt.
Es gibt 4-, 5-, 6- und 7 stellige Logarithmentafeln; der Gebrauch siebenstelliger Logarithmen ist fast niemals erforderlich; für uns genügen vierstellige Logarithmen, deren Mantissen in Tabelle 6 für die Zahlen 10 bis 999 zusammengestellt sind.
Das Verfahren ist höchst einfach; man braucht sich hierbei nur die 4 Regeln zu merken:

1. $\log (a \cdot b) = \log a + \log b$

2. $\log \left(\dfrac{a}{b} \right) = \log a - \log b$

3. $\log a^n = n \cdot \log a$

4. $\log \sqrt[n]{a} = \dfrac{1}{n} \cdot \log a$

D. h. den Logarithmus eines Produktes bekommt man also, indem man die Logarithmen der Faktoren zusammenzählt usw. So z. B. ist log 6, da $6 = 2 \times 3$ ist, wie folgt zu berechnen:

$\log 2 = 0{,}3010$ (in Tab. 6 unter 200 suchen)
$+ \log 3 = 0{,}4771$ („ „ 6 „ 300 „)
$\overline{\log 6 = 0{,}7781.}$

Ähnlich ist $\log \dfrac{2}{3} = \log 2 - \log 3 = 0{,}3010 - 0{,}4771 = -0{,}1761$; ferner $\log 3^5 = 5 \cdot \log 3 = 5 \cdot 0{,}4771 = 2{,}3855$ und $\log \sqrt[3]{2} = \dfrac{1}{3} \cdot \log 2 = \dfrac{1}{3} \cdot 0{,}3010 = 0{,}1003$.

b) Vom Logarithmieren und Delogarithmieren. Um sonach auf die bequemste Weise **Produkte, Quotienten, Potenzen und Wurzeln** zu berechnen, sucht man in der Logarithmentafel die Logarithmen der Faktoren, bzw. der Zähler und Nenner, der Grundzahlen oder der Radikanden auf und berechnet sich daraus nach einer der obigen 4 Formeln zunächst die **Logarithmen** der betreffenden Zahlenausdrücke. Ihren Wert erhält man dann, indem man in der Logarithmentafel einfach die Zahl sucht, neben der als Logarithmus der von uns vorhin errechnete Logarithmus steht. (Letzterer Vorgang heißt: „**Man sucht den Numerus**" oder man „**delogarithmiert**".
Beispiel. Man berechne das Produkt **34,8 · 29,6 · 5,18.**
Lösung:

$ \log 34{,}8 = 1{,}5416$
$ \log 29{,}6 = 1{,}4713$
$ \underline{\log 5{,}18 = 0{,}7143}$
zusammen $= 3{,}7272$

In Tabelle 6 steht bei 7267 der Numerus 533, bei 7275 der Numerus 534; die zur Mantisse 7272 gehörige Zahl liegt also zwischen 533 und 534; 8 Einheiten in den Mantissen entsprechen einer Einheit der gesuchten Zahl; 5 Einheiten der Mantisse daher $\dfrac{5}{8} = 0{,}625$ Einheiten der gesuchten Zahl; diese ist sonach 533,625. Da nun wegen der Kennziffer 3 die gesuchte Zahl 4 Stellen vor dem Komma haben muß, ist der Näherungswert des gegebenen Produktes gleich **5336.**

Tabelle 6. Vierstellige Mantissen der Briggs'schen Logarithmen.

Nr.	0	1	2	3	4	5	6	7	8	9	Nr.	0	1	2	3	4	5	6	7	8	9
10	0000	0043	0086	0128	0170	0212	0253	0294	0334	0374	55	7404	7412	7419	7427	7435	7443	7451	7459	7466	7474
11	0414	0453	0492	0531	0569	0607	0645	0682	0719	0755	56	7482	7490	7497	7505	7513	7520	7528	7536	7543	7551
12	0792	0828	0864	0899	0934	0969	1004	1038	1072	1106	57	7559	7566	7574	7582	7589	7597	7604	7612	7619	7627
13	1139	1173	1206	1239	1271	1303	1335	1367	1399	1430	58	7634	7642	7649	7657	7664	7672	7679	7686	7694	7701
14	1461	1492	1523	1553	1584	1614	1644	1673	1703	1732	59	7709	7716	7723	7731	7738	7745	7752	7760	7767	7774
15	1761	1790	1818	1847	1875	1903	1931	1959	1987	2014	60	7782	7789	7796	7803	7810	7818	7825	7832	7839	7846
16	2041	2068	2095	2122	2148	2175	2201	2227	2253	2279	61	7853	7868	7869	7875	7882	7889	7896	7903	7910	7917
17	2304	2330	2355	2380	2405	2430	2455	2480	2504	2529	62	7924	7931	7938	7945	7952	7959	7966	7973	7980	7987
18	2553	2577	2601	2625	2648	2672	2695	2718	2742	2765	63	7993	8000	8007	8014	8021	8028	8035	8041	8048	8055
19	2788	2810	2833	2856	2878	2900	2923	2945	2967	2989	64	8062	8069	8075	8082	8089	8096	8102	8109	8116	8122
20	3010	3032	3054	3075	3096	3117	3139	3160	3181	3201	65	8129	8136	8142	8149	8156	8162	8169	8176	8182	8189
21	3222	3243	3263	3284	3304	3324	3345	3365	3385	3404	66	8195	8202	8209	8215	8222	8228	8235	8241	8248	8254
22	3424	3444	3464	3483	3502	3522	3541	3560	3579	3598	67	8261	8267	8274	8280	8287	8293	8299	8306	8312	8319
23	3617	3636	3655	3674	3692	3711	3729	3747	3766	3784	68	8325	8331	8338	8344	8351	8357	8363	8370	8376	8382
24	3802	3820	3838	3856	3874	3892	3909	3927	3945	3962	69	8388	8395	8401	8407	8414	8420	8426	8432	8439	8445
25	3979	3997	4014	4031	4048	4065	4082	4099	4116	4133	70	8451	8457	8463	8470	8476	8482	8488	8494	8500	8506
26	4150	4166	4183	4200	4216	4232	4249	4265	4281	4298	71	8513	8519	8525	8531	8537	8543	8549	8555	8561	8567
27	4314	4330	4346	4362	4378	4393	4409	4425	4440	4456	72	8573	8579	8585	8591	8597	8603	8609	8615	8621	8627
28	4472	4487	4502	4518	4533	4548	4564	4579	4594	4609	73	8633	8639	8645	8651	8657	8663	8669	8675	8681	8686
29	4624	4639	4654	4669	4683	4698	4713	4728	4742	4757	74	8692	8698	8704	8710	8716	8722	8727	8733	8739	8745
30	4771	4786	4800	4814	4829	4843	4857	4871	4886	4900	75	8751	8756	8762	8768	8774	8779	8785	8791	8797	8802
31	4914	4928	4942	4955	4969	4983	4997	5011	5024	5038	76	8808	8814	8820	8825	8831	8837	8842	8848	8854	8859
32	5051	5065	5079	5092	5105	5119	5132	5145	5159	5172	77	8865	8871	8876	8882	8887	8893	8899	8904	8910	8915
33	5185	5198	5211	5224	5237	5250	5263	5276	5289	5302	78	8921	8927	8932	8938	8943	8949	8954	8960	8965	8971
34	5315	5328	5340	5353	5366	5378	5391	5403	5416	5428	79	8976	8982	8987	8993	8998	9004	9009	9015	9020	9025
35	5441	5453	5465	5478	5490	5502	5514	5527	5539	5551	80	9031	9036	9042	9047	9053	9058	9063	9069	9074	9079
36	5563	5575	5587	5599	5611	5623	5635	5647	5658	5670	81	9085	9090	9096	9101	9106	9112	9117	9122	9128	9133
37	5682	5694	5705	5717	5729	5740	5752	5763	5775	5786	82	9138	9143	9149	9154	9159	9165	9170	9175	9180	9186
38	5798	5809	5821	5832	5843	5855	5866	5877	5888	5899	83	9191	9196	9201	9206	9212	9217	9222	9227	9232	9238
39	5911	5922	5933	5944	5955	5966	5977	5988	5999	6010	84	9243	9248	9253	9258	9263	9269	9274	9279	9284	9289
40	6021	6031	6042	6053	6064	6075	6085	6096	6107	6117	85	9294	9299	9304	9309	9315	9320	9325	9330	9335	9340
41	6128	6138	6149	6160	6170	6180	6191	6201	6212	6222	86	9345	9350	9355	9360	9365	9370	9375	9380	9385	9390
42	6232	6243	6253	6263	6274	6284	6294	6304	6314	6325	87	9395	9400	9405	9410	9415	9420	9425	9430	9435	9440
43	6335	6345	6355	6365	6375	6385	6395	6405	6415	6425	88	9445	9450	9455	9460	9465	9469	9474	9479	9484	9489
44	6435	6444	6454	6464	6474	6484	6493	6503	6513	6522	89	9494	9499	9504	9509	9513	9518	9523	9528	9533	9538
45	6532	6542	6551	6561	6571	6580	6590	6599	6609	6618	90	9542	9547	9552	9557	9562	9566	9571	9576	9581	9586
46	6628	6637	6646	6656	6665	6675	6684	6693	6702	6712	91	9590	9595	9600	9605	9609	9614	9619	9624	9628	9633
47	6721	6730	6739	6749	6758	6767	6776	6785	6794	6803	92	9638	9643	9647	9652	9657	9661	9666	9671	9675	9680
48	6812	6821	6830	6839	6848	6857	6866	6875	6884	6893	93	9685	9689	9694	9699	9703	9708	9713	9717	9722	9727
49	6902	6911	6920	6928	6937	6946	6955	6964	6972	6981	94	9731	9736	9741	9745	9750	9754	9759	9763	9768	9773
50	6990	6998	7007	7016	7024	7033	7042	7050	7059	7067	95	9777	9782	9786	9791	9795	9800	9805	9809	9814	9818
51	7076	7084	7093	7101	7110	7118	7126	7135	7143	7152	96	9823	9827	9832	9836	9841	9845	9850	9854	9859	9863
52	7160	7168	7177	7185	7193	7202	7210	7218	7226	7235	97	9868	9872	9877	9881	9886	9890	9894	9899	9903	9908
53	7243	7251	7259	7267	7275	7284	7292	7300	7308	7316	98	9912	9917	9921	9926	9930	9934	9939	9943	9948	9952
54	7324	7332	7340	7348	7356	7364	7372	7380	7388	7396	99	9956	9961	9965	9969	9974	9978	9983	9987	9991	9996

c) Der große **Vorteil des Logarithmierens** ist der, daß das Multiplizieren in ein Addieren, das Dividieren in ein Subtrahieren, das Potenzieren in ein Multiplizieren und das Wurzelziehen in ein Dividieren verwandelt wird.

Beispiel. Berechne $\sqrt[7]{348}$!

Nach obigem ist:

$$\log 348 = 2,5416$$
$$\frac{1}{7} \cdot \log 348 = 0,36308.$$

In Tabelle 6 steht bei Mantisse 3617 die Zahl 230, bei Mantisse 3636 die Zahl 231. Die zur Mantisse 3631 gehörige Zahl liegt somit zwischen 230 und 231. Da 19 Einheiten in den Mantissen (3636 — 3617 = 19) einer Einheit der Zahl entsprechen, kommen auf 14 Einheiten in den Mantissen (3631 — 3617 = 14), d. h. $\frac{14}{19}$ = 0,7 Einheiten in der Zahl; die gesuchte Zahl ist daher angenähert 230,7. — Da endlich wegen der Kennziffer 0 die gesuchte Zahl nur 1 Stelle vor dem Komma haben kann, so ist die 7. Wurzel aus 348 gleich **2,307.**

d) Die **Behandlung der Dezimalbrüche zwischen 0 und 1** zeige folgendes Beispiel. Man suche den **log 0,000348.** Lösung: Man kann schreiben:

$$0,000348 = \frac{3,48}{10\,000},$$

also ist

$$\log 0{,}000348 = \log (3{,}48 - 10000)$$
$$= \log 3{,}48 - 4.$$

In der Tabelle finden wir nun unter 348 die Mantisse 5416; log 3,48 ist daher nach obigem gleich 0,5416; also:

$$\log 0{,}000348 = \underbrace{0{,}5416}_{\text{Mantisse}} \underbrace{- 4}_{\text{Kennziffer.}}$$

Daraus folgt: Die Kennziffer ist hier negativ und zwar gleich der Zahl der Vor-Nullen des Dezimalbruchs.

Übungsbeispiel. Wie groß ist log 0,00296? log 0,0518? log 0,3? (Antwort: 0,4713 — 3; bzw. 0,7143 — 2; bzw. 0,4771 — 1.)

e) Ist umgekehrt gegeben **log x = — 3,5229**, so muß man davon zuerst die negative Kennziffer abspalten; diese ist aber hier nicht — 3, sondern — 4, denn die Mantisse muß stets positiv sein. Man schreibt also:

$$\log x = - 3{,}5229$$
$$= 0{,}4771 - 4.$$

Zum log x = 0,4771 gehört x = 3; da aber die Kennziffer 4 ist, so ist x ein Dezimalbruch mit 4 Vornullen, also x = 0,0003.

f) Der **logarithmische Rechenschieber** besteht aus 2 Linealen I und II mit gleicher logarithmischer

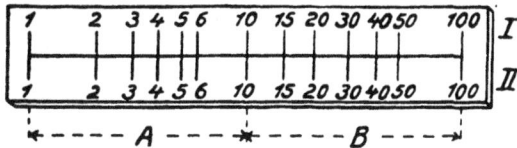

Teilung, einem festen Lineal und einem in dessen Mitte bequem in einer Nut verschiebbaren Lineal, dem S c h i e b e r.

Als Einheit gilt meist eine Länge von 10 cm. Da nun log 1 = 0, log 2 = 0,301, log 3 = 0,477, log 4 = 0,602, log 5 = 0,699 ist, so steht die Zahl 1 auf dem Rechenschieber bei 0, die Zahl 2 in der Entfernung 3,01 cm, die Zahl 3 in der Entfernung 4,77 cm, die Zahl 5 in der Entfernung 6,99 cm, die Zahl 15 (= 5 · 3) in der Entfernung 6,99 + 4,77 = 11,76 cm vom Anfangspunkte entfernt. — Will man nun 4 × 15 berechnen, so addiert man einfach die Logarithmen von 4 und 15, indem man den Schieber II so verschiebt, daß sein Anfangspunkt unter der Zahl 4 (dies ist eigentlich log 4) des festen Lineals I steht, dann geht man auf II bis zur Zahl 15 vorwärts (d. h. man addiert log 15) und sieht über 15 nun auf dem festen Lineal das Ergebnis 60 (log 60 = log 4 + log 15). — Der Leser fertige sich mit 2 Streifen Hartpapier (Karton) selbst einen solchen Rechenschieber!

Bei dieser Gelegenheit wird allen, die viel und rasch zu rechnen haben, d e r u m f a s s e n d s t e G e b r a u c h d e s R e c h e n s c h i e b e r s u n d d e r m a t h e m a t i s c h e n T a b e l l e n dringendst empfohlen.

Solche Tabellen finden sich in den meisten technischen Kalendern und auch in vielen Handbüchern[1]). Sie enthalten zumeist außer den Logarithmen und den trigonometrischen Funktionen noch die Werte für n^2, n^3, $\sqrt{n}$, $\sqrt[3]{n}$ usw.

Freilich setzen alle diese Hilfsmittel genauestes Studium der beigegebenen Anleitungen und deren strikteste Befolgung voraus; außerdem muß ausdrücklich darauf aufmerksam gemacht werden, daß Schieber und Tabellen nur **nicht den Stellenwert**, der den einzelnen Ziffern zukommt, wodurch natürlich bei Unachtsamkeit die größten Irrtümer möglich sind. Der Leser hüte sich daher, von diesen Hilfsmitteln früher praktischen Gebrauch zu machen, bevor er mit deren Einrichtung vollkommen vertraut ist, mache es sich aber auch dann noch zur Pflicht, bei jeder wichtigen Rechnung das erhaltene Ergebnis d u r c h s c h ä t z u n g s w e i s e s B e r e c h n e n d e s m ö g l i c h e n oder wahrscheinlichen Resultates zu überprüfen und niemals das, was aus den Tabellen und namentlich beim Schieber herauskommt, gedankenlos als Evangelium hinzunehmen.

---
[1]) Besonders praktisch ist das vorzügliche Tabellenwerk mit und ohne Logarithmen von Prof. E. Schultz eingerichtet, das bei Baedeker (Essen) erschienen ist.

5. Abschnitt.

Auflösung von Gleichungen.

[178] Allgemeines.

a) Wie schon in [6] erwähnt, ist der eigentlich praktische Zweck jeder Rechnung der, aus einer den jeweilig gegebenen Verhältnissen angepaßten **Bestimmungsgleichung** — den Wert e i n e r o d e r m e h r e r e r u n b e k a n n t e r G r ö ß e n zu bestimmen. Die Buchstaben, die diese Größen darstellen, heißen die **„Unbekannten"**, die Zahlen, die man für sie setzen muß, damit sie der Gleichung genügen (und sie damit zu einer identischen machen), **die Wurzeln der Gleichung**; der Vorgang, wie man diese findet, das „**Auflösen**" der Gleichung. Solange eine Gleichung nicht aufgelöst ist, bedeutet das Gleichheitszeichen nicht „ist gleich", sondern „soll gleich sein".

b) Eine Gleichung, die außer den Unbekannten nur bestimmte Zahlen enthält, heißt eine numerische oder Z i f f e r g l e i c h u n g, z. B. $4x - 3 = 5$, eine, in der auch allgemeine Zahlzeichen vorkommen, eine B u c h s t a b e n g l e i c h u n g, z. B. $3ax + b = 0$.

Je nachdem in den Gleichungen die Unbekannten in der 1., 2. oder in einer höheren Potenz vorkommen, heißen sie **lineare, quadratische** oder **Gleichungen höheren Grades**. Deren Auflösung erfolgt je nach der Zahl der Unbekannten in verschiedener Weise.

Um sich von der Richtigkeit der Auflösung zu überzeugen, werden die für die Unbekannten gefundenen Werte zur P r o b e in die Gleichung eingesetzt; w i r d s i e h i e r d u r c h i d e n t i s c h, s o i s t d i e R e c h n u n g r i c h t i g.

c) **Eingekleidete Gleichungen** sind Aufgaben, welche in Worte gekleidet, Fragen enthalten, die nur durch Auflösung einer oder mehrerer Gleichungen zu beantworten sind. Wir haben solche Aufgaben einfachster Art schon unter [29], [32], [42], [44], [45], [49] etc. gelöst.

Gerade diese Aufgaben sind es, die in der **angewandten** Mathematik aller Fächer die größte Rolle spielen und deren Lösung auch im täglichen Leben bei den verschiedensten Fragen weit rascher und sicherer zum Ziele führt als die oft höchst umständlichen Wege, die mathematisch nicht geschulte Leute einschlagen müssen, um sich selbst in einfachen Fällen Klarheit über ziffermäßige Größenverhältnisse zu verschaffen.

Bei eingekleideten Gleichungen handelt es sich zunächst um die Übertragung der Aufgabe aus der Wortsprache in die mathematische Zeichensprache, d. h. um die Aufstellung des sog. **Ansatzes.** Für das Ansetzen lassen sich keine allgemeinen Regeln aufstellen; hier kann Geläufigkeit nur durch Lösung zahlreicher Aufgaben erworben werden, wozu uns der Unterricht in den mathematischen Fächern der Technik in der Folge reichlich Gelegenheit geben wird. Für den Anfang gelte folgende Richtschnur: Man betrachte die gestellte Aufgabe vorläufig als gelöst und behandle die Unbekannte so, wie es die Aufgabe erfordert; dadurch erhält man für dieselbe Größe zwei verschieden geformte Ausdrücke, die, einander gleichgestellt, die gesuchte Gleichung geben.

Die **Auflösung** der Gleichung ergibt dann den Wert der Unbekannten.

Wichtig ist oft noch die **Deutung** des erhaltenen Resultates dann, wenn die Lösung negative Werte zuläßt.

A. Lineare Gleichungen.

[179] Lineare Gleichungen mit einer Unbekannten.

a) Unter [32] und [49] haben wir zwei Versetzungsregeln kennengelernt, die zur Lösung von Gleichungen geeignet sind, in denen die Unbekannte nur einmal vorkommt; hier soll nun die Auflösung jener Gleichungen besprochen werden, i n w e l c h e n d i e U n b e k a n n t e a n m e h r e r e n S t e l l e n v o r - k o m m t, für welche Fälle sich nachstehendes Verfahren empfiehlt:

1. B r ü c h e f o r t s c h a f f e n, wenn die Unbekannte sich in einem Nenner befindet. [**Bruchfrei.**]

2. K l a m m e r n a u f l ö s e n, in denen die Unbekannte vorkommt. [**Klammerfrei!**]

3. A l l e G l i e d e r, d i e d i e U n b e k a n n t e e n t h a l t e n, a u f d i e e i n e, d i e ü b r i g e n a u f d i e a n d e r e S e i t e d e r G l e i c h u n g v e r s e t z e n. (**Ordnen!**)

4. Die Unbekannte von ihrem Zahlenfaktor (Koeffizienten) befreien [**Faktorfrei!**] Äußersten Falles müssen alle 4 Operationen durchgeführt werden, um schließlich eine Gleichung von der Form $x = a$ zu erhalten, in der x die Unbekannte und a ein nur aus bekannten Zahlen bestehender Ausdruck ist.

B e i s p i e l:
$$\frac{(5x-3)}{2} - \frac{(3x-1)}{7} = 9.$$

1. Brüche fortschaffen: Man schreibt statt 9 zunächst $\frac{9}{1}$ und bringt alles auf den gemeinsamen Nenner $2 \cdot 7$ oder 14. Der erste Bruch ist dabei mit 7, der zweite mit 2, der letzte mit 14 zu erweitern. Dann folgt:

$$\frac{7 \cdot (5x-3) - 2 \cdot (3x-1)}{14} = \frac{9 \cdot 14}{14}.$$

Dann kann man den Nenner 14 beiderseits weglassen und erhält so die b r u c h f r e i e Gleichung

$$7 \cdot (5x-3) - 2 \cdot (3x-1) = 126.$$

2. K l a m m e r n fortschaffen. Man multipliziert zunächst mit den Zahlenfaktoren 7 bzw. 2 in die Klammern:

$$(35x-21) - (6x-2) = 126,$$

dann wendet man die Klammerregel an:

$$35x - 21 - 6x + 2 = 126.$$

3. Versetzen: Man bringt alle Glieder mit x allein auf die linke Seite:

$$\frac{35x - 6x}{29x} = \frac{126 + 21 - 2}{145}.$$

4. Faktorfreimachen: Man teilt beiderseits mit 29 und erhält

$$x = \frac{145}{29} \text{ oder } x = 5.$$

5. Probe: Man setze statt x in die ursprüngliche Gleichung 5 und erhält

$$\frac{22}{2} - \frac{14}{7} = 9 \text{ oder } 11 - 2 = 9,$$

was stimmt.

b) Enthält eine Gleichung m e h r e r e Buchstaben, so kann jeder als unbekannt betrachtet werden.

B e i s p i e l: Aus $6x + 3y - a = 4(x-y+z)$ ergibt sich
$6x + 3y - a = 4x - 4y + 4z$ oder
$+ 2x + 7y - 4z = + a$, woraus

$$\begin{cases} x = \frac{+a - 7y + 4z}{2} & \text{oder} \\ y = \frac{+a - 2x + 4z}{7} & \text{oder} \\ z = \frac{-a + 2x + 7y}{4}. \end{cases}$$

Solche Fälle kommen in der Technik sehr häufig vor.

c) Mit den Rechnungsarten der 1. und 2. Stufe [175] lassen sich nur Gleichungen lösen, die sich auf die Form $ax = b$ bringen lassen; hieher gehören auch jene, bei denen Glieder mit x^2, x^3 usw. sich fortheben.

Z.B. $(3x-1) \cdot (8x+3) = (12x-5) \cdot (2x+1)$ ergibt zwar zunächst durch Multiplikation der Klammerausdrücke

$$24x^2 + 9x - 8x - 3 = 24x^2 + 12x - 10x - 5$$

vereinfacht sich aber auf $-1x = -2$, woraus folgt:

$$x = 2.$$

Aufgabe 92.

[180] *Ein Knabe sagt, meine Mutter ist 25 Jahre älter als ich, mein Vater ist 5 Jahre älter als die Mutter, und wir alle zusammen haben 91 Lebensjahre. Wie alt sind alle drei?*

Wenn der Knabe x Jahre alt ist, so ist die Mutter $(x + 25)$ Jahre und der Vater $(x + 25 + 5)$ Jahre alt. Die Gesamtzahl der Lebensjahre der 3 Familienmitglieder ist sonach $x + (x + 25) + (x + 25 + 5)$, und diese Summe soll 91 betragen. —

Es steht sonach die Gleichung:

$$x + (x + 25) + (x + 25 + 5) = 91$$

oder $\quad 3x + 55 = 91; \quad 3x = 36; \quad x = 12.$

P r o b e.

Der Knabe ist sonach	12	Jahre alt
die Mutter „ 12 + 25	37	„ „
der Vater „ 37 + 5	42	„ „
zusammen:	**91**	Jahre.

Aufgabe 93.

[181] *Jemand bestimmt in seinem Testamente $^3/_8$ seines Vermögens seiner Frau und jedem seiner 3 Kinder $^{11}/_{20}$ von dem Anteile der Mutter; der Rest von 300 Mark soll den Armen gespendet werden. Wie groß war das Vermögen?*

Nennen wir das Vermögen x, so haben die Mutter $\frac{3}{8}$ von x, was man schreibt $\frac{3}{8}$ mal x oder $\frac{3}{8} x$, die Kinder je $\frac{11}{20}$ davon, also $\frac{11}{20} \cdot \frac{3}{8} \cdot x$ zu erhalten. Die Gleichung lautet sonach:

$$\underbrace{\frac{3}{8} \cdot x}_{\text{Mutter}} + \underbrace{3 \cdot \frac{11}{20} \cdot \frac{3}{8} \cdot x}_{\text{3 Kinder}} + \underbrace{300}_{\text{Arme}} = \underbrace{x}_{\text{Erbschaft}}$$

Damit ist der Ansatz erledigt. Man kann auch schreiben:

$$\frac{3}{8} \cdot x + \frac{99}{160} \cdot x + 300 = x \text{ oder}$$

$$\frac{3 \cdot x}{8} + \frac{99 \cdot x}{160} + 300 = x.$$

Nun wird diese Gleichung nennerfrei gemacht, was ergibt:

$$60\,x + 99\,x + 48000 = 160\,x,$$
$$\text{woraus } x = 48000$$

Probe: Mutteranteil: $\frac{3}{8} \cdot 48000 = 18000$ M.

Kinderanteil: $3 \cdot \frac{11}{20} \cdot 18000 = 29700$ M.

Für die Armen: $= 300$ M.

zusammen $= 48000$ M.

Mathematischer Scherz: Ein Bauer hinterläßt seinen 3 Söhnen 17 Pferde, wovon der älteste die Hälfte, der zweite ⅓ und der dritte ⅑ erhalten soll. Große Verlegenheit bei den Erben. Ein Schlaukopf stellt zu den nachgelassenen Pferden aus seinem Stalle ein 18. dazu und verteilt sie jetzt anscheinend ganz im Sinne des Testamentes: der älteste erhält 9, der zweite 6, und der dritte 2 Pferde; das Übriggebliebene stellt er wieder in den Stall zurück. Der Leser möge über diese sonderbare Sache nachdenken.

Aufgabe 94.

[182] *Beim Bau eines Eisenbahntunnels von 2,016 km Länge dringt man im Stollen auf der Nordseite täglich durchschnittlich 3,2 m, auf der Südseite 2,4 m vor; nach wieviel Tagen und in welchen Entfernungen von den Ausgangspunkten wird der Durchschlag erfolgen?*

Nennt man die gesuchte Zahl der Tage x, so ist $3,2 \cdot x + 2,4 \cdot x = 2016, \ldots$ woraus sich ergibt $x (3,2 + 2,4) = 2016$, also

$$x = 2016 : 5,6 = 360,$$

d. h. der Durchschlag wird nach 360 Tagen, also in 1 Jahre erfolgen.

Die Entfernung des Durchschlagsortes beträgt vom Mundloche der Nordseite $360 \cdot x \cdot 3,2 = 1152$ m und von jenem der Südseite $360 \cdot x \cdot 2,4 = 864$ m — Probe: $1152 + 864 = 2016$ m.

Aufgabe 95.

[183] *Die Aufschrift auf dem Grabe des berühmten griechischen Mathematikers Diophantos, der um 250 n. Chr. in Alexandria lebte und dem man die Erfindung der Algebra zuschreibt, lautet:*

„Hier dies Grabmal deckt Diophantos — ein Wunder zu schauen:
Durch des Entschlafenen Kunst lehrt dich sein Alter der Stein:
Knabe zu bleiben, verlieh ein Sechstel des Lebens ein Gott ihm;
Fügend das Zwölftel hinzu, ließ er ihm sprossen die Wang';
Steckte ihm darauf auch an in dem Siebtel die Fackel der Hochzeit,
Und fünf Jahr nachher teilt er ein Söhnlein ihm zu. —
Weh' unglückliches Kind, so geliebt! Halb hat es des Vaters
Alter erreicht, da nahm's Hades,*) der schaurige, auf.
Noch 4 Jahre den Schmerz durch Kunde der Zahlen besänftigend,
Langte am Ziele des Seins endlich er selber auch an.“

---

*) Gott der Unterwelt.

Das gesuchte Alter des Diophant sei x; dann ergibt sich sehr leicht folgende Gleichung:

$$\frac{x}{6} + \frac{x}{12} + \frac{x}{7} + 5 + \frac{x}{2} + 4 = x.$$

Nach Wegschaffung der Brüche (man bringe jede Zahl auf den gemeinsamen Nenner 84) ergibt sich

$$14\,x + 7\,x + 12\,x + 420 + 42\,x + 336 = 84\,x.$$

Nun zieht man alle x für sich allein auf die linke Seite:

$$14\,x + 7\,x + 12\,x + 42\,x - 84\,x = -420 - 336,$$

woraus $-9\,x = -756$ oder $x = \frac{756}{9} = 84.$

Probe: Knabenzeit $= \frac{84}{6} = 14$ Jahre; Jünglingszeit $\frac{84}{12} = 7$ Jahre; bis zur Hochzeit $\frac{84}{7} =$ 12 Jahre; bis zur Geburt des Sohnes 5 Jahre; Alter des Sohnes $\frac{84}{2} = 42$ Jahre; weitere Lebenszeit noch 4 Jahre. In der Tat $14 + 7 + 12 + 5 + 42 + 4 = 84$ Jahre.

Aufgabe 96.

[184] *Zwei Körper I und II bewegen sich (wie die Figur zeigt) auf einer geraden Linie in derselben Richtung mit den Geschwindigkeiten c' und c'' (Weglänge pro Zeiteinheit) gleichförmig, und zwar gehen sie gleichzeitig durch die Orte A' und A'', von denen A' um d Längeneinheiten rückwärts von A'' liegt. Nach wieviel Zeiteinheiten werden die Körper zusammentreffen? [Ort M in der Figur.]*

Lösung: $K\ I$ legt in x Zeiteinheiten $c' \cdot x$ Längeneinheiten zurück
$K\ II$ „ „ x „ $c'' \cdot x$ „ „

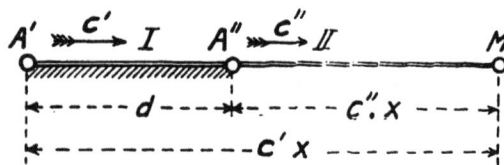

Denken wir uns nun nach [178c] die Aufgabe vorläufig gelöst: Die Körper seien tatsächlich schon in dem Punkte M zusammengetroffen. Dann muß, wie ein Blick auf die Figur zeigt, sein:

$$\underbrace{c' \cdot x}_{\text{Weg des } I} = \underbrace{c'' \cdot x}_{\text{Weg des } II} + \underbrace{d}_{\text{Weg } A'A''}$$

oder $x(c' - c'') = d \ldots\ldots$, woraus $x = \dfrac{d}{c' - c''}.$

Deutung. Solange c' größer ist als c'', gibt die Formel eine positive Zahl für die Zeit des Zusammentreffens. — Ist $c' = c''$, so wird der Nenner in der Formel für x Null, also $x = \infty$; in der Tat, wenn sich beide Körper gleichschnell bewegen, so behalten sie stets ihren Abstand d; man sagt in der Mathematik: sie treffen erst nach unendlich langer Zeit zusammen. — Ist aber c'' größer als c', so wird der Nenner für x negativ; wir erhielten also für das Zusammentreffen eine negative Zeit. Dies deutet man so, daß sie schon vor dem Nullpunkt unserer Zeitbemessung, d. h. vor ihrem Durchgang durch A' und A'', zusammengetroffen waren, daß also ein Zusammentreffen weiterhin nicht mehr stattfand.

[185] Lineare Gleichungen mit 2 oder mehreren Unbekannten.

a) Enthält eine Gleichung zwei Unbekannte, x und y, so kann man sie z. B. nach y auflösen, also y durch die andere Unbekannte x ausdrücken. Setzt man dann für x irgendeine Zahl ein, so ergibt sich für y ein zugehöriger Wert, so daß demnach unzählig viele Wertepaare für x und y der gegebenen Gleichung genügen.

Beispiel. Die Gleichung $-3\,x + y = 1$ kann man nach y auflösen:

$$y = 3\,x + 1.$$

Setzt man nun $x = 1; 2; 3; 4;$ usw., so folgt $y = 4; 7; 10; 13$ usw. Man hat also folgende Tabelle zusammengehöriger Wertepaare:

$x =$	1	2	3	4	5	6	......
$y =$	4	7	10	13			......

Eine solche Gleichung gehört zur Gruppe der unbestimmten Gleichungen, von welchen noch später die Sprache sein soll.

Wenn aber zu einer solchen unbestimmten Gleichung eine 2. Gleichung hinzutritt, so ist die Möglichkeit geboten, aus allen den Wertepaaren, die sich aus der einen unbestimmten Gleichung ergeben, jenes Paar herauszufinden, das **beiden Gleichungen** gleichzeitig entspricht.

Merke: Um 2, 3, ... n Unbekannte zu bestimmen, braucht man 2, 3, ... n von einander unabhängige (d. h. von einander verschiedene) Gleichungen.

b) Für die Auflösung von 2 Gleichungen mit zwei Unbekannten gibt es drei Verfahren:

1. **Das Gleichsetzungsverfahren.** Man berechnet z. B. y aus jeder der beiden Gleichungen und setzt beide Werte einander gleich.

Z. B.: Es seien gegeben die 2 Gleichungen:

I) $\boxed{-3\,x + y = 1}$ II) $\boxed{2\,x + y = 21}$

Man rechnet y aus I) und aus II):

$$\boxed{y = 3x + 1} \qquad \boxed{y = 21 - 2x}$$

Nun setzt man die Werte von y einander gleich und erhäl

$$3x + 1 = 21 - 2x$$

oder $5x = 20$, woraus $\boxed{x = 4}$

Der zugehörige Wert von y ergibt sich aus den gerahmten Gleichungen für y:

$$y = 3x + 1 = 3 \cdot 4 + 1 = 13$$
$$\text{oder } y = 21 - 2x = 21 - 2 \cdot 4 = 13.$$

(Die Doppelberechnung gibt gleichzeitig eine Probe.) **Das** Wertepaar, das beide Gleichungen zugleich befriedigt, heißt also:

$$\boxed{x = 4} \qquad \boxed{y = 13}$$

2. Das Einsetzungsverfahren. Man rechnet aus der ersten Gleichung y aus und setzt diesen Wert überall für den Buchstaben y in der zweiten Gleichung ein.

Beispiel. Es seien wieder gegeben:

$$\text{I)} \boxed{-3x + y = 1} \qquad \text{II)} \boxed{2x + y = 21}$$

Aus I folgt $y = (3x + 1)$; dies in II eingesetzt, ergibt **die Gleichung**

$$2x + (3x + 1) = 21,$$

d. h. eine Gleichung, die nur x allein enthält. Diese kann man leicht lösen. Aus $5x = 20$ ergibt sich $x = 4$. Den zugehörigen Wert für y ergibt die bereits oben betätigte Auflösung der ersten Gleichung nach y; es ist

$$y = 3x + 1 = 3 \cdot 4 + 1 = 13.$$

Wir erhalten wieder das Wertepaar $x = 4$, $y = 13$.

3. Das Verfahren der Gleichmachung der Koeffizienten. Man multipliziert jede Gleichung mit einer solchen (durch Erraten leicht festzustellenden) Zahl, daß z. B. y (oder je nach Wunsch x) denselben Zahlenfaktor (Koeffizienten) vor sich aufweist. Dann

subtrahiert man beide Gleichungen, wodurch sich y (bzw. x) forthebt.

Beispiel. In dem früheren Beispiele hat y bereits denselben Koeffizienten (nämlich 1); wir wählen daher ein komplizierteres Beispiel. Es seien gegeben die 2 Gleichungen:

$$\text{I)} \boxed{3x + 4y = 26} \text{ mult. mit 5,}$$
$$\text{II)} \boxed{2x + 5y = 29} \quad \text{,, \quad ,, 4.}$$

Damit y oben und unten denselben Koeffizienten erhält, multiplizieren wir die erste Gleichung mit 5, die zweite mit 4 und erhalten nun

$$\begin{array}{ll} \text{I*)} & 15x + 20y = 130 \\ \text{II*)} & 8x + 20y = 116 \end{array}$$
$$\text{durch Subtr. folgt: } 7x \qquad = 14,$$

also ist $\boxed{x = 2}$. Den zugehörigen Wert von y findet man nach diesem Verfahren ähnlich, indem man die erste Gleichung mit 2, die zweite mit 3 multipliziert. Dann folgt

$$\begin{array}{ll} \text{I**)} & 6x + 8y = 52 \\ \text{II**)} & 6x + 15y = 87 \end{array}$$
$$\text{durch Subtraktion: } 7y = 35,$$

also ist $\boxed{y = 5}$. Diesen Wert hätte man natürlich auch so finden können, daß man in I oder II statt des Buchstaben x überall die Zahl 2 setzt und erhält z. B. aus I: $3 \cdot 2 + 4y = 26$, woraus sich wieder $y = 5$ ergibt.

Den Vorgang aus zwei Gleichungen durch irgendeinen Kunstgriff die eine Unbekannte, z. B. y, fortzuschaffen, nennt man Elimination von y aus den Gleichungen.

Merke: Das Eliminationsverfahren unter 3. gilt in der Mathematik als besonders elegant und wird stets dann angewendet, wenn aus wissenschaftlichem Interesse Buchstabengleichungen aufgelöst werden müssen. Z. B. aus

$$\begin{array}{ll} \text{I)} & a_1 x + b_1 y = c_1 \ (\times b_2) \\ \text{II)} & a_2 x + b_2 y = c_2 \ (\times b_1) \end{array}$$

folgt nach Multiplikation von I mit b_2 und von II mit b_1 und nach Subtraktion

woraus

$$(a_1 b_2 - a_2 b_1) x = (c_1 b_2 - c_2 b_1),$$

$$x = (c_1 b_2 - c_2 b_1) : (a_1 b_2 - a_2 b_1) \text{ usw.}$$

Aufgabe 97.

[186] *Jemand kaufte Zwanzigfrank- und Zwanzigmarkstücke, zusammen 54 Stück, im Gesamtwerte von 1000 Mark. Wieviel Stück von jeder Sorte erhielt er, wenn 1 Frank = ⁴/₅ Mark ist?*

Lösung: x Zwanzigfrankstücke sind $20 \cdot x$ Franken; y Zwanzigmarkstücke dagegen $20 \cdot y$ Mark

Da nun 1 Frank $= \dfrac{4}{5}$ Mark, so entstehen die beiden Gleichungen

$$\text{I)} \quad 20 \cdot x \cdot \frac{4}{5} + 20 \cdot y = 1000$$
$$\text{II)} \quad x + y = 54,$$

woraus $x = 20$, $y = 34$ folgt; der Käufer erhielt also 20 Zwanzigfrankstücke und 34 Zwanzigmarkstücke.

Aufgabe 98.

[187] *„Schwer bepackt ein Eselchen ging und des Eselchens Mutter;*
„Und die Eselin seufzete sehr; da sagte das Söhnlein:
„Mutter, was klagest du und stöhnest du doch wie ein jammerndes Mägdelein?
„Gib ein Pfund mir ab, so trage ich doppelte Bürde;
„Nimmst du es aber von mir, gleichviel dann haben wir beide.
„Rechne mir aus, wenn du kannst, mein Bester, wieviel sie getragen.

Bezeichnen wir die Last des Eselchens mit x, jene der Eselin mit y, so ist zunächst I) $x - 1 = y + 1$, denn wenn ein Pfund vom Kleinen auf seine Mutter übertragen wird, tragen beide gleich viel. Weiters aber ist II) $x + 1 = 2 \cdot (y - 1)$, denn, wenn das Eselchen ein Pfund von seiner Mutter übernimmt, so trägt es doppelt so viel als sie. Aus den beiden Gleichungen

$$\text{I)} \quad x - 1 = y + 1 \quad \text{und} \quad \text{II)} \quad x + 1 = 2(y - 1)$$

ergibt sich nach dem Einsetzungsverfahren: Aus I) $x = y + 2$, dies statt des Buchstabens x in II) eingefürt:

$$y + 2 + 1 = 2(y - 1),$$

woraus $y + 3 = 2y - 2$, also $\boxed{y = 5}$ sich ergibt. Da nun $x = y + 2$ ist, so ist das zugehörige $\boxed{x = 7}$. D. h. der kleine Esel trägt die Last 7, die Eselin die Last 5. — Probe I) $7 - 1 = 5 + 1$; II. $7 + 1 = 2(5 - 1)$.

Aufgabe 99.

[188] *Die 3 Winkel eines Dreieckes verhalten sich wie* $m : n : p$ *(5 : 2 : 3). Wie groß sind sie?*

Lösung. Die drei Winkel seien x, y, z. Da sie sich wie $m : n : p$ verhalten, so ist $x = m$ Teile, $y = n$ Teile, $z = p$ Teile groß. Wenn nun 1 Teil mit dem Buchstaben A benannt wird, so ist

$$\text{I) } x = m \cdot A \qquad \text{II) } y = n \cdot A \qquad \text{III) } z = p \cdot A.$$

Da die Summe der drei Winkel eines Dreiecks 180^0 ist, so gilt die vierte Gleichung

$$\text{IV) } x + y + z = 180^0.$$

Aus diesen 4 Gleichungen kann man die 4 Unbekannten x, y, z, A sehr leicht finden. Man setzt in IV) die Werte von x, y, z, die sich aus I), II), III) ergeben, ein (Einsetzungsverfahren) und erhält

$$m \cdot A + n \cdot A + p \cdot A = 180^0$$
$$\text{oder} \qquad (m + n + p) \cdot A = 180^0 \qquad \Big| \quad \text{woraus} \quad \boxed{A = \frac{180^0}{m + n + p}}$$

Da man nun A kennt, ergeben sich x, y, z aus I), II), III) oben:

$$x = \frac{m \cdot 180}{m + n + p} \qquad y = \frac{n \cdot 180^0}{m + n + p} \qquad z = \frac{p \cdot 180^0}{m + n + p}.$$

Für $m = 5$, $n = 2$, $p = 3$ ergibt sich, da man 180^0 in $(5 + 2 + 3) = 10$ Teile teilen muß, für einen Teil $A = 18^0$, also $x = 5 \cdot 18 = 90^0$; $y = 2 \cdot 18 = 36^0$; $z = 3 \cdot 18 = 54^0$. — Probe: $x + y + z = 90^0 + 36^0 + 54^0 = 180^0$.

Aufgabe 100.

[189] „*Ein weidmann hetzet einen Fuchs, hat der Fuchs 60 sprüng bevor, und als offt der Fuchs thut 9 sprüng, so offt thut der Hund 6 sprüng. Aber doch thun 3 Hundsprüng so vil als 7 Fuchssprüng. Ist die Frag', wievil der Hund muß sprüng thun, bis er den Fuchs erhasche?*"

Die Lösung dieser altdeutschen Jägeraufgabe kostet wohl einiges Kopfzerbrechen: Vor allem ist klar, daß hier (wie in Aufgabe 96) Wege zu berechnen und in Vergleich zu setzen sind. Dazu müssen wir eine Wegeinheit haben. Als solche wählen wir die Länge eines Fuchssprunges. Da nun der Hund längere Sprünge macht (es sind ja 3 Hundsprünge schon so lang als 7 Fuchssprünge, also 1 Hundsprung $= \frac{7}{3}$ Fuchssprung an Länge), so haben wir folgende Längenbeziehung:

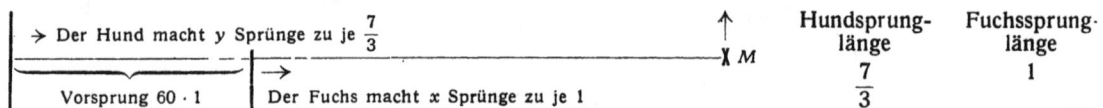

Nun kann der Ansatz leicht erfolgen; es mache bis zum Zusammentreffen der Fuchs x, der Hund y Sprünge. Dann ist deren Weg $x \cdot 1$ bzw. $y \cdot \frac{7}{3}$. Diese Wege müssen sich um 60 Fuchssprünge unterscheiden, also um $60 \cdot 1$ Längeneinheiten. Daher kommen wir zur ersten Gleichung

$$\text{I)} \quad \boxed{\underbrace{60 \cdot 1}_{\text{Vorsprung}} + \underbrace{x \cdot 1}_{\text{Weg des Fuchses}} = \underbrace{y \cdot \frac{7}{3}}_{\text{Weg des Hundes}}}$$

Nun brauchen wir, da wir ja zwei Unbekannte x und y haben, noch eine weitere Gleichung. Diese ergibt sich, wenn wir die Zahl der Sprünge vergleichen; nach Angabe tut der Fuchs mehr

Sprünge als der Hund, und zwar 9, wenn der Hund nur 6 tut; also verhalten sich die **Sprung-zahlen** x und y wie 9:6. Daher die zweite Gleichung

II) $\boxed{x:y = 9:6}$

Damit ist der Ansatz vollendet. Zur Auflösung formt man II) um (Produkt der äußeren Glieder = Produkt der inneren Glieder) und erhält $2x = 3y$ oder $x = \frac{3}{2}y$. Dies, in I) ein-gesetzt, ergibt

$$60 + \frac{3}{2}y = \frac{7}{3}y.$$

Diese Gleichung nennerfrei gemacht, ergibt $360 + 9y = 14y$ oder $5y = 360$, woraus folgt $\boxed{y = 72}$. Der Wert von x ergibt sich aus $x = \frac{3}{2}y = \frac{3}{2} \cdot 72 = 3 \cdot 36 = 108$; es ist also $\boxed{x = 108}$.

Ergebnis: Der Fuchs macht 108 Sprünge, der Hund deren 72.

Diese Aufgabe ist in der ältesten deutschen algebraischen Schrift „Coss" von **Christian Rudolf** aus Jauer vom Jahre 1524 enthalten; der Titel „Coss" kommt von cosa (Ding), mit dem die Italiener die unbekannte Größe in den Gleichungen bezeichneten (Regola della Cosa). — Statt des heutigen x schrieb man damals cosa oder coss; umgekehrt entstand aus der Abkürzung von coss das heutige x dadurch, daß man aus coss im Sprechen und im Schreiben zur Abkürzung das o aus-ließ; dabei ergab die Verschnörkelung der Buchstaben cs eine Art Kreuz, ähnlich unserem x. — Coss hieß damals kurz die Lehre von der Algebra.

B. Gleichungen höheren Grades.

[190] Quadratische Gleichungen.

Die allgemeine Form einer quadratischen Glei-chung ist

$$\boxed{x^2 + ax + b = 0},$$

dabei sind 3 Fälle möglich:

1. Fall: Das sogenannte absolute Glied b fehlt; es entsteht so die **kurzquadratische Gleichung:**

$$\boxed{x^2 + ax = 0.}$$

Diese kann man unter Ausscheidung des Faktors x auch schreiben: $x \cdot (x + a) = 0$. Diese Gleichung befriedigen offenbar zwei Werte, nämlich

$$\boxed{x = 0} \text{ und } \boxed{x = -a}$$

2. Fall: Es fehlt das lineare Glied, d. h. das Glied ax, das x nur im 1. Grad (in der 1. Potenz) enthält. Es entsteht so die **reinquadratische Glei-chung:**

$$\boxed{x^2 = K}$$

Sie wird dadurch aufgelöst, daß man beiderseits die Quadratwurzel auszieht, wobei man beachten muß, daß die gezogene Quadratwurzel sowohl das Zeichen $+$ als das Zeichen $-$ haben darf. Es ist dann

$$\boxed{x = \pm\sqrt{K}}$$

Beispiel. Aus $x^2 - 9 = 0$ folgt $x^2 = +9$; also $x = \pm 3$.

Die rein quadratische Gleichung hat also auch zwei Wurzeln; sie sind aber nur für ein nega-tives b reell (für ein positives b sind sie imaginär [172e].

Beispiel. Aus $x^2 + 9 = 0$ folgt $x = \pm\sqrt{-9} = \pm 3 \cdot \sqrt{-1}$. Die unausziehbare Wurzel $\sqrt{-1}$ bezeichnen die Mathematiker in allgemeiner Übereinkunft mit dem Buchstaben i und nennen sie die **imaginäre Einheit.**

3. Fall: Sind a und b von Null verschieden, so heißt die Gleichung eine **gemischte quadratische Gleichung.**

a) Zur Auflösung der **gemischt quadratischen** Gleichung $x^2 + ax + b = 0$, setzt man das absolute Glied allein auf die rechte Seite, also $x^2 + ax = -b$ und ergänzt dann die linke Seite zu einem vollständigen Quadrate durch den Kunstgriff, daß man beiderseits $\left(\frac{a}{2}\right)^2$ addiert:

$$x^2 + ax + \left(\frac{a}{2}\right)^2 = \left(\frac{a}{2}\right)^2 - b.$$

In der Tat erhält man links das vollständige Quadrat von $\left(x + \frac{a}{2}\right)$ und kann schreiben:

$$\left(x + \frac{a}{2}\right)^2 = \frac{a^2}{4} - b.$$

Hierdurch ist man zu einer reinquadratischen Gleichung vorgedrungen. Durch Wurzelziehen erhält man

$$x + \frac{a}{2} = \pm\sqrt{\frac{a^2}{4} - b},$$

also: $\boxed{x = -\frac{a}{2} \pm \sqrt{\frac{a^2}{4} - b}}$

Über die Beschaffenheit der beiden Wurzeln ent-scheidet der Ausdruck $\left(\frac{a^2}{4} - b\right)$; sie sind reell für $\frac{a^2}{4} \gtrless b$.

Beispiel. Ist $x^2 - 6x - 7 = 0$ zu lösen, so ist $a = (-6)$; $b = (-7)$; also

$$x = -\left(\frac{-6}{2}\right) \pm \sqrt{\frac{36}{4} - (-7)} = +3 \pm \sqrt{9+7} =$$
$$= +3 \pm 4.$$

Wir erhalten also für x die zwei Werte:

$$x_1 = +3+4 = +7 \text{ und}$$
$$x_2 = +3-4 = -1.$$

Löse auf ähnliche Weise die Gleichungen $x^2 - 5x + 6 = 0$; $y^2 - 9y + 20 = 0$; $z^2 - 6z - 16 = 0$! [Antw.: $x_1 = 2$, $x_2 = 3$; $y_1 = 4$, $y_2 = 5$; $z_1 = -2$, $z_2 = +8$].

b) **Eigenschaften der zwei Wurzelwerte** x_1 und x_2. Addiert man die beiden Wurzeln

$$-\frac{a}{2} + \sqrt{\frac{a^2}{4} - b} \text{ und } -\frac{a}{2} - \sqrt{\frac{a^2}{4} - b},$$

so ergibt sich $-a$; d. h. **die Summe der Wurzeln einer quadratischen Gleichung ergibt den negativen Koeffizienten des Gliedes mit** x. — Multipliziert man beide Werte, so ergibt sich $+b$; d. h. **das Produkt der Wurzeln gibt das** x-**freie Glied.**

$$\boxed{x_1 + x_2 = -a} \qquad \boxed{x_1 \cdot x_2 = +b}$$

In obigem Beispiele ist in der Tat $x_1 + x_2 = +6$; $x_1 \cdot x_2 = -7$.

Diese Regeln geben das Mittel, jeden quadratischen Ausdruck in 2 Faktoren zu zerlegen: z. B. $x^2 - 16x + 39$ ist in 2 Faktoren zu zerlegen; man löse die Gleichung $x^2 - 16x + 39 = 0$ auf, wodurch man die Wurzeln

$$x_1 = \frac{16}{2} + \sqrt{\left(\frac{16}{2}\right)^2 - 39} = 13$$

$$x_1 = \frac{16}{2} - \sqrt{\left(\frac{16}{2}\right)^2 - 39} = 3$$

erhält, sonach

$$x^2 - 16x + 39 = (x - 13)(x - 3).$$

Probe: $x^2 - 13x - 3x + 39 = x^2 - 16x + 39$.

Aufgabe 101.

[191] *Drei Zahlen verhalten sich wie* $\frac{1}{2} : \frac{2}{3} : \frac{3}{4}$*; die Summe ihrer Quadrate ist 4525. Wie heißen die Zahlen?*

Lösung: Die drei Zahlen mögen x, y, z heißen; dann ist $x = \frac{1}{2}$ Teil, $y = \frac{2}{3}$ Teil, $z = \frac{3}{4}$ Teil. Nennen wir einen solchen, noch unbekannten Teil A, so bestehen also zunächst folgende 3 Gleichungen:

I) $\boxed{x = \frac{1}{2}A}$ II) $\boxed{y = \frac{2}{3}A}$ III) $\boxed{z = \frac{3}{4}A}$

Da nun die Summe ihrer Quadrate gleich 4525 ist, so haben wir noch

IV) $\boxed{x^2 + y^2 + z^2 = 4525}$

Damit ist der Ansatz erledigt. Zur Auflösung setzen wir in IV) die Werte für x, y, z aus I), II), III) ein und erhalten:

$$\frac{1}{4}A^2 + \frac{4}{9}A^2 + \frac{9}{16}A^2 = 4525.$$

Nun machen wir diese Gleichung nennerfrei, indem wir jedes Glied mit $9 \cdot 16 = 144$ multiplizieren:

$$36 A^2 + 64 A^2 + 81 A^2 = 4525 \cdot 9 \cdot 16.$$

Dies gibt $181 A^2 = 4525 \cdot 9 \cdot 16$; also $A^2 = 25 \cdot 9 \cdot 16$. Hieraus folgt $A = \pm 5 \cdot 3 \cdot 4 = \pm 60$. Die drei gesuchten Zahlen sind also:

$$\boxed{x = \pm 30} \qquad \boxed{y = \pm 40} \qquad \boxed{z = \pm 45}$$

Probe: $(\pm 30)^2 + (\pm 40)^2 + (\pm 45)^2 = 4525$.

Aufgabe 102.

[192] *Eine Baumschule bildet ein Rechteck, in dem 560 Bäume in gleichen Entfernungen voneinander stehen; eine Reihe nach der Länge enthält 8 Bäume mehr als eine Reihe nach der Breite. Wieviel Bäume stehen in jeder Reihe?*

Lösung: Es seien je x Bäume in der Breite, dann stehen je $(x + 8)$ Bäume in der Länge des Rechtecks. Die Gesamtzahl dieser Bäume ist dann $x \cdot (x + 8)$. Da diese gleich 560 sein muß, so entsteht die Gleichung:

$$\boxed{x \cdot (x + 8) = 560}$$

Multiplizieren wir aus, so ergibt sich die gemischt quadratische Gleichung $x^2 + 8x - 560 = 0$. Darin ist $a = 8$, $b = -560$; daher

$$x = -\frac{a}{2} + \sqrt{\frac{a^2}{4} - b} = -4 + \sqrt{16 + 560} = -4 + \sqrt{576} = -4 + 24 = 20.$$

In einer Querreihe stehen sonach **20**, in einer Längsreihe **28** Bäume. (Der negative Wert bei den Quadratwurzeln kommt hier natürlich nicht in Betracht.) Probe: $28 \cdot 20 = 560$.

[193] Gleichungen mit höheren Potenzen der Unbekannten.

a) Gleichungen 4. Grades, die außer einem x freien Gliede nur x^2 und x^4 enthalten, werden als quadratische Gleichungen gelöst, indem man x^2 als Unbekannte betrachtet.

Beispiel:

$$x^4 - 10\,x^2 - 96 = 0 \text{ ergibt } (x_1)^2 = 16$$
$$\text{und } (x_2)^2 = -6,$$

woraus sich 4 Werte ergeben, von welchen freilich nur zwei: $x_1 = +4$ und $x_2 = -4$ reell sind.

b) Es lassen sich zwar auch Gleichungen des 3. Grades und einige andere Arten von Gleichungen des 4. Grades allgemein lösen, doch werden diese Rechnungen so kompliziert, daß sie für praktische Zwecke kaum mehr in Betracht kommen. — In diesen Fällen empfiehlt es sich vielmehr, von **einem graphischen Näherungsverfahren** Gebrauch zu machen.

Beispiel. Es sei die Gleichung aufzulösen:

$$5\,x^3 + 3\,x^2 + 1{,}5\,x - 90 = 0.$$

Man bezeichne den Zahlenausdruck auf der linken Seite der Gleichung mit y, also

$$y = 5\,x^3 + 3\,x^2 + 1{,}5\,x - 90.$$

Setzen wir hierin für x irgendeine beliebige erste Zahl ein, z. B. $x_1 = 3$, so wird $y_1 = +76{,}5$, d. h. der Zahlenausdruck wird nicht Null ($x_1 = 3$ ist keine Lösung), aber wir sehen das eine, daß der Zahlenausdruck für $x_1 = 3$ positiv wird.

Setzen wir nun für x einen zweiten Wert, z. B. $x_2 = 2$, so wird $y_2 = -35$, d. h. der Zahlenausdruck wird negativ. Es liegt nun sehr nahe, daß der Zahlenausdruck gleich Null wird für einen Wert von x, der zwischen 3 und 2 liegt. Dies kann man zeichnerisch weiter verfolgen:

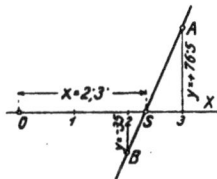

Abb. 74

Man trägt auf einer Horizontalen OX (Abb. 74) in einem beliebigen Maßstabe von dem Anfangspunkte O aus die Werte für x auf, errichtet in den Endpunkten Senkrechte zu OX und trägt auf diesen in einem gleichen oder anderen Maßstabe die Strecken 76,5 (nach aufwärts) und — 35 nach abwärts auf. Dadurch erhält man zwei Punkte A und B; verbindet man diese durch eine Gerade, so gibt deren Schnittpunkt S mit der Achse OX in seinem Abstande von O jenen Wert von x an, für den y und damit der gegebene Ausdruck nahezu Null werden wird. Schon der hier ganz roh gewonnene Wert $x = 2{,}3$ gibt, in die Gleichung eingesetzt, für viele Zwecke hinreichend genaue Lösung; sie wird natürlich um so genauer werden, je näher die Punkte A und B aneinander liegen. Tun sie das noch nicht, so nimmt man z. B. $x_1 = 2{,}5$ und $x_2 = 2{,}2$ und verfährt mit diesem Punktepaare noch einmal wie oben angegeben.

C. Unbestimmte Gleichungen.

[194] Allgemeines.

a) Eine einzelne Gleichung mit 2 Unbekannten ist unbestimmt; sie läßt nach [185a] viele Wertepaare als Lösung zu. So z. B. genügen der Gleichung $y = 3\,x + 1$ unzählig viele Wertepaare,

$x =$	1	0	—1	—2	. . . .
$y =$	4	1	—2	—5	. . . . .

Soll man für solch eine unbestimmte Gleichung nur jene Wertepaare finden, die ganzzahlig und positiv sind, so spricht man von einer **Diophantischen Gleichung.** [183.]

b) Das durch eine unbestimmte Gleichung festgelegte gegenseitige Abhängigkeitsverhältnis der beiden Unbekannten läßt sich in einer für technische Zwecke ungemein verwendbaren Weise **graphisch darstellen.** Dazu müssen wir aber vorerst die uns neuen Begriffe „variable Größe" und „Funktion" erläutern:

c) Größen, denen man während einer Rechnung einen festen Wert beilegt, heißen **konstant** im Gegensatze zu den **veränderlichen** oder **variablen Größen,** die jeden beliebigen (ihrer Natur angemessenen) Wert annehmen können. So z. B. bedeutet in $y = 2\,x + 3$, y eine variable Größe, da es sich mit x ändert. Weil jedoch für jeden besonderen Wert von y sich ein ganz bestimmter zugehöriger Wert für x ergibt, so erscheint y **als abhängig von x.** Man unterscheidet daher **unabhängige und abhängige Variable.**

Um auszudrücken, daß eine Variable y von einer anderen Variablen x abhängig sei, sagt man, y **sei eine Funktion von x** und schreibt das allgemein:

$$\boxed{y = f(x)} \ldots \begin{cases} \text{lies: } y \text{ ist gleich} \\ \text{Funktion von } x. \end{cases}$$

[195] Graphische Darstellung von Funktionen.

a) Um die durch eine Funktion festgelegte, gegenseitige Abhängigkeit zweier variabler Größen zeichnerisch darzustellen, benützt man ein sogenanntes **rechtwinkeliges Koordinatensystem,** das aus zwei sich im Nullpunkte O senkrecht schneidenden Geraden, den **Koordinatenachsen** OX und OY besteht. (Abb. 75.)

Man trägt auf der wagrechten Linie von O aus den Wert der einen Veränderlichen x als Abschnitt (**Abszisse**) auf, er richtet im Endpunkte eine

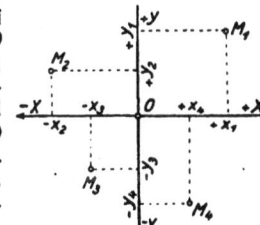

Abb. 75

Senkrechte (**Ordinate**) zur wagrechten (X) Achse und trägt auf dieser den zugehörigen Wert der zweiten Veränderlichen y auf. (Dabei können die Maßstäbe für x und y beliebig festgelegt werden.) **Der Endpunkt M der Ordinate stellt einen Punkt der Funktionslinie dar.** Merke: **Die wagrechte Achse heißt man X-Achse oder Abszissenachse; die senkrechte Achse dagegen Y-Achse oder Ordinatenachse.**

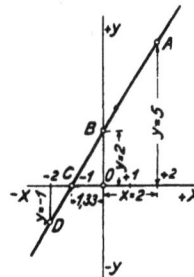

Abb. 76

Man kann natürlich auch x auf der X-Achse, y auf der Y-Achse auftragen und durch Ziehen von Parallelen zu den Achsen den gewünschten Funktionspunkt ermitteln. Je nachdem x positiv oder negativ ist, muß es nach rechts oder nach links von O aufgetragen werden; ähnlich werden positive Werte von y nach oben, negative Werte von y nach unten aufgetragen. So entspricht M_3 in Abb. 75 einem negativen x und einem negativen y usw.

Beispiele: 1. Es sei die Funktion (Gleichung)

$$y = 1{,}5\,x + 2$$

gegeben (Abb. 76).

Für $x = +2$	ist	$y = 5$	(Punkt A)
„ $x = 0$	„	$y = 2$	(Punkt B)
„ $x = -1,33$	„	$y = 0$	(Punkt C)
„ $x = -2$	„	$y = -1$	(Punkt D)

Diese **lineare** Gleichung wird durch eine **gerade Linie** dargestellt, die durch A, B, C und D geht.

2. Gegeben: $y = 2x$ (Abb. 77).

Für $x = +2$	ist	$y = 4$	(Punkt A)
„ $x = 0$	„	$y = 0$	(Punkt O)
„ $x = -2$	„	$y = -4$	(Punkt B)

Diese Gleichung wird, wie jede lineare Gleichung ebenfalls durch eine **gerade Linie** dargestellt; sie geht durch A, O, B.

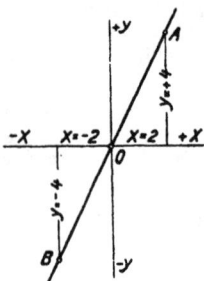 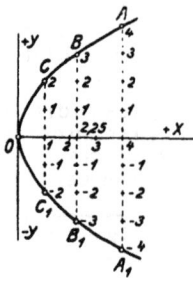

Abb. 77   Abb. 78

Die **Funktion** y ist hier direkt (gerade) **proportional** der Veränderlichen x, weil der Quotient der beiden eine konstante Zahl ist ($y/x = 2$); darauf werden wir noch später zurückkommen.

3. Gegeben: $y^2 = 4 \cdot x$ (Abb. 78).

Für $x = +4$	ist	$y = \pm 4$	(Punkte A, A_1)
„ $x = +2,25$	„	$y = \pm 3$	(Punkte B, B_1)
„ $x = +1$	„	$y = \pm 2$	(Punkte C, C_1)
„ $x = 0$	„	$y = 0$	(Punkt O)

Da zu jedem Werte von x zwei gleiche, aber entgegengesetzte Ordinaten gehören, so liegt die Kurve symmetrisch zur Abszissenachse.

Die **Funktion** stellt die Scheitelgleichung der Parabel dar.

Werden für die Abszissen und Ordinaten gleiche Maßstäbe gewählt, so erscheint die Funktionskurve in **richtiger** Lage und Gestalt (wie z. B. in Abb. 76, 77 u. 78), andernfalls **verzerrt** (Abb. 74). Bei Verwendung der Kurven zu gewissen Ermittelungen muß auf diese „Verzerrung" Rücksicht genommen werden.

Alle diese Verhältnisse werden in der Geometrie noch eingehendere Erörterung finden.

b) Was erreicht man durch die **graphische Darstellung** von Funktionen?

1. Aus solchen **Konstruktionen** lassen sich beliebige **Zwischenwerte** für x und y mit Maßstab und Zirkel abgreifen, während deren Berechnung unter Umständen sehr mühsam ist.

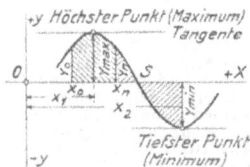

Abb. 79

2. Bei gekrümmten Linien, die an einem oder mehreren Punkten umwenden (Abb. 79), lassen sich die **höchsten** und **tiefsten** Stellen, die sogenannten **Maxima** und **Minima**, rasch durch die Zeichnung festlegen, während sie rechnerisch nur mit Hilfe der höheren Mathemik (Differential- und Integralrechnung) bestimmbar sind. Die an die Kurve gelegten **Tangenten** sind in den höchsten und tiefsten Punkten **parallel zur Abszissenachse**. —

3. Endlich läßt sich der **Flächeninhalt** zwischen der gefundenen Funktionskurve, der Abszissenachse und zwei Grenzordinaten (z. B. die schraffierte Fläche von y_0 bis y_{min} in Abb. 79), der für viele Zwecke der Technik gebraucht wird, aus der Zeichnung mit Hilfe eines Planimeters (das in der Feldmeßkunde beschrieben werden wird) oder durch ein passendes Näherungsverfahren überaus bequem ermitteln, während das **genaue** Flächenausmaß zu bestimmen, oft auch durch höhere Mathematik nur schwer gelingt.

[196] Diagramm, Graphikon.

a) Bisher war nur von mathematisch **durch Gleichung festgelegten Funktionen** (und deren Kurven) die Rede. In der Technik bedient man sich aber sehr häufig ähnlicher graphischer Darstellungen, um das **Abhängigkeitsverhältnis zweier variabler Größen**, z. B. Dampfdruck und Kolbenweg, Leistung und Gasverbrauch bei einem Gasmotor u. dgl. auf Grund tatsächlicher Beobachtungen anschaulich zu machen. Solche Darstellungen nennt man **Diagramme.** Um sie zu erhalten, trägt man sich auf Millimeterpapier die bei den Versuchen ermittelten **zusammengehörigen** Werte als Abszissen und Ordinaten auf, wodurch man entweder eine ganz unregelmäßig oder eine annähernd regelmäßig geformte, auf die angenommenen Koordinatenachsen festgelegte Kurve erhält, aus deren Verlauf dann der Fachmann verschiedene wichtige Folgerungen ziehen kann. Es gibt auch Apparate (**Indikatoren**), die Diagramme **selbsttätig** aufnehmen. — Von Diagrammen wird in der Folge noch häufig eingehend die Sprache sein.

b) Auch hier ist der Flächeninhalt zwischen der Beobachtungskurve und der Abszissenachse sehr oft von Bedeutung, wenn es sich z. B. darum handelt, die geleistete Arbeit eines Dampfkolbens zu berechnen u. dgl. Diese Flächen können mit dem Planimeter gemessen oder mit Näherungsformeln berechnet werden. Eine der gebräuchlichsten Formeln hierfür ist die sogenannte **Simpsonsche Regel** (Abb. 80).

Man teilt die Strecke MN in eine **gerade** Zahl von gleichen Teilen (a) und zieht die Ordinaten y,

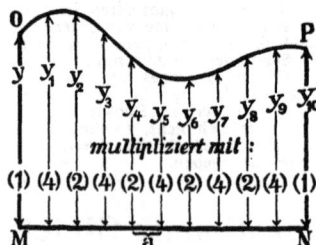

Abb. 80

y_1, y_2 .... y_{n-1}; auf diese schreibt man die Zahlen (1), (4), (2), (4), ... (2), (4), (1), welche andeuten, wie oft man diese Ordinaten rechnen muß; dann ist der Wert der Fläche:

$$F = \frac{a}{3}\,[1 \cdot y + 4 \cdot y_1 + 2 \cdot y_2 + 4 \cdot y_3 + \dots + 1 \cdot y_{n-1}].$$

Ähnliche graphische Darstellungen werden zu den verschiedenartigsten Zwecken (Fahrpläne, statistische Daten usw.) angefertigt, um die Abhängigkeit zweier Größen anschaulicher zu machen, als dies mit Tabellen möglich wäre; man nennt solche Darstellungen allgemein **Graphika** (in der Einzahl **Graphikon**).

[197] Übungsaufgaben.

Aufg. 103. Kürze folgende Brüche ab:

$\alpha)\ \dfrac{(x+1)^2}{x^2-1} = \ldots$ $\quad$ $\beta)\ \dfrac{2\,m^2-m}{4\,m^2-1} = \ldots$

Anleitung: Zähler und Nenner in Faktoren zerlegen; $x^2-1=(x+1)(x-1)$.

Aufg. 104. Addiere den Bruch $\dfrac{1-x^2}{x}$ zu x!

Aufg. 105. Ziehe von dem Bruche $\dfrac{m+n}{2}$ die Zahl n ab!

Aufg. 106. Berechne: $(a^3+3\,a^2+3\,a+1) - \dfrac{a^4+4\,a^3+6\,a^2+4\,a}{a+1} = \ldots$

Aufg. 107. $\dfrac{1}{x+1} + \dfrac{1}{x-1} = \ldots$

Aufg. 108. Zähler und Nenner des Bruches $\dfrac{a}{b}$ sollen 1. um m vermehrt, 2. um m vermindert werden. Wie groß ist die Differenz zwischen dem gegebenen und dem jedesmal entstehenden neuen Bruche?

Aufg. 109. $\left(\dfrac{x^2+2\,x\,y+y^2}{4\,x\,y} - 1\right)\cdot 2\,x\,y = ?$

Aufg. 110. $\left(\dfrac{x+m}{x} - \dfrac{2\,x}{x-m}\right)\dfrac{x-m}{x^2+m^2} = \ldots$

Anleitung: Zuerst Klammernausdruck ausrechnen.

Aufg. 111. Wenn die Luft auf 1 cm² einen Druck von 1,033 kg ausübt, welcher Luftdruck lastet auf einer Fläche von 1,5 m²?

Aufg. 112. Man bestimme x aus: $a\cdot x - 27 = a^3 - 3\,x$!

Aufg. 113. Jemand wird nach 10 Jahren doppelt so alt sein, als er vor 4 Jahren war. Wie alt ist er jetzt?

Aufg. 114. Zerlege in Faktoren $8\,m^8 - 16\,m^5 + 24\,m^3$!

Aufg. 115. $\dfrac{a^m}{a^n}\cdot \dfrac{1}{a^m\cdot a^n} = ?$

Aufg. 116. $\dfrac{1}{a^n} + \dfrac{1}{a^{n-1}} = ?$

Aufg. 117. $\left(x+\sqrt{x^2-y^2}\right)\cdot\left(x-\sqrt{x^2-y^2}\right) = ?$

Aufg. 118. $\left(3\cdot\sqrt{2\,a}+4\right)\cdot\sqrt[3]{4\,a^2} = ?$

Aufg. 119. $(B-b):\left(\sqrt{B}-\sqrt{b}\right) = ?$

(Lösungen im 3. Briefe.)

Anhang.

[198] Lösungen der im 1. Briefe unter [51] gegebenen Übungsaufgaben.

Aufg. 12. a) $7+[3+(2+16)]=7+[3+18]=7+21=28$.
b) $15+14-72+20+1=15+14+20+1-72=-22$.

Aufg. 13. a) $+176-6-52+12+15-5=(+176+12+15)-(6+52+5)=+140$.
b) $+8+4-2-7=+3$.

Aufg. 14. a) $x=100-26=74$; b) $x=26+10=36$; c) $x+4-30=10$; $x=36$; d) $20-x-2=5$ oder $-x=5+2-20$; Zeichen beiderseits geändert: $x=-5-2+20=+13$; Probe stimmt.

Aufg. 15. a) $(5\cdot 5)+(5+1)-3=+25+6-3=+28$.
b) Klammern gelöst: $x-x-9+x-3+x-5$ zusammengefaßt: $(2\cdot x)-17$ für $x=5$ hat dieser Ausdruck den Wert -7. Anmerkung: Man braucht natürlich die Klammern nicht vorher fortzulassen; dann folgt sofort: $5-(5+9)+(5-3)+(5-5)$ usw.
c) $(x\cdot x)-1=(5\cdot 5)-1=24$.
d) $(x\cdot x\cdot x)+41=(5\cdot 5\cdot 5)+41=666$.

Aufg. 16. $(3+1-2)-(-3-1-2)+(-3+1-2)-(-3-1+2)=(2)-(-6)+(-4)-(-2)=2+6-4+2=+6$. Man hätte natürlich auch die Klammern zuerst weglassen können.

Aufg. 17. a) Um $(37-12)=25$.
b) Um $(+5)-(-2)=+7$. In der Tat, ragt das obere Ende einer Stange 5 dm über dem Wasserspiegel hervor und ist das andere 2 dm unter demselben, so ist der Höhenunterschied 7 dm. Oder: hat A 5 M. bar, B dagegen 2 M Schulden, so hat A um 7 M. mehr als B.
c) $(+a)-(-a)=+2\cdot a$. Vergleich mit der Stange unter b.

Aufg. 18. a) $15\,x\cdot x-6\,x\cdot y+10\,x\cdot y-4\,y\cdot y$, wobei man die zwei mittleren Glieder $-6xy+10xy$ zu $+4xy$ zusammenfassen kann; also $15\,x^2+4\,xy-4\,y^2$.
b) $(x^2\cdot x)+(x^2\cdot y)+(y^2\cdot x)+(y^2\cdot y)=x^3+x^2\cdot y+x\cdot y^2+y^3$.
c) Ergebnis: x^3-1.

Aufg. 19. a) Man rechnet die innere runde Klammer zunächst aus; dann ist zu multipl. $[x^2-x+1]\cdot(x+1)$. Dies gibt x^3+1.
b) $10\,m^2+8\,m^3$ geordnet: $8\,m^3+10\,m^2$.

Aufg. 20. Zunächst ist 4 in die Klammer zu multiplizieren: $(4\cdot x+20)-2\,x=(4\cdot x)+20-(2\cdot x)=2\,x+20$.

Aufg. 21. a) -51; b) $+58$; c) $+168$.

Aufg. 22. -41.

Aufg. 23. 101.

Aufg. 24. $-5\,x-10$.

Aufg. 25. a) $(a+b)\cdot m-(a+b)\cdot n$; nun kann man $(a+b)$ selbst herausheben, da es in beiden Gliedern steckt: $(a+b)\cdot(m-n)$; Probe durch Multiplizieren dieser zwei Klammerausdrücke.
b) $x(a-b+c)$.
c) $9(5\,a-3\,b+c)$.
d) $x(x-3)$.

Aufg. 26. $(a-b)\cdot 1-(a-b)(a-b)+(a-b)(a+b)$; jedes Glied hat den Faktor $(a-b)$; also $=(a-b)[1-(a-b)+(a+b)]=(a-b)\cdot[1+2\cdot b]$.

Aufg. 27. $(-4\,x\cdot y)\cdot(-4\,x\cdot y)\cdot(-4\,x\cdot y)=-64\,x^3\cdot y^3$.

Aufg. 28. $29\,x^2-17\,x$.

Aufg. 29. $(x-8)$; Probe: $(x-8)\cdot(x-5)=x^2-13\,x+40$.

Aufg. 30. a) Nach der II. Versetzungsregel: $x=\dfrac{56}{7}\cdot 4=32$.
b) Ebenso: $\dfrac{4}{x}=2$; beiderseits gestürzt $\dfrac{x}{4}=\dfrac{1}{2}$; 4 auf die rechte Seite als Faktor (oben hinauf) $x=\dfrac{4}{2}=2$.

Aufg. 31. a) Die gedachte Zahl sei x; dann muß sein $2\cdot x-50=x+50$ oder $2\,x-x=+50+50$ oder $x=100$. Mache die Probe.
b) Die unbekannte Zahl der Schafe sei x; dann muß sein $3\cdot x+7=x+57$; woraus $3x-x=+57-7$ oder $2\cdot x=50$ oder $x=25$.

Aufg. 32. Gesamtförderung $=3200$ m³ für 5 Tage, also täglich $3200:5=640$ m³.

Aufg. 33. 1 h 40 min $=100$ Minuten; 6 Hektoliter $=600$ Liter. In 1 Minute liefert sie 600 Liter $:100=6$ Liter. Um $120\cdot 100$ Liter zu liefern, braucht sie $12\,000:6=2000$ Minuten $=33$ h 20 min.

GEOMETRIE

Inhalt. Bisher haben wir uns nur mit den Grundaufgaben der konstruktiven Planimetrie befaßt, ohne deren eingehende Kenntnis keine noch so einfache technische Konstruktion ausgeführt werden kann. Damit reicht aber der Techniker bei weitem nicht aus, weil er oft mit Größen zu arbeiten hat, die ihm nicht zugänglich sind, die er daher weder aus der Zeichnung in die Wirklichkeit übertragen, noch auch in natura messen und in seine Zeichnung aufnehmen kann. Solche Größen können aber indirekt durch Rechnung ermittelt werden. — Die Grundlage aller geometrischen Berechnungen bildet die Berechnung der Dreiecksstücke mit Hilfe der Trigonometrie einerseits und die Berechnung der Kreisfiguren anderseits. Diese Aufgaben werden daher nebst den wichtigen Sätzen über geometrische Proportionen und über die Ähnlichkeit ebener Figuren den Hauptgegenstand der folgenden Abschnitte bilden. — Mit einer Übersicht über die bei geometrischen Konstruktionen überhaupt anwendbaren Methoden wollen wir dann das Kapitel „Planimetrie" schließen und uns im folgenden 3. Briefe der Stereometrie, der Lehre von den körperlichen Gebilden und deren Darstellung zuwenden.

3. Abschnitt.

Ähnlichkeit und Kongruenz.

[199] Allgemeines.

Zwei ebene Figuren sind **kongruent** (≅), **wenn sie,** aufeinander gelegt, sich vollkommen decken, d. h. **in Größe und Gestalt einander gleich sind.** Sie sind jedoch einander nur **ähnlich** (∽), **wenn sie zwar gleiche Gestalt haben, aber in der Größe verschieden sind.** Es ist leicht zu erkennen, daß die Gestalt einer geradlinig begrenzten Figur in erster Linie von ihren Winkeln abhängt; sollen daher zwei solche Figuren gleiche Gestalt haben, wie dies bei Ähnlichkeit und Kongruenz Bedingung ist, so müssen alle entsprechenden Innen- und Außenwinkel beider Gebilde paarweise einander gleich und alle Seiten der einen Figur in der zweiten Figur im selben Maßstabe verkleinert sein. Im Falle der vollen Kongruenz darf natürlich von einer Verkleinerung keine Rede sein; hier müssen alle entsprechenden Strecken in beiden Figuren einander gleich sein, sonst ist ja keine volle Deckung beider Gebilde möglich. Bevor wir nun die Voraussetzungen für die Ähnlichkeit oder Kongruenz ebener Figuren besprechen können, müssen wir uns zunächst über die bei Linien möglichen Größenverhältnisse, insbesondere aber über die Proportionalität von Streckenpaaren klar werden.

Ähnlichkeit und Kongruenz von ebenen Figuren und auch solche von körperlichen Gebilden spielen für den Techniker eine große Rolle; so besteht jede bildtreue zeichnerische Darstellung, jede Anfertigung von Modellen aus Holz, Wachs, Ton schließlich nur darin, einen in Naturgröße bereits vorhandenen Gegenstand in kleinerem, gleichem oder auch unter Umständen vergrößertem Maßstabe nachzuzeichnen oder körperlich nachzubilden; anderseits beruht umgekehrt auch ein erheblicher Teil der Tätigkeit des praktischen Technikers darauf, die in Zeichnungen und Modellen festgelegten Proportionen in die Wirklichkeit umzusetzen, also die daselbst dargestellten Figuren und Gebilde genau in einem verlangten Größenausmaß technisch auszuführen, was natürlich die Kenntnis der für die Ähnlichkeit und Kongruenz geometrischer Gebilde geltenden Lehrsätze verlangt.

A. Verhältnisse und Proportionen von Strecken.

[200] Über das Messen von Strecken.

a) Zum Messen braucht man eine Maßeinheit. **Eine Strecke** p durch eine Länge q messen, heißt angeben, wie oft letztere in ersterer enthalten ist. In der Praxis wählt man sich als passende Längeneinheit meist das Meter und untersucht, wie oft diese Längeneinheit in der gegebenen Länge enthalten ist.

b) Zwei Strecken, wovon die eine z. B. 100 m, die andere 60 m lang ist, stehen im **Verhältnisse** $\frac{100}{60}$ oder $\frac{5}{3}$. Ebenso kann man auch aus anderen gleichartigen geometrischen Größen, z. B. Winkeln, Flächen, Räumen usw. Verhältnisse bilden.

Über mathematische Verhältnisse siehe [156].

[201] Proportionalität von Streckenpaaren.

a) Ist die Verhältniszahl von 2 ersten Strecken p, q, z. B. im Gelände, gleich jener zweier anderer Strecken s, t, z. B. in der Abzeichnung, so heißen die Streckenpaare **proportional.** Die Gleichsetzung der gleichen Verhältnisse liefert die **Proportion:**

1. Strecken-paar	2. Strecken-paar
$p : q$	$=$	$s : t$
in Wirklich-keit	in der Ver-kleinerung

Ist eine dieser Strecken unbekannt, so heißt sie **die 4. Proportionale** zu den 3 anderen bekannten Strecken.

b) Um proportionale Strecken übersichtlich darzustellen, geht man am einfachsten von einem Zweistrahle (d. h. von 2 sich schneidenden Geraden AM und BM) aus, der von 2 Parallelen geschnitten wird (Abb. 81); es verhalten sich **je 2 Abschnitte auf dem einen Strahle** wie die entsprechend liegenden auf dem anderen; ferner **je 2 auftretende Parallelstrecken** wie die bis zu ihnen führenden Abschnitte auf dem einen (oder auf dem anderen) Strahle.

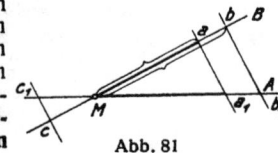

Abb. 81

$$Ma : Mb = Ma_1 : Mb_1$$

ferner

$$\boxed{a\,a_1 : b\,b_1 \begin{cases} = Ma : Mb \\ = Ma_1 : Mb_1 \end{cases}}$$
Parallelstrecken

Diese Sätze gelten auch dann, wenn die Parallelen zu verschiedenen Seiten des Scheitels liegen (Proportionalzirkel).

Dieser Strahlensatz findet Anwendung beim Transversalmaßstab (Abb. 82). Dieses Zeichenhilfsmittel hat den Zweck, kleinere Maßteile abzugreifen, als die normale lineare Teilung aufweist. Der Teilstrich auf der Grundlinie bedeute

z. B. 1 m; will man noch $\frac{1}{10}$ m, also Dezimeter abgreifen, so ziehe man 10 Parallele in beliebigen, aber gleichmäßigen Abständen und wiederhole auf der obersten Linie die Teilung der Grundlinie. Verbindet man dann den Nullpunkt **unten** mit Punkt 1 **oben**, Punkt 1 **unten** mit Punkt 2 **oben** usw., so bedeutet z. B. die Länge CD auf der 6. Parallelen unter diesen Annahmen 6,6 m (d. h. 6 m und 6 Dezimeter).

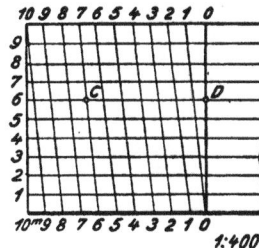
Abb. 82

Aufgabe 120.

[202] *Zu einem gegebenen Streckenpaare a, b und einer Strecke c, die dem a entsprechen soll, ist die 4. Proportionale x zu finden, die dem Gliede b entspricht, so daß also* $a : b = c : x$ *wird (Abb. 83).*

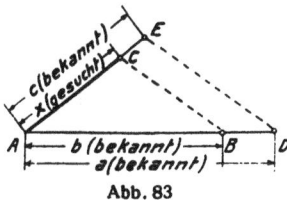
Abb. 83

Man zeichne 2 sich in A schneidende Gerade, trage auf der einen die Streckenpaare $AD = a$, $AB = b$ und auf der anderen zunächst $AE = c$ auf. Nun wird D mit E verbunden und durch B eine Parallele $BC \parallel DE$ gezogen. Dies gibt die gesuchte Strecke $AC = x$. Letztere mißt man ab und hat das gewünschte Maß für das Konstruktionsglied, das dem Gliedteile b entspricht.

Aufgabe 121.

[203] *Es ist die Strecke AB im Verhältnis $3:1$, bzw. $2:1$, bzw. $1:3$ zu teilen (Abb. 84).*

a) Man trage auf einer zu AB beliebig geneigten Geraden I durch A und einer dazu entgegengesetzt durch B verlaufenden, parallelen Geraden II gleiche Teile (in beliebiger Zahl) auf und numeriere die Teilpunkte entsprechend. Die Verbindungslinie $3,1'$ teilt AB im Verhältnis $3:1$, d. h. so, daß $AC : CB = 3 : 1$; durch Linie $2,1'$ wird AB im Verhältnis $2:1$, d. h. so geteilt, daß $AD : DB = 2 : 1$ wird; und Linie $2,2'$ endlich unterteilt AB im Verhältnis $2:2$ oder halbiert AB.

Linie $1,3'$ teilt AB im Verhältnis $1:3$, also $AF : FB = 1 : 3$ usw.

Merke ferner: $AF = FE = EC = CB$, **d. h. Gerade AB ist auf diese Weise in 4 gleiche Teile unterteilt worden.**

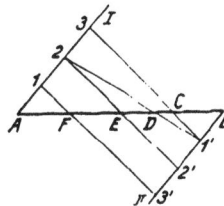
Abb. 84

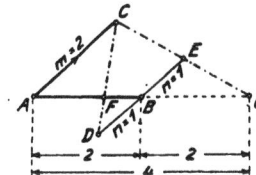
Abb. 85

b) Macht man allgemein (Abb. 85) $AC = m$ Teile und $BD = BE = n$ Teile und verbindet C mit D, so wird AB durch F innerlich im Verhältnis $m : n$ geteilt. Verlängert man aber CE bis G, so wird AB durch G im selben Verhältnis $m : n$ äußerlich geteilt; es ist also

$$\boxed{\begin{aligned} AF : FB &= m : n \\ \text{und } AG : GB &= m : n \end{aligned}}$$

Eine solche Doppelteilung nennt man eine **harmonische.** Z. B. für $m = 2$ und $n = 1$ ist

$$\boxed{AG = 2\,BG} \qquad \boxed{AF = 2\,FB}$$

Um möglichst scharfe Schnittpunkte zu bekommen, zieht man am besten die Geraden $A3$, $B3'$ in Abb. 84 und AC und DE in Abb. 85 unter 45° zu AB.

[204] Vom geometrischen Mittel.

a) Wir haben bereits unter [162] gehört, was in der Mathematik unter dem „geometrischen Mittel" zu verstehen ist. Bei geometrischen Verhältnissen liegt das geometrische Mittel der Größe nach zwischen zwei gegebenen Strecken p und q, und zwar so, daß sich verhält die kleinere zum Mittel wie das Mittel zur größeren; also

$$\boxed{\underbrace{p}_{\text{gegeben}} : \underbrace{x}_{\text{Mittel}} = \underbrace{x}_{\text{Mittel}} : \underbrace{q}_{\text{gegeben}}}$$

Man nennt daher x auch die **mittlere geometrische Proportionale** zu p und q. Da in jeder Proportion das Produkt der inneren Glieder x gleich dem Produkte der äußeren Glieder $p \cdot q$ sein muß, so folgt auch

$$p \cdot q = x^2 \text{ oder } x = \sqrt{p \cdot q}.$$

Da nun $p \cdot q$ als Inhalt eines Rechteckes mit den Seiten p und q aufgefaßt werden kann, anderseits $x^2 = x \cdot x$ als der Inhalt eines Quadrates von der Seite x, so folgt, daß das geometrische Mittel zu p und q suchen heißt: man soll das Rechteck $p \cdot q$ in ein flächengleiches Quadrat verwandeln.

b) Wird eine Strecke in zwei Teile so geteilt, daß sich die ganze Strecke c zum größeren Teile a verhält wie dieser zum kleineren b, so nennt man eine solche Unterteilung den „Goldenen Schnitt".

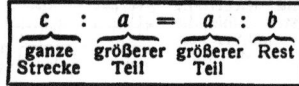

c	:	a	=	a	:	b
ganze Strecke		größerer Teil		größerer Teil		Rest

Dies ist näherungsweise der Fall, wenn man die Strecke in 8 Teile teilt und sie dann im Verhältnisse 5 : 3 teilt. (5² = 25, 3 · 8 = 24.)

Dieser Unterteilung, durch die der größere Abschnitt sonach zum geometrischen Mittel zwischen der ganzen Strecke und dem kleineren Abschnitte wird, hat man eine gewisse Bedeutung für die Größenverhältnisse im Körperbau der Menschen, Tiere und Pflanzen (Blattstellung), in der Architektur und im Kunstgewerbe usw. beigelegt.

Aufgabe 122.

[205] *Zu zwei gegebenen Strecken p und q ist das geometrische Mittel x zu konstruieren (Abb. 86).*

Das geometrische Mittel findet man sehr einfach: Man trage die zwei Strecken p und q nebeneinander auf einer Geraden als AC auf, ziehe über AC als Durchmesser einen Halbkreis und errichte in B ein Lot BD auf AC. Die Strecke BD im Kreis ist nun das gesuchte geometrische Mittel. (Beweis aus [209] Höhensatz.)

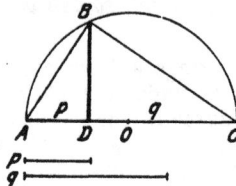

Abb. 86

Kathetensatz. Dreieck ABC ist bei B rechtwinklig. In einem solchen ist

$$AB^2 = AC \cdot AD \quad \text{und} \quad BC^2 = AC \cdot CD$$

d. h. im rechtwinkeligen Dreiecke ist jede Kathete die mittlere geometrische Proportionale zur Hypotenuse und zur Projektion der Kathete auf diese.

$$\text{Kathete} = \sqrt{\text{Hypotenuse} \times \text{Kathetenprojektion}}.$$

Auch diese Beziehung kann der aufmerksame Zeichner zur Ermittelung des geometrischen Mittels zweier Strecken benutzen. Man versuche es!

Aufgabe 123.

[206] *Man teile eine Strecke AB geometrisch genau nach dem goldenen Schnitte (Abb. 87).*

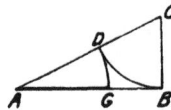

Abb. 87

Zeichne AB; errichte in B ein Lot und mache $BC = \frac{1}{2} AB$; um C mit dem Radius BC einen Kreis beschreiben; A mit C verbinden und AD auf AB auftragen. Dadurch ist AB in G nach dem goldenen Schnitte geteilt.

B. Ähnlichkeit ebener Figuren.

[207] Grundbegriffe.

a) Wir wissen bereits, daß geradlinig begrenzte Figuren einander ähnlich sind, wenn die Winkel der einen Figur den zugehörigen der anderen Figur gleich sind, ihre Seiten aber alle im selben Maßstabe gekürzt (bzw. vergrößert) erscheinen.

Kreisfiguren sind einander immer ähnlich. Kreisausschnitte und Kreisabschnitte nur dann, wenn ihre Zentriwinkel gleich sind. Kreisringe sind ähnlich, wenn ihr Durchmesserverhältnis in beiden Fällen dasselbe, also $R : r = R_1 : r_1$ ist.

b) Das Zeichen für die Ähnlichkeit ist das Similiszeichen ∽ (liegendes S), das für die Kongruenz: ≅; z. B.

Figur A ∽ Figur B	Figur A ≅ Figur B

[208] Ähnlichkeitssätze für das Dreieck.

a) Wiewohl sich schon aus [207] die Bedingungen für die Ähnlichkeit von zwei Dreiecken ergeben, empfiehlt es sich doch bei der besonderen Wichtigkeit des Dreieckes, die Mindestforderungen für die Ähnlichkeit von Dreiecken gesondert zu behandeln. Man merke folgende 4 Fälle:

Zwei Dreiecke (Abb. 88) sind einander schon dann ähnlich, wenn man bemerkt, daß:

1. Die Winkel beider Dreiecke einander gleich sind.

Es genügt dabei, nur zwei Paar Winkel zu messen. — Die Winkelgleichheit und damit die Ähnlichkeit ist übrigens schon dann gegeben, wenn die Seiten beider Dreiecke paarweise parallel laufen oder paarweise je aufeinander senkrecht stehen. (Vgl. Abb. 88 mit Abb. 83!)

2. Oder: 2 Seiten des einen Dreieckes 2 Seiten des anderen proportional sind (Verkürzung $AB : ab = $ Verkürzung $AC : ac$) und die von ihnen eingeschlossenen Winkel α und α'übereinstimmen.

Abb. 88

3. Oder: 2 Seiten des einen Dreieckes 2 Seiten des anderen proportional sind (Verkürzung $AB : ab = $ Verkürzung $AC : ac$) und die den größeren dieser Seiten gegenüberliegenden Winkel übereinstimmen.

4. Alle 3 Seiten des einen Dreieckes denen des anderen proportional sind: (Verkürzung $AB : ab = $ Verkürzung $BC : bc = $ Verkürzung $AC : ac$).

Hierbei muß man also entsprechende Seiten nachmessen und die drei Verkürzungsverhältnisse ermitteln.

b) Einige Proben. 1. Legt man 2 ähnliche Dreiecke so aufeinander (Abb. 88), daß sie sich in einem entsprechenden Winkel decken, z. B. in A, so müssen die gegenüberliegenden Seiten CB und $C_1 B_1$ einander parallel sein. 2. Legt man derartige Dreiecke so, daß entsprechende Seiten parallel sind, so laufen die Strahlen, die die entsprechenden Eckpunkte A mit a, B mit b und C mit c verbinden, in einem Punkte Z zusammen.

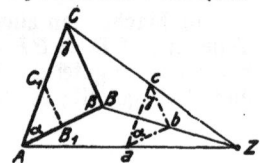

[209] Der Pythagoräische Lehrsatz.

a) Dieser wichtigste der Lehrsätze lautet: **In jedem rechtwinkeligen Dreiecke ist das Quadrat der Hypotenuse gleich der Summe der Quadrate der beiden Katheten.** Dies zeigt Abb. 89. Es ist daher

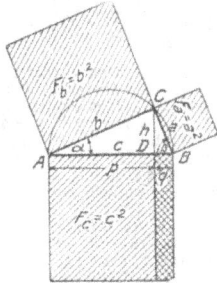

Abb. 89

$$a^2 + b^2 = c^2$$

Er ist eine höchst einfache Folge aus ähnlichen Dreiecken. Zieht man nämlich in einem rechtwinkligen Dreiecke ABC von der Spitze C des rechten Winkels die Höhe CD senkrecht zur Hypotenuse AB, so zerschneidet diese das ganze Dreieck in zwei kleinere rechtwinkelige Dreiecke, die untereinander (wie die Ausmessung der Winkel ergibt) und zum ganzen Dreieck ABC selbst ähnlich sind:

$$\triangle ADC \backsim \triangle CDB \backsim \triangle ABC.$$

Sind nun p und q die Abschnitte, in die die Hypotenuse zerlegt wird, so verhält sich in diesen Dreiecken (die Seiten je eines Dreiecks sind in Größenfolge hier aufgezählt):

I	II	III
$h : p : b$	$=$ $\quad q : h : a$	$=$ $\quad a : b : c$
im $\triangle ADC$	im $\triangle CDB$	im $\triangle ABC$

Daraus entnimmt man leicht:

Aus I und III: $p : b = b : c$ oder $\boxed{b^2 = c \cdot p}$

Aus II und III: $q : a = a : c$ „ $\boxed{a^2 = c \cdot q}$

Durch Addition der eingerahmten Teile folgt $a^2 + b^2 = c(p+q) = c^2$, da eben $p + q = c$ ist.

b) **Die Kathetensätze.** Wenn das ganze Quadrat über der Hypotenuse gleich den beiden Kathetenquadraten ist, so möchte man gern wissen, welcher Teil des Hypotenusenquadrates jedem Kathetenquadrate zukommt. Da darf man nun nur die Höhenlinie h verlängern, sie zerlegt das Hypotenusenquadrat in die gesuchten Teile. Dies lehren die im vorigen Kleindruck durch Rahmen hervorgehobenen Beziehungen, die wir auch schon in [205] als Kathetensätze bezeichnet und benützt haben.

c) **Der Höhensatz.** Aus I und II oben (im Kleindruck) folgt

$$h : p = q : h \quad \text{oder} \quad \boxed{h^2 = pq}$$

Die Sätze unter b) und c) sprechen sich so aus:

1. Das **Höhenquadrat** im rechtwinkligen Dreiecke ist flächengleich dem aus den Hypotenusenabschnitten gebildeten **Rechtecke**: $h^2 = p \cdot q$.

2. Ein **Kathetenquadrat** ist flächengleich einem Teile des Hypotenusenquadrates; es ist gleich dem **Rechtecke** aus der Hypotenuse c und der Kathetenprojektion (p bzw. q).

d) **Pythagoräische Zahlen.** Wählt man die Längen der Katheten 3 und 4, so ist die Hypotenuse gleich 5 (Abb. 90). Grund $3^2 = 9$, $4^2 = 16$, $5^2 = 25$; also ist tatsächlich

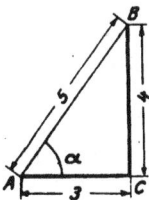

Abb. 90

$$3^2 + 4^2 = 5^2$$

Wählt man die Katheten a und b ganzzahlig, so ergibt sich in be-

stimmten Fällen auch für die Hypotenuse eine ganze Zahl; z. B.

$$\boxed{5^2 + 12^2 = 13^2} \qquad \boxed{6^2 + 8^2 = 10^2}$$

Die Zahlen 3, 4, 5 wurden schon von den alten Ägyptern vor 6000 Jahren zum Abstecken rechter Winkel benützt. Sie verwendeten dabei ein geschlossenes Seil, dessen Teile 3, 4 bzw. 5 ägyptische Ellen lang waren. (Wie?) — Als Pythagoras seinen Lehrsatz entdeckt hatte, soll er aus unbändiger Freude darüber 100 Ochsen geopfert haben; daher der böse Witz, daß Ochsen zittern, wenn sie vom Pythagoräischen Lehrsatz hören. Pythagoras, der sich lange Zeit in Ägypten ausgebildet hatte, lebte um 540 v. Chr. auf der griechischen Insel Samos.

e) **Berechnung.** Sind die Katheten a und b gegeben, so berechnet sich die Hypotenuse nach der Formel

$$\text{Hypotenuse:} \quad c = \sqrt{a^2 + b^2}.$$

Beispiel: $a = 12\,\text{m}$, $b = 5\,\text{m}$; $c = \sqrt{169} = 13\,\text{m}$.

Ist dagegen eine Kathete, z. B. b, unbekannt, so ergibt sich deren Größe aus

$$\text{Kathete:} \quad b = \sqrt{c^2 - a^2}.$$

Beispiel:
$c = 13$, $a = 12$; $b = \sqrt{169 - 144} = \sqrt{25} = 5$.

C. Kongruenz ebener Figuren.

[210] Grundbegriffe.

Wird die Ähnlichkeit von Figuren so weit getrieben, daß das Verkürzungsverhältnis gleich $1 : 1$ ist, d. h. daß alle entsprechenden Strecken gleich sind, so geht die Ähnlichkeit in Kongruenz (Gleichheit) über. **Man nennt zwei Figuren kongruent ($\cong$), wenn sie sich, aufeinander gelegt, vollkommen decken. Kongruente Figuren sind natürlich auch stets einander ähnlich (Maßstab 1 : 1).**

Vielecke sind kongruent, wenn sie gleiche Seiten und gleiche Winkel, Kreise, Kreisringe und Linsen, wenn sie gleiche Halbmesser, Kreisausschnitte und Kreisabschnitte, wenn sie außer gleichen Halbmessern auch noch gleiche Zentriwinkel haben.

[211] Kongruenzsätze für das Dreieck.

a) Die Bedingungen für die Kongruenz zweier Dreiecke, die sog. **Kongruenzsätze**, stimmen wörtlich überein mit jenen über die zur eindeutigen Konstruktion der Dreiecke nötigen Bestimmungsstücke: Zwei Dreiecke sind also kongruent, wenn:

1. **alle 3 Seiten,** oder
2. **zwei Seiten und der von ihnen eingeschlossene Winkel,** oder
3. **zwei Seiten und der der größeren Seite gegenüberliegende Winkel,** oder
4. **eine Seite und die beiden ihr anliegenden Winkel gleich sind.**

Die Gleichheit aller Winkel genügt für die Kongruenz nicht.

b) **Probe:** Werden zwei kongruente Figuren, z. B zwei Dreiecke (Abb. 91) so gelegt, daß die **Seiten einander parallel** sind, so sind die Strahlen, die die entsprechenden Ecken AA, BB und CC verbinden, auch parallel.

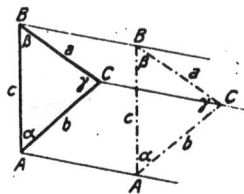

Abb. 91

An die Abb. 88 u. 91 werden wir uns später bei der Parallel- und Zentralprojektion noch öfters erinnern.

4. Abschnitt.

Die Auflösung des Dreieckes (Trigonometrie).

[212] Allgemeines.

a) Wir wissen, daß sich jede geradlinig begrenzte Figur in Dreiecke zerlegen läßt. Wollten wir nun irgendwelche unbekannte Stücke einer solchen Figur ermitteln, so konnten wir dieses bisher nur **durch Konstruktion** der Figur aus den gegebenen Stücken lösen, wobei wir die Figur aus Dreiecken aufbauten. Wollen wir nun aber diese unbekannten Stücke **durch Rechnung** finden, so müssen wir zunächst die einfachere Aufgabe gelöst haben, aus 3 bekannten Stücken eines Dreieckes (Seiten und Winkeln) die übrigen Stücke rechnerisch zu ermitteln, oder, wie man kurz sagt, wir müssen das Dreieck auflösen können. Mit dieser besonderen Aufgabe beschäftigt sich die **Trigonometrie.**

b) Diese beginnt mit einer Jahrtausende alten Erfahrungstatsache. Um nämlich die Winkel eines Dreieckes mit dessen Seiten in rechnerische Verbindung zu bringen, ist das uns bis jetzt geläufige **Gradmaß der Winkel** (30°, 60°, 75° usw.) völlig ungeeignet; dazu muß man die Winkel durch das **Verhältnis** gewisser, zu ihnen gehöriger Strecken charakterisieren. **Tabellen**, die schon von den alten Arabern aufgestellt wurden, geben uns dann als notwendige Verbindungsbrücke jeweils jenen Winkel im Gradmaße an, dem ein gewünschtes oder errechnetes Verhältnis entspricht. Diese Verhältnisse haben bestimmte Namen (**sinus, cosinus, tangens**);

da sie von der Gradgröße der Winkel abhängen (mit dieser sich ändern), so nennt man sie **Winkelfunktionen** (oder goniometrische Funktionen).

Beispiel. Wir betrachten das schon in uralten Schriften vorkommende rechtwinkelige Dreieck mit den Seiten 3, 4, 5 (Abb. 90). Wollen wir den Winkel α dieses Dreieckes ermitteln so werden wir zunächst das Dreieck aus $a = 4$, $b = 3$, $c = 5$ konstruieren; dann nehmen wir den Winkelmesser her und messen damit mehr oder minder genau den Winkel α ab; dieser ergibt sich zu ∽53°. (Es ist dies der berühmte Winkel, den die Seitenflächen der ägyptischen Pyramiden mit ihrer Grundfläche einschließen.)

Aber in der Trigonometrie charakterisiert man α z. B. durch das **Verhältnis 4 : 3** der Gegenkathete a und der Nebenkathete b. Dieses Verhältnis heißt **Tangens** α (geschrieben tg α). Merkt sich jemand dieses Verhältnis (was wohl leichter zu merken ist als 53°), so kann er nach Jahr und Tag den richtigen Winkel aus diesem Verhältnis sofort durch eine Zeichnung ermitteln, wobei das Dreieck beliebig groß oder klein sein darf, wenn es nur dasselbe Kathetenverhältnis 4 : 3 besitzt.

Man könnte den Winkel α ebensogut durch das **Verhältnis 4 : 5** aus Gegenkathete durch Hypotenuse charakterisieren oder endlich durch das **Verhältnis 3 : 5** aus Nebenkathete durch Hypotenuse. Das erstere Verhältnis heißt in der Trigonometrie **sinus** α, das letztere **cosinus** α. Man kann also je nach Wunsch oder Belieben rechnen mit tg α, sin α oder cos α, nur muß man dann zur Ermittlung von α selbst entweder die tg- oder die sin- oder die **cos-Tabelle** benutzen, wie solche für Winkel von Grad zu Grad weiter unten folgen.

Zur Selbstübung zeichne ein rechtwinkeliges Dreieck mit den Katheten $a = 10$, $b = 4$ und bestimme a) durch Abmessung, b) mit Hilfe der Tangenstabelle unten den Winkel α. Erst wenn dir das mühelos gelungen ist, hast du das Wesen der Trigonometrie begriffen. Wiederhole diese Bestimmung dann an vielen selbstgewählten Beispielen!

Tabelle 7. Winkelfunktionen.

Grad	sin	cos	tg	ctg		Grad	sin	cos	tg	ctg	
0	0,0000	1,0000	0,0000	∞	90	23	0,3907	0,9205	0,4245	2,3558	67
1	0,0174	0,9999	0,0175	57,290	89	24	0,4067	0,9135	0,4452	2,2460	66
2	0,0349	0,9994	0,0349	28,636	88						
3	0,0523	0,9986	0,0524	19,081	87	25	0,4226	0,9063	0,4663	2,1445	65
4	0,0698	0,9976	0,0699	14,300	86	26	0,4384	0,8988	0,4877	2,0503	64
						27	0,4540	0,8910	0,5095	1,9626	63
5	0,0872	0,9962	0,0875	11,430	85	28	0,4695	0,8829	0,5317	1,8807	62
6	0,1045	0,9945	0,1051	9,5144	84	29	0,4848	0,8746	0,5543	1,8040	61
7	0,1219	0,9925	0,1228	8,1443	83						
8	0,1392	0,9903	0,1405	7,1154	82	30	0,5000	0,8660	0,5773	1,7320	60
9	0,1564	0,9877	0,1584	6,3137	81	31	0,5150	0,8572	0,6009	1,6643	59
						32	0,5299	0,8480	0,6249	1,6003	58
10	0,1736	0,9848	0,1763	5,6713	80	33	0,5446	0,8387	0,6494	1,5399	57
11	0,1908	0,9816	0,1944	5,1445	79	34	0,5592	0,8290	0,6745	1,4826	56
12	0,2079	0,9781	0,2126	4,7046	78						
13	0,2249	0,9744	0,2309	4,3315	77	35	0,5736	0,8191	0,7002	1,4281	55
14	0,2419	0,9703	0,2493	4,0108	76	36	0,5878	0,8090	0,7265	1,3764	54
						37	0,6018	0,7986	0,7535	1,3270	53
15	0,2588	0,9659	0,2679	3,7320	75	38	0,6157	0,7880	0,7813	1,2799	52
16	0,2756	0,9613	0,2867	3,4874	74	39	0,6293	0,7771	0,8098	1,2349	51
17	0,2924	0,9563	0,3057	3,2708	73						
18	0,3090	0,9511	0,3249	3,0777	72	40	0,6428	0,7660	0,8391	1,1917	50
19	0,3256	0,9455	0,3443	2,9042	71	41	0,6561	0,7547	0,8693	1,1504	49
						42	0,6691	0,7431	0,9004	1,1106	48
20	0,3420	0,9397	0,3640	2,7475	70	43	0,6820	0,7313	0,9325	1,0724	47
21	0,3584	0,9336	0,3839	2,6051	69	44	0,6947	0,7193	0,9657	1,0355	46
22	0,3746	0,9272	0,4040	2,4751	68						
						45	0,7071	0,7071	1,0000	1,0000	45
	cos	sin	ctg	tg	Grad		cos	sin	ctg	tg	Grad

A. Die Winkelfunktionen.

[213] Winkelfunktionen für spitze Winkel (0⁰ bis 90⁰).

a) Wir zeichnen ein rechtwinkeliges Dreieck und heben darin den Winkel α hervor (Abb. 92). Diesen kann man charakterisieren durch eines von den folgenden drei Verhältnissen:

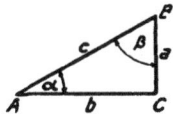

Abb. 92

$$\frac{a}{c}, \quad \frac{b}{c}, \quad \text{bzw.} \quad \frac{a}{b}.$$

Merke nunmehr:

> $\dfrac{a}{c}$ heißt der **Sinus** von α
>
> $\dfrac{b}{c}$ heißt der **Kosinus** von α
>
> $\dfrac{a}{b}$ heißt die **Tangens** von α

Aus dieser Erklärung folgt:

1. Der **Sinus** ist die **gegenüberliegende** Kathete, gebrochen durch die Hypotenuse,
2. Der **Kosinus** ist die **anliegende** Kathete, gebrochen durch die Hypotenuse,
3. Die **Tangente** ist die **gegenüberliegende** Kathete, gebrochen durch die **anliegende**.

b) Neben diesen 3 Funktionen benützt man zuweilen, aber sehr selten, auch deren reziproke Werte

> $\dfrac{c}{a}$ heißt **Kosekans** α
>
> $\dfrac{c}{b}$ „   **Sekans** α
>
> $\dfrac{b}{a}$ „   **Kotangens** α

Es ist also zu merken:

$$\text{cosec } \alpha = \frac{1}{\sin \alpha}, \quad \sec \alpha = \frac{1}{\cos \alpha}, \quad \cot g\, \alpha = \frac{1}{\text{tg } \alpha}.$$

Wie schon gesagt, werden diese Funktionen mit Ausnahme von $\cot g\, \alpha = 1 : \text{tg } \alpha$ sehr selten benützt; der Leser kann sie übergehen.

c) Um die Werte der Funktionen mit zunehmendem Winkel von 0⁰—90⁰ zu finden, denken wir uns einen Halbmesser AB (Abb. 93) im entgegengesetzten Sinne des Uhrzeigers um den Punkt A gedreht, wobei der Punkt B den Kreisbogen von B_0 bis B_{90} beschreibt. Wir fällen dabei jeweils von dem wandernden Punkte B das Lot auf die feste Nullinie AB_0. Dann gehört zu jedem Winkel α bei A ein rechtwinkeliges Dreieck ABC.

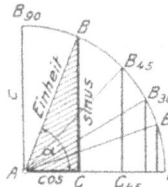

Abb. 93

1. **Wachstum des Sinus:** Will der Leser den $\sin \alpha$ bestimmen, so messe er BC und teile diese Strecke jeweils durch den Radius AB. Macht der Leser $\alpha = 0$, $\alpha = 30^0$, $\alpha = 45^0$, $\alpha = 60^0$, $\alpha = 90^0$, so findet er

$$\boxed{\sin 0^0 = 0}, \quad \sin 30^0 = 0.5; \quad \sin 45^0 = 0.7071;$$

$$\sin 60^0 = 0.866; \quad \boxed{\sin 90^0 = 1}$$

Der Sinus wächst also von 0 bis 1 (ist also $<$ oder $= 1$).

2. **Abnahme des Kosinus:** Mißt der Leser für die obengenannten Winkel im Bestimmungsdreiecke ABC die Nebenkathete AC und teilt sie durch den Radius AB, so erhält er die Werte von $\cos \alpha$.

Er findet:

$$\boxed{\cos 0^0 = 1}; \quad \cos 30^0 = 0.866; \quad \cos 45^0 = 0.7071;$$

$$\cos 60^0 = 0.5; \quad \boxed{\cos 90^0 = 0}$$

Der Kosinus nimmt also von 1 gegen 0 ab (ist also $<$ oder $= 1$).

3. **Änderung von tg α und cotg α:** Teilt man die Gegenkathete BC durch die Nebenkathete AC, oder, was ersichtlich auf dasselbe hinauskommt, $\sin \alpha$ durch $\cos \alpha$, so erhält man die tg α und findet:

$$\boxed{\text{tg } 0^0 = 0}; \quad \text{tg } 30^0 = 0.5773; \quad \boxed{\text{tg } 45^0 = 1};$$

$$\text{tg } 60^0 = 1.732; \quad \boxed{\text{tg } 90^0 = \infty}$$

Die Tangens α wächst also von 0 bis ∞ (nimmt alle Zahlenwerte an). Die Kotangens ist der reziproke Wert von tg α; es ist also cotg $0^0 = \infty$, cotg $45^0 = 1$, cotg $90^0 = 0$. Diese Funktion durchläuft alle Werte von ∞ bis 0.

d) **Das Ergänzungsgesetz.** Bisher war nur von dem Winkel α des rechtwinkeligen Dreiecks ABC die Rede (Abb. 93). Er wird bekanntlich vom zweiten Winkel β zu 90⁰ ergänzt. Man sieht nun sofort

$$\sin \beta = \frac{b}{c} = \cos \alpha \qquad \text{tg } \beta = \frac{b}{a} = \cot g\, \alpha$$

$$\cos \beta = \frac{a}{c} = \sin \alpha \qquad \cot g\, \beta = \frac{a}{b} = \text{tg } \alpha$$

Man sagt: **Ergänzen sich zwei Winkel (α und β) zu 90⁰, so sind die Funktionen des einen gleich den Kofunktionen des anderen.** Auf Grund dieses Satzes brauchen die Tabellen nur die Funktionen für Winkel von 0⁰ bis 45⁰ zu geben. Ist nun z. B. ein Winkel von 70⁰ gegeben, so ist seine Ergänzung zu 90⁰ gleich 20⁰ und daher

$$\sin 70^0 = \cos 20^0, \quad \cos 70^0 = \sin 20^0, \quad \text{tg } 70^0 = \cot g\, 20^0.$$

Für 20⁰ aber stehen ja die Funktionen in der Tabelle. Merke:

$$\boxed{\sin (90 - \alpha) = \cos \alpha} \qquad \boxed{\cos (90 - \alpha) = \sin \alpha}$$

$$\boxed{\text{tg } (90 - \alpha) = \cot g\, \alpha}$$

e) **Der „Pythagoras."** Setzt man die Hypotenuse $AB = 1$, was ja erlaubt ist, da jede Größe als Maßeinheit genommen werden kann, so stellt

Kathete BC den $\sin \alpha$,
Kathete AC den $\cos \alpha$

vor. Wenden wir auf dieses Dreieck mit der Hypotenuse 1 den Pythagoräischen Lehrsatz an, so folgt sofort die höchst interessante Beziehung

$$\sin^2\alpha + \cos^2\alpha = 1$$

Ist also z. B. $\sin\alpha$ aus irgendeinem Grunde bekannt, so kann man aus dieser Gleichung durch Wurzelziehen den $\cos\alpha$ berechnen; es ist $\cos\alpha = \sqrt{1 - \sin^2\alpha}$; prüfe dies für obige Fälle von 30°, 45°, 60°!

f) Die Werte der Winkelfunktionen für ganze Grade findet man in vorstehender Tabelle 7

zusammengestellt. Im allgemeinen handelt es sich dabei um unendliche Dezimalbrüche, die hier nur auf 4 Stellen gegeben sind.

Beispiel zur Berechnung von Zwischenwerten aus Tabelle 7: Es sei jener Winkel α zu suchen, dessen $\cos$ 0,5630 beträgt: In der Tabelle finden wir zunächst:

$$\left. \begin{array}{l} \cos 55° = 0,5736 \\ \cos\alpha\ = 0,5630 \\ \cos 56° = 0,5592 \end{array} \right\} \begin{array}{l} \text{Diff.: } 106 \\ \text{„ } 38, \end{array}$$

d. h. unser Winkel α liegt um ca. $\frac{1}{4}$ näher an $\sphericalangle 56°$; daher $\alpha \approx 55° 45'$.

Aufgabe 124.

[214] *Es sind die Funktionen der Winkel von 45°, 60° und 30° zu berechnen.*

a) Für $\alpha = 45°$ ist das Dreieck ABC (Abb. 92) gleichschenkelig, denn der Ergänzungswinkel β ist auch 45°. Ist nun die Hypotenuse $AB = 1$, eine Kathete gleich x, so muß nach Pythagoras sein: $x^2 + x^2 = 1$; woraus folgt:

$$x = \sqrt{\frac{1}{2}} = \sqrt{\frac{2}{4}} = \frac{\sqrt{2}}{2} = 0,7071 \ldots$$

Es ist also $\sin 45° = 0,7071$, ebenso $\cos 45° = 0,7071$, und schließlich ist $\mathrm{tg}\, 45°$ gleich $\frac{a}{b}$ oder 1.

b) Für $\alpha = 30°$ ist ABC die Hälfte eines gleichseitigen Dreiecks. (Man denke sich dieses Dreieck um AC heruntergeklappt.) Daher ist BC gleich der halben Seite AB. Ist letztere 1, so ist $BC = \frac{1}{2}$ und gemäß dem Pythagoräischen Lehrsatze:

$$AC = \sqrt{1^2 - BC^2} = \frac{\sqrt{3}}{2} = 0,866 \ldots$$

Es ist also $\sin 30° = 0,5$; $\cos 30° = 0,866\ldots$; $\mathrm{tg}\, 30° = BC : AC = \frac{\sqrt{3}}{3} = 0,5773 \ldots$

c) Nach dem Ergänzungssatze ist schließlich $\sin 60° = \cos 30° = 0,866\ldots$, $\cos 60° = \sin 30° = 0,5$; $\mathrm{tg}\, 60° = \frac{\sin 60°}{\cos 60°} = \frac{0,866}{0,500} = 1,732\ldots$

[215] Darstellung der Winkelfunktionen in den einzelnen Kreisquadranten.

a) Unterteilen wir einen Kreis (Abb. 94) vom Halbmesser $R = 1$ durch zwei aufeinander senkrecht stehende Durchmesser $A_1 A_2$ und $B_1 B_2$ in vier Quadranten I—IV, so stellt im ersten Quadranten $\sphericalangle M_1 OP_1$ einen Winkel α dar, für den, wie sofort ersichtlich

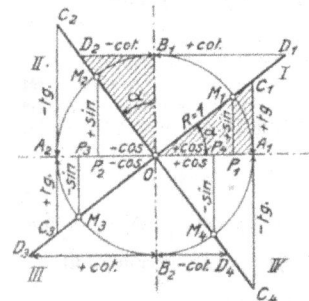

Abb. 94

$$\sin\alpha = \frac{M_1 P_1}{R},$$

$$\cos\alpha = \frac{P_1 O}{R},$$

$$\mathrm{tg}\,\alpha = \frac{A_1 C_1}{R}$$

und $\mathrm{cotg}\,\alpha = \frac{B_1 D_1}{R}$

Wegen der Wahl $R = 1$ ist daher

$\sin\alpha = M_1 P_1$ (Sinusstrecke)
$\cos\alpha = P_1 O$ (Kosinusstrecke)
$\mathrm{tg}\,\alpha = A_1 C_1$ (Tangensstrecke)
$\mathrm{cotg}\,\alpha = B_1 D_1$ (Kotangensstrecke).

Merke: Der Sinus ist im I. und II. Quadranten positiv, im III. und IV. negativ. Der Kosinus im I. und IV. Quadranten positiv, im II. und III. negativ, die Tangens und Kotangens im I. und III. positiv, im II. und IV. negativ.

Trägt man sich auf einer Geraden die Kreisbögen von α auf und im Endpunkte jeweils senkrecht als Ordinate die zugehörigen Sinusstrecken, so erhält man eine wellig geformte Linie, die sog. Sinuskurve (Abb. 95), die wir später noch genauer kennen lernen werden.

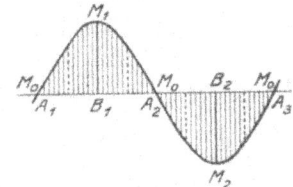

Abb. 95

Aus dem beigegebenen Schema kann man die Zu- und Abnahme der Winkelfunktionen in den einzelnen Quadranten deutlich erkennen.

Quadrant	Sinus	Kosinus	Tangente	Kotangente
I (0°—90°)	$+$ 0 bis $+1$	$+$ $+1$ bis 0	$+$ 0 bis ∞	$+$ ∞ bis 0
II (90°—180°)	$+$ $+1$ bis 0	$-$ 0 bis -1	$-$ ∞ bis 0	$-$ 0 bis ∞
III (180°—270°)	$-$ 0 bis -1	$-$ -1 bis 0	$+$ 0 bis ∞	$+$ ∞ bis 0
IV (270°—360°)	$-$ -1 bis 0	$+$ 0 bis $+1$	$-$ ∞ bis 0	$-$ 0 bis ∞

Übungsbeispiele: Man soll die Winkel konstruieren, wenn 1. $\cos\alpha = -\frac{2}{3}$, 2. $\sin\alpha = +\frac{4}{5}$, 3. $\mathrm{tg}\,\alpha = \pm 3$ 4. $\mathrm{cotg}\,\alpha = \pm 4$ ist; in welche Quadranten fallen diese Winkel?

[216] Funktionen von stumpfen und noch größeren Winkeln.

a) Sehr häufig kommen **stumpfe Winkel** vor, d. h. solche, die zwischen 90⁰ und 180⁰ liegen. Diese kann man stets durch $(90^0 + \alpha)$ oder durch $(180^0 - \beta)$ ausdrücken.

1. Ist in Abb. 94 $\sphericalangle A_1OM_2 = 90^0 + \alpha$, so ist $\sin (90^0 + \alpha) = M_2P_2$; da nun die zwei Dreiecke M_2P_2O und M_1P_1O ersichtlich kongruent sind, so folgen die Beziehungen:

$$\begin{aligned}
\sin (90^0 + \alpha) &= + \cos \alpha \\
\cos (90^0 + \alpha) &= - \sin \alpha \\
\mathrm{tg}\ (90^0 + \alpha) &= - \cot g\ \alpha \\
\cot g (90^0 + \alpha) &= - \mathrm{tg}\ \alpha
\end{aligned}$$

2. Würde man Dreieck M_1OP_1 durch Umklappung um die vertikale Achse OB_1 in die entgegengesetzte Lage bringen, so erkennt man sofort:

$$\begin{aligned}
\sin (180^0 - \alpha) &= + \sin \alpha \\
\cos (180^0 - \alpha) &= - \cos \alpha \\
\mathrm{tg}\ (180^0 - \alpha) &= - \mathrm{tg}\ \alpha \\
\cot g (180^0 - \alpha) &= - \cot g\ \alpha
\end{aligned}$$

b) Für Winkel, die **noch größer** sind, gelten die Sätze:

1. Ein Abziehen von 360⁰ ändert nichts.

2. Ein Abziehen von 180⁰ erteilt nur dem Sinus und dem Kosinus das entgegengesetzte Zeichen.

Statt Abziehen kann man auch „addieren" setzen.

Beispiel. Berechne die Funktionen von 290⁰! Lösung: Man zieht 180° ab (gibt 110°) und weiß, daß sin und cos das Vorzeichen wechseln, also:

$$\sin 290^\circ = - \sin 110^\circ = - \sin (90 + 20^\circ) = - \cos 20^\circ$$
$$\cos 290^\circ = - \cos 110^\circ = - \cos (90 + 20^\circ) = + \sin 20^\circ$$

Durch Division folgt: $\mathrm{tg}\ 290^\circ = - \cot g\ 20$ und $\cot g\ 290 = - \mathrm{tg}\ 20^\circ$.

Übung: Drücke durch Funktionen von spitzen Winkeln aus: 1. sin 125⁰, 2. cos 288⁰, 3. sin 98⁰ 10′, 4. tg 129⁰ 40′.

[217] Umrechnung der Funktionen.

a) Vom **sin** kommt man auf den **cos** unter Zuhilfenahme des Pythagoräischen Lehrsatzes $\sin^2 \alpha + \cos^2 \alpha = 1$. Es ist [213e]:

$$\cos \alpha = \sqrt{1 - \sin^2 \alpha}.$$

b) $\mathrm{tg}\ \alpha$ ist der Quotient aus $\sin \alpha$ und $\cos \alpha$. Dies lehrt schon Abb. 92; denn setzt man $c = 1$. so ist $a = \sin \alpha$, $b = \cos \alpha$. Da nun $\mathrm{tg}\ \alpha = a : b$ ist, so folgt

$$\mathrm{tg}\ \alpha = \frac{\sin \alpha}{\cos \alpha} = \frac{\sin \alpha}{\sqrt{1 - \sin^2 \alpha}}.$$

[218] Noch einige wichtige Formeln für das Rechnen mit zusammengesetzten Winkeln.

a) Betrachten wir Abb. 96 recht genau! Sie zeigt bei O zwei beliebige Winkel α und β aneinandergereiht. An α ist das rechtwinkelige Dreieck mit den

Katheten a und b gefügt, an β das kleinere mit den Katheten p und q. Man sieht sofort:

$$\sin (\alpha + \beta) = \frac{y}{r} = \frac{a + z}{r} =$$
$$= \frac{a}{r} + \frac{z}{r},$$

wobei wir statt $\frac{a}{r}$ zwei Brüche schreiben wollen und ebenso für $\frac{z}{r}$. Diese Brüche füllen wir durch einen Kunstgriff wie folgt aus:

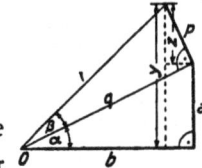

Abb. 96

$$\sin (\alpha + \beta) = \frac{a}{q} \cdot \frac{q}{r} + \frac{z}{p} \cdot \frac{p}{r}$$
$$= \sin \alpha \cdot \cos \beta + \cos \alpha \cdot \sin \beta.$$

Damit haben wir eine geradezu fundamentale Formel für einen zusammengesetzten Winkel aufgestellt. Andere findet man in ähnlicher Weise. Wir wollen die wichtigsten hier zusammenstellen, bemerken aber gleich, daß sie mehr dem geschulten Mathematiker als Handwerkszeug dienen als dem täglichen Gebrauch des Technikers.

$$\begin{aligned}
\sin (\alpha + \beta) &= \sin \alpha \cdot \cos \beta + \cos \alpha \cdot \sin \beta \\
\sin (\alpha - \beta) &= \sin \alpha \cdot \cos \beta - \cos \alpha \cdot \sin \beta \\
\cos (\alpha \pm \beta) &= \cos \alpha \cdot \cos \beta \mp \sin \alpha \cdot \sin \beta
\end{aligned}$$

b) Setzt man $\alpha = \beta$, so begründet man leicht folgende Formeln:

$$\begin{aligned}
\sin 2\alpha &= 2 \cdot \sin \alpha \cdot \cos \alpha \\
\cos 2\alpha &= 1 - 2 \sin^2 \alpha \\
\sin \frac{\alpha}{2} &= \sqrt{\frac{1 - \cos \alpha}{2}} \\
\cos \frac{\alpha}{2} &= \sqrt{\frac{1 + \cos \alpha}{2}}
\end{aligned}$$

c) Einige **Additionsformeln** seien ebenfalls noch hiehergesetzt, die in den Problemen der Feldmessung ihre guten Dienste tun:

$$\sin \alpha + \sin \beta = 2 \cdot \sin \frac{\alpha + \beta}{2} \cdot \cos \frac{\alpha - \beta}{2}$$
$$\sin \alpha - \sin \beta = 2 \cdot \sin \frac{\alpha - \beta}{2} \cdot \cos \frac{\alpha + \beta}{2}$$

$$\cos \alpha + \cos \beta = 2 \cdot \cos \frac{\alpha + \beta}{2} \cdot \cos \frac{\alpha - \beta}{2}$$
$$\cos \alpha - \cos \beta = - 2 \cdot \sin \frac{\alpha + \beta}{2} \cdot \sin \frac{\alpha - \beta}{2}$$

$$\sin \alpha \pm \cos \alpha = \pm \sqrt{1 \pm \sin 2\alpha}$$

B. Berechnung von Dreiecken.

[219] Grundlegende Formeln.

a) Für rechtwinkelige Dreiecke. 1. Für jeden Anfänger ist es sehr wichtig, daß er die **Katheten** eines rechtwinkeligen Dreiecks rasch und sicher durch die Hypotenuse mit Zuhilfenahme von **sin** und **cos**

ausdrücken kann. Wir benützen dazu am besten Abb. 92. Ist $c = 1$, so ist bekanntlich [213] $a = \sin \alpha$, $b = \cos \alpha$. Ist aber c beliebig, so ist

$$\boxed{a = c \cdot \sin \alpha} \quad \boxed{b = c \cdot \cos \alpha}$$

Daraus folgen die Regeln, wie man aus der Hypotenuse die Katheten findet:

Kathete = Hyp. × **sin** (des Gegenwinkels)
= Hyp. × **cos** (des anlieg. Winkels).

2. Bedenkt man ferner, daß $\operatorname{tg} \alpha = a : b$ ist, so ergibt sich dazu noch die bei Höhenmessungen sehr stark verwendete Formel:

$$\boxed{\underset{\text{vertikale Kathete}}{a} = \underset{\text{wagrechte Kath.} \times \operatorname{tg} \alpha}{b \cdot \operatorname{tg} \alpha}}$$

3. Die Hypotenuse ergibt sich aus den Katheten nach dem Pythagoräischen Lehrsatze: $c = \sqrt{a^2 + b^2}$ oder als $a : \sin \alpha$ oder als $b : \cos \alpha$.

Übungsbeispiele. Von einem rechtwinkeligen Dreiecke sind gegeben:

1. Katheten $a = 15$ m; $b = 18$ m.
2. Hypotenuse $c = 32$ m und Kathete $b = 12$ m.
3. Kathete $b = 108$ m; $\beta = 35°$.
4. Hypotenuse $c = 85$ m; $\beta = 23° 40'$.

Der Leser versuche, die fehlenden Winkel und Strecken zu berechnen. Er benütze Tabelle 7.

b) Für beliebige Dreiecke.

Hiefür kommen nur 3 Sätze in Betracht, der Sinussatz, der Kosinussatz und der Tangenssatz.

1. Der Sinussatz lautet: In jedem Dreiecke verhalten sich die Seiten wie die Sinus der diesen Seiten gegenüberliegenden Winkel.

$$\boxed{\frac{a}{\sin \alpha} = \frac{b}{\sin \beta} = \frac{c}{\sin \gamma}}$$

Dies erkennen wir aus Abb. 97, wo dem Dreiecke ABC ein Kreis umschrieben ist. Zieht man den Durchmesser D z. B. durch die Ecke C, so schließen sich an diesen (nach dem Satze, daß der Winkel im Halbkreis 90° ist) zwei rechtwinkelige Dreiecke an. Nach dem Satze, daß Peripheriewinkel über demselben Bogen einander gleich sind, treten bei X auch die Winkel α und β auf. Nun ist in dem einen Dreiecke $D = a : \sin \alpha$, im anderen $D = b : \sin \beta$. Daraus folgt:

$$D = \frac{a}{\sin \alpha} = \frac{b}{\sin \beta} \quad \text{usf.}$$

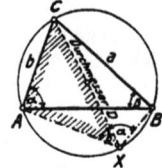
Abb. 97

Zuweilen schreibt man den Sinussatz auch so:

$$\boxed{a : b : c = \sin \alpha : \sin \beta : \sin \gamma}$$

Übungsaufgabe: $a = 10$ m, $\alpha = 47°$, $\beta = 25°$; der Leser versuche, b und c und D zu berechnen.

Anleitung: Aus $a : b = \sin \alpha : \sin \beta$ folgt:

$$b = \frac{a \cdot \sin \beta}{\sin \alpha} = \frac{10 \cdot \sin 25°}{\sin 47°} = \frac{10 \cdot 0{,}4226}{0{,}7313} = ?$$

2. Der Kosinussatz: In jedem Dreiecke ist das Quadrat einer Seite gleich der Summe der Quadrate der beiden anderen Seiten, vermindert um das doppelte Produkt aus diesen beiden Seiten und dem Kosinus des von ihnen eingeschlossenen Winkels.

$$\boxed{\begin{aligned} a^2 &= b^2 + c^2 - 2\,bc \cdot \cos \alpha \\ b^2 &= a^2 + c^2 - 2\,ac \cdot \cos \beta \\ c^2 &= a^2 + b^2 - 2\,ab \cdot \cos \gamma \end{aligned}}$$

Übungsaufgabe: 2 Seiten, 42 m und 36 m, sowie der von ihnen eingeschlossene Winkel 51° 30′ gegeben. Wie groß sind die 3. Seite und die anderen 2 Winkel?

3. Der Tangenssatz lautet: Die Summe zweier Seiten verhält sich zu ihrer Differenz wie die Tangens der halben Summe der Gegenwinkel zur Tangens der halben Differenz dieser Winkel.

$$\boxed{(a+b) : (a-b) = \operatorname{tg} \frac{\alpha+\beta}{2} : \operatorname{tg} \frac{\alpha-\beta}{2}}$$

Aufgabe 125.

[220] *Die 3 Seiten eines Dreieckes sind a (5 m), b (4 m) und c (6 m) gegeben. Die 3 Winkel sind zu bestimmen.*

a) Mit Benutzung des Kosinussatzes ergibt sich:

$$\cos \alpha = \frac{b^2 + c^2 - a^2}{2\,bc} = \frac{16 + 36 - 25}{48} = \frac{27}{48} = 0{,}5625; \quad \alpha = 55° 46'$$

$$\cos \beta = \frac{a^2 + c^2 - b^2}{2\,ac} = \frac{25 + 36 - 16}{60} = \frac{45}{60} = 0{,}7500; \quad \beta = 41° 25'$$

$$\cos \gamma = \frac{a^2 + b^2 - c^2}{2\,ab} = \frac{25 + 16 - 36}{40} = \frac{5}{40} = 0{,}1250; \quad \gamma = 82° 49'$$

$$\overline{\alpha + \beta + \gamma = 180°}$$

Aufgabe 126.

[221] *Ein Beobachter will die Höhe h eines Fabrikschlotes messen, dessen Basis für ihn nicht zugänglich ist; zu diesem Behufe steckt er sich in der Vertikalebene des Schlotes eine s (30) m lange Gerade AB ab und mißt von deren Endpunkten die beiden Höhenwinkel α (46°) und β (70°). Wie hoch ist der Schlot? (Abb. 98.)*

Lösung: An die gemessene Basis $AB = s = 30$ m schließt sich ein Bestimmungsdreieck ABD, dessen Spitze mit der Spitze des Fabrikschlotes zusammenfällt. Dort ist der Dreieckswinkel =

$(\beta - \alpha) = 70^0 - 46^0 = 24^0$; dies ergibt sich aus dem Satze vom Außenwinkel (β ist Außen-, α ist Innenwinkel). In diesem Dreiecke kann man jede Seite nach dem Sinussatze bestimmen, z. B. a. Es verhält sich nämlich:

$$a : s = \sin \alpha : \sin (\beta - \alpha),$$

also ist $\boxed{a = \dfrac{s \cdot \sin \alpha}{\sin (\beta - \alpha)}} = \dfrac{30 \cdot \sin 46^0}{\sin 24^0} = \mathbf{53{,}05\ m.}$

Ist aber a bekannt, so bekommt man aus dem rechtwinkeligen Dreiecke BCD sofort die Höhe des Fabrikschlotes:

$\boxed{h = a \cdot \sin \beta}$ also $h = 53{,}05 \cdot 0{,}9397 = \cdot\ \mathbf{49{,}85\ m.}$

Schließlich kann man mit Leichtigkeit auch noch den Abstand m des zweiten Beobachtungspunkts B von der Kaminbasis rechnen; es ist

$\boxed{m = a \cdot \cos \beta}$ also $m = 53{,}05 \cdot 0{,}3420 = \mathbf{18{,}14\ m.}$

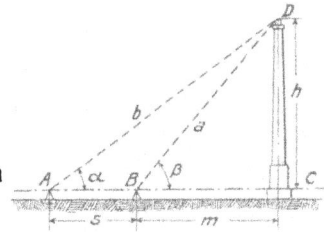

Abb. 98

Aufgabe 127.

[222] *Ein Beobachter A steht auf einem Hügel nahe einem See, und zwar a = 200 m hoch über dessen Spiegel. Er beobachtet nun, daß ein Wolkenpunkt W mit dem Höhenwinkel $\beta = 57^0$ über dem Horizonte, sein Spiegelbild W' im See mit dem Tiefenwinkel $\alpha = 65^0$ unter dem Horizonte erscheint. Wie hoch steht die Wolke über dem Seespiegel? (Abb. 99.)*

Lösung: Die wichtigste Linie· der Figur ist der Lichtstrahl WDA, der nach der Reflexion bei D in das Auge des Beobachters kommt und in diesem die Täuschung hervorruft, als sähe er im See denselben Wolkenpunkt gespiegelt, und zwar ebenso tief unter dem Wasserspiegel als W über demselben. Es ist also in der Zeichnung $WE = W'E = h$ zu machen. Ein solcher Lichtstrahl wird stets so zurückgeworfen, daß der einfallende und der zurückgeworfene Strahl denselben Winkel mit der Spiegelfläche bilden. Dieser stimmt, wie die Abbildung zeigt, mit dem gemessenen Tiefenwinkel überein. Es liegt nun sehr nahe, die Teile WD und AD dieses Strahles zu berechnen. Es ist sehr leicht im Ansatze möglich, weil sich an beide Teile je ein rechtwinkeliges Dreieck anschließt.

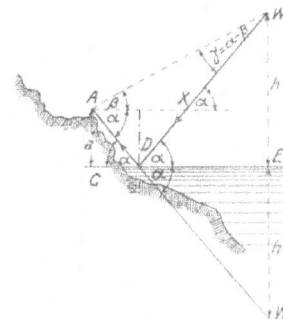

$$WD = \frac{h}{\sin \alpha} \qquad\qquad DA = \frac{a}{\sin \alpha}.$$

Nun sind diese Teile die Seiten des wichtigen Dreiecks ADW, dessen Winkel an der Spitze W, wie man leicht zeigt, gleich $(\alpha - \beta) = 65^0 - 57^0 = 8^0$ ist. (Dazu wurde die Wagerechte über X hinausgezogen; da α der Außen-, β der Innenwinkel in AXW, so ist der dritte Winkel bei W nach dem Außenwinkelsatze gleich ihrer Differenz $(\alpha - \beta)$. Wenden wir nun auf dieses Dreieck AWD den Sinussatz an, so folgt

Abb. 99

$$WD : DA = \sin (\alpha + \beta) : \sin (\alpha - \beta).$$

Da nun nach oben $WD : DA$ sich sofort wie $h : a$ ergibt, so haben wir:

$$h : a = \sin (\alpha + \beta) : \sin (\alpha - \beta) \quad \text{oder} \quad \boxed{h = \frac{a \cdot \sin (\alpha + \beta)}{\sin (\alpha - \beta)}}$$

Setzen wir unsere Zahlenwerte ein, so ergibt sich schließlich für die gesuchte Höhe h der Wolke über dem See:

$$h = \frac{200 \cdot \sin 122^0}{\sin 8^0} = \frac{200 \cdot \cos 32^0}{\sin 8^0} = \frac{200 \cdot 0{,}8480}{0{,}1392} \sim \mathbf{1218\ m.}$$

Auch die wagerechte Entfernung CE der Wolke vom Beobachter ist leicht zu berechnen. Es ist

$$CE = CD + DE = \frac{a}{\operatorname{tg} \alpha} + \frac{h}{\operatorname{tg} \alpha} = \frac{200 + 1218}{\operatorname{tg} 65^0} = \frac{1418}{2{,}1445} \sim \mathbf{661\ m.}$$

Versuch. Solche Winkelmessungen lassen sich mit den einfachsten Mitteln ziemlich genau ausführen (Abb. 100a—d). Man zeichne sich auf ein dünnes Brett (a) die Teilung eines Winkelmessers [56 e.] auf und befestige im Mittelpunkte

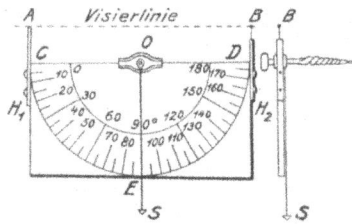

Abb. 100a

des Halbkreises eine Achse O mit einem Holzschraubengewinde (etwa einen größeren Holzbohrer), mit der die Vorrichtung an ein geeignetes Objekt (Baumstamm, Holzsäule, Ecke einer Scheuer usw.) angeschraubt werden kann (b). An den beiden oberen Ecken des Brettes nagele man Holzleisten H_1 und H_2 an, die das Visier bzw. das Korn tragen.

Abb. 100b

Das Korn kann durch eine in die Leiste H_2 gesteckte Nadel mit großem Kopfe, das Visier durch einen dreieckigen Ausschnitt in der Leiste H_1 gebildet werden; schließlich bringt man mit einer Schlinge die Schnur eines Senkbleis S so an, daß die Senkelschnur frei über der Kreisteilung spielen kann, und unser Höhenmeßinstrument ist fertig. Hauptsache dabei ist, daß die durch das Visier und das Korn gebildete Visierlinie AB möglichst genau senkrecht zum mittleren Halbmesser OE der Kreisteilung steht. Durch mehr oder weniger tiefes Einsenken des das Korn bildenden Nadelkopfes wird man es leicht dahin bringen, daß A und B gleich weit vom Durchmesser CD der Kreisteilung entfernt sind- also die Visierlinie $\perp$ zum mittleren Halbmesser steht. Um aber die richtige Lage der Visierlinie noch auf eine größere Entfernung zu überprüfen, befestige man die Vorrichtung an einem geeigneten Punkte so, daß der Senkel genau auf

90° einspielt, und suche sich an einer 10 bis 20 m entfernten Wand einen Punkt, der in gleicher Höhe mit der Spitze des Visierausschnittes liegt. (Mit einer Wasserwage oder irgendeinem ähnlichen Geräte, über das jeder Maurer verfügt, eventuell unter geschickter Benutzung von horizontal verlaufenden Sockel- und Gesimslinien wird man das leicht bewerkstelligen können, noch leichter, .wenn eine Kanalwage, d. s. zwei durch einen Schlauch verbundene Glasröhren, in denen das Wasser stets in gleicher Höhe steht, vorhanden ist, mit der man bequem in gleicher Höhe liegende Punkte bestimmen kann.) Die Visierlinie muß dann beim Einspielen des Senkels auf 90° den auf der Mauer bezeichneten Punkt treffen; tut sie das nicht, so ist die Visierlinie durch Auf- oder Abwärtsverschieben des Kornes zu regulieren. Der Gebrauch der Vorrichtung zum Messen von Höhen- und Tiefenwinkeln ist sehr einfach und aus den Zeichnungen (b), (c) und (d) zu erkennen: Man schraubt sie an das gewählte Objekt so an, daß der zu beobachtende Punkt in die Visierebene fällt, dann zielt man wie mit einem Ge-

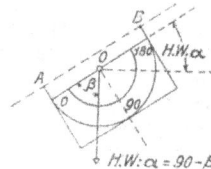

Abb. 100c

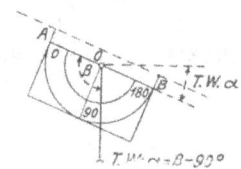

Abb. 100d

wehre durch Drehen des Brettes um seine Achse nach dem entfernten Punkte und liest auf der Gradteilung den Grad β ab, bei dem sich die Schnur in dieser Lage des Transporteurs befindet. Der gesuchte Höhenwinkel (bei Visieren ober der Horizontalen) ist $\alpha = 90° - \beta$, der Tiefenwinkel $\alpha = \beta - 90°$.

Wie und mit welchen Instrumenten man solche Messungen genau durchführt, wird im Feldmessen besprochen werden.

Man unterschätze die belehrende Wirkung solcher mit den einfachsten Mitteln unternommener Versuche und Messungen, die wir in der Folge bei den verschiedensten Anlässen allen jenen empfehlen werden, die hiezu Lust und Gelegenheit haben, durchaus nicht! Abgesehen davon, daß sie das für den praktischen Techniker unentbehrliche Augenmaß schärfen, übt sich beim Überwinden der bei solchen Versuchen unvermeidlichen Schwierigkeiten auch der technische Blick, der jedem Techniker zu eigen sein muß, wenn er sich in allen Lagen zurechtfinden und alle in der Praxis vorkommenden Aufgaben zielbewußt und zweckmäßig lösen soll, auch wenn sie anfangs noch so schwer erscheinen.

Aufgabe 128.

[223] *Es ist die Entfernung a zweier, durch einen Wald voneinander getrennter Punkte B und C mit Hilfe eines dritten Punktes A zu messen, dessen Entfernung von den gegebenen Punkten c = 180 m bzw. b = 270 m beträgt und dessen Visierlinien zu diesen Punkten den Winkel α = 66° 50' einschließen. (Abb. 101.)*

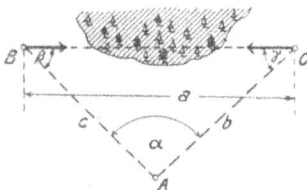

Abb. 101

Lösung: Man könnte sofort den Kosinussatz anwenden, und die Sache wäre erledigt:

$$BC = \sqrt{b^2 + c^2 - 2\,b \cdot c \cdot \cos \alpha} =$$
$$= \sqrt{180^2 + 270^2 - 2 \cdot 180 \cdot 270 \cdot 0,3934} = 258,96 \text{ m.}$$

Aber, da es sich meist um größere Zahlen handelt und sich diese Formel zu der dann sehr gebotenen logarithmischen Berechnung nicht eignen würde, so geht man zunächst darauf aus, auch die anderen Winkel β und γ des Dreiecks zu bestimmen; kennt man diese, so liefert der Sinussatz ja sofort die gesuchte Seite a. — Die Winkel β und γ findet man aber bequem mit dem Tangenssatze [219, b, 3]:

$$\operatorname{tg}\frac{\beta - \gamma}{2} : \operatorname{tg}\frac{\beta + \gamma}{2} = (b - c) : (b + c), \text{ woraus } \boxed{\operatorname{tg}\frac{\beta - \gamma}{2} = \frac{b - c}{b + c} \cdot \operatorname{cotg}\frac{\alpha}{2}}$$

da $\beta + \gamma = 180° - \alpha°$, die Hälfte davon also gleich $90° - \dfrac{\alpha°}{2}$ ist und die Tangens dieses Winkels nach [213d] gleich der Kotangens von $\dfrac{\alpha}{2}$ ist.

Berechnen wir nun diese Größe!

$$\operatorname{tg}\frac{\beta-\gamma}{2}=\frac{90}{450}\cdot\operatorname{cotg}33^0 25'=\frac{1}{5}\cdot 1{,}5160=0{,}302.$$

Schlagen wir zu 0,302 in der Tangenstabelle den zugehörigen Winkel nach, so finden wir 16°50'; es ist

$$\frac{\beta-\gamma}{2}=16^0 50', \text{ also } \beta-\gamma=\ldots\ldots=33^0 40',$$
$$\beta+\gamma=180^0-\alpha=113^0 10', \text{ so folgt}$$
$$2\beta\ldots=\ldots\ldots=146^0 50'$$
$$\beta=73^0 25'.$$

Nun wenden wir endlich den Sinussatz an: $a:b=\sin\alpha:\sin\beta$; dieser ergibt:

$$\boxed{a=\frac{b\cdot\sin\alpha}{\sin\beta}}=\frac{270\cdot\sin 66^0 50'}{\sin 73^0 25'}\sim 258{,}96\text{ m.}$$

Die gesuchte Entfernung der durch das Waldhindernis getrennten Punkte beträgt hiernach 258,96 m.

5. Abschnitt.

Umfang und Flächeninhalt.

[224] Allgemeines.

a) Der **Umfang** einer geradlinig begrenzten Figur ist gleich der Summe ihrer Seitenlängen; jener einer krummlinigen Figur muß gesondert berechnet werden. Bei gemischtlinig begrenzten Figuren ist der Umfang gleich der Summe aus den Längen der krummlinigen und der geradlinigen Begrenzungen. Über Längeneinheiten siehe [54c].

b) Um den **Flächeninhalt** einer ebenen Figur, also die Größe ihrer Fläche zu bestimmen, untersucht man, wie oft eine Einheit angenommene Fläche in dem gegebenen Gebilde enthalten ist. Als Flächeneinheit wird in der Technik die Fläche eines Quadrates von einem Meter Seitenlänge angenommen; diese Einheit heißt ein Quadratmeter (m²).

Die weitere Einteilung des Flächenmaßes erfolgt nach dem Hundertersysteme:

1 m² = 100 dm² = 10 000 cm² = 1 000 000 mm²
100 m² = 1 Ar (a); 10 000 m² = 100 Ar = 1 Hektar (ha)
1 000 000 m² = 10 000 Ar = 100 Hektar = 1 km².

Da es praktisch kaum durchführbar sein wird, irgendeine Fläche in der Natur wirklich mit der Flächeneinheit auszumessen, wie man etwa eine Länge durch Auflegung eines die Längeneinheit darstellenden Meterstabes bestimmt, so muß die Fläche zumeist aus gewissen, besonderen Längen berechnet werden. Es kann aber auch die Figur in der Natur zuerst aufgenommen, in verkleinertem Maße gezeichnet und sodann die Fläche der Figur durch Umfahren ihres Umfangs mit einem **Planimeter** ausgemessen werden, worüber die Vermessungslehre die nähere Aufklärung bringen wird.

A. Geradlinige begrenzte Figuren.

[225] Berechnung der Flächeninhalte.

a) Der **Flächeninhalt eines Parallelogrammes** (Abb. 102a) **ist gleich Grundseite mal Höhe**, daher beim **Rechtecke** gleich dem Produkte zweier anstoßender Seiten, beim **Quadrate** gleich der zweiten Potenz der Seitenlänge.

Übungsbeispiel: Der Umfang eines Rechteckes ist 24 m, eine Seite 8 m. Wie groß ist die andere Seite und wie groß ist der Inhalt?

b) Der **Flächeninhalt eines Dreieckes ist gleich dem halben Produkte aus Grundseite und Höhe** (Abb. 102b).

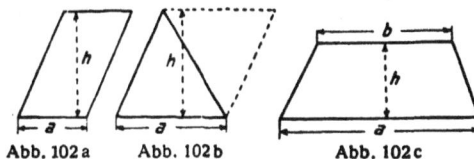

Abb. 102a   Abb. 102b   Abb. 102c

Die Höhe läßt sich bei jedem beliebigen Dreiecke aus einem der durch die Unterteilung des Dreieckes entstehenden zwei rechtwinkeligen Dreiecke trigonometrisch berechnen.

c) Der **Flächeninhalt eines Trapezes ist gleich dem Produkte aus der Höhe und der halben Summe der Parallelseiten** (Abb. 102c).

Übungsbeispiele: 1. Die Grundseite eines Dreieckes ist 10 m und seine Höhe 6 m. Wie groß ist der Inhalt? 2. Die Grundseiten eines Trapezes sind 6,4 m und 3,8 m, die Höhe 3 m. Berechne den Inhalt.

Merke:

Parallelogramm $F = a \cdot h$	Dreieck $F = \dfrac{a \cdot h}{2}$	Trapez $F = \dfrac{(a+b)}{2} \cdot h$

d) Verbindet man im **regelmäßigen n-Ecke** den Mittelpunkt der Figur mit den Ecken, so erhält man n kongruente Dreiecke. Ist a die Länge der Vieleckseite und r ihre senkrechte Entfernung vom Mittelpunkte, so ist der Flächeninhalt des Polygons

$$\boxed{F = n \cdot \text{Dreiecksfläche} = \frac{n \cdot a \cdot r}{2}}$$

e) Der Inhalt eines beliebigen Vieleckes kann in der Weise gefunden werden, daß man es durch Diagonalen von einer Ecke aus in Dreiecke zerlegt und deren Inhalte einzeln berechnet.

f) Die **Flächeninhalte zweier ähnlicher Figuren verhalten sich wie die Quadrate von zwei in den Figuren einander entsprechenden Strecken**.

g) Zwei in der Praxis sehr häufige Aufgaben sind noch 1. die sog. **Verwandlung von Figuren,** die darin besteht, eine gegebene Figur in eine andere von gleichem Flächeninhalte umzuwandeln, und 2. die **Teilung einer bestimmten Figur** in zwei oder mehrere flächengleiche Teile.

Aufgabe 129.

[226] *Man verwandle das gegebene Dreieck ABC in ein flächengleiches unter der Voraussetzung, daß der Winkel bei A derselbe bleibt und eine der anschließenden Seiten die Länge c erhält.* (Abb. 103.)

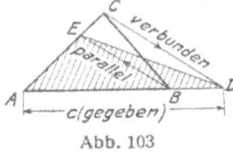
Abb. 103

Man mache $AD = c$, verbinde D mit C und ziehe zu CD eine Parallele durch B; der Schnittpunkt E dieser Parallelen mit der Seite AC gibt die Spitze des neuen Dreieckes; daß beide Dreiecke gleiche Fläche haben, läßt sich wie folgt beweisen; es ist:

$$\triangle \overline{EB}\,C = \triangle \overline{EB}\,D,$$

weil beide dieselbe Grundlinie $\overline{EB}$ und als Höhe den Abstand h der beiden Parallelen haben. Beiderseits $\triangle ABE$ addiert, ergibt

$$\underbrace{\boxed{\triangle ABE} + \triangle \overline{EB}C}_{\triangle ABC} = \underbrace{\boxed{\triangle ABE} + \triangle \overline{EB}D}_{\triangle ADE}.$$

Aufgabe 130.

[227] *Das Fünfeck $ABCDE$ ist in ein Viereck von gleichem Flächeninhalte zu verwandeln.* (Abb. 104.)

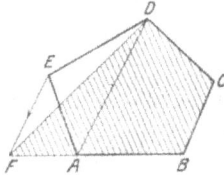
Abb. 104

Man schneide durch eine Diagonale AD von dem gegebenen Fünfecke ein Dreieck ADE ab, lege durch E zu AD die Parallele EF, welche die verlängerte Seite AB in F schneidet und ziehe DF. Dann ist das Fünfeck $ABCDE$ in das Viereck $BCDF$ von gleichem Flächeninhalte umgewandelt, weil $\triangle ADE$ und $\triangle ADF$ gleiche Flächen haben.

Durch Wiederholung derselben Konstruktion läßt sich schließlich jedes Vieleck in ein Dreieck von gleichem Inhalte verwandeln.

Aufgabe 131.

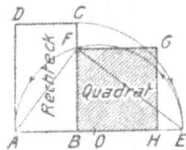
Abb. 105

[228] *Ein gegebenes Rechteck $ABCD$ ist in ein Quadrat zu verwandeln* (Abb. 105).

Man mache $BE = BC$, beschreibe über AE einen Halbkreis, der BC in F schneidet. Das über BF konstruierte Quadrat $BFGH$ ist dem gegebenen Rechtecke flächengleich, weil nach [209c] $BF^2 = \overline{AB} \cdot \overline{BE} = \overline{AB} \cdot \overline{BC}$.

Aufgabe 132.

[229] *Welches Rechteck hat bei gegebenem Umfange den größten Flächeninhalt?*

Die Lösung zeigt sehr schön die Abb. 105. Darin ist offenbar AE der halbe Umfang des Rechtecks $ABCD$. Soll nun dessen Umfang unverändert derselbe bleiben, so bleibt auch AE unverändert. Ändert sich AB allmählich (es rücke B z. B. etwas nach rechts), so gibt immer das Quadrat $BFGH$ über der Kreisordinate BF die erzielte Fläche des Rechteckes an. Diese Kreisordinate BF wird offenbar am größten, wenn B mit dem Kreismittelpunkte O zusammenfällt. Es ist dann wegen $AB = BE$ das gesuchte Rechteck ein Quadrat. **Von allen Rechtecken desselben Umfanges hat also das Quadrat den größtmöglichen Flächeninhalt.**

B. Kreis und Ellipse.

[230] Umfang.

a) Die Aufgabe, die Länge einer **Kreislinie** zu bestimmen, läßt sich nur annäherungsweise lösen. Zunächst ist klar, daß, weil Kreise unter allen Umständen ähnliche Figuren sind, die Umfänge U_1, U_2 zweier Kreise sich wie ihre Durchmesser D_1, D_2 verhalten müssen; also

$$\boxed{U_1 : D_1 = U_2 : D_2}$$

d. h. **das Verhältnis des Kreisumfanges zum Durchmesser ist konstant. Diese konstante Verhältniszahl 3,14159 ...** wird mit π (sprich Pi) bezeichnet und

heißt auch **Ludolfsche Zahl.** Für praktische Zwecke wird π mit 3,14 angenommen.

Die Peripherie oder der Umfang eines Kreises ist sonach gleich dem Produkte aus dem Kreisdurchmesser und der Zahl π. Merke:

$$\boxed{U = D \cdot \pi = 3,14\, D}$$

oder, weil der Durchmesser D gleich dem doppelten Halbmesser R ist:

$$\boxed{U = 2R \cdot \pi = 6,28 \cdot R}$$

Die Zahl π wurde schon von Archimedes (222 v. Chr.) aus den Umfängen des um- und eingeschriebenen 96-Eckes näherungsweise zu $3^1/_7$ bestimmt. Im 16. Jahrhundert wurde sie von Ludolf van Ceulen bereits auf 35 Dezimalstellen berechnet; zur Zeit ist sie schon auf 711 Dezimalen genau bestimmt.

b) Der **Umfang der Ellipse** ist in grober Annäherung $U = (a + b)\pi$, wenn a und b die Halbachsen sind.

Für $a = b$ ist $U = 2a\pi$, d. h. gleich dem Umfange eines Kreises vom Halbmesser a.

[231] Flächeninhalt.

a) Auch diese Aufgabe ist nur annäherungsweise lösbar. Um den Inhalt eines Kreises vom Halbmesser R näherungsweise zu erhalten, beschreibt man um denselben ein regelmäßiges Vieleck; durch unbeschränkte Vermehrung der Seitenzahl erhält man schließlich ein Polygon, dessen Inhalt jenem des Kreises mit beliebiger Genauigkeit nahekommt. Nach *(225 d)* ist die Fläche eines solchen Polygons gleich

$$F = \frac{1}{2} n \cdot a \cdot R.$$

Setzt man statt $n \cdot a$ (Summe der Polygonseiten) als Grenzwert den Kreisumfang $2R\pi$, so erhält man für den Kreisinhalt

$$\boxed{F = R^2 \cdot \pi}$$

d. h. **der Inhalt eines Kreises ist gleich dem Produkte aus der Zahl π und dem Quadrate des Halbmessers.** Meist benützt man den Durchmesser D; dann ist:

$$\boxed{F = \frac{D^2 \cdot \pi}{4} = 0{,}7854 \cdot D^2}$$

Die Aufgabe, die Quadratur des Kreises oder, wie man das Problem auch nannte, die „Quadratur des Zirkels" zu finden, d. h. den Kreis in ein Quadrat von genau gleichem Flächeninhalte zu verwandeln, hat in früheren Jahren viele scharfsinnige Leute eifrigst beschäftigt. Seit aber **Lindemann** 1882 die Unmöglichkeit einer konstruktiven Lösung dieses Problems einwandfrei bewiesen hat, dürften auch diese fruchtlosen Bestrebungen ihr Ende gefunden haben.

b) Der **Inhalt** eines **Kreisringes** von den Radien R und r ist als Differenz zweier Kreisflächen

$$\boxed{F = (R^2 - r^2) \cdot \pi}$$

c) Der **Flächeninhalt** einer **Ellipse** von den Halbachsen a und b ist

$$\boxed{F = a \cdot b \cdot \pi.}$$

Werden die Halbachsen einander gleich, also $a = b$, so geht die Ellipse in den Kreis über, dessen Fläche $a^2\pi$ ist.

[232] Berechnung von Kreisteilen [81 d].

a) Kreisausschnitt (Sektor).

Wir wollen die Länge eines **Kreisbogens** b berechnen, der zum Zentriwinkel von α^0 gehört. Der ganze Kreisumfang ist $D \cdot \pi$; dieser wird in 360 gleiche Grade eingeteilt; einem Grade entspricht daher als Bogenlänge der 360. Teil von $D\pi$. Der Bogen von α^0 hat daher die

$$\boxed{\text{Bogenlänge } b = \frac{D \cdot \pi}{360} \cdot \alpha^0}$$

Die ganze Kreisfläche $D^2\pi : 4$ verteilt sich auf 360 kleine Sektoren. Ein Sektor von α^0, der α solche Teile umfaßt, hat also die Fläche:

$$\boxed{\text{Sektorfläche } F = \frac{D^2 \cdot \pi}{4 \cdot 360} \cdot \alpha^0}$$

b) Kreisabschnitt (Segment).

Die Fläche eines Kreisabschnittes findet man, wenn man von der Fläche des Ausschnittes jene des durch die Sehne abgeschnittenen Dreieckes abzieht.

6. Abschnitt.

Planmäßige Lösung geometrischer Aufgaben.

[233] Allgemeines.

Bisher haben wir uns hauptsächlich mit jenen einfachsten Konstruktionsaufgaben befaßt, die fast unausgesetzt angewendet werden und deren Lösung also bei komplizierteren Fällen unbedingt als bekannt vorausgesetzt werden muß.

In der Technik sind aber so verschiedenartige Konstruktionen durchzuführen, daß es ganz unmöglich ist, sie alle oder auch nur zum Teile einzeln zu besprechen; wir wollen deshalb im folgenden nur die wichtigsten Verfahren angeben, nach welchen hierbei im allgemeinen vorzugehen sein wird, um den Lesern Wege anzudeuten, auf denen sie in der Praxis am sichersten zum Ziele gelangen mögen.

A. Benützung bekannter geometrischer Orte.

Die wichtigsten geometrischen Orte sind uns aus dem 1. Abschnitte bekannt. Ein Punkt ist dann bestimmt, wenn man aus den gegebenen Bedingungen findet, daß er zugleich in zwei solchen geometrischen Orten liegen muß; ihr Schnittpunkt ist der gesuchte Punkt. Dieses zeigt uns sogleich folgende Aufgabe.

Aufgabe 133.

[234] *Ein Dreieck zu konstruieren, wenn eine Seite $AB = c$, der ihr gegenüberliegende Winkel γ und die Höhe h auf diese Seite gegeben ist (Abb. 106).*

a) Überlegung: Durch die Seite AB sind 2 Eckpunkte gegeben. Der 3. Punkt C ist zu suchen. Faßt man AB als Sehne eines Kreises auf, so ist der geometrische Ort aller Punkte, die, mit A und B verbunden, denselben Winkel γ einschließen, bekanntlich der **Kreisbogen über der Sehne AB** mit diesem Winkel als Peripheriewinkel; dieser Kreis ist also der **1. geom. Ort** für den gesuchten Punkt C. Punkt C muß aber außerdem in einer im Abstande h gelegenen **Parallelen** zu AB liegen. Diese Parallele bildet den **2. geom. Ort** für C.

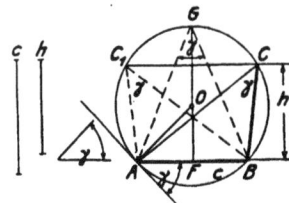

Abb. 106

b) **Konstruktion:** 1. Parallele CC_1 zu AB im Abstande h; 2. über AB als Sehne Kreisbogen mit Peripheriewinkel γ ziehen [76]; 3. Schnittpunkt C beider geom. Orte ist die gesuchte 3. Ecke des Dreieckes.

c) **Beweis:** für 1 selbstverständlich, für 2 siehe [76].

d) **Erläuterung:** 2 Lösungen möglich: $\triangle ABC$ und $\triangle ABC_1$; nur ein $\triangle ABG$, wenn $h = FG$ oder gar keine Lösung, wenn $h > FG$.

Aufgabe 134.

[235] *Auf der gegebenen Geraden LL einen Punkt X finden, von dem die an den gegebenen Kreis vom Halbmesser R gezogene Tangente die Länge a erreicht (Abb. 107).*

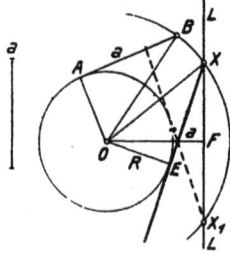

Abb. 107

a) **Überlegung:** X muß auf L und auch auf jenem Hilfskreis liegen, der der geometrische Ort für alle Punkte bildet, von denen aus sich Tangenten von der Länge a an den gegebenen Kreis ziehen lassen.

b) **Konstruktion:** $AB \perp OA$; auf AB Länge a auftragen, dadurch erhält man B; mit OB konzentrischen Kreis beschreiben, der die Gerade L in X schneidet.

c) **Beweis:** $OX = OB$, daher $\triangle XOE \cong \triangle ABO$ und $XE = AB = a$.

d) **Erläuterung:** für $OB > OF$ 2 Punkte X, X_1; für $OB = OF$ ein Punkt $X = F$; für $OB < OF$ keine Lösung möglich.

B. Benützung von Hilfsfiguren.

Man nimmt zunächst eine vorläufige Figur an und versucht durch Ziehen von Hilfslinien die gegebenen Bestimmungsstücke mit den gesuchten in Zusammenhang zu bringen. Dadurch erhält man eine Hilfsfigur, aus der sich die verlangte konstruieren läßt.

Aufgabe 135.

[236] *Es ist ein Dreieck zu konstruieren, wenn eine Seite c, ein anliegender Winkel α und die Summe s der beiden anderen Seiten gegeben sind (Abb. 108).*

a) **Überlegung:** Man zeichne AB und lege an AB den $\sphericalangle \alpha$; dadurch ergibt sich eine Gerade, in der der dritte Punkt C des Dreieckes gelegen sein muß; auf dieser trage man sich die Länge S auf, wodurch man ABD als Hilfsfigur erhält. $\triangle BCD$ muß gleichschenkelig werden, damit $BC = CD$.

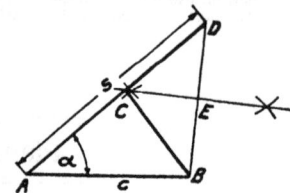

Abb. 108

b) **Konstruktion:** wie oben, dann Mittellot auf BD; wo dieses AD schneidet, ist der 3. Punkt C des gesuchten Dreieckes.

c) **Beweis:** $BC = CD$ und $AC + CD = s$.

d) **Erläuterung:** Nur lösbar, wenn $c < s$. Ist $c > s$, so schneidet das Mittellot die Strecke AD nicht.

C. Benützung ähnlicher Figuren.

Dieses Verfahren kann angewendet werden, wenn durch die gegebenen Bestimmungsstücke die Gestalt der verlangten Figur bereits bestimmt ist; man zeichnet sich dann vorerst eine ähnliche Hilfsfigur und vergrößert oder verkleinert diese so stark, daß sie schließlich auch der letzten der gestellten Bedingungen entspricht.

Aufgabe 136.

[237] *Es ist ein Dreieck zu konstruieren, von dem 2 Winkel α und β, ferner der Halbmesser R des eingeschriebenen Kreises gegeben sind, (Abb. 109).*

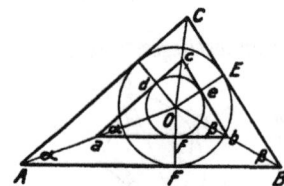

Abb. 109

a) **Überlegung:** Durch die Winkel α und β ist die Gestalt des verlangten Dreieckes vollkommen bestimmt; wir können daher sofort ein ähnliches Hilfsdreieck zeichnen und von diesem den eingeschriebenen Kreis ermitteln. Ziehen wir dann von dessen Mittelpunkte aus mit dem gegebenen Halbmesser R einen Kreis, so läßt sich durch Parallelverschiebung der Seiten das gesuchte Dreieck finden, das diesen Kreis berührt.

b) **Konstruktion:** Beliebiges Dreieck abc mit den Winkeln α und β zeichnen; Winkel halbieren; die Halbierungslinien schneiden sich im Mittelpunkte O des eingeschriebenen Kreises. Von O aus Kreis mit gegebenem Halbmesser R ziehen, Normale Od, Oe und Of bis zum letzteren Kreis verlängern; Schnittpunkte D, E und F sind die Berührungspunkte des Kreises mit dem umschriebenen Dreiecke.

$AC \parallel ac$, $BC \parallel bc$, $AB \parallel ab$; das verlangte Dreieck ist $\triangle ABC$.

c) **Beweis:** $\triangle ABC \backsim \triangle abc$.

d) **Erläuterung:** Eindeutige Lösung in allen Fällen möglich.

D. Benützung der Rechnung.

In vielen Fällen ist es gar nicht möglich, eine geometrische Aufgabe rein konstruktiv zu lösen, namentlich wenn unter den gegebenen Größen auch Flächeninhalte, Winkelfunktionen u. dgl. vorkommen; man muß sich dann ganz oder teilweise durch rechnerische Bestimmung zu helfen wissen.

Übrigens soll die konstruktive und die rechnerische Tätigkeit womöglich Hand in Hand gehen. Technische Rechnungen werden viel sicherer durchgeführt, wenn sie auf Grund kotierter Skizzen erfolgen; Konstruktionen in bestimmten Maßen sollen anderseits immer durch Berechnung der wichtigsten Größen überprüft werden, wie denn überhaupt als Grundsatz gilt, in eine Zeichnung Maße als Koten nur dann einzutragen, wenn sie durch Rechnung bestimmt sind; bei Zeichnungen in kleinerem Maßstabe sind nämlich die abgemessenen Werte auch viel zu ungenau, um danach das Gebilde in wirklicher Größe richtig ausführen zu können.

Aufgabe 137.

[238] *Es ist ein Viereck im Maßstab $1:200$ zu zeichnen, wenn eine Seite $a = 8$ m, einer der anliegenden Winkel $\alpha = 90^0$, die Länge der diesen Winkel halbierenden Diagonale $d = 10$ m und der Flächeninhalt $F = 48$ m^2 gegeben sind (Abb. 110).*

a) **Überlegung und Berechnung:** Durch die gegebenen Stücke sind drei Ecken A, B, C von vornherein festgelegt. Zur Berechnung der 4. Ecke D in der auf AB senkrechten Seite AD muß der Flächeninhalt F herangezogen werden; dieser ist gleich der Summe der Flächen der beiden durch die gegebene Diagonale entstehenden Dreiecke. Um die Fläche f_1 des $\triangle ABC$ zu finden, berechnen wir zunächst die Höhe h_1 aus $h_1 = AB \cdot \sin 45^0 = 8 \cdot 0{,}707 = \mathbf{5{,}66\ m}$;

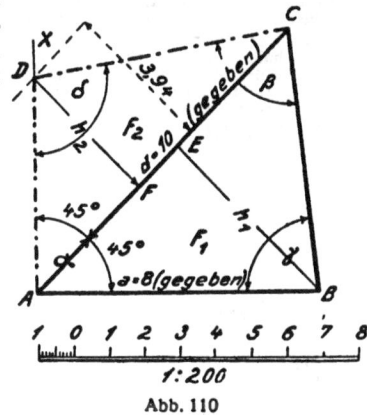

die Fläche f_1 ergibt sich daraus mit $f_1 = \frac{1}{2} \cdot 10 \cdot 5{,}66 = \mathbf{28{,}3\ m^2}$.

Fläche f_2 des 2. Dreieckes ist

$$f_2 = F - f_1 = 48 - 28{,}3 = \mathbf{19{,}7\ m^2},$$

daraus die Höhe h_2 dieses Dreieckes mit

$$h_2 = \frac{2 \cdot f_2}{AC} = \frac{2 \times 19{,}7}{10} = \mathbf{3{,}94\ m}.$$

Abb. 110

Nun ist der Weg für die weitere Konstruktion des Viereckes frei; der 4. Punkt D muß offenbar außer in der von A aus auf AB gezogenen Senkrechten auch noch in jener Parallelen zu AC liegen, die im Abstande $h_2 = 3{,}94$ m zur Diagonale AC gezogen wird.

b) **Konstruktion:** $\triangle ABC$ zunächst aus $a = 8$, $d = 10$ und Winkel 45^0 zeichnen; in A Senkrechte AX errichten; zu AC Parallele im Abstande $3{,}94$ m ziehen. Der Schnittpunkt der Senkrechten AX mit der Parallelen gibt den 4. Punkt D, womit das verlangte Viereck bestimmt ist.

c) **Beweis:** selbstverständlich.

d) **Deutung:** eindeutige Lösung.

Übung: Der Leser berechne die Seiten BC, AD und DC, ferner die 2. Diagonale BD und die Winkel β, γ und δ auf trigonometrischem Wege.

[239] Übungsaufgaben.

Wichtige Bemerkung: Es wird dringend geraten, bei jeder Aufgabe, gleichviel ob sie schon gelöst oder vom Leser selbständig zu lösen ist, soweit als möglich vorher auf Grund der gegebenen Daten eine Skizze oder, falls bestimmte Maße angegeben sind, eine vollständige Zeichnung in richtigem Maßstabe anzufertigen, um den Ansatz leichter zu finden oder im letzteren Falle das gerechnete Ergebnis durch Nachmessung zu überprüfen.

Es empfiehlt sich dieser Vorgang um so mehr, als aus Raumrücksichten die meisten Abbildungen in verkleinertem Maßstabe gebracht werden, der natürlich zum Messen irgendwelcher Größen nicht geeignet ist; übrigens verzieht sich jede noch so genaue Zeichnung im Drucke so, daß die Größenverhältnisse in Abbildungen immer mehr oder weniger verschoben werden. Abbildungen sollen eben nur den Text erläutern und dem Leser die Anfertigung richtiger Zeichnungen erleichtern.

Aufg. 138. Es ist ein Dreieck in ein Parallelogramm von gleicher Grundlinie und gleicher Fläche zu verwandeln. **Anleitung:** Eine Seite halbieren und Parallele zur Grundlinie ziehen [225 a, b].

Aufg. 139. Es ist ein Dreieck durch Gerade, die von einer Ecke ausgehen,

1. in 3 gleiche Teile,
2. in 2 gleiche Teile

zu teilen. **Anleitung:** Die Gegenseite entsprechend teilen [203].

Aufg. 140 (Abb. 111). Ein runder Turm vom Radius $R = 5$ m wird von einem Punkte aus betrachtet, der 25 m vom Mittelpunkte des Turmes entfernt ist. Unter welchem Gesichtswinkel erscheint der Turm?

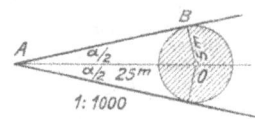

Abb. 111

Anleitung: Aus dem rechtwinkeligen Dreiecke ABO ergibt sich trigonometrisch der halbe Gesichtswinkel.

Aufg. 141 (Abb. 112). Über zwei Riemenscheiben, von denen die eine einen Durchmesser $D = 3$ m und die zweite

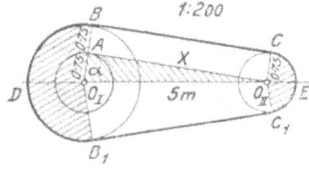

1:200

5m

Abb. 112

$d = 1,5$ m hat und deren Wellen 5 m Zentralabstand besitzen, soll ein Transmissionsriemen gelegt werden. Bestimme die Länge des Riemens, ohne den Durchhang zu berücksichtigen.

Anleitung: Aus $\triangle O_I O_{II} A$ die Zentriwinkel 2α und $360° - 2\alpha$ berechnen; weiters die vom Riemen umspannten Bogenteile $\overline{BDB_1}$ und $\overline{CEC_1}$, endlich die geraden Teile des Riemens $2x$ bestimmen [219] [232].

Aufg. 142. Ein Schwungrad von 2,5 m Radius macht in der Minute 40 Umdrehungen. Wie groß ist die Geschwindigkeit eines Punktes des Umfanges?

Anleitung: Umfangslänge mal 40 ist Geschwindigkeit per 1′.

Aufg. 143. Wie groß ist die Geschwindigkeit eines Punktes am Erdäquator? Durchmesser der Erde am Äquator 12756 km.

Anleitung: Umfang durch 24×60 dividieren gibt Geschwindigkeit per Minute.

Aufg. 144. Die untere Fläche eines Sicherheitsventiles hat 50 mm Durchmesser. Welcher Druck muß von außen auf das Ventil wirken, wenn es erst bei 6 at Dampfspannung gehoben werden soll.

Anleitung: Dampfüberdruck - Fläche in cm² mal $(6 - 1)$; 1 at gibt die Außenluft.

(Lösungen im 3. Briefe.)

Anhang.

[240] Lösungen der im 1. Briefe unter [102] gegebenen Übungsaufgaben.

Aufg. 58. Der große Zeiger steht in beiden Fällen auf 12; der Stundenzeiger hat bis 3 h also $3 \times 30° = 90°$, bis 5 h $5 \times 30° = 150°$ zurückgelegt. Der Winkel, den die beiden Zeiger einschließen, ist daher um 3 h 90°, um 5 h 150°.

Aufg. 59. Der Stundenzeiger legt in einer Stunde 30°, in einer halben Stunde (30′) 15°, in 1 h 30′ sonach 45° zurück; der Minutenzeiger macht in einer Viertelstunde eine Drehung um 90°, in 3 Viertelstunden (45′) sonach eine Drehung von $3 \times 90 = 270°$.

Aufg. 60 (Abb. 113).
$$\alpha + \beta + m = 180°;$$
$$m = \gamma \text{ als Scheitelwinkel,}$$
$$\text{daher } \alpha + \beta + \gamma = 180°.$$

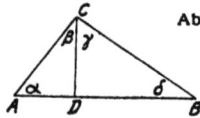

Abb. 113

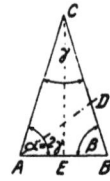

Abb. 114   Abb. 115

Aufg. 61 (Abb. 114).
$$\alpha + (\beta + \gamma) + \delta = 180° \ldots \triangle ABC$$
$$\beta + \gamma = 90°$$
$$\alpha + 90° + \delta = 180° \text{ oder } \alpha + \delta = 90°$$
$$\text{sonach } \alpha = 90° - \delta$$
$$\alpha = 90° - \beta \ldots \triangle ADC$$
$$\overline{}$$
$$\beta = \delta$$
$$\alpha = \gamma$$

Die Dreiecke ACD und BCD haben sonach, einzeln verglichen, gleiche Winkel, was auch die Messungen mit dem Winkelmesser ergeben müssen.

Aufg. 62. Man skizziere sich zunächst ein gleichschenkeliges $\triangle$, das die gegebenen Winkelverhältnisse aufweist (Abb. 115):

a) $\gamma = 1$ Teil $= 36°$ (an der Spitze), die Basiswinkel je 2 Teile, also $\alpha = 72°$, $\beta = 72°$.

b) Durch Halbieren des Basiswinkels entstehen hier wieder zwei gleichschenklige $\triangle$, und zwar zunächst ABD mit Basiswinkeln von je 72° und einem Winkel an der Ecke A von 36°; ferner $\triangle ADC$ mit Basiswinkeln von 36° und dem Winkel an der Ecke D mit 108°. — Durch Halbieren des Spitzenwinkels entstehen zwei rechtwinklige $\triangle$, und zwar $\triangle ACE$ und $\triangle BCE$ mit den Winkeln von 18°, 72° und 90°. (Der Leser möge sich auf Grund dieser Berechnung das Dreieck ABC mit dem Winkelmesser konstruieren und die Winkelhalbierungen durchführen, um die Rechnung zu kontrollieren.)

Aufg. 63 (Abb. 116). Von C und D Senkrechte zu AB.
$$CE = C'E, \quad DF = D'F.$$
CD_1 und $C'D$ schneiden sich in ihrer Verlängerung in X und schließen mit AX gleiche Winkel ein. (2. Lösung: Verbinde kurzerhand C mit D.)

Aufg. 64 (Abb. 117). Die Halbierungslinien schneiden sich in O.

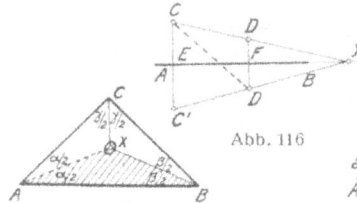

Abb. 116

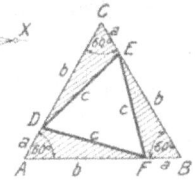

Abb. 117   Abb. 118

$$x = 180° - \left(\frac{\beta}{2} + \frac{\gamma}{2}\right) \ldots \triangle BOC$$
$$\alpha = 180° - (\beta + \gamma) \ldots \triangle ABC$$
$$\frac{\alpha}{2} = 90° - \left(\frac{\beta}{2} + \frac{\gamma}{2}\right)$$
$$\frac{\beta}{2} + \frac{\gamma}{2} = 90° - \frac{\alpha}{2};$$

oben eingesetzt, gibt
$$x = 180° - 90° + \frac{\alpha}{2} = 90° + \frac{\alpha}{2}.$$

Aufg. 65 (Abb. 118). Die 3 kleinen abgeschnittenen $\triangle$ ADF, CDE, BFE sind kongruent; daher ist $\triangle DEF$ gleichseitig.

Aufg. 66. Der Mittelpunkt beschreibt eine Parallele zur gegebenen Geraden im Abstande R.

Aufg. 67 (Abb. 119 in ½ Größe). 2 Gerade (1), (2) unter 45° und die Winkelhalbierende zeichnen. — In beliebigem Punkt X Senkrechte auf (2) errichten, 2 cm ($= 2$ km im Maßstabe 1 : 100000) auftragen und in B Parallele zu (2) ziehen. Schnittpunkt O der Parallelen mit der Halbierungslinie ist der Mittelpunkt des verlangten Bogens. Ziehe $OM \perp$ (2) und $ON \perp$ (1); sie müssen einander gleich sein. NPM ist der gesuchte Bogen.

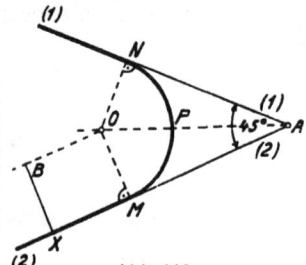

Abb. 119

Aufg. 68. α) Errichte auf die Gerade im gegebenen Punkt ein Lot, trage R auf. Der Endpunkt ist der Mittelpunkt des verlangten Kreises.

β) Ziehe im Abstande R eine Parallele zur Geraden und vom gegebenen Punkte einen Bogen vom Halbmesser R; Schnittpunkt des Bogens mit der Parallelen ist der Mittelpunkt.

Aufg. 69. α) Von einem beliebigen Punkte des gegebenen Kreises mit der 1. Seitenlänge Bogen beschreiben; wo dieser den Kreis schneidet, ist die 2. Ecke des $\triangle$; von diesem aus mit der 2. Seitenlänge Bogen beschreiben, gibt die 3. Ecke des Dreieckes.

β) Wie oben die 2. Ecke bestimmen, dann Winkel α anlegen; wo der Schenkel den gegebenen Kreis schneidet, ist die 3. Ecke des Dreieckes.

CHEMIE

Inhalt. Im ersten Briefe haben wir die Bedingungen der chemischen Änderungen und damit die Entstehung der chemischen Stoffe im allgemeinen kennen gelernt. Die Abhängigkeit der chemischen Prozesse voneinander und von den mit ihnen stets in innigstem Zusammenhange stehenden physikalischen Veränderungen aufzuklären, ist Aufgabe der **allgemeinen Chemie** und, soweit sie sich mit den gesetzmäßigen Beziehungen zwischen den chemischen und physikalischen Eigenschaften der chemischen Stoffe befaßt, jene der **physikalischen Chemie.**

In der Folge werden wir uns dagegen mit der **speziellen Chemie**, sonach mit der Beschreibung und übersichtlichen Einteilung der chemischen Stoffe befassen, soweit sie für uns von Interesse sind; diese Lehre zerfällt in die **anorganische** und in die **organische Chemie**, je nachdem sie sich auf die chemisch einfachen Stoffe (chemischen Elemente) und deren mineralische Verbindungen oder ausschließlich auf die organischen oder Kohlenstoffverbindungen bezieht. Zur **anorganischen Chemie** gehören alle jene Stoffe, aus welchen der Hauptsache nach unsere Erdrinde zusammengesetzt ist und die zum Teile auch am Aufbau der Pflanzen- und Tierkörper beteiligt sind. Die meisten dieser Stoffe sind für die Technik von hervorragender Wichtigkeit und werden aus diesem Grunde auch noch in der Baustoffkunde vom technischen Gesichtspunkte aus eingehend besprochen werden müssen.

Sie unterscheiden sich am auffälligsten von den organischen Substanzen, den Tier- und Pflanzenstoffen, durch ihr Verhalten bei höheren Temperaturen und ungehindertem Luftzutritte. Es entstehen dabei Sauerstoffverbindungen, die bei weiterem Erhitzen meist keine wesentlichen Veränderungen mehr erleiden; d. h. sie sind **unverbrennbar** zum Unterschiede von den **brennbaren**, organischen Stoffen, die beim Verbrennen unter Sauerstoffaufnahme in gasförmige Kohlenstoffverbindungen und Wasser zerfallen. Die Stoffe, die als Grundstoffe oder chemische Elemente [118] bezeichnet werden, sind daher ausschließlich anorganischer Natur und zerfallen, wie wir schon wissen, in zwei Hauptgruppen: 1. **Metalloide** oder **Nichtmetalle** und 2. **Metalle.**

In diesem Briefe wollen wir zunächst die Metalloide und ihre Verbindungen besprechen.

3. Abschnitt.

Metalloide (Nichtmetalle).

[241] Allgemeines.

Die Metalloide weisen wenig gemeinsame Eigenschaften auf; viele geben bei ihrer Verbindung mit Sauerstoff Oxyde von saurem Charakter, die mit Wasser Säuren bilden. Ganz verschieden verhalten sie sich in bezug auf ihre Verbreitung und ihre Bedeutung für Natur und Technik; manche kommen verhältnismäßig selten vor, andere sind außerordentlich verbreitet. Zu letzteren gehören vor allem die vier Elemente **Wasserstoff, Sauerstoff, Stickstoff und Kohlenstoff,** die in ihrer Wichtigkeit für die Daseinsbedingungen der gesamten Lebewelt, für den gesamten Naturhaushalt geradezu an die vier grundlegenden Elemente der griechischen Naturphilosophen erinnern. Ihr Anteil an der Zusammensetzung der festen Erdrinde, des Luft- und Wassermeeres, an dem Aufbau auch der Pflanzen- und Tierkörper ist so groß, daß der Charakter aller chemischen Vorgänge auf der Erde überhaupt durch die genannten vier Metalloide und ihre Verbindungen bedingt wird.

Es ist daher wohl begreiflich, daß die Chemiker die anderen Metalloide nach der größeren oder geringeren Ähnlichkeit ihres chemischen Verhaltens mit den genannten vier lebensbildenden und lebenserhaltenden Elementen in Gruppen eingeteilt und sie nach diesen Elementen benannt haben. Wie die Elementtafel [118] zeigt, unterscheiden wir daher, abgesehen vom Wasserstoff, der als Nichtmetall und wegen seiner früher bereits wiederholt betonten, besonderen chemischen Rolle allein steht, und der **Halogengruppe,** eine **Sauerstoff-,** eine **Stickstoff-** und eine **Kohlenstoffgruppe,** welcher Einteilung wir auch in der Beschreibung der einzelnen, hieher gehörigen Elemente und deren Verbindungen folgen wollen.

Der Wasserstoff (H = 1).

[242] Vorkommen und Gewinnung.

a) **Der Wasserstoff ist in der Natur sehr verbreitet, kommt jedoch selten in freiem Zustande vor; hauptsächlich findet er sich in Verbindung mit Sauerstoff im Wasser,** dann aber auch in reichlicher Menge in allen Pflanzen- und Tierstoffen. Welche Mengen dabei in Betracht kommen, mag man daraus ermessen, daß unsere Erdkugel, die eine Oberfläche von rund 500 Millionen Quadratkilometer besitzt, zu 73%, das ist also ungefähr in einer Fläche von rund 365 Millionen Quadratkilometer, von Wasser bedeckt ist. Wieviel Wasserstoff und Wasser in allen Pflanzen- und Tierstoffen, im Blutkreislaufe der Tiere usw. enthalten ist, läßt sich auch nicht annähernd schätzen. Jedenfalls ist seine Verbindung mit Sauerstoff zu Wasser in technischer Beziehung am allerwichtigsten, gegen welche seine anderen chemischen Verwandtschaften an Bedeutung stark in Hintergrund treten.

b) Wasserstoff wird bei zahlreichen chemischen Prozessen entwickelt, so z. B. bei Einwirkung von verdünnter Schwefelsäure auf Zink, wobei sich neben Wasserstoff Zinksulfat bildet, von Natrium auf Wasser usw. Alle diese Methoden sind aber zu teuer und in vielen Fällen auch zu langsam, namentlich dort, wo es sich darum handelt, rasch größere Mengen von Wasserstoff zu erzeugen, wie dies z. B. bei Füllung von Ballons für militärische Zwecke gefordert wird, und für die man früher komprimierten Wasserstoff in Stahlflaschen mitführte. Jetzt verwendet man hiezu Hydrogenit, ein Gemisch von Aluminium, Quecksilberchlorür und gepulvertem Cyankalium, welches, mit Wasser behandelt, pro kg 1300 Liter reines Wasserstoffgas liefert.

Die größte Bedeutung besitzt jedoch die Erzeugung des Wasserstoffes durch Elektrolyse aus 10-prozentiger Pottaschelösung.

[243] Eigenschaften und Verwendung.

Der Wasserstoff ist farb-, geruch- und geschmacklos, unterhält das Brennen und das Atmen nicht, verbrennt aber selbst mit schwachleuchtender, sehr heißer Flamme zu Wasser.

$$2H + O = H_2O.$$

Wasserstoff ist der leichteste Körper, 14,4mal leichter als Luft. Das Gas wird erst bei $-241°$ und 15 Atmosphären flüssig; doch besitzt vorläufig flüssiger Wasserstoff wenig technisches Interesse.

Wasserstoff findet Verwendung zur Hervorbringung sehr hoher Temperaturen im Knallgasgebläse und im Drummondschen Kalklicht, weiters dient er vorzugsweise zur Füllung von Luftballons und als kräftiges Reduktionsmittel.

Im **Knallgasgebläse** wird die erforderliche Menge von Wasserstoff und Sauerstoff (am vorteilhaftesten 2 R.T. Wasserstoff und 1 R.T. Sauerstoff) zusammengebracht und verbrannt. Den wichtigsten Bestandteil eines solchen Gebläses bildet der **Danielische Hahn** (Abb. 120). Das Knallgas liefert Temperaturen bis zu 2400° C, so daß selbst Platin zum Schmelzen gebracht werden kann. Eine bemerkenswerte Verwendung hat seinerzeit der Wasserstoff bei den 1823 von Döbereiner erfundenen **Zündmaschinen** gefunden, die bis vor wenigen Jahren vielfach im Gebrauch standen. Sie beruhen auf der von dem Erfinder entdeckten Eigenschaft des fein verteilten porösen Platins, des sog. **Platinschwammes**, große Gasmengen zu absorbieren und zu verdichten. Es wird bei Zersetzung von Zink durch Schwefelsäure Wasserstoff entwickelt, der, auf Platinschwamm geleitet, sich durch die plötzliche Verdichtung von selbst entzündet. Dasselbe Prinzip wird gegenwärtig bei den **Gasselbstzündern** verwendet.

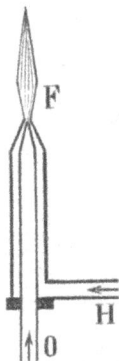
Abb. 120

[244] Wasser (H₂O).

a) Bildung: Mischen wir 2 R.T. Wasserstoff mit 1 R.T. Sauerstoff und entzünden das Gemisch vorsichtig, so verbrennt es explosionsartig (Knallgas) zu reinem Wasser. Ebenso entsteht Wasser bei der Reduktion von Metalloxyden durch Wasserstoff.

Leiten wir Wasserstoff unter Erhitzen über schwarzes Kupferoxyd, so erhalten wir rotes Kupfer und Wasser.

$$CuO + H_2 = Cu + H_2O \nearrow.$$

b) Eigenschaften: Das chemisch reine Wasser ist farb-, geruch- und geschmacklos; es gefriert bei 0° C unter Kristallbildung; bei 100° C und dem normalen Luftdrucke von 1 Atmosphäre = 760 mm Barometerstand siedet es, d. h. es verdampft auch im Innern der Flüssigkeit, wobei die sich bildenden Dampfblasen das bekannte Aufwallen hervorrufen; an der Oberfläche verdunstet Wasser bei jeder Temperatur.

Wasser hat seine größte Dichte bei + 4° C, bei welcher Temperatur ein Liter ein Kilogramm wiegt. Sein spezifisches Gewicht wird als Einheit für alle festen und flüssigen Stoffe angenommen [106]. Beim Gefrieren dehnt sich das Wasser um ¹/₁₆ seines Volumens aus; daher ist das Eis leichter als Wasser (spez. Gewicht 0,92) und schwimmt auf demselben. Durch die Ausdehnung des Wassers beim Gefrieren werden Steine gesprengt.

c) Beimengungen: Das Wasser spielt in der Technik und im Leben des Menschen eine sehr wichtige Rolle; es muß für jede Benützungsart bestimmten Forderungen in bezug auf seine Reinheit genügen. Da aber Wasser das allgemeinste Lösungsmittel für viele feste, flüssige und gasförmige Stoffe ist, enthält es fast immer fremde Bestandteile: selbst Regenwasser enthält Staub und mitunter auch andere Beimengungen in nachweisbaren Mengen. Die Löslichkeit verschiedener Körper im Wasser ist verschieden groß, hängt auch wesentlich von seiner Temperatur ab.

Wasser, das auf seinem Wege durch Erdschichten merkliche Mengen von **Kalk, Magnesia** oder **Gips** aufgenommen hat, heißt **hart**; die im Wasser gelöste Kohlensäure trägt zur Lösung solcher Bestandteile mit bei. Beim Erhitzen entweicht sie teilweise, wodurch sich ein Teil der gelösten Körper abscheidet. Die meisten Quell- und Brunnenwässer sind hart, eignen sich nicht gut zum Waschen, weil der Kalk mit Seife Flocken bildet, und auch nicht gut zur Speisung von Dampfkesseln, weil die gelösten Bestandteile sich an den Heizröhren aus-

scheiden und den gefürchteten **Kesselstein** bilden. Durch Abkochen lassen sich die schädlichen Wirkungen der Härte wesentlich mildern. Die „bleibende Härte" kann durch Zusatz von Sodalösung, Kalkmilch und verschiedenen Antikesselsteinmitteln beseitigt werden. Viel besser zur Speisung der Dampfkessel und für andere technische Zwecke ist **weiches Wasser**, das nur wenig Mineralstoffe enthält; also vor allem Regen- und Schneewasser, ferner Wasser aus großen Flüssen.

Meerwasser enthält bis zu 4% Salz, namentlich Natriumchlorid (NaCl, Kochsalz).

Mineralwässer enthalten verschiedene Beimengungen; hierher gehören z. B.: **Bitterwässer** (schwefelsaures Magnesium), **Säuerlinge** (Kohlensäure), **Stahlwässer**, **Schwefelquellen** usw.

d) Wasserreinigung beruht auf mechanischen und chemischen Verfahren. Aus dem in der Natur vorkommenden Wasser, das immer mehr oder weniger fremde Bestandteile enthält, gewinnt man durch Verdampfen und Wiederverdichten (Kondensieren) **chemisch reines, destilliertes Wasser** (aqua destillata) [141].

Über das **Filtrieren** mit Sand, Kies, Kohle usw. siehe [140 b]; solche Filter können freilich mit der Zeit unrein werden und in diesem Zustande erst recht zur Verunreinigung des Wassers beitragen. Bei stark verunreinigten Wässern (städtischen Abwässern, Wässern aus Industrieanlagen) kommen Klär- und Berieselungsanlagen zur Verwendung, die wir im Wasserbau besprechen wollen. Wässer mit nennenswertem Eisengehalte müssen einer „Enteisenung" unterzogen werden, wobei das Wasser mit viel Luft in Berührung kommt. Wasser, das mit organischen Stoffen verunreinigt ist, wird auf chemischem Wege mit Ozon oder Chlorkalk gereinigt.

e) Künstliches Eis kann man auf chemischem oder mechanischem Wege erzeugen; chemisch durch Anwendung von **Kältemischungen**, wie z. B. 1 Teil Kochsalz, 1 Teil Schnee (Temperaturabnahme 18°); 8 Teile Glaubersalz (Natriumsulfat), 5 Teile Salzsäure (Temperaturabnahme 28°) usw.

Bei den nach dem **mechanischen Verfahren** arbeitenden Kühl- und Eismaschinen benützt man die Eigenschaft der Gase, beim Übergange vom höheren Drucke zum gewöhnlichen Luftdrucke Wärme zu binden. Als Gase verwendet man solche, deren Siedepunkte in flüssigem Zustande bei gewöhnlichem Drucke unter 0° liegen, z. B. Ammoniak, Kohlensäure usw.

Diese Gase werden durch die Maschine zusammengepreßt, wodurch sie sich erwärmen, dann abgekühlt und in Röhren geleitet, in denen sie sich ausdehnen und der umgebenden Salzlösung die Wärme entziehen. Bei der Kunsteisfabrikation werden in diese oft bis —20° abgekühlte Salzlösung die mit gewöhnlichem Wasser gefüllten Blechformen eingehängt, deren Füllung dann die bekannten Eisblöcke liefert (Abb. 121).

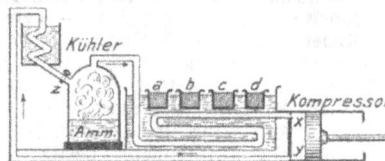
Abb. 121

f) Kreislauf des Wassers: Das Wasser eignet sich dadurch, daß es so leicht und so häufig seinen Aggregatzustand ändern kann, ganz vorzüglich als **Träger der Energie**.

Die riesigen Wassermassen, die die Erde trägt, verdunsten an ihrer gewaltigen Oberfläche unter der Wirkung der Sonnenstrahlen, welche die hierzu nötige Wärme liefern; die ungleiche, stets wechselnde Erwärmung der Erdoberfläche und des über ihr schwebenden Luftmeeres bildet die Ursache jener Luftströmungen, die wir **Winde** nennen und die die auf den Wasserflächen aufsteigenden Wasserdünste und Nebel in höhere Luftschichten treiben; dort verdichten sie sich zu Wolken, die infolge der Abkühlung in diesen Regionen allmählich aus dem dampfförmigen in den flüssigen Zustand übergehen und Wassertropfen bilden die schließlich je nach der herrschenden Temperatur als Regen oder Schnee auf die Erdoberfläche fallen; diese Niederschläge sickern wieder in den Boden ein, treten als Quellen an tieferen Stellen zutage und speisen dann die Bäche, Flüsse und Ströme, die das Wasser talab befördern, worauf das Spiel von neuem beginnen kann. In dieser Weise werden unaufhörlich große Wassermengen mehr oder weniger hoch gehoben, die dann bei ihrem Herunterströmen in Wasserrädern, Turbinen und anderen geeigneten technischen Vorrichtungen einen Teil jener Energie zu nutzbringender Arbeit abgeben können, die die Sonne zu ihrer Hebung verbraucht hat. Und so ist unsere Sonne, außer Ebbe und Flut, deren Arbeit unter Mitwirkung des Mondes und der Erddrehung bestritten wird, die einzige, aber dafür unerschöpfliche Energiequelle, über die wir verfügen. Dem widerspricht auch nicht die Tatsache, daß wir außerdem noch in unseren Kohlenlagern mächtige Energiequellen besitzen; denn auch diese haben wir nur der Sonnenwärme längstvergangener Zeiten zu danken. Der berühmte Gelehrte Wilhelm Ostwald hat in einem seiner Werke für diese Verhältnisse sowie auch für den Strom der Energie, der sich von der Sonne auf die Erde ergießt und hier von den Pflanzen aufgenommen und aufgespeichert wird, um alles andere Leben zu ermöglichen, in ebenso geistreicher als ungemein anschaulicher Weise das Bild einer Wassermühle gegeben: „Die Elemente sind das Rad, das sich im Kreise dreht und immer wieder die Arbeit des fallenden Wassers aufnimmt, das fallende Wasser aber stellen die Sonnenstrahlen dar, ohne deren Wirkung die Mühle des Lebens alsbald stillstehen müßte."

Wasserstoffsuperoxyd H_2O_2 hat eine ähnliche Zusammensetzung wie Wasser, nur ist 1 Atom O mehr im Molekül; es ist fast das einzige, nicht giftige Bleichmittel (dunkle Haare werden rot bis gelb) und wegen seiner antiseptischen Eigenschaften sehr geschätzt.

Die Halogene.

Zu dieser Gruppe gehören die untereinander chemisch eng verwandten, einwertigen Elemente **Chlor, Brom, Jod** und **Fluor**; sie haben ihren Sammelnamen von der Eigenschaft, mit Metallen unmittelbar Salze zu bilden.

[245] Chlor, Cl = 35,5[1]).

a) Chlor ist in seiner Verbindung mit Natrium (Natriumchlorid, Kochsalz) als Steinsalz in der Natur sehr verbreitet.

Erhitzt man Kochsalz NaCl mit Braunstein und Schwefelsäure oder Braunstein mit Salzsäure, so entweicht Chlor in Gasform; im großen gewinnt man es durch Elektrolyse einer Kochsalzlösung.

b) Das Chlor ist ein **giftiges, gelblich-grünes, schweres Gas, von durchdringendem, stechendem Geruche, das die Atmungsorgane heftig angreift.** In Wasser löst es sich; die Lösung, Chlorwasser, zeigt ähnliche Eigenschaften wie das gasförmige Chlor, das eine bleichende Wirkung auf organische Farbstoffe ausübt.

c) Chlor ist ein wichtiges Desinfektions- und Bleichmittel [Chlorkalk $Ca(OCl)_2$ und Eau de Javelle, NaOCl].

d) Mit Wasserstoff verbindet sich Chlor zu:

Chlorwasserstoff (Salzsäure) HCl.

Gewinnung: Erhitzt man Kochsalz mit Schwefelsäure, so entweicht Chlorwasserstoff als farbloses, saures Gas:

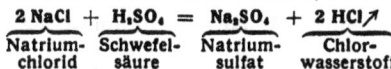

$$2\,NaCl + H_2SO_4 = Na_2SO_4 + 2\,HCl \nearrow$$

Natrium-   Schwefel-   Natrium-   Chlor-
chlorid   säure   sulfat   wasserstoff

Auch im großen wird HCl in dieser Weise gewonnen; der Prozeß ist der Ausgangspunkt für die Herstellung der Soda nach dem Leblanc-Verfahren, wobei die Salzsäure als außerordentlich wichtiges Nebenprodukt gewonnen wird.

Eigenschaften: Der Chlorwasserstoff ist ein **farbloses Gas von stechendem Geruche und saurem Geschmack;** es ist schwerer als Luft, wird von Wasser gierig aufgenommen, wobei man eine farblose Flüssigkeit, Salzsäure, erhält, die die meisten Metalle unter Wasserstoffentwicklung auflöst. Die Salze des Chlorwasserstoffs heißen **Chloride.** Konzentrierte Salzsäure raucht an der Luft. Sie ist für viele Körper das geeignetste Lösungsmittel; Zusatz von Salpetersäure beförder die Reaktion (**Königswasser** [258]). Salzsäure oder saure Zinkchloridlösung wird als „**Lötwasser**" beim Löten verwendet.

[246] Brom, Br = 79,9.

Brom findet sich in kleiner Menge im Meerwasser und in größerer Menge in den sog. Abraumsalzen, die bei Staßfurt mächtige Lager bilden. Bei ihrer Aufarbeitung gewinnt man Magnesiumbromid, aus dem mit Chlorgas das Brom freigemacht wird. Es ist eine rotbraune, schwere **Flüssigkeit, die an der Luft braune, stark reizende Dämpfe** abgibt; mit Wasser liefert es Bromwasser. Mit Wasserstoff verbindet es sich zu Bromwasserstoff HBr, der ähnliche Eigenschaften wie die Salzsäure hat. Die Salze des Bromwasserstoffs heißen **Bromide.**

Kaliumbromid (Bromkalium) wird in der Medizin verwendet; das Silbersalz (Bromsilber) ist außerordentlich lichtempfindlich, weshalb es zur Herstellung photographischer Platten und Papiere vielfache Anwendung findet.

[247] Jod, J = 126,9.

Jod findet sich in geringer Menge im Meerwasser; einige Meerespflanzen, namentlich die Seetange, und manche Meerestiere haben die Eigenschaft, Jod in sich aufzuspeichern; aus der Asche der jodhaltigen Meerespflanzen wird das Jod ähnlich wie Brom gewonnen. **Es ist fest, bildet grauschwarze, metallisch glänzende Kristalle** und riecht eigentümlich. Beim Erhitzen liefert es einen violetten Dampf, aus dem sich wieder festes Jod durch Sublimation abscheidet. **Stärke wird durch Jod in charakteristischer Weise intensiv blau gefärbt.**

Die alkoholische Lösung des Jods findet als „Jodtinktur" medizinische Anwendung.

Die Salze des Jodwasserstoffs (HJ) heißen **Jodide;** das Kaliumsalz findet in der Photographie und in der Medizin Verwendung.

[248] Fluor, F = 19.

Fluor, ein **gelbgrünes Gas,** ist außerordentlich reaktionsfähig. Seine Verbindung mit Wasserstoff, Fluorwasserstoff, HF, ist ein farbloses, stechend riechendes Gas, das mit Silizium eine gasförmige Verbindung SiF_4, Siliziumfluorid, bildet. **Es greift deshalb auch Glas an und wird daher zum Ätzen desselben verwendet. Die wässerige Lösung der Flußsäure muß in Guttaperchaflaschen aufbewahrt werden.**

[1]) Wir geben bei den einzelnen Elementen die genauen Atomgewichte an; für die meisten Zwecke genügt es, mit den abgerundeten, in ganzen Zahlen ausgedrückten Atomgewichten zu rechnen.

Der Sauerstoff, O = 16.

[249] Vorkommen und Gewinnung.

a) Das in der Natur verbreitetste Element ist der Sauerstoff. In **freiem** Zustande findet er sich in der **Luft,** von welcher er $\frac{1}{5}$ ihres Volumens ausmacht; **gebunden** findet er sich im **Wasser** zu $\frac{8}{9}$ seines Gewichtes, außerdem in den meisten Gesteinsarten, sowie vielfach in pflanzlichen und tierischen Verbindungen. **Man nimmt an, daß 44 bis 48% der ganzen Erdmasse aus Sauerstoff bestehen.**

b) Um Sauerstoff zu erzeugen, geht man von Kaliumchlorat (chlorsaurem Kali), dem bekannten weißen, sauerstoffreichen Salze aus. Durch starkes Erhitzen gibt es seinen Sauerstoff nach der folgenden chemischen Gleichung ab:

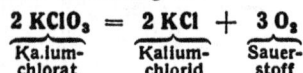

$$2\,KClO_3 = 2\,KCl + 3\,O_2$$

Ka.lum-   Kalium-   Sauer-
chlorat   chlorid   stoff

Das Chlorat wird in eine eiserne Retorte gefüllt und das sich entwickelnde Gas in einem mit Wasser gefüllten Glaszylinder aufgefangen. Siehe (125d, 4) (Braunstein als Katalysator).

c) Fabrikation im großen.

1. Aus flüssiger Luft (Erzeugung nach dem Lindeschen Verfahren). Lassen wir flüssige Luft verdampfen, so erhalten wir nicht ohne weiteres Luft der ursprünglichen Zusammensetzung, weil die beiden Bestandteile verschiedene Siedepunkte haben; flüssiger Sauerstoff siedet nämlich erst bei —182° C, Stickstoff schon bei —195,5°. Letzterer wird daher früher verdampfen als der Sauerstoff und kann als Nebenprodukt gewonnen werden; die zurückbleibende Flüssigkeit reichert sich immer mehr mit Sauerstoff an und wird schließlich reiner, flüssiger Sauerstoff.

Nach dem Lindeschen Verfahren wurden in Deutschland schon 1909 über 3 Millionen m³ Sauerstoff erzeugt, was etwa 90 bis 92% der Weltproduktion entspricht.

2. Durch Elektrolyse: Zersetzung von angesäuertem Wasser mittels des elektrischen Stromes [125,d,2]. Sauerstoff, unter einem Drucke von 125 bis 200 at komprimiert, wird in festen, verschraubbaren Stahlflaschen versendet.

[250] Eigenschaften und Verwendung.

a) Sauerstoff ist ein farb-, geruch- und geschmackloses Gas, etwas schwerer als Luft; seine kritische Temperatur, bei der ein Druck von 50 Atmosphären genügt, um ihn zu einer schwachblauen Flüssigkeit zu verdichten, liegt bei — 118° C. Er hat eine außerordentlich große chemische Verwandtschaft zu den meisten Elementen; viele davon verbrennen in Sauerstoff unter heftiger Feuererscheinung; das Gas selbst ist nicht brennbar.

Versuche: Schwefel verbrennt in Sauerstoffgas mit leuchtender, azurblauer Farbe zu Schwefeldioxyd SO_2; Phosphor verbrennt mit glänzendem Lichte zu Phosphorpentoxyd P_2O_5; metallisches Natrium entzündet sich in Sauerstoff und brennt mit leuchtender gelber Flamme; es bildet sich Natriumoxyd; Eisen in Form einer Uhrfeder verbrennt unter Funkensprühen zu Eisenoxyduloxyd Fe_3O_4; Kohlenstoff (ein Stückchen Holzkohle) mit lebhaftem Glanze zu CO_2.

b) Sauerstoff findet ausgedehnte Anwendung bei der autogenen Schweißung, wobei durch Verbrennung von Wasserstoff (Knallgasgebläse) und Azetylen sehr hohe Temperaturen erzeugt werden; hievon wird später in der Technologie noch die Sprache sein; ferner in der Medizin bei Gas- (Rauch-) Vergiftungen und zur Auffrischung bedrohlich gesunkener Lebenstätigkeit.

[251] Sauerstoffverbindungen, Verbrennung.

Die Verbindungen des Sauerstoffes mit anderen Grundstoffen heißen Oxyde, der Vorgang hiebei Oxydation [135]. Erfolgt die Oxydation unter Licht- und Wärmeentwicklung, so haben wir es mit einer Verbrennung im gewöhnlichen oder engeren Sinne zu tun. Oxydationen ohne Flammenbildung und leicht wahrnehmbarer Wärmeentwicklung bezeichnen wir als langsame Verbrennung. Eine Verbrennung im chemischen Sinne ist daher unter allen Umständen eine Verbindung mit Sauerstoff, wobei es ganz gleichgültig ist, ob dabei eine Flamme sichtbar wird oder nicht.

Das Entstehen einer Flamme, wie jedes Glühen eines Körpers hängt nur von jener Temperatur ab, die ein Körper unbedingt haben muß, bevor er überhaupt Licht und Wärme auszustrahlen vermag, welche Temperatur mindestens 500° beträgt. Ob aber diese Temperatur bei einer Verbrennung erreicht wird, hängt gar nicht von dem chemischen Prozeß der Verbrennung, sondern vielmehr davon ab, in welchem Maße die bei diesem chemischen Vorgange entwickelte Wärme unter den gegebenen Verhältnissen die Temperatur des Körpers zu beeinflussen vermag, d. h. ob die Verbrennung rasch oder langsam vor sich geht, ob die entwickelte Wärme abgeleitet wird oder nicht usw.

Es ist z. B. bekannt, daß feuchte Kohle, in großen Mengen aufgeschlichtet, von selbst in Brand geraten kann und hoch aufgeschlichtetes nasses Heu sich mitunter selbst entzündet. Wir erinnern uns bei diesem Gedanken unwillkürlich daran, daß ja auch Holz im Freien ohne jede sichtbare Ursache langsam vermodert, immer weicher und mürber wird und schließlich ganz verschwindet, als ob es verbrannt worden wäre. Daß wir es dabei mit einer Wirkung des Sauerstoffs der Luft zu tun haben, beweist der Umstand, daß, wenn man Holz vom Einflusse des Sauerstoffs fernhält, es sich nicht in dieser Weise ändert.

Ein ganz ähnlicher Veränderungsvorgang vollzieht sich nun auch bei aufgeschlichteter Kohle und beim Heu, d. h. beide Stoffe brennen eigentlich immer; die im Holz oder Heu enthaltenen Stoffe gehen unaufhörlich neue Verbindungen mit dem Sauerstoff ein, aber so langsam, daß die Temperatur sich nicht wesentlich steigert, vorausgesetzt, daß die sich bei diesem chemischen Vorgange entwickelnde Wärme an die Umgebung fortdauernd abgegeben werden kann. Wird aber durch das Anhäufen dieser Stoffe in großen Massen die Wärmeabgabe verhindert, die Wärme sonach aufgespeichert, so wird sich selbstverständlich die Temperatur immer mehr erhöhen; dadurch werden die Verbindungen mit Sauerstoff, also die Verbrennung beschleunigt werden, bis schließlich die Temperatur so hoch wird, daß die Kohlen oder das Heu von selbst ins Glühen kommen und mit sichtbarer Flamme verbrennen. (Selbstentzündung; Vorsicht!)

In diesem Sinne muß auch die Verwesung tierischer Körper usw. als langsame Verbrennung aufgefaßt werden.

Bei der Verbrennung werden alle Körper schwerer, und zwar um das Gewicht des aufgenommenen Sauerstoffs.

[252] Bedeutung des Sauerstoffs im Haushalte der Natur.

Tiere und Menschen nehmen bei ihrer Atmung aus der Luft Sauerstoff auf und führen ihn durch ihre Lungen dem Blute zu, das durch die Herztätigkeit in alle Gewebe des Körpers befördert wird. Die roten Blutkörperchen, die Träger des Sauerstoffs, kommen dort mit den aufgelösten Nahrungsmitteln zusammen, oxydieren sie in langsamer Verbrennung, wobei sich Kohlendioxyd (Kohlensäure) bildet, das als schädliches Gas ausgeatmet wird. Auch hiebei sind die roten Blutkörperchen die Vermittler.

Auf diese Weise gelangt also eine große Menge von Kohlendioxyd in die Luft; erinnern wir uns noch, daß durch Verbrennung und Verwesung ebenfalls sehr viel von dieser Verbindung der Luft zugeführt wird, so müßten wir als Endergebnis eine gewaltige Anhäufung von Kohlensäure erwarten. Die Erfahrung lehrt uns jedoch, daß der Kohlensäuregehalt der Luft im allgemeinen nicht allzusehr schwankt und beträgt zumeist nur 0,03—0,04 Volumprozente; die Pflanzenwelt ist es, die hier als Regler eingreift; die pflanzlichen Gebilde nehmen durch ihre Blätter, die verhältnismäßig große Oberflächen besitzen, Kohlendioxyd auf und zerlegen es durch die Einwirkung des Sonnenlichtes unter Bildung von Kohlenstoff; hier haben wir es also mit einem Reduktionsprozeß zu tun (Assimilation der Pflanzen). Der von den Pflanzen abgegebene Sauerstoff entweicht als solcher in die Luft und ersetzt ständig das durch das Atmen der Tiere verbrauchte Quantum dieses Stoffes. In der Pflanze wird wieder der zurückgewonnene Kohlenstoff neben Sauerstoff und Wasserstoff zum Aufbau der pflanzlichen Gebilde verwendet. Aus den Pflanzen gewinnen wir wieder Nahrungsmittel und Brennstoffe, die neuerdings in den Prozeß eintreten.

Kreislauf der Atmungsprodukte.

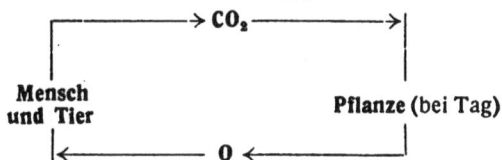

Dieser völlig geschlossene, sich ständig erneuernde Stoffkreislauf ist es, der die Lebewesen erhält und die Tier- und Pflanzenwelt miteinander verkettet. Unser Leben hängt sonach von den Pflanzen insofern in doppelter Weise ab,

als wir ihnen nicht nur unsere Nahrung, sondern auch den Sauerstoff verdanken, den wir zum Atmen und zum Aufbau unseres Körpers, sonach zu unserem Leben unbedingt brauchen. Bei allen diesen Umwandlungen von Stoffen, bei allen diesen chemischen Vorgängen wird Energie verbraucht, und diese entnehmen die Pflanzen wieder dem Sonnenlichte. Und so sehen wir, daß der Kreislauf des Lebens, ebenso wie jener der Energie, nur eine treibende Kraft, die der Sonnenwärme und des Sonnenlichtes, besitzt.

[253] Ozon.

Das Ozon ist eine Abart des Sauerstoffes, die sich bei verschiedenen chemischen Vorgängen und bei Gewittern bildet (Blitzgeruch).

Das Ozonmolekül besteht aus 3 Atomen Sauerstoff (O_3), während das Molekül des gewöhnlichen Sauerstoffes aus 2 Atomen gebildet wird.

Ozon besitzt einen eigentümlichen Geruch und wirkt als Oxydationsmittel viel energischer als gewöhnlicher Sauerstoff; es bleicht Pflanzenfarbstoffe, zerstört Krankheitserreger (Miasmen) und wird deshalb auch zur Luftreinigung und zur Sterilisation von Trinkwasser verwendet. Zur technischen Darstellung des Ozons benützt man die Entladungen hochgespannter elektrischer Ströme.

Elemente der Sauerstoffgruppe.

Im chemischen Verhalten dem Sauerstoff ähnlich sind die Elemente der Sauerstoffgruppe, von denen wir hier Schwefel und Selen erwähnen wollen.

[254] Schwefel, S = 32,1.

a) **Vorkommen:** Dieses Element findet sich in freiem Zustande in vulkanischen Gegenden (Sizilien) in großen Mengen, dann in Verbindung mit Metallen in Form von Sulfiden oder schwefelsauren Salzen (Sulfaten, z. B. Gips, Sulfide mit Metallglanz heißen Kiese oder Glanze, z. B. Schwefelkies FeS_2, Bleiglanz PbS, manche Sulfide heißen Blenden: Zinkblende ZnS).

b) **Gewinnung:** Er wird als Rohschwefel durch Ausschmelzen des schwefelhaltigen Gesteins, als Schwefelblume durch Erhitzen und Sublimieren, als Stangenschwefel durch Destillieren gewonnen.

c) **Eigenschaften:** Schwefel kommt in mehreren Formen, und zwar in zwei verschiedenen Kristallformen und als amorpher Schwefel vor (Schwefelblumen, plastischer Schwefel), zeigt also sog. Allotropie. Beim Erhitzen über 100° schmilzt er zu einer leicht beweglichen, hellgelben Flüssigkeit, die bei großer Hitze dickflüssig und braun, später wieder dünnflüssig wird. In Wasser unlöslich, leicht löslich in Schwefelkohlenstoff oder Chlorschwefel.

Verbrennt mit blauer Flamme zu Schwefeldioxyd (SO_2).

d) **Verwendung:** Zur Erzeugung von Schwarz- oder Schießpulver (mit Salpeter und Kohle), zum Vulkanisieren des Kautschuks, zum Schwefeln von Weinfässern, Bestäuben der Rebenblätter bei Blattkrankheiten, zum Einkitten von Metallgegenständen usw.

e) Die wichtigsten Verbindungen sind:

1. Schwefelwasserstoff, H_2S.

Hier tritt Schwefel zweiwertig auf und gibt eine dem Wasser ähnlich zusammengesetzte Verbindung;

sie wird durch Zersetzung von Sulfiden mit verdünnten Säuren erhalten, z. B.

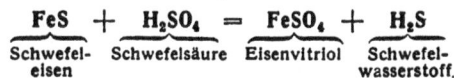

$$FeS + H_2SO_4 = FeSO_4 + H_2S$$

Schwefel- Schwefelsäure Eisenvitriol Schwefeleisen   wasserstoff

Schwefelwasserstoff ist ein farbloses, nach faulen Eiern riechendes **giftiges** Gas, das leicht verflüssigt werden kann; verbrennt mit bläulicher Flamme, wird von Wasser zu einer schwach sauer reagierenden Flüssigkeit absorbiert, Schwefelwasserstoffwasser, das ein wichtiges Reagens in der Chemie ist.

Dieses Gas entwickelt sich bei der Fäulnis schwefelhaltiger organischer Körper (Eier, Fische), in Kloaken, findet sich auch in den Schwefelquellen.

Die Bräunung und Schwärzung von Silber rührt von Schwefelwasserstoff her, indem sich schwarzes Schwefelsilber (Ag_2S) bildet. Die wässerige Lösung kann als schwache Säure angesehen werden, deren Wasserstoff durch Metall leicht ersetzbar ist. Behandelt man Metallsalzlösungen mit gasförmigem Schwefelwasserstoff oder mit Schwefelwasserstoffwasser, so erhält man verschieden gefärbte, sehr charakteristische, in Wasser, allenfalls auch in verdünnten Säuren unlösliche Sulfidniederschläge, die zur Erkennung der Metalle dienen.

2. Schwefeldioxyd, SO_2.

Außer durch Verbrennen von Schwefel an der Luft wird SO_2 durch „Abrösten" schwefelhaltiger Erze, also der Kiese oder Blenden im Hüttenbetriebe gewonnen („Röstgase").
Schwefeldioxyd ist ein farbloses, giftiges Gas von stechendem Geruch, leicht verflüssigbar, etwas schwerer als Luft, es ist nicht brennbar und unterhält auch das Brennen nicht. In Gegenwart von Wasser wirkt es bleichend auf Pflanzenfasern und Farbstoffe (Bleichen von Strohhüten, Seide).
SO_2 löst sich in Wasser zur sauer reagierenden **schwefligen Säure** H_2SO_3, deren Salze Sulfite heißen. SO_2 heißt das Anhydrid der schwefligen Säure.

3. Schwefeltrioxyd, SO_3.

Wird SO_2 zugleich mit O über feinverteiltes Platin (Platinmohr in Form von Platinasbest) geleitet, und erhitzt man letzteres, so tritt eine weitere Oxydation des Schwefels ein, indem sich Schwefeltrioxyd, das an der Luft dicke giftige Rauchwolken ausstößt, bildet.

$$SO_2 + O = SO_3.$$

Das Platin bleibt bei dieser chemischen Reaktion unverändert, es wirkt als **Katalysator.** Der Prozeß selbst ist für die chemische Großindustrie von größter Bedeutung, sozusagen die Grundlage der modernen Schwefelsäuregewinnung. Das hiezu erforderliche Schwefeldioxyd wird in Form von Röstgasen verwendet. Mit Wasser vereinigt sich das Schwefeltrioxyd zu Schwefelsäure $SO_3 + H_2O = H_2SO_4$, es ist daher das Anhydrid der letzteren, wobei der Schwefel im SO_3 mit 6 Valenzen auftritt.

4. Schwefelsäure, H_2SO_4.

Bei der Gewinnung geht man von SO_3 aus. Das Trioxyd wird beim Platin-Kontaktverfahren in konzentrierte Schwefelsäure geleitet, wobei sich „rauchende (oder Nordhäuser) Schwefelsäure" bildet. Wasserzusatz ergibt dann gewöhnliche (englische) Schwefelsäure (Vitriolöl).

Eigenschaften: Konzentrierte (wasserfreie) Schwefelsäure ist eine ölige, farb- und geruchlose Flüssigkeit, die mit großer Begierde Wasser aufnimmt. Beim Vermischen mit Wasser tritt starke Wärmeentwicklung ein. **Man gieße nie Wasser in Schwefelsäure!** Konzentrierte Säure zerstört organische Stoffe unter Bildung von Kohle (Zucker, Holz, Faserstoffe). Sie löst alle Metalle außer Gold und Platin unter Bildung von schwefelsauren Salzen (Sulfaten) auf und treibt andere schwächere Säuren aus ihren Salzen aus.

Verwendung: In chemischen Großbetrieben zur Erzeugung anderer Säuren, in großem Maßstabe bei der Fabrikation von Anilinfarbstoffen, zur Herstellung von rauchlosem Pulver, Trocknung von Gasen, als Beizmittel für Metalle und zur Füllung von Akkumulatoren.

Das Natriumsalz der Thioschwefelsäure $Na_2S_2O_3$, Natriumthiosulfat, sog. unterschwefligsaures Natrium, bildet das Fixiersalz oder Fixiernatron der Photographen; es löst die vom Licht nicht getroffenen Teile der lichtempfindlichen Silbersalzschichte der photographischen Platten.

[255] Selen, Se = 79,2.

Dieses selten vorkommende Element hat in neuerer Zeit einige Bedeutung erlangt, weil seine bleigraue, metallische Abart **den elektrischen Strom besser leitet, wenn es vom Lichte getroffen wird;** daher seine Verwendung zur **elektrischen Bildübertragung** (Selenzellen).

Der Stickstoff, N = 14.

[256] Vorkommen, Eigenschaften und Verwendung.

a) Entfernt man durch leicht oxydierbare Körper (Phosphor, Kupferspäne) den Sauerstoff aus der Luft, so bleibt der Hauptbestandteil derselben, der **Stickstoff,** zurück; er nimmt $4/5$ Raumteile derselben ein (genauer 78%) und ist in chemischen Verbindungen mit anderen Stoffen weit verbreitet, so z. B. in allen salpetersauren Salzen, auch im pflanzlichen und tierischen Eiweiß usw. Im großen wird Stickstoff gelegentlich der fraktionierten Verdampfung der flüssigen Luft erzeugt, wovon schon beim Sauerstoff die Rede war [249c].

b) Stickstoff ist ein farb-, geruch- und geschmackloses Gas, das bei —141° C verdichtet werden kann. **Er ist nicht brennbar und unterhält das Brennen und Atmen nicht.** Das Stickstoffgas ist von großer Bedeutung für den tierischen Lebensprozeß, da es den Sauerstoff, der als solcher auf die Dauer nicht atembar ist, verdünnt.

c) In chemischer Beziehung ist er ziemlich träge; er geht ungern mit anderen Elementen Verbindungen ein, und wenn es einmal geschehen ist, so geht er, sobald er kann, wieder heraus, weshalb die Luft so reich an ungebundenem Stickstoff ist.

Während der freie Stickstoff gar nichts kostet, da er in der Luft in beliebigen Mengen vorhanden ist und leicht daraus gewonnen wird, hat der gebundene Stickstoff einen ziemlich hohen Wert. Bei allen Verbindungen mit Sauerstoff und Wasserstoff wird Wärme entwickelt, also Energie gewonnen; dagegen muß Arbeit aufgewendet werden, um den Stickstoff zu Verbindungen zu zwingen; umgekehrt kann man dafür aber nur Stickstoffverbindungen zu Arbeitsleistungen verwenden, bei ihrer Zerlegung sonach Energie rückgewinnen, wie dies z. B. beim Schießpulver und anderen Explosivstoffen der Fall ist.

Gebundener Stickstoff wird auch in der Natur erzeugt; so haben gewisse Pflanzen wie Erbsen, Bohnen usw. Bakterien an den Wurzeln, welche die Fähigkeit besitzen, Stickstoff zu binden. Auch durch Blitz wird Stickstoff in Verbindungen übergeführt, und endlich ist in den Auswurfstoffen der Tiere viel gebundener Stickstoff enthalten, der als Dünger auf die Felder gebracht und in Form von Salzen der Salpetersäure von den Pflanzen aufgenommen wird.

Stickstoff wird ähnlich wie Kohlensäure als Feuerlöschmittel benützt; **die wichtigste Verwendung findet er jedoch zur Darstellung des zum Düngen wichtigen Kalkstickstoffs (aus Kalziumkarbid) und von Luftsalpeter.**

[257] Luft.

a) **Atmosphärische Luft:** Das atmosphärische Luftmeer umgibt unseren Planeten in einer Höhe von fast 100 Kilometer; mit zunehmender Entfernung von der Erdoberfläche wird die Luft immer verdünnter. **Luft ist keine chemische Verbindung, sondern ein Gemenge verschiedener Gase;** die Hauptbestandteile sind, wie schon erwähnt worden, Sauerstoff (21 Raumteile) und Stickstoff (78 Raumteile); etwa 0,9 Raumteile der Luft bestehen aus Argon, das dem Stickstoff sehr ähnlich ist und zu den sog. Edelgasen gehört, die in minimaler Menge in der Luft vorkommen. (Außer Argon noch Neon, Krypton, Helium usw.) Stets findet sich Wasserdampf in Form von Nebel und Wolken, allenfalls Wasser in gefrorenem Zustande als Schnee und Hagel, ferner Kohlendioxyd in der Luft vor. Auch Ozon ist zeitweise in geringer Menge in der Luft vorhanden.

b) **Flüssige Luft.** Die Verflüssigung der atmosphärischen Luft beruht auf dem von W. Siemens zuerst 1857 angewendeten Regenerativverfahren, nach welchem die Luft zuerst komprimiert und dadurch erwärmt, dann expandiert und dadurch abgekühlt wird, bis schließlich jene Temperatur erzielt ist, bei der die Luft unter gewöhnlichem Drucke flüssig wird. Nach dem Gegenstromverfahren von Linde (1895) wird Luft bei x angesaugt und bei y durch einen Kühler K in die Röhre R gepreßt

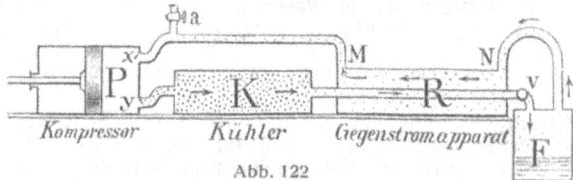

Abb. 122

(Abb. 122); sie passiert dabei ein Reduzierventil V, wobei der Druck von 25 auf 5 Atm. sinkt. Die durch diese plötzliche Ausdehnung stark abgekühlte Luft wird wieder angesaugt und dient dazu, im Gegenstromapparat MN die neu ankommende Luft noch tiefer abzukühlen, bis endlich bei V flüssige Luft austritt und sich im Behälter F ansammelt.

Flüssige Luft ist eine ganz eigenartige, leicht bewegliche Flüssigkeit von schwach bläulicher Farbe, enthält 60—70% Sauerstoff und siedet bei —199,2°. Sie wird in sog. Dewarschen Gefäßen aufbewahrt, d. s. doppelwandige Glaskolben, deren Zwischenraum möglichst luftleer gemacht, evakuiert ist.

In flüssiger Luft wird Kautschuk steinhart; natürlich friert darin sowohl Quecksilber wie Alkohol. Frische Pflanzen verdorren sofort beim Eintauchen usw. Praktische Anwendung hat die flüssige Luft nur zur Darstellung von Sauerstoff gefunden, wobei als Nebenprodukt Stickstoff erhalten wird.

[258] Chemische Verbindungen des Stickstoffes.

1. Ammoniak, NH$_3$.

Mit Wasserstoff bildet der Stickstoff zunächst die Verbindung NH$_3$, in der er als dreiwertiges Element auftritt.

Stickstoffhaltige, organische Körper geben bei ihrer Fäulnis Ammoniak ab, daher der stechende Geruch in der Nähe von Düng- und Abortgruben,

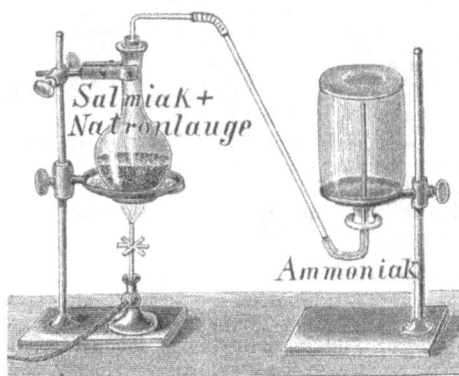

Abb. 123

Ställen u. dgl.; erhitzt man solche Körper unter Luftabschluß (trockene Destillation bei der Leuchtgasfabrikation), so erhält man ammoniakhaltige Dämpfe. Wird das ammoniakhaltige „Gaswasser" mit Salzsäure neutralisiert, so erhält man **Rohsalmiak**, aus dem durch Zersetzung mit einer stärkeren Base z. B. Natronlauge, Ammoniak frei gemacht wird (s. Abb. 123).

$$\underbrace{NH_4Cl}_{\text{Salmiak}} + \underbrace{NaOH}_{\text{Natronlauge}} = \underbrace{NaCl}_{\text{Natriumchlorid}} + \underbrace{H_2O}_{\text{Wasser}} + \underbrace{NH_3}_{\substack{\text{Ammoniak-}\\\text{gas}}}$$

Eigenschaften: Ammoniak ist ein farbloses Gas von stechendem Geruche, das sich leicht verflüssigen läßt. Es ist leichter als Luft, so daß man es in einer trockenen, umgekehrten Flasche unter Luftverdrängung auffangen kann. Von Wasser wird es mit großer Begierde aufgenommen; die erhaltene Flüssigkeit ist Ätzammoniak oder Salmiakgeist, reagiert alkalisch, hat also basischen Charakter. Verwendung: Flüssiges Ammoniak findet bei der Eisfabrikation Verwendung, Salmiakgeist zur Entfernung von Fettflecken.

2. Ammonium, NH$_4$.

Fünfwertiger Stickstoff bildet mit Wasserstoff das einwertige zusammengesetzte Radikal NH$_4$, **Ammonium**, dessen Verbindungen große Ähnlichkeit mit jenen der Alkalimetalle haben. **Das Ammonium verhält sich wie ein Alkalimetall;** sein metallischer Charakter wird durch die Fähigkeit, mit Queck-

silber ein allerdings unbeständiges Amalgam zu bilden, bestätigt. **Ätzammoniak** kann als Hydroxydverbindung des Ammoniums aufgefaßt werden NH$_4$OH.

Das wichtigste Ammoniumsalz ist das Chlorid, **Ammoniumchlorid (Salmiak) NH$_4$Cl,** und wird mit Salzsäure aus Gaswasser erhalten. Reiner Salmiak bildet farblose, scharf salzig schmeckende Kristalle, die sich in Wasser leicht lösen und beim Erhitzen sublimieren. Verwendung beim Löten, Verzinnen, Verzinken, zur Füllung galvanischer Elemente, in der Farbenfabrikation usw.

Ein 2. Ammoniumsalz ist Ammoniumsulfat (NH$_4$)$_2$SO$_4$, das bei der Absättigung von Ammoniak mit Schwefelsäure erhalten wird, ein wichtiges Stickstoffdüngemittel; ein drittes, Ammoniumbikarbonat NH$_4$HCO$_3$, wird als **Backpulver** verwendet, da es beim Erhitzen leicht in CO$_2$, NH$_3$ und H$_2$O zerfällt und hiebei den Teig auftreibt und blasig macht (Hirschhornsalz).

Ammoniumnitrat NH$_4$NO$_3$ findet in der Sprengstofftechnik Verwendung.

3. Salpetersäure HNO$_3$.

a) Der Stickstoff verbindet sich mit Sauerstoff zu mehreren Oxyden, von denen das sauerstoffreichste das Stickstoffpentoxyd, N$_2$O$_5$, fünfwertigen Stickstoff enthält und als das **Anhydrid der Salpetersäure** aufgefaßt werden kann, da es mit Wasser Salpetersäure bildet.

$$N_2O_5 + H_2O = 2 HNO_3.$$

b) **Gewinnung:** 1. Bis in die neuere Zeit war der **Chilesalpeter, NaNO$_3$,** das Natriumsalz der Salpetersäure, der Ausgangspunkt für die Darstellung dieser wichtigen Säure und ihrer Salze. Durch die stärkere Schwefelsäure wird die Salpetersäure aus dem Salpeter frei gemacht.

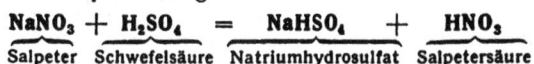

$$\underbrace{NaNO_3}_{\text{Salpeter}} + \underbrace{H_2SO_4}_{\text{Schwefelsäure}} = \underbrace{NaHSO_4}_{\text{Natriumhydrosulfat}} + \underbrace{HNO_3}_{\text{Salpetersäure}}$$

Im Laboratorium (Abb. 124) verdichten wir die sich entwickelnden Salpetersäuredämpfe in einer mit

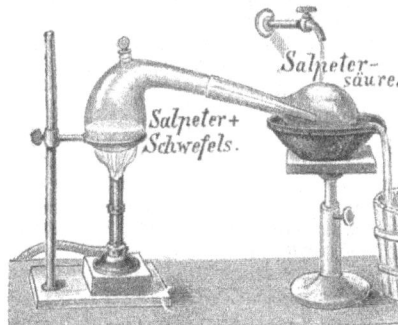

Abb. 124

Wasser gekühlten Vorlage. Im großen benützt man gußeiserne Retorten und Kühlröhren aus Ton.

2. In neuerer Zeit sind andere Verfahren in Aufschwung gekommen, die keinen Chilesalpeter mehr brauchen. Bei der Temperatur des elektrischen Lichtbogens verbindet sich der Stickstoff unmittelbar mit Sauerstoff zu Stickstoffmonoxyd (NO); statt Sauerstoff kann man aber hiezu auch atmosphärische Luft nehmen und so unter der Einwirkung mächtiger, mehrere Meter langer elektrischer Lichtbögen direkt Stickstoffmonoxyd NO erhalten, das sich sofort zu Stickstoffdioxyd NO$_2$ oxydiert und mit Wasser Salpetersäure bildet; **durch Abstumpfung mit Kalk erhält man den als künstliches Düngemittel heute so wertvollen Kalk- (Luft-) Salpeter.**

Diese bereits zu hoher Entwicklung gelangte Fabrikation stellt wohl den Gipfelpunkt modernster Ausnützung von Naturkräften und Naturstoffen dar; mit **Wasserkraft und Luft allein wird ein für die Landwirtschaft hochwertiges Produkt in großen Mengen erzeugt.**

Namentlich in Deutschland ist in den letzten Jahren eine mächtige Industrie zur Erzeugung von synthetischem Ammoniak und zur Gewinnung von stickstoffhaltigen Düngemitteln entstanden, deren Entwicklung heute noch gar nicht abzusehen ist.

3. Bei einem anderen Verfahren, das neuerer Zeit ebenfalls große Bedeutung erlangt hat, geht man von Ammoniak aus; leitet man Ammoniakgas zugleich mit Luft über erhitzten platinierten Asbest, so wird das Ammoniak zu NO_2 oxydiert, das zu Salpetersäure verarbeitet werden kann. Das Platin wirkt auch hier als Katalysator und bleibt bei dem Prozeß unverändert.

Es ist interessant, daß eine Oxydation des Ammoniaks auch in der Natur stattfindet. Die Pflanzen brauchen zum Aufbau Stickstoff, den sie aber nicht direkt aus Ammoniumverbindungen aufnehmen können. Hiezu ist die Umwandlung in salpetersaure Salze erforderlich, die von gewissen Mikroorganismen (Kleinlebewesen), Bakterien, bewirkt wird. Auf diese Weise wird das Ammoniak, das wir in Form stickstoffhaltiger Düngemittel dem Ackerboden zuführen oder das sich bei der Verwesung von organischen Stoffen im Boden bildet, in salpetersaure Verbindungen überführt, die von den Pflanzenwurzeln leicht aufgenommen werden.

c) **Eigenschaften:** Salpetersäure stellt eine farblose, stechend riechende, ätzende Flüssigkeit dar, die an der Luft raucht und sich am Lichte gelblich färbt. Die meisten Metalle werden von ihr unter Bildung von Nitraten (salpetersauren Salzen) gelöst. Aus Gold-Silberlegierungen wird Silber gelöst, daher die Salpetersäure auch **Scheidewasser** genannt wird. Außer Gold bleibt auch Platin ungelöst, sie werden erst von einer Mischung von Salzsäure (2 Teile) und Salpetersäure (1 Teil) gelöst (**Königswasser**). Eisen wird von konzentrierter Salpetersäure nicht angegriffen, es wird **passiv**. Organische Körper werden von Salpetersäure oxydiert, die Haut wird gelb gefärbt.

Salpetersäure gehört zu den stärksten Oxydationsmitteln und erzeugt, wie alle konzentrierten Mineralsäuren (Salpeter-, Salz- und Schwefelsäure), **sehr gefährliche Brandwunden!!**

d) **Verwendung:** Zum Ätzen von Metallen (für Radierungen), zum Metallbeizen (Gelbbrennen und Glanzbeizen), zur Herstellung vieler Farb- und Sprengstoffe.

4. Salpeter.

1. **Kalisalpeter** (KNO_3) findet sich als Bodenauswitterung in Ungarn und Ostindien, wird durch Umsetzen von Chilesalpeter und Chlorkalium dargestellt und zum Einpöckeln von Fleisch, zur Schießpulverfabrikation sowie in der Feuerwerkerei verwendet, er färbt die nicht leuchtende Flamme violett.

2. **Natronsalpeter** (Chilesalpeter) $NaNO_3$ findet sich in großen Lagern in Chile, ein wichtiges Düngemittel, ist aber zur Pulverfabrikation nicht geeignet, weil er aus der Luft Feuchtigkeit anzieht; färbt die Flamme gelb. Wird heute durch Kunstsalpeter vielfach ersetzt.

3. **Kalksalpeter** $Ca(NO_3)_2$ bildet sich durch Verwesung des Harnes und anderer Auswurfstoffe in den Mauern (Mauerfraß), Salpeterplantagen, Haufen aus abwechselnden Lagen von Dünger und Kalkschutt.

Alle 3 Salpeterarten sind Nitrate, Salze der Salpetersäure.

[259] Über künstliche Düngemittel.

Die Pflanzen entziehen dem Boden zahlreiche anorganische Stoffe, die zu ihrem Aufbau unbedingt nötig sind. Mit ihrer Hilfe bauen sie unter dem Einflusse des Sonnenlichtes die zahlreichen organischen Verbindungen auf, aus denen ihre Körper bestehen. Während nun der Boden von den meisten Pflanzennährstoffen, wie Kalk, Kieselsäure, Natrium usw. stets genügende Mengen für unzählige Ernten enthält, kann dagegen leicht Mangel an Stickstoff, Phosphor und Kalium eintreten. Der Bedarf der Kulturpflanzen an diesen Stoffen ist sehr groß, und muß also die Landwirtschaft eine Verarmung des Bodens in dieser Hinsicht unbedingt vermeiden, wenn die Ernten guten Ertrag liefern sollen. Der Ersatz der dem Boden fehlenden oder in zu geringen Mengen vorhandenen Nährstoffe erfolgt durch Dünger; der gewöhnliche Stalldünger reicht aber meist nicht aus, um unausgesetzt Vollernten erzielen zu können; man führt daher die wichtigsten Nährmittel auch noch in Form künstlicher Düngemittel zu, wobei man vorwiegend solche Stoffe verwendet, die die Nährstoffe entweder schon gelöst oder in Verbindungen enthalten, die im Boden durch kohlensäurehaltiges Wasser leicht gelöst werden können. Um welche Quantitäten es sich dabei handelt, möge daraus entnommen werden, daß die Kulturpflanzen für eine mittlere Ernte pro Hektar 60 bis 250 kg Stickstoff, 30 bis 60 kg Phosphorsäure und 50 bis 250 kg Kalium benötigen.

Die wichtigsten **stickstoffhaltigen Düngemittel** sind **Ammoniumsulfat** und **Chilesalpeter,** der aber, wie schon [258] erwähnt, in neuerer Zeit durch **Kalk-(Luft-)Salpeter** und **Kalkstickstoff** ersetzt werden kann. Kalksalpeter wird entweder nach dem Verfahren der unmittelbaren Verbindung von Stickstoff und Sauerstoff der Luft (**Luftstickstoff**) oder dadurch gewonnen, daß Ammoniak mit Luft in Salpetersäure überführt wird, wobei Ammoniak durch Zusammenbringen von Aluminiumnitrid mit Wasser gewonnen werden kann. Kalkstickstoff (Kalziumzyanamid) wird durch Überleiten von Stickstoff über erhitztes Kalziumkarbid erzeugt und kann unter gewissen Bedingungen unmittelbar als Düngemittel verwendet werden; er gestattet jedoch auch die Darstellung von Ammoniak und damit auch von Kalksalpeter, indem man ihn durch überhitzten Dampf zerlegt.

Die **kaliumhaltigen Düngemittel** werden fast ausnahmslos aus den Abraumsalzen [246] bereitet und teils als Rohstoffe, teils als Kalisalz, Chlorkalium usw. für Düngungszwecke verwendet.

Die **phosphorhaltigen Düngemittel** werden aus Salzen der Phosphorsäure entweder in einer in Wasser leicht löslichen Form als Superphosphat oder in Form von Verbindungen geliefert, die, wenn auch in Wasser unlöslich, doch von den Pflanzen aufgenommen werden. Hierher gehört die Thomasschlacke, ein ursprünglich für wertlos gehaltenes Abfallprodukt der Stahlerzeugung, das aber heute in immer steigendem Maße als Düngemittel verwendet wird [260a]. Endlich wird auch phosphorsaurer Kalk in Form von Knochenmehl und Guano hierzu verwendet.

Elemente der Stickstoffgruppe.

Dem Stickstoff in chemischer Beziehung einigermaßen ähnlich sind die Elemente **Phosphor, Arsen, Antimon** und **Wismut;** die drei letzteren nähern sich bereits den Metallen; in ihren Verbindungen sind sie wie der Stickstoff 3- und 5wertig.

[260] Phosphor, P = 31.

a) **Verbreitung.** Phosphor ist als Kalziumsalz der Phosphorsäure, Kalziumphosphat (Apatit, Phospho-

rit) weit verbreitet. Durch Verwitterung dieser Phosphorverbindung gelangt Phosphor in den Ackerboden, aus dem ihn die Pflanzen aufnehmen.

Wenn auch Phosphor im Körper der Pflanzen nur in geringer Menge vorkommt, ist er doch zu ihrem Aufbaue unentbehrlich. Wie sehr ihr Wachstum vom Phosphorgehalte des Bodens abhängt, sehen wir am besten dort, wo phosphorhaltiger Dünger in genügender Menge dem Ackerboden zugeführt wird; der Ertrag wird noch wesentlich gefördert, wenn wir solchen Dünger in Form von Guano, Phosphorit, Superphosphat oder Thomasschlacke anwenden. Aus dem Pflanzenkörper gelangt der Phosphor in den tierischen Körper, für dessen Aufbau er ebenfalls unentbehrlich ist. Wir finden ihn vor allem in den Knochen, im Blute und in der Nervensubstanz.

b) **Eigenschaften:** Man erhält Phosphor durch Reduktion von Phosphorsäure. Er kommt in zwei ganz verschiedenen (allotropen) Formen vor. **Gelber (farbloser) Phosphor** ist wachsähnlich, entzündet sich schon bei 60° C und besitzt einen eigentümlichen Geruch (Phosphorgeruch). **Gelber Phosphor gehört zu den stärksten Giften und erzeugt lebensgefährliche Brandwunden.** Roter, amorpher **Phosphor** ist ein rotbraunes Pulver, das sich erst bei 260° entzündet, ungiftig und weit weniger reaktionsfähig ist als die erste Modifikation; er wird durch Schmelzen von gelbem Phosphor ohne Luftzutritt erhalten. Phosphor muß seiner leichten Entzündbarkeit wegen unter Wasser aufbewahrt werden; er löst sich im Schwefelkohlenstoff.

c) **Verwendung:** Der amorphe Phosphor findet ausgebreitete Verwendung in der **Zündhölzchenfabrikation.**

Während man ursprünglich die Zündmassen sehr reich an Phosphor machte, ist heute die verwendete Phosphormenge sehr gering; Zündhölzer, die sich nur an bestimmten Reibflächen entzünden, enthalten überhaupt keinen Phosphor, sondern nur leicht entzündliche Substanzen, wie Kaliumchlorat, Schwefelantimon, Braunstein, ferner Glaspulver, Klebstoffe usw., wogegen der rote Phosphor in bestimmten Mischungen auf die Reibflächen gestrichen wird. Der Holzdraht wird in Paraffin getaucht und mit Phosphorsäure und Ammoniumphosphat imprägniert, um das Nachglimmen zu verhüten. Durch Vervollkommnung der Fabrikation und unbedingtes Verbot der Verwendung des gelben Phosphors ist diese Industrie für die Arbeiter in hygienischer Beziehung ganz wesentlich verbessert worden.

[261] Arsen, As = 75.

In seiner beständigen Modifikation ein grauweißer, metallähnlicher, **sehr giftiger** Körper, der, an der Luft erhitzt, zu dem **sehr giftigen** Arsentrioxyd As_2O_3 **(weißer Arsenik)** verbrennt. Es wird in kleiner Menge als Zusatz zum Schrotmetall verwendet, um das Blei, das den Hauptbestandteil bildet, hart zu machen. In sehr kleinen Mengen wird weißer Arsenik in der Medizin verwendet (Arsenkuren); arsenhaltige Mineralwässer sind das

Levico- und Roncegnowasser (Südtirol). Arsenik wird als Ratten- und Mäusegift verwendet.

Einige Arsenverbindungen liefern prächtige, dauerhafte, aber äußerst giftige Farben (Schweinfurter Grün, Realgar, Auripigment), mit denen leider auch Tapeten, Stoffe, ja selbst Spielzeuge und Eßwaren in gewissenlosester Weise grün und gelb gefärbt werden. **Vorsicht!**

[262] Antimon, Sb = 120,2.

Das Antimon ist silberweiß, lebhaft metallglänzend, leicht schmelzbar. **Mit Blei legiert, bildet es das Hartblei und das Letternmetall der Buchdrucker, mit Zinn das Britanniametall.** Antimonpentasulfid Sb_2S_5 Goldschwefel ist orangerot und dient zum Rotfärben des Kautschuks.

[263] Wismut, Bi = 208.

Das Wismut hat eine rötlichweiße Farbe und ist sonst dem Antimon sehr ähnlich. Von Interesse sind die Legierungen, die es mit einigen Metallen bildet; ihr Schmelzpunkt liegt unter 100° C, so daß sie schon im heißen Wasser schmelzen **(Rosesches und Woodsches Metall)**; Verwendung zum Klischieren von Holzschnitten und für **Abschmelzsicherungen.** Das basische Wismutnitrat findet medizinische Verwendung.

[264] Bor, B = 11.

Bor bildet eigentlich eine Gruppe für sich, weil es, obschon dreiwertig, doch nie wie N, P und As fünfwertig auftritt; es liefert mit Wasserstoff und Sauerstoff die technisch wichtige **Borsäure** H_3BO_3. In Toskana entströmen dem vulkanischen Boden Wasserdämpfe, die borsäurehaltig sind (Fumarolen); man läßt sie durch Wasser streichen und gewinnt hieraus die Borsäure in Form von weißen, glänzenden Schüppchen. Borsäure wirkt fäulniswidrig, antiseptisch, daher ihre Verwendung zu Verbandstoffen, zu Borvaselin, als Zusatz zu Leimlösung, um das Schimmeln zu verhüten.

Durch Wasserabspaltung beim Erhitzen erhält man die Tetraborsäure $H_2B_4O_7$, deren Natriumsalz als **Borax** vielfache Verwendung findet.

Der Kohlenstoff, C = 12.

[265] Vorkommen, Gewinnung.

a) Lediglich als Element kommt der Kohlenstoff nicht allzuhäufig und nicht in großer Menge vor; wir finden ihn in elementarer Form als **Diamant** in Kristallen und als **Graphit** in kristallinischen Massen; in einer dritten Modifikation ist er amorph (Schungit).

Als größter Diamant der Welt gilt bisher der „Cullinan", gefunden 1905 in Südafrika, mit 3025 Karat = 622 g, also über ½ kg schwer. (1 Karat = 0,205 g.)

Dagegen ist der Kohlenstoff verbunden mit anderen Elementen, z. B. als Teil aller **kohlensauren Salze** im Mineralreiche sehr verbreitet; wir brauchen nur an den Kalk zu denken, der mächtige Gebirgszüge bildet.

Mit Wasserstoff verbunden findet sich Kohlenstoff als **Erdöl** oder **Petroleum** im Erdboden, mit Sauerstoff in der Atmosphäre vor; auch ist er ein wichtiger Bestandteil des Pflanzen- und Tierkörpers.

b) **Erhitzt man organische Körper bei Luftabschluß,** so erhält man kohlenstoffreiche Rückstände von kohlenähnlicher Beschaffenheit, **künstliche Kohlen**; dabei verflüchtigen sich zumeist sehr wertvolle Körper in Dampfform, die teilweise zu Flüssigkeiten verdichtet werden können.

Wird Holz bei mangelhaftem Luftzutritte erhitzt, so erhält man Holzkohle. Knochen geben bei trokkener Destillation Knochenkohle oder Spodium; aus Blut erhält man die Blutkohle.

Von ganz besonderer Wichtigkeit ist die trockene Destillation der Steinkohle, die entweder bei der Leuchtgasfabrikation oder in eigenen Kokereien erfolgt. Im ersteren Falle erhält man den **Gaskoks** als Nebenprodukt, im anderen Falle Destillationskoks als **Hauptprodukt;** außerdem in beiden Fällen **Retortenkohle** an den Wänden der Destillationsretorten.

Die trockene Destillation liefert also feste Rückstände, die den natürlichen Kohlen ähnlich sind; auch die chemischen Prozesse, die wir bei der Destillation beobachten und die sich bei der Bildung der natürlichen Kohlen abgespielt haben mögen, dürften sich höchstens darin voneinander unterscheiden, daß die Zersetzung im ersteren Falle in forciertester Weise rasch vor sich geht, während im letzteren ungeheure Zeiträume hierzu erforderlich gewesen waren.

In längstvergangenen Entwicklungsstufen unserer Erde war nämlich die Pflanzenwelt außerordentlich üppig entwickelt; durch besondere Naturereignisse haben sich diese vorweltlichen gigantischen Wälder in Form unserer Kohlen erhalten; ihre Holzbestandteile machten einen ähnlichen Verkohlungsprozeß durch, wie wir ihn eben für die trockene Destillation beschrieben haben. Der Luftabschluß erfolgte durch ungeheure Schlammassen und darüber gelagerte Gebirge, deren gewaltiger Druck Wärme in hinreichender Menge langandauernd lieferte; auch mag Erwärmung aus den tieferen Schichten des Erdinnern zum Umwandlungsprozeß viel beigetragen haben, als dessen Endprodukte die Lager der Braun- und Steinkohle und des Anthrazits zurückgeblieben sind. Noch heute beobachten wir in Sumpfgegenden eine ähnliche Umbildung von Pflanzenwesen im **Torf**, der sich durch Zersetzung von Sumpfpflanzen bildet.

Alle diese natürlichen Kohlenarten enthalten nur einen, allerdings erheblichen Anteil an Kohlenstoff; im Torf beträgt er ungefähr 50 bis 60%, bei Braunkohle steigt er bis 70%, bei Steinkohle bis zu 95%; am kohlenstoffreichsten ist Anthrazit mit 92 bis 98%.

In den natürlichen Kohlen wird uns eine gewisse Menge aufgespeicherter Energie der Sonnenstrahlen geboten, die in weit zurückliegenden Epochen jene mächtige Pflanzenwelt, die diesem Kohlenvorrat zugrunde liegt, zum Wachstum gebracht haben.

c) Verbrennen wir Kohlenwasserstoffe oder sonstige sehr kohlenstoffreiche Körper wie Paraffin, Harze oder Öle bei mangelhaftem Luftzutritte, so erhalten wir nebenbei **Ruß** als fein verteilten Kohlenstoff.

[266] Eigenschaften.

Kohlenstoff ist in allen drei Formen fest, geruch- und geschmacklos, unschmelzbar und verdampfend nur im elektrischen Flammenbogen. **In Luft (glänzender in Sauerstoff) verbrennt er zu Kohlendioxyd CO_2. Graphit gilt als ein guter Leiter der Elektrizität.**

Die Verbindungen des vierwertigen Kohlenstoffes mit anderen Elementen sind äußerst zahlreich; dies gilt besonders von den noch zu besprechenden sog. organischen Verbindungen, die er mit **Wasserstoff, Sauerstoff und Stickstoff** eingeht. (Außer den vorgenannten Elementen können auch noch andere Nichtmetalle wie Schwefel, Phosphor, aber auch Metalle an der Zusammensetzung der organischen Verbindungen beteiligt sein.)

[267] Verwendung.

Der **Diamant** wird außer als hochgeschätzter Edelstein für Diamantbohrer verwendet. **Graphit** dient als Schmiermittel, auch zur Herstellung von Bleistiften und von feuerfesten Tiegeln (Passauer Tiegeln), ferner von leitenden Überzügen in der Galvanoplastik und von Elektroden für elektrische Elemente. Der amorphe Kohlenstoff, der in den verschiedenen Kohlensorten enthalten ist, findet namentlich als Brennmaterial ausgedehnte Verwendung. Steinkohle ist das Ausgangsmaterial für die Leuchtgasfabrikation, wobei sich außerordentlich wichtige Nebenprodukte ergeben, wie der **Koks**, das ammoniakhaltige **Gaswasser**, der **Teer**; letzterer ist ein Gemenge außerordentlich zahlreicher, für die chemische Industrie bedeutungsvoller Stoffe (wie Benzol, Naphthalin, Phenol, Anthrazen usw.), die für die Herstellung der sog. **Teerfarben** so unentbehrlich sind. Weiteres darüber folgt im 3. Briefe.

Knochenkohle wird wegen ihrer Fähigkeit, Farbstoffe aus Lösungen aufzunehmen, zum Ent-

färben des Zuckersaftes benützt; fein gepulvert liefert sie das „Beinschwarz". **Ruß** wird zur Erzeugung der chinesischen Tusche und schwarzer Anstrichfarben verwendet.

[268] Anorganische Kohlenstoffverbindungen.

1. Kohlenmonoxyd (Kohlenoxyd), CO.

Verbrennt Kohlenstoff bei **ungenügendem** Luftzutritte, so bildet sich das sauerstoffärmere Kohlenoxyd CO; es entsteht auch, wenn man das sauerstoffreichere CO_2 über glühende Kohle leitet:

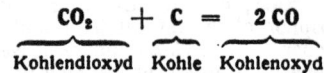

$$CO_2 \; + \; C \; = \; 2\,CO$$

Kohlendioxyd   Kohle   Kohlenoxyd

Es ist ein farbloses, geruch- und geschmackloses Gas, das mit blauer Flamme zu CO_2 verbrennt: $CO + O = CO_2$.

Mit Sauerstoff oder Luft gibt es ein explodierbares Gemisch. Es ist sehr giftig, schon in geringer Menge eingeatmet wirkt es tödlich.

Die Giftwirkung beruht auf der Bildung einer Verbindung des Kohlenmonoxyds mit einem Bestandteile des Blutes, wodurch die Sauerstoffübertragung im Körper verhindert wird. Rechtzeitige Zufuhr von Sauerstoff kann noch Rettung für den Verunglückten bringen.

Kohlenoxyd entsteht in Öfen mit mangelhaftem Luftzutritte oder, wenn sie schadhaft sind, namentlich aber bei offenen Koksfeuern (Kohlendunst); tritt auch beim Bügeln mit Kohlenbügeleisen auf. Es ist in der Hitze ein mächtiges **Reduktionsmittel** und deshalb im Hochofenprozeß verwendet, um die verschiedensten oxydischen Eisenerze zu metallischem Eisen zu reduzieren. (Roheisen enthält bis zu 5%, Stahl bis 1,5% und Schmiedeeisen (Flußeisen) höchstens 0,5% Kohlenstoff.)

Kohlenoxyd ist auch ein wichtiger Bestandteil verschiedener technisch verwendeter Heizgase; auch im Leuchtgas kommt es vor und begründet dessen Giftigkeit.

2. Kohlendioxyd (Kohlensäure) CO_2.

Vorkommen und Gewinnung. Kohlendioxyd bildet sich bei der Verbrennung und Verwesung kohlenstoffhaltiger Verbindungen, bei der Atmung und Gärung. Es strömt hie und da aus der Erde (Hundsgrotte bei Neapel, Todestal auf Java); es ist ein Bestandteil der Säuerlinge und des Quellwassers, das ihm seinen erfrischenden Geschmack verdankt. In großen Mengen finden sich Salze der Kohlensäure H_2CO_3, kohlensaure Salze oder Karbonate in der Natur vor (Kalkstein, Magnesit, Eisenspat).

Bringt man Karbonate mit Salzsäure zusammen, so wird CO_2 als Gas frei.

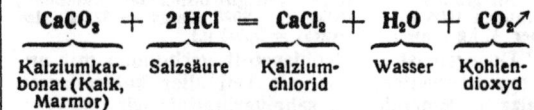

$$CaCO_3 \; + \; 2\,HCl \; = \; CaCl_2 \; + \; H_2O \; + \; CO_2 \nearrow$$

Kalziumkarbonat (Kalk, Marmor)   Salzsäure   Kalziumchlorid   Wasser   Kohlendioxyd

Kohlendioxyd entweicht auch, wenn man Kalkstein stark erhitzt.

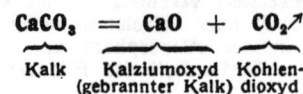

$$CaCO_3 \; = \; CaO \; + \; CO_2 \nearrow$$

Kalk   Kalziumoxyd (gebrannter Kalk)   Kohlendioxyd

Eigenschaften: Das Kohlendioxyd ist ein farbloses Gas von schwach säuerlichem Geruche, 1½ mal schwerer als Luft, **für die Verbrennung und die Atmung** ganz ungeeignet. Es läßt sich relativ leicht verflüssigen (kritische Temperatur 31⁰ C; notwendiger Druck 73 Atmosphären). Flüssiges Kohlendioxyd ist eine farblose Flüssigkeit, die bei weiterer Abkühlung erstarrt (Kohlensäureschnee).

Wasser nimmt Kohlendioxyd auf und rötet dann blaues Lackmuspapier; es enthält die sehr unbeständige Kohlensäure; $H_2O + CO_2 = H_2CO_3$, die wieder leicht in H_2O und CO_2 zerfällt. Zumeist wird schon das Kohlendioxyd im Volksgebrauche als „Kohlensäure" bezeichnet.

CO_2 trübt klares Kalkwasser, welchen Vorgang man zum Nachweise ihres Vorhandenseins benützt (blase z. B. die von dir ausgeatmete Luft durch solches Kalkwasser!); die durch das Kohlendioxyd hervorgerufene Trübung besteht aus Kalziumkarbonat ($CaCO_3$):

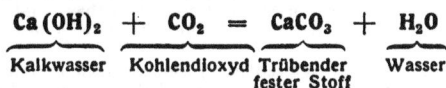

$$Ca(OH)_2 + CO_2 = CaCO_3 + H_2O$$

Kalkwasser   Kohlendioxyd   Trübender   Wasser
fester Stoff

Verwendung: In Form der flüssigen Kohlensäure findet das Kohlendioxyd vielfache Verwendung: In den Eismaschinen und Bierdruckapparaten, zur Erzeugung von kohlensaurem Wasser (Sodawasser). Da es das Brennen nicht unterhält, kann es beim Feuerlöschen verwendet werden (Feuerlöschapparate).

3. Kohlenwasserstoffe.

Der Kohlenstoff liefert mit Wasserstoff eine Reihe von Verbindungen, von denen wir hier nur die technisch wichtigen kurz erwähnen wollen.

a) **Methan CH_4** bildet sich bei der Verwesung von Pflanzenkörpern unter Luftabschluß (**Sumpfgas, Grubengas**); es ist ein wichtiger Bestandteil des Erd- oder Naturgases, das stellenweise in großen Mengen im Erdboden entsteht und bereits ausgedehnte technische Verwertung findet. Methan ist ein brennbares Gas, das mit Luft heftig explodierbare Gemenge bildet (schlagende Wetter in Gruben, Sicherheitslampe von Davy zur Verhütung der Explosionen).

Methan verbrennt zu **CO_2** und **H_2O**.

b) **Äthylen C_2H_4,** ein farbloses Gas, Bestandteil des Leuchtgases, verbrennt mit heller Flamme, zerfällt in der Hitze zu Methan und Kohlenstoff, der von dem verbrennenden Methan zum Glühen erhitzt wird und hell leuchtet.

c) **Azetylen C_2H_2,** ebenfalls ein Bestandteil des Leuchtgases, ein farbloses, **giftiges** Gas von eigentümlichem Geruche, verbrennt an der Luft mit **heller, weißer Flamme.** Es ist als Beleuchtungsgas wichtig geworden (Azetylenanlagen, Azetylenlampen), ferner findet es Verwendung bei der **autogenen Metallschweißung** und beim **autogenen Metallschneiden.** Ausgangspunkt für die Azetylenerzeugung ist das Kalziumkarbid C_2Ca, das mit Wasser Azetylen (neben Kalziumhydroxyd) gibt:

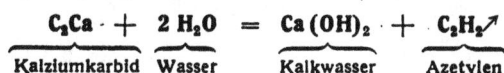

$$C_2Ca + 2 H_2O = Ca(OH)_2 + C_2H_2\nearrow$$

Kalziumkarbid   Wasser   Kalkwasser   Azetylen

4. Schwefelkohlenstoff, CS_2.

Ganz ähnlich wie mit Sauerstoff geht der Kohlenstoff auch eine Verbindung mit Schwefel CS_2 ein, wenn man Schwefeldämpfe über glühende Holzkohle streichen läßt; der gasförmige Schwefelkohlenstoff wird in einer Vorlage zu einer Flüssigkeit verdichtet, die farblos, stark lichtbrechend, ätherisch riechend und sehr flüchtig ist; die Dämpfe sind giftig und geben mit Luft ein explodierbares Gemenge. Schwefelkohlenstoff ist leicht entzündlich und verbrennt zu CO_2 und SO_2. Er löst Phosphor, Schwefel und organische Stoffe, ist daher als Lösungsmittel sehr wichtig. Er dient ferner zur Vertilgung von Insekten.

[269] Verbrennungserscheinungen.

„Wohltätig ist des Feuers Macht,
Wenn sie der Mensch bezähmt, bewacht
Und was er bildet, was er schafft,
Das dankt er dieser Himmelskraft."
(Schiller.)

Bei den im gewöhnlichen Leben wie auch für technische Betriebe so ungemein wichtigen Vorgängen der Verbrennung spielen die kohlenstoffreichen Körper die größte Rolle. Wenn wir Näheres hierüber auch späteren Abschniten dieses Werkes vorbehalten, müssen wir doch hier schon einige Bemerkungen einschalten, weil das Verständnis dieser Prozesse und eine Übersicht der dabei verwendeten Stoffe von allgemeinster Bedeutung sind.

a) Erhitzen wir einen brennbaren Körper auf eine bestimmte, genügend hohe Temperatur (Entzündungstemperatur), so verbrennt er. Manche Körper kommen hierbei nur zum Glühen, verbrennen also ohne Flamme (Holzkohle, Koks), die meisten brennen aber mit Flamme; eine nähere Untersuchung lehrt, **daß es nur brennbare Gase sind, die Flammen bilden.** Handelt es sich um die Verbrennung fester Körper, so schmilzt der Körper entweder zuerst und wird dann erst vergast, wie z. B. bei den Stearinkerzen, oder er wird, ohne zu schmelzen, zersetzt und bildet brennbare Gase, die dann die Flamme liefern (Holz, Kohle). Flüssige Körper werden ebenfalls vor ihrer Verbrennung in Gase umgewandelt. Es sind vor allem **Kohlenwasserstoffe,** die sich bei all diesen Umsetzungen bilden und dann mit mehr oder weniger leuchtender Flamme verbrennen. Je kohlenstoffreicher die gasförmige Verbindung ist, desto stärker leuchtet die Flamme, in der fein verteilte Kohlenstoffteilchen ins Glühen kommen.

b) In jeder **Kerzenflamme** (Abb. 125) können wie einen Kern (III) unterscheiden, der aus unverbrannten, sich durch Zersetzung des Leuchtmateriales gebildeten Gasen besteht. Bei einer größeren Flamme (z. B. bei einer größeren Gasflamme) kann man diese Gase in einem dünnen Röhrchen nach außen leiten und anzünden. Dieser Teil der Flamme zeigt nur niedrige Temperatur und wirkt reduzierend. Weiter nach außen gewahren wir eine stark leuchtende

Abb. 125

Zone (II), in der Kohlenteilchen zum Weißglühen kommen. Die von der Zone III gelieferten Gase sind durch die hohe Temperatur der äußeren, schwach leuchtenden Verbrennungszonen I und II unter Ausschei-

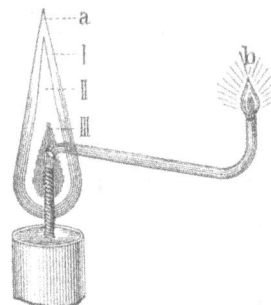

dung von Kohlenteilchen zersetzt worden; der Flammensaum I ist am heißesten, er wirkt oxydierend, namentlich an der Spitze bei *a*.

Jede Kerzenflamme ist sozusagen eine kleine Gasfabrik. Als in England zu Beginn des 19. Jahrhunderts die Idee auftauchte, Leuchtgas in großem Maßstabe zu erzeugen und durch ein Rohrnetz an die Verbrauchsstellen zu leiten, hielt der berühmte Chemiker Sir Humphry Davy solche Projekte für aussichtslos, weil, wie er sagte, es doch niemandem einfallen wird, Gas auf weite Entfernungen zuzuleiten, das sich

jeder mit seiner Kerze weit billiger selbst erzeugen kann; man sieht daraus, wie undankbar es ist, in technischen Dingen den Prophet zu spielen.

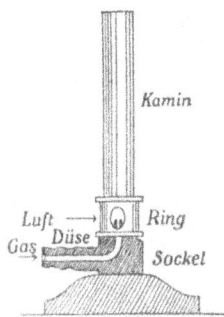
Abb. 126

Entzünden wir Leuchtgas, das unmittelbar aus dem Zuleitungsrohre entströmt, so verbrennt es bekanntlich mit weißer, stark leuchtender Flamme, die ebenfalls die obenerwähnten Zonen aufweist. Führen wir dem ausströmenden Gase genügend Luft zu, so daß es nicht mehr zur Abscheidung von glühenden Kohlenteilchen kommt, so ist dann die Flamme nicht mehr leuchtend, wird so aber dafür sehr heiß. Darauf beruht der **von Bunsen erfundene Brenner** (s. Abb. 126).

Ursprünglich nur für Laboratoriumszwecke erfunden, findet das Bunsensche Brennerprinzip heute ausgedehnte Anwendung bei den Gasöfen, den Gaskochern, beim Gasbügeleisen und endlich beim Gasglühlicht (Auerlicht, Hängelicht). Bei letzterem wird ein Glühstrumpf aus seltenen Erden (Thorium mit geringen Mengen Cer) durch die heiße Bunsenflamme zur Weißglut gebracht.

In ähnlicher Art ist später auch die Petroleumbeleuchtung durch Einbau von Glühkörpern verbessert worden. Beim **Drummondschen Kalklicht**, das in seiner Intensität bisher unübertroffen ist, spielt der durch die Knallgasflamme weißglühend gemachte **Kalkzylinder** die Hauptrolle.

Den Umstand, daß eigentlich nur immer Gase verbrennen, macht sich die technische Industrie nutzbar in der Verwertung von Heizgasen, um hohe Temperaturen zu erzeugen und Motoren zu betreiben.

Beim **Generatorgas** wird in der Nähe des Rostes Luft in hinreichender Menge zugeführt, wodurch das Brennmaterial (Kohle, Koks, Anthrazit) vorerst in der Verbrennungszone zu CO_2 verbrannt wird; das Kohlendioxyd steigt im Generatorschachte empor und wird von der glühenden Kohle zu CO reduziert. Bei der **Siemensschen Regenerativfeuerung** wird Gas und Luft vorgewärmt, wodurch sich höhere Verbrennungstemperaturen erzielen lassen. Bläst man durch weißglühenden Koks Wasserdampf, so erhält man nach der Gleichung $C + H_2O = CO + H_2$ ein Gemenge von Kohlenoxyd und Wasserstoff, das sog. **Wassergas**, das einen höheren Heizwert haben muß als das Generatorgas, weil hier beide Bestandteile brennbar sind.

Wird nicht nur Wasserdampf, sondern auch Luft in die glühenden Kohlen eingeblasen, so erhält man das **Halbwassergas** (Mischgas, Sauggas).

Für kleinere Anlagen, beispielsweise zur Beleuchtung von Eisenbahnwagen, gelangt auch **Ölgas** zur Verwendung. Man erhält es durch trockene Destillation dickflüssiger Petroleum- oder Braunkohlenteeröle; es brennt mit hellleuchtender Flamme, deren Leuchtvermögen noch erheblich gesteigert wird, wenn man das Ölgas mit Azetylen vermischt.

Elemente der Kohlenstoffgruppe.

[270] Silizium, Si = 28,3.

a) Dem Kohlenstoff chemisch verwandt ist das **Silizium**, ein festes, als braunes Pulver herstellbares Element, das niemals in der Natur in freiem Zustande, dafür aber in außerordentlich vielen Verbindungen auftritt. Es nimmt in hervorragender Weise an der Zusammensetzung vieler Gesteine teil; man kann annehmen, daß mehr als ein Viertel der ganzen Erdkruste aus Silizium gebildet wird. Ähnlich wie der Kohlenstoff in der organischen Welt verbreitet ist, ist dies beim Silizium im Mineralreiche der Fall.

b) Es ist ein vierwertiges Metalloid, das (beim Verbrennen) mit Sauerstoff die ähnlich dem Kohlendioxyd zusammengesetzte Verbindung SiO_2, das **Siliziumdioxyd** (Kieselsäureanhydrid), bildet, das in der Natur als **Quarz** in vielen Abarten ungemein weit verbreitet ist (Bergkristall, Feuerstein, Achat, Amethyst). **Quarzsand** wird vielfach technisch verwendet (Bau- und Formsand, im Sandstrahlgebläse usw.), geschmolzener Quarz findet zu Quarzglas (z. B. für Quecksilberdampflampen) Verwendung.

Vom Siliziumdioxyd leitet sich eine Reihe von **Kieselsäuren** ab, deren Salze **Silikate** genannt werden. In der Natur finden sich Gemenge solcher Silikate als **Granit**, **Gneiß**, **Syenit**, **Basalt**, **Talk**, **Ton** usw. in großen Mengen. Andere Silikate werden künstlich erzeugt: Kalium- und Natriumsilikat (**Wasserglas**), Kalium- oder Natrium- und Kalziumsilikat (**Kali- und Natronglas**), Bleisilikat (**Bleiglasur**).

Wenn man Quarz mit Kohlenpulver (im elektrischen Ofen) auf sehr hohe Temperatur erhitzt, erhält man die technisch wichtige Verbindung SiC, das **Siliziumkarbid** oder **Karborundum**, ein grauschwarzes Pulver von außerordentlicher Härte, die beinahe an jene des Diamanten heranreicht. Karborundum findet als wertvolles Schleifmittel auch in Form von Schleifsteinen oder als Karborundumpapier vielfache Anwendung.

[271]　　　　　Versuche.

Wir bringen hier zunächst eine Reihe leicht ausführbarer Versuche, um unsere Leser mit den einfachsten chemischen Vorgängen vertraut zu machen. Im nächsten Briefe werden einige analytische Übungen folgen.

1. Schwefel und Eisen. 4 G.T. Schwefelpulver und 7 G.T. Eisenpulver mengen und im Probierglase gelinde erhitzen; Gemenge glüht auch ohne Flamme weiter, selbst bis zum Sprengen des Glases. Gießt man Salzsäure darauf, so entsteht ein Geruch nach faulen Eiern (Schwefelwasserstoff).

2. Schwefel und Kupfer. Schwefel im Probierglase stark erhitzen und einen Streifen dünnes Kupferblech in die Schwefeldämpfe hineinhalten. Das Blech erglüht sofort und wird schwarzblau (Schwefelkupfer).

3. Schwefel und Quecksilber. 1 G.T. S und 6 G.T. Hg in einer Schale zusammenreiben; es bildet sich Schwefelquecksilber. Erhitzt man das Pulver in heißem Wasser oder noch besser in heißer Kalilauge, so wird es rot (Zinnober).

4. Schwefel und Silber. Läßt man auf einem Silberlöffel ein Stückchen Schwefel etwa 24 h lang liegen, so bildet sich ein bräunlicher Fleck (Schwefelsilber).

5. Zerlegung von Kupfervitriol. Erhitzt man Kupfervitriolkristalle in einem wagerecht gehaltenen Probiergläschen, so bildet sich ein weißes Pulver, während sich am Glase Wassertröpfchen ansetzen; läßt man diese nach dem Abkühlen zurückfließen, so entsteht wieder blaues Kupfervitriol.

6. Zerlegung von rotem Quecksilberoxyd. Kleine Menge in schwer schmelzbare Glühröhre bringen; ihr oberes Ende mit feuchtem Papier umwickeln und durch Kork ein Leitungsrohr luftdicht anschließen. Beim Erhitzen verschwindet das Pulver, und es bilden sich Quecksilbertröpfchen, während Sauerstoff ausströmt. (5 g Quecksilberoxyd geben ¼ Liter Sauerstoff.)

7. Zerlegung von Wasser durch Eisen (Abb. 127). Einige Gramm Eisenpulver in einem Probierglase mit Wasser übergießen, bis sich ein steifer Brei bildet. Auf das feuchte Pulver trockenes Eisenpulver aufbringen; jetzt mit rußender Flamme durch etwa 5 Minuten erhitzen, damit das Glas nicht springt, dann Erhitzung mit schwach leuchtender Flamme fortsetzen; das bei *H* ausströmende Gas anzünden; es brennt, ist daher **Wasserstoff** (der Sauerstoff des Wassers hat das Eisen oxydiert).

8. Zerlegung von Wasser durch Magnesium (Abb. 128). Das Wasser in der Kochflasche zum Sieden bringen; dann

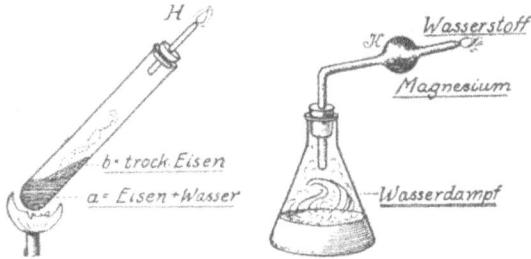

Abb. 127   Abb. 128

das Magnesium im Kugelrohre sehr stark erhitzen; es entweicht statt Wasserdampf **Wasserstoff**.

9. Reduktion von Bleioxyd. Bringt man eine Messerspitze voll Bleioxyd auf ein Stück Kohle und bläst mit dem Lötrohre (Abb. 129) die Flamme darauf, so verbindet sich die Kohle mit dem Sauerstoff des Oxydes und reines Blei bleibt zurück.

10. Bleichen mit schwefliger Säure. Gieße in eine Untertasse schweflige Säure und bleiche darin z. B. rote Blüten; nach 5 bis 10 Min. sind sie weiß. Gieße aber dann in eine andere Tasse einige cm³ verdünnten Ammoniaks und lege die gebleichten Blüten hinein; sie werden wieder rot. Die Farbstoffe sind eben nicht zerstört, sondern nur verändert worden.

11. Versuche mit Schwefelsäure. Fülle ein Probierglas 3 cm hoch mit Zuckerstaub, gieße 5 Tropfen Wasser darauf, dann 3 cm hoch konzentrierte Schwefelsäure; stelle das Probierglas in ein Becherglas und dieses auf einen Teller. Die sich bildende Kohle erhebt sich schaumartig aus dem Glase (Abb. 130). Ein Holzspan wird in konz. Schwefelsäure kohlschwarz; Baumwolle wird darin wie Holz rasch, Schafwolle langsam zerstört. Einige Tropfen der verdünnten Säure auf dunkles Tuch geben rote Flecken, die mit Salmiakgeist wieder verschwinden.

12. Herstellung der drei wichtigsten Säuren in kleinen Mengen. Verbrenne Schwefel an der Luft; das entstehende Schwefeldioxyd leite gleichzeitig mit Sauerstoff auf erhitztes Platinmohr; es entsteht Schwefeltrioxyd, welches in dichten (giftigen) Wolken entweicht; leite dieses Gas in Wasser, so bildet sich **Schwefelsäure** (Vorsicht!). Erhitzt man mit dieser Kochsalz, so entsteht **Salzsäure**. Erhitzt man dagegen Salpeter mit konz. Schwefelsäure und kondensiert die sich entwickelnden Dämpfe in einer Kühlvorlage, so erhält man **Salpetersäure**.

13. Herstellung von Chlorgas. Chlorkalk mit Salzsäure übergießen.

14. Erzeugung von Leuchtgas. Trockene Sägespäne in einem Reagenzglase erhitzen (Abb. 131).

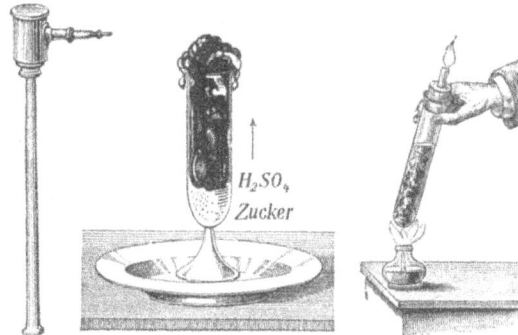

H_2SO_4
Zucker

Abb. 129   Abb. 130   Abb. 131

15. Salmiaknebel. Tauche ein Hölzchen in Salzsäure, ein zweites in Salmiakgeist; werden sie einander genähert, so steigen dichte, weiße Nebel von Salmiak auf.

[272] Übungsaufgaben.

Aufg. 145. In welchem genauen Gewichtsverhältnis muß man Hg und S mischen, um Zinnober HgS zu erhalten?

Aufg. 146. Wieviel Liter Wasserstoff und Sauerstoff geben 18 g Wasser? (Anleitung: $2H_2O = 2H_2 + O_2$ Atomgewichte einsetzen und in g bzw. Liter umrechnen.)

Aufg. 147. Wie lautet die Formel für Natriumhydroxyd, wenn 1 Molekül Natriumoxyd sich mit 1 Molekül Wasser zu 2 Molekülen Natriumhydroxyd vereinigen?

Aufg. 148. Wieviel Liter Kohlendioxyd entstehen, wenn 50 kg Anthrazitkohle (96% C) verbrennen?

Aufg. 149. Was wiegen die 400 l Kohlendioxyd, die wir täglich ausatmen?

Aufg. 150. Wieviel g Kohlenstoff sind in den 400 l von uns täglich ausgeatmeten Kohlendioxyd enthalten?

Aufg. 151. Wieviel Gramm Sauerstoff nehmen wir in einem Tage auf? (Anleitung: Wir atmen täglich 400 l CO₂ aus!)

Aufg. 152. Der Mensch macht durchschnittlich 22 Atemzüge per Minute, also 31 680 per Tag, bei welchen er 5 Volumprozente der eingeatmeten Luft an Kohlendioxyd ausatmet. Wieviel Luft geht also bei jedem Atemzuge durch seine Lunge?

Aufg. 153. Wieviel Kohlenstoff wird täglich unserem Körper durch das Atmen entführt und muß durch Nahrung ersetzt werden?

(Bem.: Einige der vorstehenden Fragen sind für den Heiz- und Ventilationstechniker wichtig.)

(Lösungen im 3. Briefe.)

Anhang.

[273] Lösungen der im 1. Briefe unter [144] gegebenen Übungsaufgaben.

Aufg. 76. Inhalt der Korkstange 2 *x* cm²; daher $0,48 x = 100$, $x = 2,08$ m.

Aufg. 77. Da 1 m³ Meerwasser 1036 kg, 1 m³ gewöhnliches Wasser 1000 kg wiegt, müssen in 1 m³ Meerwasser 36 kg Salz enthalten sein, mithin in 80 m³: $80 \cdot 36 = 2880$ kg.

Aufg. 78. Ein gleich großer Wasserkörper wiegt $800 : 2,7 = 296$ kg; gesuchter Rauminhalt daher **0,296 m³**.

Aufg. 79. Die Backsteinsäule über 1 cm² hat einen Inhalt von $1000 \cdot 0,01 = 10$ dm³; Druck daher $10 \cdot 1,6 = 16$ kg per cm².

Aufg. 80. $20 \cdot 8 \cdot 2 \cdot 8,9 = 2848$ kg.

Aufg. 81. Höhe des Quecksilbers *x* dm; $x \cdot 13,6 = 12$.
$$x = 0,88 \text{ dm } (8,8 \text{ cm}).$$

Aufg. 82. $x \text{ dm}^3 \cdot 1,45 = 6$; daraus $x = 4,13 \text{ dm}^3 = \textbf{4,13 Liter.}$

Aufg. 83. $\underbrace{AgNO_3 + KCl}_{170 + 74,5} = \underbrace{AgCl + KNO_3}_{143,5 + 101}$
$$\underbrace{\hspace{2cm}}_{244,5} = \underbrace{\hspace{2cm}}_{244,5}$$

74,5 G.T. = 2,483 g,   1 G.T. = 0,0333 g.

Man erhält $143,5 \cdot 0,0333 = \textbf{4,778 g}$ Chlorsilber und $101 \cdot 0,0333 = \textbf{3,363 g}$ Salpeter.

ALLERLEI WISSENSWERTES

über Technik und Naturwissenschaft.

Die Elektrifizierung der Wasserkräfte.

Inhalt. Im folgenden wollen wir uns mit einer technischen Tagesfrage beschäftigen, die zweifellos in der nächsten Zukunft besondere Bedeutung erlangen wird. Wie wir schon des öfteren betont haben, ist die Sonne unsere einzige, dafür aber unerschöpfliche Energiequelle; sie in nennenswertem Maße direkt für unsere Zwecke auszunützen, dürfte der Technik noch lange nicht gelingen. Zum Glück bietet uns aber die Sonne zwei andere Quellen, in denen sie ihre Energie aufspeichert und aus welchen wir diese indirekt mit unseren technischen Hilfsmitteln nach Bedarf beziehen können. Es sind dies einerseits die aus längstvergangenen Zeiten stammenden Kohlenvorräte und die Wasserkräfte, Quellen, die aber leider in bezug auf ihre Ergiebigkeit auf unserer Erde höchst ungleich verteilt sind. So wie es jedoch in normalen Zeiten der hochentwickelten Transporttechnik möglich ist, Kohlenreichtum und Kohlenbedarf nahezu auszugleichen, bietet die elektrische Kraftübertragung das geeignete Mittel, aus dem Überschusse der an Wasserkräften überreich ausgestatteten Länder der Energienot anderer, in dieser Hinsicht weniger glücklicher Erdstriche abzuhelfen.

Die Entfernung allein spielt dabei keine Rolle mehr; vielleicht wird die noch lange nicht auf dem Höhepunkte ihrer Leistungen befindliche Elektrotechnik die Kraftübertragung einst auch dort ermöglichen, wo ihr heute noch scheinbar unüberwindliche Hindernisse entgegenstehen; Ansätze hierzu sind vorhanden einerseits in der Leitung hochgespannter Ströme durch Kabel, anderseits in der drahtlosen Übermittelung von Energie durch den Weltäther. Doch das sind Zukunftsbilder, deren Erörterung den Rahmen dieses Selbstunterrichtes weit überschreiten würde.

Bleiben wir daher lieber vorläufig auf festem Boden, bei den geschlossenen Festländern, innerhalb deren Grenzen die elektrische Kraftübertragung und damit auch die Elektrifizierung der Wasserkräfte tatsächlich nur mehr Fragen der Geldbeschaffung und internationaler Vereinbarungen auslösen.

Allem Anscheine nach dürften die Zeiten nicht mehr ferne sein, wo die einzelnen Festländer, ebenso wie heute für Zwecke der Fernmeldung bzw. der elektrischen Nachrichtenübermittelung, auch von dichten, ausschließlich für den Transport der in den Wasserkräften enthaltenen Energiemengen auf elektrischem Wege bestimmten Leitungsnetzen überspannt sein werden. Die Voraussetzungen für die technische Lösung dieser großartigen Aufgaben bilden den Gegenstand nachstehender Skizze.

[274] Schon seit Jahren steht in allen Kulturländern die Frage der Elektrifizierung der Wasserkräfte im Mittelpunkte des öffentlichen Interesses. Sie ist in letzter Zeit infolge der stetig zunehmenden Kohlennot geradezu brennend geworden. Die Kohlenförderung Europas ist von rd. 680 Millionen Tonnen im Jahre 1913 auf 443 Millionen Tonnen, das ist über 30% zurückgegangen. Der Ausfall von 237 Millionen Tonnen kann weder durch die Kohlenförderung der Vereinigten Staaten, noch durch die anderer Länder ersetzt werden, zumal es an Schiffsraum fehlt, um die Verfrachtung so großer Kohlenmengen durchzuführen. Von allen Seiten wird daher mit Beschleunigung danach getrachtet, die zur Verfügung stehenden Wasserkräfte zur Gewinnung elektrischer Kraft nutzbar zu machen, um so einen Ersatz für die fehlende Kohle zu schaffen. Insbesondere soll an die Stelle des Lokomotivbetriebes auf den Eisenbahnen, der zu seiner Aufrechterhaltung so ungeheure Kohlenmengen erfordert, der elektrische Betrieb treten. Schon sind diesbezügliche Arbeiten großen Stils im Zuge, und immer neue Vorschläge, betreffend die weitere Ausgestaltung der Wasserwirtschaft und die Neuordnung der Elektrizitätserzeugung und -verteilung werden gemacht. Mit Ungeduld wird erwartet, daß endlich auf das Zeitalter des Dampfes und der Kohle das der Elektrizität und der Wasserkräfte folge.

Soviel aber auch gegenwärtig über diese Frage geschrieben und gesprochen wird, so sind doch weitere Kreise wenig darüber unterrichtet, was unter der Elektrifizierung der Wasserkräfte eigentlich zu verstehen sei, mit welchen technischen Mitteln sie durchgeführt werden kann und soll und welche Leistungen von ihr zu erwarten sind. Es erscheint daher angezeigt, über die hier auftauchenden Fragen einige Aufklärung zu geben.

Daß im Wasser, wenn es von der Höhe herabstürzt oder rasch dahinfließt, eine gewaltige Kraft steckt, die zu Arbeitsleistungen ausgenützt werden kann, ist der Menschheit längst bekannt. Schon im alten Ägypten und in den Ländern des Euphrats und Tigris sind vielfach Wasserräder zum Heben von Trinkwasser und zum Antriebe von Mühlen verwendet worden. Bis zur Erschließung der Elektrizität als Kraftquelle lag aber keine Möglichkeit und wohl auch kein Bedürfnis vor, die in den niederströmenden Gewässern zur Verfügung stehende Energie in größerem Maßstabe wirtschaftlich auszubeuten. Wohl wurden die Wasserkraftmaschinen im Laufe der Zeit allmählich verbessert. An Stelle des unterschlächtigen Wasserrades, das bloß durch die Stoßkraft des Wassers angetrieben wird, trat mit Beginn des 18. Jahrhunderts in immer größerem Umfange das oberschlächtige Wasserrad, das schon eine weit bessere Ausnützung der Wasserkraft ermöglicht, weil hier das Gewicht des Wassers mit zur Geltung kommt. Die erste Hälfte des 19. Jahrhunderts brachte schließlich die Erfindung der Turbine, womit schon die Voraussetzung geboten war, beliebig große Wassermengen und jedes Gefälle, mag es nur wenige oder viele hundert Meter betragen, für Arbeitszwecke auszunützen.

Aber ein Übelstand war noch immer nicht beseitigt: Die gewonnenen Kräfte konnten nur an dem Orte und an der Stelle nutzbar gemacht werden, wo die Wasserkraftanlage zur Errichtung kam. Es war unmöglich, die dort in so reichlichem Maße verfügbaren Energiemengen weiterzuleiten; sie waren vorerst sozusagen örtlich gebunden und blieben es um so mehr, als sich die Anlage großer Wasserkraftwerke aus gewichtigen Gründen doch nur in Gegenden empfiehlt, die abseits von den großen Verkehrswegen, entfernt von den Industriezentren liegen. Solche Werke können ja nur dort mit Vorteil errichtet werden, wo Wassermengen von großen Höhen herabstürzen oder wo sonst genügendes Gefälle in den Wasserläufen vorhanden ist, und das ist vorwiegend nur im Gebirge, am ehesten im Hochgebirge der Fall; da sind Wasserfälle, Sturzbäche, Stromschnellen usw. vorhanden; hier liegen auch häufig hoch über der Talsohle Gebirgsseen, von der Natur geschaffene ungeheure Staubecken, deren aufgespeicherte Wasserkräfte schon längst nützlichem Zwecke hätten zugeführt werden können, wenn die technische Grundlage für die wirtschaftliche Verwertung dieses Energiereichtums, die Möglichkeit, Kräfte auf weite Entfernungen zu übertragen, gegeben gewesen wäre.

Erst durch die großartige Erfindung der Dynamomaschine, die wir unserem unvergeßlichen Siemens danken und die in ihrer weiteren Ausgestaltung zur elektrischen Kraftübertragung führte, war es der Technik gelungen, die von den Wasserkraftwerken geleistete, mechanische Arbeit an Ort und Stelle in elektrische Arbeit zu verwandeln, diese in elektrischen Leitungen selbst viele Hunderte Kilometer weit zu übertragen und sie dann je nach Wunsch und Bedarf zu mechanischer oder chemischer Arbeit, zur Licht- und Wärmeerzeugung usw. zu verwenden. Hiedurch stiegen die Wasserkräfte natürlich riesig im Werte, hatten aber freilich zunächst einen ernsten Wettkampf mit den Wärmekraftquellen zu bestehen, der unwillkürlich an die gefährliche Konkurrenz erinnert, die seinerzeit das Gasglühlicht dem elektrischen Lichte machte; sowie die Gastechniker sich damals mit allen Kräften bemühten, mit den für sie äußerst gefährlichen rapiden Fortschritten des elektrischen Lichtes Schritt zu halten, war nach der gelungenen Lösung des Problems der elektrischen Kraftübertragung die Technik der Wärmekraftmaschinen eifrigst bestrebt, die Vorteile dieser Übertragungsart auch für ihre Zwecke auszubeuten, also die von diesen Maschinen geleistete Arbeit besser auszunützen und auf größeren Gebieten wirtschaftlich zu verwerten. Die Möglichkeit hiezu war gegeben, denn die elektrische Übertragung gestattet, jede mechanische Arbeit, somit auch die von den Wärmekraftmaschinen erzeugte, in die Ferne zu leiten; es galt somit nur, diese letzteren auf einen entsprechend hohen Grad ihrer Leistungsfähigkeit zu bringen.

Die Entwicklung der Dampfmaschine nahm daher mit der Erschließung der Elektrizität als Kraftquelle einen neuen, unerwarteten Aufschwung; die Dampfturbine, Motoren für Leuchtgas und andere gasförmige Brennstoffe, Öl- und Benzinmotoren und schließlich der Dieselmotor, wurden erfunden. Hiedurch gelang es, nicht nur die in den Brennstoffen enthaltene Energie immer wirksamer auszunutzen, sondern auch den Kreis der Abnehmer, die für den Betrieb von Wärmekraftmaschinen in Betracht kamen, bedeutend zu erweitern. Die Folge davon war, daß die Anlage von Wasserkraftwerken anfänglich nur dort lohnend erschien, wo von Natur aus die Verhältnisse so günstig lagen, daß die hiefür erforderlichen Einrichtungen ohne Aufwand allzu hoher Kosten durchgeführt werden konnten.

Wohl wurde bereits 1891 die erste elektrische Kraftübertragung großen Stils durchgeführt, und Deutschland gebührt der Ruhm, sie ins Werk gesetzt zu haben. Die Neckarkraft bei Lauffen wurde mit Hilfe von Drehstrom nach dem 175 km entfernten Frankfurt a. M. übertragen. Kurze Zeit darauf wurde der weltberühmte Niagarafall in Amerika zur elektrischen Kraftübertragung herangezogen und lieferte schon 1900 über 10000 PS (jetzt aber schon über 1 Mill. PS) für Zwecke der Industrie und des Verkehrs; auch in der Schweiz, in Schweden und Italien und in anderen von der Natur in dieser Hinsicht besonders begünstigten Ländern waren bald mächtige Wasserkraftwerke im Betriebe. Trotz dieses Fortschrittes wurden aber in den im Flachlande liegenden Industriegebieten und den meisten Großstädten auch für die Zwecke der Elektrizitätserzeugung nach wie vor Wärmekraftwerke neu geschaffen und die vorhandenen vielfach ausgebaut. Solche Großkraftwerke verwendeten Dampfturbinen, Dieselmotoren u. dgl. zum Antrieb von Dynamomaschinen und versorgten sowohl die Städte, in denen sie zur Errichtung kamen, wie auch die weit umliegenden Ortschaften mit elektrischem Lichte und dem erforderlichen Kraftstrome. Auch heute noch verwendet die weitaus überwiegende Anzahl der bestehenden Elektrizitätswerke anstatt der billigen Wasserkräfte weit kostspieligere Brennstoffe, vor allem Kohle zur Energieerzeugung, trotzdem die Elektrizität die Heranziehung von Wasserkräften von weit her gestatten würde. 1902 ist zwar in Oberitalien der erste Versuch mit bestem Erfolge gemacht worden, eine Vollbahn, die Valtellinabahn mit Wasserkraft zu elektrifizieren. Aber auch im Eisenbahnbetriebe hatte die Technik es verstanden, die Dampflokomotive derart zu vervollkommnen, daß die Elektrisierung der Vollbahnen selbst in den Gebirgsstrecken, wo die Verhältnisse hiefür besonders günstig lagen, nur langsame Fortschritte machte.

Mit dem zunehmenden Verkehre und der steten Steigerung der Gütererzeugung stieg nun von Jahr zu Jahr der Verbrauch und damit auch die Not an Brennstoffen, die endlich die Frage der weitestgehenden Erschließung aller verfügbaren Wasserkräfte mit einem Schlage in den Vordergrund der Diskussion rückte: Man muß jetzt mit allem Ernste darangehen, die planmäßige Elektrifizierung der Wasserkräfte durchzuführen; die einsetzende Kohlennot ist zu einer Lebensfrage für die ganze Kulturmenschheit geworden.

Es unterliegt kaum mehr einem Zweifel, daß gar bald überall in den Gebirgen, in der Nähe der Gebirgsseen und längs der Flußläufe ein geschäftiges Treiben beginnen wird: da sind Wehren und Talsperren anzulegen, um gewaltige Staubecken und Reservoire zu schaffen, dort tiefe, viele Kilometer lange Stollen durch die Berge zu sprengen, um einer Flußkrümmung das größtmögliche Gefälle abzuzwingen. An allen diesen Orten werden Wasserkraftwerke gebaut werden, in denen mächtige Turbinenräder von den durch riesige Rohre weither zugeführten Wassermassen in rasche Umdrehung versetzt werden und mit deren Wellen die Stromerzeuger verbunden sind, Dynamos, in deren vor Magnetpolen rasch rotierenden Drahtwindungen Tag und Nacht elektrische Kräfte von ungeheurer Mächtigkeit erzeugt werden. Diese hochgespannten Ströme von vielen Tausenden von Volt werden dann durch verhältnismäßig dünne Drähte, sei es auf der Erde auf hohen Masten oder unterirdisch in Kabel, in die weiteste Ferne geleitet und schließlich durch in passend gelegenen Unterstationen untergebrachten Transformatoren in Ströme von jener Spannung umgeformt werden, die an den eigentlichen Verbrauchsstellen nötig und zulässig ist, um jede Gefahr einer Sach- oder Personenbeschädigung möglichst auszuschließen. Gewiß werden sich mit der Zeit die Hochspannungsnetze der einzelnen Wasserkraftwerke in geeigneter Weise zusammenschließen, um von der wechselnden Ergiebigkeit der einzelnen Wasserkräfte möglichst unabhängig zu werden; ebenso sicher werden sie sich aber auch allmählich über jene von der Natur weniger mit zureichenden Wasserkräften ausgestatteten, ebenen Kulturgebiete ausdehnen, in welchen alle übrigen Bedingungen regster Industrietätigkeit zumeist in um so höherem Maße gegeben sind. In diesen Gegenden wird es aber gar nicht notwendig sein, die bereits bestehenden Elektrizitätsanlagen, weil sie etwa von Wärmekraftwerken ihren Strom beziehen, aufzulassen oder von Grund auf umzugestalten. Durch Einschaltung einer Unterstation oder unter Umständen bloß eines Transformators können sie ohne weiteres von dem nächstgelegenen Hochspannungsnetze aus mit Elektrizität versorgt werden. Es werden dann eben die Wärmekraftmaschinen zu anderweitiger Verwendung zur Verfügung stehen. Auch die Eisenbahnen, zunächst jene der Gebirgsstrecken, später auch im flachen Lande, werden von Zuführungsleitungen begleitet sein, von denen durch Stromabnehmer die Kraft den elektrischen Lokomotiven zugeführt werden wird.

Eine besonders große Ausdehnung wird die Elektrifizierung der Wasserkräfte in der Schweiz nehmen, wo über 1,5 Millionen PS ausgebaut werden können. Diesem verhältnismäßig kleinen Lande wird es dadurch möglich werden, sein gesamtes Bahnnetz zu elektrisieren; darüber hinaus wird es noch über sehr reichliche Kräfte für industrielle Zwecke verfügen.

Groß sind die noch ausbaufähigen Wasserkräfte in Norwegen und Schweden, obwohl in diesen beiden Ländern die Elektrifizierung in letzter Zeit sehr bedeutende Fortschritte gemacht hat. Hier soll nunmehr auch die Elektrisierung der Bahnen in größtem Maßstab in Angriff genommen werden.

In Finnland dürften über 900000 PS zur Verfügung stehen, die nicht nur für das Land vollkommen ausreichen, sondern auch noch zum Teil an Rußland abgegeben werden könnten.

In Deutschland sind es namentlich die bayerischen Flüsse, die auf ihrem Wege von den Alpen zur Donau ca. 700000 PS abgeben können. Auch da soll die Elektrifizierung der Wasserkräfte unter gleichzeitigem Ausbau der Wasserstraßen zur Durchführung gelangen. Sonst sind noch Wasserkräfte im Harz, im Riesengebirge, im Schwarzwalde und im Thüringer Walde usw. vorhanden.

Österreich verfügt über 1,5 Millionen PS ausbaufähiger Wasserkräfte; hievon sollen vorläufig etwa 100000 PS zur Elektrisierung der Bahnen verwendet werden; der Überschuß könnte dann den Schwierigkeiten abhelfen, die derzeit die Versorgung dieses Landes mit Kohle bereiten.

In Frankreich hofft man mehr als 2 Millionen PS aus den Wasserkräften der Alpen und der Pyrenäen zu beziehen, und in Oberitalien besteht der Plan, durch Elektrifizierung der Wasserkräfte und den Ausbau der Wasserstraßen namentlich die Po-Ebene in ein Industriezentrum ersten Ranges zu verwandeln.

Das an Wasserkräften reichste Land ist jedoch Amerika. In Nordamerika allein schätzt man die Wasserkräfte auf 60 Millionen PS, wovon etwa 10%, d. s. 6 Millionen PS, bereits ausgebaut sind.

Daß durch die in Aussicht stehende, systematische Elektrifizierung der Wasserkräfte der Bedarf und Verbrauch an Brennmaterial, insbesondere an Kohle, wesentlich herabgemindert werden wird, ist wohl selbstverständlich und sehr erwünscht. Ganz ersetzt können aber die Kohle und die übrigen Heizmaterialien durch diese Maßregel nicht werden. Für viele Zwecke, wie insbesondere für die Gaserzeugung, die Metallverhüttung und für gewisse Zweige der chemischen Industrie, wie auch für den Hausbrand bleibt vorläufig die Kohle sowie das sonstige Heizmaterial noch unentbehrlich. Jedenfalls werden der Technik durch diese bevorstehende Ausnützung der Wasserkräfte in allen Ländern gewaltige Aufgaben erwachsen, deren Lösung und Durchführung einen bedeutenden Aufschwung der einschlägigen Industrien zur Folge haben wird.

Über amerikanische Hochbauten.

[275] Besonders bezeichnend für die amerikanische Bauweise sind die bekannten Riesenhäuser, Sky-scraper, oder auf deutsch »Wolkenkratzer«, mit ihren vielen Stockwerken, welche heute nicht nur New York, sondern auch den meisten anderen Großstädten Amerikas einen ganz eigentümlichen Charakter verleihen. Wahrscheinlich dürfte dieser Gebäudetyp ursprünglich in der Absicht entstanden sein, die amerikanische Hochbautechnik in vollem Glanze zu zeigen; jetzt ist sie durch die enorme Steigerung der Grundpreise in den Geschäftsvierteln zum wirklichen Bedürfnisse geworden. Die Zahl der Stockwerke scheint durch keine Vorschriften begrenzt zu sein; Häuser mit 20—25 Stockwerken sind schon etwas Gewöhnliches, während sich in Chicago sogar ein Haus mit 34 Geschossen befindet.

Eine Voraussetzung für die Möglichkeit so hoher Gebäude war die außerordentliche Entwicklung des Liftwesens. Stiegen bilden in neueren, amerikanischen Gebäuden nur eine im Moment der Gefahr kaum in Betracht kommende Reserve; die eigentliche Verbindung zwischen den Stockwerken wird ausschließlich durch Aufzüge vermittelt, welche Tag und Nacht bedient werden, deren Benützung jedoch in Anbetracht der großen Geschwindigkeit, namentlich in der Abwärtsbewegung, Nervenschwachen nicht anzuraten ist.

Der Masonictempel in Chicago mit 21 Stockwerken besitzt nur eine einzige Treppe, dafür aber 12 Lifts, welche schon deshalb unentbehrlich sind, weil sich in den obersten Stockwerken dieses Gebäudes ein großes Vergnügungslokal mit Restaurant befindet.

Sehr häufig sind einzelne dieser Aufzüge als »Expreß-Lift« bezeichnet, welche nur in bestimmten Stockwerken halten. Die Fahrstühle bestehen durchwegs aus leichter Eisenkonstruktion mit Gitterwänden und sind meist für 12 bis 20 Personen berechnet.

Zeigerwerke im Fahrstuhl und in den Stockwerken geben die jeweilige Stellung des Aufzuges an, während man von jedem Geschosse aus durch Drücken einer Taste dem Liftjungen ein Haltesignal geben kann. Die Abschlüsse der Aufzugsschächte in den elegantesten Gebäuden, selbst in Hotels und Geschäftshäusern, sind nirgends gesperrt, sondern bestehen aus einfachen Gitterschubtüren. Die Aufschrift »Lift« muß in jedem Falle genügen, um das Publikum zu warnen.

Bemerkenswert ist, daß in den Kellerräumen der großen Geschäftshäuser, deren Höfe meist sehr beschränkt sind, mitunter aber auch ganz fehlen, sich immer mehr oder weniger ausgedehnte Dampfmaschinenanlagen befinden, welche die Gebäude mit elektrischem Lichte, kaltem und warmem Wasser usw. versorgen, sowie die Aufzüge, die jetzt fast ausschließlich für elektrischen Antrieb eingerichtet sind, und die Ventilationsgebläse betreiben, während der Abdampf zur Heizung dient.

Alle die vorerwähnten Gebäude werden derzeit nur mehr aus Eisen mit Mauerwerksverkleidung hergestellt; daß das Mauerwerk tatsächlich bloß zur Verblendung dient, erkennt man am besten an jenen häufigen Neubauten, bei welchen aus geschäftlichen Gründen gerade die mittleren Stockwerke am frühesten fertiggestellt werden, während die unteren und oberen Geschosse noch das nackte Eisengerippe zeigen. Ein in dieser Beziehung besonders interessanter Bau war jener des Flat-Iron-Building in New York, welches Gebäude in den oberen Geschossen um 9 cm schwanken und den Nachbarhäusern oft dadurch unangenehm werden soll, daß ihre Fenster durch den, infolge der einem sehr schmalen Bügeleisen ähnlichen Form des Grundrisses gesteigerten Windanprall eingedrückt werden.

Ist die Fundierung eines solchen Gebäudes vollendet, so wird zunächst das ganze Eisengerippe samt dem für die Dampfmaschinen unentbehrlichen großen Blechschornstein frei, ohne irgendwelche Gerüstung, von Stockwerk zu Stockwerk in die Höhe montiert, wobei die erforderlichen Konstruktionsteile mittels Dampfkranen aufgezogen werden. Da deren Ausladung, um an Arbeitskräften zu sparen, möglichst groß gewählt wird, spielen sich nun alle weiteren Manipulationen sozusagen in der Mitte von oft sehr belebten Straßen ab; die schwersten Traversen werden von dem auf der Straße stehenden Fuhrwerke in schwindelhafte Höhe aufgezogen, ohne daß die Passanten irgendwie gesichert oder gewarnt würden. Das Sonderbare dieses Vorganges wird noch dadurch erhöht, daß die Monteure, die unten das Anketten der Träger besorgen, mit denselben, bzw. auf denselben reitend, aufgezogen werden, um im nächsten Momente nach dem Loslösen an dem Haken hängend, direkt zum Wagen zurückzukehren.

LEBENSBILDER

berühmter Techniker und Naturforscher.

Johannes Gutenberg.

(* um das Jahr 1400, † 1467 oder 1468.)

Die Wiege einer der weltbewegendsten, für Kultur und Wissenschaft gleich segensreichen Erfindung, jener der Buchdruckerkunst, stand, wie jetzt allgemein zugegeben wird, auf deutschem Boden. Wenn auch die Holländer bis ins 18. Jahrhundert hinein den Ruhm dieses Fortschrittes der Technik für sich in Anspruch nehmen wollten, ja sogar in neuerer Zeit ein italienischer Erfinder erfunden wurde, dessen Denkmal allerdings erst 1868 eingeweiht wurde, so gilt doch heute in aller Welt als historische Tatsache, daß Mainz die Geburtsstadt des Buchdruckes ist und daß dort Johannes Gutenberg die bewundernswerte Kunst, Bücher mit einzelnen Buchstaben zu drucken, ausgedacht und ausgeführt hat.

Wir wissen zwar nicht viel von seinen persönlichen Verhältnissen, aber doch genug, um ihn mit Recht unter die unglücklichen Erfinder einreihen zu können, hatte er doch sein ganzes Leben lang mit Hindernissen aller Art und Mangel an Mitteln, mit der Treulosigkeit der Mitmenschen usw. zu kämpfen; trotzdem aber verlor er niemals den Mut, unermüdlich an der Ausbildung seiner großartigen Idee fortzuarbeiten.

Der Vater Gutenbergs stammte aus der alten und angesehenen Patrizierfamilie Gensfleisch, seine Mutter aus dem Mainzer Geschlecht „zum Gutenberg", und durch die Vereinigung der beiden Familiennamen führte dann unser Erfinder den Namen Johannes Gensfleisch zum Gutenberg; geboren ist Gutenberg um das Jahr 1400 herum in Mainz. Ein ernster Aufstand gegen die Adelsfamilien zwang auch seine Familie im Jahre 1421 zur Auswanderung — wahrscheinlich nach Eltville im Rheingau. Erwiesenermaßen finden wir ihn 1434 in Straßburg schon im Geheimen mit den verschiedenartigsten, mechanischen Künsten beschäftigt, die zum größten Teile Vorbereitungen zu seiner Haupterfindung gewesen sein dürften. Aus einem Prozesse, den ein gewisser Dritzehn, den Gutenberg das Edelsteinschleifen und Spiegelbelegen lehren sollte, gegen ihn führte, geht nämlich aktenmäßig hervor, daß es sich bei dem Streite, in dem Gutenberg Sieger blieb, hauptsächlich um eine Presse mit zerlegbaren Teilen gehandelt haben dürfte; auch Metalle, die zum Typengusse gehören, werden wiederholt in den Akten erwähnt; zum wirklichen Drucken scheint es in Straßburg noch nicht gekommen zu sein.

Gutenberg kehrte 1445, gänzlich mittellos und um mehr als eine böse Erfahrung reicher, nach Mainz zurück, wo er endlich 1450 nach vielen Widerwärtigkeiten einem reichen Bürger, namens Johann Fust, um 800 Goldgulden nebst 6% Zinsen „das Gezuge", also offenbar seine ganze Druckeinrichtung verpfändete. Zweifellos muß damals die Erfindung bereits weit vorgeschritten gewesen sein, denn sonst wäre dieser kalte und klug berechnende Geschäftsmann, als welcher sich Fust in der Folge erwies, nicht einen Vertrag eingegangen, der ihn außerdem zur Zahlung eines jährlichen Vorschusses an Gutenberg im Betrage von 300 Gulden für die Barauslagen verpflichtete. Kurze Zeit darauf wagte sich das von Gutenberg gegründete und mit den Geldmitteln des Fust geführte Geschäft, in das mittlerweile ein technisch und künstlerisch sehr befähigter Mann — Peter Schöffer — eingetreten war, an den Druck der ersten 42zeiligen Bibel heran, welches Wagnis jedoch der Erfinder mit seinem finanziellen Niederbruche bezahlen mußte.

Fust verweigerte zwar die zugesagten jährlichen Vorschüsse, lieh ihm aber weitere Kapitalien mit Zinseszins, bis die Bibel nahezu fertig gestellt war. In diesem kritischen Momente kündigte er den Vertrag, noch ehe der mindeste Nutzen aus dem Unternehmen gezogen war, und kam so auf mindestens unwürdige Weise für seine Gesamtforderung von 2026 Gulden durch Pfändung in den Besitz der Gutenbergschen Druckerei mit allen Vorräten.

Fust und Schöffer vollendeten dann die Gutenbergsche Bibel und vertrieben das Werk, wenn auch weit billiger als die überaus teuren Handschriften, zu immerhin hohen Preisen. Der Erfinder selbst aber war nicht nur finanziell ruiniert, sondern überdies durch die an Kapitalskraft und Geschäftsklugheit weit überlegene Konkurrenz dauernd geschädigt, durch die Habsucht Fust's sonach um alle Früchte seiner jahrelangen Mühen und Sorgen betrogen. Wohl gelang es ihm, mit Hilfe guter Freunde eine neue Druckerei einzurichten, in der das „Katholikon" und einige kleinere Werke hergestellt wurden. Dauernde Hebung seiner mißlichen Lage konnten diese Erfolge dem bejahrten Manne nicht mehr bringen. Er übergab sein Geschäft an Verwandte, übersiedelte 1465 nach Eltville, erhielt vom Erzbischof Adolf von Nassau eine lebenslängliche Pension, starb aber schon Ende 1467 oder Anfang 1468 — der Tag ist nicht bekannt.

Es ist wenig und lückenhaft, was wir von diesem Meister der Technik wissen, aber geeignet, unsere ganze Teilnahme seinem bösen Erfinderschicksal zuzuwenden. Der quälende Gedanke, sein ganzes Leben auf ein für die Kulturmenschheit ungeheuer wichtiges Ziel hineingearbeitet zu haben, und unmittelbar vor dessen Erreichung durch andere um die Früchte seiner Tätigkeit gebracht worden zu sein, muß in diesem Manne wohl die bittersten Gefühle ausgelöst haben. Selbst die Ehre der Erfindung sollte ihm geraubt und dem Hause Schöffer gutgeschrieben werden. Lange Zeit kam sein Name in Vergessenheit; doch die dankbare Nachwelt hat sein Verdienst erkannt und sein Andenken durch zahlreiche Denkmäler verewigt.

Natürlich bildet die Gutenbergsche Erfindung nur ein, wenn auch hervorragend wichtiges Glied in der endlosen Kette der vervielfältigungstechnischen Fortschritte: Gedruckte Buchstaben, Bilder und Worte sind ebenso alt wie die Weltgeschichte. Sie finden sich schon im Altertume auf Ziegeln angebracht, und bis 1414 wurden mit Hilfe von Holztafeln mit eingeschnitzten Buchstaben, Heiligenbilder, Spielkarten, Lese- und Andachtsbücher u. dgl. gedruckt. Erst Gutenberg, der schon in Straßburg eine Schraubenpresse erfunden hatte, um den Tafeldruck auf beiden Seiten des Papieres zustande zu bringen, kam in Mainz auf die geniale Idee, mit einigen zwanzig, anfangs aus Holz, später aus Metall hergestellten, einzeln beweglichen Lettern alle Worte der verschiedenen Sprachen zusammenzustellen; daß dieses Zusammensetzen und Auseinandernehmen, wie wir heute sagen, das „Setzen" und „Ablegen" ganzer Seiten und Bogen, weit rascher und müheloser vonstatten gehen mußte, als das Einschnitzen in Holztafeln oder gar das Abschreiben, wie es bis dahin hauptsächlich in den Klöstern getrieben wurde, ist von vornherein klar. Der Schwerpunkt der Gutenbergschen Erfindung liegt bei alledem nicht in den naheliegenden, wenn auch früher nie ausgeführten Gedanken, geschnittene Buchstaben aneinanderzureihen, sondern vielmehr darin, diese Buchstaben durch Guß in Matrizen herzustellen, um den fertigen Satz mechanisch mit einer neuartigen Druckerschwärze drucken zu können; die Erfindung der Buchdruckerei ist daher gleichzeitig auch die Erfindung der Schriftgießerei und des Pressendruckes.

Mit ihr trat ein Wendepunkt in der Kulturgeschichte der Menschheit ein, weil erst durch die rasche und verhältnismäßig billige Art, Bücher zu drucken, die unermeßlichen Schätze des Wissens zum dauernden Gemeingute aller werden konnten; die neue Kunst wurde, wie Luther so schön sagte, die zweite Erlösung des Menschen.

Freilich war auch diese, wie jede erfolgreiche Erfindung, ein echtes Kind ihrer Zeit; wäre sie um Jahrhunderte früher gemacht worden, so wäre sie wahrscheinlich unbeachtet und ungenutzt geblieben, vielleicht sogar verloren gegangen und hätte später noch einmal gemacht werden müssen, denn außer bei den wenigen Gelehrten war früher kein Bedürfnis nach Büchern vorhanden; die große Masse des Volkes und selbst der Adel war roh und unwissend, die Kunst des Lesens und des Schreibens auf einige wenige Menschen beschränkt. Dieser Zustand änderte sich aber sofort, als die reichen Klöster sich der Hebung der Wissenschaft zuwandten und die Kreuzzüge nach dem Orient Handel und Wandel derart förderten, daß viele Städte zu Reichtum gelangten. Im Gefolge dieses Wohlstandes wuchs dann die Freude an der Wissenschaft und mit ihr auch die Liebe zu den Büchern. Und gerade in diese überaus günstige Zeit des geistigen Aufschwunges fiel die Erfindung der neuen Kunst, die denn auch in kurzer Zeit einen Höhepunkt erreichte, den wir noch heute bewundern müssen. — Nebst Mainz waren Straßburg, Bamberg und Köln die ersten Städte mit Buchdruckereien, die aber dann in ganz Deutschland, dem Vaterlande der Kunst, wie Pilze emporschossen. Nach Paris gelangte sie 1470, nach England 1476 und fand sogar in Rußland bereits 1493 Eingang. In nicht ganz 50 Jahren waren in 250 Orten über 1000 Druckereien tätig, aus denen 6,5 Millionen Druckwerke hervorgingen.

In welchem Umfange diese Kunst im 19. Jahrhundert und namentlich in unseren Tagen Ausbreitung und Verwendung fand, kann man am besten an den zahlreichen technischen Fortschritten erkennen, die sich an die herrliche Gutenbergsche Erfindung anreihten: Stereotypie, Galvanoplastik, Schnellpresse, Rotationsmaschinen, automatische Guß- und Setzmaschinen usw., Errungenschaften des technischen Jahrhunderts, ohne die die heutige Vollkommenheit der modernen Buchdruckerkunst niemals denkbar gewesen wäre.

Henry Bessemer.

(* 1813, † 1898.)

Im Gegensatze zu dem düsteren Lebensbilde des Erfinders der Buchdruckerkunst wollen wir nun die Laufbahn des vom Glücke besonders begünstigten englischen Technikers Bessemer schildern, dem die Menschheit einen der größten Fortschritte auf dem Gebiete der Eisen- und Stahlerzeugung verdankt.

Henry Bessemer war von frühester Jugend an eine jener wenigen ausgesprochenen Erfindernaturen, die, ohne eigentlich tief in die Wissenschaft einzudringen, mit praktischer Genialität überall anregend, fördernd und schaffend zu wirken verstehen, wo sich ihnen technisch Verbesserungswürdiges darbietet. In bezug auf Vielseitigkeit der Gedanken und Geschicklichkeit bei deren Verwirklichung dürfte Bessemer gewiß nicht viel dem berühmtesten Erfinder der Gegenwart, Edison, nachgestanden sein.

Freilich kam der Entfaltung seines Erfindergeistes der Umstand sehr zu statten, daß sein Vater, Antony Bessemer, selbst ein hochbegabter Ingenieur war, der dem jungen Henry nicht nur seine technische Veranlagung vererbte, sondern ihm auch Gelegenheit und Mittel bot, sich bis ins Mannesalter hinein ungehindert seiner praktischen Ausbildung und seinen schöpferischen Ideen widmen zu können, ohne durch materielle Sorgen wesentlich beengt zu sein.

Der kleine Henry war ein ungemein aufgeweckter Knabe, der nur Sinn für technische Arbeiten hatte. Er verbrachte sozusagen seine ganze Jugend in der großen Letterngießerei, die sein Vater in Charlton betrieb; kaum hatte er seine Schulzeit beendet, arbeitete er schon am Schraubstock und konstruierte unter Anleitung seines Vaters kleine Maschinen, deren Bestandteile er sich nach selbst angefertigten Modellen in der Fabrik gießen durfte. Nebenbei bemerkt, besaß Henry ein angeborenes Zeichentalent, das er natürlich bei seinen späteren Arbeiten sehr gut brauchen konnte.

Als sein Vater 1830 die Fabrik nach London verlegte, kam der nun 17 jährige Henry in das Getriebe der Weltstadt, das ihm rasch und häufig Gelegenheit bot, seinen Erfindergeist zu erproben und auch entsprechend zu verwerten, nachdem ihn einige schlimme Erfahrungen bei Mitteilung seiner Gedanken an andere etwas vorsichtiger gemacht hatten. Wie sehr er es verstand, solche Gelegenheiten auszunützen, bewies die Tatsache, daß ihm bis zur Weltausstellung in London im Jahre 1851 nicht weniger als 12, darunter einige sehr wertvolle Patente über die verschiedenartigsten Erfindungen erteilt wurden. So befanden sich darunter — um nur einige Beispiele zu nennen — Patente für einen neuartigen Datumstempel, für die Erzeugung von Bronzepulver, für eine Setzmaschine, die bis zu 5000 Buchstaben in der Stunde zu setzen gestattete, für eine Zuckerpresse, für das Stoppen eines fahrenden Eisenbahnzuges, für die Herstellung optischer Gläser u. dgl.

Der Krimkrieg im Jahre 1854 führte Bessemer in das Fach der Feuerwaffentechnik ein, ein Gebiet, das ihm bisher ganz fremd war, das er aber bald genügend beherrschte, um es mit seinen schöpferischen Gedanken zu befruchten. Die Erfindung des ersten Repetiergewehres und einer neuartigen Methode, die Kraft des Rückstoßes zur selbsttätigen Ladung des Geschützes zu verwenden, mußte Bessemer wegen anderweitiger Inanspruchnahme einstweilen zurückstellen. Beide Neuerungen wurden dann einige Jahrzehnte später von Maxim wieder aufgegriffen und durchgeführt; dafür erzielte Bessemer um so größere Erfolge mit der Idee, den Projektilen eine drehende Bewegung zu erteilen, um die Wirkung und Zielsicherheit des Schusses zu erhöhen.

Bei seinen unausgesetzten Bestrebungen, die Geschoßwirkung zu steigern, wurde ihm von artilleristischer Seite die begreifliche Frage gestellt, ob es denn überhaupt möglich sein wird, Geschützrohre herzustellen, die der durch die zunehmende Schwere der Projektile wesentlich gesteigerten Beanspruchung genügend Widerstand zu leisten vermögen werden; dieser einfache Einwand war der Funke, der eine der größten Umwälzungen in der Eisenindustrie auslöste. Die Bedeutung der gestellten Aufgabe war Bessemer sofort klar; er wollte sie unbedingt lösen, nur wußte er noch nicht, auf welchem Wege. Seine metallurgischen Kenntnisse waren, wie er selbst bescheiden zugibt, bis dahin ziemlich lückenhaft; der geniale Mann sah aber in diesem Mangel eher einen Vorteil, weil, wie er sagte, er nicht erst umlernen mußte, um neue Bahnen einzuschlagen.

Der damals erhältliche Stahl erschien aus verschiedenen Gründen für Konstruktionen, die große Festigkeit des Materials verlangen, wie Brücken, Eisenbahnschienen, Radkränze, Achsen usw. nicht geeignet; seine Verwendung blieb deshalb im allgemeinen nur auf Messer, Federn und kleinere Maschinenteile beschränkt, bei welchen es hauptsächlich auf Härte ankam. Bessemers Hauptaugenmerk war daher darauf gerichtet, einen auch für Konstruktionszwecke brauchbaren Stahl von hoher Festigkeit zu erzeugen, wobei er in Erinnerung an die ihm wohlbekannten Eigenschaften der verschiedenen Kupferlegierungen das Ziel am ehesten durch Schmelzen von Stahl in einem Bade von geschmolzenem Gußeisen zu erreichen hoffte.

Nach vielfachen Versuchen war es ihm tatsächlich gelungen, ein Metall von besonders feinem Korne und großer Festigkeit zu gewinnen, und zwei Monate später nahm Bessemer bereits ein Patent auf ein neuartiges Verfahren, Gußstahl zu erzeugen. Sehr befriedigt vom bisherigen Verlaufe seiner Bemühungen, setzte er die Experimente fort, bis er eines Tages die ihm unerklärliche Beobachtung machte, daß zwei Gußeisenstücke, die dem Luftzuge besonders ausgesetzt waren, trotz der großen Hitze nicht schmolzen; er leitete dann mehr Luft ein, um das Feuer anzufachen, — die beiden Stücke blieben ungeschmolzen. Als der Erfinder schließlich einen dieser Barren herausnahm, um ihn nochmals in das Bad zu werfen, entdeckte er zu seinem größten Erstaunen, daß der vermeintliche Barren nur mehr aus einer dünnen Schale von gänzlich entkohltem Eisen bestand; womit bewiesen war, daß atmosphärische Luft allein fähig sei, graues Gußeisen vollständig zu entkohlen und in schmiedbares Eisen zu verwandeln, ohne der bisherigen umständlichen und kostspieligen Manipulation des Frischens und Puddelns zu bedürfen.

Diese unerwartete Entdeckung gab natürlich den Absichten des Erfinders eine ganz neue Richtung; er war überzeugt, daß er hier auf dem richtigen Wege sei, nun Roheisen weit rascher und billiger als nach allen bisher bekannten Methoden in Schmiedeeisen dadurch verwandeln zu können, daß Luft mit einer ausreichend großen Oberfläche des geschmolzenen Roheisens in Berührung kommt. Bessemer konstruierte daraufhin einen neuartigen Ofen, der eine große Zahl von Schmelztiegeln enthielt und gab diesen Tiegeln nach langwierigen und bei der enormen Hitze, die hier nötig ist, ziemlich gefährlichen Versuchen die noch heute übliche Form der umkippbaren „Bessemerbirnen" (Konverter). So war alles für eine entscheidende Probe vorbereitet, die im August 1856 geradezu glänzend verlief. Es ist von größtem Interesse für jeden Fachmann, in der Selbstbiographie des Erfinders[1]) nachzulesen, wie er in der ihm eigentümlichen lebhaften Sprache seine Erlebnisse, seine Gefühle und Gedanken in der Zeit von der ersten Entdeckung bis zur wirklichen Erzeugung des Probeblocks beschreibt; wie ihn ein Vorarbeiter vor dem Versuch förmlich höhnte, daß er flüssiges Eisen durch Einblasen von kalter Luft noch heißer machen wolle, — wie er nach der gelungenen Probe noch immer fürchtete, einer Selbsttäuschung aufgesessen zu sein, trotzdem der fertige Block reinen schmiedbaren Eisens vor ihm lag, und er erst dann das beglückende Bewußtsein empfand, eine wahrhaft große Erfindung gemacht zu haben, als ihn einer der ersten englischen Hüttentechniker von der Wichtigkeit seines Erfolges überzeugte, — wie in seiner Gegenwart unmittelbar vor seinem Vortrage in der mechanischen Sektion der „British Association" ein bekannter Eisenfachmann einem Kollegen zusprach, den Vortrag eines aus London gekommenen „Kerls" anzuhören, der Eisen ohne Feuerung schmiedbar machen will, usw. — Gewiß war damit der einfachste und billigste Prozeß zur Erzeugung von Flußeisen und Flußstahl erfunden; er wird wohl dem glorreichen Erfinder zu Ehren den Namen „Bessemer-Prozeß" behalten, solange diese Materialien Baustoffe der Technik bleiben.

Ein einziger Mangel des Verfahrens kann hier nicht unerwähnt bleiben: Für die Verkleidung der Innenwände des Konverters mußte bei den ungeheuren Hitzegraden, die beim Bessemerprozeß auftreten, ein außerordentlich feuerbeständiges Material gewählt werden, das hauptsächlich aus Kieselsäure bestand. Die stark sauren Eigenschaften dieses Materials hatten aber den Nachteil, daß nur phosphorfreies Eisen zum Bessemern verwendet werden konnte, wenn der daraus erzeugte Stahl nicht brüchig und spröde werden sollte; diesen Nachteil hat erst der Ingenieur Thomas 1878 durch Anwendung eines anderen Ofenfutters so gründlich beseitigt, daß von dieser Zeit an jedes Roheisen ohne Rücksicht auf seinen Phosphorgehalt dem Bessemerprozeß unterworfen werden kann; der Nachteil konnte den Wert des Bessemerverfahrens nur vermindern, aber durchaus nicht aufheben.

Bessemer verkaufte seine Erfindung um keinen noch so hohen Preis, der ihm vielfach geboten wurde, sondern gründete selbst die Bessemer-Stahlwerke in Sheffield, die mit zwölf großen Schmelzöfen in der Lage waren, schon nach Jahresfrist die Tonne Stahl um 10 bis 15 Shilling billiger zu liefern, als irgendein anderes Werk; die Firma H. Bessemer and Co. ist heute eine der größten Weltfirmen.

Mit diesem Riesenerfolge hätte sich eigentlich Bessemer vollkommen zufrieden geben können; sein rastloser Geist war jedoch nicht für die Ruhe geschaffen; abgesehen davon, daß er Jahre hindurch mit der Vervollkommnung und Auswertung seiner Haupterfindung beschäftigt blieb, warf er sich noch auf zwei Erfindungen ganz origineller Art, die wir zum Schlusse kurz besprechen wollen. — Bessemer verließ selten seine Heimat; wenn er aber einmal nach dem Kontinent wollte, hatte ihn das Meer regelmäßig zum jämmerlichsten Opfer der Seekrankheit gemacht. Ein besonders heftiger Anfall brachte ihn auf den Gedanken, ob es denn nicht möglich sei, das kontinuierliche

---

[1]) Sir Henry Bessemer; An autobiographie with an concluding chapter, London 1905.

Auf- und Niederschwanken des Schiffes für die Passagiere wirkungslos zu machen. In Verfolgung dieses Gedankens konstruierte er einen Schiffstyp, in dessen Mitte ein großer kuppelförmiger Aufbau, der „Bessemersalon", so befestigt und equilibriert war, daß sein Fußboden auch bei den stärksten Schwankungen in horizontaler Lage verblieb. Ein ziemlich kostspieliges Modell bewährte sich so vorzüglich, daß daraufhin nach Bessemers Plänen ein für den regelmäßigen Verkehr zwischen Dover und Calais bestimmter Kanaldampfer „Bessemer" erbaut wurde. Die Probefahrt verlief leider höchst unglücklich: Der Dampfer fuhr bei schönstem Wetter an den Molo in Calais an, weil das Steuerruder versagte, und verursachte ganz bedeutenden Schaden. Wiewohl daran die besondere Konstruktion nicht im geringsten schuld war, gab Bessemer seine Lieblingsidee, an der er jahrelang gearbeitet und die ihm ungefähr 700000 Mark gekostet hatte, für immer auf; der an sich gewiß gesunde Gedanke wurde seither auch von keiner anderen Seite mehr aufgegriffen.

In seinen letzten Jahren beschäftigte ihn hauptsächlich die technische Verwertung der Sonnenenergie für industrielle Zwecke. Das erste Modell seines „Sonnenschmelzofens" baute er im Jahre 1868 auf seiner Besitzung in Denmark Hill; es bestand aus einem drehbaren Turm von ca. 4 m im Quadrat und 10 m Höhe mit einem großen, drehbaren Planspiegel, der die Sonnenstrahlen in einen im oberen Teile des Turmes befestigten Konkavspiegel von ungefähr 3 m Durchmesser warf, von wo sie auf eine ca. 70 cm große Sammellinse zurückgeworfen wurden; im Brennpunkte der Linse stand ein kleiner Schmelztiegel, in dem sich die zu schmelzenden Metalle befanden. Bessemer war von dem Erfolg der ersten Versuche höchst unbefriedigt, weil er nur etwas Kupfer schmelzen und Zink verdampfen konnte; er hatte sich weit größere Wirkungen versprochen. In seiner gewohnten Beharrlichkeit ging er den Ursachen dieses Mißerfolges nach und kam auf die Idee, den Schmelzprozeß in einem kuppelförmig gebauten Ofen unter höherem Drucke vor sich gehen zu lassen. Nach den Angaben seines Sohnes Henry, der die Selbstbiographie seines Vaters nach dessen Tode vervollständigte, sollen mit diesem Ofen solche Wärmegrade erzielt worden sein, daß Stahl und Schmiedeeisen binnen 5 Minuten geschmolzen werden konnte; ein Erfolg, der selbst bei den hohen Kosten der Anlage immerhin bemerkenswert wäre. Bessemer aber hat die Sache aufgegeben, weil sie seiner Ansicht nach durch die mit billiger Wasserkraft zu betreibenden und weit höhere Wärmegrade liefernden elektrischen Öfen überholt war.

Nach seinem 85. Geburtstag schloß der rastlos tätige Mann die Augen für immer.

Bessemers Bedeutung für die moderne Entwicklung der Technik ist gewiß hoch einzuschätzen, und das englische Volk hat recht, auf diesen erfolgreichen Pfadfinder stolz zu sein.

Die technischen Hilfswissenschaften:
MATHEMATIK, GEOMETRIE UND CHEMIE.

3. BRIEF.

„Man kann viel, wenn man sich nur
recht viel zutraut."

(v. Humboldt.)

MATHEMATIK

Arithmetik und Algebra.

Inhalt: Das, was der praktische Techniker von der reinen Mathematik zu wissen braucht, beherrschen jene Leser, die unsere ersten zwei Briefe studiert und erfaßt haben, in ausreichendem Maße. Sie haben mathematisch denken gelernt und sind daher imstande, alle technischen Aufgaben, die in der Praxis vorkommen können, rasch und sicher zu lösen. Es erübrigen daher nur mehr einige Ergänzungen ihres Wissens, um auch das praktische Rechnen, die Anwendung der Arithmetik auf die im täglichen Leben sich besonders häufig ergebenden Fälle kennen zu lernen. Hieher gehören zunächst alle die zahlreichen Aufgaben der sog. Regeldetri, die bei einiger Übung so einfach zu erledigen sind, daß sich kaum die Aufstellung eigener Gleichungen lohnt; dann einige besondere Regeln für das Rechnen mit dekadischen Zahlen, dem wir die Gesetze über arithmetische und geometrische Reihen anschließen wollen, und endlich das technisch-kaufmännische Rechnen. Letzteres ist bei dem heutigen Getriebe des Geschäftslebens um so unentbehrlicher, als der moderne Techniker nicht nur technisch, sondern vielfach auch kaufmännisch denken und handeln muß.

6. Abschnitt.

Regeldetri.

[276] Allgemeines.

a) Der Begriff „Funktion" [= Abhängigkeit einer Größe von einer anderen] ist uns bereits bekannt. Die Aufgaben, die auf dem bloßen Verhältnisse der in Betracht kommenden Größen beruhen, bezeichnet man allgemein als Aufgaben der **Regeldetri**. Dabei unterscheidet man **einfache Regeldetri**, wenn nur das Verhältnis von 2 Größen in Betracht kommt, und **zusammengesetzte Regeldetri**, wenn die Verhältnisse mehrerer Größen zu berücksichtigen sind. Statt Regeldetri sagt man im ersteren Falle auch Dreisatz, im letzteren Vielsatz.

b) Bei der **einfachen Regeldetri** (beim Dreisatze) handelt es sich um drei bekannte Zahlen, aus denen eine vierte unbekannte Zahl zu berechnen ist; z. B.

```
4 Arbeiter fertigen täglich . . . . 40 Stücke
5   „         „        „    . . . .  x    „
```

Man kann schließen (1. Verfahren):

```
4 Arbeiter fertigen täglich . . . . . 40 Stücke
1    „      fertigt    „    40 : 4 = 10   „
5    „      fertigen   „    10 · 5 = 50   „
```

Oder man sagt (2. Verfahren):

$$4 : 5 = 40 : x, \text{ woraus } x = \frac{40 \cdot 5}{4} = 50 \text{ Stück.}$$

Das Wort „Regeldetri" stammt aus dem italienischen Regula de tri, deutsch: „Regel von drei", weil bei solchen Aufgaben immer mindestens 3 Zahlen gegeben sind; die 4. Zahl (die 4. Proportionale) ist zu suchen.

c) Bei der **zusammengesetzten Regeldetri** (beim Vielsatze) handelt es sich um mehr als zwei Paare von Größen; z. B.

```
4 Arbeiter fertigen in 5 h . . . . 40 Stücke
7    „      „       „  8 „ . . . .  x    „
```

Man kann wieder schließen:

```
4 Arbeiter fertigen in 5 h . . . . . . 40 Stücke
1    „      fertigt   „  5 „  40 : 4 = 10   „
1    „          „     „  1 „  10 : 5 =  2   „
7    „      fertigen  „  1 „   7 · 2 = 14   „
7    „          „     „  8 „  8 · 14 = 112  „
```

Man benützt bei diesem Verfahren den „Schluß auf 1" (d. h. auf einen Arbeiter und 1 Stunde; vergleiche die dritte Zeile!). Mit Proportionen löst man die Aufgaben der zusammengesetzten Regeldetri in der Praxis nicht.

[277] Direkte Proportionalität.

a) **Direkte Proportionalität mit einer Größe.** Im ersten der vorstehenden Beispiele wächst die Zahl der gelieferten Stücke mit der Zahl der Arbeiter, und zwar ersichtlich so, daß die 1, 2, 3, 4, . . . $m$fache Zahl der Arbeiter, die 1, 2, 3, 4, . . . $m$fache Zahl der Stücke ergibt. Größen, bei denen, allgemein gesprochen, zum $m$fachen Werte der einen genau der $m$fache Wert der anderen gehört, heißen zueinander **direkt proportional**. Ist y die Zahl der Arbeiter, x die Zahl der von diesen

— 123 —

9

gelieferten Stücke, so ist, da 1 Arbeiter 10 Stücke liefert,

$$\underset{\substack{\text{Zahl der}\\\text{Stücke}}}{x} = 10 \cdot \underset{\substack{\text{Zahl der}\\\text{Arbeiter}}}{y} \quad \text{oder} \quad \frac{x}{y} = 10.$$

Allgemein, wenn 1 Arbeiter k Stücke liefert,

$$\underset{\substack{\text{Zahl der}\\\text{Stücke}}}{x} = k \cdot \underset{\substack{\text{Zahl der}\\\text{Arbeiter}}}{y} \quad \text{oder} \quad \frac{x}{y} = k.$$

k heißt der Proportionalitätsfaktor und ist, wie gesagt, eine feste (konstante) Zahl. Merke:

x	y
Je mehr . . . . . desto mehr	
je weniger . . . desto weniger	

Direkt proportional: $\dfrac{x}{y}$ = konstant.

Ähnliche Fälle: Bei einem Wanderer: Weg und Zeit; bei einer Mühle: Mahlgänge und Mahlgut; bei einer Lebensmittelversorgung: Vorrat und Verbrauchszeit (bei gleicher Verbraucherzahl); bei einer Lohnauszahlung: Lohn und Zahl der Arbeiter; in der Bankwelt: Kapital und erzielte Zinsen (bei demselben Zinsfuße und derselben Laufzeit); bei der Dampfmaschine: Wassermenge und verbrauchte Wärmemenge (bei Erhitzung auf denselben Wärmegrad); beim Kreis: Umfangslinie und Durchmesser; usw.

b) Eine Größe, die mehreren anderen direkt proportional ist, ist auch ihrem Produkte proportional.

Beispiele: Der Inhalt eines Rechteckes ist dem Produkte: Länge × Breite, der Inhalt eines Dreieckes dem Produkte: Grundlinie × Höhe, der Inhalt eines Kreises dem Quadrate des Durchmessers, der Inhalt einer Kugel dem Kubus ihres Durchmessers, die Tragfähigkeit eines Balkens dem Produkte aus der Breite und dem Quadrate der Höhe usw.

Man sagt auch: Der Flächeninhalt eines Kreises wächst im quadratischen, der Rauminhalt einer Kugel im kubischen Verhältnisse des Durchmessers. Wird also z. B. der Durchmesser etwa 7 mal größer als vorher, so wird die Fläche des Kreises schon $7^2 = 49$ mal, der Inhalt einer Kugel schon $7^3 = 343$ mal größer, als er vorher war,

c) Das Beiwort „direkt" oder „gerade" läßt man in der Regel weg. Unter „proportional" versteht man immer: „direkt proportional".

Proportionale Funktionen werden graphisch durch gerade Linien dargestellt. [195.]

Die Tangente des Winkels, den die Gerade mit der Abszissenachse einschließt, ist gleich dem Verhältnisse der beiden Variablen y/x, also auch konstant.

[278] Umgekehrte (indirekte) Proportionalität.

a) Zwei Größen heißen **indirekt (umgekehrt) proportional,** wenn eine Vervielfachung der einen eine Teilung der anderen herbeiführt, somit das Produkt beider konstant ist.

Fälle indirekter Proportionalität kommen sehr häufig im praktischen Leben vor. Beispiel: 5 Arbeiter brauchen zu einem Erdaushube 18 Tage; wie lange würden 9 Arbeiter zur selben Arbeit brauchen?

Ansatz: 5 Arbeiter brauchen . . . . 18 Tage
              9   „   „   . . . . x „

Man kann schließen:

5 Arbeiter brauchen . . . . 18 Tage
1   „   braucht $18 \cdot 5 = 90$ „
9   „   brauchen $90 : 9 = 10$ „

Je weniger Arbeiter vorhanden sind, desto länger brauchen sie zur Fertigstellung derselben Arbeit! Also herrscht hier indirekte Proportionalität; sind 2-, 3-, 4-... mal mehr Arbeiter vorhanden, so brauchen sie zur Fertigstellung der Arbeit nicht etwa 2-, 3-, 4-... mal länger, sondern nur $\frac{1}{2}, \frac{1}{3}, \frac{1}{4} \ldots$ der Zeit.

Weitere Beispiele. Beim Verbrauche: Verbrauchszeit und Größe der Ration (z. B. Einschließung einer Garnison in einer Festung; je länger die Belagerung dauert, desto kleiner die tägliche Ration); bei einem Wanderer, der eine bestimmte Wegstrecke zu machen hat: Geschwindigkeit und Zeit (je größer seine Geschwindigkeit ist, desto geringer ist die benötigte Zeit); beim Ausschöpfen eines Fasses: Größe des Schöpfgefäßes und Zahl der Züge (je größer das Schöpfgefäß ist, desto weniger oft braucht man zu schöpfen); in der Bankwelt: Kapital und Zinsfuß (bei fester Zinseinnahme; je größer der Zinsfuß ist, desto kleiner braucht das angelegte Kapital zu sein); bei Schuldabtragung: Rate und Zeit (je größer die Rate, desto schneller erfolgt die Abzahlung); usw.

Merke:

x	y
Je mehr . . . . . desto weniger	
je weniger . . . desto mehr	

Umgekehrt proportional: $x \cdot y$ = konstant.

b) Ist y umgekehrt proportional zu x, so ist $x \cdot y = k$, oder

$$y = \frac{k}{x}$$

Die **graphische Darstellung** dieser Abhängigkeit gibt eine krumme Linie, deren Ordinaten y mit zunehmendem x immer kleiner werden.

c) Eine Größe y kann zu mehreren anderen **indirekt** proportional sein; dann ist sie auch zu ihrem Produkte indirekt proportional.

Beispiel. Es soll eine Kiste von bestimmtem Rauminhalte V hergestellt werden. Die Höhe ist um so kleiner zu wählen, je größer man den Boden (= Länge × Breite) annimmt; man sagt, die gesuchte Höhe ist sowohl zur Länge als auch zur Breite umgekehrt proportional, wenn der Rauminhalt vorgeschrieben ist. In der Tat, aus

$$V = \underset{\text{Länge}}{l} \cdot \underset{\text{Breite}}{b} \cdot \underset{\text{Höhe}}{h} \quad \text{folgt} \quad \boxed{h = \frac{V}{l \cdot b}}$$

Da $l \cdot b$ im Nenner des Bruches steht, so ist schon aus der Formel ersichtlich, daß die Größe h in diesem Falle (V = konstant) der Länge l und der Breite b umgekehrt proportional ist. (Äußeres Kennzeichen.)

Aufgabe 154.

[279] *Von einem Gasometer mit 20 m³ Inhalt werden 100 Lampen mit Gas versorgt; wieviel m³ müßte der Gasometer fassen, um 140 Lampen speisen zu können?*

Lösung: a) Mit Dreisatz. Gefragt ist nach dem Inhalte des Gasometers; man beginnt daher den Ansatz mit der Lampenzahl in folgender Übersicht:

100 Lampen benötigen eine Gasmenge von 20 m³
140   „   „   „   „   „   x „

Man schließt dann auf 1 Lampe, wie folgt:

$$1 \text{ Lampe benötigt eine Gasmenge von } 20 : 100 = \frac{1}{5} \text{ m}^3;$$

damit ergibt sich der Gasverbrauch für 140 Lampen sofort mit:

$$\frac{1}{5} \cdot 140 = \mathbf{28 \text{ m}^3}.$$

b) Mit Proportion. Das Verhältnis der Lampenzahlen muß dem Verhältnisse der Gasmengen gleich sein:

$$\underbrace{100 : 140}_{\text{Lampen}} = \underbrace{20 : x}_{\text{Gasmengen}}, \text{ woraus } x = \frac{140 \cdot 20}{100} = \mathbf{28 \text{ m}^3}.$$

Das Ergebnis ist dasselbe wie oben: die 140 Lampen benötigen bei gleicher Bedienung 28 m³ Gas; soviel muß der Gasometer fassen.

Der Leser stelle sich unter Abänderung der obigen Zahlen selbst einige Beispiele dieser Art.

Aufgabe 155.

[280] *Eine Gruppe von 68 Arbeitern ist für 10 Tage mit Lebensmitteln versorgt; für welche Zeit reicht der Vorrat, wenn die Zahl der Verbraucher auf 85 Mann steigt?*

Lösung: a) Durch Festlegung des funktionellen Zusammenhanges. Je mehr Verbraucher sich in den festen Vorrat teilen, desto weniger Tage wird er ausreichen. Daraus folgt:

Arbeiterzahl x und Verbrauchszeit y sind **umgekehrt** proportional.

Damit wissen wir zunächst, daß in jedem Falle das Produkt

$$x \cdot y = \text{konstant}$$

sein muß. Nun haben wir hier 2 Fälle: Erstens den Ausgangsfall, wo $x = 68$, $y = 10$ ist; also muß $x \cdot y = 68 \cdot 10 = 680$ sein. Damit ist festgelegt, daß auch im 2. Falle $x_1 \cdot y_1 = 680$ sein muß.

Aus $x_1 \cdot y_1 = 680$ folgt wegen $x_1 = 85$ für $y_1 = \frac{680}{x_1} = \frac{680}{85} = \mathbf{8 \text{ Tage}}$. Ist also die Arbeiterzahl $x_1 = 85$, so reicht der Vorrat 8 Tage.

b) Mit Proportion. Das Verhältnis der Verbraucherzahlen ist wegen der indirekten Proportionalität hier nicht gleich dem geraden Verhältnisse der Verbrauchszeiten, sondern gleich dem „umgekehrten"; also ist

$$\underbrace{68 : 85}_{\substack{\text{Verbraucher-}\\\text{zahlen}}} = \underbrace{y : 10}_{\substack{\text{Verbrauchs-}\\\text{zeiten}}}; \text{ woraus folgt} \dots \dots y = \frac{68 \cdot 10}{85} = \mathbf{8 \text{ Tage}}.$$

c) Mit Dreisatz. Es sei auf den Ansatz in [278] hingewiesen, den der Leser auf das vorliegende Beispiel anwenden möge.

Aufgabe 156.

[281] *Fällt ein Körper aus einer Höhe frei herab, so ist der von ihm zurückgelegte Fallweg proportional dem Quadrate der Fallzeit. Man weiß nun, daß er bei 5 Sekunden Fallzeit 122,625 m zurücklegt; welchen Weg wird er nach diesem Gesetze in 10 Sekunden gemacht haben?*

Lösung: Mit Proportion. Ist x die gesuchte Wegstrecke, so gilt wegen der Proportionalität die Proportion:

$$\underbrace{x : 122{,}625}_{\substack{\text{Verhältnis der}\\\text{Wege}}} = \underbrace{10^2 : 5^2}_{\substack{\text{Verhältnis der}\\\text{Quadrate der}\\\text{Zeiten}}}, \text{ woraus } x = \frac{122{,}625 \cdot 100}{25} = \mathbf{490{,}5 \text{ m}}.$$

In der doppelten Fallzeit (10 Sek statt 5 Sek) hat also der fallende Körper den 4fachen Fallweg $122{,}625 \cdot 4 = 490{,}5$ m zurückgelegt.

Aufgabe 157.

[282] *Das Vorderrad eines Wagens hat einen Umfang von 2,512 m, das Hinterrad einen solchen von 4,710 m. Wie oft hat sich ersteres umgedreht, wenn letzteres 100 Umdrehungen gemacht hat?*

Beide Räder müssen ihren Umfang auf der Straße abwälzen; das kleine Rad muß sich daher öfter umdrehen als das große, um jeweils die gleiche Weglänge mit diesem abzulaufen. Die Drehungszahlen stehen daher in umgekehrtem Verhältnisse zu den Umfängen.

Daher ergibt sich die folgende Proportion:

$$2{,}512 : 4{,}710 = 100 : x \quad \text{die Umdrehungszahl des Vorderrades mit: } x = 187{,}5 \text{ Umdr.}$$

Verhältnis der Radumfänge I, II — Verhältnis der Umdrehungszahlen II, I

Während das Hinterrad nur 100 Umdrehungen macht, vollführt das kleinere Vorderrad in unserem Falle 187,5 Umdrehungen.

Aufgabe 158.

[283] *Die Länge eines Pendels ist, wie in der Physik gezeigt werden wird, dem Quadrate seiner Schwingungszahl umgekehrt proportional. Wenn nun ein Pendel von 1 m Länge in 1000 Sekunden 997 Schwingungen vollführt, a) wieviel Schwingungen macht in derselben Zeit ein Pendel von 30 cm Länge? b) welche Länge hat ein Pendel, das in derselben Zeit 2400 Schwingungen macht?*

Lösung zu a). Laut Angabe sind die 2 Größen: Pendellänge und Quadrat der Schwingungszahl umgekehrt proportional; daher können wir die Aufgabe mittels einer Proportion lösen.

Nennen wir die unbekannte Schwingungszahl des kurzen Pendels x, so folgt:

$$30 \text{ cm} : 100 \text{ cm} = 997^2 : x^2, \text{ woraus } x = 1820 \text{ Schwingungen.}$$

Pendellängen II, I — Quadr. der Schwingungszahlen I, II

Lösung zu b). Hier ist die zweite Pendellänge gesucht. Ist diese y, so gilt, entsprechend der oberen Lösung, die neue Proportion:

$$y \text{ cm} : 100 \text{ cm} = 997^2 : 2400^2, \text{ woraus } y \sim 17{,}3 \text{ cm.}$$

Pendellängen II, I — Quadr. der Zeiten I, II

Aufgabe 159.

[284] *Von zwei Zahnrädern, die ineinander greifen, hat das eine 60, das andere 12 Zähne; wenn das erste Rad in 5 Minuten 40 Umdrehungen macht, wie oft dreht sich dann das zweite Rad in 17 Min.?*

Lösung. Da sich das kleinere Rad bei der gemeinsamen Drehung öfter drehen muß als das große, so folgt, daß

Umdrehungszahl und Zähnezahl

zueinander umgekehrt proportional sind.

Denken wir uns nun, daß sich beide Räder nur 5 Min. lang drehen, so gilt die Proportion (x sei die Umdrehungszahl des kleineren Rades in 5 Min.):

$$x : 40 = 60 : 12, \text{ woraus } x = 200 \text{ Umdrehungen in 5 Min.}$$

Umdrehungszahlen Rad II, Rad I — Zähnezahlen Rad I, Rad II

Nun ist aber gefragt, wie viele Umdrehungen das kleinere Rad in 17 Min. ausführt. Bezeichnen wir diese neue Umdrehungszahl mit y, so gilt die weitere, recht einfache Proportion:

$$y : x = 17 \text{ Min.} : 5 \text{ Min.}$$

Umdrehungszahlen — Zeiten

Mit x = 200 folgt:

$$y = \frac{200 \cdot 17}{5} = \frac{3400}{5} = 680;$$

das kleinere Rad macht daher in 17 Min. 680 Umdrehungen.

Der Leser möge dieses Beispiel in allgemeinen Zahlen durchführen; er setze 40 = n, 12 = z, 60 = Z, 17 Min. = T, 5 Min. = t; er findet dann die Zahl der Umdrehungen für das kleine Rad:

$$x = \frac{n \cdot Z}{z} \text{ für } t \text{ Min.} \qquad y = \frac{n \cdot Z \cdot T}{z \cdot t} \text{ für } T \text{ Min.}$$

Hiernach setze er für n, z, Z, t, T selbstgewählte Zahlen ein und berechne die Werte x und y.

7. Abschnitt.

Das dekadische Zahlensystem.

[285] Das dekadische Zahlensystem.

a) Schon die Indogermanen, die alten Inder, die Assyrer und die Ägypter vor 6000 Jahren stellten die Zahlen nach dem **dekadischen** oder **Zehner-systeme** dar; z. B.

$$3748 = 3000 + 700 + 40 + 8$$
$$= 3 \cdot 1000 + 7 \cdot 100 + 4 \cdot 10 + 8 \cdot 1$$
$$= 3 \cdot 10^3 + 7 \cdot 10^2 + 4 \cdot 10^1 + 8 \cdot 10^0$$

Ähnlich ist

$$45\,932 = 4 \cdot 10^4 + 5 \cdot 10^3 + 9 \cdot 10^2 + 3 \cdot 10^1 + 2 \cdot 10^0$$
$$97\,051 = 9 \cdot 10^4 + 7 \cdot 10^3 + 0 \cdot 10^2 + 5 \cdot 10^1 + 1 \cdot 10^0$$

d. h. man drückt jede mögliche Zahl durch eine Summe von Vielfachen der ansteigen-den Potenzen von 10 aus. Allgemein

$$Z = a \cdot \boxed{10^0} + b \cdot \boxed{10^1} + c \cdot \boxed{10^2} + d \cdot \boxed{10^3} + \cdots,$$

wobei die Vorzahlen a, b, c, d usw. kleiner wie 10 und mit den Ziffern der darzustellenden Zahl iden-tisch sind. Beim wirklichen Anschreiben der Zahl Z unterdrückt man offenbar die Angabe der Zehner-potenzen und ersetzt diese Angabe durch das ge-heime Übereinkommen, daß man die Ziffer für 10^0 an die letzte (die Einerstelle), die Ziffer für 10^1 an die vorletzte (die Zehnerstelle), die Ziffer für 10^2 an die drittletzte (die Hunderter-) Stelle setzt usw. Die Ziffern stellen also ganz verschiedene Zahlen-werte vor, je nachdem sie auf der einen oder anderen Stelle stehen; man sagt kurz: neben dem **Ziffernwert** kommt noch der **Stellenwert** in Betracht.

Da die Zahlen a, b, c ... kleiner als 10 sind, so braucht man zur Darstellung aller möglichen Zahlen nur 10 Zeichen; im Abendlande haben wir dafür seit dem Jahr 1100 die 10 Zeichen

$$0, 1, 2, 3, 4, 5, 6, 7, 8, 9.$$

Das Zeichen für Null ist von den Indern um 800 v. Chr. erfunden worden. Die Herkunft dieser Ziffern ist zweifelhaft; man nannte sie früher fälschlich arabische Ziffern, später indische Ziffern; es zeigt sich aber, daß sie (mit Ausnahme der 1) nur verdrehte und etwas verzerrte **griechische Buchstaben** sind. Noch um das Jahr 1500 rechnete man in Deutschland mit römischen Ziffern.

b) Die Zahl 10 heißt die **Basis** des **dekadischen Systemes**.

Die Assyrer rechneten auch noch mit dem 60er Systeme so daß also eine Zahl durch

$$Z = a \cdot B^0 + b \cdot B^1 + c \cdot B^2 + \cdots$$

dargestellt wurde, wobei die Basis $B = 60$ war. Darauf weist heute noch die Winkel- und die Zeiteinteilung hin.

1 Grad = 60′, 1′ = 60″ bzw. 1 Stunde = 60 Min., 1 Min. = 60 Sek.

Auch Spuren eines Zwanzigersystemes (wobei $B = 20$ ist) lassen sich nachweisen; so z. B. heißt im Französischen 80 = quatre-vingts = 4 Zwanziger.

A. Das Rechnen mit dekadischen Zahlen.

[286] Teilbarkeit der Zahlen.

a) Wenn die Teilung einer Zahl durch eine zweite keinen Rest ergibt, so sagt man, die erste Zahl sei durch die zweite **teilbar**. Die erste Zahl ist in diesem Falle ein **Vielfaches** der zweiten, die zweite heißt **Teiler** der ersten. Beispiel:

> 12 ist ein **Teiler** von . . 120
> 120 ist ein **Vielfaches** von 12

b) Wichtig ist der **größte gemeinsame Teiler** mehrerer Zahlen; dieser ist die größte Zahl, durch die die gegebenen Zahlen zugleich teilbar sind.

Beispiel: $\left.\begin{array}{c}120\\ \text{und } 48\end{array}\right\}$ haben die Teiler 1, 2, 3, 4, 6, 8, 12, 24.

Es ist also 24 der größte gemeinsame Teiler der zwei Zahlen 120 und 48.

Sind die gegebenen Zahlen groß, so findet man den **größten gemeinsamen Teiler** am bequemsten durch die sogenannte **Kettendivision**.

Beispiel: Man soll zu den Zahlen 3654 und 1134 rasch den größten gemeinsamen Teiler suchen:

Lösung:　3654 : 1134 = 3; Rest 252
　　　　　1134 : 252 = 4; „　126
　　　　　252 : 126 = 2; „　　0

Der größte gemeinsame Teiler ist hiernach 126; in der Tat ist:
$$3654 : 126 = 29, \quad 1134 : 126 = 9.$$

c) Unter dem **kleinsten gemeinsamen Viel-fachen** mehrerer Zahlen versteht man die kleinste Zahl, in der die gegebenen Zahlen ohne Rest enthalten sind.

So z. B. haben die Zahlen

$\left.\begin{array}{c}12\\ \text{und }15\end{array}\right\}$ die Vielfachen $\left\{\begin{array}{l}24, 36, 48, \boxed{60}, 72\ldots\\ 30, 45, \ldots \boxed{60}, 75\ldots\end{array}\right.$

Wie man sieht, ist in 60 sowohl 12 als auch 15 enthalten.

Sind die gegebenen Zahlen groß, so ermittelt man nach dem Verfahren mit der **Kettendivision** zunächst den größten gemeinsamen Teiler T beider Zahlen und rechnet dann das kleinste gemeinsame Vielfache, wie das folgende Beispiel zeigt:

Man soll zu 972 und 648 das kleinste gemeinsame Viel-fache V suchen:

a) $\left.\begin{array}{l}972 : 648 = 1; \text{ Rest } 324\\ 648 : 324 = 2; \text{ Rest } 0\end{array}\right\}$ also $T = 324$.

b) Nun stellt man die gegebenen Zahlen durch T dar:

$\left.\begin{array}{l}972 = 324 \cdot 3\\ 648 = 324 \cdot 2\end{array}\right\}$ also $V = 324 \cdot 2 \cdot 3 = 1944$.

Ein anderes Verfahren wird bei den Primzahlen gezeigt werden. Das kleinste gemeinsame Viel-fache dient dazu, zwei oder mehrere Brüche auf gemeinsamen Nenner zu bringen.

d) **Regeln über die Teilbarkeit.** Teilbar sind dekadische Zahlen:

1. **Durch 2 oder 5**, wenn die Ziffer der Einer-stelle durch 2 oder 5 teilbar ist [durch 2 teil-bare Zahlen heißen gerade $(2\,m)$, die an-deren ungerade $(2\,m + 1)$].
2. **Durch 4 oder 25**, wenn ihr zweistelliges Ende durch 4 oder 25 teilbar ist. Z. B. 1050 ist durch 25 teilbar, 548 durch 4, da die zwei-stelligen Enden dieser Zahlen der Bedingung genügen.
3. **Durch 8 oder 125**, wenn ihr dreistelliges Ende durch 8 oder 125 teilbar ist; z. B. ist 63592 durch 8, 67375 durch 125 teilbar.
4. **Durch 3 oder 9**, wenn die Ziffernsumme durch 3 oder 9 teilbar ist; z. B. 63738 (denn die Ziffernsumme $6 + 3 + 7 + 3 + 8 = 27$ ist durch 3 bzw. durch 9 teilbar).
5. **Durch 11**, wenn die Differenz der Ziffern-summe der geraden und ungeraden Stellen durch 11 teilbar ist. Z. B. 152933 Querdifferenz $17 - 6 = 11$.
6. **Durch 6**, wenn die Zahl sowohl durch 2 als auch durch 3 teilbar ist.

Frage: Wann sind Zahlen durch 12, 15, 18 teilbar?

[287] Primzahlen.

a) Zahlen, die außer durch 1 und sich selbst durch keine andere Zahl teilbar sind, z. B. 7, heißen Primzahlen.

Unter den ersten 100 Zahlen sind folgende 26 Primzahlen: 1, 2, 3, 5, 7, 11, 13, 17, 19, 23, 29, 31, 37, 41, 43, 47, 53, 59, 61, 67, 71, 73, 79, 83, 89, 97. Die einzige gerade Primzahl ist 2 (warum?).

b) Zahlen, die noch durch andere Zahlen teilbar sind, z. B. 35, heißen **zusammengesetzte Zahlen.** Solche lassen sich stets als Produkt von Primzahlen darstellen. Z. B.:

$$120 = 10 \cdot 12 = 2 \cdot 5 \cdot 3 \cdot 4 = 2 \cdot 5 \cdot 3 \cdot 2 \cdot 2$$
$$= 2 \cdot 2 \cdot 2 \cdot 3 \cdot 5 = 2^3 \cdot 3^1 \cdot 5^1$$

c) Die Zerlegung in Primfaktoren gibt ein bequemes Mittel an die Hand, um das **kleinste gemeinschaftliche Vielfache zu mehreren Zahlen** zu finden. Am einfachsten ist das Ausscheidungsverfahren.

Beispiel. Man suche zu

15   30   60   108   1050

das kleinste gemeinsame Vielfache.

Lösung: Man lasse zunächst jene Zahlen weg, die zum gesuchten Vielfachen nichts beitragen, da sie in den anderen schon enthalten sind (oben 15 und 30). Die übrigen schreibe man in eine Reihe und dividiere dann so lange durch Primfaktoren (die mindestens in 2 der Zahlen enthalten sein müssen), bis keine zwei solchen Teiler gemeinsam haben. (Unteilbare Zahlen schreibe man jeweils ab.)

60	108	1050	durch 2 dividiert:
30	54	525	„ 2 „
15	27	525	„ 3 „
(5)	9	175	[5 kann man nun weglassen, da es in 175 enthalten ist].

Da 9 und 175 keinen gemeinsamen Teiler mehr haben, ist die Ausscheidung beendigt. Das gesuchte kleinste gemeinsame Vielfache erhält man dann sehr einfach: man multipliziert die verbliebenen Zahlen (9, 175) der letzten Reihe mit den ausgeschiedenen Primfaktoren (2 · 2 · 3) und erhält

$$9 \cdot 175 \cdot 2 \cdot 2 \cdot 3 = 18900.$$

In dieser Zahl sind nun alle gegebenen Zahlen 15, 30, 60, 108, 1050 ohne Rest enthalten; sie ist davon das kleinste gemeinsame Vielfache.

[288] Abgekürztes Rechnen.

Vom abgekürzten Rechnen wird nur bei Ausführung der vier Grundrechnungsarten Gebrauch gemacht, weil das Quadrieren und Quadratwurzelausziehen bei großen Zahlen fast ausschließlich mit Logarithmen, Rechenschiebern oder Tabellen ausgeführt wird.

Beim abgekürzten Rechnen rechnet man in der Regel um eine Stelle weiter, als verlangt wurde, und kürzt diese am Schlusse der Rechnung wieder ab:

1. Addition und Subtraktion.

Beispiele: a) Man soll auf Hundertstel (= 2 Dezimalstellen) genau addieren:

vollständig	abgekürzt:
0,3482753	0,348
12,5670026	12,567
7,3665667	7,367
20,2818446	20,282 ≏ 20,28

b) Man soll auf Tausendstel (= 3 Dezimalstellen) genau subtrahieren:

vollständig:	abgekürzt:
5,346789	5,3468
— 0,875324	— 0,8753
4,471465	4,4715 ≏ 4,472

Man vergesse dabei das Auf- und Abrunden der letzten Stelle nicht: Ist diese unter 5 (also 1, 2, 3, 4), so wird sie weggelassen; ist sie über 5 (5, 6, 7, 8, 9), so rechnet man sie als 10 und zählt 1 hinüber, d. h. man erhöht die vorletzte Ziffer (daher oben: 4,472).

2. Multiplikation.

Man multipliziert mit jenem Faktor, der die wenigsten Stellen hat und beginnt mit dessen höchster Stelle zu multiplizieren. a) Beim ersten Teilprodukte wird die Stelle des Kommas nach der Regel ermittelt, daß das Komma die Stellung behält, die es im Multiplikand besitzt, wenn die höchste Stelle des Multiplikators aus Einern besteht, dagegen entsprechend nach rechts rückt, wenn die höchste Stelle den Stellenwert 10 oder 100 oder 1000 . . . hat.

b) Nun läßt man im ersten Faktor die letzte Ziffer weg und multipliziert mit der zweiten Ziffer der zweiten Zahl.

c) Dann läßt man im ersten Faktor wieder die folgende Ziffer weg und multipliziert das übrige mit der dritten Ziffer der zweiten Zahl usf.

Meist rechnet man auch die zuletzt weggelassene Ziffer im Kopf, um den Betrag zu ermitteln, der hinübergezählt werden muß, und rundet die erste wegfallende Stelle entsprechend ab.

Beispiel: 2,7312 × 29,72 auf 3 Dezimalen. (Der Sicherheit halber auf 4 Dez.)

vollständig:	abgekürzt:
2,7312 × 29,72	2,7312 × 29,72
54624	54,6240
245808	24,5808
191184	1,9118
54624	546
81,171264	81,1712

3. Division.

Beim gewöhnlichen Dividieren muß man, sofern man auf viele Dezimalstellen rechnen will, Nullen an den Dividenden anhängen;

z. B.

```
1 9 7 2 6 8 : 9875 = 19,9765
9 8 5 1[8]
  9 6 4 3[0]
    7 5 5 5[0]
      6 4 2 5[0]
        5 0 0 0[0]
          6 2 5[0] usw.
```

Das abgekürzte Rechnen kommt darauf hinaus, daß man diese Nullen im Dividenden nicht anhängt, sondern dafür je die letzten Ziffern des Divisors nach und nach fortläßt:

```
1 9 7 2 6 8 : 9875 = 19,97
9 8518
  9643 : 987 (Man läßt 5 weg, berücksichtigt es aber
                im Kopf wegen der Aufrundung: 9 × 5
                = 45, gilt für 50, also 5 hinübergezählt.)
   755 : 98 (Man läßt 7 weg, vgl. oben: 7 × 7 = 49,
                gilt für 50; also 5 hinübergezählt.)
    64 : 9 (Man läßt 8 weg.)
```

Die besondere Kunst des Rechners besteht darin, den Dividenden so zu kürzen oder zu ergänzen, daß im Ergebnis genau die gewünschte Stellenzahl erscheint. Es gibt dafür bestimmte Regeln, deren Anführung aber hier zu weit führen würde.

Die meisten technischen Rechnungen sind auf Grundlagen aufgebaut, die von vornherein eine absolute Genauigkeit des Ergebnisses ausschließen. So z. B. sind die Zahlen über Festigkeit der verschiedenen Materialien, über die spezifischen Gewichte der Stoffe usw. nur Durchschnittswerte, die sich vielleicht der Wirklichkeit im gegebenen Falle sehr bedeutend nähern, mitunter aber auch von ihr ziemlich abweichen werden; der praktische Techniker wird daher bei seinen Berechnungen stets gewisse Sicherheitsfaktoren annehmen müssen, deren richtige Wahl eben hauptsächlich von seiner Erfahrung, von seinem technischen Gefühle abhängt. Die Genauigkeit einer Rechnung daher weiter zu treiben, als es ihr Zweck unbedingt verlangt und die immerhin nicht ganz verläßlichen Grundwerte es überhaupt gestatten, verursacht nicht nur unnötige Mühe, sondern kann sogar insofern schädlich wirken, als durch Überfluß an Ziffern leicht der Überblick und die richtige Beurteilung des Rechnungsergebnisses verloren geht. Gewiß wird jedem die Zwecklosigkeit einer Rechnung, die z. B bei einigen Tonnen Eisen das Ergebnis bis auf Gramm genau liefert, oder bei Millionen Mark noch die Pfennige berücksichtigt, einleuchten, aber der Trieb zur „Rechnungsrichtigkeit" ist bei vielen so lebhaft, daß sie sich nur unendlich schwer zu Abrundungen, unter gar keinen Umständen aber zu Streichungen entschließen können. Wir wollen hier nicht weiter darauf eingehen, welche Unsumme an Arbeit, und da diese doch nicht umsonst geleistet wird, auch an Geld durch zwecklose Genauigkeit jährlich vergeudet wird, sondern unseren Lesern nur einige Ratschläge in bezug auf Ökonomie ihrer rechnerischen Arbeiten ans Herz legen:

1. Nicht erst am Ende einer Rechnung, sondern schon bei ihrem Ansatze und im Verlaufe derselben vernünftig abkürzen und abrunden.
2. Beim Abrunden möglichst Zahlen anstreben, die Vielfache von 2, 3, 4, 5, 6, 8 oder 10 sind [286].
3. Beim Kürzen von Brüchen die Regeln über die gemeinsamen Maße und die Primfaktoren beachten.
4. Ab- und Aufrundungen soviel als möglich abwechselnd bei Brüchen im Zähler und Nenner vornehmen, endlich
5. die Rechnungsoperationen nur mit so viel Stellen durchführen, als im Ergebnis wirklich brauchbar sind, und nicht erst nachher die überflüssigen weglassen, d. h. vom sog. abgekürzten Rechnen weitestgehenden Gebrauch machen.

B. Zahlenreihen.

[289] Grundbegriffe.

In der Mathematik betrachtet man oft eine **Folge von Zahlen, die nach einem bestimmten Gesetze fortschreiten; man nennt sie eine Reihe,** jede der Zahlen ein **Glied der Reihe.**

Eine Reihe heißt **steigend** oder **fallend,** je nachdem die aufeinanderfolgenden Glieder immer größer oder immer kleiner werden.

[290] Arithmetische Reihen.

a) In einer arithmetischen Reihe ist die **Differenz** d zweier aufeinander folgender Glieder konstant, z. B.

1, 4, 7, 10, 13, 16, 19 ......

Die Differenz d der Reihe ist hier 3; die Reihe ist **steigend.**
In der Reihe

19, 16, 13, 10, 7, 4, 1

ist die Differenz wieder 3; die Reihe aber **fallend.**

b) Jedes Glied einer arithmetischen Reihe ist das **arithmetische Mittel der benachbarten Glieder:**

Z. B. in obigen Reihen

$$4 = \frac{7+1}{2}, \; 7 = \frac{10+4}{2}, \; 10 = \frac{13+7}{2}, \; 16 = \frac{13+19}{2} \text{ usw.}$$

c) Die Summe einer Anzahl von n aufeinander folgenden Gliedern ist gleich der Summe aus dem ersten und dem letzten Gliede mal der halben Anzahl der Glieder. Heißt die arithmetische Reihe z. B. ganz allgemein:

$$a_1, \; a_2, \; a_3, \; a_4 \ldots a_n,$$

so ist die Summe dieser Glieder S rasch ermittelt:

$$\boxed{S = (a_1 + a_n) \times \frac{n}{2}}$$
$$= (\text{erstes} + \text{letztes Glied}) \times (\text{halbe Anzahl der Glieder})$$

Beispiel: Der nachmals berühmte deutsche Mathematiker Gauß konnte schon als 5jähriger Junge in der Schule die Zahlen von 1 bis 100 im Kopfe addieren. Wie verfuhr Gauß? Diese Summe bildet ersichtlich eine arithmetische Reihe (mit der Differenz 1)

1 2 3 4 5 ..... 96, 97, 98, 99, 100.

Gauß zählte nun die erste und letzte Zahl zusammen (gibt 101); dann zählte er die zweite und vorletzte Zahl zusammen (gibt wieder 101) usf. Die Zahlen wurden also paarweise zusammengefaßt und gaben je als Summe 101. Da sich dabei aus 100 Zahlen 50 solche Paare bilden lassen, ist die Summe aller 100 Zahlen $S = 101 \times 50 = 5050$. — Ähnliches ergibt sich bei jeder anderen arithmetischen Reihe.

d) Ermittelung des n ten Gliedes. Ist die Differenz $d = 3$ (für eine steigende Reihe), so ist jedes

folgende Glied um 3 größer als das vorangehende. Ist das erste Glied a_1, so sind die folgenden Glieder: $a_1 + 3$; $a_1 + 2 \cdot 3$, $a_1 + 3 \cdot 3$, $a_1 + 4 \cdot 3$, ...; das 27. Glied ist $a_1 + 26 \cdot 3$, das 39. Glied ist $a_1 + 38 \cdot 3$, das 70. Glied ist $a_1 + 69 \cdot 3$. Allgemein heißt sonach das n te Glied der Reihe:

$$\boxed{a_n = a_1 + (n-1) \cdot d}$$

n tes Glied   1. Glied   um 1 verminderte Gliederzahl   Diff.

Übungsbeispiel: Man bestimme für die Reihe der ungeraden Zahlen 1, 3, 5 .... das 10. Glied und die Summe der ersten 10 Glieder. Lösung: Differenz 2,

erstes Glied: $a_1 = 1$
zehntes Glied: $a_{10} = 1 + 9 \cdot 2 = 19$.
Summe: $S_{10} = (1 + 19) \cdot 10 = 100$.

e) Interpolation. Interpolieren heißt, zwischen zwei Glieder einer Reihe andere Glieder zwischenschalten, die auch dem Gesetze des Gliederanstieges folgen.

Soll man zwischen zwei Gliedern einer arithmetischen Reihe m Glieder einschalten, so kommt diesen eine kleinere Differenz δ zu, die man findet, indem man die frühere Differenz d in $(m + 1)$ Teile teilt:

$$\boxed{\delta = \frac{d}{m+1} = \frac{\text{frühere Differenz}}{\text{zu interpolierende Gliederzahl} + 1}}$$

Beispiel: Man schalte in der Reihe 1, 2, 3, 4, 5 .... zwischen 2 und 3, 7 Glieder ein. Die Differenz δ der interpolierten Glieder ist hier $\delta = \frac{1}{8}$, also heißen die Glieder von 2 ab:

$$2; \; 2\frac{1}{8}; \; 2\frac{2}{8}; \; 2\frac{3}{8}; \; 2\frac{4}{8}; \; 2\frac{5}{8}; \; 2\frac{6}{8}; \; 2\frac{7}{8}; \; 3.$$

$\longleftarrow$ 7 Glieder $\longrightarrow$

[291] Geometrische Reihen.

a) In einer geometrischen Reihe ist der **Quotient** q zweier aufeinander folgender Glieder (das vorhergehende Glied als Divisor genommen) konstant.

Z. B.: I) 1, 3, 9, 27, 81 ... $\frac{3}{1} = 3$; $\frac{9}{3} = 3$; $\frac{27}{9} = 3$; usw. (Quotient = 3; Reihe steigend).

II) $1, \frac{1}{3}, \frac{1}{9}, \frac{1}{27}, \frac{1}{81} \cdots \frac{1}{3} : 1 = \frac{1}{3}; \frac{1}{9} : \frac{1}{3} = \frac{1}{3};$
$\frac{1}{27} : \frac{1}{9} = \frac{1}{3}$ usw. (Quotient $= \frac{1}{3}$; Reihe fallend).

b) Jedes Glied einer geometrischen Reihe ist das **geometrische Mittel der benachbarten Glieder;** in obigen Reihen, z. B.

in I) ... $9^2 = 3 \times 27$; daher $9 = \sqrt{81} = 9$

in II) ... $\left(\frac{1}{9}\right)^2 = \frac{1}{3} \cdot \frac{1}{27}$; daher $\frac{1}{9} = \sqrt{\frac{1}{81}} = \frac{1}{9}$.

c) Die Summe von n aufeinander folgenden Gliedern ergibt sich aus folgender Formel:

$$\boxed{S = a_1 \cdot \frac{q^n - 1}{q - 1}}$$

Z. B.: Man berechne hiernach die Summe der ersten fünf Glieder von Reihe I. Lösung: Es ist hier der Quotient $q = 3$, $n = 5$, $a_1 = 1$; also ist

$$S_5 = 1 \cdot \frac{3^5 - 1}{3 - 1} = \frac{243 - 1}{3 - 1} = \frac{242}{2} = 121;$$

die direkte Addition $1 + 3 + 9 + 27 + 81$ gibt ebenfalls 121.

d) Da jedes folgende Glied der Reihe q mal so groß ist als das vorangehende, so findet man die

Glieder der Reihe nach, indem man fortgesetzt mit q multipliziert.

$$a_2 = a_1 \cdot q$$
$$a_3 = a_1 \cdot q \cdot q$$
$$a_4 = a_1 \cdot q \cdot q \cdot q \text{ usf.; allgemein:}$$

$$\boxed{a_n = a_1 \cdot q^{n-1}}$$

d. h. **das $n$te Glied ist gleich dem ersten, mal der $(n-1)$ten Potenz von q.**

Beispiel. Man bestimme in Reihe I das 10. Glied.
Antwort: $a_{10} = 1 \cdot 3^9 = 19683.$

e) **Interpolation.** Soll man zwischen zwei aufeinander folgenden Gliedern einer geometrischen Reihe z. B. m neue Glieder einschalten, so ist deren Quotient q' die $(m+1)$te Wurzel aus dem Hauptquotienten

$$\boxed{q' = \sqrt[m+1]{q}}$$

Beispiel: Es sind in der Reihe 1, 16, 256, 4096 zwischen je zwei Glieder drei neue Glieder zu interpolieren: $q = 16$, $m = 3$

$$q' = \sqrt[4]{16} = 2,$$

also lautet die neue Reihe 1, 2, 4, 8, 16, 32, 64, 128, 256 ....
(Arithmetische und geometrische Reihen waren schon den Griechen bekannt. Die Römer wandten deren Grundsätze auf die Berechnung des Zinseszinses an; die richtige Lösung der Zinseszins- und Rentenaufgaben, die noch besprochen werden sollen, stammt jedoch aus dem 16. und 17. Jahrhundert.)

Aufgabe 160.

[292] *Es ist ein Brunnen von 18 m Tiefe zu graben; für das erste Meter zahlt man 8 M. 40 Pf., für jedes folgende um 80 Pf. mehr; wie hoch kommt das letzte Meter und wie hoch die ganze Brunnengrabung?*

Lösung: Die Preise für die Abgrabung der aufeinander folgenden Meter bilden eine arithmetische Reihe mit der Differenz 0,80, also von der Form

$$8,40; \ 9,20; \ 10; \ 10,80; \ \ldots;$$

nach [290] ist das n. Glied

$$a_n = a_1 + (n-1) \cdot d, \text{ wobei } a_1 = 8,40, \ d = 0,80 \text{ und } n = 18$$

ist; also:

$$a_{18} = 8,40 + 17 \cdot 0,80 = 22 \text{ M.,}$$

d. h. das letzte Meter kostet 22 M.

Die Summe der 18 Glieder ist:

$$S = \frac{n}{2}(a_1 + a_n) = 9 \cdot (8,40 + 22) = 9 \cdot 30,40 = 273,60 \text{ M.;}$$

soviel kostet die Abgrabung des Brunnens im ganzen.

Aufgabe 161.

[293] *Zwei Körper A und B bewegen sich gleichzeitig von zwei Orten, deren Entfernung 450 m beträgt, gegeneinander. A legt in der ersten Minute 5 m und in jeder folgenden Minute 15 m mehr als in der vorhergehenden zurück. B legt in der ersten Minute 100 m und in jeder folgenden 10 m weniger zurück als in der vorhergehenden. Wann begegnen sich die Körper?*

Lösung: Die Wege, welche A und B in den aufeinander folgenden Minuten zurücklegen, bilden arithmetische Reihen und zwar:

A)   5, 20, 35, 50 ...... [Differenz $d' = 15$ m]
B)   100, 90, 80, 70 ...... [Differenz $d'' = -10$ m].

Nach einer zunächst noch unbekannten Zeit von n Minuten mögen sie sich treffen. In dieser Zeit hat A einen Weg zurückgelegt, dessen Länge der Summe der ersten n Glieder der Reihe A) entspricht:

$$S_A = [a_1 + a_n] \cdot \frac{n}{2} = [a_1 + a_1 + (n-1) \cdot d] \cdot \frac{n}{2} = [10 + (n-1) \cdot 15] \cdot \frac{n}{2}.$$

In derselben Zeit hat B nach derselben Formel den Weg gemacht:

$$S_B = [200 - (n-1) \cdot 10] \cdot \frac{n}{2}.$$

Die Summe der beiden Wege muß gleich der Entfernung der Orte A und B sein, also gleich 450 m. Es ergibt sich daher die Gleichung:

$$[10 + (n-1) \cdot 15] \cdot \frac{n}{2} + [200 - (n-1) \cdot 10] \cdot \frac{n}{2} = 450.$$

Wir können nun links den gemeinsamen Faktor $\frac{n}{2}$ aus den beiden Gliedern herausheben; es ergibt sich dann nach Addition der in den eckigen Klammern stehenden Ausdrücke:

$$[210 + (n-1) \cdot 5] \cdot \frac{n}{2} = 450.$$

Schaffen wir den Nenner 2 auf die andere Seite und multiplizieren links n in die eckige Klammer, so erhalten wir:

$$210 \cdot n + (n-1) \cdot 5\,n = 900,$$

durch Ausmultiplizieren der runden Klammer:

$$5\,n^2 + 205\,n = 900$$

und kommen endlich durch Kürzen der Gleichung durch 5 zu der quadratischen Gleichung:

$$n^2 + 41\,n = 180.$$

Aus dieser quadratischen Gleichung ergibt sich

$$n = -\frac{41}{2} \pm \sqrt{\left(\frac{41}{2}\right)^2 + 180} = -\frac{41}{2} \pm \frac{49}{2} = 4 \text{ oder } -45,$$

d. h. nach 4 Min. treffen sich die Körper. (Der Wert — 45 ist hier nicht brauchbar.)

Aufgabe 162.

[294] *Der Erfinder des Schachspieles erbat sich als Belohnung die Summe Weizenkörner, die herauskommt, wenn für das erste Feld des Schachbrettes 1 Weizenkorn, für das zweite 2, für das dritte 4 und so fort für jedes folgende der 64 Felder doppelt soviel Körner berechnet werden als für das vorhergehende. Wieviel Tonnen würde diese Körnermenge wiegen, wenn 20000 Körner 1 kg wiegen.*

Die Zahl der Weizenkörner, welche man für die 64 aufeinander folgenden Felder des Schachbrettes erhält, bilden eine geometrische Progression, deren Quotient $q = 2$ und deren Anfangsglied $= 1$ ist. Die Summe ist $S_{64} = \dfrac{(2)^{64} - 1}{2 - 1}$.

Wenn man S_{64} mit Hilfe der Logarithmen ausrechnet, erhält man

$$S_{64} = 18,\!,\!,\!\!\underbrace{446744}_{\text{Trillionen}},\!,\!\!\underbrace{446744}_{\text{Billionen}},\!\!\underbrace{173709}_{\text{Millionen}},\ 551615 \text{ Körner},$$

also rd. **18 Trillionen Körner.**

Ihr Gewicht beträgt: $922,\!,\!\!\underbrace{337203}_{\text{Billionen},}\!\!\underbrace{685477}_{\text{Millionen}}$ Tonnen,

also rd. **922 Billionen Tonnen.**

8. Abschnitt.

Das technisch-kaufmännische Rechnen.

A. Prozent- und Promillerechnung.

[295] Prozentsatz.

Einen wichtigen Teil der **Handelsarithmetik**, wie das kaufmännische Rechnen auch genannt wird, bildet die **Prozentrechnung.**

Das Wort **Prozent** ist aus dem Lateinischen pro centum entstanden und heißt soviel wie „vom Hundert". Es wird hiebei die Einheit, von welcher Teile zu berechnen und zu bezeichnen sind, auf 100 angesetzt, so daß die Teile, statt in Brüchen, in ganzen oder gemischten Zahlen dargestellt werden. Ist z. B. eine Ware um 5% gestiegen, so bedeutet das, daß ihr Preis einen Aufschlag von 5 M. für je 100 M. erfahren hat. Die nähere Angabe, wieviel man auf die Einheit von 100 Teilen auf- oder abschlagen will, nennt man den **Prozentsatz.**

In der französischen Sprache heißt Prozent pour cent, im Englischen per cent; davon ist auch das namentlich in Österreich übliche Wort „Perzent" abzuleiten.

Prozentrechnungen sind nicht nur im geschäftlichen Verkehre, sondern vielfach auch in den Wissenschaften, in der Technik, in der Statistik, im Steuerwesen usw. üblich.

[296] Das Rechnen in Prozenten im allgemeinen.

Es ist zweckmäßig, von vornherein drei Formen des Prozentansatzes auseinanderzuhalten:

a) Prozente „von Hundert": Hier ist der ursprüngliche Betrag S bekannt, von dem die gesuchten Prozente P nach dem gegebenen Prozentsatze p berechnet werden:

$$\boxed{P = \frac{S\,p}{100}}$$

Hieher gehört die gewöhnliche Zinsenrechnung, von der später noch eingehender die Sprache sein wird. Außerdem wird diese Art der Prozentrechnung angewendet, wenn bei einem Geschäfte aus irgendwelchen Gründen ein prozentueller Zu- oder Abschlag berechnet werden muß.

Übungsbeispiele: 1. Wie hoch sind die Zinsen, die ein Kapital von 100000 M. zu 5% in einem Jahre trägt? Antwort:

$$P = \frac{100\,000 \cdot 5}{100} = 5000 \text{ M.}$$

2. Eine Ware, die bisher 1502 M. kostete, ist um 3,5% im Werte gestiegen oder gefallen. Wieviel kostet sie jetzt? Antwort:

$$P = \frac{1502 \cdot 3,5}{100} = 52,57 \text{ M.;}$$

also kostet sie jetzt 1554,57 M. bzw. 1449,43 M.

b) Prozente „auf Hundert": Die ursprüngliche Summe sei hier nicht bekannt; man weiß nur, daß sie zuzüglich des prozentuellen Zuschlages einen gewissen Betrag S_1 erreicht hat. Der Zuschlag ist aus der **vermehrten Summe S_1** nach der Formel

$$\boxed{Z = \frac{S_1 \cdot p}{(100 + p)}}$$

zu berechnen. Anzuwenden bei Berechnung von Unkosten aller Art, Frachtspesen, Gewichtszunahme aus dem Schlußbetrage S_1.

Übungsbeispiele: 1. Jemand bietet Ware um 6600 M. an und begründet die Forderung damit, daß er dabei 10% Frachtspesen gehabt habe; wie groß waren diese? Antwort: Nicht etwa 660 M., sondern 600 M.; denn

$$\text{Zuschlag } Z = \frac{6600 \cdot 10}{(100 + 10)} = 600.$$

2. Eine Partie Waren ist durch Feuchtigkeit um $8\frac{1}{4}$% ihres ursprünglichen Gewichtes schwerer geworden und wiegt jetzt 7,825 kg. Wieviel wog sie ursprünglich? Antwort: Nicht etwa 7,180 kg, sondern 7,229 kg.

c) Prozente „im Hundert": Gegeben ist nur die um den prozentuellen Abschlag bereits verminderte Summe S_2, aus der dieser Abschlag A nach der Formel

$$\boxed{A = \frac{S_2 \cdot p}{(100 - p)}}$$

zu berechnen ist. Ist anzuwenden bei Preisermäßigungen (Rabatt), Gewichtsverlusten, Arbeitsverlusten u. dgl.

Übungsbeispiel: Eine Partie Ware ist um 6,5% ihres Gewichtes eingetrocknet und wiegt nur noch 850 kg: Was wog sie früher? Antwort:

$$\text{Gewichtsverlust } A = \frac{850 \cdot 6,5}{(100 - 6,5)} = 59,1 \text{ kg.}$$

Die Ware wog früher 850 + 59,1 = 909,1 kg.

Gegen diese Regeln wird sehr häufig sowohl im täglichen Leben als auch bei technischen und kaufmännischen Rechnungen gesündigt, weil gedankenlos nur immer die so bequemen Prozente vom Hundert gerechnet werden, auch wenn nicht der ursprüngliche, sondern der bereits vermehrte oder verminderte Betrag gegeben ist.

[297] Anwendung der Prozentrechnung.

a) Bei der Zinsen- und Zinseszinsrechnung: wird später besprochen werden.

b) Bei der Gewinn- und Verlustrechnung.

Ein Gewinn ergibt sich, wenn gekaufte oder erzeugte Waren zu einem Preise verkauft werden, der höher ist als die Selbstkosten, d. h. als der Einkaufspreis oder die Summe der Herstellungskosten (Materialbeschaffung, Arbeitslöhne und allgemeine Unkosten). Ist der Preis geringer, so ergibt sich ein Verlust. Der Einkaufspreis (oder die Summe der Herstellungskosten) gilt immer als die Summe S, die wir in den obigen Formeln als ursprünglichen Wert angenommen haben. — Gewinn oder Verlust wird stets in Prozenten des ursprünglichen Wertes angegeben [296a].

Übungsbeispiele: 1. Jemand ist gezwungen, Ware, die ihm selbst 1860 M. kostete, mit 4% Verlust zu verkaufen. Wie teuer wird die Ware verkauft? Antwort:

$$\text{Verlust} = \frac{S \cdot p}{100} = \frac{1860 \cdot 4}{100} = 74,40 \text{ M.,}$$

also Verkaufspreis: 1860 — 74,40 = 1785,60 M.

2. Eine Ware wird mit 30% Verlust um 2570 M. verkauft. Wie hoch war der Einkaufspreis? Antwort: 2570 M. stellt den bereits verminderten Wert vor, es sind also Prozente „im Hundert" zu rechnen; somit

$$\text{Verlust} = \frac{2570 \cdot 30}{(100 - 30)} = 1101,43 \text{ M.;}$$

daher war der Selbstkostenpreis: 2570 + 1101,43 = 3671,43 M.

3. Jemand verkauft um 56 M. und verliert dabei 4 M. Wie hoch ist der Prozentsatz des Verlustes? Antwort: Von 60 M. verlor er 4 M., von 100 M. würde er

$$p = \frac{4 \cdot 100}{60} = 6,66\%$$

verlieren.

c) Kommissionsrechnungen.

Einkäufe oder Verkäufe werden häufig durch einen Kommissionär besorgt, der sich für seine Bemühungen eine Provision (Vergütung) in festgesetzten Prozenten der Einkaufs- oder Verkaufssumme der vermittelten Ware berechnet, die der Auftraggeber (Kommittent) unter allen Umständen bezahlen muß. Durch die Provision erhöht sich für den Kommittenten der Einkaufspreis der Ware und vermindert sich bei einem Verkaufe der Erlös aus dem Geschäfte.

Die durch den Kommissionär verauslagte oder eingenommene Summe ist als ursprünglicher Wert [296a] aufzufassen, auf den sich der Perzentsatz der Provision bezieht.

d) Tara.

An einer verpackten Sendung unterscheidet man drei Gewichte: Die Tara, d. i. das Gewicht des Verpackungsmateriales, das Bruttogewicht, d. i. das Gewicht der Ware samt der Verpackung, und das Nettogewicht, d. i. das Gewicht der Ware allein.

Bei vielen verpackten Waren (z. B. bei Flüssigkeiten) ist das Nettogewicht schwer zu ermitteln; man gibt dann meist an, wieviel Prozent des Bruttogewichtes auf die Tara entfallen. — Das Bruttogewicht wird hier als ursprüngliche Summe aufgefaßt, von der der betreffende Prozentsatz als Tara berechnet wird. Das Nettogewicht ist ein verminderter Wert [296c].

e) Rabatt.

Den Abnehmern von Waren werden häufig aus irgendwelchen Gründen (z. B. bei sofortiger Barzahlung) Preisermäßigungen in Form von Rabatten gewährt.

Rabatt heißt Abschlag. Der weniger reelle Verkäufer wird allerdings in der Regel bei der Feststellung der Verkaufspreise so viel aufschlagen, als er später Rabatt gibt. In dieser Beziehung gilt folgender Satz: Die ursprüngliche Summe bleibt ungeändert, wenn man sie vorher um $p\%$ im Hundert vermehrt und dann die vergrößerte Summe um $p\%$ vom Hundert vermindert.

Der ursprüngliche Preis der Ware heißt Bruttopreis, während der nach Abzug des Rabattes noch verbleibende Preis Nettopreis genannt wird.

[298] Promillerechnung.

In manchen Fällen werden recht kleine Prozentsätze gefordert (z. B. bei Stempelabgaben, bei Verkauf von Wertpapieren usw.); man rechnet dann nach „Promille", d. h. nach Tausendteln $\left(5\%_{00} = \frac{5}{1000}\right)$.

Bei Versicherungen wird die Prämie, die der Versicherte an die Versicherungsgesellschaft (für deren Verpflichtung, den durch Feuer, Hagel, Unfall usw. entstandenen Schaden zu vergüten) zu entrichten hat, nach je 1000 M. der Versicherungssumme bemessen; z. B. $\frac{1}{2}$ Promille $\left(\frac{1}{2}\%_{00}\right)$, d. i. $\frac{1}{20}\%$.

Ein anderes Beispiel der Promillerechnung: Bei Straßen, Eisenbahnen, Flüssen usw. bezeichnet man das Gefälle zumeist durch das Verhältnis des Höhenunterschiedes zur Streckenlänge, und zwar rechnet man bei stärkeren Gefällen meist nach Prozenten, bei schwächeren dagegen in Promille: Man sagt z. B. eine Straße hat 4% (Prozent) Steigung, bzw. eine Bahnstrecke ein Gefälle von 10‰ (10 Promille), wenn die Straße auf 100 m Länge um 4 m steigt, bzw. die Bahn auf 1000 m Länge um 10 m fällt.

Aufgabe 163.

[299] *Von zwei Kapitalien, deren Summe 6500 M. beträgt, ist das eine zu 5%, das andere zu 4% angelegt; wie groß ist jedes, wenn das erste doppelt soviel Zins trägt als das zweite?*

Lösung: Ist das erste Kapital x M., so ist das zweite Kapital $(6500 - x)$ M. Man kann nun nach der Formel

$$\text{Zins} = \frac{S \cdot p}{100} = \frac{\text{Kapital} \times \text{Zinsfuß}}{100}$$

die Zinsen der beiden Kapitalien wenigstens allgemein berechnen. Sie sind:

$$\text{für das I. Kapital: } \frac{x \cdot 5}{100}, \quad \text{für das II. Kapital: } \frac{(6500 - x) \cdot 4}{100}.$$

Da nun der erste Zins doppelt so groß sein muß als der zweite, so ergibt sich die Bestimmungsgleichung:

$$\frac{x \cdot 5}{100} = 2 \cdot \frac{(6500 - x) \cdot 4}{100}.$$

Der Nenner 100 fällt beiderseits fort. Multipliziert man nun rechts formell aus und ordnet nach x, so erhält man

$$5x = 52000 - 8x; \text{ oder } 13x = 52000; \text{ woraus } x = \mathbf{4000 \text{ M.}}$$

Das eine Kapital ist hiernach 4000 M., das andere 6500 — 4000 = 2500 M. Berechnet man nach obiger Formel die Zinsen der beiden Kapitalien, so zeigt sich, daß

$$\text{das erste } \frac{4000 \cdot 5}{100} = 200 \text{ M.}, \quad \text{das zweite } \frac{2500 \cdot 4}{100} = 100 \text{ M.}$$

Zins trägt, das erste also tatsächlich doppelt soviel als das zweite.

Aufgabe 164.

[300] *Eine Eisenbahnlinie von A nach B sollte nach dem ersten Projekte bei 20⁰/₀₀ Steigung 32,507 km lang werden. Welche durchschnittliche Steigung ergab sich, als schließlich eine um den Umweg von 6,335 km längere Trasse gewählt wurde?*

Lösung: Der Höhenanstieg berechnet sich im ersten Falle zu 20⁰/₀₀ von der Trassenlänge 32,507 km, im zweiten Falle zu x⁰/₀₀ der neuen Trassenlänge (32,507 + 6,335) = 38,842 km. Dieser ist also gemäß derselben Formel, wie in Aufgabe 163 (auf Promille bezogen),

$$\text{im I. Falle: } \frac{32,507 \cdot 20}{1000}, \quad \text{im II. Falle: } \frac{38,842 \cdot x}{1000}.$$

Da natürlich der Höhenunterschied zwischen A und B nicht geändert wird, wenn die Bahnführung von A nach B einen Umweg macht, so müssen beide Ausdrücke oben einander gleich sein. Hieraus ergibt sich für x die Bestimmungsgleichung:

$$\frac{38,842 \cdot x}{1000} = \frac{32,507 \cdot 20}{1000}.$$

Läßt man den Nenner 1000 fort und bringt nach der Umsetzungsregel den Faktor 38,842 als Divisor auf die andere Seite, so folgt

$$x = \frac{32,507 \cdot 20}{38,842} = \mathbf{16{,}74^0/_{00}.}$$

Aufgabe 165.

[301] *Es wird eine Abgrabung im Ausmaße von 5000 m³ samt Verführung des Aushubmateriales vergeben. Nach der Ausführung ergibt sich, daß tatsächlich 8000 m³ „loses" Material verführt werden mußte. Wieviel % betrug die durch das Ausgraben des Erdreiches bewirkte Volumsvermehrung?*

Lösung: Die Volumsvermehrung wird in Prozenten vom angesetzten Betrage 5000 m³ berechnet. Ist diese ansatzweise etwa x%, so ist die Zunahme nach der bereits besprochenen Prozentformel

$$\frac{5000 \cdot x}{100}; \text{ diese muß nach Angabe auch} = 3000 \text{ m}^3 \text{ sein.}$$

Daraus ergibt sich die Bestimmungsgleichung für x:

$$x = \frac{3000 \cdot 100}{5000} = \mathbf{60\%.}$$

Bei Vergebung von Erdarbeiten mit Verführung muß der Unternehmer die bei dem gegebenen Erdreiche zu gewärtigende Volumsvermehrung vorsichtig veranschlagen, weil er den Transport nach m³ des **gewachsenen** Bodens bezahlt bekommt, aber selbst in der Regel nach m³ des **losen** Erdreiches bezahlen muß.

Aufgabe 166.

[302] *Mit einer Wasserkraft von 50 Pferdestärken (PS) soll eine kleine elektrische Lichtanlage betrieben werden. Wieviel 16 kerzige Metallfadenlampen können aus dieser Anlage gespeist werden, wenn einer Pferdestärke eine elektrische Leistung von 736 Watt entspricht, eine Lampe 20 Watt verbraucht und die unvermeidlichen Energieverluste in der Anlage im ganzen 30% betragen?*

Die elektrische Leistung der 50 PS (ohne Verluste) beträgt in Watt 50 × 736 = 36800 Watt. — Da nun in der elektrischen Anlage ein Energieverlust von 30% zu gewärtigen ist, kann man nicht mit der ganzen Energie von 36 800 Watt rechnen, sondern nur mit $100 - 30 = 70\%$ dieser Wattzahl. 70% von 36 800 Watt sind

$$\frac{36\,800 \times 70}{100} = 25\,760 \text{ Watt,}$$

die für die Lampenspeisung sicher zur Verfügung stehen. Der Rest von $36\,800 - 25\,760 = 11\,040$ Watt geht verloren.

Da eine Glühlampe 20 Watt verbraucht, können mit den 25 760 Watt nur noch $25\,760 : 20 = \textbf{1288}$ 16 kerzige Metallfadenlampen gespeist werden.

B. Zinsenrechnung.

[303] Zinsen.

a) Unter Zinsen versteht man die Vergütung für das Ausleihen eines Geldbetrages, eines Kapitals; in der Regel wird festgesetzt, wieviel Zinsen der Schuldner für die Benützung von je 100 Einheiten (Mark usw.) des Kapitals auf die Dauer eines Jahres an den Gläubiger zu entrichten hat. Die Zinsen (Interessen) werden also nach Prozenten vom Kapital berechnet.

Ist z. B. ein Kapital zu 4% ausgeliehen, so heißt das, es sind jährlich 4 Einheiten für je 100 Einheiten des Kapitals als Zinsen zu zahlen. Je größer das Kapital und je höher der Prozentsatz, desto mehr betragen die Zinsen. Ist ein Kapital von K Mark zu $p\%$ ausgeliehen, so betragen die Zinsen pro Jahr

$$Z = \frac{p \cdot K}{100}$$

und in j Jahren

$$Z = \frac{p \cdot K \cdot j}{100}$$

Die Zinsen werden in der Regel nach Ablauf eines Jahres bezahlt; sie werden aber auch unter Umständen auf Monate oder auf Tage berechnet, in welch letzteren Fällen man im kaufmännischen Verkehr zumeist den Monat zu 30, das Jahr sonach zu 360 Tagen rechnet. — Ist die Zahl der Tage nicht gegeben, sondern aus 2 Daten zu ermitteln, so zählt man den ersten oder den letzten Tag nicht mit. Bezeichnet m die Zahl der Monate, so ist

$$Z = \frac{p \cdot K \cdot m}{100 \times 12} = \frac{p \cdot K \cdot m}{1200}$$

Wird das Kapital auf t Tage geliehen, so ist

$$Z = \frac{p \cdot K \cdot t}{100 \cdot 360} = \frac{p \cdot K \cdot t}{36\,000}$$

b) Unter Endkapital versteht man das Anfangskapital samt den aufgelaufenen Zinsen.

Das Endkapital beträgt

nach j Jahren $\quad K_j = K\left(1 + \dfrac{p\,j}{100}\right)$

nach m Monaten $\quad K_m = K \cdot \left(1 + \dfrac{p \cdot m}{1200}\right)$

nach t Tagen $\quad K_t = K \cdot \left(1 + \dfrac{p \cdot t}{36\,000}\right)$

Uns, die wir schon gewöhnt sind, Gleichungen dieser Art nach allen Größen, die darin vorkommen, aufzulösen, fällt es nicht schwer, sämtliche in den Zinsesrechnungen vorkommende Fragen zu beantworten: Übungsbeispiele: 1. Wieviel betragen die Zinsen und das Endkapital von 1525 M. zu 5% in $3\frac{3}{4}$ Jahren? Formel:

$$z = \frac{p \cdot K \cdot j}{100};$$

also

$$\frac{5 \cdot 1525 \cdot 15}{100 \cdot 4} = 285{,}94 \text{ M.}$$

Daher ist das Endkapital 1810,94 M.

2. Wie groß ist das Kapital, das bei $4{,}5\%$ in $3\frac{1}{4}$ Jahren 485,25 M. Zinsen trägt? Antwort: Aus obiger Formel folgt

$$K = \frac{100 \cdot Z}{p \cdot j}; \quad K = 3317{,}95 \text{ M.}$$

3. Wie groß muß ein Kapital sein, wenn es bei 4% in 8 Monaten zu einem Endkapital von 808,50 M. anwächst?

Formel $\quad K_m = K \cdot \left(1 + \dfrac{p \cdot m}{1200}\right)$,

daraus $\quad K = \dfrac{K_m \cdot 1200}{1200 + p \cdot m}.$

Es ergibt sich in unserem Falle $K = 787{,}50$ M.

4. Zu wieviel Prozent muß ein Kapital von 1600 M. ausgeliehen sein, um in 6 Monaten 32 M. Zinsen zu bringen? Antwort: Aus

$$Z = \frac{p \cdot K \cdot m}{1200} \text{ folgt } 32 = \frac{x \cdot 1600 \cdot 6}{1200}, \text{ also } x = 4\%.$$

5. In welcher Zeit geben 3610 M., bei $4\frac{1}{2}\%$, 10,38 M. Zinsen? Antwort: Gemäß der entsprechenden Formel für Verzinsung nach Tagen erhalten wir 23 Tage.

[304] Diskont.

a) Beim Verkaufe von Waren wird in der Regel nicht bar bezahlt, sondern der Käufer erhält eine Frist von meist 3 oder 6 Monaten bewilligt, nach deren Ablauf er erst zu zahlen hat. Will aber der Käufer vor dem Fälligkeitstermine zahlen, so gewährt ihm der Verkäufer einen Abzug, der den Namen Diskont führt. Ähnlich spricht man bei Wechseln von „Diskontieren", wenn der Wechsel vor seinem Fälligkeitstermine eingelöst wird. Der Käufer zieht dann den Diskont für die Zeit, die der Wechsel noch zu laufen hat, von der Wechselsumme ab.

b) Im kaufmännischen Verkehr wird der Diskont bei kleineren Summen und kürzeren Laufzeiten aus Bequemlichkeitsgründen und in Anbetracht der Geringfügigkeit der in Betracht kommenden Beträge nach Prozenten vom Hundert, dagegen bei größeren Summen, wie bei Erwerbung von Grundstücken, bei Legaten usw., überhaupt dort, wo später fällige größere Schuldsummen zu diskontieren sind, nach Prozenten auf Hundert berechnet.

Im ersten Falle ist für die noch übrige Laufzeit von t Tagen:

Schuldsumme (Wechselsumme) 100 Mark	Diskont $\dfrac{p \cdot t}{360}$	Barzahlung $\left(100 - \dfrac{p \cdot t}{360}\right).$

Im zweiten Falle:

Schuldsumme $(100 + p \cdot j)$ Mark	Diskont $p \cdot j$	Barzahlung 100

Der Diskont beträgt daher bei einer Schuldsumme von S Mark.

Im ersten Falle . . . . . $\dfrac{p \cdot t \cdot S}{36\,000}$

Im zweiten Falle . . . . $\dfrac{p \cdot j \cdot S}{(100 + p \cdot j)}.$

Aufgabe 167.

[305] *Ein Wechsel über 1240 M., der am 15. August fällig ist, wird am 6. Juni mit 5% diskontiert. Wieviel beträgt der Diskont und die Barzahlung?*

Vom 6. VI. bis 15. VIII. sind noch 69 Tage. Da die Summe klein ist, rechnet man den Diskont sofort vom 100, also

$$\text{Diskont} = \frac{1240 \cdot 5 \cdot 69}{36000} = 11,88 \text{ M.}$$

Wechselsumme . . . . 1240,00 Mark
ab   Diskont . . . .   11,88 „
_____
Barzahlung . . . . 1228,12 Mark.

Aufgabe 168.

[306] *Wieviel Prozent Diskont auf Hundert wurden gewährt, wenn eine Schuldsumme von 5000 M. bereits 2,5 Jahre vor dem Fälligkeitstermine mit einer Barzahlung von 4250 M. beglichen wurde?*

Lösung: Wegen der langen Laufzeit und der schon erheblichen Summe ist hier der Diskont „auf 100" der Schuldsumme (5000 M.) zu rechnen. Er beträgt ersichtlich 5000 — 4250 = 750 M. Aus der Diskontformel

$$\text{Diskont} = \frac{p \cdot j \cdot S}{(100 + p \cdot j)} \cdots \text{folgt} \cdots \frac{x \cdot 2,5 \cdot 5000}{(100 + 2,5 \cdot x)} = 750,$$

woraus sich x ergibt. Man macht die Gleichung zunächst nennerfrei, indem man den ganzen Nenner als Faktor auf die rechte Seite setzt; dann folgt

$$x \cdot 12500 = 750 \, (100 + 2,5 \cdot x), \text{ woraus} \ldots x = 7,06\%.$$

C. Zinseszinsen- und Rentenrechnung.

[307] Zinseszinsenrechnung.

a) Werden die am Ende einer Zeiteinheit fälligen Zinsen eines Kapitals zu diesem hinzugefügt und mit ihm in der nun folgenden Zeit weiter verzinst, so sagt man, **das Kapital ist auf Zinseszinsen angelegt.**

Bei solchen Rechnungen kommen, wie bei jeder einfachen Zinsrechnung, Kapital, Zeit, Prozentsatz (Zinsfuß) und Zins in Betracht.

Als Zeiteinheit ist, wenn nicht ausdrücklich etwas anderes bestimmt wird, ein Jahr zu verstehen, d. h. **die Kapitalisierung des Zinses erfolgt jeweils ganzjährig.**

b) Ein Kapital von K Mark trägt bei p Prozent in einem Jahre $\frac{K \cdot p}{100}$ M. Zinsen. Fügt man diese zu dem Kapital K hinzu, so erhält man das um die Zinsen vergrößerte Kapital

$$\boxed{K + \frac{K \cdot p}{100}} \text{ oder } \boxed{K\left(1 + \frac{p}{100}\right)}$$

Der Faktor $\left(1 + \frac{p}{100}\right)$, den wir mit q bezeichnen wollen, heißt der **Verzinsungsfaktor.** Regel: Nach jedem Jahre wird das Kapital q mal größer.

Also wird aus K Mark.

     nach 1 Jahr   das neue Kapital $K \cdot q$
     „ 2 Jahren „   „   „ $K \cdot q^2$
     „ 3 „   „   „   „ $K \cdot q^3$ usw.

Da nun K, $K \cdot q$, $K \cdot q^2$, $K \cdot q^3$ ... eine geometrische Reihe mit dem Quotienten q bilden, so lassen sich alle Fragen der Zinseszinsrechnung nach den für geometrische Reihen geltenden Formeln beantworten, die wir bereits früher [291] angegeben haben.

c) **Der Wert des Kapitals am Ende des n ten Jahres ist $K \cdot q^n$ oder:**

$$\boxed{K_n = K \cdot \left(1 + \frac{p}{100}\right)^n}$$

Ist dagegen der Endwert K_n bekannt und soll daraus der Anfangswert berechnet werden, so muß man K_n durch die n te Potenz des Verzinsungsfaktors dividieren:

$$\boxed{K = K_n : \left(1 + \frac{p}{100}\right)^n}$$

Ist aber sowohl K_n wie K bekannt, so können nur noch zwei Fragen gestellt werden: 1. die nach dem Verzinsungsfaktor q und dem Zinsfuße p:

$$\boxed{q = \sqrt[n]{\frac{K_n}{K}}} \; ; \text{ und } \boxed{p = (q - 1) \cdot 100}$$

2. die nach der Laufzeit n in Jahren; diese ergibt sich aus $K_n = K \cdot q^n$ durch Logarithmieren: $\log K_n = \log K + n \cdot \log q$, woraus

$$\boxed{n = \frac{\log K_n - \log K}{\log q}}$$

Diese Gleichungen können auch auf andere Größen, die in einer geometrischen Progression anwachsen, wie z. B. Bevölkerung, Holzbestand eines Waldes u. dgl., angewendet werden.

[308] Rentenrechnung.

a) Die Berechnung von Zinseszinsen ist bei der Rentenrechnung wichtig.

Unter einer Rente versteht man einen wiederholt nach je gleichem Zeittermine zahlbaren Geldbetrag, dessen Bezugsrecht man sich durch eine

Einlage (die auf einmal oder jährlich entrichtet werden kann) sichert.

Eine Rente heißt **Zeitrente**, wenn die Zahl der Termine im vorhinein bestimmt ist, eine **Leibrente**, wenn sie bis zum Tode des Empfängers oder, erst nach dem Ableben des Einlegers, zeitlebens an eine dritte Person ausgezahlt werden soll. Die Leibrentenversicherungen, die es in den mannigfaltigsten Variationen gibt, beruhen auf den Ergebnissen der Sterblichkeitsstatistik.

b) Jede Rentenrechnung beruht auf dem soliden Grundsatze, **daß der Wert aller Einzahlungen mit ihren Zinseszinsen gleich ist dem Wert aller Renten mit ihren Zinseszinsen bezogen auf einen bestimmten Zeitpunkt**, z. B. der letzten Rentenauszahlung.

Statt des **Endwertes** kann man auch den heutigen **Barwert** aus den Einzahlungen einerseits und den Renten anderseits bestimmen; auch diese müssen selbstverständlich einander gleich sein; doch wird zuweilen bei Einzahlungen und Renten wegen der Verwaltungsunkosten ein verschiedener Verzinsungsfaktor benützt.

c) Wichtig ist es, den **Endwert** einer jährlich wiederholten Einzahlung r nach n **Jahren** kennen zu lernen. Wir nehmen an, diese erfolge je am Anfange jeden Jahres. Dann hat die 1. Einzahlung die Laufzeit von $(n-1)$ Jahren, die zweite nur noch von $(n-2)$ Jahren usf.; die letzte Einzahlung

(da sie ja am Anfang des letzten Jahres erfolgt) hat keine Laufzeit. Ist q der Verzinsungsfaktor, so wachsen sie an auf

$$r \cdot q^{n-1}; \ r \cdot q^{n-2}; \ldots \ldots r \cdot q^1; \ r.$$

Die Summe dieser Werte ist nach der Formel für die geometrische Reihe

$$\boxed{S = r \cdot \frac{q^n - 1}{q - 1}} = \left\{ \begin{array}{l} \text{Endwert aller} \\ \text{Einzahlungen} \end{array} \right\}$$

d) Den heutigen **Barwert** erhalten wir durch Teilung von S durch die $n$te Potenz des Verzinsungsfaktors [307c]:

$$\boxed{K = \frac{S}{q^n}} = \left\{ \begin{array}{l} \text{Barwert aller} \\ \text{Einzahlungen} \end{array} \right\}$$

Der **Barwert** einer Rente muß, auf Zinseszinsen angelegt, zur Zeit des letzten Rentenbezuges denselben **Endwert** haben wie sämtliche Einlagen, wenn sie sofort nach ihrer Fälligkeit auf Zinseszinsen angelegt werden.

Praktisch kommt der Barwert einer Rente zum Ausdrucke, wenn es sich darum handelt, einen Rentenbezug durch ein sogleich zu zahlendes Kapital abzulösen. Der Endwert einer Rente dagegen stellt jenes Kapital dar, das am Schlusse des Rentenbezuges fällig sein würde, wenn die Rente nicht bezogen worden wäre.

Aufgabe 169.

[309] *Wie hoch wächst ein Kapital von 2518 M. in 12 Jahren zu 5% Zinseszinsen an?*

Lösung: Der Verzinsungsfaktor ist hier $q = 1,05$; $K = 2518$; $n = 12$; daher

$$\boxed{K_{12} = 2518 \cdot 1,05^{12}}$$

Dieser Betrag wird am besten logarithmisch berechnet. Es ist $\log K_{12} = \log 2518 + 12 \cdot \log 1,05 = 3,4011 + 12 \cdot 0,0212 = 3,4011 + 0,2544 = 3,6555$. Schlägt man zu diesem Logarithmus im Logarithmenbuch die zugehörige Zahl nach, so findet man (sie muß wegen 3, ... 4stellig sein): $K_{12} = 4524$ M.

Aufgabe 170.

[310] *Ein Kapital von 2000 M. ist bei 4% Zinseszinsen auf 4469 M. 84 Pf. angewachsen; wie lange war es angelegt?*

Lösung: $K = 2000$; $p = 4\%$, also $q = 1,04$. $K_n = 4469,84$, daher

$$n = \frac{\log K_n - \log K}{\log q} = \frac{0.3493}{0,0170} \sim 20,5 \text{ Jahren.}$$

Aufgabe 171.

[311] *Jemand legt durch 10 Jahre zu Anfang jedes Jahres 230 M. zu 5% Zinseszinsen an. Welchen Wert haben diese Einlagen am Anfange des 10. Jahres und wie groß ist der Barwert?*

Lösung: Einzahlung $r = 230$; $q = 1,05$, $n = 10$; daher

$$\text{Endwert } K_{10} = \frac{r \cdot (q^{10} - 1)}{(q - 1)} = \frac{230\,(1,05^{10} - 1)}{0,05} = 2897,33 \text{ M.}$$

$$\text{Barwert } K = K_{10} : q^{10} = \frac{2897,33}{1,05^{10}} = 1778,33 \text{ M.}$$

Aufgabe 172.

[312] *In welcher Zeit verdoppelt sich ein auf 4% (bzw. 5%) Zinseszins angelegtes Kapital?*

Lösung: Es ist $K_n = K \cdot q^n$; soll nun $K_n = 2 \cdot K$ sein, so muß sein

$$\boxed{q^n = 2} \text{ oder } n = \frac{\log 2}{\log q}.$$

$$\text{Also bei } 4\% \quad n = \frac{\log 2}{\log 1,04} = \frac{0,3010}{0,0170} = \mathbf{17,7}$$

$$\text{bei } 5\% \quad n = \frac{\log 2}{\log 1,05} = \frac{0,3010}{0,0212} = \mathbf{14,2}.$$

Das Kapital verdoppelt sich sonach bei 4% in 17,7, bei 5% in 14,2 Jahren.

In den Zinstafeln sind übrigens die Werte von q^n für verschiedene Zinsfüße berechnet, so daß man nur nachsehen muß, wann $q^n = 2$ wird.

Aufgabe 173.

[313] *Ein Wald hat einen gegenwärtigen Bestand an Holz von 145000 m³ bei einem jährlichen Zuwachs von $2\tfrac{1}{4}\%$. Wie groß wird sein Bestand nach 18 Jahren sein, wenn am Ende eines jeden Jahres 1175 m³ gefällt werden?*

Lösung: a) Wird kein Holz gefällt, so wächst der Holzbestand K nach der Formel $K_{18} = K q^{18}$ an; für $q = 1,0225$, $K = 145000$ und $n = 18$ ist $K_{18} = 145000 \cdot (1,0225)^{18} = \mathbf{216300}$ **m³**.

b) Weiters muß berechnet werden, welchen Waldbestand das jährlich gefällte Holz am Ende des 18. Jahres ergeben würde. (Formel für den Endwert einer Rente [307 c] $S = r \cdot \dfrac{q^n - 1}{q - 1}$),

sonach $S = 1175 \cdot \dfrac{q^{18} - 1}{q - 1} = 1175 \cdot \dfrac{1,49 - 1}{1,0225 - 1} = 25590$ m³.

Die Differenz der beiden Endwerte gibt den gesuchten Bestand des Waldes:

$$216300 - 25590 = \mathbf{190710 \ m^3}.$$

D. Verschiedenes.

In das Gebiet des technisch-kaufmännischen Rechnens gehören endlich noch verschiedene, andere Aufgaben, die aber für uns so leicht zu lösen sind, daß wir sie hier nur der Vollständigkeit halber flüchtig erwähnen wollen.

[314] Resolvieren und Reduzieren.

a) Beim Rechnen mit benannten Zahlen kommt es häufig vor, daß **höhere Sorten** in niedere umgewandelt werden müssen; man nennt eine solche Umwandlung eine **Auflösung** oder **Resolvierung**; sie wird durch Multiplikation mit der Umrechnungszahl ausgeführt, weil jede Einheit der höheren Sorte in eine gewisse Anzahl von Einheiten der anderen Sorte zerfällt.

Beispiele: Wieviel Minuten sind 2 Tage, 13 Stunden und 2 Minuten? Antwort: $[(2 \times 24 + 13)] 60 + 2 = \mathbf{3662 \ Minuten}$.

b) Sind umgekehrt niedere Sorten in höhere zu verwandeln, so nennt man dies eine **Zurückführung** oder **Reduktion**; sie wird mittels Division durch die Umrechnungszahl ausgeführt.

Beispiel: Wieviel Pfund Sterling (£) sind 63,5 Schilling (sh)? Antwort: Bekanntlich ist 1 £ = 20 sh; 63,5 : 20 = 3,175, d. h. **3,175 £ = 63,5 sh.**

In den meisten Staaten sind heute dekadische Maße und Währungen eingeführt; es beschränken sich daher alle Umrechnungen meist nur auf Multiplikationen und Divisionen mit Vielfachen von 10. — Da allen Rechnungen gleiche Einheiten zugrunde gelegt werden müssen, kommen alle Umrechnungen außerordentlich häufig vor, und zwar rechnet man in der Regel hierbei die höheren in niedere Sorten um, weil sich dabei bei Multiplikationen immer ganze Zahlen, bei Divisionen jedoch zumeist Reste (gebrochene Zahlen) ergeben.

[315] Kettenschlüsse.

Kettenschlüsse bestehen aus einer Reihe von Unteraufgaben, die sich wie die Glieder einer Kette aneinanderschließen; meist wird es sich hierbei um Umrechnungen verschiedener Münzen, Maße oder Gewichte handeln.

Beispiel: Wenn das engl. Pfund einer Ware 2 sh (Schilling) kostet, was kostet 1 kg derselben Ware in M.? (1 engl. Pfund = 0,45 kg, 1 £ = 20,25 M.)

Lösung. Diese führt auf eine Reihe einfachster Gleichungen, die man so schreibt:

a) ausführlich	b) kurz
1 kg (kostet) = x M.	1 kg ∣ x M.
20,25 M. = 1 £	20,25 M. ∣ 1 £
1 £ = 20 sh	1 £ ∣ 20 sh
2 sh = 1 engl. ℔	2 sh ∣ 1 ℔ engl.
1 engl. ℔ = 0,45 kg	1 ℔ engl. ∣ 0,45 kg

Durch Multiplikation dieser Gleichungsreihe ergibt sich der Wert für x wie folgt:

$$x = \frac{1 \cdot 20,25 \cdot 1 \cdot 2 \cdot 1}{1 \cdot 20 \cdot 1 \cdot 0,45} = \mathbf{4,5 \ M.}$$

[316] Durchschnittsrechnung.

Das arithmetische Mittel mehrerer Zahlen ist bekanntlich die **Summe** der Zahlen, dividiert durch die **Anzahl** derselben. — Bei benannten Zahlen nennt man dieses Mittel den **Mittelwert** oder den **Durchschnittswert**.

Beispiel: Jemand kauft 10 Liter Wein zu je 18 M. und mischt sie mit 40 Liter Wein zu je 13 M.; wie hoch kommt ihm 1 Liter der Mischung? Antwort:

10 Liter zu je 18 M. kosten . . .	180 M.
40 „ „ „ 13 „ „ . . .	520 „
50 Liter Mischung kosten	700 M.

1 Liter der Mischung kostet demnach 700 M. : 50 = **14 M.**

[317] Gesellschaftsrechnung.

a) Die Gesellschaftsrechnung dient dazu, eine Summe nach vorgeschriebenem Verhältnis zu verteilen.

Beispiel: 45800 kg einer Ware, die in Berlin lagert, soll gleichmäßig unter 5 Kaufleute verteilt werden, wovon zwei in München, drei in Wien wohnen. Wie ist die Ware nach diesen zwei Städten zu verteilen? Antwort: Man teilt die Ware in 5 gleiche Teile (1 Teil = 45800 : 5 = 9160 kg) und sendet davon

nach München 2 Teile = 2 · 9160 = 18320 kg
„ Wien 3 „ = 3 · 9160 = 27480 „

Man sagt, die Ware muß im Verhältnisse 2 : 3 (lies 2 zu 3) verteilt werden.

b) Soll allgemein der Betrag K auf zwei Personen A und B im Verhältnis $p : q$ verteilt werden, so ist 1 Anteil $= K : (p + q)$, davon erhält

$$A \ldots p \text{ Anteile} = \frac{p \cdot K}{(p+q)}$$
$$B \ldots q \text{ Anteile} = \frac{q \cdot K}{(p+q)}$$

1. Beispiel: Bei einem Konkurse ergab die Versteigerung der noch vorhandenen Warenbestände den Betrag von 2540 M. In diesen Betrag sollen sich nun 3 Gläubiger A, B, C teilen, wovon der erste 5870 M., der zweite 3983 M., der dritte 2847 M. gut hat. Antwort: Die Verteilung erfolgt im Verhältnisse $p : q : r$, also ist der Betrag K in $(p + q + r)$ Teile zu teilen. Es erhält dann

$$A : \frac{p \cdot K}{p+q+r} = \frac{5870 \cdot 2540}{12700} = 1174 \text{ M.}$$

$$B : \frac{q \cdot K}{p+q+r} = \frac{3983 \cdot 2540}{12700} = 796{,}6 \text{ M.}$$

$$C : \frac{r \cdot K}{p+q+r} = \frac{2847 \cdot 2540}{12700} = 569{,}4 \text{ M.}$$

Probe: $(1174{,}0 + 796{,}6 + 569{,}4) = 2540$ M.

2. Zu einem Straßenbau entsendet

die Gemeinde A 5 Arbeiter durch 6 Tage,
„   „ B 3   „   „ 5 „

wenn für diese Arbeiten 300 M. verausgabt werden, wieviel hat jede Gemeinde zu zahlen? Antwort: Die Verteilung erfolgt im Verhältnisse der Arbeitstage. A stellte $5 \cdot 6 = 30$ Arbeitstage, B $3 \cdot 5 = 15$ Arbeitstage bei. Es sind also $K = 300$ M. im Verhältnisse $p : q$ ($= 30 : 15$ oder gekürzt $2 : 1$) zu teilen. Demnach trifft

$$\text{auf } A: \frac{p \cdot K}{p+q} = \frac{2 \cdot 300}{2+1} = 200 \text{ M.}$$

$$\text{auf } B: \frac{q \cdot K}{p+q} = \frac{1 \cdot 300}{2+1} = 100 \text{ M.}$$

Probe $(200 + 100) = 300$ M., die zu verteilen waren.

[318] Mischungsrechnung.

Die Mischungsrechnung, die eine Abart der Durchschnittsrechnung ist (siehe [316]), bezieht sich auf Fragen, die sich bei Mischung fester oder flüssiger Stoffe ergeben.

Beispiele: 1. Wie groß ist das spez. Gewicht s eines Gemenges, das aus 1 Teile Zement vom spez. Gewicht 1,3, 2 Teilen Sand (spez. Gewicht 1,5) und 4 Teilen Kies (spez. Gewicht 1,8) besteht?

$$\text{Antwort: } s = \frac{1 \cdot 1{,}3 + 2 \cdot 1{,}5 + 4 \cdot 1{,}8}{1 + 2 + 4} = 1{,}64.$$

2. Jemand kauft eine Ware zu verschiedenen Preisen, und zwar 500 kg zu 5,5 M., 300 kg zu 6,3 M. und 100 kg zu 8 M. — Wie hoch ist der Durchschnittspreis P?

$$\text{Antwort: } P = \frac{500 \cdot 5{,}5 + 300 \cdot 6{,}3 + 100 \cdot 8}{500 + 300 + 100} = 6{,}04 \text{ M.}$$

[319] Übungsaufgaben.

Aufg. 174. Ein Wasserbehälter, der 3950 l faßt, könnte durch eine Pumpe in 40 Min. gefüllt werden; wieviel Zeit ist zur Füllung nötig, wenn in jeder Minute während des Zupumpens 10 l Wasser entnommen werden? [Anleitung: In x Min. werden $x \cdot 10$ Liter abgelassen; Proportion: Zeiten wie Wassermengen.]

Aufg. 175. Ein Ziegeleibesitzer hat für den Bausommer eine Lieferung von 1 Million Ziegel übernommen. Wieviel Ziegel muß er erzeugen, wenn beim Formen und Brennen im ganzen $3\frac{1}{2}\%$ auszuscheiden sind? (Achtung! Mit Prozenten „im Hundert" rechnen!)

Aufg. 176. Zu einem gemeinschaftlichen Geschäfte gibt A 10000 M., B 12000 M. und C 20000 M. Wieviel erhält jeder von dem 20proz. Gewinn?

Aufg. 177. Zwei Körper K_1 und K_2 bewegen sich gleichzeitig von A aus in derselben Richtung; K_1 legt in jeder Sekunde 20 m zurück, K_2 in der ersten Sekunde 12 m und in jeder folgenden 2 m mehr als in jeder vorhergehenden. Nach wieviel Sekunden holt K_2 den ersten Körper ein?

(Anleitung: Die bis zum Zusammentreffen beider Körper zurückgelegten Wege müssen gleich sein. Die Wege des Körpers K_2 in den aufeinander folgenden Sekunden bilden eine arithmetische Reihe. Der Weg von K_1 läßt sich durch Multiplikation finden.)

Aufg. 178. Bei einem Bau betragen die Kosten für Maurer- und Zimmermeisterarbeiten zusammen 8500 M. — Wie hoch stellt sich jede Arbeitsgattung, wenn sie im Verhältnisse $6 : 2,5$ zueinander stehen? — (Zunächst im Kopfe ausrechnen; $6 + 2,5 = 8,5!$)

Aufg. 179. Jemand will eine Schuld von 10000 M., die mit 5% zu verzinsen ist, in zehn gleichen Jahresraten zurückzahlen; wie groß wird die einzelne Ratenzahlung sein? (Anleitung: Die erste Rate r liegt 10 Jahre, die letzte 1 Jahr auf Zinseszins; die Summe aller Raten ist 10000 M. [308 c].)

Aufg. 180. Eine Stadt zählt gegenwärtig 36230 Einwohner; wie groß war die Einwohnerzahl vor 30 Jahren, wenn der jährliche Zuwachs 2% betrug? (Anleitung: Bevölkerung nach 30 Jahren ist gleich jener vor 30 Jahren, mal q^{30}. [307 c].)

Aufg. 181. Zu wieviel Prozent muß ein Kapital von 2000 M. angelegt werden, damit es in 5 Jahren ebensoviel einfache Zinsen trägt als in 8 Jahren zu 3,5%?

Bemerkung. Die Lösungen finden sich diesmal nicht im nächsten Briefe, sondern im folgenden Anhang II, weil der Teil „Mathematik" in diesem Bande zum Abschlusse gelangt. Wir hoffen jedoch, daß die Leser in ihrem eigenen Interesse trotzdem diese Aufgaben tunlichst selbständig lösen und den Anhang II nur zur nachträglichen Überprüfung ihrer eigenen Arbeiten benützen werden.

Anhang I.

[320] Lösungen der im 2. Briefe unter [197] gegebenen Übungsaufgaben.

Aufg. 103.

$$\alpha) \frac{(x+1)^2}{x^2-1} = \frac{(x+1)(x+1)}{(x-1)(x+1)} = \frac{x+1}{x-1}.$$

$$\beta) \frac{2m^2-m}{4m^2-1} = \frac{m(2m-1)}{(2m+1)(2m-1)} = \frac{m}{2m+1}.$$

Aufg. 104. $\quad x + \frac{1-x^2}{x} = \frac{x^2+1-x^2}{x} = \frac{1}{x}.$

Aufg. 105. $\quad \frac{m+n}{2} - n = \frac{m+n-2n}{2} = \frac{m-n}{2}.$

Aufg. 106. $\quad \dfrac{(a^3+3a^2+3a+1)(a+1)}{a+1} -$

$$- \frac{a^4+4a^3+6a^2+4a}{a+1} = \frac{1}{a+1}.$$

Aufg. 107. $\quad \dfrac{x-1+x+1}{(x+1)(x-1)} = \dfrac{2x}{x^2-1}.$

Aufg. 108.

$$\text{Zu 1): } \frac{a}{b} - \frac{a+m}{b+m} = \frac{a(b+m)-b(a+m)}{b(b+m)} =$$

$$= \frac{m(a-b)}{b(b+m)}.$$

Zu 2): $\dfrac{a}{b} - \dfrac{a-m}{b-m} = \dfrac{a(b-m)-b(a-m)}{b(b-m)} =$

$$= \dfrac{m(b-a)}{b(b-m)}.$$

Aufg. 109. $\dfrac{x^2+2xy+y^2-4xy}{4xy} \cdot 2xy =$

$$= \dfrac{(x-y)^2}{4xy} \cdot 2xy = \dfrac{1}{2}(x-y)^2.$$

Aufg. 110. $\dfrac{x^2-m^2-2x^2}{x(x-m)} \cdot \dfrac{x-m}{x^2+m^2} = -\dfrac{1}{x}.$

Aufg. 111. $1{,}5\ m^2 = 15000\ cm^2$;
$1{,}033 \times 15000 = 15{,}495$ Tonnen.

Aufg. 112. $x = \dfrac{a^3+27}{a+3} = a^2 - 3a + 9.$

Aufg. 113. $x + 10 = 2(x-4);\ x = 18.$

Aufg. 114. $8\,m^3\,(m^5 - 2\,m^2 + 3).$

Aufg. 115. $\dfrac{a^m}{a^n} \cdot \dfrac{1}{a^m \cdot a^n} = \dfrac{1}{a^{2n}}.$

Aufg. 116. $\dfrac{1}{a^n} + \dfrac{1}{a^{n-1}} = \dfrac{a^{n-1}+a^n}{a^n \cdot a^{n-1}} = \dfrac{\dfrac{a^n}{a}+a^n}{a^n \cdot a^{n-1}} =$

$$= \dfrac{a^n(a+1)}{a \cdot a^n \cdot a^{n-1}} = \dfrac{a+1}{a^n}.$$

Aufg. 117. $(x-(\sqrt{x^2-y^2})\cdot(x+\sqrt{x^2-y^2}) =$
$$= x^2 - x^2 + y^2 = y^2.$$

Aufg. 118. $3\sqrt[6]{2^3\,a^3} \cdot \sqrt[6]{2^4\,a^4} + 4\sqrt[3]{4\,a^2} =$
$$= 6\,a\sqrt[6]{2\,a} + 4\sqrt[3]{4\,a^2}.$$

Aufg. 119. $\dfrac{(\sqrt{B}+\sqrt{b})(\sqrt{B}-\sqrt{b})}{\sqrt{B}-\sqrt{b}} = \sqrt{B}+\sqrt{b}.$

Anhang II.

[321] Lösungen der in diesem Briefe unter [319] gegebenen Übungsaufgaben.

Aufg. 174. $3950 : (3950 + 10\,x) = 40 : x$
daraus $x = 44{,}51' = 44'30''$.
Probe: $3950 : 4395 = 40 : 44{,}51$.

Aufg. 175. Es müssen natürlich mehr Ziegel zum Formen gegeben werden, um 1 Million tadellose Ziegel liefern zu können; hier ist sonach in 1 Million die um den Abfall A bereits verminderte Summe gegeben; davon sind also die Prozente im Hundert zu berechnen [296c]. Es ist $S = 1000000$, $p = 3\frac{1}{2}$; also

Abfall $A = \dfrac{S \cdot p}{100-p} = \dfrac{1000000 \cdot 3{,}5}{96{,}5} = \mathbf{36300\ Ziegel}.$

Statt einer Million sind daher um rd. **36300** Ziegel mehr zu erzeugen.

Aufg. 176. Der Gewinn beträgt 20 % der Gesamteinlage von 42000; also

$$\text{Gewinn} = \dfrac{S \cdot p}{100} = \dfrac{42000 \cdot 20}{100} = \mathbf{8400\ M.}$$

Dieser ist im Verhältnisse $10 : 12 : 20$ zu verteilen. Es erhält also:

$A: \dfrac{p \cdot K}{p+q+r} = \dfrac{10 \cdot 8400}{42} = \mathbf{2000\ M.}$

$B: \dfrac{q \cdot K}{p+q+r} = \dfrac{12 \cdot 8400}{42} = \mathbf{2400\ M.}$

$C: \dfrac{r \cdot K}{p+q+r} = \dfrac{20 \cdot 8400}{42} = \mathbf{4000\ M.}$

Probe $(2000 + 2400 + 4000) = 8400$ M.

Aufg. 177. Der Weg des ersten Körpers in x Sekunden ist offenbar $x \cdot 20$. — Der Weg des zweiten Körpers ist die Summe einer arithmetischen Reihe von x Gliedern, deren erstes 12 (Weg in der 1. Sek.), deren letztes

$12 + (x-1) \cdot 2$ heißt. Die Summe ist also leicht zu bilden; sie ist nach der Formel zu berechnen:

$$S = [a_1 + a_n] \cdot \dfrac{n}{2}$$

$$= [12 + 12 + (x-1) \cdot 2] \cdot \dfrac{x}{2}.$$

Im Augenblick, wo der anfänglich langsamer gehende zweite Körper den ersten einholt, müssen die beiden Wege einander gleich sein. Daher die Bestimmungsgleichung:

$$[12 + 12 + (x-1) \cdot 2] \cdot \dfrac{x}{2} = 20 \cdot x.$$

Bringt man den Nenner 2 von $\dfrac{x}{2}$ auf die andere Seite als Faktor und berechnet die Glieder in der eckigen Klammer, so folgt: $[22 + 2x] \cdot x = 40\,x.$

Nun kann man durch x die Gleichung beiderseits kürzen und erhält aus $22 + 2x = 40$ schließlich $2x = 40 - 22$ oder $x = 9$ Sekunden.

Aufg. 178. $K = 8500$ M. sind im Verhältnisse $p : q$ $(6 : 2{,}5)$ zu verteilen; es ist also der Betrag für die

Maurer: $\dfrac{p \cdot K}{p+q} = \dfrac{6 \cdot 8500}{8{,}5} = \mathbf{6000\ M.}$

Zimmerer: $\dfrac{q \cdot K}{p+q} = \dfrac{2{,}5 \cdot 8500}{8{,}5} = \mathbf{2500\ M.}$

Aufg. 179. Nach [308c]. $S = 10000$ M. $\cdot r = ?$ $q = 1{,}05$; also

$$r = \dfrac{S \cdot (q-1)}{q^n - 1} = \dfrac{10000 \cdot 0{,}05}{1{,}05^{10} - 1} = \mathbf{793{,}80\ M.}$$

Aufg. 180. $K_{20} = K \cdot q^{20}$; $K_{20} = 36230$; $q = 1{,}02$; daher $K = K_{20} : q^{20} = 36230 : 1{,}02^{20} = \mathbf{20\,004\ Einwohner.}$

Aufg. 181. Der Zinsfuß p ist unbekannt; $K = 2000$ M.

Zins in 5 Jahren zu $x\%$ oder $\dfrac{2000 \cdot x \cdot 5}{100}$

Zins in 8 ,, ,, $3\frac{1}{2}\%$,, $\dfrac{2000 \cdot 3{,}5 \cdot 8}{100}.$

Aus der Gleichsetzung der Zinsen, wobei sich das Kapital als gleichgültig weghebt und ebenso der Nenner, folgt:
$x \cdot 5 = 3{,}5 \cdot 8$ oder $x = 5{,}6\%.$

Anhang III.

[322] Geschichtliche Entwicklung der Mathematik.

Mathematische Schriften aus dem Altertume sind nur wenige auf uns gekommen (von Euklides, Archimedes und Diophantus). Die wichtigsten Fortschritte auf diesem Gebiete verdankt man den Indern, welche die Null und die jetzt allgemein gebräuchliche Zahlenschreibung erfunden haben. Auf Grund dieser Erfindung ist von den Arabern die heutige Art des Rechnens ausgebildet worden. — Mit

dieser zugleich fand auch die Algebra Eingang und Verbreitung in Europa, und zwar zunächst 1228 in Italien. — In Deutschland wurde diese Wissenschaft schon im Anfange des 16. Jahrhunderts bekannt; Christian Rudolf aus Jauer gab 1524 die erste algebraische Schrift in Deutschland heraus. —

Größere Fortschritte sind, außer Newton 1643—1727, den Mathematikern Descartes 1596—1650, später Euler 1707—1783, und Lagrange 1736—1813, dann aber ganz besonders dem genialen deutschen Mathematiker Gauß (1777—1855) zu danken.

GEOMETRIE

Inhalt. Bisher haben wir die geometrischen Gebilde als in einer Ebene liegend angenommen, wodurch uns ihre Darstellung keine weiteren Schwierigkeiten bereitete, weil wir diese Ebene natürlich immer als Zeichenfläche betrachten konnten. Treten jedoch solche an sich ebene Figuren ganz oder teilweise aus dieser Fläche heraus, so gehören sie nicht mehr in das Gebiet der Planimetrie, sondern zur Geometrie des Raumes, zur Stereometrie. Um die stereometrischen Regeln erfassen zu können, müssen wir vorerst lernen, im Raume befindliche Gebilde auf unserer ebenen Zeichenfläche so darzustellen, daß aus der Zeichnung allein, ohne Ausmessungen in der Natur, ihre wahre Gestalt, ihre Größe und Lage bestimmt werden können. Zu diesem Behufe werden wir vorerst im folgenden mit der Projektion von im Raume befindlichen, ebenen Gebilden auf eine oder mehrere Bildflächen beginnen. Haben wir dadurch genügend räumliches Vorstellungsvermögen erworben, so wird es uns nicht mehr schwer fallen, die gegenseitige Lage aller ebenen Gebilde und damit auch die aus Linien und Figuren zusammengesetzten Körper selbst klar zu erkennen und ihre Gesetze zu studieren. Damit ist dann die Grundlage für das technische Zeichnen und Konstruieren gegeben, mit welchen Fertigkeiten wir uns in den Fachbänden weiter zu beschäftigen haben werden.

Den Abschluß der Geometrie wird eine gedrängte Übersicht über die Grundzüge der sog. analytischen Geometrie der Ebene und des Raumes bilden, die als geistvolle Verbindung algebraischer und geometrischer Begriffe mit Hilfe von Koordinaten sich allmählich durch Anwendung der höheren Mathematik als eigene Wissenschaft zur Erforschung der gekrümmten Linien und Flächen höherer Ordnung entwickelt hat.

7. Abschnitt.

Ebene Gebilde im Raume.

[323] Stereometrie.

a) Wir wissen bereits aus [53], daß sich die Stereometrie mit Gebilden befaßt, die nicht als in einer Ebene liegend gedacht werden können. Strenge genommen können nur **Körper** als **Raumgrößen** bezeichnet werden; Linien und Flächen werden erst zu solchen, wenn sie aus der Ebene in den Raum heraustreten.

Ein Punkt ist keine Raumgröße, sondern bezeichnet nur einen Ort im Raume; was wir gewöhnlich einen Punkt nennen, ist kein solcher im geometrischen Sinne, sondern ein Körper, eine Fläche oder eine Linie von äußerst geringer Ausdehnung.

b) **Linien und Flächen sind ebene Gebilde**, und zwar haben die **Linien** als Aufeinanderfolge einer unendlich großen Zahl von Punkten **nur eine Ausdehnung (Dimension)**, die **Länge**, die **Flächen**, die aus lauter Linien zusammengesetzt und auch von solchen begrenzt sind, deren **zwei: Länge und Breite**. (Punkte besitzen als bloße Ortsbezeichnung gar keine Dimension.)

Solange alle Teile eines solchen Gebildes oder mehrerer derselben (z. B. Punkt und Gerade, oder Punkte, Gerade und Figuren oder mehrere Figuren usw.) in ein und derselben Ebene liegen, also nur Ausdehnungen nach zwei Richtungen aufweisen, gehören sie zur Planimetrie und müssen nach den uns bereits bekannten planimetrischen Grundsätzen behandelt werden.

c) Treten aber Punkte eines Gebildes aus der Ebene heraus, wie wir dieses leicht bei einem Körper beobachten, so haben wir es mit **Raumgebilden** zu tun, die den Regeln der Stereometrie unterliegen. Um diese kennenzulernen und namentlich im Geiste richtig erfassen zu können, müssen wir uns erst wenigstens im allgemeinen darüber einigen, wie solche Raumgrößen, für deren 3 Dimensionen unsere eben benützte zweidimensionale Zeichenebene natürlich nicht mehr ausreicht, im Bilde dargestellt, also **projiziert** werden sollen.

A. Darstellung geometrischer Gebilde.

Die zeichnerische Darstellung von Gebilden im Raume ist Gegenstand der sog. darstellenden Geometrie, die wir einstweilen hier nur so weit behandeln wollen, als es zum Verständnis der Stereometrie unbedingt nötig erscheint. Später, im technischen Zeichnen wollen wir uns mit dieser

für den Techniker ungemein wichtigen Wissenschaft noch viel eingehender befassen.

Man unterscheidet zwei Hauptarten der Darstellung:

1. die geometrische Darstellung (Projektion),
2. die räumliche Darstellung (Perspektive).

Von der ersteren Gattung wollen wir hier nur die allgemein übliche **orthogonale Projektion**, von der letzteren vorläufig nur die praktisch verwendbarste **Haedersche Schnellperspektive** besprechen.

[324] Projektionen auf Gerade.

a) Um die Lage eines oder mehrerer Punkte zunächst in der Ebene festzulegen, bezieht man sie auf zwei in der gleichen Ebene liegende, sich schneidende Gerade, die man Koordinatenachsen nennt. Das einfachste und allgemein übliche Koordinatensystem ist das **rechtwinkelige**, von dem bereits in der Mathematik [195] die Sprache war.

Dort hat es sich um das mathematische Abhängigkeitsverhältnis zweier oder mehrerer veränderlicher Größen, der Koordinaten eines Punktes, gehandelt, die wir als Abszissen und Ordinaten bezeichneten. Hier können wir dieselben Beziehungen dazu benützen, um die Lage eines Punktes oder einer von 2 Punkten begrenzten Linie oder einer von mehreren Linien begrenzten Figur, in der Ebene durch die Abstände der einzelnen Punkte von den Koordinatenachsen geometrisch zu bestimmen.

b) Es sei z. B. die eine Achse OX und eine in der Zeichenfläche gelegene Strecke AB gegeben. (Abb. 132.) Ziehen wir die Normalen AA' und BB' auf OX (also $AA' \perp OX$ und $BB' \perp OX$), so heißen die Punkte A' und B' die Projektionen der Punkte A und B auf die Gerade OX, und die Strecke $A'B'$ ist die Projektion der Geraden AB auf OX.

Ist von der Strecke AB nur diese eine Projektion

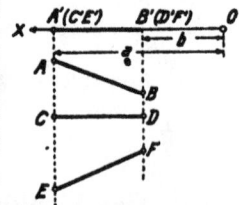

Abb. 132

gegeben, so wissen wir freilich noch nicht viel über die wahre Lage von AB, denn diese Projektion gilt auch für alle Punkte, die in den beiden Normalen AA' und BB' liegen, somit auch für alle Strecken, die zwischen 2 beliebigen Punkten dieser Normalen gezogen werden können.

Sie gilt daher ebenso für die zur X-Achse Parallele CD (Projektion C′D′), wie für eine beliebige 3. Strecke EF (Projektion E′F′). Immerhin ersehen wir jedoch aus der Zeichnung, daß **alle Geraden mit Ausnahme der zur Achse parallelen in ihren Projektionen verkürzt erscheinen und daß die Länge der Projektion stets gleich ist der Differenz der Abstände der beiden Grenzpunkte der Projektion vom Anfangspunkte O der Achse.**

Also $A′B′ = C′D′ = E′F′ = a - b$.

c) **Um die wahre Lage der Strecke eindeutig festzulegen, müssen wir sie noch auf eine zweite Gerade OY projizieren,** die wir zweckmäßigerweise (normal zu OX) durch O ziehen. (Abb. 133.) — Erst aus zwei zusammengehörigen Projektionen, z. B. A′B′ und A″B″, lassen sich Lage und Größe des projizierten Gebildes, hier z. B. der Strecke AB einwandfrei darstellen. Zieht man die Normalen A′A, B′B, A″A und B″B, so ergeben ihre Schnittpunkte eindeutig die Punkte A und B der

Abb. 133

dargestellten Strecke. Aus den Projektionen C′D′ und C″D″ ergibt sich auf gleiche Art die zur Achse OX parallele Gerade CD, woraus man ersieht, daß **eine zur X-Achse parallele Gerade auf der Y-Achse senkrecht steht und in ihrer Projektion auf diese als Punkt erscheint.** Projiziert man 3 Punkte E, F und G, die in der Zeichenebene liegen, auf die beiden Achsen, so ergibt sich: die Projektion eines Dreieckes EFG erscheint in der X-Achse als Gerade E′G′F′ und in der Y-Achse als Gerade F″E″G″, d. h. **jede in der Ebene der beiden Achsen liegende Figur erscheint in beiden Projektionen als gerade Linie.**

Diese Projektionen in der Ebene bilden sozusagen die Grundlage für die ganze Projektionslehre. — Der Leser übe sich daher eifrigst darin, die verschiedensten ebene Gebilde (Gerade, Dreiecke, Vierecke, Vielecke) in den verschiedensten Lagen auf zwei rechtwinklige Achsen zu projizieren und umgekehrt aus vorgegebenen Projektionen wieder die Gebilde selbst zu rekonstruieren.

Nebenbei bemerkt, ist das Bestimmen einer Figur aus ihren Koordinaten ein bei Naturaufnahmen sehr häufig geübter, in vielen Fällen überhaupt nicht zu umgehender Vorgang. — Näheres darüber im Feldmessen. — Von der Projektion einer Geraden auf eine andere war übrigens schon früher beim sog. Kathetensatze [205] die Rede.

[325] Projektionen auf Ebenen.

a) Liegen die darzustellenden Gebilde nicht gänzlich in einer Ebene, sondern im Raume, so können wir sie natürlich nicht mehr auf Gerade, sondern **nur mehr auf Ebenen** projizieren, die wir **Projektionsebenen** nennen wollen.

b) Eine derselben wird in der Regel die **Horizontalebene** sein; die Projektion des Gegenstandes auf diese nennt man allgemein seine **Draufsicht**, seine **Horizontalprojektion** oder in der technischen Sprache seinen **Grundriß.** — Man versteht darunter jenes Bild, das sich ergibt, wenn man ein Gegenstand von oben ansieht. Man erhält sie konstruktiv dadurch, daß man von jedem Punkte des abzubildenden Objektes Lote auf die horizontale Projektionsebene fällt und deren Fußpunkte bestimmt. (Abb. 134.) — Die

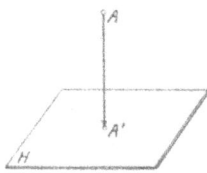

Abb. 134

Lote nennt man die **Projektionsstrahlen** oder **die projizierenden Lote.**

Die Horizontalprojektion einer Geraden (Abb. 135) ist der geometrische Ort der Projektionen aller ihrer Punkte; die Projektionslote liegen sämtlich in einer Vertikalebene, die senkrecht zur Horizontalebene H liegt und die **projizierende Ebene** heißt. Diese Senkrechten kann man durch Abloten der betreffenden Punkte A, B usw. erhalten, indem man an die Punkte das Senkblei anhält und jene Punkte mit A′, B′

Abb. 135

usw. bezeichnet, wo die Spitze des Senkbleies die Projektionsebene H berührt.

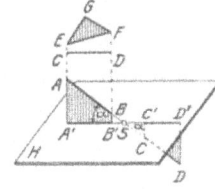

c) Denken wir uns nun, wir hätten durch Herunterloten der beiden Punkte A und B den Grundriß der Geraden A′B′ erhalten, so können wir diesen ohne weiteres nach [324] als ein in der Horizontalebene liegendes Gebilde auf zwei in derselben Ebene liegende Koordinatenachsen OX und OY beziehen (Abb. 136); wir haben damit wohl die Lage des Grundrisses A′B′ durch zwei Projektionen a″b″ und a‴b‴ vollkommen bestimmt; die wahre Lage der Geraden AB im Raume selbst ist uns aber nach wie vor unbekannt, weil der Projektion A′B′ auch hier, wie in [324], alle möglichen, in der auf A′B′ vertikal aufstehenden, projizierenden Ebene gelegene Gebilde (z. B. Gerade CD, Dreieck EFG usw.) entsprechen, sofern sie nur innerhalb der beiden Grenzlote A′A und B′B bzw. zwischen ihren Verlängerungen gelegen sind. — Wir müssen uns bei dem Grundrisse immer denken, daß der wirkliche Punkt A vertikal über A in einem Abstande AA′ und der wirkliche Punkt B vertikal über B′ in einem Abstande B′B von der Zeichenebene liegt, was aber aus dem Grundrisse allein nicht zu ersehen ist.

Bei Raumdarstellungen genügen sonach die Projektionen auf zwei Achsen nicht mehr; wir müssen unbedingt auch die 3. Dimension, den Abstand von der Projektionsebene, irgendwie zur Geltung bringen, und das kann nur durch Zuhilfenahme einer zweiten Projektionsebene geschehen.

Da wir genau wissen oder durch Abmessungen ermitteln können, wie hoch die wirklichen Punkte A und B über der horizontalen Projektionsebene liegen, so könnten wir durch Umlegen des Viereckes AA′BB′ in die Zeichenfläche die wahre Lage der Geraden (ihre wirkliche Länge, ihren Neigungswinkel zur Horizontalebene usw.), auch zeichnerisch veranschaulichen, ein Vorgang, von dem wir später in der darstellenden Geometrie vielfach Gebrauch machen werden. Schließlich würde es ja auch zur Not genügen, diese maßgebenden Abmessungen den betreffenden Punkten in Zahlen beizufügen, wie dies in Schichtenplänen, Meereskarten usw. seit jeher üblich ist.

Eine geometrische Zeichnung würde jedoch durch solche Zusätze nur unnötig kompliziert werden, weshalb man in der Technik die Ergänzung der Horizontalprojektion durch eine zweite Projektion, d. h. Projizierung des Gegenstandes auf eine zweite Ebene unbedingt vorzieht.

Als zweite Projektionsebene wählt man zumeist jene Vertikalebene, die die Grundrißachse (OX) enthält, die daher die horizontale Projektionsebene längs OX schneidet.

Es ist durchaus keiner Willkür zuzuschreiben, daß

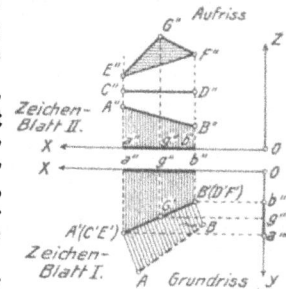

Abb. 136

für Projektionen räumlicher Gebilde fast stets nur horizontale und vertikale Projektionsebenen gewählt werden: fürs erste sind bei den meisten Gegenständen, namentlich bei technischen Objekten, horizontale und vertikale Linien vorherrschend oder mindestens vorwiegend gestaltgebend, weshalb Bilder, in denen diese Linien in ihrem richtigen Verlaufe bleiben, stets den natürlichsten Eindruck machen, während Projektionen auf anders geneigte Ebenen zumeist verzerrt erscheinen. Weiters sind, rein geometrisch gesprochen, die Verhältnisse bei Horizontal- und Vertikalebenen relativ am einfachsten. Alle in einer Horizontalebene liegenden Geraden, sie mögen welche Richtung immer haben, sind horizontal, alle ihre Punkte liegen in gleicher Höhe; in einer Vertikalebene dagegen sind nur die projizierenden Strahlen zur Bestimmung des Grundrisses vertikal; die auf die vertikalen Projektionsebenen senkrecht gezogenen Strahlen sind genau horizontal, was natürlich die manipulative Zeichenarbeit wesentlich erleichtert. Und schließlich sind es Lagen, die jederzeit auch in der Natur mit Senkblei und Wasserwage leicht einstellbar und kontrollierbar sind, während jede andere Neigung umständlichere Winkelmessungen bedingt. — Übrigens achtet jeder Amateurphotograph auf richtige Stellung seines Apparates (Mattscheibe vertikal, Apparatachse horizontal), damit er keine verunglückten Bilder mit scheinbar einstürzenden Gebäuden, im Umfallen begriffenen Gestalten u. dgl. erhält. Auch hier soll eben, wie wir später hören werden, die Bildebene, auf die das Bild projiziert wird, in der Regel möglichst vertikal stehen.

d) Um nun den Gegenstand auf die **vertikale Ebene** zu projizieren, sollten eigentlich von allen seinen Punkten Senkrechte auf diese gefällt werden. Das Konstruieren dieser horizontalen Projektionsstrahlen wäre gewiß umständlicher, als die Punkte auf die Grundrißebene mit Senkblei herabzuloten und ist außerdem ganz überflüssig, weil wir wissen, daß die Schnittpunkte horizontaler Strahlen mit einer Vertikalebene ebenso hoch über der Grundrißebene liegen wie die Punkte, von welchen die Strahlen ausgehen; weiters ist uns bekannt, daß die Lote von den Objektspunkten zu den Grundrißpunkten zur Vertikalebene parallel, und zwar in jenen Entfernungen verlaufen, die durch die Projektion des Grundrisses auf die OX-Achse gegeben sind. Sowie wir uns sonach immer im Geiste über dem Grundrisse $A'B'$ das Viereck AB $A'B'$ vertikal aufgestellt denken müssen (Abb. 136), können wir uns über den Projektionsstrahlen senkrecht zur OX-Achse $A'a''$ und $B'b''$ Parallelogramme $A'a''AA''$ und $B'b''BB''$ aufgestellt denken, deren vertikale Seiten gleich den Abständen der Raumpunkte A und B von der Grundrißebene sind.

Diese Erwägungen gestatten uns, die Projizierung auf die Vertikalebene leicht in der Weise durchzuführen, daß man **auf einem zweiten Zeichenblatte II** (Abb. 136) **die Achse OX mit allen Projektionen $a''b''$ des Grundrisses noch einmal zeichnet, in diesen Projektionen a'', b'' Senkrechte auf die Achse errichtet und auf diesen die Abstände der Punkte A und B von der Grundrißebene aufträgt.** Dadurch erhalten wir die **Vertikalprojektion**, den **Aufriß**, oder auch die **Vorderansicht** der Strecke AB.

Nichts hindert uns daran, diese Zeichenebene II in die Grundrißebene, also in die Zeichenfläche I so zu legen, daß die 2 Achsen OX sich vollkommen decken und die Senkrechten $a''A''$ und $b''B''$ in die Richtung der Strahlen $A'a''$ und $B'b''$ fallen, sozusagen ihre Verlängerung bilden.

Des leichteren Verständnisses halber haben wir in Abb. 136 die OX-Achse zweimal in paralleler Lage gezeichnet; in Hinkunft werden wir sie natürlich nur einmal als eine zur Achse OY Senkrechte zeichnen; es darf aber nie übersehen werden, daß die Ebene XOZ im Grunde genommen als eine durch die OX-Achse gehende, vertikale Ebene vorstellt und nur aus konstruktiven Rücksichten, weil man auf vertikalen Flächen doch nicht gut zeichnen kann, in unsere Zeichenfläche umgelegt wurde; aus diesem Grunde bezeichnen wir auch die 2. Achse in II mit OZ, um hervorzuheben, daß sie keine Verlängerung der 2. Grundrißachse OY darstellt, sondern im Gegenteile im Raume zu ihr senkrecht steht.

Stellen wir uns in gleicher Weise die Vertikalprojektion der Geraden CD und des Dreieckes EFG her, deren Horizontalprojektionen mit jener der Geraden AB zusammenfallen, so erkennen wir schon aus den Projektionen, daß die Gerade CD horizontal liegt ($C''D'' \parallel OX$) und ebenso die Ebene des Dreieckes EFG vertikal ist. Das Dreieck erscheint deshalb im Grundrisse als Gerade.

e) **Draufsicht und Vorderansicht, Horizontal- und Vertikalprojektion** oder, in der Sprache der Techniker, **Grundriß und Aufriß** genügen vollständig, um jeden Gegenstand im Raume nach Lage und Größe zu bestimmen. In manchen Fällen ist es jedoch zweckmäßig, den Gegenstand noch auf eine dritte Ebene zu projizieren, die gleichfalls vertikal, aber auf den beiden anderen senkrecht steht. Diese dritte Projektion, die man **Seitenansicht, Seitenriß** oder **Kreuzriß** nennt, ergibt sich zeichnerisch von selbst aus Abb. 137, der wir keine weitere Erläuterung beizufügen haben.

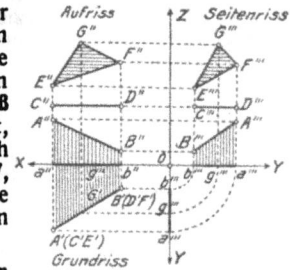

Abb. 137

Die beiden OX-Achsen aus Abb. 136 haben wir hier zu einer Linie vereinigt. Die 3. Ebene mit dem Seitenrisse wird nach rechts in die Zeichenfläche umgelegt, weshalb auch die Achse OY hier als horizontale Linie erscheint. Man vergesse aber nie, daß die Ebene YOZ eigentlich eine 3. Zeichenfläche ist, die vertikal und senkrecht zur Aufrißebene stehen sollte, wobei die beiden Linien OY zusammenfallen würden. — Der Leser kann sich übrigens die wahre Lage dieser Ebene jederzeit herstellen: er falte das Zeichenblatt längs der Linien ZOY und XOY, schneide den Quadranten YOY heraus und klebe die Kanten OY zusammen; er erhält damit die Projektionsebenen in ihrer richtigen räumlichen Lage! Trennt er wieder die Kante OY auf, so legen sich alle drei Ebenen leicht in die Zeichenfläche zurück. **Merke:** Die Bezeichnungen lotrecht, normal senkrecht einerseits und vertikal andererseits sollen nicht verwechselt werden: Mit vertikal bezeichnet man nur die Richtung der Schwerkraft (Senkblei, Bleilot, Senkel); jede Gerade, jede Ebene, die zu einer Vertikalen senkrecht steht, liegt horizontal, welche Lage an allen Punkten der Erde durch die Oberfläche jeder im Gleichgewichte stehenden Flüssigkeit gekennzeichnet ist (Kanalwage, Wasserwage usw.). Demgegenüber wird unter senkrecht, normal oder lotrecht in der Geometrie ganz allgemein das Einschließen eines Winkels von 90° verstanden.

Maurer, wie überhaupt Bauprofessionisten haben vorwiegend mit vertikalen oder horizontalen Richtungen zu tun; sie benützen das Senkblei, um bei ihren Arbeiten die vertikale, die Wasserwage, um die horizontale Richtung genau einhalten zu können. — Andere Handwerker, wie Zimmerleute, Tischler, Schlosser usw. haben mehr darauf bedacht zu sein, die genau senkrechte Lage der einzelnen Bestandteile mit Hilfe von Winkelhaken und anderen geeigneten Geräten, die wir noch kennenlernen werden, einzuhalten.

[326] Naturaufnahmen.

Trotzdem wir uns bemüht haben, die geometrische Darstellung von Gebilden im Raume so klar wie möglich zu machen, sind wir uns doch dessen bewußt, daß es damit dem Anfänger noch nicht gelungen sein wird, in der Kunst der räumlichen Vorstellung, deren besondere Bedeutung für alles technische Schaffen wir schon in der Einleitung zur Geometrie [52] mit allem Nachdrucke hervorgehoben haben, besondere Fortschritte zu machen. Diese Fähigkeit kann nur durch Anschauungsunterricht an geeigneten Modellen erworben werden; wer solche nicht besitzt, muß sie sich eben selbst schaffen. — Das beste Modell für die orthogonale Projektion, wie wir die Art der Darstellung heißt, bietet dem Anfänger glücklicherweise sein eigenes Zimmer: Der Fußboden stellt ihm die Horizontalebene dar; zwei aneinander stoßende Zimmerwände können als die beiden anderen vertikalen Projektionsebenen dienen; sie schneiden die vertikale Zimmerkante OZ, die Horizontalebene in den beiden Fußleisten OX und OY, die sich im Anfangspunkte O des ganzen Koordinatensystems treffen

[Abb. 138]. Wir stellen nun in das Zimmer z. B. einen gewöhnlichen Küchentisch, den wir zunächst im Grundrisse und dann im Auf- und Seitenrisse darstellen wollen: Da die Hausfrau das Zeichnen mit Kohle oder Kreide auf dem Fußboden kaum dulden wird, legen wir unter den Tisch ein großes Stück Papier. Um den Grundriß zu erhalten, senken wir die 4 Ecken des Tisches herab und bezeichnen uns die Fußpunkte mit 1', 2', 3', 4'; die Füße stehen senkrecht auf dem Fußboden, erscheinen daher ohnedies im Grundrisse, in 5', 6', 7', 8'. — Verbinden wir die erhaltenen Punkte entsprechend miteinander, so erhalten wir auf dem unter den

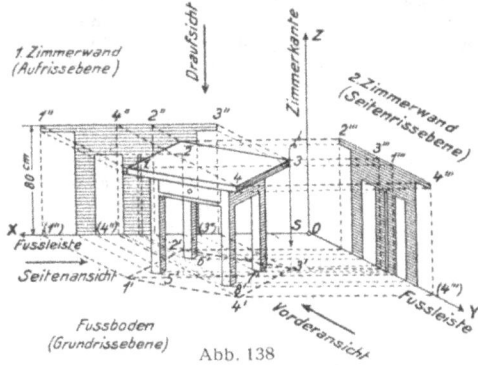

Abb. 138

Tische liegenden Papier eine Zeichnung, die den Grundriß des Tisches darstellt: ein Rechteck 1', 2', 3', 4', in dem vier kleine Vierecke eingezeichnet sind, deren Ecken die Fußpunkte der Tischfußkanten bilden. — Bevor wir die Aufnahme fortsetzen, wollen wir vorerst die Richtigkeit des erhaltenen Grundrisses durch Vergleich mit dem Objekte selbst prüfen: da die Tischplatte horizontal, also parallel zur Projektionsebene liegt, muß die Grundrißfigur kongruent mit der Figur der Tischplatte sein. Mißt man Länge und Breite

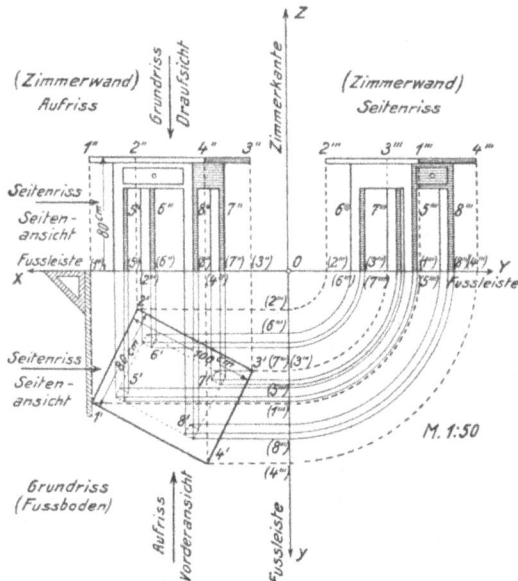

Abb. 139

der Grundrißfigur ab, so müssen sie mit den Dimensionen der Tischplatte übereinstimmen; die Projektion der Tischplatte, die ein Rechteck ist, muß in diesem Falle natürlich wieder ein Rechteck sein; die Füße erscheinen als Vierecke, deren Seiten den Abmessungen am Gegenstande entsprechen sollen; die Vierecke müssen von den Seiten der Grundrißfigur ebenso weit entfernt sein, wie die Füße selbst von den Tischkanten, was an der unteren Fläche der Tischplatte leicht nachgemessen werden kann usw. Ist dies alles überprüft, so können wir endlich die Lage der Grundrißfigur im Zimmer dadurch festlegen, daß wir die Entfernungen der wichtigsten Punkte von den beiden Achsen (Fußleisten OX und OY) abmessen, zu welchem Behufe wir mit Dreiecken und Lineal, wie dies in Abb. 139 bei 1' angedeutet ist, Senkrechte auf OX und OY fällen. [324].

Diese Daten tragen wir in möglichst großem Maßstabe, etwa 1 : 50, auf ein Zeichenblatt auf und erhalten damit den Grundriß mit den beiden Achsen OX und OY in richtiger Darstellung (Abb. 139). Um den Aufriß zu zeichnen, sollten wir eigentlich den Tisch auf die eine Zimmerwand XOZ (Abb. 138) projizieren, d. h. von allen Punkten des Tisches aus Senkrechte auf diese Zimmerwand fällen. Diese höchst umständliche Manipulation können wir uns aber, wie wir bereits gehört haben, ersparen, weil wir wissen, daß alle Punkte der Projektion der Tischfläche genau so hoch über dem Fußboden liegen müssen, als die Punkte des Tisches selbst. Die Basisfigur der Tischfüße liegt in der Horizontalebene, ihre Projektion somit in der OX-Achse. Die Tischplatte liegt, wie wir beispielsweise gemessen haben, 80 cm hoch über dem Fußboden. Tragen wir daher von der Projektion (1'') des Grundrißpunktes 1' auf die OX-Achse im gewählten Maßstabe 80 cm auf, so gibt uns Punkt 1'' den Aufriß der Tischecke 1 usw. Während man im Grundrisse alle 4 Tischecken sieht, die Füße dagegen unsichtbar bleiben (daher in der Zeichnung punktiert), sieht man im Aufrisse die Tischecken 1, 4 und 3 sowie die Füße 5, 6, 8, 7, dagegen ist die Tischecke 2 als rückwärts gelegen unsichtbar. Der Seitenriß ergibt sich durch Projektion des Tisches auf die rechte Zimmerwand, die nach Aufschneiden der Achse OY nach rechts in die Zeichenfläche umgelegt wird. Auch hier können wir die Projizierung der einzelnen Punkte umgehen, wenn wir von den Projektionen der Grundrißpunkte (1'''), (2''') usw. auf die OY-Achse aufwärts die Höhe von 80 cm auftragen. Natürlich müssen wir vorher diese Projektionen auf die gedrehte Y-Achse übertragen haben, was durch Ziehen der Viertelkreise von O aus geschieht. In der Seitenansicht sind die Tischkanten 2, 1 und 4 sichtbar. (Beachte die im Aufriß und Seitenriß verschiedene Lage der Tischlade, die zum Verständnis der Projektionen wesentlich beitragen dürfte.) Wie man sieht, sind zur Aufnahme die Zimmerwände gar nicht nötig, wir haben sie nur des besseren Verständnisses wegen in Betracht gezogen, um uns die Lage des darzustellenden Gegenstandes, hier des Tisches, zu den drei Projektionsebenen besser vorstellen zu können; man könnte zwar den Aufriß und den Seitenriß des Tisches in der geschilderten Art auch unmittelbar auf die Zimmerwänden selbst zeichnen, aber abgesehen davon, daß ein solcher Vorgang mit großen Schwierigkeiten verbunden wäre, wäre es auch zwecklos, weil wir dann diese Zeichnung doch wieder im verkleinerten Maße auf ein Zeichenblatt übertragen müßten.

Haben wir auf diese Weise den aufzunehmenden Gegenstand, hier also den Tisch, in 3 Projektionen vorläufig nur in seinen Hauptumrissen dargestellt, so wird es uns leicht sein, in der Zeichnung im gewählten Maßstabe die nebensächlichen Einzelheiten nachzutragen; wir messen die Stärke der Tischplatte, die Höhe des Rahmens, der die oberen Enden der Füße verbindet, ab; diese Abmessungen erscheinen nur in den vertikalen Projektionen als zur Linie 1, 4 parallele Linien. Schließlich wird noch die Tischlade einzumessen und im Auf- und Seitenrisse zu zeichnen sein.

Der Anfänger wird gut tun, in ähnlicher Weise noch ein oder zwei weitere Zimmeraufnahmen mit anderen einfachen Möbelstücken zu machen, um namentlich im Aufsuchen der für die Aufnahme maßgebenden Punkte einige Übung zu erhalten.

Damit dürften aber selbst bei geringerer Auffassungsgabe solche Zimmeraufnahmen genügend besprochen worden sein.

Dagegen würde es sich empfehlen, einige weitere Naturaufnahmen noch im Freien (z. B. einen Brunnen, kleine Baulichkeiten usw.) zu machen, wobei sich aber gegenüber den Zimmeraufnahmen das ganze Verfahren wesentlich wird vereinfachen lassen:

Das Abloten auf den Boden (die horizontale Projektionsebene) wird in der Regel nur dann nötig sein, wenn die Lage des Gegenstandes in einem begrenzten Raume (Zimmer, Hof, Garten usw.) mitbestimmt werden muß, in welchen Fällen man tunlichst etwaige senkrecht aufeinander stehende Begrenzungslinien als Projektionsachsen wählen wird. Ist jedoch der Gegenstand nur als solcher ohne Beziehung auf seine Umgebung aufzunehmen, so wird man das Abloten der die Gestalt kennzeichnenden Punkte nur dann vornehmen, wenn sich der Grundriß nicht auf einfachere Weise bestimmen läßt. Bei allen horizontalen Linien und Flächen, die im Grundrisse ohnedies in richtiger Größe erscheinen, genügt es, die Abmessungen am Objekte selbst vorzunehmen (z. B. beim obigen Tisch Länge und Breite der Tischplatte) und darnach die ebenen Gebilde planimetrisch zu konstruieren. Mitunter wird es auch zweckmäßig sein, zuerst den Aufriß zu entwerfen und daraus den Grundriß zu konstruieren. — Häufig wird eine direkte Ablotung bis zur Projektionsebene überhaupt nicht möglich sein, der Fußpunkt des Projektionsstrahles vielmehr durch mehrfache Messungen ermittelt werden müssen, z. B. wenn der Projektionsstrahl zur Projektionsebene durch vorspringende Teile des aufzunehmenden Gegenstandes unterbrochen wird. Wie Naturaufnahmen bei geneigtem Boden auszuführen sind, wird bei späterer Gelegenheit besprochen werden.

Dem Anfänger werden solche Aufnahmen immerhin einige Schwierigkeiten bieten, später wird er aber immer mehr Übung und Erfahrung darin erlangen und schließlich werden ihm diese Arbeiten sogar Freude bereiten, namentlich, wenn er die selbst aufgenommenen Grund- und Seitenrisse später noch [327] zur Herstellung hübscher, perspektivischer Bilder verwenden kann. Jedenfalls wird aber dabei sein Vorstellungsvermögen wesentlich gefördert werden, was ihm seinerzeit als Konstrukteur sehr zustatten kommen wird. — Übrigens werden wir im technischen Zeichnen auf alle diese, für die technische Ausbildung ungemein wichtigen Dinge noch einmal zurückkommen.

[327] Räumliche Darstellung.

a) Die eben erläuterte „orthogonale Projektion" hat den für Techniker unschätzbaren Vorteil, daß aus ihr alle Dimensionen und Winkel des Objektes unmittelbar und genau entnommen werden können, weshalb sie auch in der Technik am gebräuchlichsten ist; nur gibt sie von den Gegenständen wenig anschauliche Bilder, weil sie eigentlich aus 2 bis 3 Einzeldarstellungen besteht, die im Geiste zu einem einheitlichen, dem Geübten freilich ganz verständlichen Gesamtbilde verarbeitet werden müssen.

b) Für illustrative Zwecke und für flüchtige Betrachtung eignet sich weit besser eine **räumliche (perspektivische) Darstellung**, weil bei dieser der Gegenstand förmlich gleichzeitig von oben, von vorne und von der Seite aus betrachtet wird und daher seine räumliche Gestaltung sofort in einem einzigen Bilde zeigt; wir werden im technischen Zeichnen mehrere solche zumeist nicht sehr bequeme Darstellungsmethoden noch besprechen. Hier wollen wir für diese Zwecke bloß die, in ihrer Anwendung höchst einfache **Haedersche Schnellperspektive** hervorheben, weil sie es gestattet, aus dem Grund- und Seitenrisse absolut sicher ein sehr anschauliches Bild jedes noch so komplizierten Körpers herzustellen. Freilich hat auch diese Darstellungsart den allen perspektivischen Zeichnungen anhaftenden Nachteil, daß aus ihnen die Dimensionen des Körpers nicht unmittelbar gemessen werden können.

Später in der darstellenden Geometrie werden wir aber zeigen, wie man sich auch für diese Zwecke einen Maßstab konstruieren kann, mit dessen Hilfe sich aus solchen Darstellungen alle Dimensionen verhältnismäßig bequem abmessen lassen.

c) Nach dem erwähnten Verfahren werden Grundriß und Seitenriß so auf die Zeichenfläche gebracht, daß bei ersterem die Horizontallinien unter 30°, bei letzterem etwa unter 18° geneigt sind. Es ist ganz gleichgültig, ob man den Seitenriß links oder rechts, den Grundriß unten oder oben anordnet; je nach diesen Lagen wird man die Eigenarten des Körpers am vorteilhaftesten zur Darstellung bringen können. Werden dann von den einzelnen Punkten der geometrischen Darstellungen horizontale und vertikale Linien gezogen, so geben deren Schnittpunkte in richtiger Verbindung das gewünschte Bild. — (Als Beispiel verwenden wir die frühere Zimmeraufnahme (Abb. 140); die Zeichnung ist so deutlich, daß wohl weitere Er-

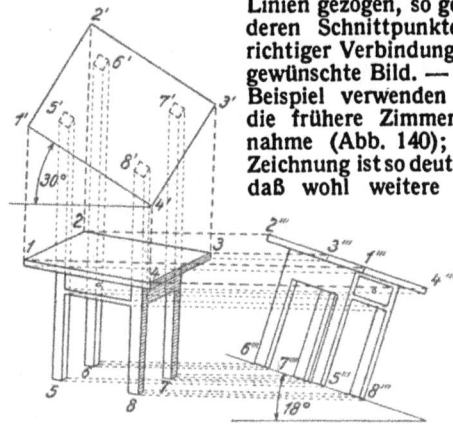

Abb. 140

klärungen entfallen können. — Andere Beispiele werden in den Aufgaben folgen.)

Wir können unseren Lesern nur dringend empfehlen, recht viele ihrer Aufnahmen nach dieser Methode bildlich darzustellen; sie werden das für Techniker so schätzbare „Skizzieren" hiedurch am besten erlernen.

Aufgabe 182.

[328] *Es ist ein Spielwürfel geometrisch und räumlich darzustellen, wenn er mit einer seiner Flächen auf der Grundrißebene aufliegt und zwei seiner vertikalen Flächen senkrecht zur Aufrißebene stehen. (Abb. 141 und 142.)*

Wir wählen für diese und die beiden nächsten Aufgaben absichtlich gewöhnliche Spielwürfel, weil sie dem Anfänger leicht zu beschaffende Modelle bieten; wenn er sich dazu noch ein Modell der drei Projektionsebenen aus Karton, wie wir es in [325e] beschrieben haben, anfertigt, kann er sich die verschiedenen Lagen des Würfels recht gut veranschaulichen, wobei ihm die auf den Flächen in verschiedener Zahl angebrachten Augen die jeweilige Lage der einzelnen Flächen noch deutlicher machen werden.

Der Grundriß des Würfels bildet (Abb. 141) ein mit zwei Seiten zur O X-Achse senkrecht stehendes Quadrat; ein Herabloten der oberen Ecken würde sich auch bei größeren Würfeln erübrigen, weil die betreffenden Kanten des Würfels ohnedies vertikal liegen, daher gleichzeitig Projektionsstrahlen

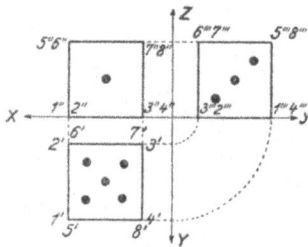

Abb. 141

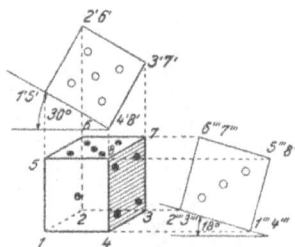

Abb. 142

bilden. Im Aufrisse und Seitenrisse erscheint der Würfel gleichfalls als Quadrat. In der Perspektive (Abb. 142) wird die obere, vordere und rechte Fläche sichtbar.

Aufgabe 183.

[329] *Derselbe Würfel ist geometrisch und räumlich darzustellen, wenn er auf einer seiner Kanten so aufsteht, daß die Kante senkrecht zur Aufrißebene liegt und die anliegenden Flächen zur Horizontalebene unter 45° geneigt sind. (Abb. 143 und 144.)*

Die Kante 3, 4 liegt in der Grundrißebene, erscheint daher im Aufrisse als Punkt 3″, 4″ der *OX*-Achse (Abb. 143). Die anschließenden Flächen stehen senkrecht zur Aufrißebene und stellen

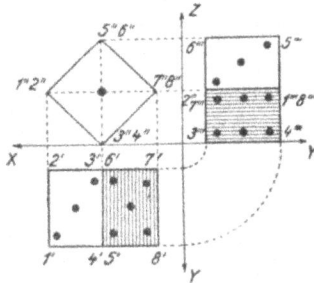

Abb. 143

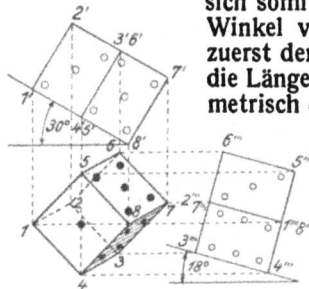

Abb. 144

sich somit im Aufrisse als Gerade dar, die mit *OX* Winkel von 45⁰ einschließen. — Wollte man hier zuerst den Grundriß zeichnen, so müßte man früher die Länge der Diagonale zeichnerisch oder trigonometrisch ermitteln. Man erspart es sich, wenn man hier zuerst den Aufriß zeichnet, in welchem die gestellten Bedingungen am deutlichsten zum Ausdrucke gelangen und daraus erst den Grund- und Seitenriß ableitet. Der Würfel erscheint im Aufrisse als Quadrat, im Grund- und Seitenrisse als ein durch eine Kante unterteiltes Rechteck.

Aufgabe 184.

[330] *Derselbe Würfel ist geometrisch darzustellen, wenn er auf einer Ecke so aufsteht, daß die Diagonale zur anderen Ecke vertikal ist und zwei zwischen diesen Ecken befindliche Kanten parallel zur Seitenrißebene liegen. (Abb. 145.)*

Diese Aufgabe bietet ein interessantes Beispiel, wie man in orthogonaler Projektion Drehungen ausführt. Nach den Bedingungen hat der Würfel eine Lage zu erhalten, die ohne umständlichere Berechnungen nicht zu zeichnen wäre. Man kann aber diese vermeiden, wenn man nachstehenden Weg zur Lösung wählt:

Man lege den Würfel zunächst auf eine Kante, wie dies in der vorigen Aufgabe vorgesehen war, und zeichne sich den Seitenriß wie in Abb. 143. Da die zwischen der Auflagskante 3, 4 und der gegenüberliegenden Kante 5, 6 befindlichen Kanten 1, 2 und 7, 8 bereits parallel zur Seitenrißebene liegen, gilt es nur mehr, auch die ersten Bedingungen, wonach der Würfel nicht auf einer Kante, sondern auf einer Ecke stehen und die Diagonale zur anderen Ecke vertikal sein soll, zu erfüllen. — Zu diesem Behufe drehen wir den Würfel, ohne die Parallelität der Kanten 1, 2 und 7, 8 zur Seitenrißebene zu gefährden, um die Ecke 4 so lange, bis die Linie 4, 6 in die vertikale Richtung gelangt. Diese Drehung muß sich unbedingt in einer zur Seitenrißebene parallelen Ebene vollziehen, wird daher im Seitenrisse durch Kreisbögen darstellbar sein. Man ziehe im Seitenrisse die Diagonale 4, 6 und drehe diese Gerade um den Punkt 4 in die vertikale Richtung; dadurch haben wir einerseits den höchsten

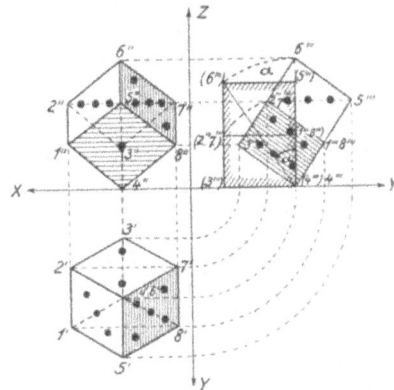

Abb. 145

Punkt 6 des auf die Ecke gestellten Würfels und anderseits den Winkel *α* gefunden, um den seine sämtlichen Ecken gedreht werden müssen. Diese Drehung im Seitenrisse durchgeführt, ergibt in 1‴ bis 8‴ den Seitenriß des auf die Ecke gestellten Würfels; aus diesem läßt sich nun leicht Aufriß und Grundriß konstruieren, wenn man erwägt, daß die zur Seitenrißebene parallelen Kanten 1—2 und 7—8 auch nach der Drehung in denselben projizierenden Ebenen verbleiben wie bei dem auf der Kante stehenden Würfel. — Im Grund- und Aufrisse werden je drei Flächen als Parallelogramme erscheinen, während der Seitenriß dieselbe Figur, wie in Abb. 143, nur auf die Ecke 4 gestellt, zeigt.

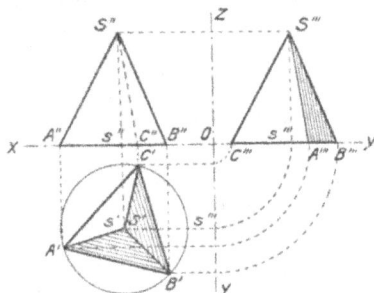

Abb. 146

Aufgabe 185.

[331] *Es ist ein gleichseitiges Dreieck A′B′C′ gegeben; in seinem Mittelpunkte errichte man eine Senkrechte auf die Fläche des Dreieckes und mache diese so lang als die Dreieckseite. Den Endpunkt der Senkrechten mit den Ecken des Dreieckes verbunden, gibt eine gleichseitige Pyramide, die in orthogonaler Projektion darzustellen ist. (Abb. 146.)*

Um für die Darstellung die einfachsten Verhältnisse zu schaffen, lege man die Grundrißebene in die Ebene der Pyramidenbasis. Die Senkrechte wird dann in allen Vertikalprojektionen als vertikale Linie und nur im Grundrisse als Punkt erscheinen. — Man zeichne vorerst den Grundriß der Pyramide; den Mittelpunkt des gleichseitigen Dreieckes A′B′C′ findet man, wenn man nach [92 b] einen seiner merkwürdigen

Punkte, etwa den Schnittpunkt der Winkelhalbierungslinien *s'* ermittelt; dieser Punkt ist gleichzeitig die Horizontalprojektion der Senkrechten; im Auf- und Seitenrisse wird die Höhe der Pyramide als vertikale Linie erscheinen; auf dieser die Seitenlänge aufgetragen, also $s''S'' = s'''S''' = A'B'$, gibt die Projektionen der Pyramidenspitze S'' und S''', die mit den Projektionen der Ecken zu verbinden sind.

Übung: Es ist dieselbe Pyramide geometrisch und räumlich zu zeichnen, wenn sie auf die Kante *B'C'* so aufgestellt wird, daß ihre Höhe horizontal liegt; Anleitung: $B'C' \perp OX$; Grundfläche *A'B'C'* erscheint dann im Aufrisse als Gerade $\perp OX$, die Höhe daselbst $\perp$ zu dieser Geraden in wirklicher Größe.

Aufgabe 186.

[332] *Es ist ein gerader Zylinder, der auf einer quadratischen Grundplatte aufsitzt, wie dies z. B. bei Grabsteinen häufig vorkommt, aufzunehmen und im Maßstabe 1 : 40 orthogonal und perspektivisch darzustellen. (Abb. 147 und 148.)*

Die Naturmaße ergeben folgende Werte:

Grundplatte { Seitenlänge: 60 cm ; Höhe: 15 cm 　|　 Zylinder { Durchmesser: 45 cm ; Höhe: 60 cm.

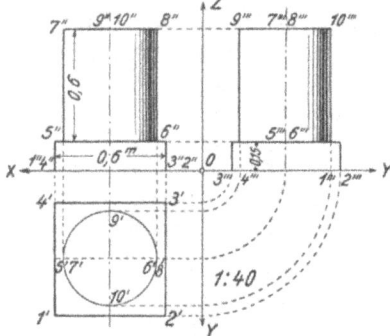

Abb. 147

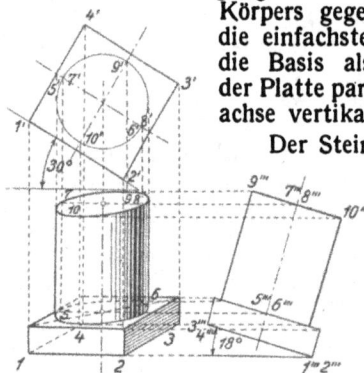

Abb. 148

Wenn bei einer solchen Aufgabe keine besonderen Bedingungen über die Lage des darzustellenden Körpers gegeben sind, nehme man stets die einfachsten Verhältnisse an: also hier die Basis als Grundrißebene, 2 Kanten der Platte parallel zu den Achsen, Zylinderachse vertikal.

Der Stein erscheint im Grundrisse als Quadrat mit der Zylindergrundfläche im Mittelpunkte; in den vertikalen Projektionen die Platte und der Zylinder als Rechtecke.

In der Perspektive stellt sich die obere Fläche des Zylinders als schiefe Ellipse dar, die hier noch aus einzelnen Punkten des Kreises zu konstruieren ist. Wie man in solchen Fällen Ellipsen aus den zu einander geneigt stehenden Halbachsen konstruiert, wird in der darstellenden Geometrie gezeigt werden.

Aufgabe 187.

[333] *Es ist die Vortreppe zu einem Hauseingange in der Natur aufzunehmen und orthogonal sowie perspektivisch im Maßstabe 1 : 100 zu zeichnen. (Abb. 149 und 150.)*

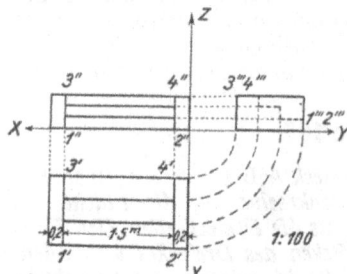

Abb. 149

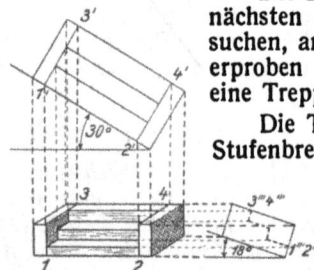

Abb. 150

Der Leser wird gut tun, sich selbst in seiner nächsten Umgebung ein derartiges Objekt zu suchen, an dem er seine „Aufnahmsfähigkeiten" erproben kann. Beispielsweise wollen wir hier eine Treppe in nachstehender Bauart wählen:

Die Treppe enthält 3 Stufen von je 25 cm Stufenbreite, 20 cm Stufenhöhe und 1,5 m Stufenlänge und ist von 2 aufrechtstehenden, 20 cm starken Steinplatten (45 × 90 cm) begrenzt.

Als Grundrißebene wählen wir den Boden, auf dem die Treppe aufsteht; die Aufrißebene bilde die Hausmauer. Die Stufen erscheinen demnach im Grundrisse als drei um die Stufenbreite voneinander entfernte parallele Linien; das Profil der Treppe wird nur im Seitenrisse sichtbar. Die Platten stellen sich in allen 3 Projektionen als Rechtecke dar. (Ein Abloten ist hier weder möglich noch nötig; alles muß von außen gemessen werden, und zwar nach den der Zeichnung zu entnehmenden Richtungen.)

B. Stereometrische Lehrsätze.

[334] Lage zweier Geraden im Raume.

Zwei Gerade liegen entweder in derselben Ebene oder nicht. Im ersten Falle schneiden sie sich oder sind parallel. **Andernfalls kreuzen sie sich, ohne sich je zu schneiden; sie liegen dann zueinander windschief.**

Eine geworfene Tischplatte ist windschief, wenn die Kanten nicht mehr parallel sind. Verdrehe die Kanten eines Kartons. Halte 2 Finger über Kreuz übereinander! (Sie dürfen sich dabei nicht berühren.)

[335] Gerade und Ebenen.

1. Gerade in der Ebene.

a) Durch eine Gerade (oder auch durch 2 Punkte) lassen sich **unendlich viele Ebenen** legen. (Denke an die Blätter eines auseinandergespreizten Heftes oder Buches!) Eine Ebene kann man um jede in ihr liegende Gerade drehen. Eine Ebene durch eine Gerade wird erst dann bestimmt sein, wenn außerhalb der Geraden noch ein 3. Punkt gegeben ist.

Merke: Eine Ebene ist bestimmt

1. **durch eine Gerade und einen außerhalb derselben liegenden Punkt,**
2. **durch drei, nicht in einer Geraden liegende Punkte,**
3. **durch zwei sich schneidende (oder parallele) Gerade.**

Ein auf einer Kante stehender Spiegel muß noch an einem 3. Punkte unterstützt werden, um festzuliegen. Ein Dreifuß (ein Klavierflügel) steht immer sicher, während vierfüßige Möbelstücke (Tisch, Sessel) zumeist wackeln. (Durch vier Punkte ist eine Ebene überbestimmt.) Will ein Maurer prüfen, ob der von ihm hergestellte Verputz eine ebene Fläche bildet, so legt er die Richtlatte mehrmals in sich überschneidenden Richtungen auf; liegt sie dabei in keiner Lage hohl, so ist der Verputz wirklich eben.

2. Gerade parallel zu Ebenen.

Eine gerade Linie ist einer Ebene parallel, wenn sie zu einer Geraden in der Ebene parallel ist. (Lege

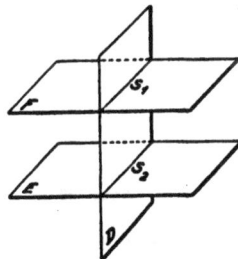

einen Federhalter auf die Tischfläche und halte in einiger Entfernung über dem Tisch einen Bleistift parallel zum Federhalter! Dann ist der Bleistift parallel der Tischfläche.)

Daraus folgt weiters, daß parallele Ebenen (z. B. Decke und Fußboden eines Zimmers) durch eine dritte Ebene (Wand) nach parallelen Linien geschnitten werden [Abb. 151] (wenn

Abb. 151

Ebene $E \parallel$ Ebene F, dann ist auch $S_1 \parallel S_2$).

3. Gerade und Ebene zueinander geneigt.

a) Wenn eine Ebene und eine nicht in ihr liegende Gerade zueinander **geneigt** sind, so müssen sie sich schneiden. (Halte den Bleistift schräg in der Luft gegen die Tischfläche! Denke den Bleistift genügend verlängert!) Sie haben in diesem Falle nur einen einzigen Punkt gemeinsam, der **Schnitt-** oder **Spurpunkt** heißt. — Der **Neigungswinkel** der Geraden mit der Ebene ist gleich dem Winkel, den die Gerade mit ihrer **Projektion** auf die Ebene einschließt. (Projiziere den vorher erwähnten Bleistift durch Lote von seinen Punkten! Die Projektionspunkte bilden eine Gerade der Ebene.)

b) Steht die **Gerade senkrecht zu einer Ebene**, so steht sie auch senkrecht zu allen Geraden, die man in der Ebene (z. B. durch den Spurpunkt) ziehen kann. (Stelle ein Heft mit auseinandergespreizten Blättern auf den Tisch!)

Die Aufgabe, in einem Punkte einer Ebene eine Senkrechte auf die Ebene zu errichten, kann leicht mechanisch gelöst werden, indem man zwei rechtwinkelige Dreiecke so aneinander legt, daß 2 Katheten in der Ebene liegen (wobei man darauf achte, daß sie einen nicht gestreckten, sonst aber beliebigen Winkel einschließen), während die 2 anderen Katheten zusammenfallen; deren Richtung steht dann senkrecht zur Ebene (Abb. 152). (Versuche es

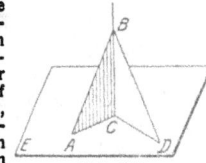

Abb. 152

auf der Tischplatte! Bilden die beiden ersten Katheten einen gestreckten Winkel, so liegen die 2 Dreiecke in einer Ebene, die zur gegebenen beliebig geneigt werden kann.)

c) **Die Normale von einem Punkte ist die kürzeste Entfernung (der Abstand) des Punktes von einer Ebene.**

(Halte ein Maurerlot so in einem Punkte A fest, daß die Lotspitze A' gerade die Tischfläche berührt. Laß das Lot pendeln; du findest leicht, daß alle anderen Punkte der Ebene von A weiter entfernt sind als A' (Abb. 134).)

Der geometrische Ort aller Punkte des Raumes, die von drei (nicht in gerader Linie liegenden) Punkten A, B, C gleichweit abstehen, ist die Normale, die im Mittelpunkte M des durch A, B, C gelegten Kreises zur Ebene derselben errichtet werden kann. Umgekehrt ist auch der Kreis der geometrische Ort aller Punkte A, B, C, ..., die von einem senkrecht über seinem Mittelpunkt M gelegenen Punkte gleichen Abstand haben. — Laß ein Pendel im Kreis über einem Tisch schwingen, und zwar so, daß die Lotspitze den Kreis auf dem Tische beschreibt!)

[336] Gegenseitige Lage der Ebenen.

a) **Zwei Ebenen** müssen sich entweder schneiden oder parallel sein. Schneiden sie sich, so haben sie eine Gerade, die **Schnitt-** oder **Spurlinie** gemeinsam. (AB in Abb. 153.)

b) **Drei Ebenen** haben im allgemeinen **nur einen Punkt** gemeinsam, in dem sich alle drei Schnittlinien treffen. Drei solche Ebenen bilden eine **Körperecke.** (Betrachte die Ecke eines Würfels; die Ecke eines Zimmers, z. B. an der Decke!)

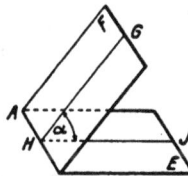

Abb. 153

c) **Den Winkel zwischen zwei sich schneidenden Ebenen** bekommt man, wenn man in einem Punkte ihrer Schnittkante auf diese Kante in jeder Ebene eine Normale errichtet und den Winkel dieser zwei Normalen mißt. Das kommt darauf hinaus, daß man beide Ebenen durch eine dritte Ebene schneidet, die auf der Schnittlinie AB senkrecht steht (Abb. 153).

Bemerkung: Die vorstehenden Lehrsätze über die Lage von Punkten, Geraden und Ebenen im Raume, die noch gründlicher in der darstellenden Geometrie zur Sprache kommen werden, müssen jedem, der körperliche Gebilde aufnehmen und darstellen, entwerfen und ausführen will, geläufig sein. Der Handwerker lernt sie auch ohne Schule durch langjährige Übung und Erfahrung kennen; fehlt ihm diese, so werden alle seine Arbeiten unbrauchbar oder mindestens mangelhaft ausfallen. Unsere Leser werden sie dank ihrer mathematisch-geometrischen Schulung weit rascher erfassen und später bei ihren Konstruktionen sozusagen unbewußt anwenden.

8. Abschnitt.

Die Körper.

[337] Allgemeines.

a) Ein Körper, der von lauter ebenen Flächen begrenzt wird, heißt ein **ebenflächiger Körper** oder ein **Polyeder (Vielflach)**; zu seiner Begrenzung sind mindestens 4 Ebenen nötig. (Schneide von einem Würfel eine Ecke weg und betrachte das weggeschnittene Stück näher! Es ist von nur 4 Ebenen begrenzt.) Die einzelnen Flächen des Polyeders bilden zusammengenommen seine **Oberfläche**. Die Schnittlinien je zweier benachbarter Flächen bilden die **Kanten**, die in den **Ecken** des Polyeders gruppenweise zusammenstoßen.

b) Zwei Körper, die im Geiste so ineinandergelegt werden können, daß sich alle ihre Grenzflächen decken, heißen **kongruent**.

Zwei gleichartige Körper, die auf entgegengesetzten Seiten einer Ebene in eine solche Lage gebracht werden können, daß die Verbindungsstrecke je zweier entsprechender Punkte zur Ebene normal ist und durch sie halbiert wird, heißen **symmetrisch gleich**; die Ebene nennt man **Symmetrieebene**. (Lege einen Würfel (eine Pyramide) auf einen Spiegel und betrachte das Spiegelbild! Halte diese Körper beliebig über den Spiegel!)

Ein Körper und sein Spiegelbild sind symmetrisch gleich, aber nicht immer kongruent. (Lege die rechte Hand vor einen Spiegel, du siehst darin eine linke!) Rechter und linker Stiefel!

Sowohl in kongruenten als auch in symmetrisch gleichen Körpern sind die entsprechenden Strecken (Kanten, Höhen, Diagonalen, Halbmesser, Achsen usw.) gleich, die entsprechenden Flächen kongruent.

c) Auch bezüglich der Ähnlichkeit unterscheidet man **ähnliche** und **symmetrisch ähnliche** Körper; statt Gleichheit der Strecken und Kongruenz der Flächen muß hier Proportionalität der Strecken und Ähnlichkeit der Flächen vorhanden sein.

Beispiele: Eine Pyramide und die von ihr durch eine zur Basis parallele Ebene abgetrennte kleinere Pyramide sind einander ähnlich.

Eine Pyramide und die Verkleinerung einer ihr symmetrisch gleichen Pyramide sind symmetrisch ähnlich.

d) Die Größe der **Oberfläche** eines Körpers erhält man, indem man alle Grenzflächen berechnet und die erhaltenen Flächeninhalte addiert. (Über Flächenmaße siehe [224b].) Den **Kubikinhalt** oder das **Volumen** eines Körpers findet man, indem man untersucht, wievielmal ein als Raummaßeinheit angenommener Körper in dem gegebenen Raume enthalten ist. Das Volumen regelmäßiger Körper läßt sich aus der Kenntnis gewisser Stücke berechnen, jenes unregelmäßiger Körper durch Eintauchen in Flüssigkeiten bestimmen [106d, 1].

Als Einheit des Körpermaßes gilt in der Technik das Kubikmeter (m³); dieses ist der Inhalt eines Würfels von 1 m Seitenlänge. Die Verwandlungszahl für Raummaße ist 1000, d. h.

1 m³ = 1000 dm³	1 dm³ = 1000 cm³	1 cm³ = 1000 mm³

Als Hohlmaß:

1 dm³ = 1 Liter (l)	100 Liter = 1 Hektoliter (hl)

A. Ebenflächig begrenzte Körper.

[338] Das Prisma.

a) Durch Parallelverschiebung der unbegrenzten Geraden AE längs des Umfanges eines Polygones $ABCD$ erhält man einen **prismatischen Raum** (Abb. 154). Wird dieser durch zwei parallele Ebenen

geschnitten, so nennt man den entstehenden Körper ein **Prisma**; die zwei zueinander parallelen Schnittflächen heißen **Grund- und Deckfläche** (gemeinsam auch Grundflächen), die übrigen Grenzflächen (Parallelogramme) **Seitenflächen**. Die Kanten der Grundfläche heißen **Grundkanten**, die zueinander parallelen Schnittlinien der Seitenflächen untereinander **Seitenkanten**, der Abstand der beiden Grundflächen die **Höhe** des Prismas.

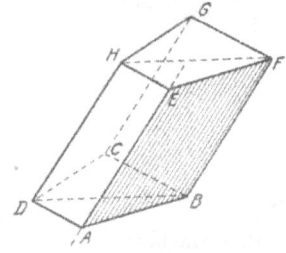

Abb. 154

Legt man durch zwei beliebige Seitenkanten, z. B. durch DH und BF eine Ebene, so erhält man ein Parallelogramm ($BDHF$) als **Diagonalschnitt**. Schneidet man aber das Prisma quer durch eine Ebene senkrecht zu einer Seitenkante, so erhält man den **Normalschnitt** des Prismas.

b) Nach der Anzahl der Seitenkanten unterscheidet man drei-, vier- und mehrseitige Prismen. Sie sind **gerade** oder **schief**, je nachdem die Seitenkanten zu den Grundflächen senkrecht oder schief stehen. — Ein **gerades** Prisma mit regelmäßiger Grundfigur (gleichseitiges Dreieck, Quadrat, regelmäßige Vielecke) ist ein **regelmäßiges**. Ein Prisma mit lauter gleichlangen Kanten ein **gleichkantiges**. Ein Prisma, dessen Grundflächen Parallelogramme sind, heißt ein **Parallelepiped**; dessen Raumdiagonalen schneiden sich im selben Punkte und halbieren einander). Ein gerades Parallelepiped, dessen Grundflächen Rechtecke sind, heißt ein **rechtwinkeliges Parallelepiped** oder **Quader**. (Die vier Raumdiagonalen sind hier auch einander gleich; Abb. 155.) (Denke an eine Zigarrenschachtel!)

Ein rechtwinkeliger Quader mit lauter gleich langen Kanten heißt ein **Kubus** oder **Würfel**.

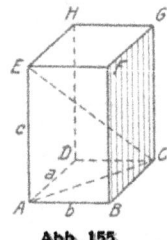

Abb. 155

c) Unter **Raumdiagonale** eines Parallelepipedes versteht man die Diagonale eines Diagonalschnittes. Beim Quader (Zigarrenschachtel) ist das Quadrat der Raumdiagonalen gleich der Summe der Quadrate der drei in einer Ecke zusammenstoßenden Kanten.

Also

$$EC^2 = a^2 + b^2 + c^2$$

(Abb. 155). Für einen Würfel ist also $EC = a\sqrt{3}$!

d) **Oberfläche und Kubikinhalt:**

Die Oberfläche eines Prismas setzt sich zusammen aus der Seitenoberfläche (dem **Mantel**) und aus den **2 Grundflächen**. — Der Mantel ist aus seinen einzelnen Teilen leicht zu berechnen. (Diese sind ja Parallelogramme!)

Das Volumen V ist stets gleich Grundfläche F mal Höhe H des Prismas, also:

$$V = F \cdot H$$

Bei einem Quader mit den Kanten a, b, c ist

$$V = a \cdot b \cdot c$$

Die Volumina von zwei ganz beliebigen Prismen verhalten sich demgemäß

1. bei gleicher Grundfläche wie ihre **Höhen**,
2. bei gleichen Höhen wie ihre **Grundflächen**,
3. wenn sie **ähnlich** sind, wie die **dritten Potenzen** entsprechender Strecken.

Sind z. B. die Kanten eines kleinen Prismas (Modell) nur je $^1/_8$ der Kanten eines großen Prismas (Original), so ist der Rauminhalt des Modelles nur $^1/_8 \cdot {}^1/_8 \cdot {}^1/_8$ oder $^1/_{512}$ des Originals.

[339] Die Pyramide.

a) An einer Pyramide (Abb. 156) unterscheidet man **Grundfläche** und **Spitze** (Scheitel). Der senkrechte Abstand der letzteren von der Grundfläche gibt die **Höhe** der Pyramide an. Je nach Art der Grundfläche unterscheidet man **drei-, vier- und mehrseitige** Pyramiden; die dreiseitige Pyramide ist die einfachste.

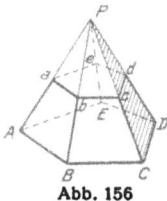
Abb. 156

Pyramiden, deren Seitenflächen lauter gleichschenkelige Dreiecke bilden, sind **gerade** Pyramiden; die anderen Pyramiden sind schief.

Eine gerade Pyramide mit regelmäßiger Grundfigur heißt **regelmäßig**. Ihre Seitenflächen sind lauter kongruente, gleichschenkelige Dreiecke, deren Höhe die **Seitenhöhe** der Pyramide ist.

Eine Pyramide, bei der alle Kanten einander gleich sind, heißt **gleichkantig**; die Seitenflächen sind dann lauter gleichseitige Dreiecke; eine gleichkantige Pyramide kann höchstens **fünfseitig** sein. (Warum?)

b) **Schnittfiguren.**

Wird eine Pyramide **parallel** zur Grundfläche geschnitten (Abb. 156), so ist die Schnittfläche $abcde$ der Grundfläche $ABCDE$ **ähnlich** und die Flächeninhalte beider verhalten sich wie die **Quadrate** ihrer Abstände vom Scheitel. Den zwischen den parallelen Flächen gelegenen Teil nennt man **Pyramidenstumpf**, den zwischen der Schnittfläche und der Pyramidenspitze liegenden Teil die **Ergänzungspyramide**.

Schneidet man eine Pyramide durch zwei nicht unmittelbar aufeinanderfolgende Seitenkanten, so ist das ein **Diagonalschnitt** und die Schnittfigur ein Dreieck.

c) **Oberfläche und Kubikinhalt.**

Der **Mantel einer geraden Pyramide** ist gleich dem halben Produkte aus dem Umfang der Grundfläche und der Seitenhöhe. Das Volumen ist gleich $^1/_3$ Grundfläche F mal Höhe H

$$V = \frac{F \cdot H}{3}$$

[340] Reguläre Polyeder (Vielflächner).

a) Ein Polyeder mit lauter gleichen Flächen (diese müssen reguläre Vielecke sein) und mit lauter gleichen Ecken heißt ein **reguläres Polyeder**. Die wichtigsten sind:

    1. das **Hexaeder** oder der **Würfel**. Die Flächen sind lauter Quadrate; er weist zusammen 8 Ecken, 6 Flächen und 12 Kanten auf;

    2. das **Oktaeder**, eine quadratische Doppelpyramide, die von lauter gleichseitigen Dreiecken begrenzt ist. Je 4 Dreiecke stoßen in einer Ecke zusammen; es enthält zusammen 6 Ecken, 8 Flächen und 12 Kanten;

    3. das **Tetraeder** ist die reguläre dreiseitige Pyramide. Es hat nur 4 Seitenflächen (gleichseitige Dreiecke), 4 Ecken, 4 Flächen und 6 Kanten.

Diese und andere reguläre Polyeder bilden häufige Kristallformen [123].

b) Das **Volumen eines regulären Polyeders** ist gleich dem 3. Teile seiner Oberfläche (Summe der Seitenflächen) mal dem Halbmesser der dem Polyeder eingeschriebenen Kugel.

B. Krummflächig begrenzte Körper.

[341] Der Zylinder.

a) Bewegt sich eine Gerade AA' (Abb. 157) längs einer **Kreislinie** (als Leitlinie) so fort, daß sie stets einer festen, durch den Kreismittelpunkt gehenden **Geraden** OO' parallel bleibt, so beschreibt sie eine zylindrische Fläche; die Kreislinie bildet die **Grundfläche**, die Gerade OO' die **Achse** des Zylinders.

Jeder zur Grundfläche parallele **Schnitt** ergibt einen zur Leitlinie kongruenten Kreis, jeder schiefe Schnitt dagegen eine Ellipse.

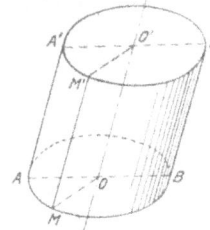
Abb. 157

Wird eine zylindrische Fläche durch eine zweite zur Grundfläche parallele Ebene geschnitten, so heißt der dadurch abgegrenzte Körper ein **Zylinder**; die Schnittflächen sind seine **Grundflächen**, die übrige (krumme) Fläche des Zylinders nennt man den **Mantel** oder die **Mantelfläche**. Jede Schnittlinie des Mantels mit einer durch die Achse gelegten Ebene nennt man eine **Seite** oder **Mantellinie des Zylinders**, den Abstand der Grundflächen seine **Höhe**. Steht die Achse normal zu den Grundflächen, so ist der Zylinder **gerade**, sonst **schief**. Einen geraden Zylinder kann man sich auch durch Drehung eines Rechteckes um eine Seite entstanden denken. **Gleichseitig** ist ein gerader Zylinder, wenn seine Seite dem Durchmesser der Grundfläche gleich ist.

b) Zieht man eine Tangente zur Grundfläche und durch ihren Berührungspunkt die zugehörige Mantellinie, so stellt die durch beide Linien gelegte Ebene die **Berührungsebene** des Zylinders längs dieser Zylinderseite dar [71—73].

Jeder Achsenschnitt durch einen Zylinder ist ein Parallelogramm. — Einem Zylinder kann ein regelmäßiges Prisma ein- und umschrieben werden.

c) **Oberfläche und Kubikinhalt.**

Die **Mantelfläche eines geraden Zylinders** ist gleich Umfang der Grundfläche mal Höhe H:

$$M = U \cdot H \quad \text{oder} \quad M = 2\pi \cdot R \cdot H$$

Der **Kubikinhalt** gleich Grundfläche F mal Höhe H.

$$V = F \cdot H \quad \text{oder} \quad V = \pi \cdot R^2 \cdot H$$

[342] Der Kreiskegel.

a) Am Kegel (Abb. 158) unterscheidet man **Grundfläche** und **Spitze**. Beim Kreiskegel ist die Grundfläche ein Kreis. Die **Mantelfläche des Kegels** wird von einer Geraden erzeugt, die durch die Spitze geht und längs des Umfangs der Grundfläche hingleitet; man heißt diese Fläche auch **Kegelfläche** oder **konische Fläche**.

Verbindet man die Spitze (den Scheitel) des Kegels mit dem Mittelpunkte der Grundfläche, so erhält man damit die **Achse des Kegels**. Jede durch die Achse gelegte Ebene schneidet die Mantelfläche des Kegels nach 2 geraden Linien, die durch die Kegelspitze gehen. Diese Linien heißen **Seiten- oder Mantellinien** des Kegels. Der senkrechte Abstand der Kegelspitze von der Grundfläche ist die **Höhe** des Kegels.

Abb. 158

b) Einen **geraden** Kegel kann man sich sehr anschaulich durch Drehung eines rechtwinkeligen Dreieckes um eine seiner Katheten entstanden denken. (Führe dies mit deinem Winkelhaken aus!) In einem geraden Kegel sind alle Mantellinien gleich lang und die Achse stellt zugleich die Höhe des Kegels vor. Ein Kegel, dessen Seite dem Durchmesser der Grundfläche gleich ist, heißt **gleichseitig**.

Kegelstumpf und **Ergänzungskegel** analog wie bei Pyramide [339 b].

c) Die **Schnittfiguren** bei einem Kreiskegel sind beim Schnitte mit einer Ebene

durch die Achse	ein **Dreieck**
parallel zur Grundfläche	ein **Kreis**
schief zur Grundfläche	eine **Ellipse**
parallel zu einer Seitenlinie	eine **Parabel**
parallel zur Achse	eine **Hyperbel**

(Kreis, Ellipse, Parabel und Hyperbel heißen daher **Kegelschnitte** (Ellipse und Parabel s. [20] und [21]). — Die Hyperbelebene schneidet auch den Doppelkegel, der entsteht, wenn die Mantellinien des Kegels über die Kegelspitze hinaus verlängert werden. Die Hyperbel findet in der Technik hauptsächlich beim Schnitt von Zahnrädern Anwendung und wird dort besprochen werden.)

d) **Oberfläche und Kubikinhalt.** Der Mantel eines geraden Kegels ist gleich dem halben Produkte aus dem Umfange der Grundfläche U und der Seite S:

$$M = \frac{U \cdot S}{2} \quad \text{oder} \quad M = R \cdot \pi \cdot S$$

Der Rauminhalt ist gleich dem dritten Teile des Produktes aus Grundfläche F und Höhe H:

$$V = \frac{F \cdot H}{3} \quad \text{oder} \quad V = \frac{R^2 \cdot \pi \cdot H}{3}$$

Aufgabe 188.

[343] *Von einem geraden Kegel ist R der Halbmesser der Grundfläche, H die Höhe, S die Seite, M die Mantelfläche, V der Kubikinhalt. Man bestimme:*

   1. H, S, M, wenn $R = 4\,dm$ und $V = 70{,}370\,dm^3$.
   2. R, H, V, „ $S = 8\,dm$ „ $M = 89{,}187\,dm^2$.
   3. R, M, V, „ $H = 1{,}32\,m$ „ $S = 1{,}43\,m$ gegeben sind.

Zu 1. **Gegeben R und V; zu suchen H, S, M.**

$$V = \frac{1}{3} R^2 \cdot \pi \cdot H, \text{ woraus } H = \frac{3\,V}{R^2 \cdot \pi} = \frac{3 \cdot 70{,}37}{16\,\pi} = 4{,}2\,\text{dm}$$

$$S = \sqrt{R^2 + H^2} = \sqrt{4^2 + 4{,}2^2} = 5{,}8\,\text{dm}$$
$$M = R \cdot \pi \cdot S = 4 \cdot 3{,}14 \cdot 5{,}8 = 72{,}9\,\text{dm}^2.$$

Zu 2. **Gegeben S und M; zu suchen R, H, V.**

$$M = R \cdot \pi \cdot S, \text{ woraus } R = \frac{M}{S\,\pi} = \frac{89{,}187}{8\,\pi} = 3{,}55\,\text{dm}$$

$$S^2 = R^2 + H^2, \text{ woraus } H = \sqrt{S^2 - R^2} = \sqrt{8^2 - 3{,}55^2} = 7{,}17\,\text{dm}$$
$$V = \frac{R^2 \cdot \pi \cdot H}{3} = \frac{3{,}55^2 \cdot 3{,}14 \cdot 7{,}17}{3} = 94{,}55\,\text{dm}^3.$$

Zu 3. **Gegeben sind H und S; zu suchen R, M und V.**

$$S^2 = R^2 + H^2, \text{ woraus } R = \sqrt{S^2 - H^2} = \sqrt{1{,}43^2 - 1{,}32^2} = 0{,}55\,\text{m}$$
$$V = \frac{R^2 \cdot \pi \cdot H}{3} = \frac{(S^2 - H^2)\,\pi \cdot H}{3} = \frac{(1{,}43^2 - 1{,}32^2) \cdot 3{,}14 \cdot 1{,}32}{3} = 0{,}42\,\text{m}^3$$
$$M = \pi\,R \cdot S = 3{,}14 \cdot 0{,}55 \cdot 1{,}43 = 2{,}47\,\text{m}^2.$$

Der Leser möge dieser Aufgabe ganz besondere Aufmerksamkeit widmen; sie gibt ihm Gelegenheit, alle seine mathematischen Kenntnisse zu verwerten, namentlich wenn er die Ausdrücke logarithmisch berechnet.

[344] Die Kugel.

a) Dreht sich ein Halbkreis um seinen Durchmesser bis zur ursprünglichen Lage, so beschreibt er eine **Kugelfläche**; der von der Kugelfläche begrenzte Körper heißt **Kugel**. Man sieht sofort:

Jeder Punkt der Kugelfläche ist vom **Mittelpunkte der Kugel** gleich weit entfernt.

Mit anderen Worten: Alle Punkte im Raume, die von einem gegebenen Punkte O denselben Abstand R haben, liegen auf der um O mit dem Halbmesser R beschriebenen Kugelfläche. Der Mittelpunkt O heißt auch **Zentrum** der Kugel.

Merke: Durch **4 Punkte** ihrer Oberfläche, die nicht in einer Ebene liegen dürfen, ist eine Kugel schon völlig eindeutig bestimmt. (Durch wieviel Punkte war eine Kreislinie bestimmt?)

Lege eine Kugel auf drei Fingerspitzen und denke sie wachsend (wie eine Seifenblase); sie kann dann so groß werden, daß sie einen beliebig vorgeschriebenen Punkt (über den drei Fingerspitzen) erreicht.

b) Eine Gerade schneidet eine Kugel in 2 Punkten oder berührt sie in einem Punkte als Tangente oder sie liegt ganz außerhalb der Kugel, je nachdem ihr senkrechter Abstand vom Mittelpunkte der Kugel (d. h. der **Zentralabstand**) kleiner, gleich oder größer ist als der Halbmesser. (Über Tangenten siehe [71, 73].)

Ist er Null, so geht die Gerade durch den Mittelpunkt der Kugel selbst und ist ein Durchmesser.

Eine Ebene schneidet die Kugel stets nach einem kleineren oder größeren Kreis (Kugelkreis; durchschneide einen Apfel z. B. in parallelen Schnitten!) oder sie berührt die Kugel in einem Punkte, je nachdem der Zentralabstand der Ebene (vom Mittelpunkte der Kugel) kleiner oder genau gleich dem Kugelhalbmesser R ist.

Fällt man vom Mittelpunkte O der Kugel aus auf die Ebene E die Normale, so geht diese durch den **Mittelpunkt des Schnittkreises** (oder durch den Berührungspunkt, falls die Ebene die Kugel nur berührt; dieser ist als sehr kleiner Kreis aufzufassen). Geht die schneidende Ebene durch den Kugelmittelpunkt, so entsteht als Schnitt ein **größter Kugelkreis (Hauptkreis).** Zwei größte Kugelkreise (Hauptkreise) schneiden sich in einem Durchmesser der Kugel und halbieren sich gegenseitig. —

Der zwischen 2 Punkten E, A oder E, J eines Hauptkreises liegende kleinere Bogen $\widehat{EA}$ oder $\widehat{EJ}$ heißt der **sphärische Abstand der Punkte** EA bzw. der Punkte EJ (Abb. 159). Den Neigungswinkel der Ebenen zweier Hauptkreise nennt man **den sphärischen Winkel α der beiden Kreise,** jenen Teil der Kugelfläche, der von 2 größten Halbkreisen begrenzt wird, z. B. $CADEC$, ein **sphärisches Zweieck.** (Denke an eine Orangenspalte!) Das von 3 Bögen größter Kugelkreise begrenzte Dreieck, z. B. EAC, heißt ein **sphärisches Dreieck.**

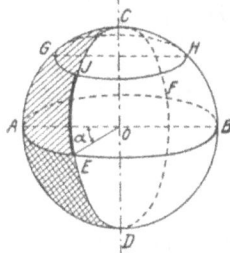

Abb. 159

c) Zwei Kugeln, die denselben Mittelpunkt haben, heißen **konzentrisch,** solche mit verschiedenen Mittelpunkten **exzentrisch.** Der von zwei konzentrischen Kugeln begrenzte Raum heißt **Kugelschichte.**

Exzentrische Kugeln schneiden sich gegenseitig, wenn ihr Zentralabstand kleiner als die Summe ihrer Halbmesser ist. Sie berühren sich von außen, wenn ihr Zentralabstand dieser Summe genau gleich ist.

Auch der Schnitt zweier Kugeln ist ein Kreis.

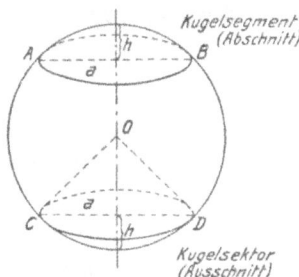

Abb. 160

Eine Kugel ist einem Polyeder **eingeschrieben,** wenn alle Begrenzungsflächen des Polyeders die Kugel berühren, **umschrieben,** wenn dessen sämtliche Ecken in der Kugeloberfläche liegen.

d) Die beiden **Stücke,** in die eine Kugel durch eine Ebene geteilt wird (zerschneide einen Apfel!), heißen **Kugelabschnitte** oder **Kugelsegmente** (Abb. 160) die zugehörigen Teile der Kugeloberfläche heißen **Kugelkalotten.** Den zwischen den Ebenen zweier

parallele Kugelkreise liegenden Teil der Kugelfläche nennt man **Kugelzone.**

Dreht sich ein Kreissektor um einen seiner mittleren Halbmesser, so nennt man den dadurch erzeugten kugelförmigen Körper mit kugeliger Basis (der sonach aus einem Kugelsegment und einem Kegel besteht) einen **Kugelausschnitt** oder **Kugelsektor.**

e) Oberfläche und Kubikinhalt.

Die **Oberfläche einer Kugel ist viermal so groß** wie ein größter Kugelkreis:

$$O = 4\,R^2 \cdot \pi$$

Der Rauminhalt einer Kugel ist gleich dem dritten Teile aus Oberfläche mal Radius.

$$V = \frac{O \cdot R}{3}$$ oder $$V = \frac{4}{3} \cdot \pi\,R^3$$

Rauminhalt einer Kugelschichte (Hohlkugel); $R =$ äußerer, $r =$ innerer Halbmesser.

$$V = \frac{4}{3}\,\pi\,(R^3 - r^3)$$

Kugelabschnitt: $h =$ Höhe des Abschnittes, $R =$ Halbmesser der Kugel

$$V = \frac{1}{3}\,\pi\,h^2\,(3\,R - h)$$

(Kalotte) Mantelfläche:

$$M = 2\,\pi \cdot R \cdot h$$

Kugelzone: $h =$ Höhe der Zone, $R =$ Halbmesser der Kugel, a, $b =$ Halbmesser der Endflächen

$$M = 2\,\pi \cdot R \cdot h \qquad V = \frac{1}{6}\,\pi \cdot h \cdot (3\,a^2 + 3\,b^2 + h^2)$$

Kugelausschnitt:

$$V = \frac{2}{3}\,\pi \cdot r^2 \cdot h \; ; \qquad O = \pi \cdot r\,(2\,h + a)$$

(Nach einem schon von Archimedes angegebenem interessanten Satze verhalten sich die Rauminhalte von Kegel, Halbkugel und Zylinder bei gleicher Grundfläche und Höhe genau wie 1 : 2 : 3 (Abb. 161).)

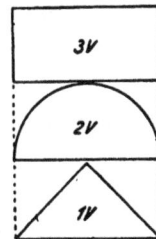

[345] Der Kreisring.

Der **Kreisring,** auch zylindrischer Ring genannt, ist eine **Rotationsfläche, die durch Drehung eines Kreises um eine in seiner Ebene liegende Achse entsteht** (Abb. 162).

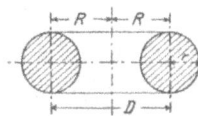

Abb. 161

Abb. 162

$$O = 4\,\pi^2 \cdot R \cdot r$$

$$V = 2\,\pi^2 \cdot R \cdot r^2$$

Aufgabe 189.

[346] *Es ist der Radius des einem regelmäßigen dreiseitigen geraden Prisma ein- und umschriebenen Zylinders zu berechnen, wenn die Grundkante des Prismas 35 cm lang ist. (Abb. 163.)*

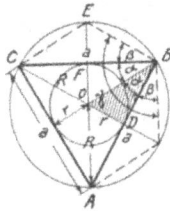

Abb. 163

Lösung: In Abb. 163 sei ABC das gleichseitige Dreieck, das die Grundfläche des Prismas darstellt. Dessen Seite a ist nach Angabe 35 cm lang; seine drei Winkel sind je 60°, mithin $\sphericalangle \alpha = 30°$. Aus $\triangle ODB$, das bei D rechtwinkelig ist, folgt:

$$\boxed{OD = DB \cdot \operatorname{tg} \alpha} \quad \text{oder} \quad r = \frac{a}{2} \cdot \operatorname{tg} 30° = \frac{35 \cdot 0{,}5773}{2} = 10{,}1 \text{ cm.}$$

Der Radius r des eingeschriebenen Kreises ist sonach 10,1 cm. Der Radius R des dem gleichseitigen Dreiecke umschriebenen Kreises ist doppelt so groß als r, denn die Höhe CD dieses Dreieckes wird bekanntlich vom Mittelpunkte O des Dreieckes im Verhältnis $1:2$ geteilt (Schwerpunktssatz). Es ist also

$$R = 2\,r = 20{,}2 \text{ cm.}$$

Man hätte, ohne dieses wissen zu müssen, R auch aus demselben rechtwinkeligen Dreieck ODB oben bestimmen können und zwar nach dem trigonometrischen Satze:

$$\boxed{\text{Hypot. } OB = \text{Kathete } DB : \cos \alpha} \quad \text{oder} \quad R = \frac{a}{2 \cdot \cos 30°} = \frac{35}{2 \cdot 0{,}8660} = 20{,}2 \text{ cm.}$$

Übung: Berechne den Radius des eingeschriebenen Zylinders, wenn das Prisma quadratisch und die Grundkante 20 cm lang ist. Antwort 10 cm.

Aufgabe 190.

[347] *Welche Fläche übersieht ein Beobachter, wenn er sich in einer Höhe von 300 m über dem Erdboden befindet? (Erdradius = 6378 km.) (Abb. 164.)*

Lösung: In Abb. 164 sei der Kreis der Querschnitt der Erdkugel, A der Standpunkt des Beobachters, der sich in einem Abstande $AE = h = 300 \text{ m} = 0{,}3 \text{ km}$ über der Erdoberfläche befinden möge. Das Schlüsseldreieck, mit dem man die Aufgabe am leichtesten löst, ist $\triangle OAB$ (wobei AB die von A gegen den Kreis gezogene Tangente vorstellt). Dieses Dreieck ist bei B rechtwinkelig (denn die Tangente steht immer auf dem Radius senkrecht, der zum Berührpunkte führt). Aus diesem Dreiecke ergibt sich der Winkel α, denn

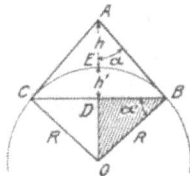

Abb. 164

$$\boxed{\sin \alpha = \frac{\text{Gegenkathete}}{\text{Hypotenuse}}} \quad \text{also } \sin \alpha = \frac{R}{R+h}.$$

Diesen Winkel könnte man laut Sinustabelle angeben; wir wollen dies aber zunächst unterlassen und die Aufgabe weiter verfolgen. Der Winkel α' in dem kleinen Dreieck ODB ist nämlich genau so groß wie α. In diesem ist

$$\boxed{OD = OB \cdot \sin \alpha'} \quad \text{also } OD = R \cdot \sin \alpha = \frac{R^2}{R+h}.$$

Da wir nun OD kennen, so können wir die **Stichhöhe** h' der vom Beobachter überblickten Erdkalotte leicht feststellen; es ist

$$h' = OE - OD = R - \frac{R^2}{R+h} \quad \text{oder} \quad \boxed{h' = \frac{h \cdot R}{h+R}}$$

Der Mantel dieser Kalotte ist nach [344e] $M = 2\,R\pi \cdot h'$; setzt man für h' den eben gefundenen Wert ein, so folgt

$$M = \frac{2\,h \cdot \pi \cdot R^2}{h+R}.$$

Für $R = 6378$ km, $h = 0{,}3$ km ergibt sich: $M \sim 12000 \text{ km}^2$; d. h. der Beobachter übersieht eine Fläche von rund 12000 km², wenn ihm keine Berge oder sonstigen Hindernisse den freien Ausblick verwehren.

Aufgabe 191.

[348] *Ein überzähliger, gerader Quader von den Abmessungen $100 \times 90 \times 54$ cm soll nachträglich in einen Bogenquader (für einen Brückenpfeiler) nach nebenstehenden Werkplänen (Abb. 165) umgearbeitet werden. Wieviel beträgt ungefähr der Abfall in kg, wenn das spez. Gewicht des Steinmateriales 2,75 beträgt? $R_1 = 153$ cm; $R_2 = 148$ cm.*

Man berechne zunächst die untere Lagerfläche des Werkstückes $ABCD$:

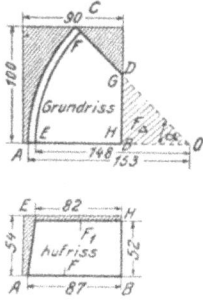

$$\sin \alpha = \frac{100}{153};$$

daraus $\alpha = 40{,}81^0.$

Fläche $OAC = \frac{R^2 \cdot \pi \cdot \alpha}{360} = \frac{15{,}3^2 \cdot \pi \cdot 40{,}81}{360} \sim 84 \text{ dm}^2.$

Fläche $OBD = \frac{(15{,}3 - 8{,}7)\,(15{,}3 - 8{,}7)\,\text{tang}\,\alpha}{2} = \frac{6{,}6^2\,\text{tang}\,\alpha}{2} \sim 19 \text{ dm}^2;$

daher **untere** Lagerfläche $= 84 - 19 = \mathbf{65\ dm^2}.$

Die obere Lagerfläche ergibt sich wie folgt:

$$\text{Fläche } OFE = \frac{14{,}8^2 \cdot \pi \cdot 40{,}81}{360} \sim 78 \text{ dm}^2;$$

daher **obere** Lagerfläche $EFGH = OFE - OBD = 78 - 19 = \mathbf{59\ dm^2}.$

Das Mittel aus beiden Flächen ist $\frac{65 + 59}{2} = 62 \text{ dm}^2.$

Das Volumen des Bogenquaders $= 62 \times 5{,}2 = 322{,}4 \text{ dm}^3.$

Das Volumen des ursprünglichen Quaders $= 10{,}0 \times 9{,}0 \times 5{,}4 = 486{,}0 \text{ dm}^3.$

Der Abfall beträgt sonach $486{,}0 - 322{,}4 = 163{,}6 \text{ dm}^3$

und das Gewicht $163{,}6 \times 2{,}75 = 449{,}9 \sim \mathbf{450\ kg}.$

Aufgabe 192.

[349] *Bestimme die Oberfläche der hei ßen, gemäßigten und kalten Zone der Erde, wenn der Erd-halbmesser mit $R = 6378$ km und der Winkel $\alpha = 23^0 27'$ als der Abstand des Polarkreises vom Pole einerseits und des Wendekreises vom Äquator anderseits angenommen wird. (Abb. 166 und 167.)*

Wenn wir die Erde als Kugel vom Halbmesser $R = 6378$ km annehmen (in Wirklich-keit ist sie bekanntlich an den Polen abgeplattet), so stellen der Äquator einen größten Kugelkreis, der Wende- und der Polarkreis zwei jener kleineren »Kugelkreise« dar, die als alle Punkte mit gleicher **geographischer Breite** auf der Erdoberfläche verbindende Linien, **Parallelkreise** oder **Breitenkreise** genannt werden. Es sind, wenn man von den Uneben-heiten der Erde absieht, nach den Polen zu abnehmende Kreise, deren Mittelpunkte in der Erdachse liegen und die mit den **Längenkreisen** (Meridianen), von denen sie senkrecht geschnitten werden, das Orientierungsnetz der Erdoberfläche bilden (Abb. 166).

Die Entfernung eines solchen Parallelkreises, somit auch des Wendekreises vom Äquator bzw. vom Pole, d. h. die **geographische Breite**, wird durch den Bogen des auf seiner Ebene senkrecht stehenden Meridians (des größten Kugelkreises) gemessen, der von einem ihrer Orte und einem Äquatorpunkt bzw. dem Pole eingeschlossen wird. Nach [56] entspricht einer solchen Bogenlänge auch der Winkel, den die Verbindungslinien der End-punkte des Bogens mit dem Mittelpunkte des Kreises einschließen. Die Grenzen der heißen Zone bilden der nördliche Wendekreis (des Krebses) und der südliche Wendekreis (des Steinbockes); in der Mitte liegt der Äquator; beide Wendekreise sind vom Äquator um die Bogenlänge von 23°27′ entfernt. Die Polarkreise liegen vom Äquator 66°33′ oder, weil die Pole vom Äquator 90° entfernt sind, 90° — 66°33′ = 23°27′ von den Polen ent-fernt und trennen die bei den Wendekreisen beginnende gemäßigte Zone von der gegen die Pole zu gelegenen kalten Zone.

Abb. 166

Dieses vorausgeschickt, wollen wir nun an die Lösung der gestellten Aufgabe schreiten (Abb. 167).

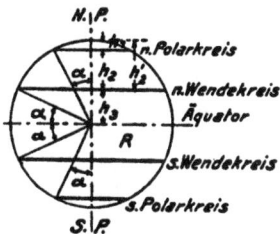

Abb. 167

$\alpha = 23^0\ 27';\quad R = 6378$ km; $\quad h_2' = h_1 + h_2.$ Es ist

I) $R - h_1 = R \cdot \cos \alpha,$ also $\boxed{h_1 = R\,(1 - \cos \alpha)}$

$\quad h_1 = 6378\,(1 - \cos 23^0\ 27') = 6378 \cdot 0{,}08259 \sim \mathbf{527\ km}$

II) $R - h_2' = R \cdot \sin \alpha,$ also $\boxed{h_2' = R\,(1 - \sin \alpha)}$

$\quad h_2' = 6378\,(1 - 0{,}39795) \sim 3840$ km

$\quad h_2 = h_2' - h_1 = 3840 - 527 = \mathbf{3313\ km}$

III) $\boxed{h_3 = R \cdot \sin \alpha} = 6378 \sin 23^0\ 27' = \mathbf{2538\ km}$

Die Oberfläche einer Kugelzone ist $2\,R\,\pi \cdot h$

daher O_{Polar} $= 2 \times 6378 \cdot \pi \cdot h_1 \sim$ 20,8 Millionen km²

$O_{\text{gemäßigt}} = 2 \times 6378 \quad \pi \quad h_2 \sim 132,7$ »   km²

$O_{\text{heiß}} \quad = 2 \times 6378 \quad \pi \quad h_3 \sim 101,7$ »   km²

Die Gesamtoberfläche der **kalten** Zone $\sim$ **42 Millionen km²**

»   »   » **gemäßigten** Zone $\sim$ **265**   »   »

»   »   » **heißen** Zone $\sim$ **203**   »   »

Gesamtoberfläche der Erde rund   510 Millionen km²

9. Abschnitt.

Die Grundzüge der analytischen Geometrie.

Die analytische Geometrie hat die Untersuchung der geometrischen Gebilde mit Hilfe der Rechnung (Analysis) zum Gegenstande. Man unterscheidet die **analytische Geometrie der Ebene** und des **Raumes**, je nachdem es sich um planimetrische oder stereometrische Gebilde handelt.

[350] Koordinatensysteme.

a) Bisher haben wir uns nur mit dem **rechtwinkeligen Koordinatensysteme** beschäftigt und zwar in der Mathematik zur Festlegung des Abhängigkeitsverhältnisses zwischen veränderlichen mathematischen Größen [195] und in der Geometrie zur Darstellung von Raumgebilden [324—325]. Es ist das weitaus gebräuchlichste.

b) Manchmal benützt man auch das sog. **Polar-Koordinatensystem,** bei dem man einen festen Punkt O (Abb. 168), den Pol, und eine von diesem ausgehende **Polarachse** OZ fest annimmt. — Die Lage irgend eines Punktes M ist nun vollkommen bestimmt, wenn wir seinen Abstand MO vom Pole und den Winkel

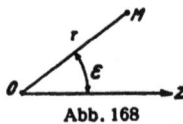

Abb. 168

$ZOM = \varepsilon$, den der Radiusvektor r mit der Polarachse bildet, kennen. — Die zwei Größen r und $\sphericalangle\,\varepsilon$ heißen die **Polarkoordinaten** des Punktes M. — In der praktischen Rechnung wird wenig Gebrauch von diesem Koordinatensystem gemacht.

c) **Transformation der Koordinaten.** Mitunter tritt das Bedürfnis ein, die Koordinaten eines Punktes in einem bestimmten Achsensysteme durch die Koordinaten eines anderen Achsensystemes zu ersetzen — z. B. von einem rechtwinkeligen Systeme auf ein anderes rechtwinkeliges oder zu Polarkoordinaten überzugehen. Alle diese Aufgaben sind mit Hilfe unserer Kenntnisse über planimetrische Konstruktionen verhältnismäßig leicht zu lösen und bedürfen daher keiner weiteren Erläuterung.

Übungsbeispiele:

1. Es ist der Abstand d zweier Punkte A und B und der Winkel, den die Gerade AB mit der Abszissenachse einschließt, analytisch zu bestimmen (Abb. 169). Man verlege den Ursprung (den Nullpunkt) des Koordinatensystems von O nach A; die Achsen sollen gleichgerichtet und parallel sein.

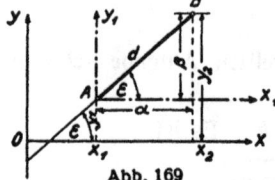

Abb. 169

OX und OY seien die alten Koordinatenachsen, auf die die Punkte A und B durch ihre Abszissen x_1, x_2 und durch ihre Ordinaten y_1, y_2 festgelegt sind. — Die neuen Koordinaten von B seien α und β. Es ist dann $\alpha = (x_2 - x_1)$ und $\beta = (y_2 - y_1)$, sonach

$$d = \sqrt{\alpha^2 + \beta^2} = \sqrt{(x_2 - x_1)^2 + (y_2 - y_1)^2},$$

$$\mathrm{tg}\,\varepsilon = \frac{y_2 - y_1}{x_2 - x_1}.$$

2. Es ist der Flächeninhalt eines Dreieckes zu bestimmen, wenn die Koordinaten der Endpunkte gegeben sind (Abb. 170). Die Endpunkte des Dreieckes sind $A(x_1 y_1)$, $B(x_2 y_2)$ und $C(x_3 y_3)$. Es ist aus der Abbildung zu ersehen, daß die Fläche des Dreieckes $F =$ der Differenz der Flächen der Trapeze $= A C a c - A B a b - B C b c$; die Trapeze aus den Koordinaten berechnet, ergibt daher

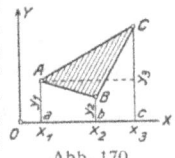

Abb. 170

$$F = \frac{1}{2}(y_1 + y_3) \cdot (x_3 - x_1) - \frac{1}{2}(y_1 + y_2)(x_2 - x_1) - \frac{1}{2}(y_2 + y_3)(x_3 - x_2);$$

Ausmultipliziert ist sonach

$$F = \frac{1}{2}[x_1(y_2 - y_3) + x_2(y_3 - y_1) + x_3(y_1 - y_2)].$$

[351] Gleichung der geraden Linie.

a) Die allgemeinste Gleichung einer Geraden ist

$$\boxed{y = m \cdot x + b}$$

Da m und b jede beliebige reelle Zahl bedeuten können, so ist diese Gleichung der analytische Ausdruck für alle möglichen geraden Linien (Abb. 171). Für eine bestimmte Gerade haben m und b bestimmte **konstante** Werte, während x und y variabel sind, d. h. für jeden Punkt der Geraden andere Werte annehmen.

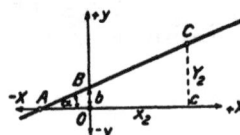   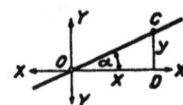

Abb. 171   Abb. 172

b) Für $x = 0$ wird $y = b$, d. h. die durch obige Gleichung dargestellte Gerade schneidet die Y-Achse in einer Entfernung b vom Ursprunge.

Für $b = 0$ wird $y = m \cdot x$; es ist dies die Gleichung einer Geraden, die durch den Ursprung O geht (Abb. 172); diese Gleichung kann uns dazu dienen, die Bedeutung der zweiten konstanten Größe m aufzuklären. $m = \frac{y}{x} = \mathrm{tang}\,\alpha$; die Größe m ist sonach bloß von der Richtung der Geraden gegen die Abszissenachse abhängig und heißt deshalb die **Richtungskonstante.** Für $m = 0$ ist $m \cdot x = 0$ und die Gleichung geht über in $y = b$; es ist dies die Gleichung einer zur X-Achse parallelen Geraden.

c) Mit Hilfe der erwähnten Gleichung lassen sich nun verschiedene Aufgaben analytisch lösen. Z. B.:

1. Den Schnittpunkt zweier Geraden zu bestimmen:

die eine Gleichung lautet: $y = m x + b$,
die zweite Gleichung lautet: $y = m'x + b'$,

für den Punkt, der in beiden Geraden liegt, werden die ihm zukommenden Koordinaten beiden Gleichungen genügen müssen; die Auflösung beider Gleichungen ergibt

$$x = \frac{b - b'}{m' - m} \quad \text{und} \quad y = \frac{m'b - mb'}{m' - m}$$

für parallele Gerade ist $m = m'$, daher $x = y = \infty$, d. h. die Geraden schneiden sich erst in unendlicher Entfernung.

2. Den Winkel ε zweier Geraden zu bestimmen:

Die Gleichungen der beiden Geraden seien wieder

$$y = m \cdot x + b \quad \text{und} \quad y = m'x + b',$$

wobei $m = \operatorname{tg} \alpha$ und $m' = \operatorname{tg} \alpha'$

$$\operatorname{tg} \varepsilon = \operatorname{tg}(\alpha - \alpha') = \frac{\tan \alpha - \tan \alpha'}{1 + \tan \alpha \cdot \tan \alpha'}$$

oder

$$\operatorname{tg} \varepsilon = \frac{m - m'}{1 + mm'}$$

Stehen die Geraden aufeinander senkrecht, so ist $\varepsilon = 90°$, $\operatorname{tg} \varepsilon = \infty$; es muß daher $1 + mm' = 0$, somit $m' = -\frac{1}{m}$ sein.

[352] Gleichung der Kreislinie.

Die einfachste Gleichung ergibt sich, wenn der Mittelpunkt des Kreises im Ursprunge des Achsensystemes liegt. Diese Mittelpunktsgleichung des Kreises lautet:

$$x^2 + y^2 = r^2$$

Aus $y = \pm\sqrt{r^2 - x^2}$ und $x = \pm\sqrt{r^2 - y^2}$ folgt, daß für jeden Wert von x (oder y), für den überhaupt y (oder x) einen reellen Wert hat, zwei gleiche, aber entgegengesetzte Werte von y (oder x) entsprechen. Die Kreislinie wird also von der Abszissen- (und Ordinaten-) Achse in zwei symmetrische Teile geteilt.

[353] Gleichungen anderer ebener Kurven.

Die Analytik hat für die verschiedensten ebenen Kurven Gleichungen aufgestellt, so z. B. für eine **Ellipse**, deren Mittelpunkt im Ursprunge liegt, die Gleichung

$$\frac{x^2}{a^2} + \frac{y^2}{b^2} = 1,$$

worin a die große und b die kleine Halbachse bedeutet; für eine **Parabel**, wenn ihr Scheitel im Ursprunge liegt,

$$y^2 = 2px,$$

worin p die Entfernung des Brennpunktes von der Leitlinie bedeutet; für eine **Hyperbel**, die 4. Kegelschnittlinie

$$\frac{x^2}{a^2} - \frac{y^2}{b^2} = 1 \quad \text{usw.}$$

(Es würde uns viel zu weit führen, alle diese Verhältnisse und alle die vielen Kurven, die hier in Betracht kommen, schon an dieser Stelle zu besprechen. Wir behalten uns jedoch vor, dies an jenen Stellen nachzutragen, wo wir im Laufe unseres Selbstunterrichtes uns mit einzelnen dieser „Linien" werden befassen müssen.)

[354] Analytische Geometrie des Raumes.

Liegt ein Punkt im Raume, so kann er durch 2 Koordinaten ebensowenig rechnerisch wie durch 2 Projektionen zeichnerisch eindeutig festgelegt werden. Es wird dazu das

rechtwinkelige, dreiachsige Koordinatensystem nötig, wodurch aber auch natürlich die analytische Behandlung der hier in Betracht kommenden Verhältnisse ungleich verwickelter wird: es würde den Rahmen unseres Werkes in unzulässiger Weise überschreiten, wenn wir uns auf dieses sehr schwierige Gebiet der analytischen Geometrie des Raumes und der dadurch möglich gewordenen Forschungen über Kurven und Flächen höherer Ordnung hinauswagen würden. — Wer Zeit, Lust und Gelegenheit dazu hat, möge dann immerhin später dieses hochinteressante Studium gleichzeitig mit jenem der höheren Mathematik unter Benützung geeigneter Sonderwerke betreiben; über die hiezu nötigen mathematischen und geometrischen Vorkenntnisse verfügen unsere Leser bereits in genügendem Maße.

[355] Übungsaufgaben.

Aufg. 193. Ein abgestumpfter Kegel von der Höhe h soll durch eine mit den Grundflächen parallele Ebene so geschnitten werden, daß der Inhalt der Schnittfigur das arithmetische Mittel der beiden Grundflächen ist (Anleitung, Abb. 173:

Abb. 173

$$S^2 = \frac{R_1^2 + R_2^2}{2}; \quad R_2 : S = h : x;$$

aus den beiden Gleichungen x zu berechnen.)

Aufg. 194. Eine gußeiserne Hohlkugel vom Radius $R_1 = 50$ cm sinkt im Wasser bis zur Hälfte ein. Es ist die Wandstärke zu berechnen, wenn das Material das spezifische Gewicht 7,2 hat. (Anleitung: Gewicht der Hohlkugel = Gewicht des verdrängten Flüssigkeitsvolumens. $\left[\frac{4}{3}\pi R_1^3 - \frac{4}{3}\pi R_2^3\right] \cdot 7{,}2 = \frac{4}{3}\pi \cdot R_1^3 \cdot \frac{1}{2}$, daraus R_2 und $R_1 - R_2 = \delta$ [die Wandstärke] berechnen.)

Aufg. 195. Einem gleichseitigen Dreiecke ABC ist ein Kreis eingeschrieben; wie verhält sich die Oberfläche der Kugel, die durch Drehung des Kreises erzeugt wird, zur Mantelfläche des durch Rotation des Dreieckes um eine seiner Höhen beschriebenen Kegels? (Anleitung Abb. 174: $\alpha = 30°$; $r = \frac{a}{2} \cdot \operatorname{tang} \alpha$; $O_{Kugel} = 4r^2\pi = a^2\pi \cdot \tan^2 \alpha$; $M_{Kegel} = \frac{a}{2}\pi \cdot a = \frac{a^2\pi}{2}$; $\frac{O_{Ku}}{M_{Ke}} =$ zu bestimmen.)

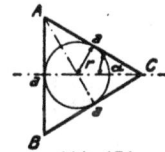
Abb. 174

Aufg. 196: In einem geraden Zylinder steht auf jeder Grundfläche ein Kegel, dessen Scheitel der Mittelpunkt der anderen Grundfläche ist. Wie groß ist der Halbmesser des Kreises, in welchem sich die beiden Kegelmäntel schneiden? (Anleitung: Die gegebenen Körper im Aufrisse zeichnen; daraus ergibt sich von selbst die Lösung.)

Aufg. 197. Es ist der geometrische Ort jener Punkte des Raumes zu bestimmen, deren Verbindungslinien mit zwei festen Punkten aufeinander senkrecht stehen. (Anleitung: In der Ebene ist es ein Kreis! Was entsteht, wenn der Kreis rotiert?)

Aufg. 198. Ein Kreisring hat eine Oberfläche von $F = 10106{,}4$ cm²; das Verhältnis des großen Radius R zum kleinen r ist $m = 4$. Wie groß sind die beiden Radien? (Anleitung: $F = 4\pi^2 \cdot R \cdot r$; $\frac{R}{r} = m$; aus den beiden Gleichungen R und r berechnen.)

Lösungen im folgenden **Anhang II**; siehe Bemerkung zu [319].)

Anhang I.

[356] Lösungen der im 2. Briefe unter [239] gegebenen Übungsaufgaben.

Aufg. 138 (Abb. 175): Man mache $AD' = CD$, ziehe $DF \parallel AB$ und $BF \parallel AD$, dann ist $ADFB = ABC$.

Aufg. 139 (Abb. 176): Da die Entfernung der Ecke C von der Grundlinie AB, sonach die Höhe für alle Teildreiecke die gleiche ist, braucht nur die Grundlinie entsprechend geteilt

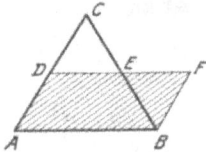

Abb. 175

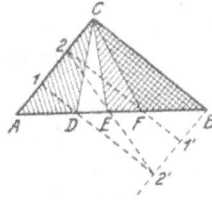

Abb. 176

zu werden: 1. in 3 gleiche Teile: $AD = DF = FB$; dann ist

$$\triangle ADC = \triangle DFC = \triangle FBC.$$

2. in 2 gleiche Teile: $AE = EB$; $\triangle AEC = \triangle EBC$. Teilung am einfachsten nach [203].

Aufg. 140 (Abb. 111): $5 = 25 \cdot \sin \frac{\alpha}{2}$; $\sin \frac{\alpha}{2} = \frac{1}{5} = 0,2$; $\frac{\alpha}{2} = 12^0$; sonach ist der Gesichtswinkel rd. 24°.

Aufg. 141 (Abb. 112): $0,75 = 5 \cdot \cos \alpha$; $\cos \alpha = \frac{0,75}{5} = 0,15$;

$\alpha = 81,37^0$; sonach $2\alpha = 162,74^0$; $360^0 - 162,74^0 = 197,26^0$;

$$\widehat{BDB'} = \frac{R\pi \cdot \alpha}{180} = \frac{1,5 \times 3,14 \times 197,26}{180} = 5,16 \text{ m}$$

$$\widehat{CEC'} = \frac{0,75 \times 3,14 \times 162,74}{180} = 2,13 \text{ m}.$$

Die gerade Strecke $x = 5 \cdot \sin 81,37^0 = 5 \times 0,988 = 4,94$ m, Gesamtlänge des Riemens (ohne Durchhang):

$$5,16 + 2,13 + 2 \times 4,94 = 17,17 \text{ m}.$$

Aufg. 142: Umfang des Schwungrades $U = 2 \pi R = 6,28 R = 15,7$ m. Geschwindigkeit $15,7 \times 40 = 628$ m/min.

Aufg. 143: Umfang des Äquators $12756 \times 3,14 = 40053,840$ km. Jeder Punkt legt diesen Weg in 24 h = 1440' zurück. Geschwindigkeit $40053,840 : 1440 = 27,808$ km/min, d. h. 27808 m/min oder 463 m/sec.

Aufg. 144: Ventilfläche $\frac{d^2\pi}{4} = \frac{5^2 \cdot 3,14}{4} = 19,625$ cm²; Überdruck $6 - 1 = 5$ at.

Also $19,625 \times 5 = 98,125$ kg müssen von außen das Ventil belasten.

Anhang II.

[357] Lösungen der im 3. Briefe unter [355] gegebenen Übungsaufgaben.

Aufg. 193.

$$S^2 = \frac{R_1^2 + R_2^2}{2}; \quad R_2 : S = h : x; \quad S = \frac{R_2 \cdot x}{h};$$

$$S^2 = \frac{R_2^2 x^2}{h^2} = \frac{R_1^2 + R_2^2}{2}; \quad x^2 = \frac{(R_1^2 + R_2^2) h^2}{2 R_2^2};$$

$$x = \frac{h}{R_2} \sqrt{\frac{R_1^2 + R_2^2}{2}} = \frac{h}{2 R_2} \sqrt{2(R_1^2 + R_2^2)}.$$

Aufg. 194. $\frac{4}{3} \pi [R_1^3 - R_2^3] \, 7,2 = \frac{4}{3} \cdot \pi \cdot \frac{R_1^3}{2}$;

$$R_2^3 = \frac{13,4 \, R_1^3}{14,4}; \quad R_2 = R_1 \sqrt[3]{\frac{13,4}{14,4}};$$

$$R_2 = 50 \sqrt[3]{\frac{13,4}{14,4}} = 48,82;$$

Wandstärke $\delta = R_1 - R_2 = 50 - 48,82 = 1,18 \approx 1,2$ cm.

Aufg. 195. $\frac{O_{Ku}}{M_{Ke}} = \frac{a^2 \pi \cdot \text{tang}^2 \alpha}{\frac{a^2 \pi}{2}} = \frac{2 \cdot \text{tang}^2 \alpha}{1}$;

$$\text{tang } 30^0 = \frac{1}{3}\sqrt{3}; \quad \frac{O_{Ku}}{M_{Ke}} = \frac{2 \cdot \frac{1}{9} \cdot 3}{1} = \frac{6}{9} = \frac{2}{3}.$$

Aufg. 196: Abb. 177 ergibt, daß der Halbmesser des Schnittkreises halb so groß ist wie der der Grundfläche; Beweis aus dem Parallelogramme $ABCD$.

Aufg. 197: Die Kugel, die durch die beiden Punkte geht; man lasse den Halbkreis über AB um AB rotieren.

Aufg. 198. $F = 4\pi^2 \cdot Rr = 39,438 \, R \cdot r$ und weil $R = mr$ ist

$$F = 39,438 \, mr^2$$

Abb. 177

$$r = \sqrt{\frac{F}{39,438 \, m}} \qquad R = m \sqrt{\frac{F}{39,438 \, m}}$$

für $F = 10106,4$ cm² und $m = 4 : r = 8$ cm; $R = 32$ cm.

Anhang III.

[358] Geschichtliche Entwicklung der Geometrie.

Die Geometrie entstand bei dem ältesten Kulturvolke des Altertums, den Ägyptern. Von den Ägyptern ging die Wissenschaft auf die Griechen über und es war namentlich Pythagoras aus Samos (568 v. Chr.), der in Unteritalien eine eigene Philosophenschule gründete; er führte die Lehre von den Proportionen ein, die den Ägyptern fremd war; weltberühmt wurde er durch den nach ihm benannten Lehrsatz von den Quadraten über den Seiten eines rechtwinkeligen Dreieckes. Ihre Blütezeit hatte die griechische Geometrie in den Jahren 300—200 v. Chr., in welcher Zeit die berühmtesten Geometer Euklid, Archimedes und Apollonius lebten, über deren Erfolge schon mehrfach die Sprache war. Die Kenntnisse der Ägypter über Stereometrie waren unbedeutend. Die Berechnung der Kugel gelang erst Archimedes, nachdem Hippokrates und Eudoxus schon einige bemerkenswerte Erfolge in der Berechnung von eben- und krummflächig begrenzten Körpern erzielt hatten. Der wahrscheinliche Erfinder der Trigonometrie ist der berühmte Astronom Hipparch (um 150 v. Chr.) gewesen. Einen wesentlichen Fortschritt verdankt die Trigonometrie erst den deutschen Mathematikern des 15. und 16. Jahrhunderts; Johannes Müller, 1436—1476, auch Regiomontanus genannt, berechnete die ersten Sinus- und Tangentafeln bis auf einzelne Minuten. Von Euler stammen die Bezeichnungen sin α, cos α usw. her.

CHEMIE

Inhalt: Dieser letzte unserer chemischen Briefe bringt als Fortsetzung und Schluß der speziellen Chemie zunächst die Metalle und die zur organischen Chemie gehörenden Kohlenstoffverbindungen. Den Abschnitt „Metalle" können wir verhältnismäßig kurz behandeln, weil die meisten dieser Elemente für alle Zweige der Technik besonders wichtig sind und daher im nächsten Bande, und zwar in der „Stoffkunde", ohnedies ausführlich besprochen werden sollen.

Dagegen müssen wir uns mit den organischen Kohlenstoffverbindungen etwas eingehender befassen, nicht nur, weil dieser Teil der Chemie durch die in der letzten Zeit errungenen wissenschaftlichen und praktischen Erfolge besondere Bedeutung für die Technik erlangt hat, sondern auch, weil hier allgemein wissenswerte Dinge, wie z. B. die Chemie der Nahrungsstoffe, der Teerfarben usw. zur Sprache kommen, die an anderen Stellen des Werkes nicht gut mehr in gleich zusammenhängender Weise dargestellt werden können.

Den Schluß des Hauptteiles „Chemie" bildet eine Übersicht über die mit einfachen Mitteln ausführbaren analytischen Übungen. — Wer nach der gegebenen Anleitung einige dieser Untersuchungen praktisch durchführt, wird nicht nur mit dem bescheidensten Aufwande an Mühe und Kosten seine chemischen Kenntnisse wesentlich vertiefen, sondern auch im Bedarfsfalle jederzeit imstande sein, einen gegebenen Stoff auf das Vorhandensein eines bestimmten — für die beabsichtigte Verwendung besonders nützlichen oder schädlichen — Bestandteiles hin zu prüfen.

4. Abschnitt.

Metalle.

[359] Einleitung.

Die Metalle sind fast alle für die Technik von größter Bedeutung, ja selbst einige sehr seltene haben mit der Zeit ganz ungeahnte Wichtigkeit erlangt. Wir erinnern beispielsweise an die seltenen Erdmetalle **Thor, Cer, Lanthan** usw., aus welchen die Auerschen Gasglühstrümpfe hergestellt werden, an das **Cereisen** für die modernen Feuerzeuge, an das Metall **Tantal**, aus dem der Glühfaden der gleichnamigen Metallfadenlampe besteht, und namentlich an das erst (1898) vom Ehepaar **Curie** in Paris entdeckte **Radium**, das jetzt schon in der Heilkunde die segensreichsten Erfolge zeitigt usw.

Während wir unter den im vorigen Abschnitte behandelten Metalloiden eine Reihe von Elementen kennen gelernt haben, die in ihren Eigenschaften voneinander stark abweichen, besitzen die Metalle dagegen viele gemeinsame Eigenschaften. Allerdings ist die Trennung der Elemente in die zwei Gruppen der Metalloide und Metalle eine mehr oder weniger künstliche, so daß wir Metalle finden, die ganz gut auch unter die Metalloide aufgenommen werden könnten, anderseits Metalloide, die ausgeprägte Metalleigenschaften zeigen, wie z. B. Antimon, Wismut usw.

a) Die die Metalle am besten kennzeichnenden Eigenschaften sind:

1. Die **Undurchsichtigkeit.**

(Nur ganz dünne Blättchen von Silber und Gold lassen Licht mit grünlicher und bläulicher Farbe durch.)

2. Der **Metallglanz.**

(Abgesehen von Aluminium und Magnesium verlieren alle anderen Metalle ihren Glanz, wenn sie in Pulverform gebracht werden.)

3. Die **Farbe.**

(Fast alle Metalle sind weiß, mit Abtönung ins Bläuliche und Graue; Gold ist gelb, Kupfer rot gefärbt.)

4. Die **Geschmeidigkeit.**

(Die meisten Metalle sind dehnbar und zäh, sie lassen sich auswalzen, zu Drähten ausdehnen und hämmern; die den Metalloiden ähnlichen sind dagegen spröde.)

5. Die **Schmelzbarkeit.**

(Strengflüssig (mit einem Schmelzpunkte von über 1000° C) sind Kupfer, Gold, Nickel, Eisen, Mangan, Chrom und die Metalle der Platingruppe.)

6. Die **Fähigkeit Legierungen zu bilden.**

(Viele Metalle lassen sich zusammenschmelzen; die erhaltene metallische, gleichartige Masse heißt Legierung; sie hat im Vergleiche zu den Ausgangsmetallen wesentlich geänderte Eigenschaften: Härte, Schmelzbarkeit, Widerstandsfähigkeit und Festigkeit werden größer, Geschmeidigkeit und Leitungsfähigkeit geringer. Die Legierungen können als feste Lösungen aufgefaßt werden. **Legierungen des Quecksilbers heißen Amalgame.**)

7. **Gute Leitungsfähigkeit für Wärme und Elektrizität.**

b) **Metalle werden von Säuren unter Entwicklung von Wasserstoff und Bildung von Salzen gelöst; mit Sauerstoff liefern sie basenbildende Oxyde; die Basen sind Hydroxylverbindungen der Metalle, die mit Säuren Salze liefern; die meisten derselben sind in Wasser löslich.**

Wir gliedern die Metalle, wie allgemein üblich, nach dem geringeren oder höheren spezifischen Gewichte in die schon früher erwähnten Hauptgruppen der **Leichtmetalle** und **Schwermetalle.**

A. Leichtmetalle.

I. Alkalimetalle.

Einwertige, sehr leichte Metalle von großer Verbindungsfähigkeit, weshalb sie unter Petroleum aufbewahrt werden müssen, um sich nicht zu oxydieren. Man gewinnt sie durch Elektrolyse geschmolzener Alkaliverbindungen.

[360] Kalium, K = 39,1.

a) Das Kalium ist ein silberweißes, weiches Metall, das Wasser sofort zersetzt. Der sich entwickelnde Wasserstoff entzündet sich und **verbrennt mit violetter Flamme;** die Färbung rührt von mitgerissenen Kaliumteilchen her.

b) Die wichtigsten Verbindungen sind:

1. **Kaliumchlorid (Chlorkalium), KCl.**

Kommt als **Sylvin** und mit Magnesiumchlorid als **Carnallit** in großen Mengen in den **Staßfurter Abraumsalzen** vor, wird zur Erzeugung anderer Kaliumverbindungen und als **Düngemittel** verwendet.

2. Kaliumchlorat (chlorsaures Kalium, Chlorkali), KClO₃.

Das Kaliumsalz der Chlorsäure HClO₃ wird durch Einleiten von Chlorgas in heiße Kalilauge erhalten (oder in Kalkmilch und Umsetzung mit KCl); weiße Kristalle, die stark oxydierend wirken. Verwendung zu Sprengmitteln; die Lösung wirkt desinfizierend.

3. Kaliumkarbonat (Pottasche), K₂CO₃.

Hauptbestandteil der Pflanzenasche, aus der es früher durch Auslaugen mit Wasser hergestellt wurde. Jetzt wird Pottasche zumeist aus Kaliumchlorid, ähnlich wie Soda aus Kochsalz gewonnen. Pottasche ist eine weiße, zerfließliche Masse; die wässerige Lösung wirkt stark basisch und ist ätzend. Verwendung in der Glasfabrikation (für das schwer schmelzbare Kaliglas) und in der Seifenfabrikation.

4. Kaliumhydrat oder Kaliumhydroxyd (Ätzkalium, Ätzkali), KOH.

Wird erhalten durch Behandlung von Pottasche mit Ätzkalk:

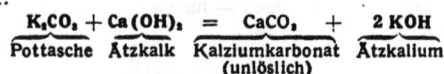

$$K_2CO_3 + Ca(OH)_2 = CaCO_3 + 2\ KOH$$

Pottasche   Ätzkalk   Kalziumkarbonat   Ätzkalium
(unlöslich)

Es kann auch durch Elektrolyse von Kaliumchlorid gewonnen werden. KOH ist eine weiße, zerfließliche, leicht schmelzbare Masse, in Wasser löslich (Kalilauge). Die Lösung wirkt als starke Base. Verwendung bei der Herstellung von Schmierseife, als Ätzmittel in der Medizin und als starke Base in der Chemie.

5. Kaliumnitrat (Kalisalpeter), KNO₃.

In farblosen Kristallen oder pulverförmig (Salpetermehl) [258, 4]. Es wurde früher in Salpeterplantagen künstlich erzeugt; in neuerer Zeit wird es durch Umsetzen aus dem Chilesalpeter gewonnen:

$$KCl + NaNO_3 = NaCl + KNO_3$$

Kaliumchlorid   Chilesalpeter   Natrium-   Kalium-
(als Mineral-   chlorid   nitrat
Sylvin)

KNO₃ ist ein starkes Oxydationsmittel, das zur Fabrikation des Schieß- und Sprengpulvers dient, ferner in der Feuerwerkerei Verwendung findet. Im Schießpulver wird die Verbrennung des Schwefels (10—12%) und der feinverteilten Holzkohle (13—15%) vom Kalisalpeter (dem 3. Bestandteile) außerordentlich gefördert, so daß der Druck der Verbrennungsgase (CO₂, N, SO₂) im Geschützlaufe bis über 6000 Atmosphären betragen kann.

6. Kaliumcyanid (Cyankalium), KCN.

Das Kaliumsalz des Cyanwasserstoffes (Blausäure) KCN ist eine weiße, sehr giftige Masse, riecht schwach nach Blausäure (Cyanwasserstoffsäure), findet namentlich bei der Goldgewinnung, dann bei der galvanischen Vergoldung und Versilberung Anwendung. Silber und Gold in feiner Verteilung werden von KCN gelöst. Das zusammengesetzte Radikal CN heißt Cyan und ist einwertig.

[361] Natrium, Na = 23.

a) Das Natrium wird durch Elektrolyse des geschmolzenen NaOH als silberweißes, wachsweiches Metall gewonnen. Es zersetzt ebenfalls das Wasser, jedoch nicht so heftig wie Kalium. Merke: **Natrium färbt die Flamme intensiv gelb.**

b) Verbindungen:

1. Natriumhydrat (Natriumhydroxyd, Ätznatron) NaOH,

ist weiß, zieht aus der Luft Wasser an (hygroskopisch), löst sich in Wasser zu einer stark alkalisch reagierenden Flüssigkeit (Natronlauge), die aus der Luft CO₂ aufnimmt und dabei in Natriumkarbonat übergeht (Na₂CO₃). Natriumhydroxyd wird als Seifen- oder Laugenstein (gelöst als Laugenessenz) zu Reinigungszwecken benützt, ferner in der Seifenfabrikation (Natronseife, feste, harte oder Kernseife).

2. Natriumkarbonat (Soda), Na₂CO₃ + 10 H₂O.

Enthält 10 Moleküle Kristallwasser, im wasserfreien Zustande **kalzinierte Soda.** Weiße, an der Luft verwitternde Kristalle, in Wasser leicht löslich; **die Lösung reagiert stark alkalisch.**

Herstellung: 1. Nach dem alten Leblancschen Verfahren von Kochsalz ausgehend, das durch Schwefelsäure in Na₂SO₄ umgewandelt wird; letzteres wird mit Kalkstein und Kohle geschmolzen und geglüht, die Masse dann mit Wasser ausgelaugt, wodurch das gebildete Na₂CO₃ in Lösung geht.

2. Nach dem neueren Solvayschen Verfahren, wobei man NH₃ und CO₂ in eine konzentrierte Kochsalzlösung leitet.

3. Durch Elektrolyse, indem man Kochsalz zersetzt und in das gebildete Natriumhydroxyd Kohlendioxyd leitet.

Verwendung in der Seifenfabrikation, Glasfabrikation (für das gewöhnliche oder Natronglas), zu Reinigungszwecken, zum Weichmachen harten Kesselspeisewassers.

3. Natriumbicarbonat (Doppelkohlensaures Natrium), NaHCO₃.

Bestandteil mancher Mineralwässer (Natronsäuerlinge), wird verwendet zu Brausepulver, Speisesoda und in Feuerlöschapparaten.

4. Natriumsulfat (Glaubersalz), Na₂SO₄.

In der Medizin als Abführmittel verwendet; Bestandteil der Mineralwässer von Marienbad, Franzensbad usw.

5. Natriumnitrat (Natron- oder Chilesalpeter), NaNO₃.

Kommt in großen Mengen im nördlichen Chile vor. Weißes, etwas hygroskopisches Salz; es ist ein sehr wichtiges Düngemittel, dient zur Erzeugung von KNO₃ und der Salpetersäure.

6. Natriumchlorid (Chlornatrium, Kochsalz, Steinsalz), NaCl.

Ist die wichtigste Verbindung des Natriums. Es ist ein Bestandteil des Meerwassers (2,75% Gehalt) und findet sich in mächtigen Ablagerungen als **Steinsalz,** die sich durch Austrocknen alter Meeresbecken gebildet haben.

Gewonnen wird es entweder durch bergmännischen Abbau oder durch Auslaugen des salzhaltigen Gesteins mit Wasser; die erhaltene „Sole" wird eingedampft, nachdem die Lösung allenfalls vorher über hohe Gerüste mit Reisig rieseln gelassen wurde (Gradierwerke; Abb. 178), wodurch eine Konzentration der Sole bis auf 20% erfolgt.

Abb. 178

In reinem Zustande bildet NaCl farblose würfelförmige Kristalle, in kristallinischem Zustande eine weiße Masse. NaCl schmeckt salzig und ist in heißem Wasser nur wenig leichter löslich als in kaltem. Es dient zur Herstellung der Soda, der Salzsäure, des Chlors und anderer Natriumverbindungen, wird in der Seifen- und Glasfabrikation verwendet und ist für den Menschen und viele Tiere zur Verdauung unentbehrlich.

II. Erdkalimetalle.

Die Elemente dieser Gruppe bilden silberweiße Metalle, die sich an der Luft leicht oxydieren; die Oxyde haben erdige Beschaffenheit, daher der Name; sie zersetzen Wasser bei gewöhnlicher Temperatur, ihre Hydroxyde reagieren alkalisch.

[362] Kalzium, Ca = 40,1.

a) Kalzium wird durch Elektrolyse des geschmolzenen Kalziumchlorides erhalten; beim Erhitzen verbrennt es mit gelbroter Flamme. In der Natur außerordentlich verbreitet, namentlich als Karbonat, $CaCO_3$ (Kalzit, Kalkstein, Marmor, Kreide, Tropfstein), dann als Sulfat, $CaSO_4$ (Gips), als Phosphat, $Ca_3(PO_4)_2$ (Phosphorit), als Fluorid, CaF_2 (Flußspat), und in Form von Silikaten.

Kalzium, für die Pflanzen als Nährstoff unentbehrlich, ist wichtig für viele Tiere, die Gerüste aus kohlensaurem Kalzium abscheiden (Schnecken, Muscheln usw.); als Phosphat findet es sich in den Knochen der höheren Tiere.

b) Verbindungen:

1. Kalziumoxyd, CaO.

Wird das Karbonat des Kalziums über 800° C erhitzt, so gibt es CO_2 ab und hinterläßt das Oxyd CaO als weiße erdige Masse. Kalkstein wird im Kalköfen (Abb. 179) erhitzt (Kalkbren-

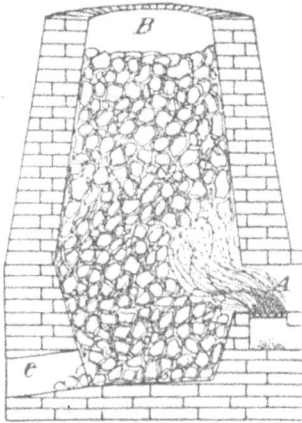

Abb. 179

nen). Der „gebrannte Kalk" ist weiß bis grau. Mit Wasser zusammengebracht erhitzt er sich stark und liefert unter starker Ausdehnung.

2. Kalziumhydroxyd (Kalkhydrat, gelöschter Kalk, Ätzkalk), Ca(OH)₂.

Mit wenig Wasser erhält man trocken gelöschten Kalk, mit mehr Wasser Kalkbrei, der durch weiteren Wasserzusatz Kalkmilch liefert; mit sehr viel Wasser (800 Teile auf 1 Teil CaO) erhält man eine farblose Flüssigkeit, Kalkwasser. Ätzkalk zieht aus der Luft CO_2 an und gibt nach der Gleichung $Ca(OH)_2 + CO_2 = CaCO_3 + H_2O$ Kalziumkarbonat neben Wasser.

Mit Sand gemischt gibt er Luftmörtel (Kalkmörtel), der durch Karbonatbildung erhärtet.
Tonhaltige Kalksteine geben beim Brennen hydraulische Mörtel oder Zemente, die auch unter Wasser erhärten.
Ätzkalk wird ferner in der chemischen Industrie, in der Gerberei und Zuckerfabrikation verwendet.

3. Kalziumkarbonat (Kalkstein) CaCO₃.

In reinem Zustande weiß, in Wasser unlöslich; löst sich unter Aufbrausen (Entweichen von CO_2) in Salzsäure. Als Kalkstein wichtiger Baustein, als Marmor für Bildhauerwerke und als Zierstein in Bauten verwendet; in der Glasfabrikation, als Kreide zu Putz- und Zahnpulver und zu Kitten benützt.

4. Kalziumsulfat (Gips), CaSO₄.

Kommt in der Natur im wasserfreien Zustande als Anhydrit vor, mit 2 Molekülen Kristallwasser als Gips. Letzterer bildet farblose Kristalle oder weiße, kristallinische Massen.

Wird Gips auf etwa 120° erhitzt, so verliert er den größten Teil seines Kristallwassers und liefert eine lockere, leicht zerreibliche Masse, gebrannten Gips (Gipsmehl), die mit Wasser zusammengebracht, dieses unter Volumsvermehrung wieder aufnimmt und dann ziemlich rasch erhärtet (Gipsmörtel). Wird der Gipsstein über 200° erhitzt, so gibt er das ganze Wasser ab und verliert die Fähigkeit, Wasser aufzunehmen und zu erhärten (totgebrannter Gips). Die feinsten Sorten des Gipses heißen Bildhauer- oder Alabastergips; zur Härtung der Masse wird oft Leimwasser, Alaunoder Boraxlösung zugesetzt (Stuckgips). Durch Einrühren von Farbstoffen erhält man künstlichen Marmor.

Erhitzt man Gips bis gegen 1000°, so erhält er wieder die Fähigkeit, Wasser aufzunehmen und zu erhärten; der Prozeß verläuft jetzt viel langsamer, das Produkt (Estrichgips) ist viel härter und wetterbeständiger.

Außer im Baugewerbe wird Gips als wertvolles Düngemittel verwendet.

5. Kalziumnitrat (Kalk- oder Luftsalpeter), Ca(NO₃)₂

wird in neuerer Zeit in großer Menge durch Einwirkung der aus der Luft erhaltenen Salpetersäure auf Kalkstein gewonnen; stellt ein wertvolles Stickstoffdüngemittel vor [258, 4].

6. Kalziumchlorid (Chlorkalzium), CaCl₂.

Ein zerfließliches Salz, das im wasserfreien Zustande zur Trocknung von Gasen, zum Entwässern von Flüssigkeiten, für Kühlanlagen und zu Kältemischungen verwendet wird.

7. Kalziumhypochlorit (unterchlorigsaures Kalzium, Chlorkalk), Ca(ClO)₂.

Erhält man durch Einwirkung von Chlorgas auf feuchten gelöschten Kalk als weißlichgraue, nach Chlor riechende Masse, die als Desinfektionsmittel Verwendung findet.

8. Kalziumphosphat Ca₃(PO₄)₂.

Auf das Vorkommen dieses Kalziumsalzes der Phosphorsäure H_3PO_4 wurde bereits beim Phosphor hingewiesen [260]. Es ist im Wasser unlöslich; um es für Düngezwecke brauchbar zu machen, wird es mit H_2SO_4 behandelt, „aufgeschlossen", wodurch man ein lösliches Kalziumphosphat erhält.

9. Kalziumkarbid, CaC₂.

Ist in neuerer Zeit für die Herstellung des Azetylengases und für die Erzeugung von Kalkstickstoff wichtig geworden; man erhält es durch Zusammenschmelzen von Ätzkalk und Kohle in elektrischen Öfen.

10. Kalziumzyanamid („Kalkstickstoff"), CaCN₂.

Ein wichtiges Düngemittel, wird durch Überleiten von Stickstoff über Kalziumkarbid bei etwa 1000° als grauweißes Pulver erhalten, ein Verfahren, welchem in der chemischen Großindustrie neuestens hervorragende Bedeutung beigemessen wird.

Der Betrieb elektrischer Öfen in so großem Maßstabe, wie er bei der Erzeugung von Kalziumkarbid oder, wie später erwähnt werden soll, bei der Gewinnung von Aluminium erforderlich ist, setzt natürlich das Vorhandensein ausreichender Wasserkräfte voraus. Aus diesem Grunde konnte sich auch die Herstellung von Kalkstickstoff über Kalziumkarbid in an natürlichen Wasserkräften ärmeren Ländern nicht in dem Maße entwickeln, wie die Gewinnung von Luftsalpeter aus Stickstoff und Sauerstoff, die unter [258, 3, b] beschrieben wurde. Eine Methode zur Gewinnung von Ammoniak aus Luftstickstoff wurde von Serpek ausgearbeitet und beruht auf der Darstellung von Aluminiumnitrid und Zersetzung durch Wasser [367, b, 1].

Jedenfalls stehen heute der Technik für diesen Zweck schon mehrere Verfahren zur Verfügung, von denen jedes den Keim höchster Entwicklungsfähigkeit in sich trägt.

11. Kalziumsilikate.

Bilden die verschiedenen Glasarten. Das Kaliglas (böhmisches Glas) besteht aus Kalium-Kalziumsilikat; es ist schwer schmelzbar, chemisch wenig angreifbar und wird durch Zusammenschmelzen von Pottasche, Kalkspat und Quarz erhalten und zu chemischen Gerätschaften und optischen Instrumenten benützt (Kronglas).

Natronglas ist ein Natriumkalziumsilikat, das leicht schmilzt und von Säuren stärker angegriffen wird; wird gewonnen durch Zusammenschmelzen von Soda, Kalkstein (Kreide) und Quarz. Es ist das Material zur Herstellung der gewöhnlichen Gebrauchsgegenstände aus Glas, der Spiegel- und Fensterscheiben. Der Glasfluß ist zumeist gelb, grün oder braun (Flaschen- oder Bouteillenglas), zur Entfärbung besserer Glassorten wird Braunstein dem Glasflusse zugesetzt. Gefärbte Gläser werden durch zugesetzte Metalloxyde erzeugt, die färbige Silikate liefern.

[363] Baryum, Ba = 137,4.

Von den Verbindungen des Baryums kommt namentlich das Sulfat als Baryt oder Schwerspat $BaSO_4$ in der Natur vor; es dient als Ausgangspunkt für die Herstellung von Baryumverbindungen und ist im Wasser unlöslich. Das künstlich erzeugte, aus Lösungen gefällte $BaSO_4$ stellt die beständige, weiße Anstrich- und Malerfarbe **Permanentweiß** (Blanc fixe) dar. Lösliche Baryumverbindungen sind giftig und werden als Rattengift verwendet. Baryumverbindungen färben die Flamme grün, finden daher Verwendung in der Feuerwerkerei (Grünfeuer).

[364] Strontium, Sr = 87,6.

Das Nitrat dieses Elementes wird zur Erzeugung des roten, bengalischen Feuers benützt, da die Strontiumverbindungen die Flamme intensiv rot färben.

[365] Radium, Ra = 226,4.

a) Zur Gruppe der Erdalkalimetalle gehört das dem Baryum chemisch nahestehende **Radium**, das in neuerer Zeit wegen der Heilwirkung der von ihm ausgesendeten Strahlen ausgebreitete Verwendung in der Medizin findet, außerdem aber auch ein hervorragendes, wissenschaftliches Interesse bietet. Seine Temperatur ist immer um einige Grade höher als die der Umgebung; es sendet dreierlei Strahlen aus **(Radio-Aktivität)** und gibt ununterbrochen ein Gas ab, **Emanation** oder Niton, das sich allmählich in das Edelgas **Helium** verwandelt. Viele Heilquellen (z. B. die Thermen von Gastein, die Joachimsthaler Quellen) sind radioaktiv.

b) Das Radium wird aus dem **Uranpecherz (Pechblende)**, einem grünlich schwarzen, die Elemente Uran, Blei und Sauerstoff enthaltenden Mineral gewonnen, das besonders in Joachimsthal (Böhmen) zu finden ist. Es ist aber in so geringfügigen Spuren enthalten, daß z. B. aus 10 Tonnen dieses Minerals nur wenige Milligramm Radium dargestellt werden können, woher auch der ungeheuer hohe Preis dieses für Wissenschaft und Heilkunde gleich wichtigen Elementes herrührt.

Es sendet jene eigentümlichen Strahlen aus, die Prof. Becquerel 1896 zuerst an Uransalzen beobachtete, aber millionenmal stärker als das Uran, ohne daß es irgendwie erregt oder eine meßbare Abnahme der Strahlungsfähigkeit zeigen würde. Dem Ehepaare Curie in Paris gelang es 1898, das Radium aus Joachimsthaler Pechblende nahezu rein als neues Element zu isolieren. Radium wirkt photographisch durch die von ihm ausgesandten Röntgenstrahlen, zerstört alle organischen Stoffe und erzeugt auf der Haut Brandwunden. Es überträgt die Eigenschaft, Becquerelstrahlen auszusenden auf Körper, die mit ihm im gleichen abgeschlossenen Raume sind; als ihren Träger erkannte Rutherford die Emanation, ein radioaktives Gas, das, wie erwähnt, sich in einer genau berechneten Zeit in das Edelgas Helium verwandelt. Seine heilkräftige Wirkung in vielen Krankheitsfällen hat zur Entwicklung eines neuen Zweiges der Medizin, der Radiotherapie, geführt. In allen Großstädten sind eigene Radiuminstitute entstanden, die sich ausschließlich mit der weiteren Erforschung der Wirkung dieses Naturwunders der Neuzeit befassen.

Man fand neuerdings folgendes: Jeder radioaktive Stoff schleudert, wie ein fortgesetzt partiell explodierender Körper, 1. Heliumteilchen (= α-Strahlen) und 2. Elektrizitätsteilchen oder Elektronen von sich (= β-Strahlen); außerdem wird bei Abstoßung der Elektronen durch die erschütterten, zurückbleibenden, aber noch nicht zertrümmerten Moleküle, die in heftigste Schwankungen geraten, der Äther miterschüt-

tert, wodurch in diesem die äußerst kurzwelligen (durch unser Auge nicht wahrnehmbaren) Röntgenstrahlen entstehen (= γ-Strahlen). Bei diesem Zerfalle bilden sich natürlich aus dem gegebenen radioaktiven Stoffe, wie bei jeder chemischen Zersetzung neue Stoffe. Beispiel:

$$\text{Uran} \xrightarrow{\alpha} \text{Uran } X_1 \xrightarrow{\beta} \text{Uran } X_2 \xrightarrow{\beta} \text{Uran } II \xrightarrow{\alpha} \xrightarrow{\alpha} \text{Radium}$$
$$\xrightarrow{\alpha} \xrightarrow{\beta} \text{Radiumemanation} \xrightarrow{\alpha} \text{Radium } A \text{ usf.} \ldots \text{bis Blei.}$$

Nachdem man die um die Atome der Stoffe kreisenden, elektrischen Teilchen, die Elektronen, gleichsam als neue Atome erkannt, tritt nunmehr die Chemie in ein ganz neues Stadium ihrer Entwicklung ein. Man weiß jetzt nämlich, daß jedes Atom eines Grundstoffes aus einem elektropositiven Kerne besteht, der von einer Anzahl Elektronen (d. s. die elektronegativen Urteilchen) umkreist wird. Abb. 180 zeigt uns den Aufbau eines Fluoratoms; der positive Kern wird in zwei Ringen von 2 bzw. 7 Elektronen umkreist. Der Kern muß daher die Ladung + 9 haben. Fluor wird sonach chemisch registriert als: (+ 9, — 2, — 7); Wasserstoff als (+ 1, — 1); Sauerstoff als (+ 8, — 2, — 6) usw. — Der Gedanke, daß schließlich alle Stoffe nur aus einem oder zwei Urstoffen aufgebaut sind, gewinnt immer mehr Unterlage, so daß schließlich die Alchimie, die aus allem Gold machen wollte, uns gar nicht mehr so sinnlos, wenn auch im Ziele verfehlt, erscheint.

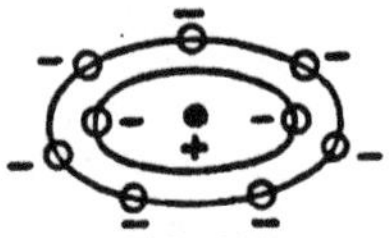

Abb. 180

III. Erdmetalle.
[366] Magnesium, Mg = 24,3.

a) Am meisten verbreitet ist das kohlensaure Magnesium, **Magnesit**, $MgCO_3$. Das Magnesium wird durch Elektrolyse gewonnen. Man kann es walzen und zu Draht ausziehen. Es zersetzt Wasser unter Wasserstoffentwicklung erst bei Siedehitze. **An der Luft verbrennt es mit glänzendweißem Lichte;** daher seine Verwendung in der Feuerwerkerei (Magnesiumfackeln) und bei photographischen Aufnahmen (Blitzlicht), ferner als Reduktionsmittel. Es ist ein zweiwertiges Element.

b) Verbindungen:

1. Magnesiumoxyd (gebrannte Magnesia), MgO.

Entsteht bei der Verbrennung des Magnesiums und beim Glühen des Magnesiumhydroxyds und -karbonats als weißes, sehr lockeres Pulver, das in der Heilkunde als Magnesia usta bekannt ist und auch zur Herstellung feuerfester Ziegel und Tiegel benützt wird.

2. Magnesiumsulfat (Bittersalz), $MgSO_4 + 7 H_2O$

ist ein Bestandteil mehrerer Mineralwässer (Bitterwässer), die abführend wirken; es kommt auch im Meerwasser vor.

3. Magnesiumsilikat

kommt in der Natur vor als Speckstein, für Gasbrenner verwendet, Talk (Schneiderkreide), Meerschaum, für Drechslerwaren, Serpentin, als Dekorationsbaustein, Asbest, langfaserige, seidenglänzende Hornblende; ist ein schlechter Wärmeleiter und wird zu Dichtungen sowie zu Isolierungen benützt.

[367] Aluminium, Al = 27,1.

a) Das Aluminium kommt in Verbindungen außerordentlich häufig in der Natur vor, namentlich in Form von Silikaten. Es wird in großen Mengen durch Elektrolyse aus Aluminiumoxyd, Al_2O_3 **(Bauxit)** gewonnen, das im elektrischen Ofen von Heroult mit einem Flußmittel (Kryolith, Natriumaluminiumfluorid) versetzt geschmolzen wird.

Die ökonomische Erzeugung von Aluminium ist natürlich an das Vorhandensein ausreichender Wasserkräfte gebunden. Großartig sind in dieser Hinsicht die Aluminiumwerke am Niagarafall.

Aluminium ist ein weißes, leichtes, sehr dehnbares Metall, oxydiert an der Luft fast gar nicht, zersetzt Wasser auch beim Kochen nicht, wird von verdünnter Mineralsäure und Alkalilaugen leicht gelöst. **Es ist ein kräftiges Reduktionsmittel für Oxyde schwer schmelzbarer Metalle.** Hierbei steigt die Temperatur bis zu 3000°. **Man benützt ein Gemenge von Eisenoxyd und Aluminiumpulver (Thermit) zum Zusammenschweißen von Eisenteilen.**

Verfahren von Goldschmidt (1895) zur Erzeugung hoher Temperaturen von über 3000° zum Schweißen von Schienen, Wellen usw. und zur Darstellung schwer schmelzbarer Metalle in kohlenstofffreiem Zustande.

Aluminium findet seines geringen Gewichtes und seiner Beständigkeit wegen sehr ausgedehnte Verwendung: zu Kochgeschirren, zu Instrumenten und Apparatbestandteilen, zu unechten Versilberungen (Blattaluminium), als Pulver zu Silberbronze, als weiße Anstrichfarbe; es legiert sich gut mit Magnesium zum weißen **Magnalium**, mit Kupfer zu goldgelber **Aluminiumbronze**. Aluminium ist dreiwertig.

b) Verbindungen:

1. Aluminiumoxyd (Tonerde), Al_2O_3.

Kommt als Schmirgel (feinkörniger Korund), der ein wichtiges Schleif- und Poliermittel darstellt, in der Natur vor; die geschätzten Edelsteine Saphir und Rubin bestehen ebenfalls aus Al_2O_3 und werden neuerer Zeit künstlich her gestellt. Wird nach Serpek Tonerde mit Kohle im elektrischen Ofen in Gegenwart von Stickstoff erhitzt, so bildet sich Aluminiumnitrid, aus dem Ammoniak gewonnen werden kann [362, b, 10].

2. Aluminiumhydroxyd, $Al(OH)_3$

ist wichtig wegen seiner Eigenschaft, mit Farbstoffen unlösliche, auf der Faser festhaftende Verbindungen (Farblacke) zu liefern; hierauf beruht die Verwendung der Aluminiumsalze, namentlich des essigsauren Aluminiums (Aluminiumazetat), als Beizen in der Färberei.

3. Aluminium-Kaliumsulfat (Alaun).

Ist in Wasser löslich, bildet farblose Kristalle und wird in der Weißgerberei und Färberei, ferner zum Härten des Gipses verwendet.

4. Aluminiumsilikate

kommen in verschiedenen Tonarten vor, die für die Porzellan- und Tonwarenindustrie von Bedeutung sind.

Wir geben hier nur eine kurze Übersicht derselben: Porzellanerde (Kaolin) ist ein wasserhaltiges, wenig verunreinigtes Aluminiumsilikat, das unter Zusatz von Feldspat und Quarz zu Porzellan verarbeitet wird. Feuerfeste Tone werden, weil unschmelzbar, zur Herstellung von Schamottewaren verwendet. Töpferton ist eisenhaltig; noch stärker verunreinigt ist Ziegelton oder Lehm, der zur Bereitung der Mauerziegel dient. Je nach dem Verfahren und den Zusätzen erhält man aus verschiedenen Tonen das Steinzeug, Steingut, das Halbporzellan, die Majolika, die Fayence usw. Weiteres in der „Stoffkunde".

B. Schwermetalle.

I. Zinkgruppe.

[368] Zink, Zn = 65,4.

a) Das Zink kommt namentlich als **Sulfid**, ZnS (Zinkblende), in der Natur vor. Aus seinen Erzen wird es, allenfalls nach vorgenommener Röstung, durch Reduktion mit Kohle gewonnen. Es stellt ein bläulichweißes, stark glänzendes Metall dar, das bei gewöhnlicher Temperatur spröde ist. Zwischen 100 und 150° wird es geschmeidig, läßt sich walzen und zu Draht ziehen.

Über 400° schmilzt es, bei 950° verdampft es. Bei starker Erhitzung verbrennt es an der Luft zum Zinkoxyd ZnO. Verdünnte Säuren lösen es unter Entwicklung von Wasserstoff leicht auf. Es wird zu verschiedenen Gußwaren (Zinkguß), als Dachdeckmaterial, als Rostschutz für Eisengegenstände (Verzinkung), zu Legierungen verwendet (Messing, Neusilber usw.). Das Zink ist zweiwertig.

b) Verbindungen:

1. Zinksulfat (Zinkvitriol), $ZnSO_4 + 7 H_2O$.

Gibt mit Baryumsulfidlösung einen weißen Niederschlag, der aus Baryumsulfat $BaSO_4$ und Zinksulfid ZnS besteht und als Lithopone-Weiß in der Malerei verwendet wird.

2. Zinkchlorid (Chlorzink), $ZnCl_2$

ist ein Holzimprägniermittel.

II. Eisengruppe.

Hierher gehören die Elemente Eisen, Kobalt und Nickel, die in verschiedener Beziehung ähnliches Verhalten zeigen. Sie sind schwer schmelzbar, **magnetisch**, bilden je 2 Reihen von Verbindungen, in denen sie zwei- und dreiwertig auftreten.

[369] Eisen, Fe = 55,8.

a) **Vorkommen:** Eisenerze kommen in sehr großen Mengen vor.

Wichtig sind insbesondere Spateisenstein oder Eisenspat (Eisenkarbonat $FeCO_3$), Roteisenerz, Hämatit (Eisenoxyd Fe_2O_3) in den Abarten Eisenglanz, Eisenglimmer, Glaskopf, Rötel, Toneisenstein, Magneteisenerz, Magnetit (Eisenoxyduloxyd Fe_3O_4), Brauneisenstein (ein wasserhaltiges Eisenhydroxyd), Eisen- oder Schwefelkies, Pyrit FeS_2.

b) **Gewinnung und Eigenschaften:** Nach der Röstung der Eisenerze erfolgt eine zwecksprechende Mischung derselben, Zugabe von schlackenbildenden Zusätzen und Reduktion mit Kohlenstoff (in Form von Koks) in großen Schachtöfen, den Hochöfen.

Man erhält auf diese Weise **Roheisen**, das bis rd. 5% Kohlenstoff, außerdem noch geringe Mengen von S, P, Mn und Si enthält. Im grauen Roheisen findet sich der Kohlenstoff vorwiegend in graphitischer Form (Grauguß), im weißen Roheisen ist der Kohlenstoff chemisch gebunden (Eisenkarbid Fe_3C); Weißeisen mit großen, spiegelnden Flächen heißt Spiegeleisen, solches mit hohem Mangangehalte Ferromangan.

Roheisen oder **Gußeisen ist spröd, nicht schmiedbar und nicht schweißbar.** Werden die Beimengungen des Roheisens durch entsprechende Behandlung mehr oder weniger entfernt, so erhält man schmiedbares Eisen, das weniger spröd ist, vor dem Schmelzen erweicht und sich schmieden läßt. Je nach dem Kohlenstoffgehalte unterscheidet man daher:

1. **Gußeisen** mit bis zu 5% Kohlenstoff, schmilzt bei 1300°.

2. **Stahl** (mit 0,5—1,5% Kohlenstoff, Schmelzpunkt 1600°), hart, härtbar, hat geringe Schmied- und Schweißbarkeit.

3. **Schmiedeeisen** (mit höchstens 0,5% Kohlenstoff; Schmelzpunkt 1800°), nicht härtbar, zäh, ausgezeichnet schweißbar.

Je nach dem Verfahren, das zur Erzeugung des schmiedbaren Eisens angewendet wird, erhält man Schweißeisen und Flußeisen. Geht die Erhitzung nur bis zum Teigigwerden des Rohmaterials, so ergibt sich die erste Sorte; wird das Material bis zum vollkommen flüssigen Zustand erhitzt, so gewinnt man Flußeisen. Bleibt hierbei der Kohlenstoffgehalt über 0,5%, so spricht man von Schweißstahl oder Flußstahl, die härtbar sind. Schweißeisen wird im Puddelverfahren gewonnen. Zur Herstellung des Flußeisens (Flußstahles) lassen sich mehrere Verfahren anwenden: Das Bessemer-Verfahren (vom Engländer Bessemer 1856 eingeführt) für phosphorfreies Roheisen; das Thomas-Gilchrist-Verfahren (1878), für phosphorhaltiges Eisen; das Siemens-Martin-Verfahren (1865), wobei Eisenabfälle mitverarbeitet werden; Verfahren zur Herstellung von Zement- oder Kohlungsstahl (Gerb- und Tiegelstahl). Die hohen Temperaturen zum Umschmelzen des Stahles werden neuerer Zeit in elektrischen Öfen erzielt, das Produkt heißt Elektrostahl. (Näheres in der „Stoffkunde".)

c) Reines Eisen, durch Reduktion von Eisenoxyd, Fe_2O_3, erhalten, stellt ein silbergraues, weiches, zähes, magnetisches Metall dar. Es schmilzt erst bei 1600°. In feuchter Luft oder in lufthaltigem Wasser oxydiert es sich leicht, es rostet, indem es sich mit braunem Eisenhydroxyd überzieht. Verdünnte Säuren lösen es leicht auf.

d) Verwendung: Das chemisch reine Eisen hat keine technische Bedeutung, allgemeinste Verwendung finden nur die unter b) angeführten Eisen- und Stahlsorten.

e) Wichtig sind zwei Reihen von Eisenverbindungen, in denen es entweder als zweiwertiges Element auftritt (Ferro- oder Eisenoxydulverbindung) oder als dreiwertiges (Ferri- oder Eisenoxydverbindung).

f) V e r b i n d u n g e n :

1. Ferrosulfat (Eisenvitriol), $FeSO_4 + 7 H_2O$.

Blaßgrüne, in Wasser leicht lösliche Kristalle, die in der Tintenfabrikation und Färberei verwendet werden.

2. Eisenoxyd (Ferrioxyd), Fe_2O_3.

In der Natur als Roteisenstein vorkommend, fein gemahlen als Eisenmennige (Rostschutzfarbe) verwendet. Durch Glühen dieser Eisenverbindung wird als rotes oder braunrotes Pulver Caput mortuum (Kolkothar, Englischrot) erhalten. Als Schleif- und Poliermittel (Polierrot) und als Farbe verwendet.

3. Ferrichlorid (Eisenchlorid), $FeCl_3$.

Braune Kristalle, die sich in Wasser mit gelbbrauner Farbe lösen; Verwendung als blutstillendes Mittel.

[370] Kobalt, Co = 59.

Ist ein rötlichweißes, dem Eisen ähnliches Metall, das zwei Reihen von Salzen liefert; die vom zweiwertigen Kobalt stammenden Kobaltosalze sind im wasserhaltigen Zustande rot, im wasserfreien blau, deshalb für sympathetische Tinten und Wetterbilder verwendet. Kobaltsilikat ist blau gefärbt (**S m a l t e**), in der Glas- und Porzellanmalerei verwendet.

[371] Nickel, Ni = 58,7.

Ist fast silberweiß, zäh, hart, schmied- und schweißbar, bleibt an der Luft unverändert. Es wird namentlich zum Vernickeln, dann zur Erzeugung von Kochgeschirren und von Nickelmünzen verwendet.

Nickelstahl zeichnet sich durch außerordentliche Härte aus, wird daher für Panzerplatten und Dampfturbinen verwendet. Zum Vernickeln wird das Nickel-Ammoniumsulfat benützt.

[372] Mangan, Mn = 54,9.

In seinen Verbindungen tritt es mit verschiedenen Valenzen auf (2—7wertig).

Mangandioxyd (Braunstein, Pyrolusit), MnO_2.

Dessen Verwendung bei verschiedenen chemischen Prozessen haben wir schon mehrmals erwähnt. Wird auch als Zusatz für die Kohlenelektroden der galvanischen Elemente verwendet.

Schmilzt man es mit Ätzkali und Salpeter, so erhält man eine dunkelgrüne Masse von mangansaurem Kalium, **Kaliummanganat**, K_2MnO_4, die sich in Wasser mit grüner Farbe löst; die Farbe geht bei Säurezusatz in Rot über (mineralisches Chamäleon) und die Lösung enthält nun Kaliumpermanganat, **übermangansaures Kalium**, $KMnO_4$. Es stellt schwarzviolette, metallisch glänzende Kristalle dar, die sich in Wasser mit violetter Farbe lösen und als Oxydations- und Desinfektionsmittel Verwendung finden (Mundwasser).

III. Chromgruppe.

[373] Chrom, Cr = 52.

Es wird aus dem **Chromeisenstein** oder **Chromit** als grauweißes, silberglänzendes Metall von großer Härte gewonnen. Seine Legierung mit Eisen, das **Ferrochrom**, ist für die Stahlbereitung von Bedeutung. Es tritt 2-, 3- oder 6wertig auf.

Im **Chromalaun**, Kalium-Chromisulfat, das dunkelviolette Kristalle bildet, ist es dreiwertig.

Chromioxyd, Cr_2O_3, ein grünes Pulver, dient zum Grünfärben von Glas- und Porzellan.

Die Chromsalze sind meist sehr schön gefärbt und dienen als Farben sowie zum Beizen in der Färberei und Gerberei.

[374] Wolfram, W = 184.

In der Natur kommt es in Wolframaten (Salzen der Wolframsäure H_2WO_4) vor; durch Reduktion mit Aluminium erhält man das Wolframmetall als graues, hartes Metall, das für gewöhnlich spröd ist. **Neuerer Zeit ist es gelungen, das Wolfram in dünne Drähte zu ziehen, die zur Herstellung der elektrischen Metallfadenlampen ausgedehnte Verwendung finden.** Zur Verhütung der Oxydation des Wolframdrahtes werden die Glühbirnen mit Stickstoff gefüllt. **Eine Beimengung von 5% Wolfram verleiht dem Stahl große Härte und Zähigkeit (Wolframstahl).**

Natriumwolframat wird als Flammenschutz für feuergefährliche Gewebe verwendet.

IV. Bleigruppe.

Die hierher gehörigen Metalle Blei und Zinn zeigen in chemischer Beziehung große Ähnlichkeit; beide sind zwei- und vierwertig; ihre Hydroxyde lösen sich sowohl in Säuren wie in Alkalien.

[375] Blei, Pb = 207,1.

a) Aus dem häufigsten Bleierze, dem **Bleiglanze** (Bleisulfid, PbS), wird durch Röstung und Reduktion metallisches Blei gewonnen. Es ist ein bläulichweißes Metall, auf frischer Schnittfläche stark glänzend; wird an der Luft durch oberflächliche Oxydation matt, grau, sehr weich und abfärbend. Blei ist sehr dehnbar, läßt sich zu Platten und Blechen auswalzen.

Verdünnte HNO_3 löst Blei leicht zu Bleinitrat auf, auch Essigsäure (Essig) greift es an. **Blei und seine Verbindungen sind giftig** (chronische Bleivergiftungen der Schriftsetzer und Bleiarbeiter). „Harte" Wässer lösen Blei (Bleirohre) nicht auf. Blei wird mannigfach verwendet: Zu Röhren, den Bleikammern in der Schwefelsäurefabriken, zu säurefesten Gefäßen, in der Kabelfabrikation, für Geschoße, zu Legierungen (mit Zinn zu Schnellot und zu Orgelpfeifenmetall), zu Akkumulatorenplatten, als Dichtungsmaterial.

An der Luft erhitzt, geht es unter Sauerstoffaufnahme in gelbes Bleioxyd, PbO, über (Bleiglätte, Massikot), das zu Firnissen, Bleigläsern und Glasuren benützt wird. Bei weiterer Erhitzung erhält man Bleimennige (Minium), Pb_3O_4, das als rote Grundfarbe für Eisen und als Ölkitt zum Dichten von Gas- und Dampfrohrleitungen usw. benützt wird. In den Akkumulatoren als Füllmasse und für Zündwaren wird **Bleisuperoxyd**, PbO_2, ein dunkelbraunes Pulver, verwendet. **Bleiweiß** ist basisches Bleikarbonat; Flintglas, das zu optischen Gläsern verwendet wird, ist ein **Bleisilikat.**

[376] Zinn, Sn = 119.

Aus dem Zinnsteine, SnO_2, erhält man durch Reduktion mit Kohle metallisches Zinn als silberweißes, stark glänzendes Metall von kristallinischem Gefüge; beim Biegen hört man ein Knirschen („Zinngeschrei").

Das Zinn ist weich, sehr dehnbar, **läßt sich daher zu ganz dünnen Blättchen (Zinnfolie, Stanniol) auswalzen.** Es ist an der Luft bei gewöhnlicher Temperatur sehr widerstandsfähig; über 200° wird es spröde und kann pulverisiert werden.

Beim Schmelzen oxydiert es zu Zinnoxyd oder Stannioxyd, SnO_2. Salz- und Schwefelsäure lösen das Zinn auf; Salpetersäure oxydiert es.

Verwendung des Zinns: Als Überzug für andere Metalle (bei Kupfergeräten für den Küchengebrauch, für Eisen im Weißbleche), zu Legierungen, namentlich Bronzen, als Zinnamalgam zu Spiegelbelegungen, als Stanniol für die Belegungen der Kondensatoren usw.

Bei niedriger Temperatur geht das Zinn in eine graue Modifikation über, wobei ein Zerfall der aus diesem Metalle hergestellten Gegenstände eintritt (Zinnpest). **Zinnasche** wird zur Herstellung von Emailgläsern verwendet; einige Zinnsalze werden in der Färberei als Beizen benützt; S t a n n i s u l f i d, $Sn S_2$ (**Musivgold**), dient zum Bronzieren.

V. Kupfergruppe.

[377] Kupfer, Cu = 63,4.

a) Kupfer kommt als solches in gediegenem Zustande in großen Massen in Nordamerika vor und wird aus Kupfererzen, namentlich dem K u p f e r - k i e s e, durch Rösten und Schmelzen gewonnen. Man erhält zuerst verunreinigtes Rot- oder Schwarzkupfer, **das durch Elektrolyse gereinigt wird (Elektrodenkupfer).** Reines Kupfer ist ein rotes Metall von großer Dehnbarkeit und Zähigkeit, leitet Wärme und Elektrizität sehr gut, ist aber zum Gusse nicht geeignet, da es Blasen bildet (Spratzen). An feuchter Luft überzieht es sich mit einer grünen Schichte von basischem Kupferkarbonat (**Edelrost** oder **Patina**). Von den meisten Säuren wird es angegriffen, auch von organischen (Essigsäure). Beim Erhitzen oxydiert es sich. **Lösliche Kupfersalze sind giftig.**

Verwendung: **Wichtigstes Leitungsmaterial in der Elektrotechnik,** zu Kesseln, Pfannen, Rohren, als Schiffsbeschlag, zu Bedachungen, für Zündhütchen usw.

Von großer Wichtigkeit sind seine Legierungen: Im **Messing** ist Kupfer mit Zink legiert; bei Zinkzusatz erhält man hellgelben **Gelbguß**, weniger Zink liefert rötliche oder goldähnliche Legierungen, **Rotguß** oder **Tombak** (ausgehämmert unechtes Blattgold). Eisenzusatz gibt das **Deltametall (Duranametall).** Cuivre poli ist zinnhaltiges Messing.

Mit Zinn legiert liefert das Kupfer die Bronzen; je nach den Mischungsverhältnissen erhält man Münz- oder Medaillenbronze, Geschützbronze, Statuenbronze, Glockenbronze; Phosphorbronze enthält etwas Phosphor, Siliziumbronze etwas Silizium. Kupfer und Aluminium liefert die Aluminiumbronze. Nickelmünzen bestehen aus einer Legierung von Cu mit Ni, Zusatz von Zn gibt Neusilber (**Argentan, Pakfong, Alpaka**), das durch silberähnliche Farbe ausgezeichnet ist und oft versilbert wird (**Chinasilber, Christofle**).

b) Das Kupfer tritt in seinen Verbindungen entweder einwertig (Kupro- oder Kupferoxydulverbindungen) oder zweiwertig (Kupri- oder Kupferoxydverbindungen) auf; die Lösungen der letzteren sind blau. Das wichtigste Kuprisalz ist das **Kupfersulfat (Kupfervitriol)** $CuSO_4 + 5 H_2O$, das dunkelblaue, in Wasser lösliche Kristalle bildet, die beim Erhitzen durch Wasserabgabe weiß werden. Verwendung zur galvanischen Verkupferung, als Holzimprägniermittel, zum Bespritzen von Weinreben bei Blattkrankheiten (mit Kalkmilch gemischt), in der Farbenindustrie.

[378] Quecksilber, Hg = 200,6.

a) Durch Röstung des Zinnobers (Quecksilbersulfids, HgS) erhält man metallisches Quecksilber, das meist noch gereinigt wird. Es ist ein **flüssiges,** silberweißes, stark glänzendes Metall, das sich bei gewöhnlicher Temperatur etwas verflüchtigt. Ist in Salpetersäure und heißer Schwefelsäure löslich. Bei — 40° erstarrt es. **Seine Dämpfe sowie seine Verbindungen sind sehr giftig.** Quecksilber gibt mit allen Metallen außer Eisen, Kobalt und Nickel Legierungen (**Amalgame**), die bei Quecksilberüberschuß flüssig sind. Verwendung zur Herstellung von Thermometern und Barometern, in der Quecksilberluftpumpe und Quecksilberlampe, zu Amalgamen, bei der Feuervergoldung und -Versilberung.

b) V e r b i n d u n g e n :

Quecksilberchlorid (Sublimat, Ätzsublimat), HgCl$_2$.

Bildet weiße Kristalle, die in Wasser löslich sind; die Lösung ist giftig und hat stark antiseptische Eigenschaften; sie wird daher als Desinfektionsmittel in der Medizin und als kräftiges Holzkonservierungsmittel verwendet.

Quecksilberchlorür (Kalomel), HgCl, mildes Ätzmittel, auch in der Medizin verwendet.

[379] Silber, Ag = 107,9.

a) Silber wird aus silberhaltigen Erzen entweder auf trockenem Wege (durch Rösten, Chlorieren oder Legieren mit Blei) oder auf nassem Wege (mit Hilfe von Quecksilber im Amalgamationsprozesse, namentlich aber mit Cyankalium bei der Cyanidlaugerei) gewonnen. Es ist ein rein weißes, weiches, dehnbares Metall, **das Wärme und Elektrizität am besten leitet.**

An der Luft behält es seine Farbe unverändert bei; H_2S schwärzt es (,,Anlaufen" der Silbergegenstände), HNO_3 und heiße H_2SO_4 lösen es. Am meisten verwendet wird es als Legierung mit Kupfer, weil diese härter ist (,,Feingehalt" der Silbermünzen und Silberwaren). Viele Gegenstände werden versilbert, auf nassem Wege, durch galvanische Versilberung oder Feuerversilberung (mit Silberamalgam).

b) Verbindungen :

Das Silber ist in seinen Verbindungen einwertig.

1. Silbernitrat (Höllenstein, Lapis), AgNO$_3$.

Bildet farblose Kristalle, die in Wasser leicht löslich sind. Es wird durch Auflösen von Ag in HNO_3 und Eindampfen erhalten. Zumeist kommt es in dünnen Stangen in den Handel. Bei Gegenwart organischer Substanzen schwärzt es sich am Lichte (Aufbewahrung in dunklen Flaschen). Verwendung: als Ätzmittel in der Medizin, zu unauslöschlichen Zeichentinten, zur Herstellung anderer Silberverbindungen.

2. Halogenverbindungen des Silbers AgCl, AgBr und AgJ.

Sind im Wasser unlöslich und außerordentlich lichtempfindlich, namentlich das Silberbromid (Bromsilber); durch die Einwirkung des Lichtes tritt eine Reduktion unter Abscheidung von fein verteiltem schwarzen Silber, daher Dunkelfärbung ein. Sie werden durch Zusammenbringen von Silbernitratlösung mit den Kaliumhalogensalzen erhalten und finden in der Photographie Verwendung (für photographische Platten, Films und Kopierpapiere).

VI. Edelmetallgruppe.

Hierher gehören mehrere außerordentlich widerstandsfähige Metalle von hohem spezifischem Gewichte.

[380] Gold, Au = 197,2.

Dieses Metall findet sich fast nur gediegen in der Natur vor (Berggold, Wasch- oder Seifengold); man gewinnt es mittels des Amalgamations- und des Cyanidverfahrens als gelbes, glänzendes, weiches Metall von großer Dehnbarkeit; **man kann es zu Blättchen von 0,0001 mm Dicke ausschlagen.** An der Luft, auch in H_2S-haltiger Luft, bleibt es unverändert; **es ist nur in Königswasser löslich.** Da es sehr weich ist, wird es immer in legierter Form verwendet, entweder mit Kupfer (**Rotgold**) oder mit

Silber (**Gelbgold**). Die Vergoldung geschieht entweder mit Goldamalgam oder galvanisch in einem Goldbade (Kaliumgoldcyanid); allenfalls mit Blattgold.

[381] Platinmetalle.

Hierher gehören mehrere, einander sehr ähnliche Metalle (**Ruthenium, Rhodium, Palladium, Osmium, Iridium, Platin**), die nur gediegen in der Natur vorkommen. Das wichtigste von ihnen ist das **Platin**, Pt = 195,2. Es ist ein silbergraues, zähes und dehnbares, an der Luft unveränderliches Metall von sehr hohem spezifischen Gewichte (21,5). Von Königswasser wird es gelöst, schmelzende Alkalien greifen es an. Es findet ausgebreitete Anwendung, namentlich zu chemischen Gerätschaften (Schalen, Tiegeln, Blechen, Drähten), zu Elektroden, zu feuernden Kontakten in elektrischen Apparaten, in der Glühlampenfabrikation, bei künstlichen Gebissen, in der Photographie; seine Wirkung als **Katalysator** haben wir bereits früher bei verschiedenen chemischen Prozessen erwähnt.

5. Abschnitt.

Chemie der Kohlenstoffverbindungen.

(Organische Chemie.)

[382] Aufbau der Kohlenstoffverbindungen.

Es ist bereits früher darauf hingewiesen worden, daß der Kohlenstoff mit einigen anderen Elementen so zahlreiche Verbindungen eingeht, daß es üblich geworden ist, diese als **Chemie der Kohlenstoffverbindungen** (organische Chemie) zusammenzufassen. Die Bezeichnung „**organische Chemie**" für dieses Gebiet der Wissenschaft rührt davon her, daß die Verbindungen des Kohlenstoffs, vor allem mit **Wasserstoff** und **Sauerstoff**, dann aber auch noch mit Stickstoff und Schwefel vorherrschend in pflanzlichen und tierischen Körpern sich vorfinden oder von ihnen abgeschieden werden.

Früher war man der Ansicht, die Entstehung derartiger Verbindungen sei an die Tätigkeit bestimmter Organe der Lebewesen oder an die Wirkung einer eigenen „Lebenskraft" in den Organismen gebunden, weshalb man auch von „organischen" Verbindungen und von „organischer" Chemie sprach.

Die chemische Forschung hat diese Ansicht als irrig erkennen lassen. Dem deutschen Chemiker **Wöhler** ist es bereits im Jahre 1828 gelungen, Harnstoff künstlich zu erzeugen; seitdem ist eine große Zahl von Kohlenstoffverbindungen, die von Lebewesen erzeugt werden, auf künstlichem Wege dargestellt worden; dagegen ist es bei anderen, komplizierter zusammengesetzten Verbindungen, wie z. B. bei den Eiweißstoffen, bis jetzt noch nicht gelungen, sie im Laboratorium nachzubilden, ja nicht einmal ihren Aufbau vollkommen aufzuklären.

Viele der organischen Verbindungen besitzen ähnliche Eigenschaften, sind also chemisch miteinander verwandt; das Studium dieser Stoffe hat ergeben, daß auch Ähnlichkeiten im molekularen Aufbau der genannten Verbindungen feststellbar sind und daß sich im Zusammenhange damit ganze Reihen von organischen Verbindungen auf gewisse einfache Ausgangsverbindungen zurückführen lassen.

a) Wir haben früher den **Kohlenwasserstoff Methan CH₄** kennen gelernt [268, 3]:

Diesen können wir auffassen als die Wasserstoffverbindung eines einwertigen, ungesättigten Radikals **CH₃**, des **Methyls**, also als CH₃H. Das hier hervorgehobene Wasserstoffatom läßt sich nun durch eine einwertige Methylgruppe ersetzen, wodurch wir zur Verbindung CH₃ — CH₃ oder besser

kurz geschrieben C_2H_6, **Äthan** gelangen. Wird in diesem wieder ein Wasserstoff (z. B. der in der Strukturformel rechts stehende) durch eine Methylgruppe CH₃ ersetzt, so ergibt sich die neue Verbindung

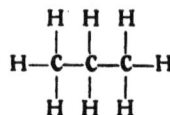

oder C_3H_8, der Kohlenwasserstoff **Propan**. So kann man beliebig weiterfahren und erhält immer längere, bandwurmartige Strukturformeln. Der Vergleich der molekularen Zusammensetzung dieser Kohlenwasserstoffe lehrt, daß jedes spätere Glied dieser Reihe sich vom vorangehenden nur durch Zufügung von

also von CH_2 unterscheidet.

Die so gebildeten Verbindungen zeigen nicht nur vielfach ähnliches chemisches Verhalten, sondern weisen auch in ihren sonstigen Eigenschaften mancherlei Gemeinsamkeit auf. Wir haben hier eine der Verwandtschaftsreihen vor uns, die wir als **homologe Reihen** bezeichnen.

Die von einer **Grundverbindung** abgeleiteten weiteren Verbindungen bezeichnet man auch als **Derivate**. Die vom Methan abgeleiteten Verbindungen heißen **Methanderivate** oder **Fettkörper**; die besondere Reihe oben führt den Namen **Methan-** oder **Paraffinreihe**; letztere Bezeichnung ist auf den Umstand zurückzuführen, daß das Paraffin höhere Glieder dieser Kohlenstoffwasserstoffreihe enthält.

b) Eine sehr große Zahl von organischen Verbindungen läßt sich vom **Kohlenwasserstoff, C_6H_6, dem Benzol**, ableiten.

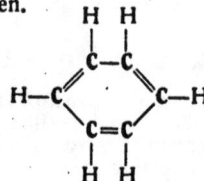

Hier nimmt man eine ringförmige (zyklische) Verkettung der 6 Kohlenstoffatome (Benzolring) an.

Wir erhalten durch Hinzufügen von CH_2 die Kohlenwasserstoffe der **Benzolreihe** und hiervon abgeleitet die Benzolderivate im engeren Sinne. Ähnlich ergibt sich vom Kohlenwasserstoff Naphthalin, $C_{10}H_8$, die **Naphthalinreihe**, die **Anthrazenreihe**, vom Anthrazen, $C_{14}H_{10}$. Alle diese Verqindungen heißen **aromatische Verbindungen** oder **Benzolderivate**.

c) Eine dritte große Gruppe organischer Verbindungen enthält Körper, die außer den Hauptbestandteilen C, H und O auch noch N und S (manchmal auch P) enthalten; es sind die **Eiweißstoffe**, die im Pflanzen- und im Tierkörper als wesentliche Bestandteile vorkommen. Wir wollen nun im folgenden die allerwichtigsten Verbindungen aus diesen Hauptgruppen in Kürze besprechen.

I. Fettkörper (Methanderivate).

A. Kohlenwasserstoffe.

[383] Petroleum.

Das erste Glied der Methanreihe, das **Methan, CH_4,** haben wir bereits früher [268, 3] kennen gelernt. Die höheren Glieder dieser Kohlenwasserstoffreihe sind flüssig oder fest und kommen in der Natur im **Petroleum** vor. Das Rohpetroleum stellt ein Gemenge der verschiedensten Kohlenwasserstoffe vor, aus dem man durch eine nach und nach bei jeweils höherer Temperatur erfolgende **fraktionierte Destillation** eine Reihe technisch wertvoller Körper gewinnt:

Der flüchtigste Teil des Rohpetroleums, der bei der Destillation zuerst übergeht, ist **Rohbenzin**; durch geeignete Destillation erhält man daraus je nach der Flüssigkeit: Petroleumäther, Gasolin, Petroleumbenzin (Leicht- und Schwerbenzin), Ligroin, Putz- oder Lacköl. Das **Brennpetroleum** (Erdöl) ist von den eben erwähnten flüchtigen Anteilen aus Sicherheitsgründen befreit worden. Höher siedendes Petroleum heißt **Solaröl**. Die nach Abdestillieren des Petroleums zurückbleibenden höher siedenden Anteile liefern dann noch **Schmier-** und **Paraffinöl, Vaseline** und **Heizöl (Masut).**

Asphalt besteht der Hauptsache nach ebenfalls aus Kohlenwasserstoffen. **Ozokerit** oder **Erdwachs** enthält Paraffin als Hauptbestandteil. Näheres hierüber, sowie über die fraktionierte Destillation überhaupt folgt in der Stoffkunde.)

[384] Alkohole.

a) Wird in einem Kohlenwasserstoff Wasserstoff durch die **Hydroxylgruppe OH** ersetzt, so erhält man **Alkohole**; je nach der Zahl der OH-Gruppen ergeben sich **ein-** und **mehrwertige** Alkohole:

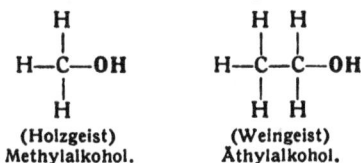

(Holzgeist)   (Weingeist)
Methylalkohol.   Äthylalkohol.

Methylalkohol (Holzgeist), $CH_3 \cdot OH$, bildet sich bei der trockenen Destillation des Holzes; er ist eine farblose, giftige Flüssigkeit, die als Lösungsmittel Verwendung findet.

b) Der wichtigste Alkohol ist der **Äthylalkohol** (Alkohol, kurzweg **Spiritus, Weingeist**), $C_2H_5 \cdot OH$; er **entsteht durch die geistige Gärung zuckerhaltiger Flüssigkeiten**.

Diese alkoholische Gärung wird durch Hefe-

Abb. 181   Abb. 182

pilze eingeleitet, deren Zellen sich außerordentlich rasch durch Sprossung vermehren. (Stark vergrößerte Hefepilze sehen wir in Abb. 181.) Der Zucker wird hierbei in Alkohol

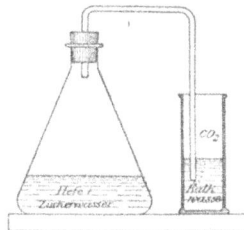

und Kohlendioxyd gespalten; letzteres entweicht und kann durch Kalkwasser, welches sich trübt, nachgewiesen werden (Abb. 182).

$$C_6H_{12}O_6 = 2 (C_2H_5 \cdot OH) + 2 CO_2.$$
$$\underbrace{\phantom{C_6H_{12}O_6}}_{\text{Traubenzucker}} \quad \underbrace{}_{\text{Alkohol}} \quad \underbrace{}_{\text{Kohlensäure.}}$$

Man erhält eine verdünnte Alkohollösung, die man durch mehrmalige Destillation an Alkohol anreichern kann.

Wasserfreier (absoluter) Alkohol ist eine farblose, eigentümlich riechende Flüssigkeit von brennendem Geschmacke. Sie wirkt berauschend, in großer Menge giftig und tödlich. Alkohol brennt mit blauer Flamme, löst viele Harze (zu Lacken) und Fette. Brennspiritus enthält etwa 80% C_2H_5OH, gew. Weing ist etwa 90%. Die geistigen Getränke enthalten Alkohol und dienen als Genußmittel.

Das **Gärungsgewerbe** umfaßt die Herstellung der verschiedenen alkoholischen Flüssigkeiten, zu denen Wein, Bier und Branntwein gehören:

1. **Wein.** Zur Weinbereitung werden die **Trauben** des Weinstockes zerquetscht und gepreßt (Keltern). Die Gärung des Traubensaftes, der **Traubenzucker** enthält, erfolgt in offenen Fässern ohne Hefezusatz, da Hefezellen schon mit den Beeren in die Flüssigkeit gelangen. (Nachgärung in lose verspundeten Fässern, Absatz von Weinstein und Hefe.) Aus **Äpfeln** und verschiedenen Beeren gewinnt man **Obstwein.** Gewöhnliche Weine enthalten 8 bis 12% Alkohol, Südweine 15—20%.

2. **Bier.** Das Ausgangsprodukt für die Bierbereitung ist das **Malz.** Erweichte Gerste läßt man keimen und dörrt sie dann (Luft- und Dörrmalz). Das Malz wird zerquetscht (geschrotet) und mit warmem Wasser zusammengebracht (im Maischbottich gemaischt). Die beim Keimen entstandene stickstoffhaltige **Diastase** verwandelt die Stärke des Gerstenkornes beim Malzen und Maischen in Malzzucker, der vergoren wird. Man kocht die erhaltene Bierwürze mit Hopfen und bringt sie nach rascher Abkühlung in die Gärbottiche, in denen die Hauptgärung durch Zusatz von Bierhefe eingeleitet wird; in den Fässern erfolgt noch eine Nachgärung. Bier enthält 2½—6% Alkohol.

3. **Spiritus.** Bei der Spiritusbrennerei werden alkoholhaltige Flüssigkeiten durch Gärung zuckerhaltiger Lösungen erzeugt und dann destilliert, wodurch alkoholreichere Flüssigkeiten erhalten werden. Man geht von Kartoffeln oder vom Roggen aus, überführt deren Stärke durch Malzzusatz in Zucker und vergärt diesen durch Hefezusatz. Durch Destillation wird **Kartoffelspiritus** oder **Kornbranntwein** erhalten, der Rückstand (Schlempe) ist als Viehfutter verwendbar. Wird Wein destilliert, so erhält man **Kognak** und **Franzbranntwein**, aus vergorenem Reis **Arrak**, aus Zuckerrohr **Rum**. Kognak enthält bis zu 70% Alkohol.

4. Auch beim **Backen** ist der Gärungsprozeß von Bedeutung. Man setzt dem Teig Hefe oder Sauerteig zu; in der Wärme vergären die Hefezellen den Zucker des Mehles zu Alkohol und Kohlensäure, die im Teig Blasen bildet und ihn hiedurch locker macht (man sagt, er „geht auf"). Beim Backen verflüchtigt sich die Kohlensäure und der Alkohol, wodurch die Blasen noch größer werden. (Die Wirkung der „Backpulver" beruht auf der Entwicklung von Gasen durch Zersetzung der Pulver (siehe Hirschhornsalz) [258].

c) **Glyzerin,** $C_3H_5(OH)_3$. Das bei der Seifenfabrikation als Nebenprodukt erhaltene Glyzerin ist ein **dreiwertiger Alkohol** und stellt in reinem Zustande eine farblose, ölige Flüssigkeit dar, die an der Luft Wasser anzieht und süß schmeckt.

Ein Gemisch von Glyzerin mit Wasser gefriert auch bei strenger Winterkälte nicht, eignet sich daher zur Füllung von Gasmesseruhren. Glyzerin wird als Zusatz zu Stempelfarben, Kopiertinten, in der Farbenfabrikation und namentlich zur Erzeugung des Sprengstoffes **Nitroglyzerin** verwendet.

Nitroglyzerin entsteht durch Nitrieren des Glyzerinradikals [mit Salpetersäure], wobei die drei Hydroxylgruppen (OH)$_3$ des Glyzerins durch die drei Salpetersäureradikalgruppen (NO$_3$)$_3$ ersetzt werden. Bringt man Glyzerin unter guter Kühlung vorsichtig in ein Gemenge von konzentrierter Schwefelsäure und konzentrierter Salpetersäure (4 : 1), so erhält man beim Eingießen ins Wasser ein schweres Öl (Nobels Sprengöl), das mit außerordentlicher Gewalt explodiert, wenn es von einem Stoß oder Schlag oder einem elektrischen Funken getroffen wird. Es zersetzt sich bei der Explosion in lauter sehr einfache Gase (CO$_2$, H$_2$O, N, O), die sich bei der hohen Temperatur sehr stark ausdehnen. Um das Nitroglyzerin besser transportieren und aufbewahren zu können, läßt man es von Kieselgur aufsaugen, wodurch man eine weiche Masse erhält (Dynamit).

[385] Essigsäure.

a) Wird Alkohol oxydiert (so daß 2 Atome Wasserstoff durch 1 Atom Sauerstoff ersetzt werden), so erhält man die Essigsäure, C$_2$H$_4$O$_2$ (oder CH$_3$ · COOH). Die Atomgruppe COOH (Karboxyl) ist kennzeichnend für organische Säuren; ihr Wasserstoffatom ist durch Metalle unter Bildung von Salzen ersetzbar.

Die vorerwähnte Oxydation tritt durch die Essiggärung ein. Bekanntlich werden Bier und Wein, wenn man sie längere Zeit offen stehen läßt, sauer und riechen nach Essig; es hat sich durch die Anwesenheit eines Spaltpilzes (Essigmutter) Essigsäure gebildet. Um die Säurebildung zu beschleunigen, läßt man bei der Schnellessigfabrikation alkoholische Flüssigkeiten (Wein oder Bierreste, Branntwein) in großen Essigbottichen über Buchenholzspäne tröpfeln; im unteren Teile sammelt sich verdünnte Essigsäure, Essig, an (Abb. 183). Bei der trockenen Destillation des Holzes bildet sich ebenfalls Essigsäure, die sich in dem „Holzessig" genannten Anteile vorfindet. Der rohe Holzessig muß noch gereinigt werden.

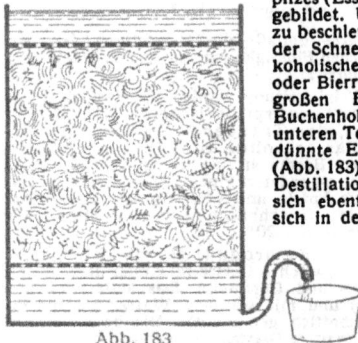
Abb. 183

Konzentrierte wasserfreie Essigsäure ist farblos, hat stark sauren Geschmack, stechenden Geruch und ist giftig. Unterhalb 17° erstarrt sie zu einer eisähnlichen Masse (Eisessig). Essigessenz ist Essigsäure von 50—80% Gehalt, gewöhnlicher Essig enthält nur 3—10% Säure.

Einige Salze der Essigsäure (Azetate) werden in der Färberei verwendet; das Kupfersalz bildet den giftigen Grünspan.

[386] Äther.

Durch Wasserentziehung entstehen aus den Alkoholen Äther, die sonach als Anhydride der Alkohole bezeichnet werden können.

Der wichtigste Äther ist der Äthyläther (Äther, Schwefeläther) (C$_2$H$_5$)$_2$O. Destilliert man Alkohol mit konzentrierter Schwefelsäure, die wasserentziehend wirkt, so erhält man eine farblose, angenehm riechende Flüssigkeit, die betäubend wirkt. Sie siedet schon bei 35°, ist sehr leicht entzündlich, daher feuergefährlich. Äther ist ein Lösungsmittel für verschiedene Körper (Fette, Öle, Phosphor u. dgl.); mit Alkohol gemischt erhält man die bekannten Hoffmannschen Tropfen.

Ester nennt man die chemische Verbindung von Alkohol mit Säuren unter Ausscheidung von Wasser. (Sie sind Bildungen analog den Salzen der anorganischen Chemie: Alkohol + Säure = Ester + Wasser.) Aldehyde enthalten die Gruppe COH, sind daher Zwischenglieder zwischen den Alkoholen (mit der Gruppe CH$_2$OH) und den Fettsäuren (mit der Karboxylgruppe COOH).

Der wichtigste Aldehyd ist der Formaldehyd (HCOH), ein stechend riechendes Gas, dessen wässerige Lösung als Formalin zu Desinfektionszwecken viel benützt wird.

B. Fette und Öle.

[387] Fettsäuren.

a) Zu den organischen Säuren von hohem Molekulargewichte gehören die Fettsäuren:

1. die Ölsäure, dickflüssig, Bestandteil der fetten Öle,

2. die Palmitinsäure, weiße Kristalle bildend, und

3. die Stearinsäure, in weißen Blättchen; das Gemenge der beiden letzteren bildet das bei der Kerzenfabrikation verwendete Stearin.

Die salzartigen Verbindungen dieser Fettsäuren mit dem dreiwertigen Alkohol Glyzerin C$_3$H$_5$(OH)$_3$ kommen als Fette und Öle vielfach in Pflanzen und Tierkörpern vor; zumeist liegen Gemenge der Glyzerinverbindungen (Glyzerinester der obgenannten drei Fettsäuren vor. Bildet das Olein (der Ölsäureester) den Hauptbestandteil, so ist das Fett flüssig (Öl), überwiegen das Palmitin (der Glyzerinester der Palmitinsäure) und das Stearin, so ergeben sich halbweiche und feste Fette.

[388] Fette.

Zu den festen Fetten gehört der tierische Talg; halbfest sind die Tierfette: Butter und Schmalz, die Pflanzenfette: Kokosbutter und Palmöl; flüssig sind der tierische Tran und viele Pflanzenöle: Oliven-, Rüb-, Leinöl usw.

Die Fette sind unlöslich im Wasser; löslich in Alkohol, Äther, Schwefelkohlenstoff und Benzin. An der Luft, namentlich im Lichte zersetzen sie sich unter Bildung von Fettsäuren und Glyzerin, d. h. sie werden ranzig, reagieren dann schwach sauer und erhalten unangenehmen Geruch und Geschmack, der von der Fettsäure herrührt (bei Butter z. B. von der Buttersäure).

Die Fette sind wichtige Nahrungsmittel; sie finden auch Anwendung in der Fabrikation von Kerzen, Seifen, Firnissen; Rindertalg zur Erzeugung von Margarin (Kunstbutter), weiche Fette in der Medizin.

[389] Seifen.

Erhitzt man Fette mit Alkalien [Laugen], so bilden sich die Alkalisalze der Fettsäuren und daneben scheidet sich Glyzerin ab; die ersteren stellen die Seife dar. Kaliumseife (Kali- oder Schmierseife) ist weich, Natriumseife (Natron- oder Kernseife) hart.

Kaliseife wird aus weichen Fetten und Kalilauge (oder Pottasche), Natronseife aus festen Fetten und Natronlauge (oder Soda) erzeugt.

Bei der Fabrikation der Schmierseife wird das nebenbei entstehende Glyzerin von der Kaliseife nicht abgetrennt. Die Herstellung der Natronseife unterscheidet sich von der der anderen im weiteren Verlaufe durch den Zusatz von Kochsalz zu dem gebildeten „Seifenleim", wodurch die Natronseife aus der Flüssigkeit ausgeschieden („ausgesalzen") wird; sie schwimmt oben auf und läßt sich abheben. Das Glyzerin und das Salz bleiben in der „Unterlauge".

Die vielseitige Verwendung der Seife beruht auf ihrer Fähigkeit, Fette zu lösen und Schmutzteilchen mechanisch zu entfernen. Alkaliseifen von guter Qualität lösen sich in weichem Wasser (und auch in Alkohol); die wässerige Lösung reagiert alkalisch. Enthält die Natronseife freies Ätznatron, so greift sie die Haut an („scharfe Seife") und ist dann als Toiletteseife nicht verwendbar.

Bringt man Seifenlösungen mit gelösten Kalksalzen zusammen, so scheidet sich Kalkseife (fettsaures Kalzium) aus, die im Wasser unlöslich ist und weiße Flocken bildet. Diese Umsetzung tritt immer ein, wenn wir hartes Wasser, das ja Kalksalze in Lösung enthält, mit Seife zusammenbringen. Sie schäumt dann nicht, weil vorerst die unlösliche Kalkseife gebildet wird; erst nach gänzlicher Ausfällung der Kalkverbindung tritt das Schäumen und damit die reinigende Wirkung der Seife ein. Das Waschen mit hartem Wasser erfordert viel mehr Seife, als wenn weiches Wasser (Regen- oder Flußwasser) verwendet wird. (Zusatz von Soda zum Weichmachen des harten Wassers.)

Starke Säuren (z. B. Schwefelsäure) zersetzen die Seife unter Abscheidung weißer, in Wasser unlöslicher Niederschläge, die aus Fettsäuren bestehen.

[390] Öle.

Von den **flüssigen Pflanzenfetten** hat das Olivenöl als Speiseöl Bedeutung. Rizinusöl wird in der Heilkunde verwendet. Technisch wichtig ist das **Leinöl**, das man durch Pressen aus Leinsamen gewinnt, wegen seiner Fähigkeit, sich an der Luft in eine zähe, trockene Masse umzuwandeln. Man bezeichnet diesen Vorgang als **Verharzung**, wobei die Öle Sauerstoff aus der Luft aufnehmen. Um die Oxydation zu beschleunigen, wird Leinöl mit Bleiglätte gekocht; man erhält dadurch den rasch trocknenden Leinölfirnis. Wichtig ist die Verwendung der Firnisse zur Bereitung der Ölfarben, die daraus durch Zusatz von Leinöl und Mineralfarben hergestellt werden. Firnisse dienen ferner zur Erzeugung von Öl- und Glaserkitt und von Lacken, indem man verschiedene Pflanzenharze in ihnen löst. **Als Schmiermittel sind tierische und pflanzliche Öle nicht sehr geeignet, da sie beim Erwärmen freie Fettsäure abspalten, die die Metallbestandteile angreift.** Besser sind hiefür namentlich als Zylinderöl die Mineralöle verwendbar, die aus nicht zersetzbaren Kohlenwasserstoffen bestehen [383].

C. Kohlehydrate.

Kohlehydrate sind organische Verbindungen, die neben **Kohlenstoff, Wasserstoff** und **Sauerstoff** nur im Verhältnis H_2O enthalten, so daß es den Anschein hat, als bestünden sie aus **Kohle + Wasser**. Sie sind für den Aufbau der Pflanzen ungemein wichtig, daneben äußerst wertvoll als Nahrungsmittel für Tiere und Menschen, außerdem besitzen sie zum Teil als technische Rohstoffe größte Bedeutung. Die drei wichtigsten Vertreter dieser Gruppe sind: **Zucker, Stärke** und **Zellstoff.** Da diese Stoffe Wasserstoff und Sauerstoff nur im Atomverhältnis 2:1 (genau so wie Wasser) enthalten, heißen sie Kohlehydrate.

[391] Zucker.

a) Zucker ist heute ein Gattungsname, da wir eine Reihe von Zuckerarten kennen, die zwar viele Ähnlichkeiten aufweisen, sich aber doch chemisch und physikalisch deutlich voneinander unterscheiden. Gemeinsam ist allen, daß sie mehr oder weniger süß schmecken, weiß, geruchlos und wasserlöslich sind.

Früher kannte man nur den **Rohrzucker,** der aus dem Safte des Zuckerrohres stammt (Kolonialzucker). Rohrzucker (Rübenzucker, Sacharose), $C_{12}H_{22}O_{11}$ kommt im Safte verschiedener Pflanzen, namentlich des Zuckerrohres, der Zuckerrübe, des Zuckerahorns, der Birke, der gelben Rübe vor. Fast aller Rohrzucker des Handels stammt heute aus Zuckerrüben, die etwa 14—18% Zucker enthalten.

Zuckerfabrikation. Die gereinigten Rüben werden maschinell in feine Schnitzel geschnitten („Rübenschnitzel"), um die Auslaugung zu fördern. Diese erfolgt mit heißem Wasser (Diffusion). Den erhaltenen **Rohsaft** erwärmt man mit gelöschtem Kalk [= Kalziumhydroxyd], wodurch Säuren, Eiweiß und andere Stoffe abgeschieden werden. Eingeleitetes CO_2 schlägt das überschüssige Kalziumhydroxyd wieder nieder; man erhält so den klaren **Dünnsaft.** Das Eindicken des Saftes wird nicht bei gewöhnlichem Luftdrucke vorgenommen, was ein Anbrennen der Masse zur Folge hätte, sondern im luftverdünnten Raume in großen eisernen Gefäßen (Vakuumpfannen). Man erhält zuerst den „**Dicksaft**", dann die noch stärker eingedickte „**Füllmasse**". Beim Erkalten kristallisiert aus letzterer der **„Rohzucker"** in Kristallen. Durch Ausschleudern in Zentrifugen wird der Rohzucker von der braunen Mutterlauge (**Sirup**) befreit. Um weißen Zucker zu erhalten, muß der Rohzucker noch einem Reinigungsverfahren unterworfen, raffiniert werden, wodurch man „**Raffinadezucker**" erhält. Man raffiniert den Zucker, indem man ihn wieder auflöst, über Knochenkohle (**Spodium**) filtriert, im Vakuum neuerdings eindampft und kristallisieren läßt. Der gelbliche Farbton wird durch Zusatz von Ultramarinblau beseitigt. Je nach der Form kommt er als Hutzucker, Kristall-, Würfel- oder Staubzucker in den Handel. Bei langsamer Kristallisation erhält man **Kandiszucker.** Aus dem Sirup wird durch weiteres Eindampfen nochmals ein Anteil Zucker gewonnen, die überbleibende dicke, dunkelbraune Flüssigkeit heißt **Melasse**; sie dient als Viehfutter und zur Spiritusfabrikation.

b) **Eigenschaften und Verwendung. 1. Rohrzucker,** $C_{12}H_{22}O_{11}$, schmilzt bei 160°; bei längerem Erhitzen erhält man eine dunkelbraune, in Wasser lösliche Masse, **Karamel** oder **Zuckercouleur.**

Wird Rohrzucker mit sehr verdünnter Schwefelsäure erwärmt, so nimmt er Wasser auf und liefert **Invertzucker,** ein Gemenge von zwei Zuckerarten, Fruchtzucker und Traubenzucker (ist im Honig enthalten).

$$\underbrace{C_{12}H_{22}O_{11}}_{\text{Rohrzucker}} + H_2O = \underbrace{C_6H_{12}O_6}_{\text{Fruchtzucker}} + \underbrace{C_6H_{12}O_6}_{\text{Traubenzucker}}$$

Wir haben hier den Fall vor uns, daß Körper scheinbar gleiche chemische Zusammensetzung, aber verschiedene Eigenschaften haben; wir nennen sie **isomer (Isomerie).**

Rohrzucker wird als Versüßungsmittel für verschiedene Speisen und beim Einkochen von Früchten verwendet; er ist leicht verdaulich und hat hohen Nährwert. Das in neuerer Zeit bei Zuckermangel vielfach als Ersatz verwendete **Sacharin** ist keine Zuckerart, sondern ein Derivat des aromatischen Kohlenwasserstoffes Toluol; es süßt zwar 500mal stärker als Rohrzucker, hat aber gar keinen Nährwert.

2. **Milchzucker (Laktose),** $C_{12}H_{22}O_{11} + H_2O$, findet sich in der Milch der Säugetiere.

Versieht man diese mit Lab, ein im 4. Magen von Saugkälbern enthaltenes eiweißspaltendes Ferment, so scheidet sich unter Gerinnen der Käsestoff und das Fett der Milch ab; die zurückbleibenden „süßen Molken" liefern beim Eindampfen weiße, harte, in Wasser schwer lösliche Kristalle von Milchzucker. Gewisse niedere Organismen (Milchsäurebakterien) verwandeln den Milchzucker in Milchsäure, wodurch die Milch gerinnt (Sauerwerden der Milch).

3. **Malzzucker** (Maltose) hat die gleiche chemische Zusammensetzung wie Milchzucker und ist im Malz enthalten; er bildet sich bei der Keimung der Gerste.

Durch das in der Hefe vorhandene Ferment, **Maltase,** das als Katalysator wirkt, wird er in Traubenzucker umgewandelt, der durch Gärung Alkohol liefert, daher spielt die Maltose eine wichtige Rolle bei der Bier- und Spirituserzeugung.

4. **Traubenzucker** (Dextrose), $C_6H_{12}O_6$, ist in süßen Früchten und im Honig enthalten, wird von Zuckerkranken (Diabetikern) mit dem Harn ausgeschieden. Er bildet im Wasser leicht lösliche Kristalle.

Der weiße Beschlag auf Rosinen, getrockneten Pflaumen stammt vom Traubenzucker. Auf seine Bildung aus Rohrzucker ist bei diesem bereits hingewiesen worden.

5. **Fruchtzucker** (Fruktose), $C_6H_{12}O_6$, kommt neben Traubenzucker vor und bildet einen süßen, dicken Sirup.

Dextrose und Fruktose sind reduzierende Verbindungen; zu ihrem Nachweise wird die Fehlingsche Lösung verwendet, die aus Kupfervitriol durch Zusatz von weinsaurem Kaliumnatrium (Seignettesalz) und Kalilauge erhalten wird. Beim Erwärmen dieser blauen Flüssigkeit mit Lösungen der eben erwähnten Zuckerarten wird ein schwerer, gelb- bis ziegelroter Niederschlag von Kupferoxydul gebildet (Nachweis des Traubenzuckers im Harn). Rohrzucker gibt diese Reaktion erst, wenn er durch Behandlung mit Schwefelsäure in Invertzucker umgewandelt ist.

[392] Stärke (Amylum), $(C_6H_{10}O_5)_n$.

a) **Stärke** findet sich in Form kleiner Körnchen in den Zellen vieler Pflanzen vor, namentlich in der Knolle der Kartoffel, in Hülsenfrüchten, im Getreidemehl, im Mark von Palmen (Sagopalme), in Wurzeln (als **Arrowroot** in der Pfeilwurz).

Zur Gewinnung werden die stärkehaltigen Pflanzenteile zu feinem Brei zerkleinert, mit Wasser aufgeschlämmt und durch feine Siebe abgelassen. Die Stärkekörnchen gehen mit dem Wasser durch die Siebe und setzen sich aus der milchigen Flüssigkeit ab.

b) **Stärke** ist ein weißes, geruch- und geschmackloses, in Wasser, Alkohol und Äther unlösliches Pulver, das aus mikroskopisch kleinen Körnchen von verschiedener Größe und Form besteht, die deutliche Schichtung aufweisen.

Die Ausbildung der Körnchen ist ganz charakteristisch für jede Stärkeart, so daß sie daran unter dem Mikroskope leicht erkannt werden können.

(Abb. 184 zeigt die Einlagerung von Stärkekörnern in Kartoffelzellen.)

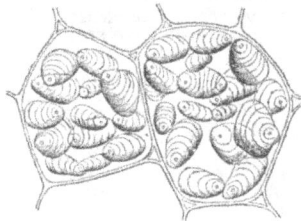

Bringt man etwas Jodlösung (Jod in Kaliumjodid oder in Alkohol gelöst) mit Stärke zusammen, so wird diese durch Bildung von Jodstärke **intensiv blau** gefärbt, mit welcher Reaktion man sehr bequem noch kleine Mengen von Stärke nachweisen kann.

Abb. 184

c) In heißem Wasser quillt die Stärke stark auf und liefert den schleimigen Stärkekleister.

Erhitzt man Stärke bis auf etwa 180°, so erhält man eine gummiartige Masse, **Stärkegummi, Dextrin**, die sich im Wasser zu einer klebrigen, schleimigen Flüssigkeit auflöst.

Durch Kochen mit verdünnter Schwefelsäure wird die Stärke zum größten Teile in Traubenzucker verwandelt; so gewonnener Zucker heißt auch **Stärkezucker.**

Die oben erwähnte Umwandlung von Stärke in Zucker erfolgt auch durch die Wirkung eines organischen Stoffes, der **Diastase**, die beim Keimen von Gerste entsteht und die Umwandlung der Stärke in Maltose einleitet. Auf die wichtige Rolle, die dieser Vorgang bei der alkoholischen Gärung spielt, haben wir bereits hingewiesen [384b, 2].

d) Die Umwandlung von Stärke in Zucker ist für den Haushalt der Pflanzen von großer Wichtigkeit, weshalb hierüber ein paar Worte wohl am Platze sein werden.

Erinnern wir uns daran, daß bei der Assimilation der Pflanzen Kohlensäure aus der Luft aufgenommen und Sauerstoff abgegeben wird. Das Blattgrün (Chlorophyll) der Blätter verarbeitet dabei den Kohlenstoff unter Hinzutreten von Wasserstoff und Sauerstoff zu Stärkekörnchen, die sich in den Blättern abscheiden. Die so erhaltene Stärke stellt einen wichtigen Baustoff des Pflanzenkörpers vor. Da sie aber im Wasser nicht löslich ist, sondern darin nur aufquillt, kann ihr Transport im Körper der Pflanzen als solche nicht ohne weiteres erfolgen. Die Stärke muß vorher in lösliche Verbindungen übergeführt werden, die vom lebenden Pflanzenorganismus dem Bedarfe entsprechend weitergeschafft werden kann. Das ist aber nötig, weil sie an verschiedenen Stellen der Pflanzen, namentlich in den Samen, Knollen und Zwiebeln der Pflanzen, wo sie als Vorrat für die Entwicklung der jungen Pflanze zu dienen hat, weiters in jenen Teilen, wie Knospen, Sprossen usw., die starkes Wachstum aufweisen, gebraucht wird.

Eine solche Umwandlung findet aber auch im menschlichen und tierischen Körper statt, indem der Saft der Mundspeicheldrüsen, sowie jener der Bauchspeicheldrüsen die Spaltung der Stärke in leicht verdauliche Zucker bewirken. Hierauf beruht die große Bedeutung der stärkehaltigen Nahrungsmittel für unsere Ernährung.

e) Verwendung: Die Stärke stellt ein wichtiges Nahrungsmittel vor; sie wird ferner zum Appretieren von Geweben und Steifmachen von Wäsche, zum Verdicken von Druckfarben, als Klebemittel in Form des Stärkekleisters und Dextrins angewendet. Stärke ist ferner das wichtigste Ausgangsmaterial für die Erzeugung von Alkohol, wobei als Zwischenprodukt Zucker erzeugt wird, auf dessen leichte Vergärbarkeit wir bereits hingewiesen haben.

[393] Zellulose (Zellstoff), $(C_6H_{10}O_5)n$.

a) Die Wandungen der Pflanzenzellen und -gefäße bestehen der Hauptsache nach aus Zellstoff, der sonach das Material für das Gerüste des Pflanzenkörpers bildet.

In sehr reinem Zustande finden wir Zellstoff in der Baumwolle, in der Flachsfaser und im Hollundermark. Zellulose ist der Hauptbestandteil des Holzes, in dessen Zellen noch Stärke, Zucker, Eiweißstoffe und Mineralsalze enthalten sind.

b) **Eigenschaften.** Zellstoff ist in Kupferoxydammoniak, einer dunkelblauen Flüssigkeit, die man durch Lösen von Kupferhydroxyd in Salmiakgeist erhält, löslich. Säuren schei-

den daraus Zellstoff als weiße durchscheinende, geruch- und geschmacklose Masse aus, die im Wasser unlöslich ist. Für den Menschen ist Zellulose, junge Blätter (z. B. Salat) und das Fleisch des Obstes ausgenommen, unverdaulich.

Taucht man Fließpapier, das aus reinem Zellstoffe besteht, in starke Schwefelsäure und spült es dann mit viel reinem Wasser aus, so erhält man **Pergamentpapier** (pflanzliches Pergament, das mit Jodlösung die Jodprobe ergibt). Der Zellstoff ist also in einen stärkeähnlichen Körper umgewandelt worden (**Amyloid**). Bei längerer Einwirkung von H_2SO_4 wird Zellstoff gelöst. Kochen mit verdünnter H_2SO_4 verwandelt ihn in Traubenzucker (Kupferprobe).

Wird Zellulose der Einwirkung eines Gemisches von konzentrierter H_2SO_4 und HNO_3 ausgesetzt und dann mit Wasser gut ausgewaschen, so erhält man **Schießbaumwolle**, die ganz das Aussehen der Zellulose beibehalten hat, beim Entzünden aber ungemein rasch verbrennt und durch Stoß oder Schlag sehr heftig explodiert. Bei Einwirkung eines schwächeren Säuregemisches erhält man die ähnliche, aber nicht so heftig explodierbare **Kollodiumwolle**, die, in einem Gemisch von Alkohol und Äther aufgelöst, zu einer dicken, farblosen Flüssigkeit, dem **Kollodium**, wird.

c) Verwendung. In Form des Holzes findet die Zellulose vielseitige Anwendung. Sie ist ferner das Rohmaterial für eine Reihe von Erzeugnissen der Textilindustrie, wozu die Bastfasern verschiedener Pflanzen, wie Flachs (Lein), Hanf, Brennessel, namentlich aber die Samenhaare der Baumwollstaude benützt werden.

Die Bastfasern des indischen Flachses heißen Jute.

Um die Fasern spinnfähig zu machen, muß der Zusammenhang der Fasern im Stengel gelockert werden, was durch längere Einwirkung von Luft und Wasser geschieht (Rösten); hierauf folgt die Entfernung der holzigen Teile durch „Brechen", „Schwingen" und „Hecheln". Durch Zusammendrehen der Faser, Spinnen, erhält man die Garnfäden, die dann durch Weben zu Stoffen verarbeitet werden.

Außerordentlich wichtig ist die Verwendung der Zellulose in verschiedener Form zur **Herstellung von Papier.**

Früher ist Papier fast ausschließlich aus Lumpen von Leinen- und Baumwollabfällen hergestellt worden. Der gewaltig gestiegene Verbrauch der Neuzeit an Papier zwang die Papierindustrie jedoch, zu anderen Rohstoffen zu greifen. Solche sind namentlich das Holz der Nadelbäume und die Strohfasern. Die Papierbereitung besteht im wesentlichen in einer weitgehenden Zerkleinerung und Freimachung der Holzfaser. Lumpen und Stroh werden mit Natronlauge gekocht. Holz muß mit Kalziumsulfit („Sulfitlauge") oder Natronlauge unter Druck gekocht werden.

Hierauf folgt in „Holländern" eine weitgehende Zerkleinerung der Masse und Herstellung eines wasserhaltigen Breies („Halbstoff"). Die Papiermasse wird dann mit Chlorkalk gebleicht, geleimt (durch Zusatz von Leim und Harzen), mit Alaun versetzt und durch Füllstoffe (Baryumsulfat, Kaolin) „beschwert". Der so erhaltene „Ganzstoff" wird auf bewegten Schüttelsieben in Bandform gebracht, gepreßt und durch Walzen geglättet. Papiere mit stärkerem Holzzusatz (Holzschliff) werden im Lichte bald gelb und brüchig (Zeitungspapier). Schreibpapier muß stärker geleimt werden, wogegen Fließpapier ungeleimt ist.

Die Schießbaumwolle ist von großer Bedeutung für die Sprengstoffindustrie; bei ihrer Verbrennung liefert sie nur gasförmige Zersetzungsprodukte. Der rasche Zerfall ihrer Moleküle wird durch vorhandene Salpetersäurereste NO_3 gefördert. Schießbaumwolle dient zur Erzeugung von rauchlosem (rauchschwachem) Pulver. Kollodium wird zum Verschließen von Wunden, in der Photographie und in der Ballonfabrikation verwendet. Kollodiumwolle mit Kampfer gemischt liefert **Zelluloid**, aus dem viele Gebrauchsgegenstände und photographische Films hergestellt werden. **Zaponlack** ist die Lösung von Schießbaumwolle in Amylazetat. **Kunstseide** ist in Fadenform gepreßtes Kollodium (wenig widerstandsfähig).

d) Wird Holz der trockenen Destillation in eisernen Retorten unterworfen, so erhält man dadurch eine Reihe wertvoller Produkte. Das erhaltene Gas wird zur Heizung der Destillierretorten verwendet. Im Destillat finden sich hier wie bei der trockenen Destillation der Steinkohle zweierlei Flüssigkeiten: eine dickflüssige, Holzteer, und eine wässerige, leichtere, Holzessig. Während die wässerige Flüssigkeit bei der Steinkohlendestillation ammoniakalisch reagiert, zeigt sie bei der Holzdestillation sauren Charakter, eine Folge der Anwesenheit von Essigsäure, die im Holzessig enthalten ist und als wertvolles Produkt daraus gewonnen wird. Außerdem enthält die wässerige Flüssigkeit Holzgeist (Methylalkohol) [384a].

Holzteer bildet eine dunkle, zähflüssige Masse, die als konservierendes Anstrichmittel für Holz dient. Bei der Destillation liefert sie Kreosot, eine gelbliche, stark riechende Flüssigkeit von großem Desinfektionsvermögen; als Rückstand verbleibt eine schwarze, weiche Masse, Schusterpech.

II. Aromatische Verbindungen (Benzolderivate).

[394] Kohlenwasserstoffe.

1. **Benzol, C_6H_6.** Wie wir in den allgemeinen Bemerkungen zu diesem Abschnitte erwähnt haben, lassen sich die sog. aromatischen Verbindungen auf den **Benzol** genannten Kohlenwasserstoff zurückführen. Man gewinnt ihn durch **fraktionierte Destillation des Steinkohlenteeröles** als farblose, eigentümlich riechende Flüssigkeit, die bei 80° siedet, leicht entzündlich ist und mit heller, stark rußender Flamme brennt. Es ist ein wichtiges Lösungsmittel für Harze und Fette und dient auch zum Betriebe von Kraftfahrzeugen.

Durch Behandlung mit einem Gemisch von Schwefel- und Salpetersäure wird ein H-Atom des Benzols durch die **Nitro-**Gruppe NO_2 ersetzt und das **Nitrobenzol** $C_6H_5NO_2$ erhalten. Wegen seines Geruches nach bitteren Mandeln wird dieses in der Parfümerie verwendet. Wichtiger ist seine Anwendung in der Anilinfarbenfabrikation. Behandelt man es mit reduzierenden Mitteln (Eisenspäne und HCl), so wird der Sauerstoff der Nitro-Gruppe durch H_2 ersetzt, und man gelangt zum **Anilin**, $C_6H_5NH_2$ (Amidobenzol oder **Phenylamin**; das einwertige Radikal C_6H_5 heißt **Phenyl**), das den Ausgangspunkt für eine große Reihe sehr wichtiger Anilinfarbstoffe bildet.

2. **Naphthalin,** $C_{10}H_8$, wird aus dem „Schweröl" des Steinkohlenteeröles erhalten. Es stellt weiße, glänzende, eigentümlich riechende Kristalle dar, die sich bei Erwärmen leicht verflüchtigen. Es dient zur Herstellung verschiedener Teerfarbstoffe und als Mottenvertilgungsmittel.

3. **Anthrazen,** $C_{14}H_{10}$, im hochsiedenden Anthrazenöl enthalten, ist ein fester Kohlenwasserstoff, bildet blau fluoreszierende Blättchen und liefert ebenfalls wichtige Farbstoffe.

4. **Terpene,** $C_{10}H_{16}$. Hierher gehört u. a. das **Terpentinöl,** das man aus Terpentin durch Destillation mit Wasser erhält, wobei **Kolophonium** als Harz zurückbleibt. Es ist ein wichtiges Lösungsmittel für Fette, Harze, Schwefel, Phosphor, Kautschuk usw., und dient zur Bereitung von Lacken und Ölfarben.

Die gleiche chemische Zusammensetzung weist der **Kautschuk** auf, der im Milchsafte mehrerer Bäume, namentlich des Gummibaumes, vorkommen. Er bildet eine grauweiße, elastische Masse, die in Benzol und in Schwefelkohlenstoff, CS_2, löslich ist. Durch Schwefelaufnahme beim „Vulkanisieren" wird er fester, behält aber seine Elastizität, mit mehr Schwefel und Füllstoffen gibt er „**Hartgummi (Ebonit)**", das ebenfalls vielfache Anwendung findet.

Guttapercha, gleichfalls aus pflanzlichem Milchsafte gewonnen, ist sauerstoffhaltig, bildet das Isolierungsmaterial für Unterseekabel.

[395] Phenole.

In den Benzolkern C_6H_6 lassen sich an Stelle von Wasserstoffatomen **Hydroxylgruppen, OH,** einführen; man erhält dadurch Verbindungen, die den Alkoholen ähnlich aufgebaut sind, jedoch den Charakter von Säuren besitzen, mit Metallen daher salzartige Verbindungen liefern.

Je nachdem ein oder mehrere H-Atome durch OH-Gruppen ersetzt sind, ergeben sich ein- oder mehrwertige Phenole.

Die wichtigste Verbindung ist die einwertige **Karbolsäure** oder **Phenol,** kurzweg $C_6H_5 \cdot OH$, die nadelförmige Kristalle bildet, die bereits bei 40° schmelzen. Sie haben einen scharfen, eigentümlichen Geruch, sind in Wasser schwer löslich und wirken stark desinfizierend; die wässerige Lösung „Karbolwasser" wird bei der Wundbehandlung verwendet.

Ein Trinitrophenol ist die **Pikrinsäure,** $C_6H_2(NO_2)_3OH$, die gelbe, glänzende Schuppen bildet und, wie ihre Salze, ein vielverwendeter Farbstoff zum Gelbfärben von Wolle und Seide ist. Ihre Salze (Pikrate) explodieren durch Stoß oder Schlag heftig, werden daher zu Sprengstoffen verwendet (Melinit, Lyddit).

Ein zweiwertiges Phenol ist das **Hydrochinon,** ein dreiwertiges das **Pyrogallol** (Pyrogallussäure), die beide reduzierende Eigenschaften aufweisen, weshalb sie als photographische Entwickler vielfach verwendet werden.

[396] Aromatische Säuren.

Ersetzt man H-Atome im Benzolkern oder in Benzolderivaten durch die Gruppe **COOH,** so erhält man **aromatische Säuren.**

Salizylsäure, $C_6H_4 \cdot OH \cdot COOH$, bildet weiße, in Wasser und Alkohol lösliche Kristalle, die als Heilmittel und zur Konservierung von Nahrungsmitteln verwendet werden, ebenso auch ihr Natriumsalz.

Zu den aromatischen Säuren gehören ferner die **Gallussäure** und das **Tannin** (Gallusgerbsäure). Sie kommen in vielen Pflanzen, in der Rinde der Eiche und Fichte, in den „Galläpfeln", im Quebrachoholz usw. vor. Sie sind im Wasser löslich und schmecken zusammenziehend. Mit Eisensalzen geben sie blauschwarze Färbungen (früher zur Tintenfabrikation verwendet). Gerbsäure ist das wichtigste Gerbmittel.

[397] Gerberei.

Zweck derselben ist die Haltbarmachung der tierischen Haut und Umwandlung der letzteren in geschmeidiges Leder. In der **Lohgerberei** wird Tannin in Form von Lohe (zerkleinerte Eichen- oder Fichtenrinde, auch Quebrachoholz) oder von Gerbstoffextrakten verwendet. Die Häute müssen zuerst enthaart werden, was durch Behandlung mit Kalkmilch geschieht (Äschern). Dann schichtet man in den Lohgruben die Häute abwechselnd mit Lohe, übergießt sie mit Wasser und läßt die vom Wasser ausgelaugte Gerbsäure mehrere Monate auf die Häute einwirken; das Verfahren wird mehrmals wiederholt, bis das Leder gar ist. Bei der **Schnellgerberei** wird die Zeit durch Verwendung öfter erneuter Gerbstoffpräparate wesentlich abgekürzt. Ohne Tannin werden Häute in der **Mineralgerberei** gerbt. Alaun- und Kochsalzlösung gibt weißes, sehr geschmeidiges **Glacéleder** (Weißgerberei) das nicht wasserbeständig ist. Chromsalze geben dagegen wasserbeständiges „**Chromleder**". Die Öl- oder **Sämischgerberei** liefert „**Waschleder**", indem die Haut mit Tran eingerieben wird.

[398] Teerfarbstoffe.

Vor Jahrzehnten war man bei der Färbung von Gewebefasern völlig auf die **natürlichen Farbstoffe,** die aus verschiedenen Pflanzen stammten, angewiesen; wir brauchen hier nur an die weitgehende Verwendung des **Indigoblaues** und des **Krapprotes** zu denken. Die um die Mitte des vorigen Jahrhunderts einsetzende chemische Durchforschung der aromatischen Verbindungen hatte zur Folge, daß eine Reihe von Benzolderivaten entdeckt wurde, die ausgesprochenen Farbstoffcharakter aufwiesen. Man hat durch Verwendung der mannigfaltigsten chemischen Reaktionen gelernt, färbende Verbindungen in allen nur erdenklichen Farbtönen, **licht- und waschecht** herzustellen. So ist derzeit die Zahl der verwendbaren aromatischen Farbstoffe geradezu Legion geworden. **Der Ausbau dieses Zweiges der chemischen Großindustrie ist namentlich deutscher Forschung zu danken, die in unermüdlicher Arbeit alljährlich eine große Menge der schönsten Farbstoffverbindungen auf den Weltmarkt brachte.** Gerade in der Farbstoffindustrie hat die chemische Forscherarbeit ihre größten Triumphe gefeiert, weil es ihr gelang, außerordentlich wichtige Farbstoffe, wie das Krapprot und später das Indigoblau, durch Synthese künstlich aufzubauen.

Vervollkommnungen in der fabriksmäßigen Erzeugung dieser außerordentlich wichtigen Farbstoffe haben eine solche Verbilligung ihrer Herstellung auf künstlichem Wege ermöglicht, daß die natürlichen Pflanzenfarbstoffe bereits völlig aus dem Felde verdrängt wurden.

Wir können hier nur auf die **allerwichtigsten Teerfarbstoffe** hinweisen. Es sind durchaus nicht nur Anilinfarbstoffe, die verwendet werden; sehr viele Farbstoffe leiten sich von anderen aromatischen Grundverbindungen ab. Die älteste Gruppe sind allerdings die **Anilinfarbstoffe,** die Derivate des Amidobenzols $C_6H_5 \cdot HN_2$ darstellen. Hierher gehört u. a. das **Fuchsin** (von tiefroter Farbe), das **Methylviolett,** das als Farbstoff für Kopier- und Tintenstifte und Tinte verwendet wird, das **Anilinblau,** das **Anilinschwarz.** Viele Farbstoffe entstehen durch Einführung der charakteristischen Atomgruppe N_2 in aromatische Verbindungen; so gelangt man zu einer neuen Reihe prächtiger Farbstoffe, zu den **Azofarbstoffen,** von denen nur das **Anilingelb, Chrysoidin** (rotgelb), Bismarckbraun, Methylorange, Brillantschwarz erwähnt seien.

Vom aromatischen Kohlenwasserstoff Anthrazen, $C_{14}H_{10}$, leitet sich das Alizarin (Krapprot) ab. Dieser schöne, rote Farbstoff ist schon seit dem Altertum bekannt; er wurde aus der Färberröte oder Krapppflanze gewonnen. Der große Bedarf an diesem natürlichen Farbstoffe hatte dazu geführt, daß die Krapppflanze z. B. in Holland und Frankreich auf Feldern in großem Umfange gebaut wurde. Als 1869 die künstliche Darstellung des Alizarins gelang, trat eine vollkommene Umwälzung in der Krappfärberei ein; das künstliche Produkt hat den natürlichen Farbstoff vollkommen verdrängt. Das Alizarin gibt mit Metallsalzen verschieden gefärbte, unlösliche, auf den Fasern festhaftende Verbindungen (Farblacke). So liefern Aluminiumsalze einen roten Lack (das bekannte „Türkischrot"), Zinnsalze ebenfalls einen roten, Kalziumsalze einen blauen, Eisenoxyd einen schwarz-violetten Lack.

Von einem Homologen des Benzols, dem Xylol, leitet sich der Farbstoff Eosin ab, der Wolle und Siede rot färbt und zumeist zur Fabrikation der roten Tinte benützt wird.

Besondere Wichtigkeit hat der bekannte tiefblaue Farbstoff, der Indigo (Indigoblau oder Indigotin) in der Färberei. Indigo findet sich im Safte verschiedener Pflanzen, allerdings nicht als fertiger blauer Farbstoff, sondern in einer Verbindung. In Europa kommt er im Safte der Waidpflanze vor; als Ausgangspunkt für die Indigobereitung dienen vor allem mehrere in Tropengegenden heimische Indigostraucharten. Indigo ist als Farbstoff seit Jahrtausenden bekannt, 1897 ist seine künstliche Darstellung gelungen. Man erzeugt ihn nun im großen, wobei man entweder vom Naphthalin oder vom Anilin ausgehen kann. Indigo ist ein stickstoffhaltiger, aromatischer Farbstoff.

[399] Färberei.

Nicht jeder farbige organische Körper ist auch schon ein Farbstoff; nur ein solcher hat die Eigenschaft, Fasern wirklich zu färben, wobei der Farbstoff dauerhaft auf der Faser befestigt wird. Um derartige Farbstoffe zu erhalten, muß man in die Ausgangsverbindungen ganz bestimmte chemische Gruppen einführen.

Im allgemeinen zeigen tierische und pflanzliche Gewebefasern ein verschiedenes Verhalten gegen Farbstoffe; die ersteren (Wolle und Seide) färben sich ohne weitere Zusätze, während das bei Pflanzenfasern (z. B. Baumwolle) zumeist nicht der Fall ist. Wir brauchen hier noch Hilfsmittel, die den Farbstoff auf der Faser fixieren; wir nennen solche Körper Beizen. Sie müssen einerseits auf der Faser selbst gut fixierbar sein, anderseits die feste chemische Bindung des färbenden Körpers auf dem Gewebe bewirken. Die Art der Beize richtet sich auch nach dem chemischen Charakter des Farbstoffes; ist dieser basischer Natur, so beizt man mit sauren Körpern, z. B. mit Tannin; liegen aber Farbstoffe mit Säurecharakter vor, so dienen basische Körper, namentlich Metallsalze als Beizen. Ganz eigenartig ist das Färben mit Indigo. Das Indigoblau wird durch Zusatz reduzierender Stoffe in Indigoweiß verwandelt, das eine gelbliche Flüssigkeit darstellt; in diese „Indigoküpe" werden die zu färbenden Stoffe getaucht und dann an der Luft aufgehängt. Es tritt eine Oxydation ein, der blaue Farbstoff bildet sich wieder zurück und fixiert sich in licht- und säurefester Form auf den Fasern.

III. Eiweißstoffe.

[400] Allgemeines.

a) Die Eiweißstoffe, auch Proteinstoffe genannt, sind hoch kompliziert zusammengesetzte organische Verbindungen, die nur durch die Lebenstätigkeit der Pflanzen gebildet werden können. Wie in den einleitenden Bemerkungen dieses Abschnittes erwähnt wurde, bestehen sie aus den Elementen C, O, H, N und S; manchmal tritt noch Phosphor P dazu. Charakteristisch für sie ist also der Gehalt an Stickstoff, wodurch sie sich von den Fetten und Kohlehydraten wesentlich unterscheiden. Trotz rastloser Arbeit der hervorragendsten Chemiker ist es bisher nicht gelungen, näheren Einblick in ihre chemische Zusammensetzung zu gewinnen. Man kann nur vermuten, daß ihre Moleküle aus einer sehr großen Zahl von Atomen (man vermutet an 200) der sie zusammensetzenden Elemente bestehen. Ihre Untersuchung ist deshalb so schwierig, weil sie nicht kristallisieren, ohne Zersetzung nicht destillierbar sind und leicht Umsetzungen erleiden.

Eiweißstoffe spielen eine außerordentlich wichtige Rolle im Leben der Pflanzen, Tiere und Menschen. In den Pflanzen bilden sie den Inhalt jeder lebenden Zelle (das Protoplasma). Sie dienen auch zum Aufbau der Tier- und Menschenkörper; da sie sich aber in diesem nicht bilden, so müssen Menschen und Tiere Eiweißstoffe als Nahrung aufnehmen (Pflanzen- und Fleischkost). Es gibt eine ganze Reihe von Eiweißstoffen, deren Zusammensetzung in ziemlich engen Grenzen schwankt. Im Mittel beträgt der Gehalt an Kohlenstoff 52%, an Wasserstoff 7%, an Sauerstoff 23%, an Stickstoff 16%, an Schwefel 2%.

b) Kennzeichnend für alle Eiweißstoffe ist ihre Neigung, sich durch Einwirkung von Bakterien rasch zu zersetzen, zu verwesen; mit diesem Fäulnisprozeß ist die Bildung einer Reihe von übelriechenden Zersetzungsprodukten (darunter Schwefelwasserstoff H_2S und Ammoniak NH_3) verbunden. Bei der Verwesung von toten Körpern können sich auch die sehr gefährlichen Leichengifte (Ptomaine) bilden.

c) Man teilt die Eiweißstoffe in drei große Gruppen ein und zwar in:

1. einfache (eigentliche) Eiweißstoffe,
2. Proteide,
3. Albuminoide.

[401] Einfache Eiweißstoffe.

Hierher gehören vor allem die Albumine; sie finden sich im Hühnereiweiß (Eieralbumin), im Blutwasser (Serumalbumin), in der Milch (Milchhaut; Milchalbumin), im Fleischsafte (Muskelalbumin) und im Zellsafte der Pflanzen (Pflanzenalbumin).

Die Albumine sind im Wasser löslich, beim Erhitzen auf 70—75° C gerinnen sie; sie werden koaguliert (z. B. beim Kochen oder Einrühren der Eier). Das aus der Lösung gefallene Gerinsel läßt sich wohl durch verdünnte Säuren oder Basen wieder auflösen, der Eiweißstoff hat aber seine Eigenschaften geändert, er ist „denaturiert" worden. Bei Zusatz von Wasser wird der veränderte Eiweißkörper ausgefällt; er ist also nun wasserunlöslich geworden.

Eine andere Gruppe von Albuminen bilden die Fibrine; für sie ist charakteristisch, daß sie schon gerinnen, wenn sie mit Luft in Berührung kommen oder wenn das Leben in den Geweben erlischt, in denen sie enthalten sind. Hierher gehört das Blutfibrin, das sich beim Austreten des Blutes aus den Adern bildet, das Muskelfibrin, dessen Koagulierung die Totenstarre bewirkt, das Pflanzenfibrin oder der Kleber, das in den Getreidekörnern enthalten ist.

[402] Proteide.

Als wichtigster Vertreter ist hier der Käsestoff (das Kasein) zu nennen; er gehört zu den sog. Nukleoalbuminen, Verbindungen des Eiweißes mit phosphorhaltigen Nukleinverbindungen.

Kasein findet sich in der Milch aller Säugetiere, und zwar in gelöster Form als Kalziumsalz. Es hat Säurecharakter, bildet daher mit Basen Salze. Kasein selbst ist in Wasser unlöslich; es fällt aus der Milchflüssigkeit heraus, wenn man verdünnte Säuren zusetzt oder wenn sich darin Milchsäure durch Bakterieneinwirkung bildet, die Milch wird sauer und gerinnt. Das Gerinnen der Milch kann auch künstlich durch Zusatz von „Lab" bewirkt werden. Lab wird aus der Magenschleimhaut des Kälber- oder Schafmagens erhalten; das darin vorkommende Labferment hat die Eigenschaft, Milch ohne Zusatz von Säuren zum Gerinnen zu bringen. Der aus der Milch herausgefällte Käsestoff heißt im frischen Zustande „Quark"; durch längere Einwirkung verschiedener Pilzarten erhält man hieraus Käse, je nach der Herstellungsart von verschiedenen Eigenschaften.

Käsestoff gibt mit trocken gelöschtem Kalk einen Kitt, der rasch erhärtet und gut haftet. Mineralfarben verbinden sich ebenfalls mit Käsestoff und liefern wetterbeständige Kaseinfarben. Formalin (Formaldehyd) hat die Eigenschaft, Kasein hart zu machen; das erhaltene Produkt **Galalith** (Milchstein) kann wie Zelluloid bearbeitet werden, ist aber nicht feuergefährlich.

Kaseinverbindungen kommen auch in Pflanzen vor. So findet sich in den Erbsen, Linsen, anderen Hülsenfrüchten und in den Mandeln ein Eiweißstoff, der Pflanzenkasein oder **Legumin** genannt wird und dem der hohe Nährwert dieser Pflanzensamen mitzuverdanken ist. —

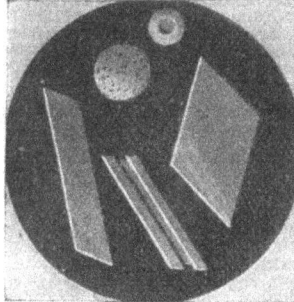
Abb. 185

Zu den Proteïden gehört auch der rote Farbstoff der Blutkörperchen, das **Hämoglobin**, das sich in einen Eiweißstoff, das Globin, und in das eisenhaltige Hämatin zerlegen läßt. (Abb. 185 zeigt Hämatinkristalle unter dem Mikroskop.) Das Hämoglobin vermittelt den leichten Austausch von Sauerstoff O und von Kohlensäure CO₂ bei unserer Atmung, weshalb es für unseren Lebensprozeß außerordentlich wichtig ist. Das Hämoglobin nimmt aber leider auch sehr leicht das giftige Kohlenoxyd und Stickstoffoxyd auf, wodurch es zur weiteren Sauerstoffaufnahme nicht mehr fähig ist, worin hauptsächlich die heftige Giftwirkung der letzt erwähnten Gase besteht.

[403] Albuminoide.

Diese eiweißähnlichen Körper werden vom tierischen Organismus gebildet; sie kommen nur im festen Zustande vor und bilden Stützen und Hüllen des Tierkörpers. Manche von ihnen finden ausgedehnte technische Verwendung.

So der **Leim** (Glutin), der durch Kochen von Knochen und Knorpeln mit Wasser erhalten wird. Die leimbildende Substanz hierbei heißt Kollagen und ist in den Knorpeln, Knochen und im Bindegewebe, in Sehnen und Häuten enthalten. Die Leimlösung erstarrt beim Abkühlen zu einer elastischen Gallerte, die beim Erwärmen wieder flüssig wird. Reiner Leim ist farblos und bildet die Gelatine. Flüssiger Leim wird durch Versetzen der Leimlösung mit etwas Essig-, Salz- oder Salpetersäure erhalten (Syndetikon).

Durch Auskochen von Fischblasen (Hausenblase) mit Wasser erhält man Fischleim, der auch zur Herstellung des englischen Pflasters verwendet wird.

Keratin findet sich in Nägeln, Klauen, Hufen, Federn, Haaren usw. und ist sehr widerstandsfähig; enthält bis zu 5 % Schwefel.

Ernährung; Nahrungsmittel und deren Konservierung.

Wir möchten das Kapitel der organischen Chemie nicht abschließen, ohne ein paar Bemerkungen über unsere Ernährung hier einzufügen. Offenbar sind die hierher gehörigen Vorgänge von allergrößter, allgemeinster Bedeutung. Emsige Forscherarbeit von Chemikern und Ärzten hat auch hier einiges Licht in bisher völlig dunkle Prozesse gebracht; namentlich das Studium der einschlägigen Kapitel der organischen Chemie hat hier neue Erkenntnisse zutage gefördert, die uns doch einigermaßen die Bedeutung der Ernährungsvorgänge für das menschliche Dasein verstehen gelernt haben. Von der größten Wichtigkeit ist der Einblick in das Wesen der Ernährung namentlich in Zeiten der Not an Nahrungsmitteln, wenn es sich darum handelt, mit den vorhandenen Nährstoffen einen möglichst guten Erfolg zu erzielen; schwieriger sind naturgemäß die Ernährungsvorgänge für Kranke. Freilich machte man beim Studium dieser Aufgabe die Erfahrung, daß es sich hier um außerordentlich verwickelte, schwer faßbare chemische Vorgänge im lebenden Organismus handelt, deren volles Verständnis der Zukunft vorbehalten bleiben muß.

[404] Nährstoffe.

a) Um den Körper des Menschen aufzubauen und zu erhalten, müssen wir ihm Nährstoffe in Form von Nahrungsmitteln in gewissen Mindestmengen zuführen, soll nicht die Entwicklung des Körpers und das Allgemeinbefinden des Individuums leiden. Die chemischen Untersuchungen haben ergeben, daß der Mensch folgende Nährstoffgruppen aufnehmen muß:

Eiweißkörper, Kohlehydrate, Fette, Salze und Wasser.

b) Besonders wichtig sind hierbei die Eiweißkörper, denn sie nehmen an der Zusammensetzung des menschlichen Körpers großen Anteil, müssen ihm aber als solche ständig zugeführt werden, da er sie selbst aus anderen Nährstoffen nicht direkt bilden kann. In den Verdauungsorganen erfolgt ein teilweiser Abbau der zugeführten Eiweißstoffe und ihre

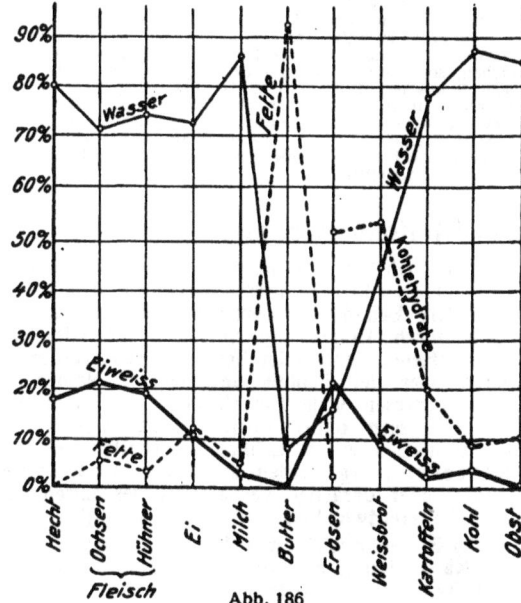
Abb. 186

Umbildung zu den im menschlichen Organismus vorhandenen, eiweißhaltigen Gebilden und Stoffen. Um die Eiweißkörper zu verdauen, müssen sie im Körper in lösliche Form überführt werden, was durch den Magensaft (der auch freie Salzsäure enthält) und den Saft der Bauchspeicheldrüse erfolgt. Verhältnismäßig groß ist der Gehalt an Eiweißstoffen (Abb. 186) in folgenden Nahrungsmitteln:

Fleisch (mager), Käse und Hülsenfrüchten (20—27 %).

b) Unentbehrlich für die Ernährung sind ferner die vollständig oxydierbaren Kohlehydrate und die Fette, die entweder als solche zur Ablagerung kommen oder ebenfalls durch Oxydation umgebildet werden. Anderseits kann der Körper durch bloße Aufnahme dieser zwei Nahrungsmittelgruppen nicht auf die Dauer erhalten werden, da sie keinen Stickstoff enthalten, der eben durch die Eiweißstoffe zugeführt wird.

Kohlehydrate kommen vor allem in folgenden Nahrungsmitteln vor: Zucker, Getreidemehl, Reis, Stärke.

c) Am zuträglichsten für den Körper ist eine gemischte Kost, die die vorerwähnten Nährstoffe im richtigen Verhältnisse enthält. Man hat durch vergleichende Untersuchungen gefunden, daß ein Mann mittlerer Größe täglich etwa

120 g Eiweißstoff,
55 „ Fett,
500 „ Kohlehydrate

neben Wasser zu sich nehmen muß, um arbeitsfähig zu bleiben.

Die Getränke: Bier, Wein, Kaffee, Tee sind keine Nährstoffe; in mäßiger Menge genommen, wirken sie anregend, im Übermaße schädlich.

d) **Kochen und Braten.** Viele Nahrungsmittel müssen, um verdaulich zu werden, erst zubereitet werden, was durch Kochen und Braten geschieht.

Wird Fleisch, klein zerschnitten, in kaltem Wasser angesetzt, langsam erhitzt und längere Zeit gekocht, so geht das im Fleischsaft enthaltene Albumin in die heiße Flüssigkeit über, gerinnt dann und bildet den Schaum auf der Brühe; die Nährsalze und die Leimsubstanz werden aufgelöst, das Fleisch bleibt als ausgekochtes, zähes Fleischfibrin zurück. Man erhält auf diese Weise eine „kräftige" Fleischbrühe, die sonach alle Nährsalze und die Leimsubstanz enthält, also kein Nahrungsmittel darstellt. Nach unseren früheren Ausführungen ist nun auch verständlich, warum das Fleisch saftig bleibt, wenn man es in größeren Stücken ins heiße Wasser bringt und dann kocht. Bei diesem Verfahren gerinnt das Albumin sofort, hüllt das Fleisch ein, so daß Saft und Salze darin bleiben müssen. Ein ganz ähnlicher Vorgang spielt sich beim Braten des Fleisches ab, das hierbei gar und schmackhaft wird. Wird Fleischbrühe im großen bei mäßiger Erhitzung eingedampft, so erhält man den „Fleischextrakt". (Über „**Backen**" siehe [384b, 4].)

Werden Eier nur kurze Zeit (3 Minuten) gekocht, so beginnt gerade erst die Koagulierung des Eieralbumins; es wird nur dickflüssig („weichgekochte" Eier); kocht man länger, so wird das Albumin durch vollständiges Gerinnen fest („hartgekochte" Eier). Auch so geronnenes Albumin wird vom Magensaft vollständig verdaut, wenn es nur in genügend kleinen Stücken in den Magen gelangt.

Vollmilch enthält: Kasein 3%, Fett 4%, Milchzucker 5%, Wasser 87% und Nährsalze 1%. Läßt man sie einige Zeit stehen, so sammeln sich die Fettkügelchen oben als **Rahm** oder **Sahne** ab. Schöpft man das Fett ab („Entrahmen"), so erhält man die schwach bläulich gefärbte **Magermilch**. Auf die Ausfällung des Käsestoffes haben wir bereits bei diesem hingewiesen [402]. Die nach Entfernung des Kaseins verbleibende Flüssigkeit, die also Milchzucker und Salze enthält, heißt „**Molken**".

[405] Konservierung.

a) Oft wird es notwendig, Nahrungsmittel längere Zeit hindurch lagern zu lassen; zumeist ist dies ohne besondere Behandlung derselben nicht möglich, da viele durch Einwirkung verschiedener Kleinlebewesen (Hefe-, Spalt- oder Schimmelpilze) verderben, gären oder der Fäulnis unterliegen. Namentlich rasch verwesen viele Eiweißstoffe. Die Nahrungsmittel müssen daher konserviert werden, um sie zum Genusse brauchbar zu erhalten. Bei der Konservierung werden die Keime der Bakterien getötet oder derartige Verhältnisse geschaffen, daß eine Weiterentwicklung der Keime unmöglich wird.

b) Ein sehr wirksames Konservierungsmittel ist die **Kälte**. Kühlt man die Nahrungsmittel stark ab und hält sie auf niedriger Temperatur, so unterbindet man die Entwicklung der Pilze vollständig.

Wie außerordentlich wirksam niedrige Temperaturen selbst bei der Erhaltung des Fleisches sind, erkennen wir aus einer in den letzten Jahrzehnten in Sibirien gemachten Entdeckung. Man fand dort tief im Eise vergraben den gefrorenen Körper eines Mammuts, eines elefantenähnlichen, vorsintflutlichen Tieres; auch die Fleischteile waren noch vollständig erhalten, obwohl dieser Tierkörper seit vielen Tausenden von Jahren vergraben lag.

Die **Kälteindustrie** hat heute derartige Fortschritte gemacht, daß ganze Schiffsladungen von amerikanischem „Gefrierfleisch" nach Europa verschifft werden können; besonders konstruierte „Kühlwagen" vermitteln die Verteilung in weitentlegene Städte. In großen, hiefür eigens eingerichteten Kühlhäusern wird Fleisch aller Art, Wild und Geflügel wochen- und monatelang ohne Veränderung aufbewahrt, indem man die Temperatur der Kühlräume niedrig erhält. Im kleinen dienen Eiskeller und Eisschränke zum Kühlhalten der Nahrungsmittel. Diese müssen, sobald sie aus dem Kühlraume gebracht wurden, bald verwendet werden, da sie sonst rasch der Fäulnis unterliegen.

c) Konservierung kann ferner durch Einwirkung der **Hitze** erzielt werden, da hierdurch die Bakterien abgetötet werden; um eine nachhaltige Wirkung zu erzielen, muß dann noch ein dauernder Abschluß der Luft erfolgen.

Hierauf beruht die **Konservenindustrie** (Fleisch- und Gemüsekonserven in verlöteten Blechbüchsen, Ölsardinen).

Abgekochte Milch hält sich einige Zeit. Wird Milch vorsichtig unter Luftverdünnung eingekocht, so behält sie ihre Eigenschaften bei und kann als „Kondensmilch", mit oder ohne Zuckerzusatz in Konservenform aufbewahrt werden. Milch für Säuglinge kann nach Erhitzen im Soxhletschen Apparate einige Zeit aufbewahrt werden.

d) Die Konservierung verderblicher Nahrungsmittel kann ferner durch **Verwendung fäulniswidriger Stoffe** erfolgen.

Fleisch wird in Salz oder Kalisalpeter eingelegt (**Pökelfleisch**); allerdings gehen hierbei einige Bestandteile durch Auslaugung verloren. Fische werden durch Salz konserviert (**Salzhering**). Verschiedene Fleischwaren lassen sich durch Einwirkung des Holzrauches haltbar machen, indem der im Rauch enthaltene Holzessig und das Kreosot die äußeren Schichten der Waren durchdringen und die Bakterien töten. Hierauf beruht das „**Räuchern**" (geräucherter Schinken, Speck, geräucherte Würste, Rauchfleisch).

Stark zuckerhaltige Flüssigkeiten gären nicht, daher werden Beeren und Obst mit viel Zucker versetzt, durch Erhitzen pilzfrei gemacht und dann luftdicht abgeschlossen („**Einsieden**"); allenfalls wird etwas salizylsaures Natrium oder Salizylsäure hinzugesetzt.

Gemüse, Obst und Schwämme werden durch Trocknen oder Dörren vom Wassergehalt befreit, um haltbar zu werden (Dörrgemüse, Dörrobst). Eier konserviert man, indem man sie in Kalkmilch oder Wasserglaslösung einlegt, wodurch die Poren der Eischalen luftdicht verschlossen werden („**Kalkeier**").

6. Abschnitt.

Chemische Analyse.

[406] Allgemeines.

a) Sehr häufig ergibt sich in technischen Betrieben und bei zahlreichen Anlässen im praktischen Leben die Notwendigkeit, Näheres über die chemische Zusammensetzung irgendeines Körpers zu erfahren. Es kann sich um die Feststellung handeln, ob man bei irgendeiner Materiallieferung wirklich den Stoff vor sich hat, der bestellt wurde, ob irgendein Produkt die erforderliche Reinheit besitzt, also nicht durch fremde Bestandteile verunreinigt ist, welche Elemente in einem Gesteine, in einer Metallegierung, in einem technischen Produkte enthalten sind.

Solche Aufgaben zu lösen, ist die **chemische Analyse** berufen. Sie wendet die Lehren der Chemie an, um die zu prüfenden Körper zu zerlegen, zu analysieren und hierbei das Vorhandensein der einzelnen Grundstoffe festzustellen. Hierbei kann es sich darum handeln, zu ermitteln, welche **Grundstoffe** der zu analysierende Körper enthält — das ist die Aufgabe der **qualitativen** Analyse; mitunter soll aber nebstdem festgestellt werden, in welchen **perzentuellen Mengen** die einzelnen Bestandteile im untersuchten Körper vorhanden sind, womit sich die **quantitative** Analyse beschäftigt.

b) Die chemische Analyse fußt auf der genauen Kenntnis der chemischen Eigenschaften der verschiedensten chemischen Verbindungen und der chemischen Vorgänge, die beim Zusammentreffen verschiedener Lösungen, bei bestimmten Schmelzprozessen oder unter sonstigen Umständen vor sich gehen. Verhältnismäßig einfach bleibt die Aufgabe, wenn die Untersuchung nur auf die Feststellung des Vorhandenseins einzelner **bestimmter** Grundstoffe beschränkt werden kann; in diesem Falle muß man erwägen, welche chemischen Eigenschaften und Reaktionen für die fraglichen Elemente besonders kennzeichnend sind. Vor weit schwierigere Aufgaben wird man jedoch gestellt, wenn man irgendeinen Körper auf alle seine Bestandteile hin untersuchen soll, allenfalls auch seine prozentische Zusammensetzung zu ermitteln hat. Wenn man sich vor Augen hält, daß ja eine ganze Reihe von Elementen in einem Körper nebeneinander vorhanden sein kann, so ist ohne weiteres klar, daß in einem solchen Falle die bloß tastende, planlose Untersuchung zu keinem Ziele führen kann; hier liefert nur die streng systematische Prüfung verläßliche Ergebnisse. Seit der Mitte des vorigen Jahrhunderts ist denn auch die chemische Analyse durch Aufstellung ganz bestimmter Untersuchungsgänge, die streng eingehalten werden müssen, ausgebaut worden. Genaueste Beachtung dieser Vorschriften ermöglicht es dann, im Körper selbst unter Umständen sehr kleine Anteile an Bestandteilen nachzuweisen und der Menge nach genau zu ermitteln.

c) Allerdings kann man solche systematische Untersuchungen nur durchführen, wenn ein vollständig eingerichtetes chemisches Laboratorium zur Verfügung steht. Die Durchführung solcher Analysen kann auch nur der hierin völlig Ausgebildete mit gutem Erfolge zuwege bringen. Es wäre sonach zwecklos, wollten wir hier versuchen, eine Übersicht über die verschiedenen Analysengänge zu bringen, die sich mit einfachen Hilfsmitteln doch nicht ausführen lassen. Müssen wir also hier auf die Lösung allgemein gestellter, chemischer Aufgaben verzichten, so gibt uns doch die Chemie Anhaltspunkte genug, um mit ganz einfachen Mitteln gewisse einfachere Untersuchungen zu pflegen, die dem Praktiker rasch genug wertvolle Aufschlüsse bringen können. Selbstverständlich kann es sich dabei nur um den **qualitativen** Nachweise einzelner Bestandteile handeln; die quantitative Bestimmung kann ja nur vorgenommen werden, wenn man eine Laboratoriumseinrichtung, insbesondere eine feine analytische Wage und die nötigen Apparate für Maßanalysen zur Verfügung hat.

Wir wollen im folgenden eine kurze Anleitung geben, wie die chemische Prüfung in einfachen Fällen mit Benützung nicht zu kostspieliger und leichter zu beschaffender Hilfsmittel ausgeführt werden kann.

[407] Hilfsmittel.

Unerläßlich ist das Vorhandensein einer Wärmequelle, um das Erhitzen verschiedener Körper und Hilfsmittel ausführen zu können. Wo Gas zur Hand ist, beschaffe man sich einen Bunsenschen Brenner [269]; steht Gas nicht zur Verfügung, so kann eine einfache Weingeistlampe aus Glas mit seitlicher Füllöffnung, wie sie auch von Uhrmachern, Mechanikern usw. benützt wird, den Bunsenbrenner vertreten.

Erforderlich sind ferner:

Ein Lötrohr, womöglich mit einem kleinen Windkessel im Knie.

Mehrere handtellergroße Stücke von gut ausgebrannter Holzkohle (am besten von Fichtenholz).

Mehrere an einem Ende rund zugeschmolzene oder zu einer Kugel ausgeblasene Glasröhrchen (7—8 cm lang, Durchmesser 5—6 mm).

Ein dünnes Platinblech (etwa 40 mm lang, 25 mm breit).

Ein dünner Platindraht (8—10 cm lang), der an einem Ende zu einer linsengroßen Öse zusammengebogen wird (nach Gebrauch zur Reinigung in Wasser legen).

Einige dünnwandige Probezylinder (Eprouvetten) in einem dazu passenden Gestelle.

Eine kleine Porzellanreibschale.

Ein kleiner Porzellantiegel (ca. 5 cm hoch).

Ein kleiner, eiserner Dreifuß und ein Eisendrahtdreieck zum Aufsetzen des Tiegels über die Flamme.

Einige dünne Glasstäbchen.

Dünne Streifen von blauem und rotem Lackmuspapier (vor Licht geschützt aufbewahren), ebenso Streifen von Curcumapapier (letzteres wird von freien Alkalien braun gefärbt, von Borsäure beim Trocknen rot).

Fallweise die nötigen Reagenzien (Probeflüssigkeiten).

[408] Vornahme der Untersuchungen.

a) **Allgemeine Prüfung.** Anhaltspunkte über die Natur des vorliegenden Körpers ergeben sich oft schon aus der Besichtigung desselben; wir sehen, ob er fest oder flüssig ist, können Farbe, Form (kristallisiert, pulverförmig u. dgl.), Geruch und Härte feststellen. Die gemachten Wahrnehmungen sind namentlich dann von Wichtigkeit, wenn man festzustellen hat, ob der vorgelegte Körper mit einer bestimmten Verbindung identisch ist oder nicht. Hierbei werden uns die Kenntnisse, die wir durch Studium der Abschnitte 3, 4 und 5 erworben haben, von Wert sein.

b) **Besondere Prüfung.** Im nachfolgenden wollen wir nun die einfacheren, von jedermann ausführbaren Analysengänge übersichtlich zusammenfassen und hierbei zum Zwecke der leichteren Auffindbarkeit, die bei den einzelnen Untersuchungen sich ergebenden Beobachtungsergebnisse durch **Fettdruck**, die Schlüsse, die sich aus diesen verschiedenen Beobachtungen hinsichtlich der Zusammensetzung des zu untersuchenden Stoffes bzw. die wahrscheinlichen Bestandteile durch Einrahmung besonders hervorheben.

Analysengänge:

A. Bei festen Körpern.

[409] Erhitzen der pulverisierten Probe in Glasröhrchen.

Man erhitze zuerst mäßig, dann kräftig über dem Bunsenbrenner (Weingeistlampe). Wir beachten vorerst die allfälligen Veränderungen, die mit der Probe selbst vor sich gehen und dann die Erscheinungen, die im Röhrchen wahrzunehmen sind. In dieser Beziehung wollen wir 3 Fälle unterscheiden:

α) es bilden sich keine, durch Geruch oder Farbe erkennbaren Gase oder Sublimate (allgemeine Beobachtungen);

β) es entwickeln sich erkennbar Gase;

γ) es bilden sich Sublimate (Niederschläge) im oberen Teil des Glasröhrchens.

a) Allgemeine Beobachtungen.

1. **Bleibt der Körper unverändert**, so sind **nicht** vorhanden: organische Stoffe (die sich sonst zumeist durch Verkohlung des Körpers kenntlich machen würden), wasserhaltige Verbindungen oder leicht schmelzbare Körper.

2. **Schwärzt sich der Körper** bei Erhitzung durch Verkohlung, wobei zumeist ein **brenzlicher Geruch** wahrnehmbar wird, so liegen vor . . | organische Verbindungen. |

3. Im oberen Teile der Röhrchen **sammeln sich Wassertröpfchen** an, so deutet dies auf . . | wasserhaltige Stoffe. |

4. Wir prüfen mit dünnen, feuchten Streifen von Lackmuspapier, ob das kondensierte Wasser basisch oder sauer reagiert [135a, 3].

Basische Reaktion läßt schließen auf
| Ammoniumverbindungen. |

Saure Reaktion auf . . . . . . | flüchtige Säuren. |

5. Es können farblose Gase entweichen, die wir auch durch den Geruch nicht feststellen können. Wir führen daher auf alle Fälle während des starken Erhitzens der Probe ein dünnes, glimmendes Holzspänchen in das Glasröhrchen; es entzündet sich . . . . | Sauerstoff. |

(Deutet auf chlorsaure oder salpetersaure Salze, Metalloxyde, Hyperoxyde.)

6. Wir nähern dem oberen Ende des Glasröhrchens einen dünnen Glasstab, an dessen Ende ein **Tröpfchen** von

klarem **Kalkwasser** hängt. Es tritt eine **Trübung im Tropfen** ein . . . . | Kohlensäure. |

(Weist auf zersetzbare kohlensaure Salze hin.)

b) Beim Erhitzen entwickeln sich erkennbar Gase:

1. **Stechender Geruch des Gases, Rötung des blauen Lackmuspapieres** . . . . | Schwefeldioxyd. |

(Weist auf schwefel- und schwefligsaure Salze hin.)

2. **Geruch nach faulen Eiern, Schwärzung eines mit Bleizuckerlösung getränkten Filterpapierstreifchens**
| Schwefelwasserstoff. |

(Deutet auf wasserhaltige Schwefelverbindungen.)

3. **Stechender Geruch nach Ammoniak, Bläuung des roten** Lackmuspapieres . . . . | Ammoniak. |

(Ammoniumsalze, N-haltige organische Körper.)

4. **Braunrote Dämpfe von stechendem Geruche, sauer** reagierend . . . . | Stickstoffdioxyd. |

(Zersetzung salpetersaurer Salze.)

5. **Gelbgrünes Gas von charakteristischem Geruche nach** Chlor . . . . | Chlor. |

6. **Braunrotes Gas, charakteristischer Geruch** . | Brom. |

7. **Violettes Gas, charakteristischer Geruch nach Jod** (allenfalls **schwarz sublimierend im oberen Ende des Röhrchens)** . . . . | Jod. |

(Die Erscheinungen nach 5, 6, 7 deuten auf zersetzbare Verbindungen dieser Halogene.)

c) Beim Erhitzen bildet sich ein Sublimat im oberen Teil des Glasröhrchens.

1. **Das Sublimat ist heiß: braun, flüssig, beim Erkalten** gelb und fest . . . . | Schwefel. |

(Er kann aus einem Gemenge oder aus Schwefelmetallen stammen.)

2. **Sublimat weiß**, die Probe gibt, mit **etwas Soda erhitzt**, Ammoniakgeruch . . . . | Ammoniumsalze. |

3. **Sublimat weiß, der Körper schmilzt vor der Verflüchtigung** . . . . | Quecksilberchlorid. |

4. **Sublimat weiß, in der Hitze gelb, Körper schmilzt** nicht . . . . | Quecksilberchlorür (Kalomel). |

5. **Sublimat weiß, glänzende Kriställchen** [261]
| Arsentrioxyd. |

(Auf Arsen nach 9 prüfen.)

6. Sublimat grau, Tröpfchen bildend . . | **Quecksilber.** |

(Weiße Sublimate liefern auch einige organische Säuren.)

7. Sublimat gelb (wird beim Reiben rot), der Körper war ursprünglich rot | **Quecksilberjodid.** |

8. Sublimat gelb oder rotgelb | **Schwefelverbindungen des Arsens.** |

9. Sublimat schwarz, metallischer Spiegel, charakteristischer Geruch nach Arsen . . . . | **Arsen.** |

10. Sublimat schwarz, Dampf violett, Jodgeruch . . | **Jod.** |
(Zersetzung von Jodmetallen, aus Gemengen.)

11. Sublimat schwarz, beim Reiben rot. . . | **Zinnober.** |

[410] Lötrohrproben.

Das Lötrohr ist ein recht einfaches Hilfsmittel, das uns bei richtigem Gebrauche viele Anhaltspunkte zur Beurteilung des zu prüfenden Körpers gibt. Zweck dieses Behelfes ist es, eine kleine, aber sehr heiße Flamme auf die Probesubstanz zu konzentrieren und hiebei je nach Bedarf Reduktions- oder Oxydationswirkungen zu erzielen. Durch den Luftstrom des Lötrohrs wird die Brennerflamme schräg nach abwärts umgelegt, wobei man es ganz in der Hand hat, die Flamme auf bestimmte Punkte zu richten.

Man übe zuerst das Lötrohrblasen so ein, daß man ununterbrochen mit den Wangen bläst, um ruhig weiter atmen zu können; man muß eine ruhige Lötrohrflamme auf bestimmten Stellen der Holzkohlenunterlage erhalten können. Wichtig ist es, die folgenden Anhaltspunkte genau zu beachten, um reduzierende oder oxydierende Flammen zu erhalten.

Wendet man das Lötrohr bei einer Gasflamme an, so muß man sie durch Schließen der Luftlöcher am Brenner weiß und leuchtend machen. Vorteilhaft ist es, für Lötrohrproben in den Bunsenbrenner ein besonderes Einsatzrohr zu stecken, das oben platt zuläuft und einen 1¼ bis 2 mm breiten, schräg nach abwärts gerichteten Spalt hat. Damit gelingt es leicht, die Flamme schief nach abwärts zu lenken.

Für Reduktionen hält man das Lötrohr so, daß seine Spitze an den Rand der Flamme zu liegen kommt; die Flamme sei nicht zu schwach, und man blase nur mäßig. Die beste reduzierende Wirkung liegt vor der Spitze des inneren leuchtenden Flammenkegels.

Um eine Oxydationsflamme zu erzielen, macht man die Flamme etwas schwächer und bläst das Lötrohr stark an. Es wird dabei so angesetzt, daß seine Spitze etwas in die Flamme hineinreicht. Die größte Oxydationswirkung erzielt man vor der Spitze des inneren, bläulichen Flammenkegels; dieser Teil der Lötrohrflamme ist daher auf den zu oxydierenden Körper zu richten.

Auf der Holzkohle schneidet man in der Mitte der Fläche mit dem Messer etwas Kohle heraus, so daß ein erbsengroßes Grübchen entsteht, in das ein Teil der Probe gebracht wird. Wir richten nun die oxydierende Flamme auf das Kohlengrübchen und beobachten die Veränderungen, die die Probe erfährt.

a) Untersuchungen in der Oxydationsflamme.

Naturgemäß wird ein Teil der Erscheinungen, die wir unter [409] wahrnehmen konnten, auch hier sichtbar werden:

1. Auftretender Geruch nach Schwefeldioxyd deutet auf die Anwesenheit von . . | **Schwefel oder Schwefelmetallen.** |

2. Knoblauchgeruch auf . . . . | **Arsen.** |

3. Lebhaftes Verbrennen der Kohle wird hervorgerufen durch . . . . | **salpetersaure oder chlorsaure Salze.** |

4. Schmilzt die Probe, bildet eine Perle im Kohlengrübchen oder zieht sich in die Kohlenmasse hinein, so kann man schließen auf das Vorhandensein von . . . . | **Alkalisalzen.** |

5. Ein weißer unschmelzbarer Rückstand deutet auf | **Oxyde der alkalischen Erdmetalle, der Erdmetalle, des Zinks und auf Kieselsäure.** |

Dabei leuchten in der heißen Lötrohrflamme sehr hell | **die Oxyde des Kalziums, Strontiums, Magnesiums und des Zinks.** |

6. Es ist nicht schwer, mit Hilfe eines Reagenz eine weitere Unterscheidung dieser Oxyde zu erreichen. Wir betupfen die ausgekühlte Probe mit einem Tröpfchen einer Lösung

von salpetersaurem Kobalt und bringen den Körper wieder zum Glühen. Die Probe färbt sich:

grün, deutet auf . . . . | **Zinkoxyd,** |

blau, deutet auf | **Aluminiumoxyd oder auch Kieselsäure.** |

b) Untersuchungen in der Reduktionsflamme.

Wir nehmen eine frische Probe und mengen sie unter Befeuchten mit etwas Wasser mit Soda, bringen das Gemenge ins Kohlengrübchen und blasen mit einer gut reduzierenden Lötrohrflamme an. Eine Reihe von Metallen und mehrere Metalloide geben hierbei so charakteristische Erscheinungen, daß sie nicht übersehen werden können und zur Erkennung der Körper beitragen.

Machen wir uns klar, welche chemischen Vorgänge die vorstehende Behandlung auf der Kohle zur Folge haben wird. Liegt nicht ohnedies schon ein Oxyd vor, so wird ein solches durch die Einwirkung der schmelzenden Soda gebildet. Auf das Oxyd wirken nun die reduzierende Flamme und die glühend werdende Holzkohle ein; es wird eine Reduktion zum Metall oder Metalloid eintreten; in einigen Fällen werden wir Metallkörner erhalten. Ist das reduzierte Element flüchtig, so wird es mit der Flamme weggeblasen werden, passiert dabei die äußerste Zone derselben, erleidet also wieder eine Oxydation und setzt sich auf den benachbarten Kohlenteilen als Oxyd in Form eines Oberflächenüberzuges an. In der Mitte ist derselbe etwas kräftiger und heißt Beschlag; nach außen hin erscheint er nur wie ein Hauch, und wir bezeichnen ihn dort als Anflug.

1. Die Reduktion ergibt ein Metallkorn ohne Beschlag auf der Kohle. Wir schneiden die Schmelze aus der Kohle heraus, zerreiben sie in der kleinen Porzellanreibschale und schlämmen die Kohlenteilchen vorsichtig mit Wasser weg. Die Metallflitter sind gelb . . . . | **Gold,** |

sie sind rot . . . . | **Kupfer.** |

2. Beschlag ist weiß; entfernt von der Probe, beim Anblasen mit der Lötrohrflamme leicht zu vertreiben, Entwicklung von Knoblauchgeruch . . . . | **Arsen.** |

3. Beschlag weiß, näher an der Probe, läßt sich verflüchtigen, Reduktionsprodukt entweder graues Pulver oder Metallkorn, das auch noch raucht, wenn man mit dem Blasen aussetzt . . . . | **Antimon.** |

4. Beschlag weiß, in der Hitze gelb, ziemlich nahe am Grübchen, schwer zu verflüchtigen, Grünfärbung mit Kobaltnitrat . . . . | **Zink.** |

5. Beschlag weiß, in der Hitze schwachgelb, nahe an der Probe, nicht vertreibbar, grauweiße Metallkügelchen, dehnbar, leicht schmelzbar . . . . . . | **Zinn.** |

6. Beschlag gelb; mit der Reduktionsflamme angeblasen, verläßt er seine Stelle mit blauem Schein, Metallkorn dehnbar, schmelzbar . . . . . . | **Blei.** |

7. Beschlag kalt zitronengelb, heiß dunkelorange, läßt sich ohne Lichtschein vertreiben, Metallkörner leicht schmelzbar, spröde . . . . | **Wismut.** |

8. Beschlag rotbraun . . . . . | **Kadmium.** |

9. Beschlag dunkelrot; silberweißes, dehnbares Metallkorn | **Silber.** |

(Sind mehrere Metalle gleichzeitig vorhanden, so entstehen Körner aus Legierungen.)

10. Wir nehmen die Schmelze aus dem Kohlengrübchen, legen sie auf ein blankes Silberstück und befeuchten sie mit Wasser: es entsteht eine Schwärzung; deutet auf die Anwesenheit von . . . . | **Schwefel.** |

(Durch den Schmelzprozeß hat sich Schwefelnatrium Na_2S gebildet (Schwefelleber), das auf Silber eine schwarze Färbung von Schwefelsilber erzeugt [Heparprobe]. Mit etwas Säure übergossen, entwickelt die Probe H_2S.)

[411] Prüfung mit der Borax- oder Phosphorsalzperle.

Das sog. Phosphorsalz, Natriumammoniumphosphat, und der Borax haben die Eigenschaft, bei starkem Erhitzen glasartige, farblose Schmelzen zu bilden, die durch gewisse Metalloxyde charakteristisch gefärbt werden. Wir nehmen an einem Ende einer Öse gebogenen Platindraht, erwärmen ihn in der Flamme und berühren damit Pulver von Phosphorsalz oder Borax, so daß genügend davon an der Drahtöse haftet. Beim Erhitzen in der Flamme erhalten wir von beiden Salzen rundliche, klare Glasperlen in der Öse. Man bringt nun durch Berühren der noch heißen Perle mit der Probe etwas von letzterer daran und schmilzt wieder und zwar vorerst in der Oxydationsflamme des Lötrohrs. Man beachtet die Färbung der heißen und der kalten Perle. Die Phosphorsalzperle liefert schönere Färbungen, ist daher der Boraxprobe vorzuziehen; trotzdem entspricht auch diese dem Zwecke ganz gut.

Die heiße Probe ist:

1. Blau, deutet auf . . . . `Kobalt.`

2. Grün, kalt blau; bei starkem Probezusatze und mit der Reduktionsflamme angeblasen nach dem Erkalten rot `Kupfer.`

3. Grün, auch reduziert so bleibend . . . . . `Chrom.`

Zur Bestätigung wird etwas von der Probe mit Soda und Salpeter auf dem Platinblech zusammengeschmolzen, bei Gegenwart von Chrom ergibt sich eine gelbe Schmelze, die in Wasser mit gleicher Farbe löslich ist.

4. Braun, kalt hellgelb, reduziert heiß rot, erkaltet grünlich . . . . `Eisen.`

5. Violett, reduziert farblos . . . . `Mangan.`

(Soda-Salpeterschmelze (s. 3. Chrom) ist grün)

6. Braunrot . . . . `Nickel.`

[412] Flammenfärbung.

Eine Reihe von Körpern erteilt der farblosen Flamme (im Bunsenbrenner oder in der Weingeistflamme) kennzeichnende, auffallende Färbungen, die am deutlichsten bei Alkalisalzen oder Erdalkalien hervortreten.

Wir bringen mit der Öse des Platindrahtes etwas von der Probe in die Flamme (der Draht muß vollkommen rein sein, darf daher selbst keine Flammenfärbung erzeugen).

Die Flamme wird gefärbt:

1. Gelb, verschwindet beim Betrachten durch blaues Kobaltglas . . . . `Natrium.`

2. Violett . . . . `Kalium.`

3. Gelbrot . . . . `Kalzium.`

4. Karminrot . . . . `Strontium.`

5. Gelbgrün . . . . `Barium.`

6. Smaragdgrün . . . . `Kupfer.`

[413] Löslichkeit.

Zur Beurteilung des zu untersuchenden Körpers ist es wichtig, etwas über seine Löslichkeitsverhältnisse zu wissen, weil sich auch hieraus Schlüsse über die Natur der fraglichen Verbindung ziehen lassen.

Wir nehmen etwas von der Probe, bringen sie in ein Reagenzgläschen, fügen reines Wasser hinzu, so daß es halb gefüllt wird, erwärmen über dem Brenner langsam bis zum Sieden und sehen nach, ob der Körper sich im Wasser auflöst. Ist dies nicht der Fall, so versuche man es mit verdünnter Salzsäure, wobei allfällige Entwicklung von Gasen, wie CO₂, H₂S zu beachten ist.

Führt auch diese Behandlung nicht zum Ziele, so wenden wir Salpetersäure, allenfalls mit Zusatz von Salzsäure an (Bildung von Königswasser). Wird auch hiedurch der Körper nicht in Lösung gebracht, so gehört er zu den unlöslichen.

B. Bei flüssigen Körpern.
[414] Reaktionsproben.

Man gibt etwas von der Flüssigkeit in den Porzellantiegel, dampft sie vorsichtig bis zum Trocknen ein und untersucht den verbleibenden Rückstand an der Hand der unter A angegebenen Anleitung. (Einatmen der Dämpfe beim Eindampfen vermeiden, für deren Abzug sorgen, also allenfalls im Freien oder doch bei geöffnetem Fenster abdampfen.)

Ein Teil der ursprünglichen Flüssigkeit wird auf seine Reaktion gegen blaues und rotes Lackmuspapier geprüft. Tritt Rötung des blauen Papiers ein, so deutet dies entweder auf freie Säuren, allenfalls aber auch auf saure Salze oder auf Metallsalze.

Alkalische Reaktion weist auf Alkalihydroxyde oder -karbonate und auf freie alkalische Erden (z. B. Kalziumhydroxyd).

C. Allgemeine Bemerkungen.

[415] Einige besondere Reaktionen
(zur Ergänzung der bisherigen Untersuchungen).

Wenn wir die früher angegebenen Prüfungen nacheinander und genau vornehmen, wird sich zumeist eine Reihe von Anhaltspunkten ergeben, die einen Schluß auf die Natur des Körpers gestatten. Wir dürfen nicht außer acht lassen, daß es ja wenige ganz einfache Hilfsmittel sind, die wir zur Prüfung verwendet haben; sie können daher naturgemäß nicht hinreichen, um über alle möglichen, oft verwickelt zusammengesetzten Körper Aufschluß zu geben. Es erscheint empfehlenswert, da und dort noch durch eine einfache Reaktion ergänzend nachzuhelfen.

Ein Beispiel wird dies sofort klarmachen: Wir sind in der Lage, durch die früher angegebene Heparprobe die Anwesenheit von Schwefel nachzuweisen. Dieser kann nun in verschiedenen Verbindungsformen vorliegen, als Sulfid, als schwefelsaures oder schwefligsaures Salz usw. Hierüber gibt die Heparprobe keinen Aufschluß; wir müssen uns an die allgemeinen Eigenschaften der Verbindungen erinnern, um auf das Vorhandensein dieser oder jener Form zu schließen. Wir bringen etwas Salzsäure zur Probe und finden Entwicklung des übelriechenden H₂S, falls ein Sulfid vorliegt. Es wäre uns aber sehr erwünscht, wenn wir rasch ermitteln könnten, ob der Schwefelgehalt von einem schwefelsauren Salze herrührt, wir daher die Anwesenheit von Sulfaten einfach nachweisen könnten. Deshalb führen wir noch einige Prüfungen auf naßem Wege für ein paar sehr häufig vorkommende Verbindungen an. Es handelt sich hiebei vor allem um Reaktionen, mittelst deren man die Gegenwart mehrerer sehr häufig vorkommender Säuren und ihrer Salze nachweisen kann.

1. Zu dem Zwecke bringen wir etwas von der Probe in ein Reagenzglas, fügen etwas Salzsäure hinzu und wärmen allenfalls an; es entweicht unter Aufbrausen ein farbloses Gas, das einen Tropfen klaren Kalkwassers am Glasstabe trübt `Kohlensäure.`

(Es liegt also ein kohlensaures Salz vor.)

Es entweicht das am Geruche kenntliche Schwefelwasserstoffgas . . . . `Schwefelmetalle.`

2. Wir lösen reines Baryumchlorid (BaCl₂ + 2 H₂O) in Wasser (1 : 10), versetzen die auf Schwefelsäure oder deren lösliche Salze zu prüfende Flüssigkeit mit ein paar Tropfen HCl und tröpfeln Baryumchlorid hinzu, ein weißer Niederschlag deutet auf . . . . `Schwefelsäure.`

3. Im Reagenzglase versetzen wir die ursprüngliche Probe mit konzentrierter Schwefelsäure, geben ein paar Kupferspäne hinzu und erwärmen, Auftreten braunroter Dämpfe von NO₂ weist auf . . . . `Salpetersäure.`

4. Die wässerige Lösung der Probe wird mit etwas HNO₃ angesäuert und hierauf eine Lösung von Silbernitrat in Wasser (1 : 20) hinzugefügt; entsteht ein weißer, käsiger Niederschlag, der sich in Salmiakgeist auflöst, so deutet dies auf `Chlor.`

(In Form salzsaurer Salze.)

[416] Praktische Winke für die Anwendung des Untersuchungsverfahrens.

Der Leser wird beim aufmerksamen Durchlesen der vorstehenden Zusammenstellungen gefunden haben, daß darin nur eine beschränkte Zahl von Elementen oder Elementverbindungen vorkommt; das ist begreiflich, weil nur jene aufgenommen werden konnten, die bei der Behandlung mit den angegebenen, einfachen Hilfsmitteln leicht erkennbare und kennzeichnende Erscheinungen geben.

Wird bei einer vorgelegten Probe nach diesem oder jenem bestimmten Bestandteile gefragt, so sehe man nach, ob dieser angeführt ist, dann kann sich die Untersuchung auf die Vornahme der bei diesem Körper angeführten Prüfungen beschränken. Man überzeuge sich, ob die beobachteten Erscheinungen mit den in der Anleitung angegebenen genau übereinstimmen.

Liegt kein Anhaltspunkt über die Zusammensetzung des zu untersuchenden Körpers vor, so nehme man die A—C angegebenen Proben der Reihe nach durch. Kann daraus kein Schluß auf die Natur der Probe gezogen werden, so muß eine systematische, fachmännische Analyse eingeholt werden.

Aufgabe 199.

[417] *Es soll nachgesehen werden, ob ein weißes Pulver Salmiak ist.*

Salmiak ist ein Ammoniumsalz, wird also, im Glasröhrchen erhitzt, ein weißes Sublimat geben, Entwicklung von Ammoniak mit Soda; die Lösung wird mit Silbernitrat auf Chlor geprüft. Um nachzusehen, ob der Salmiak nicht stärker verunreinigt ist, erhitzen wir eine Probe davon auf dem Platinbleche; der Rückstand darf nur ganz unbedeutend sein.

Aufgabe 200.

[418] *Eine weiße Anstrichfarbe soll untersucht werden.*

Wir finden hier beispielsweise bei der Lötrohrprobe die auf Blei weisenden Erscheinungen, bei Behandlung mit Salzsäure im Reagenzglase Entwicklung von Kohlensäure; die Probe ist also Bleikarbonat, sonach **Bleiweiß.**

Aufgabe 201.

[419] *Es liegt ein braunschwarzes Pulver zur Untersuchung vor.*

Es zeigt sich: beim Erhitzen im Glasröhrchen Entwicklung von Sauerstoff, in der Boraxprobe Violettfärbung, Sodasalpeterschmelze grün, sonach Mangan in einer höheren Oxydationsform, da Sauerstoff abgegeben wird; die Probe ist . . . **Braunstein.** Zur Bestätigung erhitzen wir mit etwas HCl, es tritt Chlorentwicklung ein.

Aufgabe 202.

[420] *Bei einem als Düngemittel angebotenen Salze soll nachgesehen werden, ob es Chilesalpeter ist.*

Wir finden: lebhafte Verbrennung der Kohle im Grübchen durch die schmelzende Probe, Flamme wird intensiv gelb gefärbt. Probe mit H_2SO_4 und Kupfer ergibt Salpetersäure, es liegt sonach $NaNO_3$, **Chilesalpeter,** vor.

Anhang I.

[421] Lösungen der im 2. Briefe unter [272] gegebenen Übungsaufgaben.

Aufg. 145: Hg = 200; S = 32; also im Verhältnis 25 : 4.

Aufg. 146: $2 H_2O = 2 H_2 + O_2$; um die Beziehung zum Avogadroschen Gesetze bzw. zu [133c] herzustellen, gehen wir bei obiger Zersetzung von 2 Molekülen Wasser aus, wodurch wir auch beim Sauerstoff das Molekül O_2 erhalten. Setzen wir nun die Atomgewichte in die rechte Seite obiger Gleichung ein, so erhalten wir $(2 \times 2) + (2 \times 16) = 36$ g Wasser. Nach dem Avogadroschen Gesetze nehmen 2×16 g Sauerstoff den Raum von 22 l ein; 2 g Wasserstoff entsprechen gleichfalls 22 l, 2×2 g H daher 44 l. 18 g Wasser geben also je die Hälfte, also 22 l Wasserstoff und 11 l Sauerstoff (zusammen 33 l Knallgas).

Aufg. 147: Addiert man $Na_2O + H_2O$, so findet man $Na_2O_2H_2$. Dies halbiert, gibt NaOH als Formel.

Aufg. 148: Die Formel für Kohlendioxyd lautet: $CO_2 = C + O_2$, bei Einsetzung der Atomgewichte $12 + (2 \times 16) = 44$. O_2 entspricht dem Molekulargewichte des Sauerstoffes, drücken wir dies in g aus, so entsprechen diesem Sauerstoffgewichte 22 l Sauerstoff.

Je 12 g Kohlenstoff verbinden sich also hienach mit 22 l Sauerstoff und geben nach dem Avogadroschen Gesetze für das Molekulargewicht von CO_2 (44 g) 22 l Kohlendioxyd. 50 kg Anthrazit enthalten $50 \times 0,96 = 48$ kg reinen Kohlenstoff; sonach ergeben 50 kg Anthrazit $[48000 : 12] \times 22 = 88000$ l $CO_2 = 88$ m³ CO_2.

Aufg. 149: Nach [106] wiegt 1 l trockene Luft 1,293 g, Kohlendioxyd ist 1,5291 mal schwerer als Luft, sonach wiegt 1 l CO_2 $1,293 \times 1,5291$ g = rd. 2 g, 400 l also 800 g. Zum gleichen Litergewichte kommen wir auch nach Aufg. 148, da 22 l CO_2 44 g wiegen.

Aufg. 150: In 44 g CO_2 stecken 12 g C; 800 g CO_2 enthalten daher $(800 : 44) \times 12 =$ rd. 220 g reinen Kohlenstoff.

Aufg. 151: Sollen 400 l CO_2 entstehen, so müssen (siehe Aufg. 148) 400 l O verbraucht werden; nach [129c] wiegt 1 l Sauerstoff 1,44 g, 400 l wiegen sonach $400 \times 1,44 = 576$ g.

Aufg. 152: 5 % = 400 l, also 100 % = 8000 l. 22 l : 31680 = rd. ¹/₄ l.

Aufg. 153: 400 l CO_2 wiegen $400 \times 2 = 800$ g; die darin enthaltenen 400 l O sonach 576 g, also werden $800 - 576 =$ rd. 220 g Kohlenstoff täglich verbraucht.

Anhang II.

[422] Geschichtliche Entwicklung der Chemie.

Die Chemie als Wissenschaft ist verhältnismäßig noch jung, obgleich man chemische Erscheinungen schon im grauen Altertume, zuerst wohl in Ägypten, kannte und der Name schon im 4. Jahrhundert auftauchte. Von diesem bis zur ersten Hälfte des 16. Jahrhunderts wurde, wie wir schon wissen, Chemie nur von den sog. Alchimisten betrieben. So kindisch uns auch jetzt deren Tätigkeit in ihren Zielen erscheinen mag, war sie doch durchaus nicht wertlos; sie fanden bei ihren im Zwecke gewiß verfehlten Bestrebungen so manche wichtige Erscheinung, lehrten die Darstellung neuer Verbindungen, waren aber ganz sicher die ersten, die sich eifrigst der damals sonst ganz vernachlässigten Naturbeobachtung widmeten. Im 16. Jahrhundert wurden chemische Präparate hauptsächlich als Heilmittel gegen Krankheiten, freilich unter starker Anlehnung an alchimistische Vorstellungen, gesucht und gefunden.

Erst von **Robert Boyle** (1661) begann die Chemie sich zur selbständigen Naturwissenschaft zu entwickeln. Bezeichnend für die chemische Theorie dieser Zeit ist die Erklärung der Verbrennungserscheinungen durch die Annahme eines besonderen Stoffes Phlogiston, die erst **Lavoisier** im Jahre 1775 durch seine auf quantitative Versuche gestützte Feststellung der Verbrennungsvorgänge als Erscheinungen, die bei allen Verbindungen mit Sauerstoff auftreten, hinfällig machte. Diese grundlegende Erkenntnis führte dann bald zur Aufstellung der Atomtheorie durch **Dalton** (1766—1844) und ihrer experimentellen Durcharbeitung durch **Berzelius** (1779—1848). — Während früher Trennung der Bestandteile, die Analyse, Hauptzweck der Chemie war (daher der frühere Name „Scheidekunst"), ist später der Aufbau der chemischen Verbindungen (die Synthese) zur Hauptaufgabe geworden. Ebenso war bis zur 1. Hälfte des 19. Jahrhunderts die anorganische Chemie das bevorzugte Gebiet der Forscher; von da an übernahm jedoch die organische Chemie unter der Führung der beiden berühmten deutschen Chemiker **Wöhler** (1800—1882) und **Liebig** (1803—1873) die Hauptrolle und brachte diese Wissenschaft zu ungeahnten Erfolgen.

LEBENSBILDER

berühmter Techniker und Naturforscher.

Otto v. Guericke.
(* 1602, † 1686.)

Gewiß haben die meisten unserer Leser in der Schule von den berühmten Magdeburger Halb-kugeln gehört, die, nur durch Luftdruck zusammengehalten, kaum von 16 kräftigen Rossen von-einander gerissen werden konnten, ein Schauspiel auf dem Reichstage zu Regensburg im Jahre 1654, das zwar den gelehrten Bürgermeister von Magdeburg, Guericke, mit einem Schlage in den wei-testen Kreisen bekannt, aber auch zum Zielpunkte der heftigsten Anfeindungen eines Teiles der damaligen Gelehrtenkreise machte.

Doch werden vielleicht manche nicht wissen, daß dieses auf seine Zeitgenossen zweifellos von verblüffender Wirkung gewesene Experiment durchaus nicht als wissenschaftliche Spielerei angesehen, sondern vielmehr als Endergebnis jahrelanger, zielbewußter Forschungen über das Wesen des uns umgebenden mächtigsten Lebenselementes, der atmosphärischen Luft, gewertet werden muß.

Guericke betrieb als Sohn einer wohlhabenden magdeburgischen Patrizierfamilie schon frühzeitig neben der Jurisprudenz das Studium der Ingenieurwissenschaften, die damals als Festungsbaukunst an den Universitäten gelehrt wurden. Als Ratbaumeister von Magdeburg machte er die furchtbare Katastrophe mit, die über seine Vaterstadt im Dreißigjährigen Krieg hereinbrach, wo die ehe-mals blühende, reiche Stadt ver-wüstet wurde; nur mit Mühe rettete dabei Guericke sich und seiner Familie das Leben; aus Not inzwischen in schwedische Dienste übergetreten, kehrte er schon nach 4 Jahren wieder nach Magdeburg zurück, wo er alsbald zum regierenden Bürgermeister erwählt wurde und dann in 40 jähriger aufopfernder Tätig-keit diesem Gemeinwesen zu neuem Glanze verhalf. Aber nicht seine politische Bedeutung allein war es, die ihm die allge-meine Anerkennung verschaffte und seinen Namen schon zu Lebzeiten zu einem weltberühm-ten machte, sondern hauptsäch-lich die Bewunderung für die glänzenden Erfolge seiner wis-senschaftlichen Tätigkeit. Die Geisteshelden Galilei und Tor-ricelli in Italien, Descartes und Pascal in Frankreich, Boyle und Newton in Eng-land sowie Kepler, Leibnitz und Guericke in Deutschland heben sich in scharfen Umrissen ab auf dem Hintergrunde des für die Entwicklung der realen Wissenschaften so bedeutsamen 17. Jahrhunderts, in dem sich der endgültige Bruch mit den alten, unhaltbar gewordenen Naturanschauungen, besser Na-turerzählungen der Scholastiker vollzog. Das Gebiet, auf dem Guericke bahnbrechend wirkte, war das des Luftdruckes, dessen Entdeckung und Messung einen wichtigen Fortschritt in den Naturwissenschaften kennzeichnet. Die Wirkung dieser Naturkraft war in den Hebern und Pumpen wohl schon längst bekannt; die Kraft selbst war aber von den alten Naturphilosophen ebenso einfach als hartnäckig durch den „Horror vacui, dem Abscheu der Natur vor jedem leeren Raume", erklärt worden. Sie nahmen an, die Natur habe einen unüber-windlichen Widerwillen gegen jeden leeren Raum und sei stets bestrebt, denselben sofort bei seinem Entstehen mit irgendeinem Stoffe, also z. B. bei Hebern und Saugpumpen mit Wasser auszufüllen.

Erst Torricelli (1643) erklärte sich die Tatsache, daß eine Pumpe auf nicht mehr als 32 Fuß Höhe Wasser aufsaugen kann, in richtiger Weise etwa damit, daß nur das Gewicht der Luft und keineswegs bewußter Wille der Natur es sei, die das Wasser in einem luftleeren Raum bis auf jene Höhe drücke, bei der der Druck der Wassersäule jenem der Luft das Gleichgewicht hält. Völlig unabhängig von Torricelli entdeckte Guericke aufs neue den Luftdruck; während aber der erst-genannte Physiker sich damit begnügte, seine Entdeckung in der Erfindung des ersten Barometers zu verwerten, war von da an das ganze Sinnen und Trachten des Magdeburger Ingenieurs darauf gerichtet, wirklich einen luftleeren Raum durch künstliche Mittel zu erzeugen und damit die Mög-lichkeit seines Bestehens im Weltenraum praktisch und unanfechtbar zu erweisen.

Bezeichnend für seine, in ihrer Gründlichkeit echt deutsche Forschungsart ist die Reihe planmäßiger, groß angelegter Experimente, die er alsbald zur Lösung des ihm vorschwebenden Problemes begann. Zuerst füllte er ein fest verspundetes Weinfaß mit Wasser, das er mit einer Wasserspritze zu entfernen suchte, die er aber vorher mit einem Saug- und Druckventil eigener Konstruktion auszustatten wußte. Der Versuch mißlang, weil nach Beseitigung des Wassers Luft zischend durch die Poren des Holzes eindrang. Er ging daraufhin zu großen Kupferkugeln über, die aber anfangs mit starkem Knalle von der äußeren Luft zusammengedrückt wurden, weil sie

nicht vollkommen rund waren. — Endlich glückte es ihm mit kräftiger gebauten Halbkugeln, einen wirklich leeren Raum zu erzeugen, der sich jedoch schon nach wenigen Tagen wieder mit Luft füllte, ein Übelstand, den er erst durch Erfindung einer absolut sicheren Flüssigkeitsdichtung beseitigen konnte; seine Pumpe war mittlerweile so leistungsfähig geworden, daß sie auch ohne Wasserfüllung direkt die Luft aus dem Rezipienten, wie er den zu entleerenden Raum nannte, herausschaffen konnte. Und so hatte er schließlich sein Ziel erreicht und durch Vorführung seiner ausgepumpten Halbkugeln augenfällig die Unhaltbarkeit der gegnerischen Behauptungen erwiesen. Sein Freund, der gelehrte, im Gebiete der Naturwissenschaften sehr verdiente Jesuit Kaspar Schott, verfaßte eine Streitschrift gegen ihn, durch welche von unverständiger Seite eine Flut von Angriffen gegen Guericke ausgelöst wurde, die aber von diesem mit den zwar wenig höflichen, aber um so bezeichnenderen Worten: „Auf Versuche sei mehr Gewicht zu legen als auf das Urteil der Dummheit, die Vorurteile gegen die Natur zu spinnen pflege", zutreffend zurückgewiesen wurden.

Die Forschungstat Guerickes wurde indirekt der Anstoß zu einer der gewaltigsten Umwälzungen in der Kulturgeschichte der Menschheit, denn sie leitet hinüber in das Zeitalter der Dampfmaschinen. Huyghens verwertete nämlich bald darauf den Gedanken Guerickes in einer Wasserhebemaschine, wobei er durch Explosion von Schießpulver einen luftleeren Raum erzeugte, den der äußere Luftdruck dann mit Wasser füllte. Dessen Schüler Papin erzeugte als erster ein Vakuum, d. h. einen luftleeren Raum, durch Kondensation von Wasserdampf und erbaute auf diese Art eine Dampfmaschine, mit welcher die Engländer ihre ungeheuren Kohlenschätze vor Wassereinbruch schützten, und das Erfindergenie James Watts gab der Dampfmaschine zum Schlusse die endgültige, praktisch brauchbarste Form, die sie im Wesen noch heute besitzt. — Es würde zu weit führen, alle die anderen Erfindungen aufzuzählen, die Guericke im Laufe seines tätigen Lebens gemacht und die er in einem eigenen Werke seiner geliebten Vaterstadt gewidmet hat; die meisten derselben dürfen freilich nur im Lichte ihrer Zeit gewürdigt werden. Bemerkenswert ist davon nur, daß Guericke auch der Schöpfer der ersten Elektrisiermaschine war. Er füllte eine große, gläserne Kugel mit gestoßenem Schwefel, schmolz ihn und zertrümmerte nach seiner Erstarrung die gläserne Hülle. Die Schwefelkugel durchbohrte er, versah sie mit Zapfen und Lagern, und mit einer Handkurbel gedreht, elektrisierte er sie durch Reibung an der aufgelegten Hand. Mit dieser doch gewiß primitiven Vorrichtung erforschte er als erster die Gesetze der elektrischen Abstoßung sowie der Leitfähigkeit und beobachtete zum ersten Male den elektrischen Funken, der in der Folge die Energiequelle der drahtlosen Telegraphie werden sollte.

Und so können wir unseren berühmten Landsmann Otto von Guericke mit Recht auch den ersten deutschen Ingenieur nennen, der die Fähigkeit besaß, mit seltenem Geschicke wissenschaftliche Erkenntnis in technisches Können umzusetzen.

Schlußwort zur Vorstufe.

Mit dem vorliegenden letzten Briefe der Vorstufe findet der erste und weitaus schwierigste Teil unserer gemeinsamen Aufgabe seinen Abschluß. Alles, was für das weitere Vordringen in den techn. Wissenschaften an mathematischen und geometrischen Formeln und Lehrsätzen unentbehrlich ist, haben unsere Leser nunmehr inne, und damit ist die Hauptschwierigkeit jedes brieflichen Unterrichtes, die verschiedenartige Vorbildung jedes Einzelnen, beseitigt. Wir können im Gegenteile von nun an mit durchaus gleichem Bildungsgrade unseres ganzen Leserkreises rechnen, was natürlich die Art der Darstellung wesentlich vereinfachen wird.

Unsere Leser haben sich durch das Studium der Vorstufe schon einigermaßen daran gewöhnt, mathematisch zu denken und räumlich zu empfinden. Was noch fehlt, ist nur mehr, diese Fähigkeiten durch zahlreiche Nutzanwendungen in den technischen Fächern zur möglichsten Vollkommenheit auszubilden, um alle in der Praxis vorkommenden Rechnungs- und Konstruktionsaufgaben richtig erfassen und lösen zu können. — Ebenso bieten auch die chemischen Briefe ungeachtet ihrer aus Raumrücksichten gebotenen straffen Fassung einen genügend festen Grund, um die für den Techniker so wichtige Materialkunde in stetem Zusammenhange mit der Mutterwissenschaft weiter auszubauen.

Allerdings wird ein mehrmaliges Lesen und Studieren der ersten Briefe jenen, die sich ohne jegliche Vorbildung selbst zum Techniker ausbilden wollen, nicht ganz erspart bleiben; sie werden sich jedoch dieser kleinen Mühe gewiß gerne und um so freudiger unterziehen, wenn sie bedenken, daß sie damit in ihrer ganzen Geistesbildung und in ihrer Verwendbarkeit einen gewaltigen Schritt vorwärts kommen. — Übrigens werden wir trachten, etwa nachträglich nötig werdendes Nachschlagen und Nachlesen in früheren Briefen durch besonders sorgfältig verfaßte Sachregister tunlichst zu erleichtern.

Wollen wir nun unser Selbststudium mit einer Bergfahrt vergleichen — der Vergleich ist gewiß nicht allzuweit hergeholt —, so können wir sagen, daß wir den für uns mühsamsten Teil des Weges — sozusagen den Aufstieg zum Grate — glücklich hinter uns haben.

Schon im nächsten Bande folgt das mit weit weniger Anstrengung verbundene Studium einiger grundlegender Fächer der Technik, das für jeden mit technischem Sinne begabten Menschen sich um so genußreicher gestalten wird, als es immer engere Beziehungen mit den eigentlichen Fachgebieten des Technikers aufweist — im Bergbilde eine richtige Gratwanderung, die durch freie Aussicht nach allen Seiten und auf die schon sehr nahe gerückten Hochgipfel bekanntlich so köstlich erfrischend und ermutigend wirkt.

Diese Hochgipfel sind für uns die beiden Hauptfächer — die Bau- und die Maschinentechnik, die wir im 2. und 3. Bande spielend leicht bewältigen werden.

Namen- und Sachregister.

Die Zahlen mit vorgesetztem S. bedeuten Seitenzahlen, alle übrigen die eingeklammerten Nummern der Unterabschnitte, z. B. 249 = [249]. — Sie sind bezüglich der ausführlicheren Textstellen fettgedruckt.

Abbé 117.
Abgekürztes Rechnen **288.**
Abloten 325.
Abraumsalze 246, 259, 360.
Absetzen 140.
Abstand 54.
Abszisse 195.
Addition 21; - von Zahlen und Ausdrücken 22; - von algebraischen Zahlen 28; - von Brüchen 149; abgekürzte - 288.
Affinität **125.**
Aggregatzustand 112.
Ähnlichkeit ebener Figuren 199, 207; Sätze f. d. Dreieck 208; - von Körpern 337.
Akkumulator (Kreislauf der Energieformen) 126.
Alaun 367.
Albumin **401.**
Albuminoide 403.
Alchimie 103, 422.
Aldehyde **386.**
Algebra 6.
Algebraische Summe 28.
Allgemeine Zahlzeichen 16.
Alizarin 398.
Alkalien 135.
Alkalimetalle 135, **360, 361.**
Alkohol **384.**
Allotropie 254.
Aluminium 367; -nitrid 362.
Amalgam 359, 378.
Ammoniak 258.
Ammonium 258; -sulfat 259.
Amorph 123.
Amylum 392.
Analyse, chem. 105, 124, 406.
Analytische Geometrie 350 bis 354.
Anfangskapital (i. d. Zinsrechnung) 303.
Anhydrid 137.
Anilin 394, 398.
Ansatz bei Gleich. 178.
Anthrazen 382, 394.
Anthrazit 265.
Antimon 262.
Anziehungskraft, chem. **125.**
Apatit 260.
Apollonius 358.
Äquator 349.
Arbeit, chem. 126, 256.
Archimedes **S. 59** (mit Bild) 30, 230, 322, 344, 358.
Argon 257.
Arithmetik **6;** Handels- 295.
Arithmetische Grundsätze 10; - Mittel 162; - Reihen 290.
Arkwright 146.
Aromatische Verbindungen 382; 394—399; - Säuren 396.
Arsen **261.**
Arsenik 261.
Asbest 366.
Asphalt 383.
Assimilation d. Pflanzen 252, 392.
Atmungsprodukte 252.
Atmosphäre 106.
Atom 118; -gewicht **127;** -theorie 128.
Äthan 382.
Äther **386.**
Äthylalkohol 384; -äther 386.
Äthylen 268.
Ätzkalium 360; -natron 361; -ammoniak 258.

Auerlicht 269.
Auflösung von Gleichungen 6, 178; von Proportionen 159; von Dreiecken **212.**
Aufriß 325.
Auripigment 261.
Ausziehen der Quadratwurzel 174.
Außenwinkel 81, 88.
Avogadro 129, 133.
Axiom 10.
Azetate 367, 385.
Azetylen 268.

Backen 384.
Backpulver 258, 384.
Barwert bei Renten 308.
Baryum **363.**
Basen 137.
Basis d. Dreieckes 85; chemische - 137; - bei Potenzen 165; - bei Logarithmen 175, 176; - des dekadischen Zahlensystems 285.
Basische Oxyde 135.
Bauxit 367.
Becquerel 365.
Beizen 367.
Bell 146.
Benennung von Zahlen 13.
Benzin 383.
Benzol 382, **394.**
Berieselungsanlagen 244.
Berührungspunkt, geom. 71; -ebene 341, 342, 344.
Berzelius 422.
Bessemer Henry **S. 120** (mit Bild)
Bessemerprozeß 369.
Bestimmungsgleichungen 19, 178; -stücke 82; -dreiecke 96.
Beton 119.
Bierbereitung **384.**
Binome (math.) 24.
Bittersalz 366.
Blausäure, Cyanwasserstoff 360
Blei **375;** -glasur 270.
Bleichmittel, Wasserstoffsuperoxyd 244; Chlor. 245.
Blutkohle 265; -fibrin 401.
Bogengrad 55.
Bor 264; -säure 264.
Borax 264; -perle 411.
Boyle 422.
Braten 404.
Brauneisenstein 369.
Braunstein 125, 249, 372.
Braunkohle 265.
Breitenkreis 349.
Brigg, Logarithmen 176.
Brom 246; -silber 125, 246, 379.
Bronzen 377.
Bruch, gemeiner **148;** das Rechnen mit g. Br. **149;** Dezimal- 153; das Rechnen mit D.-B. 155.
Bruttogewicht 297; -preis 297.
Buchstaben, griechische 12; -rechnung 16; -gleichung 178.
Bunsenbrenner 269.
Bürgi 153.

Caput mortuum (Englischrot) 369.
Cer 359, 269.
Ceulen, Ludolf von - 230.

Charakteristik b. Logarithmen 176.
Chemie, allgemeine - 104; anorganische - 241; organische - 382; Geschichte der - 422.
Chemikalien 105.
Chemische Analysen 105, 406; - Prozesse 105, 118; - Verbindung und Zersetzung 124; - Anziehungskraft 125; - Energie 126; - Gleichungen 133.
Chilesalpeter 258, 259, 361.
Chlor **245;** -natrium (Kochsalz) 121, 245, 361; -kalium 360; -wasserstoff (Salzsäure) 245; -kalzium 362; -zink 368.
Coss (Algebra) 189.
Chrom **373.**
Curie 359, 365.
Cyankalium 360.

Dalton 128, 422.
Dampf 114.
Daniell (Hahn) 243.
Darstellende Geometrie 323.
Davy 269.
Dekadische Zahlen 285, 286.
Denaturieren 401.
Derivate 382.
Descartes 322.
Desoxydation 135.
Destillation 141; trockene - 265; fraktionierte -383.
Destilliertes Wasser 244.
Dewarsches Gefäß 257.
Dextrin 392.
Dezimalbrüche, Erklärung d. - 153; Verwandlung d. - 154; Rechnen mit - 155.
Diagonale 81, 94.
Diagonalschnitt 338.
Diagramm 196.
Diamant 265.
Diameter 71.
Diastase 384, 392.
Dichte 107.
Differenz 14,17, 21.
Diophantus 183, 322.
Diophantische Gleichungen 194.
Direkte Proportionalität 277.
Diskontrechnung 304.
Division von Zahlen und Z.-Ausdrücken 41; - von algebr. Z. 46; - von Polynomen 47; die Null i. d. - 48; - von Brüchen 149; - von Potenzen 166; abgekürzte - 288.
Döbereiner 146; -Zündmasch. 243.
Doppeltkohlensaures Natrium 361.
Draufsicht 325.
Dreieck 81, 85; Stücke d. - 84; Einteilung d. - 85; Zeichen- 86; d. 4 merkwürdigen Punkte 92; Ähnlichkeitssätze 208; Kongruenzsätze 211; Auflösung 212; Pythagoräischer Lehrsatz 209; Kathetensatz 205, 209; Höhensatz 205, 209; trigonometrische Berechnung 219; Flächeninhalt 225; Sphärisches - 344.
Dreisatz 276.

Druck, kritischer - 115; Luft- 106.
Drummond (Kalklicht) 243, 269.
Durchmesser 71.
Durchschnittsrechnung **316.**
Düngemittel (künstliche) 259.
Dynamit 384.

Eau de Javelle 245.
Ebene, Projektions- 325; Projizierende - 325; Berührungs- 341; Symmetrie- 337; - und Gerade **335;** Gegenseitige Lage von - 336.
Ebonit 394.
Edelgase 257.
Edelmetalle 380, 381.
Edison 146.
Eier (kochen) 404.
Eigenschaften (der Stoffe) 105.
Eingekleidete Gleichungen 178.
Einheiten 7, 148.
Einrichten von gemischten Zahlen 152.
Eis 244; künstliches - 244.
Eisen 268, **369.**
Eiweißstoffe 382, 400, 401.
Elastizität 116.
Elektrifizierung (der Wasserkräfte) 274.
Elektrolyse 125; - des Sauerstoffes 249; Oew. von Soda mit - 361.
Elemente 118.
Elimination 185.
Ellipse, Linie 79; Umfang d. - 230; Flächeninhalt d. - 231; Kegelschnitt 342; Gleichung d. - 353.
Emanation 365.
Endkapital (Zinsenrechnung) 303.
Endwert einer Rente 308.
Energie, chemische - 126; mechanische - 244.
Entdeckungen 146.
Entfernung 54, 58.
Eosin 398.
Erdalkalimetalle 135, 362—365.
Erddichte 107; -halbmesser 349.
Erdöl 265, 383.
Erdquadrant 54.
Erfindungen 146.
Ergebnis 9.
Erhärtung des Mörtels 137.
Erstarrungspunkt 113.
Erwärmung 125.
Erweitern d. Quotienten 41; - d. Bruches 148.
Essigsäure 385.
Ester 386.
Euklid 322, 358.
Euler 322, 358.
Expansion 112, 116.
Exponent, Potenz- 37; Wurzel-172; Logarithmus -175.
Exzentrisch beim Kreis 77; - b. d. Kugel 344.

Faktor 33; Benennung d. - 34; gemeinsamer - 35; Proportionalitäts- 277; Verzinsungs- 307.
Faraday 146.
Farbe 111, 359.
Färberei **399.**

Namen- und Sachregister

Mathematische Zeichen 11.
Maximum 195.
Meerschaum 366.
Meerwasser 244.
Melinit 395.
Meridian 349.
Messen (Division) 43; – von Strecken 200.
Meter 54.
Methan 268, 382; –derivate 382.
Methyl 382; –alkohol 384.
Metalle 118, 137, 359.
Metalloide 118, 135, 241.
Milch 404; –zucker 391.
Milly de 146.
Mineralsäuren 258.
Mineralwässer 244.
Minimum 195.
Minium 375.
Minuend 21.
Mischgas 269.
Mischung 104, 119.
Mischungsrechnung 318.
Mischungsverhältnis 119.
Mittel (arithm., geom. und harm.) 162.
Mittellot 57, 64.
Mittelpunkt (Kreis) 55; – der regelmäßigen Fig. 96; – der Kugel 344.
Mittelwert 316.
Mittlere Dichte d. Erde 107.
Modulus (Logarithmen) 176.
Mohs 116.
Molekül 117.
Molekulargewicht 127; –formel 132.
Mörtel 119, 137, 362.
Multiplen Prop., Gesetz der – 128.
Multiplikation von Zahlen 33; – von Polynomen 38; – von algebr. Z. 40; – von Brüchen 149; – von Potenzen 166; – von Wurzeln 173; abgekürzte – 288.
Muskelalbumin 401; –fibrin 401

Näherungsverfahren, graphisches, für Gleich. höh. Grade 193; – für unbestimmte Gleichungen 195.
Nährstoffe 404.
Naphthalin 382, 394.
Natrium 361.
Natriumhydroxyd 136.
Natronlauge 137, 361.
Natronsalpeter 258, 361.
Natronsäuerlinge 361.
Natronseife 361.
Naturaufnahmen 326.
Naturmaße 90.
Nebenwinkel 56.
Negative Zahlen 14, 15.
Nenner 148.
Neper (Logarithmen) 176.
Netto, Gewicht und Preis 297.
Neusilber 377.
Neutrale Oxyde 135.
Neutralisation 137.
Newton 322.
Nichtmetalle 118, 241.
Nickel 371.
Nitrobenzol 394.
Nitroglyzerin 384.
Normalschnitt 338.
Normal 56, 325.
Null 14, 48.
Numerus 175.

Oberfläche d. Körper 337.
Oktaeder 340.
Öle 390.
Ölgas 269.
Ölsäure 387.
Ordinate 195.
Organische Chemie 104, 382.
Ort, geometrisch. – 64, 234, 235.
Orthogonale Projektion 323.
Ostwald 244.
Oxyd 135, 251.
Oxydation 135, 251.
Oxydationsflamme 410.
Oxydsäuren 137.
Ozokerit 383.
Ozon 253.

Palmitinsäure 387.
Papier 393.
Parabel, Linie 80; Kegelschnitt 342; Gleichung d. – 195, 353.
Paraffin 382.
Parallel 66.
Parallelkreis 349.
Parallelogramm 94; Flächeninhalt d. – 225.
Parallelepiped 338.
Pechblende 365.
Pergamentpapier 393.
Periodische Dezimalbrüche 154.
Peripherie 69, 230.
Peripheriewinkel 75.
Permanentweiß 363.
Perspektive 323, 327.
Perzent 295.
Petroleum 265, 383.
Pferdekraft 1.
Pflanzenalbumin 401; –fibrin 401; –kasein 402.
Phenole 395.
Phenyl 394.
Phlogiston 147, 422.
Phosphor 260; –haltige Düngemittel 259.
Phosphorit 260, 362.
Phosphorsäure 260, 362.
Phosphorsalzperle 411.
Pikrinsäure 395.
Planimeter 195, 224.
Planimetrie 53.
Platin 381; –schwamm 243; – als Katalysator 254, 258.
Pol 349, 350.
Polarachse 349, 350; –kreis 349.
Polyeder 337, 340.
Polygon 81.
Polynom 24, 171; Multiplikation v. – 38; Division von – 47; Quadrieren von – 171.
Porzellan 367.
Pottasche 360.
Potenz 37, 165; Rechnen mit – 166; –exponent 165; –grundzahl 165.
Primzahlen 287.
Prisma 338
Priestley 103, 146.
Proben, Rechnungs– 50.
Produkt 17, 33.
Promille 298.
Projektion, orthogonale 323; – auf Gerade 324; – auf Ebenen 325.
Projektionsebene 325; –strahl 325.
Projizierende Ebene 325; – Lote 325.
Propan 382.
Proportionale, die vierte – 159, 201; mittlere geometrische – 162, 204.
Proportionalität von Strecken 201; direkte – 277; indirekte (umgekehrte) – 278; –faktor 277.
Proportionen, math. – 158. Auflösen von – 159; Umformen von – 160; fortlaufende – 161; stetige – 162; geom. – 200; Gesetz der konstanten – (chem.) 125; Gesetz der multiplen (chem.) – 128.
Proteïde 402.
Protoplasma 400.
Proust 125.
Provision 297.
Prozent 156, 295; –satz 295.
Prozeß (chem.) 118.
Ptomaine 400.
Punkt 69, 323.
Pyrogallussäure 395.
Pyramide 339.
Pythagoras (Lehrsatz) 209, 213, 358.
Pyrit 369.
Pyrolusit 372.

Quader 338.
Quadrant 55, 215.
Quadrat 37, 94, 165, 229; –wurzel 172, 174.

Quadratische Gleichung 190.
Quadratur des Zirkels 231.
Quadrieren von Polynomen 171.
Qualitative Analyse 105.
Quantitative Analyse 105.
Quarz 270.
Quecksilber 125, 378.
Quotient 17, 41, 156.

Rabatt 297.
Radikal 131.
Radikand 172.
Radium 359, 365.
Radius 55.
Radiusvektor 350.
Radizieren 172.
Rationale Zahlen 172.
Rauhgewicht 122.
Rauminhalt 337.
Raumgröße 323.
Reagenz 105.
Reaktion 105, 135.
Reaktionsproben 414.
Realgar 261.
Rechenkunde 6.
Rechenschieber 177.
Rechnen mit gem. Brüchen 149; – mit Dezimalbrüchen 155; – mit Verhältnissen 157; – mit Potenzen 166; – mit Wurzeln 173; – mit Logarithmen 177; – mit dekadischen Z. 286; – mit Prozenten 296; abgekürztes – 288.
Rechnung, Prozent– 297; Gewinn- und Verlust– 297; Kommissions– 297; Promille– 298; Zinsen– 303; Diskont– 304; Zinseszinsen– 307; Renten– 308; Durchschnitts– 316; Gesellschafts–317; Mischungs–318.
Rechnungsarten 175.
Rechnungsproben 50.
Rechteck 94.
Reduktion (chem.) 135.
Reduktionsflamme 410.
Reduktionsmittel 135; Wasserstoff 243, Kohle 268, Magnesium 366.
Reduzieren (Umrechnen) 314.
Reelle Zahlen 172.
Regeldetri 276.
Regenerativfeuerung 269.
Regiomontanus 153, 358.
Reguläre Polyeder 340.
Reichenbach 146.
Reinigung des Wassers 244.
Reiß 146.
Reihen (math.) 289; arithmetische –290; geometrische – 291; homologe – (chem.) 382.
Rein quadratische Gleichung 190.
Rentenrechnung 308.
Resolvieren 314.
Resultat 9.
Retortenkohle 265.
Reziproke Werte 41; – Brüche 148; – Verhältnisse 157.
Rhomboid 94.
Rhombus 94.
Richtungskonstante 351.
Roheisen 268, 369.
Rohstoffe 1.
Rohrzucker 391.
Römische Zahlzeichen 12.
Röntgenstrahlen 365.
Rosesches Metall 263.
Rotguß 377.
Roteisenerz (Hämatit) 369.
Rudolf 189, 322.
Ruß 265, 267.

Sacharin 391.
Salizylsäure 396.
Salmiak 143, 258.
Salpeter 121, 258, 259.
Salpetersäure 137, 258, 259.
Salze 137, 359.
Salzsäure 245.

Sauerstoff 103; Vork. u. Gew. 249; Eigensch. u. Verw. 250.
Sauggas 269.
Saure Oxyde 135.
Saure Reaktion 135.
Säuren 137.
Säurerest 137.
Sättigungsgrenze 121.
Scheidekunst 422.
Scheidewasser 258.
Scheitelgleichung der Parabel 195, 353.
Scheitelwinkel 56.
Schießbaumwolle 393.
Schlämmen 139.
Schmelze 411.
Schmelzen 113, 139, 359.
Schmelzpunkt 113.
Schmiedeeisen 369.
Schmirgel 367.
Schnellot 375.
Schnitt, goldener 204.
Schulden 15, 29.
Schwefel 133, 254.
Schwefeleisen 125.
Schwefelquecksilber 125.
Schwefelkohlenstoff 268.
Schwefeloxyd 254.
Schwefelsäure 137, 254.
Schwefelsilber 254.
Schweinfurtergrün 261.
Schweißeisen 369.
Schweißung, autogene 250, 268.
Schwermetalle 118, 359.
Schwerpunkt (b. Dreieck) 92.
Sechseck 96, 101.
Segment (Kreis) 81; Fläche d. – 232.
Sehne 71.
Seife 361, 389.
Seifenstein 361.
Seitenriß (Seitenansicht) 325.
Sekans 213.
Sekante 71.
Sektor (Kreis) 81; Fläche d. – 232.
Sekundenmeterkilogramm 1.
Selbsterhitzung 125, 251.
Selen 255.
Senkel (Senkblei, Bleilot) 325.
Senkrecht 56, 325.
Serumalbumin (Blutwasser) 403.
Serpek 362, 367.
Serpentin 366.
Sextant 55.
Sieden 114.
Siedetemperatur 114, 115.
Siemens, Werner von S. 60 (mit Bild).
Siemenssche Regenerativfeuerung 269.
Silber 379.
Silizium 270.
Silikate 270.
Simpsonsche Regel 196.
Sinus 212, 213; –kurve 215; –satz 219.
Smalte 370.
Soda 361.
Solaröl 383.
Solvay 361.
Sömmering 146.
Soxhleth 405.
Spateisenstein 369.
Speckstein 366.
Spezifisches Gewicht 106.
Sphärischer Winkel 344.
Spiegeleisen 369.
Spiritus 384.
Spodium 265, 391.
Spröde 116.
Stahl 369.
Stanniol 376.
Stannisulfid (Musivgold) 376.
Stärke 392.
Stearin 387.
Stellenzahl 176; –wert 285.
Steinkohle 265.
Steinsalz 245, 361.
Stereometrie 53, 323, 334.
Stetige Proportion 162.
Stickstoff, Vork., Eigensch. u. Verwendung 256; –Verbindungen 258; –haltige Düngemittel 259.